인쇄 반도체

Printed Semiconductor

이 책과 관련된 동영상 강의는 다음 사이트에 공개되어 있습니다.

https://drive.google.com/drive/folders/1W69aXtWjtkt1yDxDsylAu4vCC0MPPxGs?usp=share_link

인쇄 반도체

인 쇄 : 2023년 2월 20일 초판 1쇄
발 행 : 2023년 3월 2일 초판 1쇄

저 자 : 김동수
발행인 : 송 준
발행처 : 도서출판 홍릉
주 소 : 01093 서울시 강북구 인수봉로 50길 10
등 록 : 1976년 10월 21일 제5-66호

전 화 : 02-999-2274~5
팩 스 : 02-905-6729
e-mail : hongpub@hongpub.co.kr
http://www.hongpub.co.kr

ISBN : 979-11-5600-079-2(93560)

정 가 : 39,000원

인쇄 반도체

김동수 지음

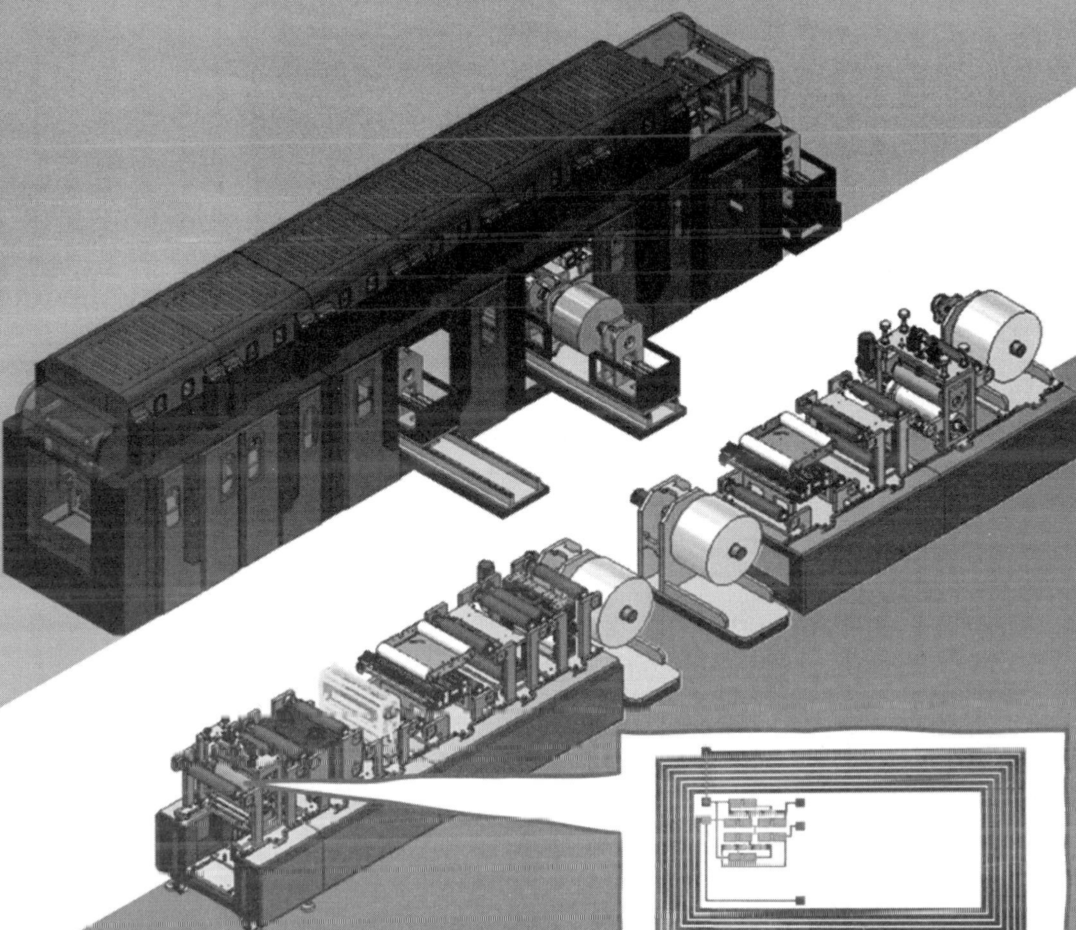

도서출판 홍릉

저자소개

김동수 한밭대학교 창의융합학과 교수

학력 및 주요 경력

영남대학교 기계공학 학, 석, 박사
한국기계연구원 책임연구원(프린팅공정장비 팀장, 나노융합기계 본부장, 선임연구 본부장)
한밭대학교 창의융합학과 교수(현재)
미국 UCLA Visiting Scholar, 교육부 중점연구소장
산업통상자원부 반도체디스플레이/에너지절약 및 신재생에너지 전문위원
과학기술정보통신부 국가과학기술위원회 전문위원, 강소특구 전문위원
서울대학교 차세대 융합기술원 전문위원, 국제표준(IEC TC 119 인쇄전자)전문위원
한국유연인쇄전자학회장, 대한기계학회이사 및 한국정밀공학회 3D프린팅위원장
한국플렉시블일렉트로닉스산업협회 부회장, 한국3D프린팅산업협회 대전지회장
미국 UCLA, 마이크로 액츄에이터 공동연구, 덴마크 RISO 연구소, 인쇄 유기태양전지 공동연구
독일 Fraunhofer, 4D 프린팅 분야 공동연구, 일본 동경대학교, ESD 프린팅 공동연구
일본 RIKEN, Protein Array 공동연구, 특허 240건, 논문 132편 및 발표 200건, 정부 과제 69건

주요 수상경력

대한민국 대통령 과학기술 훈장(도약장)
정진기이사장상 과학기술부문(Roll Printer)
과학기술교육부 장관상(국가 R&D 100선 우수성과상, Roll Printer)
대한기계학회장 기술상(3D프린팅 & Roll Printer)
부총리겸과학기술부 장관상(우수연구자)
산업통상자원부 장관상 (인쇄전자)
특허청장상(3D 프린팅)
한국기계연구원장상(최우수금상, 디지털 3차원 실물복제기)

머리말

2007년 RODS(디지털 3차원 실물복제기)개발 이후 선진국의 인쇄 반도체 기초연구를 확인하고 나서(미국, 유럽 출장 중), 인쇄 반도체가 미래 먹거리 시장으로 발전할 것으로 판단하였다. 그리하여 2008년에서 2011년까지 국내에 인쇄 반도체 연구개발을 추진하였고 다수의 사업수행을 통해 대한민국 인쇄 반도체 발전의 기틀을 마련하였다. 이러한 인쇄 반도체 연구개발은 2009년부터 2011년도까지는 인쇄 RFID Tag 제작을 위한 인쇄공정 및 장비개발과 롤투롤 인쇄기술을 이용한 POCT개발에 성공하였으며, 2014년부터 2018년도까지는 인쇄전자용 초정밀 롤투롤 장비기반 이차전지의 고신뢰성 파우치 사업화를 이루었다. 2018년부터 현재까지 와해기술인 하이브리드 3D프린팅기술 응용 Active IoT 모듈개발, 3차원 인쇄전자소자 원천기술 집적화 및 사업화를 진행하고 있다.

또한, 한국플렉시블일렉트로닉스산업협회 (Korea Flexible & Printed Electronics Association), 한국유연인쇄전자학회 (Korea Flexible & Printed Electronics Society)설립, 미래선도사업 및 나노융합2020 사업 등을 추진하였다. 그리하여 소프트블랑켓 그라비아/리버스 옵셋 프린팅 공정기술로 1∼10μm 미세선폭 및 3D Curved Electronics 분야에서 세계 1위의 기술을 만들어냈다.

이 책을 통하여 인쇄 반도체 분야에 관심을 두고 있는 후배 연구원과 후학들에게 많은 도움이 되어 인쇄 반도체 분야에서 우리나라의 연구 수준을 높여 주기를 기대한다. 이 책을 제작하는 과정에 도움을 준 이택민 박사(한국기계연구원), 신동윤 교수(부경대학교), 권계시 교수(순천향대학교), 조규진 교수(성균관대학교)에게 감사의 마음을 전한다. 끝으로 집필 총괄에 불철주야 애쓴 정민훈 연구교수에게 깊이 감사하며 또한 저자에게 큰 보람을 느끼게 해준 인쇄전자 3D프린팅 공학연구소의 대학원생인 이민재, 오경석, 이건희, 원미진 학생에게 고마운 마음을 전한다. 부족하지만 33년간 한 분야에서 꾸준히 연구하여 좋은 결실을 얻게 인도하신 하나님께 감사를 드린다.

차례

01 Printed Graphics vs. Printed Electronics (vs. Silicon Semiconductor)

02 Gravure offset printer for RFID Antena

03 Gravure offset printer for RFID Tags

차례

04 Gravure offset printer for TCF

05 Nano Imprinting for TCF

06 Gravure printer for Pouch film

차례

09 SB Reverse offset printer for curved TE

10 SB Reverse offset printer for curved sensor

11 Soft Blanket Reverse-offset Printer for Flat Sensor

차례

12 Slot Die Coater for OPV

13 Meniscus Solution shearing coater for Perovskite PV

14 Ink-jet Printing Technology

차례

15 Electrostatic Deposition Technology

부록

Chapter 1

Printed Graphics vs. Printed Electronics(vs. Silicon Semiconductor)

1.1 서론

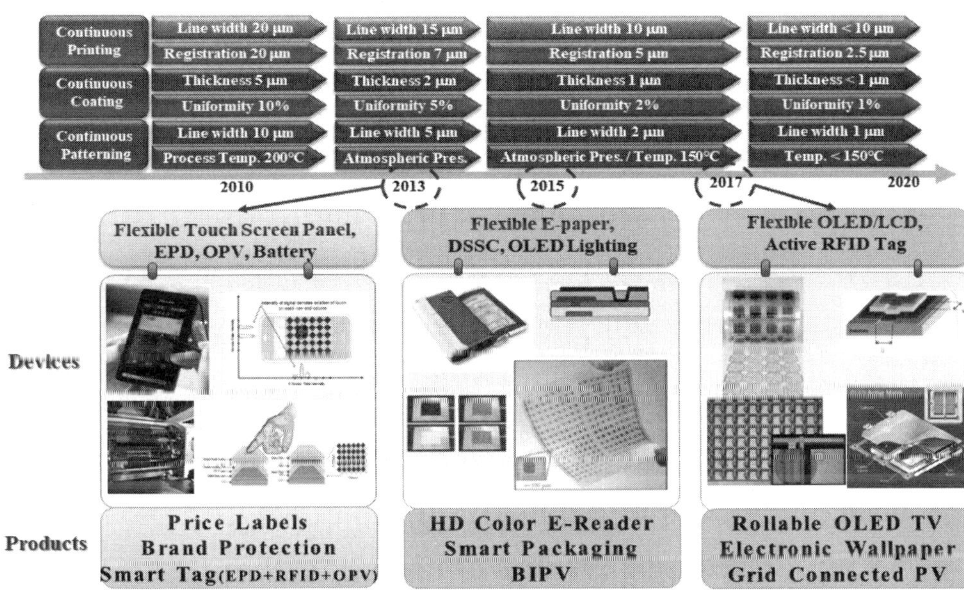

그림 1.1 인쇄전자의 발전

우리 인류는 정보를 전달하기 위해 목판, 석판에 남기는 것을 넘어, 잉크를 통해 많은 양의 정보를 종이 위로 인쇄하면서 "인쇄"를 통해 정보를 남기기 시작했다. 인쇄 기술은 산업화와 기술의 발달이 가속함에 따라 빠른 속도로 발전되어 왔고, 우리는 흔히 쓰는 프린터를 통해 "Printed Graphics"를 모두 실현할 수 있게 되었다. 이는 정보 전달을 위해 인쇄하는 기술로 누구나 쉽게 인쇄물을 회사나 가정에서 만들 수 있게 되었다. 그뿐만 아니라 현재는 용액 공정이 가능한 기능성 전자 잉크를 개발하고 다양한 인쇄공정들을 통해 "Printed Electronics"에 도달하였다.

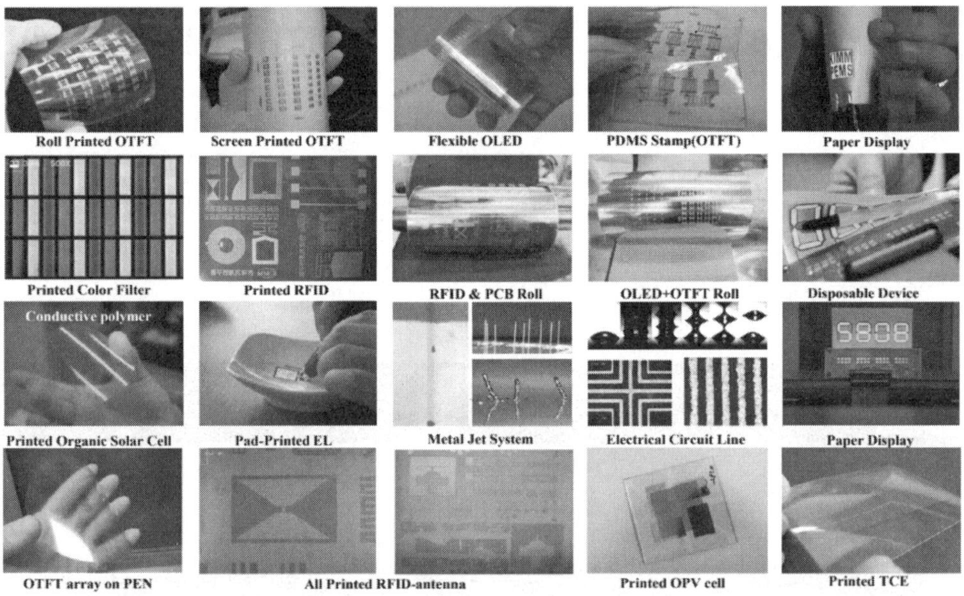

그림 1.2 Printed Electronics의 활용

Printed Electronics는 프린팅 공정기법으로 만들어진 전자 소자 혹은 전자제품을 의미하며 기판 위에서 자동화된 공정으로 프린팅되는 소자를 의미한다. 인쇄전자가 개발됨에 따라 시간이 오래 걸리고 고비용의 문제가 있던 기존의 공정의 한계점을 보완할 수 있게 되어, 대면적, 저비용의 시대를 이끌었다. 또한, 자동화된 공정으로 짧은 시간에 많은 소자를 찍어낼 수 있으므로 기술이 집약된 제품들을 제작하는데 시간이 적게 걸리고 그만큼 많은 정보를 넣을 수 있게 되었다.

본 페이지를 통해 Printed Graphics와 비교하여 친숙하게 Printed Electronics를 접하고, 인쇄전자 기술에 무엇이 있는지 인지하여 전문화된 기술을 터득한다. 또한, 다른 기술과 비교하여 인쇄전자의 필요성을 깨닫고, 전망이 어떤지 살펴보려고 한다.

1.2 Printed Electronics vs Printed Graphics

Printed Graphics는 그림 인쇄, 활자 인쇄로 우리가 주변에서 쉽게 접할 수 있는 인쇄 기술이다. CMYK(자홍, 청록, 노랑, 검정)의 조합으로 보여주고 싶은 색깔을 제작하여 인쇄한다. 이는 1차원의 점을 모아 선을 만들어, 2차원의 면을 제작하는 방식으로 정보를 전달하는 것이다. 확대하여 보았을 때 그림 1.3과 점들의 조합으로 색깔이 겹쳐서 시각적으로 보인다는 것을 알 수 있다. 이는 단순히 눈으로 전달되는 정보들만 담고 있어 정보화와 기술화가 불가능하다는 것을 알 수 있다. 또한, 다른 정보들과의 상호작용하기 쉽지 않다. 그러므로 프린터나 신문, 벽지, 포장지 등 단순하게 활용이 된다.

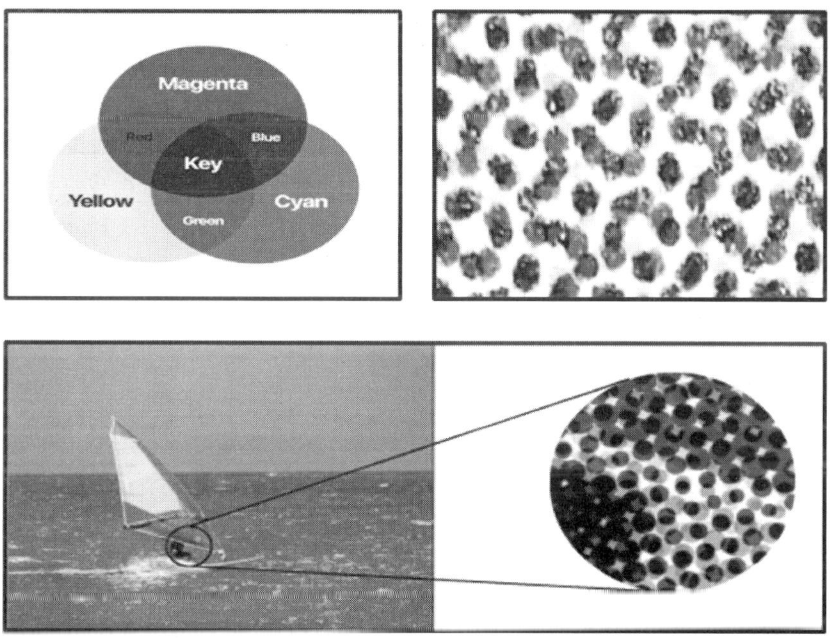

그림 1.3 Printed Graphics 원리

이와 달리 Printed Electronics는 인쇄전자로 전도성, 절연성 등의 다양한 특성을 보인 기능성 잉크를 프린팅 공정기법을 이용하여 전기적인 제품을 제조하는 것이다. 즉, 플라스틱, 필름, 종이, 유리 등의 다양한 기판에 인쇄하여 원하는 기능을 담아 다양한 분야에 활용할 수 있도록 하는 제조 기술인 것이다.

1980년대에 실리콘밸리에서 Elf Technology사가 표준 잉크젯 프린터에 적용이 가능한 전도성을 잉크를 개발하여 사용한 것을 시작으로, 1997년에 Bell Labs가 스크린 프린팅 기술을 이용하여 플라스틱 필름 위에 트랜지스터를 제조하여 인쇄전자의 상업적 이용이 시작되었다. 이처럼 인쇄전자는 전자, 화학, 인쇄 분야가 모두 접목하여 만든 기술로 융합적인 활용이라고 볼 수 있다. 다양한 전문 지식이 집합체인 인쇄전자로 발전됨에 따라 전자 정보 저장이 가능해졌고, 영상으로 구현이 가능해졌다.

이처럼 Printed Electronics와 Printed Graphics는 잉크를 가지고 인쇄를 한다는 점에서 공통점을 가지지만, 전하는 정보의 양과 전자적으로 활용의 여부에 따라서 차이점이 있다. 이뿐만 아니라 프린팅의 구조와 해상도, 두께 등에서도 차이를 보인다. 인쇄전자는 점이 아니라 라인을 인쇄하는 공정으로 10μm보다 작은 해상도로 매우 미세한 선폭의 구현이 가능하다. 또한, 두께도 쓰임에 따라 자유롭게 설정할 수 있다.

표 1.1 Printed Electronics와 Printed Graphics의 차이점

		Printed Graphics	Printed Electronics
Printing Structure		Dots (Each dot color disposed on one side 2-dimensionally)	Lines (Each pattern piled up one on another 3-dimensionally
Resolution		〉 40μm (185 lpi : 1%, 200 lpi : 2%, 1,440 inkjet print)	〈 10μm (Effextive channel length)
Inked Film	Surface	Rough	Smooth
	Edge Line	Jagged	Sharply Defined
	Thickness	Reflected Color Shade	Surely Controlled

하지만 시각적으로 정보 전달의 탁월한 Printed Graphics와 전자 기능을 탑재할 수 있는 Printed Electronics의 합은 상업적으로 큰 의의를 둔다. 각각의 인쇄의 장점을 살려, 기존에 존재하지 않은 사업 아이템 제작이 가능하다. 아래 그림과 같이 스마트 패키지를 만들어 각각의 기술의 장점을 살릴 수 있는 제품도 만들 수 있다.

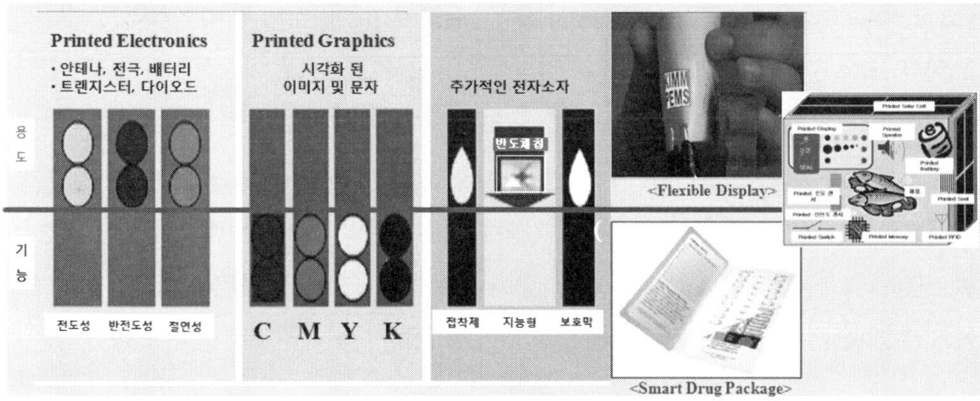

그림 1.4 Printed Electronics 구성

1.3 Printed Electronics vs. Silicon Semiconductor

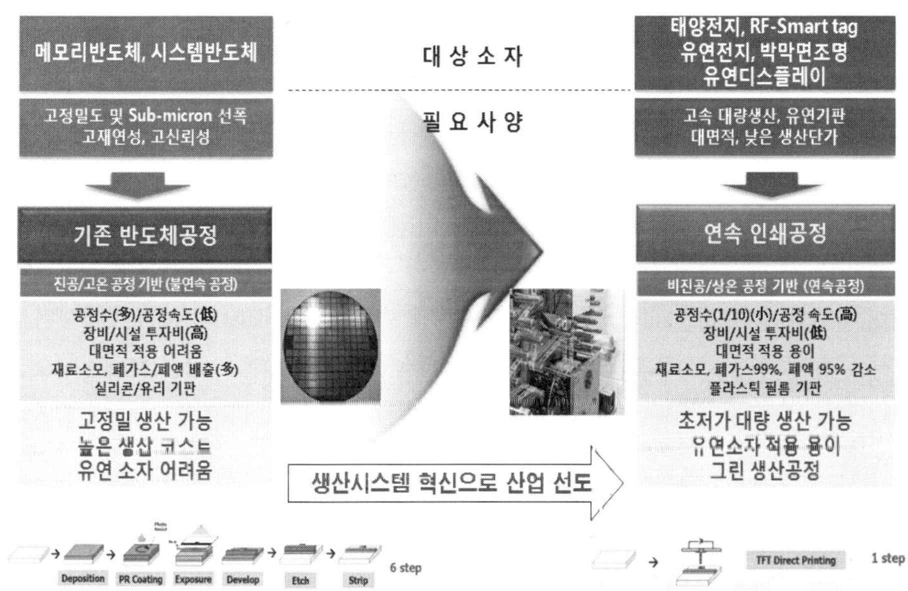

그림 1.5 Printed Electronics 장점

한국의 최대 경쟁력 중 하나인 반도체 기술은 메모리, Liquid Crystal Display(LCD) 제조를 포함하는 기술로 세계에서 인정받는 기술이다. 이 기술은 Chemical Vapor Deposition(CVD) 나

Physical Vapor Deposition(PVD) 기술을 이용하기 때문에 고온 공정이 필요하고, 많은 시간이 필요로 한다. 또한, 증착 장비 내부에 작은 면적만이 수용할 수 있으므로 대면적 인쇄가 불가능하다는 단점이 있다. 하지만 인쇄공정은 롤 투 플레이트(R2P)를 시작으로 롤 투 롤(R2R) 공정이 가능하므로 짧은 시간에 많은 양의 제작이 가능하고, 대면적 인쇄가 가능하다. 또한, 비접촉 인쇄공정도 있으므로 기판의 영향을 주지 않고, 물질 간의 데미지를 줄일 수 있다는 장점이 있다. 환경적인 측면으로도 버리는 양의 재료 소모가 적고 배출가스가 적다는 점에서 친환경적이라고 볼 수 있다. 저가격 대량 생산이 가능하다는 점에서 전망이 밝고 다양한 분야에서 응용할 수 있다.

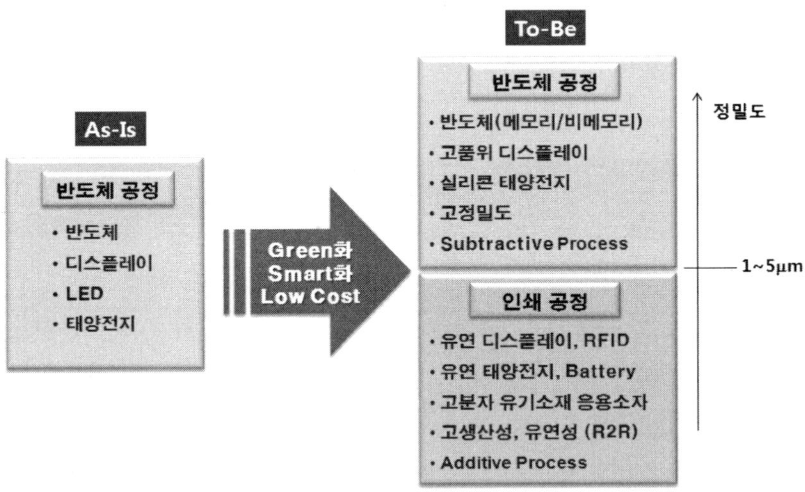

그림 1.6 소자 생산의 패러다임 변화

그린화, 스마트화, 저가화로 인해 기존 반도체 공정의 한계를 극복 또는 보완할 수 있는 신공정의 필요성이 대두되었다. 또한 태양전지, 고효율 에너지 저장 장치인 배터리, 슈퍼 캐패시터, 에너지 하비스팅 소자 등의 수요가 증대 되었다. 또한 폐액, 폐가스 등의 배출이 적은 친환경적 차세대 생산 시스템 혁신이 요구 되었다.

글로벌 경쟁력 강화를 위해서 대량생산을 통하여 전자 제품들의 가격 절감 노력이 심화되고 있다. 초저가 전자 소자 생산을 위해서는 대면적, 고속 대량 생산이 필요하다. 또한 스마트화에 따른 RF-Smart tag과 같은 새로운 Intergrated Smart Device가 출현하고 있으며, 이를 양산하는 방법이 사업화의 핵심 기술이다. Flexible device는 구매자들의 요구로 뽑히는 높은 휴대성과 디자인과 생산자들의 요구인 고부가 가치 산업, 다양한 산업 분야 적용에 부합하는 것으로 최근 연구 개발이 매우 활발하고 이슈화되고 있는 기술 분야이다.

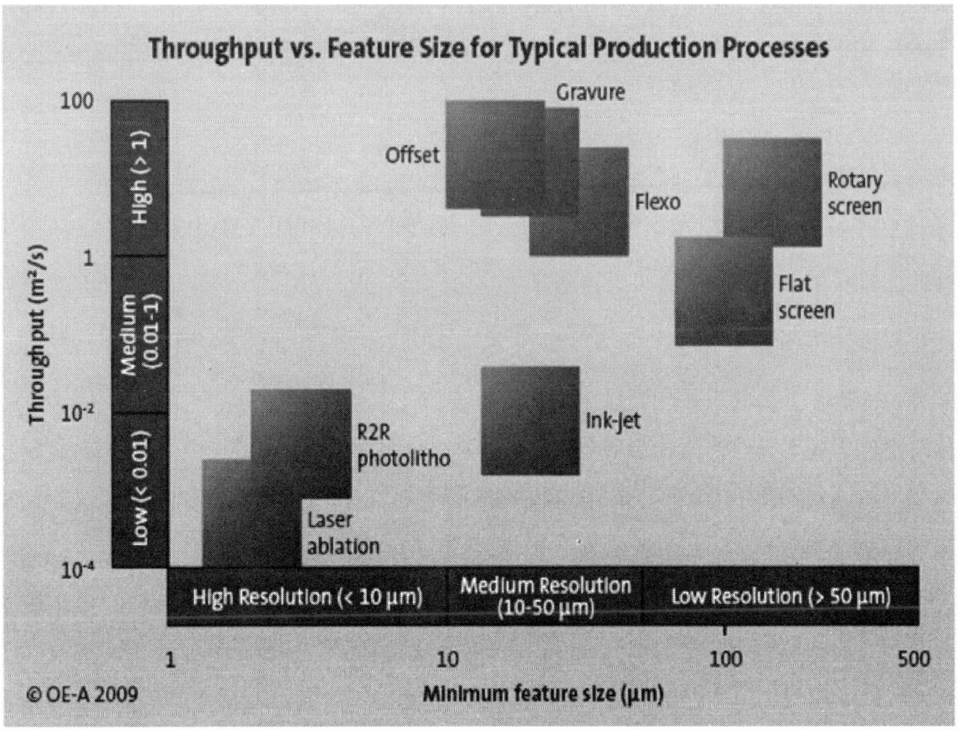

그림 1.7 반도체 공정과 인쇄 공정의 특성 비교

그림 1.7은 반도체 공정과 인쇄 공정을 Minimum feature size와 Throughput로 비교한 그림이다. 또한, 그림 1.8은 Contact priting과 Non-Contact printing의 기술 사양을 비교한 표이다.

Printing Method	Viscosity	Layers Thickness (㎛)	Feature size (㎛)	Registration (㎛)	Throughput (m^2/s)
Gravure Printing	0.01 - 0.2	<0.1 - 8	75	>20	3 - 60
Flexography Printing	0.05 - 0.5	0.04 - 2.5	80	<200	3 - 30
Offset Printing	5 - 100	0.5 - 2	10 - 50	>10	3 - 30
Screen Printing	0.5 - 50	0.015 - 100	20 - 100	>25	2 - 3
Ink jet Printing	0.001 - 0.04	0.05 - 20	20 - 50	5 - 20	0.01 - 0.5

그림 1.8 Contact printing과 Non-Contact printing 사양 비교

1.4 Contact Printing 종류

인쇄 기술의 한계 때문에 인쇄전자가 목표로 하는 제품들은 수십 나노미터의 초고해상도를 요구하는 메모리 반도체와 같은 고부가가치 제품들은 아니다. 서브 마이크로미터급의 초고해상도를 구현하기 위한 연구개발이 지속하고는 있으나, 저점 도의 잉크 혹은 중점도 이상의 페이스트화가 가능한 기능성 소재를 기판에 직접 전이할 때의 해상도는 아직 수 마이크로미터 이상으로 제한되고 있다. 그러나, 저 비용으로 대면적의 기판상에 고속으로 대량 인쇄가 가능하다는 점이 기존 반도체 공정과 인쇄전자와의 주요 차별화 요소이므로, 이러한 장점들이 충분히 발휘되는 중·고해상도 전자제품들(예: RFID 안테나, 결 정질 실리콘 태양전지, 자동차 속도 계기판), 그리고 나노선(Nanowire)과 같은 소재의 특성을 이용한 제 품들(예: 실버 나노선을 이용한 투명 전도성 필름 등)에 인쇄전자가 활발히 적용되고 있다. 특히, 고속으로 대량 인쇄가 가능한 롤 인쇄방식이 주로 고려되고 있다.

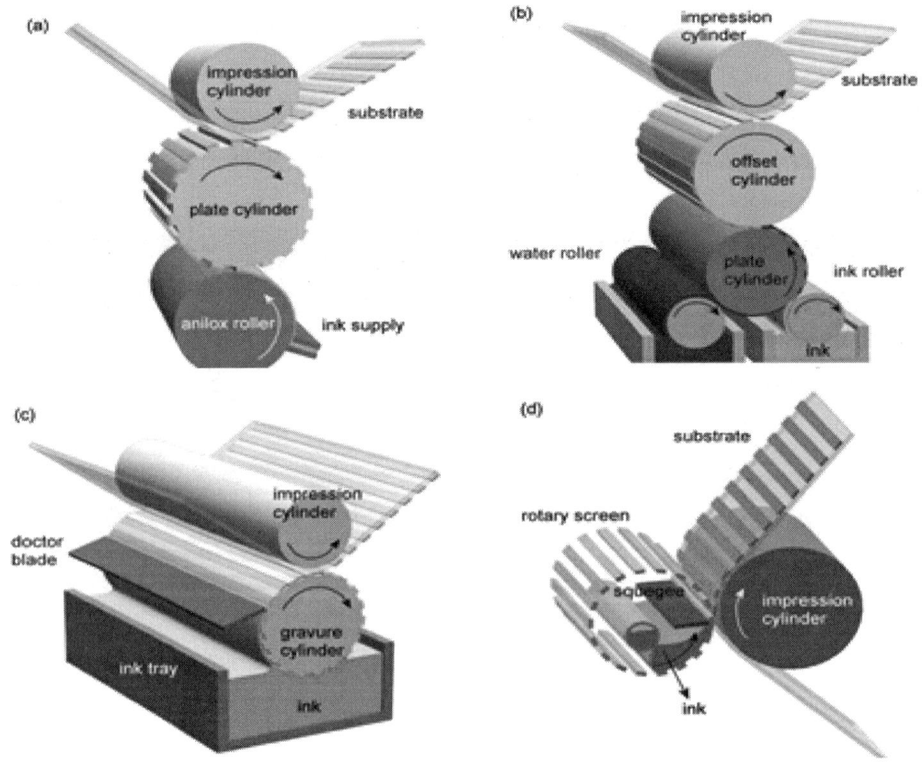

그림 1.9 Contact Printing 방식 (a) Flexography, (b) Gravure, (c) Offset, (d) Ratary Screen

대표적인 롤 인쇄방식으로는 (1) 볼록한 부분에 기능성 소재를 묻힌 후 기판으로 전사하는 플렉소 인쇄 (flexographic printing, 볼록 인쇄), (2) 평판에 소유성(lipophobic)과 친유성(lipophilic) 영역을 패턴한 후, 친유성 잉크를 친유성 영역으로 1차 전사 후, 기판으로 2차 전사를 수행하는 오프셋 인쇄(offset printing, 평판인쇄), (3) 오목한 부분에 기능성 소재를 채운 후 후 기판으로 전사하는 그라비어 인쇄 (gravure printing, 오목인쇄), (4) 오목한 부분에 기능성 소재를 채운 후 중간 매개체인 블랭킷으로 1차 전사 후, 기판으로 2차 전사를 수행하는 그라비어 오프셋 인쇄 (gravure offset printing, 오목볼록인쇄), (5) 개구부를 통해 페이스트를 기판으로 전사하는 로타리 스크린 인쇄(rotary screen printing) 등이 있다.

1.4.1 플렉소 및 오프셋 인쇄

그림 1.9(a)에 보인 플렉소 인쇄의 볼록 제판은 고무도장과 같이 주로 연성 재질의 탄성 중합체(elastomer)로 만들어진다. 전이된 잉크의 두께가 얇을 뿐만 아니라, 잉크가 기판에 전사될 때의 높은 압력에 의해 볼록 제판의 변형이 일어나기 때문에 높은 정밀도를 요구하는 인쇄전자용 인쇄방식으로는 적합하지 않아서 실제 적용 사례가 많지는 않은 편이다. 그림 1.9(b)에 보인 오프셋 인쇄의 경우 일반적으로 20μm급의 정밀한 인쇄를 수행할 수 있다고 알려져 있으나, 잉크의 전사가 오목 혹은 볼록 제판과 같은 물리적 제판이 아닌 소유성 및 친유성과 같은 표면 에너지의 차이로 구성된 평판에만 의존해야 하며, 잉크가 평판의 소유성과 친유성뿐만 아니라 기판으로의 전사 적합성 또한 만족하게 해야 하므로 잉크 개발에 어려움이 있다. 그 결과, 플렉소 인쇄와 마찬가지로 오프셋 인쇄가 인쇄전자에 적용된 사례는 많지 않은 실정이다.

1.4.2 그라비어 및 그라비어 오프셋 인쇄

롤 인쇄방식 중 가장 많은 연구개발이 이루어지고 있는 것은 그림 1.9(c)에 보인 그라비어 인쇄 및 그라비어와 오프셋 인쇄방식이 병합된 그라비어 오프셋 인쇄방식이다. 그라비어 인쇄는 금속과 같은 경성 재질의 오목 제판에 잉크를 채운 후 닥터 블레이드로 오목한 셀 외에 묻어 있는 잉크를 제거(doctoring)하며, 셀 내부에 남아 있는 잉크를 기판으로 전사하는 방식이다. 플렉소나 오프셋 인쇄보다 패턴의 윤곽이 뚜렷하다는 장점이 있으나 오목 제판이 경성 재질로 제작되기 때문에 기판은 종이나 폴리머 필름과 같은 연성 재질로 제한된다. 반면, 그라비어 오프셋은 닥터링 후 오목 제판의 셀 내부에 남아 있는 잉크를 탄성 중합체 재질의 블랭킷으로 1차 전사한 후, 다시 기판으로

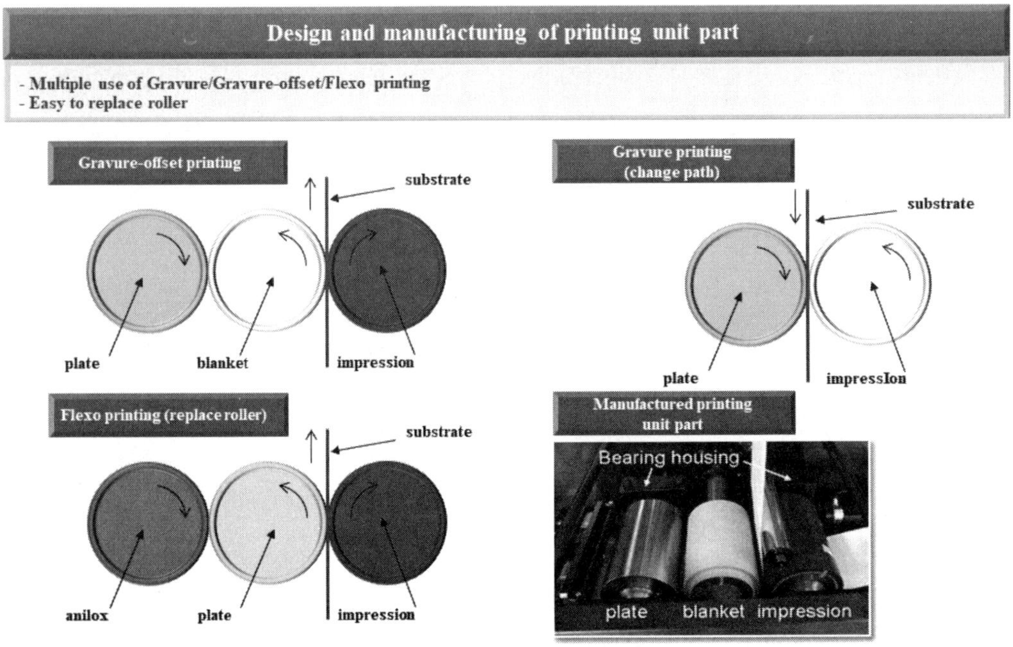

그림 1.10 Gravure/Offset 비교

2차 전사하는 방식이다. 블랭킷의 재질이 연성 재질이므로 기판의 재질은 경성 혹은 연성 재질을 모두 사용할 수 있다. 이러한 장점 때문에 그라비어 오프셋 인쇄가 인쇄전자에 많이 사용됐다. 그러나, 오목 제판으로부터 잉크가 전이된다는 특성상 인쇄된 패턴의 두께가 오목 제판의 선폭, 인쇄되는 방향과의 각도, 그리고 인쇄공정 조건 등에 영향을 받는다는 문제점이 있다.

1.4.3 로터리 스크린 인쇄

로터리 스크린 인쇄는 평판 스크린 인쇄의 변형으로서, 그림 1.9(d)에 보인 바와 같이, 메쉬에 감광성 에멀션을 이용하여 개구부를 형성한 롤 형태의 스크린 제판 내부에 중점도 이상의 페이스트를 넣고, 롤 형태의 스크린이 회전함에 따라 스퀴지에 의해 개구부로 페이스트가 기판으로 전사되는 인쇄방식이다. 평판 스크린 인쇄보다 연속생산이 가능하다는 장점뿐만 아니라 스퀴지가 스크린에 가하는 인쇄압력에 의해 발생하는 이미지 왜곡이 적다는 장점이 있다. 스크린 인쇄의 특성상 항복 응력을 가지는 중점도 이상의 페이스트를 사용하기 때문에 박막이 요구되는 제품보다는 RFID 안테나와 같이 중해상도 이하에서 후막이 요구되는 제품에 적합하다.

1.4.4 리버스 오프셋 인쇄

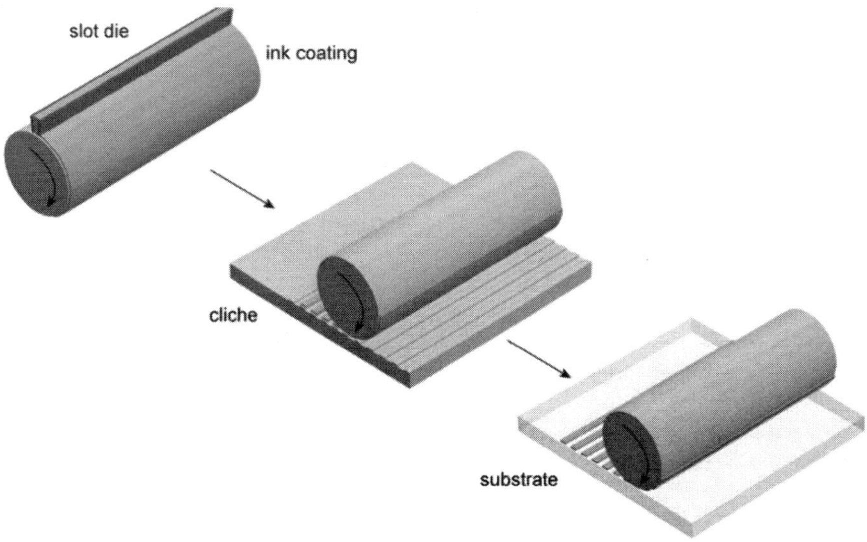

그림 1.11 리버스 오프셋 인쇄

기존 롤 인쇄방식의 다양한 문제점들, 즉 불균일한 선폭 및 도막 두께, 충분하지 않은 해상도 등을 해결하기 위해 리버스 오프셋(reverse offset) 인쇄방식이 제안되었다. 그림 1.11에 보인 바와 같이, 블랭킷에 기능성 잉크를 전면 코팅하여 균일한 도막을 형성한 후, 패턴을 형성하지 않을 영역에 해당하는 블랭킷의 기능성 잉크를 클리쉐(cliché)라고 불리는 제판에 1차 전사한다. 이후, 블랭킷에 남은 기능성 잉크를 기판에 2차 전사함으로써 패턴 공정을 완료하게 된다.

블랭킷에 기능성 잉크를 균일하게 바른 후 1차와 2차 전사를 수행하기 때문에 기존 롤 인쇄방식보다 인쇄된 패턴의 도막이 훨씬 균일하다는 장점이 있다. 또한, 일반적으로 인쇄전자에서 패턴이 형성되지 않는 영역(비화상부)이 미세패턴 영역(화상부)보다 상대적으로 크기 때문에, 기존 롤 인쇄방식처럼 작은 영역의 화상부를 정밀하게 전사하는 것보다는 넓은 영역의 비화상부를 정밀하게 전사하기가 훨씬 쉽나. 상대적으로 넓은 비화상부 영역을 클리쉐로 1차 전사 후, 블랭킷에 잔류하는 미세 화상부 영역을 기판으로 2차 전사함으로써 수 마이크로미터급의 고해상도 인쇄가 가능하다는 것이 리버스 오프셋 인쇄방식의 가장 큰 장점이며, 이러한 장점을 이용하여 고해상도가 요구되는 TFT LCD TV의 컬러 필터와 백 플레인, 유기 박막 트랜지스터, 터치스크린용 메탈 메쉬 필름 등에 성공적으로 응용되었다.

그러나, 디스플레이와 같이 패턴이 될 화상부 영역보다 비화상부 영역이 절대적으로 높은 비율을 차지하고 있는 제품 생산에 리버스 오프셋 인쇄를 적용할 경우 기판에 2차 전사되는 잉크보다 클리쉐로 1차 전사되어 사용되지 못하는 잉크의 양이 절대적으로 많아지게 되므로 생산비용이 급격히 상승한다는 문제점이 있다. 또한, 인쇄마다 클리쉐를 세척해야 하며, 클리쉐의 오목 제판 구석 부분에 잉크 잔류물이나 환경 이물질이 침착될 경우 제거하기가 힘들다는 문제점이 있다. 덧붙여, 탄성 중합체 재질의 블랭킷을 사용하여 잉크를 기판으로 전사하는 그라비어 오프셋이나 리버스 오프셋 인쇄방식들의 공통적인 문제점은 잉크의 용매가 블랭킷에 흡수되면서 블랭킷에 경시 변화가 나타나며, 이러한 블랭킷 물성의 변화는 인쇄된 패턴의 선폭에 악영향을 미친다는 것이다. 따라서, 블랭킷의 용매를 제거해주기 위해 인쇄 중 블랭킷 건조공정을 적용하기도 하지만 블랭킷의 경시 변화를 지연시켜줄 뿐 근본적인 해결책이 되지 못하고 있다.

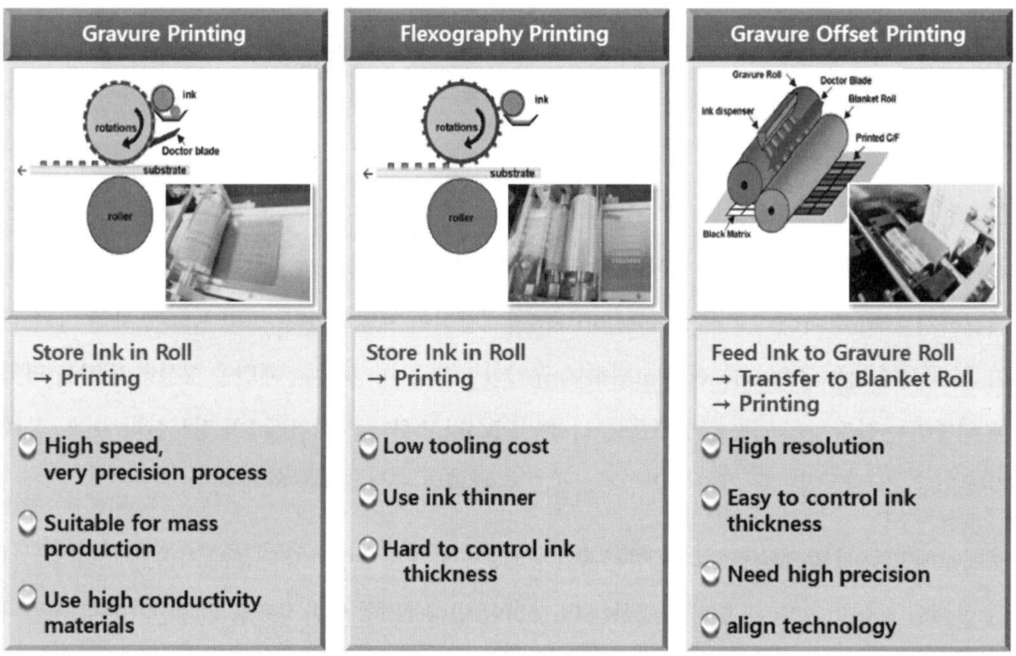

그림 1.12 Contact printing 종류 별 장/단점 비교

1.5 Non-Contact Printing 종류

슬롯 다이 코팅과 같이 필름 형태의 코팅을 수행하는 인쇄방식을 제외한 모든 롤 인쇄방식들이 잉크나 페이스트를 기판으로 전사하기 위해 제판이라는 매개체가 필요하다. 대부분의 대량 생산 제

품들은 시장의 수요에 맞추어 하루에도 수차례 생산설비의 제품 모델과 스케줄을 바꿀 필요성이 있는데, 제품 모델이나 스케줄을 변경할 때마다 제판도 함께 변경해야 하므로 생산 지연이 발생하며, 제품의 설계를 변경할 경우 제판을 다시 제작해야 한다. 이러한 불편함을 개선하기 위해 제판이 필요 없는 인쇄방식이 대안으로 제시되었는데, 이러한 인쇄방식을 디지털 인쇄방식이라고 한다. 레이저 전사법을 제외한 대부분의 디지털 인쇄방식이 기판과 접촉을 하지 않기 때문에 비접촉 인쇄방식으로도 분류된다. 대표적인 비접촉 인쇄방식으로는 압전 잉크젯(piezo Drop-On-Demand Inkjet), 정전기력 잉크젯(electrohydrodynamic jet 혹은 EHD jet), 디스펜싱(dispensing), 그리고 에어로졸 젯(aerosol jet) 인쇄방식들이 있다.

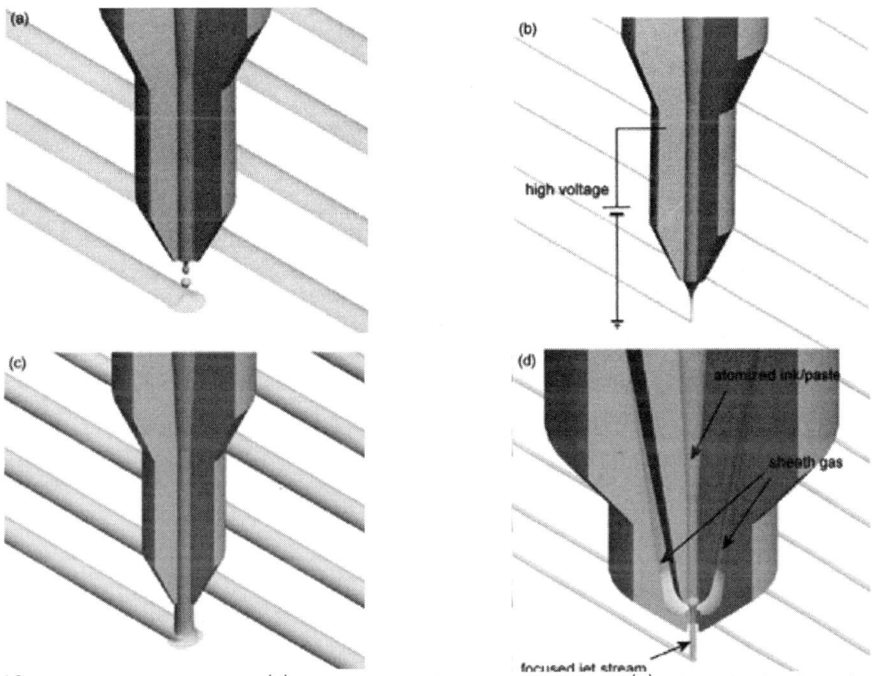

그림 1.13 Non-contact printing (a) piezo Drop-On-Demand Inkjet, (b) electrohydrodynamic jet, (c) dispensing, (d) aerosol jet

1.5.1 압전 잉크젯 인쇄

그림 1.13(a)의 압전 잉크젯 인쇄방식은 압전소자에 전압을 가하여 변위를 발생시키고, 이때 발생한 압력파 및 압력파들의 중첩 현상을 이용하여 노즐을 통해 잉크 액적을 토출시킨다. 젯팅을 수행하는 온도에서 잉크의 적정 점도는 일반적으로 20cPs 이하이다. 인쇄전자에서 요구하는 고해상도 정밀 중첩 인쇄 시 롤 인쇄의 실용 속도는 초속 수 미터 이하에 불과하지만 일반 그래픽 인쇄업계에

서 분당 수백 미터급으로 인쇄하는 것을 언급하며 고속 대량 생산이 가능하다고 과대평가하고 있는 것에 반해, 압전 잉크젯 인쇄의 인쇄속도는 과소평가되어 있다. 예를 들어, 일본 미야코시(Miyakoshi)의 MJP20MX-7000 잉크젯 프린터의 경우 분당 200미터급의 고속 인쇄가 가능하다.

압전 잉크젯의 장점은 (1) 잉크액적의 초당 토출 횟수를 나타내는 주파수가 수십에서 최대 백 kHz에 이르며(미국 Fujifilm Dimatix, SAMBATM), (2) 헤드 당 노즐의 개수가 2000개가 넘으며(일본 Kyocera KJ4B- 0300 잉크젯 프린트 헤드의 경우 2656개 (3) 기능성 재료의 낭비가 극히 적고, (4) 잉크가 노즐에서 토출되기 이전에는 밀폐된 환경에 있으므로 오염의 가능성이 작으며, (5) 박막 필름을 형성하기 위한 저점도 잉크를 다루는데 가장 적합하다는 것이다. 따라서, TFT LCD TV의 컬러 필터, OLED TV와 같이 구조상 잉크의 퍼짐성을 제어할 수 있는 표면 에너지 패턴 법을 적용하기 쉬운 제품들이 압전 잉크젯의 주요 적용 분야로 거론된다.

반면, 잉크가 건조하면서 발생하는 '커피 링 효과' 때문에 균일한 도막을 얻기 위해서는 잉크에 대한 상당한 기술적 비결이 필요하다. 또한, 압전 잉크젯용 잉크의 경우 점도의 제약이 있으므로 기능성 재료의 고형분을 높이기 힘들며, 잉크 자체에 항복 응력이 없으므로 기판에서 퍼짐성을 제어하기 힘들다는 단점이 있다. 따라서, 중급 해상도의 박막을 형성하는 데 적합하며, 만약 20μm급 이하의 고해상도 구현이 필요한 경우에는 기판에 미리 소수성 및 친수성 처리와 같은 표면 에너지 패턴 법을 부가적으로 수행하는 것이 패턴 불량률을 낮춤에 있어 바람직하다. 현재 압전 잉크젯 인쇄방식은 인쇄전자회로의 레전드 마킹, TFT LCD TV의 배향막 및 액정 도포공정에 도입되어 사용되고 있다.

1.5.2 정전기력 잉크젯 인쇄

다른 모든 인쇄방식의 해상도를 훨씬 뛰어넘을 가능성을 가졌다는 점에서 정전기력 잉크젯 인쇄방식이 많은 관심을 받아 왔다. 그림 1.13(b)의 정전기력 잉크젯 인쇄방식은 노즐과 기판 사이에 고전압을 가하였을 때 노즐 끝단의 잉크 표면과 기판이 각각 반대의 정전하로 대전 되며, 이때 발생한 정전기력을 이용하여 노즐 끝단의 잉크를 기판으로 당겨오는 방식이다. 노즐 끝단으로부터 기판 간의 거리, 가해주는 전압의 방향 및 세기, 그리고 잉크를 펌핑하는 유량을 제어하면 노즐 끝단의 잉크 표면이 뾰족한 원추형(Taylor cone)을 띄게 되는데, 이것을 콘 젯 모드(cone-jet mode)라고 한다. 이 원추 형태의 잉크 첨단에서 가늘게 토출되는 잉크의 흐름(jet stream)을 마치 펜처럼 이용하면 노즐의 직경보다 훨씬 미세한 수 마이크로미터급의 박막을 패턴할 수 있다.

그러나, 현실적으로 안정적인 콘 젯 모드가 가능한 잉크의 점도 및 유량, 전압에는 제약이 있다.

150μm 의 노즐을 이용하여 10μm 이하 선폭을 얻은 결과도 발표되었으나 수 마이크로미터급의 복잡한 패턴을 안정적으로 수행하기 위해서는 결국 수 마이크로미터급의 노즐을 이용하는 것이 바람직하다고 판단된다. 이와 같은 초소형 노즐의 사용은 정전기력 잉크젯 헤드의 제작비용 상승과 더불어 정전기력 잉크젯 인쇄 장비의 유지보수에 어려움을 일으킬 수 있다. 또한, 정전기력 잉크젯의 콘 젯 모드 온-오프 제어가 빠르지 않으며, 멀티 노즐화를 시켰을 때 인접한 노즐 간에 전기장 간섭이 발생하여 콘 젯에서 토출되는 잉크 스트림의 직진성이 저해되는 문제가 있다.

콘 젯 모드 외에 정전기력 잉크젯 인쇄방식에서 패턴 형성에 사용할 수 있는 모드로는 압전 잉크젯의 토출과 비슷한 마이크로드립핑 모드(microdripping mode 혹은 pulsation mode)가 있으며, 이를 이용하여 3차원 배터리가 제작되기도 하였다. 압전 잉크젯 프린트헤드에 버금가는 토출 주파수의 정전기력 잉크젯 프린트헤드(영국 TTP 의 Delta 2 모델의 경우 2560개의 이젝터에서 24kHz의 토출 주파수로 잉크 토출이 가능함)가 개발되기도 하였으나, 압전 잉크젯 프린트 헤드 제조사들보다 상용 정전기력 잉크젯 프린트 헤드 제조사가 절대적으로 부족하다는 점에서 상업화에 어려움이 뒤따른다.

1.5.3 디스펜싱 인쇄

그림 1.13(c)에 보인 디스펜싱 인쇄방식은 전자칩용 접착제 도포, TFT LCD TV의 액정도포 (one drop filling), 부품 봉입을 위한 실런트 도포 등에 광범위하게 사용됐다. 일반적으로 공기압력을 이용하여 중점도 이상의 페이스트를 노즐을 통해 압출하지만, 고가형 디스펜싱 인쇄장비의 경우 스크류 펌프를 이용하여 고점도의 페이스트를 노즐을 통해 압출하는 방식을 사용하기도 한다. 디스펜싱 인쇄방식이 구현할 수 있는 패턴의 해상도는 노즐의 직경에 비례하며, 수 마이크로미터급의 패턴을 수행한 때도 있으나 일반적으로 중해상도 후막 패턴형성에 적합하다.

디스펜싱 인쇄방식의 가장 큰 장점은 스크린 인쇄방식과 마찬가지로 원리가 매우 간단하여 현상 작업자들을 위한 교육 시 전문적인 지식의 전달이 요구되지 않으며, 항복 응력을 가진 고점도의 페이스트를 사용함으로써 매우 높은 종횡비(두께/선폭)를 가지는 중해상도의 패턴이 가능하다는 것이다. 최근에는 스크린 인쇄를 대체할 결정질 실리콘 태양전지의 차세대 전극 형성 인쇄공정으로서 연구개발이 활발하다. 또한, 항복 응력을 가진 고점도 페이스트를 사용할 수 있다는 점은 추후 디스펜싱 인쇄방식이 3차원 인쇄전자에 접목될 가능성을 열어줄 것으로 기대된다. 그러나, 정전기력 잉크젯 인쇄방식과 마찬가지로 온-오프 제어가 쉽지 않다는 점 때문에 멀티 노즐화 하여 복잡한 패턴을 고속 대량으로 형성하는 용도에는 적합하지 않다.

1.5.4 에어로졸 젯 인쇄

에어로졸 젯 인쇄방식은 안개화된 잉크 혹은 페이스트를 노즐을 통해 토출시켜 기판으로 비접촉 전사하는 방식이다. 이때 안개화된 잉크가 노즐 외부에서 확산하는 것을 방지하기 위해, 그림 1.13(d)에서 보인 바와 같이 노즐 주변부로 또 다른 가스 흐름(sheath gas flow)을 만들어준다. 이 가스의 흐름이 중앙부의 노즐에서 안개화된 형태로 토출되는 잉크가 퍼지지 않고 기판까지 집중된 상태로 도달할 수 있도록 한다. 이와 같은 방법으로 10μm 급의 미세선폭을 패턴 할 수 있으나, 안개화된 잉크가 노즐로부터 연속된 스트림으로 토출되기 때문에 온-오프 제어를 할 수가 없으며, 노즐 외부에 기계적 셔터를 설치하여 온-오프 제어를 해야 한다. 또한, 안개화된 잉크가 공급되는 중앙 노즐과 주변부 가스를 공급해주기 위한 외부 노즐로 구성되어야 한다는 특성상 노즐이 고집적화된 프린트 헤드를 제작하기 어려우므로 복잡한 패턴을 고속 대량으로 형성하는 용도에는 적합하지 않다.

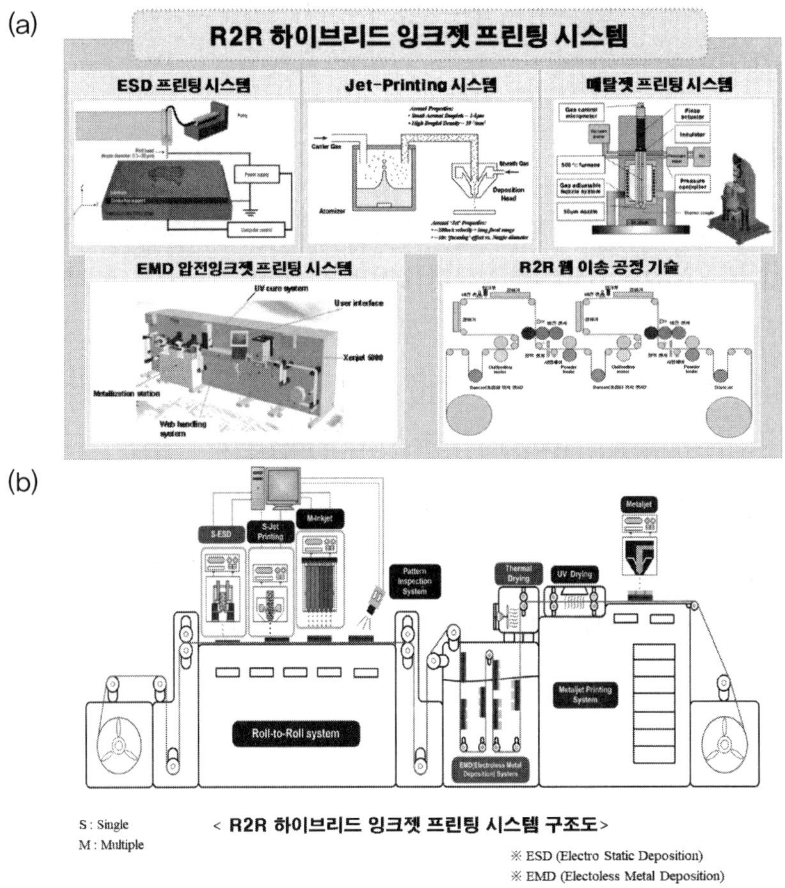

그림 1.14 Non-Contact printing Layout (a) Hybrid printing 개념도 (b) Hybrid printing 구조도

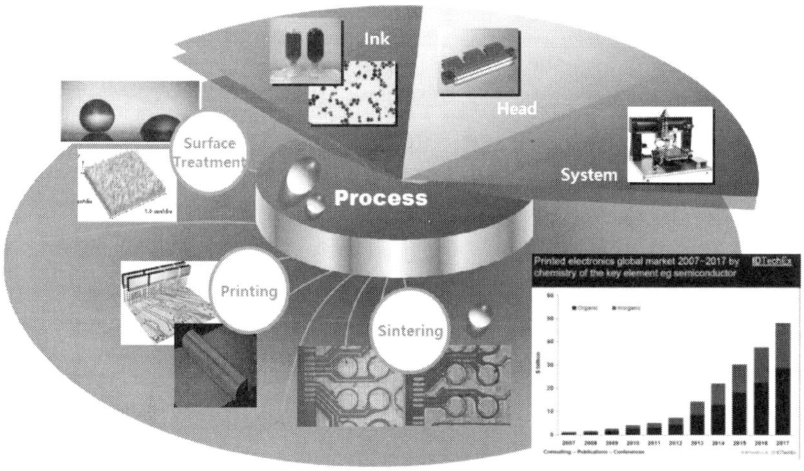

그림 1.15 Inkjet printing technology

1.6 Printed Electronics 전망

그림 1.16
세계 인쇄전자소자 시장 분석

(출처: IDTechEx 2010)

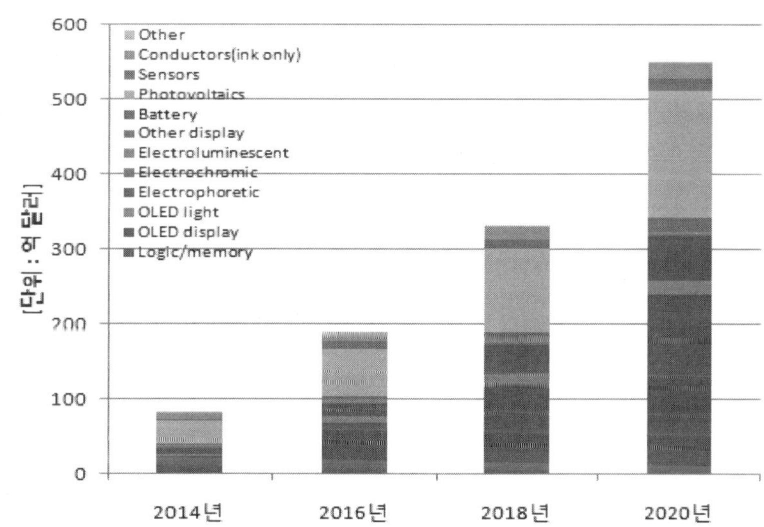

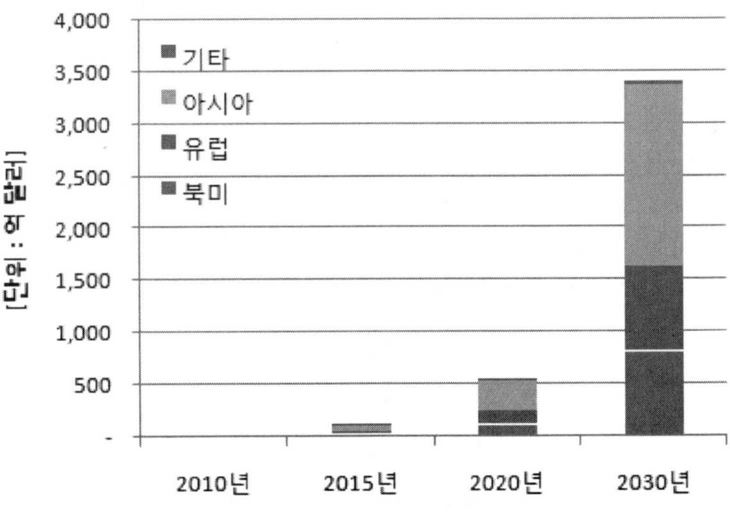

그림 1.17
인쇄전자 세계 점유율

(출처: IDTechEx 2010)

인쇄전자시장은 재료 및 공정기술의 발전과 더불어 수요가 현실화될 것으로 보인다. 시장조사기관인 IDTechEx(2010)는 인쇄전자, 유기전자, 유연 전자 등의 시장규모가 2013년 57억 달러에서 급성장하여, 2020년 551억 달러를 기록하며 연평균 37% 상승할 전망이다. 물론 연간 약 3,000억 달러 이상에 이르는 반도체 칩 시장에는 못 미치는 수준이다. 하지만 전자제품에 대한 소비자의 요구가 고도화되면서 인쇄전자에 대한 수요는 확대될 그것으로 예상한다. 지역별로 보면 북미지역이 2010년 4억 달러에서 2030년 816억 달러로 가장 빠른 30%의 성장세를 기록 할 것으로 생각한다. 유럽 지역의 인쇄전자 소자 시장규모는 2010년 5억 달러에서 2030년 816억 달러를 기록 하며 연평균 29% 상승할 것이다. 독일을 중심으로 화학 분야 업체들과 프린팅 설비업체들이 연구개발 인프라를 확충, 시장기반을 마련했으며, 영국·네덜란드·스위스·핀란드 등도 유기전자소자에 대한 기술개발을 활발히 진행, 인쇄전자시장 확대에 주력하고 있다. 아시아·태평양 지역의 인쇄전자 소자 시장은 2010년 11억 달러에서 2030년 1734억 달러로 연평균 29% 상승할 전망이다. 중국·한국·일본 및 대만을 포함한 아시아·태평양 시장규모는 2030년 전체시장의 50% 이상을 차지할 그것으로 예상한다. 이는 인쇄전자를 이용해 생산한 OLED·RFID가 최대 시장인 아시아 지역에서 생산·소비되기 때문이다

또한 Rigid 타입의 전자 소자에서 flexible 타입의 전자 소자로 많은 전자 디바이스의 생산 방식이 변화되어 발전할 것으로 전망되며, Flexible 타입의 전자 소자를 구현하고 생산하기 위해 대면적 Roll to Roll 생산 시스템이 포함된 용액 기반의 인쇄 저낮 공정이 개발될 것으로 전망된다.

1.7 요약

인쇄전자의 성공적인 산업화를 위해서는 우선 혁신적인 아이디어를 바탕으로 한 제품이 기획되어야 하며, 이러한 제품에 요구되는 소재가 개발되어야 한다. 그리고, 소재의 특성에 적합한 인쇄 방식을 이용하여 수십 마이크로미터 이하의 선폭, 혹은 수십 나노미터의 초박막을 신뢰성 있게 구현해낼 수 있는 초정밀 인쇄 장비가 존재하여야 한다. 초정밀 인쇄 장비 외에도 균일한 도포량을 구현하기 위해, 혹은 중첩 정밀도를 정밀하게 제어하기 위한 주변 모듈 혹은 장비들도 함께 개발되어야 한다. 잉크 혹은 페이스트 상태의 기능성 소재를 고해상도로 인쇄를 한 후, 불필요한 용매와 첨가제들을 제거함으로써 소재 본연의 기능을 구현할 수 있는 (열처리기와 같은) 후속 공정 장비들 또한 개발되어야 한다.

인쇄전자 산업은 이처럼 소재와 장비 전후방 산업을 모두 아우르는 융합기술이며, 막대한 경제적 파급효과 때문에 2011년 한국의 6대 미래산업으로 선정되기도 하였다. 그러나, RFID와 같이 대량 수요가 있을 것으로 기대되었던 제품들이 시장에 장착하는 데 실패하거나, 전자종이(e-Paper)의 경우처럼 새로운 경쟁 제품의 대두(태블릿 PC) 때문에 시장에서 도태되거나, 메탈 메쉬를 이용한 투명 전도성 필름과 같은 신규 인쇄전자 제품이 기존 ITO 기반의 투명 전도성 필름의 가격 인하 때문에 제품에의 채용이 지연되는 등, 시장환경이 급격히 변화함으로 인해 인쇄전자의 실제 성장이 시장조사기관의 예측에 못 미치는 실정이다.

비단 인쇄전자 산업뿐만 아니라 기존의 한국의 성장동력이었던 조선, 자동차, 반도체와 디스플레이용 장비산업에도 위기감이 광범위하게 퍼져있기는 마찬가지인 상황이다. 앞으로 인쇄전자의 새로운 응용 분야를 탐색하고, 이에 요구되는 소재와 장비들을 개발하면서 인쇄전자 산업계와 학계, 연구소의 좀 더 뚜렷한 역할분담과 책임감 있는 연구개발, 그리고 상호 긴밀한 협력이 더욱 요구된다.

1.8 참고문헌

[1] Kwan, M. K., Shin, K. H., Yoon, E. Y. and Suh, K. Y., 2010, "Fabrication of conductive metal lines by plate-toroll pattern transfer utilizing edge dewetting and flexographic printing," J. Colloid Interface Sci., Vol. 343, No. 1, 19pp. 301~305.

[2] Järn, M., Täg, C.-M., Järnström, J., Granqvist, B. and Rosenholm, J. B., 2006, "Alternative models for determining the surface energy components in offset printing," J. Colloid Interface Sci., Vol. 301, No. 2, pp.668~676.

[3] Shen, W., Mao, M., Murray, G. and Tian, J., 2008, "Adhesion and anti-adhesion of viscous fluids on solid surfaces-A study of ink transfer mechanism in waterless offset printing," J. Colloid Interface Sci., Vol. 318, No. 2, pp. 348~357.

[4] Harrey, P. M., Ramsey, B. J., Evans, P. S. A. and Harrison, D. J., 2002, "Capacitive-type humidity sensors fabricated using the offset lithographic printing process,"Sens. Actuators, B, Vol. 87, No. 2, pp. 226~232.

[5] Zielke, D., Hübler, A. C., Hahn, U., Brandt, N., Bartzsch, M., Fügmann, U., Fischer, T., Veres, J. and Ogier. S., 2005, "Polymer-based organic field-effect transistor using offset printed source/drain structures," Appl. Phys. Lett., Vol 87, No. 12, 123508.

[6] Leppävuori, S., Väänänen, J., Lahti, M., Remes, J. and Uusimäki, A., 1994, "A novel thick-film technique, gravure offset printing, for the realization of fine-line sensor structures," Sens. Actuators, A, Vol. 42, No. 1, pp. 593~596.

[7] Lahti, M., Leppävuori, S. and Lantto, V., 1999, "Gravure-offset-printing technique for the fabrication of solid films," Appl. Surf. Sci., Vol. 142, No. 1, pp. 367~370.

[8] Pudas, M., Hagberg, J. and Leppävuori, S., 2004, "Printing parameters and ink components affecting ultra-fineline gravure-offset printing for electronics applications," J. Eur. Ceram. Soc., Vol. 24, No. 10, pp. 2943~2950.

[9] Lee, T.-M., Lee, S.-H., Noh, J.-H., Kim, D.-S. and Chun, S., 2010, "The effect of shear force on ink transfer in gravure offset printing," J. Micromech. Microeng., Vol. 20, No. 12, 125026.

[10] Lee, C. W., Kim, N. S. and Kim, C. W., 2013, "Statistical Analysis for Thickness and Surface Roughness of Printed Pattern in Roll-to-Roll Printed Electronics System," Trans. Korean Soc.

Mech. Eng. A, Vol. 37, No. 3, pp. 286~294.

[11] Ahn, B. J., Han, Y., J. and Ko, S. L., 2010, "Influence of Micro Pattern Geometry and Printing and Curing Conditions in Gravure Printing on Printing Performance When Using Conductive Ink," Trans. Korean Soc. Mech. Eng. A, Vol. 34, No. 3, pp. 263~271.

[12] Søndergaard, R., Hösel, M., Angmo, D., Larsen-Olsen, T. T. and Krebs, F. C., 2012, "Roll-to-roll fabrication of polymer solar cells," Mater. Today, Vol. 15, No. 1, pp. 36~49.

[13] Shin, D.-Y., Lee, Y. and Kim, C. H., 2009, "Performance characterization of screen printed radio frequency identification antennas with silver nanopaste," Thin Solid Films, Vol. 517, No. 21, pp. 6112~6118.

[14] Yoshida, K., 2006, "Printing Technology for Electronic Devices Manufacturing," Journal of Printing Science and Technology, Vol. 43, No. 1, pp. 2~6.

[15] Kim, M., You, I.-K., Han, H., Jung, S.-W., Kim, T.-Y., Ju, B.-K. and Koo, J. B., 2011, "Organic Thin-Film Transistors with Short Channel Length Fabricated by Reverse Offset Printing," Electrochem. Solid-State Lett., Vol. 14, No. 8, pp. H333~H336.

[16] Kim, M., Koo, J. B., Baeg, K.-J., Jung, S.-W., Ju, B.-K. and You, I.-K., 2012, "Top-gate staggered poly (3,3‴-dialkyl-quarterthiophene) organic thin-film transistors with reverse-offset-printed silver source/drain electrodes" Appl. Phys. Lett., Vol. 101, No. 13, 133306.

[17] Choi, Y. M., Kim, K. Y., Lee, E., Jo, J. and Lee, T. M., 2015, "Fabrication of a single-layer metal-mesh touchscreen sensor using reverse-offset printing," J. Inf. Disp., Vol. 16, No. 1, pp. 37~41.

[18] Choi, Y.-M., Lee, E.-S., Lee, T.-M. and Kim, K.-Y., 2015, "Optimization of a reverse-offset printing process and its application to a metal mesh touch screen sensor," Microenectron. Eng., Vol. 134, pp. 1~6.

[19] Shin, D.-Y., 2011, "Fabrication of Metal Electrodes Based on the Self-Differentiation Technique Using the Novel High-and-Low Strategy," J. Imaging Sci. Technol., Vol. 55, No. 4, 40303-1.

[20] Pudas, M., Hagberg, J. and Leppävuori, S., 2004, "Gravure offset printing of polymer inks for conductors," Prog. Org. Coat., Vol. 49, No. 4, pp. 324~335.

[21] Lee, T.-M., Noh, J.-H., Kim, C. H., Jo, J. and Kim, D.-S., 2010, "Development of a gravure

offset printing system for the printing electrodes of flat panel display," Thin Solid Films, Vol. 518, No. 12, pp. 3355~3359.

[22] Lee, T.-M., Noh, J.-H., Kim, I., Kim, D.-S. and Chun, S., 2010, "Reliability of gravure offset printing under various printing conditions," J. Appl. Phys., Vol. 108, No. 10, 102802.

[23] Choi, Y.-M., Kim, K.-Y., Jo, J. and Lee, T.-M., 2014, "Effect of PDMS Blanket Deformation on Printability in Reverse-Offset Printing," Trans. Korean Soc. Mech. Eng. B, Vol. 38, No. 8, pp. 709~714.

[24] Shin, D.-Y., Grassia, P. and Derby, B., 2004, "Numerical and experimental comparison of mass transport rate in a piezoelectric drop-on-demand inkjet print head," Int. J. Mech. Sci., Vol. 46, No. 2, pp. 181~199.

[25] Shin, D.-Y., Grassia, P. and Derby, B., 2005, "Oscillatory incompressible fluid flow in a tapered tube with a free surface in an inkjet print head," J. Fluids Eng., Vol. 127, No. 1, pp. 98~109.

[26] Deegan, R. D., Bakajin, O., Dupont, T. F., Huber, G., Nagel, S. R. and Witten, T. A., 1997, "Capillary flow as the cause of ring stains from dried liquid drops," Nature, Vol. 389, No. 6653, pp. 827~829.

[27] Sirringhaus, H., Kawase, T., Friend, R. H., Shimoda, T., Inbasekaran, M., Wu, W. and Woo, E. P., 2000, "Highresolution inkjet printing of all-polymer transistor circuits," Science, Vol. 290, No. 5499, pp. 2123~2126.

[28] Wang, J. Z., Zheng, Z. H., Li, H. W., Huck, W. T. S. and Sirringhaus, H., 2004, "Dewetting of conducting polymer inkjet droplets on patterned surfaces," Nat. Mater., Vol. 3, No. 3, pp. 171~176.

[29] Park, J. U., Hardy, M., Kang, S. J., Barton, K., Adair, K., Mukhopadhyay, D. K., Lee, C. Y., Strano, M. S., Alleyne, A. G., Geordiadis, J. G., Ferreira, P. M. and Rogers, J. A., 2007, "High-resolution electrohydrodynamic jet printing," Nat. Mater., Vol. 6, No. 10, pp. 782~789.

[30] Sekitani, T., Noguchi, Y., Zschieschang, U., Klauk, H. and Someya, T., 2008, "Organic transistors manufactured using inkjet technology with subfemtoliter accuracy," Proc. Natl. Acad. Sci. U.S.A., Vol. 105, No. 13, pp. 4976~4980.

[31] Jaworek, A. and Krupa, A., 1999, "Classification of the modes of EHD spraying," J. Aerosol

Sci., Vol. 30, No. 7, pp. 873~893.

[32] Shin, D.-Y., Seo, J. Y., Tak, H. and Byun, D., 2015, "Bimodally dispersed silver paste for the metallization of a crystalline silicon solar cell using electrohydrodynamic jet printing," Sol. Energy Mater. Sol. Cells, Vol. 136, pp.148~156.

[33] Jeong, J. A., Kim, H. K. and Kim, J., 2014, "Invisible Ag grid embedded with ITO nanoparticle layer as a transparent hybrid electrode," Sol. Energy Mater. Sol. Cells, Vol. 125, pp. 113~119.

[34] Roh, H.-R., Go, J.-K. and Kwon, K.-S., 2013, "Electrohydrydynamic Inkjet Printing System for Ultrafine Patterning," Trans. Korean Soc. Mech. Eng. B, Vol. 37, No. 9, pp. 873~877.

[35] Choi, K.-H., Khan, A., Rahman, K., Doh, Y.-H., Kim, D.-S. and Kwan, K.-R., 2011, "Effects of nozzles array configuration on cross-talk in multi-nozzle electrohydrodynamic inkjet printing head," J. Electrost., Vol. 69, No. 4, pp. 380~387.

[36] Ho, C. C., Murata, K., Steingart, D. A., Evans, J. W. and Wright, P. K., 2009, "A super ink jet printed zinc silver 3D microbattery," J. Micromech. Microeng., Vol. 19, No. 9, 094013.

[37] Gratson, G. M., Xu, M. and Lewis, J. A., 2004, "Microperiodic structures: direct writing of three-dimensional webs," Nature, Vol. 428, No. 6981, pp. 386~386.

[38] Pospischil, M., Fellmeth, T., Brand, A., Nold, S., Kuchler, M., Klawitter, M., Gentischer, H., König, M., Hörteis, M., Wende, L., Doll, O., Zengerle, R., Clement, F. and Biro, D., 2014, "Optimizing fine line dispensed contact grids," Energy Procedia, Vol. 55, pp. 693~701.

[39] Beutel, M., Lewis, A., Prondzinski, M., Selbmann, F., Richter, P., Bamberg, F., Raschtschepkin, P., Krause, A., Koch, C., Hentsche, M., Stegemann, K.-H., Schneiderlöchner, E. and Neuhaus, H., 2014, "Fine line metallization by coextrusion technology for next generation solar cells," Sol. Energy Mater. Sol. Cells, Vol. 131, pp. 64~71.

[40] MacDonald, E., Salas, R., Espalin, D., Perez, M., Aguilera, E., Muse, D. and Wicker, R. B., 2014, "3D printing for the rapid prototyping of structural electronics," IEEE Access, Vol. 2, pp. 234~242.

[41] Mahajan, A., Frisbie, C. D. and Francis, L. F., 2013, "Optimization of aerosol jet printing for high-resolution, high-aspect ratio silver lines," ACS Appl. Mater. Interfaces, Vol. 5, No. 11, pp. 4856~4864.

[42] Zhao, D., Liu, T., Zhang, M., Liang, R. and Wang, B., 2012, "Fabrication and characterization of aerosol-jet printed strain sensors for multifunctional composite structures," Smart Mater. Struct., Vol. 21, No. 11, 115008.

Chapter 2

Gravure offset printer for RFID Antena

2.1 서론

그림 2.1 제작된 RFID Antena 인쇄용 롤투롤 프린팅 시스템

현재 전 세계의 산업 연구 기관과 대학에서는 인쇄 회로, 저가 RFID(Radio Frequency identification) 태그, 스마트 센서, 플라스틱 태양 전지, 플렉서블 디스플레이 등 유연한 전자 소자

제조를 위한 새로운 인쇄 공정 기술 개발을 추진하고 있다. 인쇄 공정으로 제작된 제품들은 대량 생산이 가능하지만 반도체 공정에 비해 낮은 정밀도로 인한 큰 크기라는 공통된 특징을 가지고 있다. 이러한 제품의 대량 생산을 위한 새로운 기술은 반도체, 유전체 및 전도성 레이어로 구성된 다층 패턴을 인쇄하는 롤투롤(R2R) 인쇄 기술이다.

이러한 프린팅 방식으로 생산되는 전자소자 및 부품을 인쇄전자라고 하며 유비쿼터스 환경 구축에 응용될 수 있다. 이러한 유망한 제품 중 하나는 전체 인쇄형 RFID 태그로, 태그 칩과 안테나를 모두 반도체, 유전체 및 전도성 잉크를 사용하는 다층 인쇄 방식으로 제작하여 매우 저렴한 RFID 태그를 제작할 수 있다. 인쇄 RFID 태그는 저렴한 인쇄 재료 및 회로 설계 기술과 함께 비용 효율적인 제조 프로세스가 필요하다.

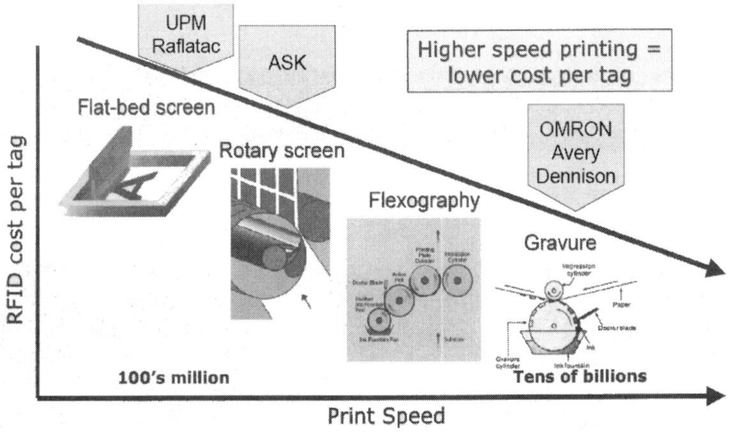

그림 2.2 R2R 공정을 통한 인쇄 속도 대비 RFID 가격 상관관련도(참조: IDTechEx 2006)

그라비어 오프셋 프린팅 기술은 R2R 프린팅 기술중 하나로 패턴이 음각되어 있는 롤에 잉크를 채운 후 다른 롤에 패턴을 전사시킨 다음 기판 위에 프린팅을 하는 공정으로 위 그림2.2 와 같이 다른 그라비어 프린팅, 플렉소 프린팅에 비해 높은 인쇄 해상도, 쉬운 잉크 두께 조절 등의 특징을 가지고 있어 많이 사용되고 있다.

2.2 Gravure-Offset Printing System

2.2.1 Design of the printing system

그림 2.3 R2R 프린팅 장비

위 그림 2.3은 설계된 R2R 프린팅 장비이다. 장비는 언와인더, 리와인더, 인피더, 아웃 피더, 3개의 인쇄 장치와 건조 장치, 안내 장치, 비전 시스템 및 기타 보조 장치로 구성되어 있으며, 다층 인쇄의 경우 시스템은 세 가지 다른 재료를 인쇄할 수 있도록 설계되었다. 그라비어 오프셋은 플레이트 실린더, 블랭킷 실린더 및 임프레션 실린더로 구성된다. 단일 모터가 기어를 사용하여 3개의 실린더를 동시에 구동하는 기존 인쇄 시스템과 달리 기어 백래시로 인해 기계의 정밀도가 저하되는 기존 인쇄 시스템과 달리 설계된 인쇄 장치의 각 실린더는 개별 서보 모터에 의해 구동된다. 모터의 개별 구동은 제어의 자유도를 증가시키고 결과적으로 인쇄 장치의 보다 정밀한 제어를 허용한다. 3개의 인쇄 장치는 구조와 인쇄 방법이 동일하며 인라인으로 배치된다. 이미지 처리 시스템이 장착된 고해상도 카메라는 두 번째 및 세 번째 인쇄 장치에 설치되어 첫 번째 인쇄 장치에서 인쇄된 등록 표시와 두 번째 인쇄 장치에서 인쇄된 등록 표시 사이의 오차를 계산하는 데 사용되는 위치 표시를 캡처한다. 인쇄패턴 건조기는 열풍방식으로 사용하는 기능성 잉크의 특성에 따라 자외선, 적외선 등 다른 방식으로 전환할 수 있다. 리와인더 장치와 언와인더도 장력 제어로 제어되는 서보 모터에 의해 구동된다.

안정적인 인쇄물 공급을 위해서는 장력이 일정하게 유지되어야 하며 언와인더와 1차 인쇄 장치 사이에 설치된 인피더가 정밀한 장력 조절을 수행한다. 종이, 플라스틱 필름과 같은 기재는 항복 강도와 같은 임계값 이상의 장력 하에서 소성변형을 일으키거나 이송 속도의 급격한 감속에 따라 주름을 일으키기 때문에, 기재의 장력 및 속도 제어가 매우 중요하다. 고품질 인쇄 패턴. 장력은 로드셀에 의해 감지되며, 웹을 안내하는 시스템으로 프린팅 유닛 이전에 상용 엣지 포지션 컨트롤러가 사용된다.

2.2.2 Design of the printing unit

위에서 설명한 것처럼 인쇄 전자 소자는 여러 종류의 잉크를 여러 번 인쇄해야 한다. 대부분의 패턴은 각 잉크를 겹쳐서 인쇄해야 한다. 다중 인쇄에 필요한 높은 인쇄 압력은 이전에 인쇄된 패턴을 손상시킬 수 있다.

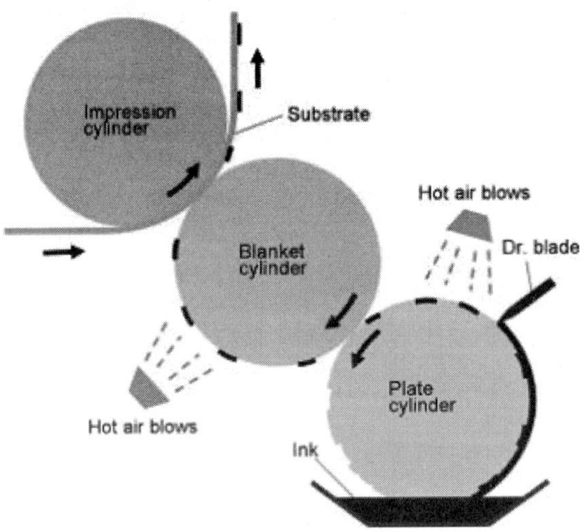

그림 2.4 그라이아 오프셋 인쇄 개략도

잉크가 패턴 실린더에서 기판으로 전사되는 그라비아 인쇄 방법과 달리 그라비아 오프셋 인쇄 방법은 위 그림 2.4와 같이 부드러운 블랭킷 실린더에서 기판으로 잉크가 전사된다. 따라서 그라비아 오프셋 인쇄 방법은 다층 인쇄의 주요 장점인 그라비아 방법보다 인쇄 압력이 덜 필요하다. 아래 그림은 사용된 잉크 전사 과정과 그라비아 오프셋 인쇄의 개념을 보여준다. 먼저, 인쇄할 패턴이 있는 판 실린더를 잉크 탱크에 넣어 잉크를 코팅한다. 닥터 블레이드는 플레이트 실린더의 양각 영역에서 잉크를 제거하고 음각에만 잉크를 남긴 다음 뜨거운 공기를 선택적으로 불어 홈에 있는 잉크 표면을 가볍게 건조시켜 플레이트 실린더에서 잉크의 전사를 용이하게 한다.

적절한 인쇄 압력에서 두 실린더의 접촉을 통해 패턴된 실린더에서 블랭킷 실린더로, 블랭킷 실린더에서 기판으로 잉크를 전사한다. 블랭킷 실린더의 잉크 표면도 한번 더 열풍으로 가볍게 건조시킨 후, 적절한 인쇄 압력에서 임프레션 실린더를 사용하여 잉크를 기판에 전사한다.

2.2.3 Register measurement/control system

아래 그림 2.5는 두 인쇄 장치의 정렬을 위한 레지스터 제어 방법의 개략도이다. 레지스터 마크는 각 인쇄 장치에서 인쇄 하고자 하는 패턴과 함께 인쇄된다. 각각의 실린더에는 하나의 레지스터 마크가 있다. (한 회전당 하나의 마크) 트리거 핀은 레지스터 마크와 동일한 위상에 있는 첫 번째 플레이트 실린더에 위치하고 트리거 핀이 트리거 센서 위를 지나갈 때마다, 센서를 작동시키며, 그때 카메라가 작동되게 된다. 카메라가 켜져 있는 순간과 마크가 카메라의 인식 가능한 범위 내에 있을 때 마크와 카메라 범위의 중간에 위치하도록 사이의 시간 차이를 보상하기 위해 측정된 마크의 위치를 실시간으로 확인하며 발생한 오차를 서보모터로 전송하여 서보모터의 위상 제어를 통해 오차를 보상한다.

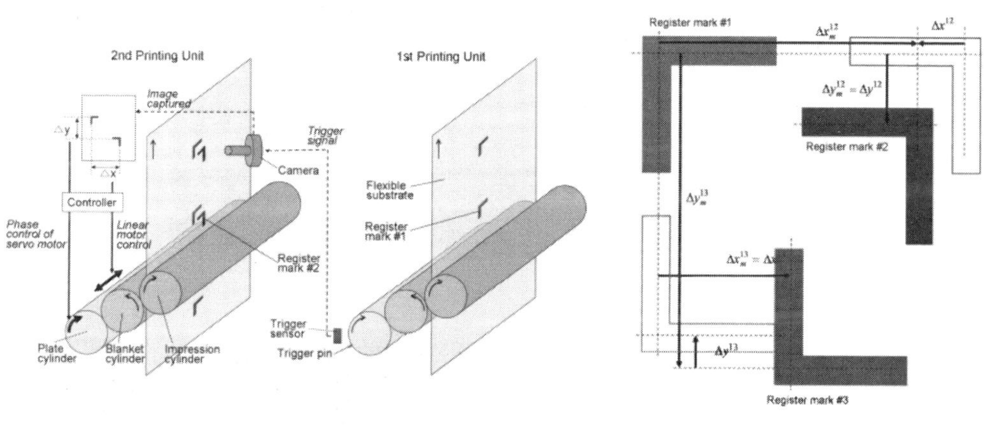

그림 2.5 레지스터 컨트롤 시스템

2.2.4 안테나 생산용 고속 그라비아 기술 개발

고속으로 안테나를 생산하기 위해서는 장비의 생산 속도가 맞게 설계 되어야 하며, 사용하는 잉크 또한 고속 인쇄 시 전이가 문제 없이야 하고, 건조기 또한 인쇄 속도에 맞게 설계 되어야 한다. 제작된 장비는 다음의 사양에 맞도록 설계 되어 있으므로 고속 인쇄에 적용이 가능하다.

- 모터 속도: 4000rpm, 15:1 기어박스 사용 → 107m/min 속도 대응
- 모터 용량: 2Kw

그림 2.6은 그라비어 인쇄 방식으로 제작된 안테나를 보여준다. 한편, 안테나의 인식거리를 높이기 위해서는 전도성을 증가시켜야 하며, 이를 위해서 중첩 인쇄로 안테나를 제작하였다. 그림 2.7(a)는 3도 중첩으로 제작된 안테나에 일반 칩을 본딩한 사진, 그림 2.7(b)는 이 안테나의 인식거리를 구리 안테나와 비교한 결과를 보여준다. 그림에서 보듯이 구리 안테나의 60% 수준으로 전도성 향상을 통해 인식거리를 확대할 경우 구리 안테나를 충분히 대체할 수 있음을 보여준다. 또한 그림 2.7(c)는 두께 측정 결과로 약 4~5μm 정도로 측정되었다. 이 인쇄 두께는 중첩 레이어의 도수나 두께 조절로 조절이 가능하다.

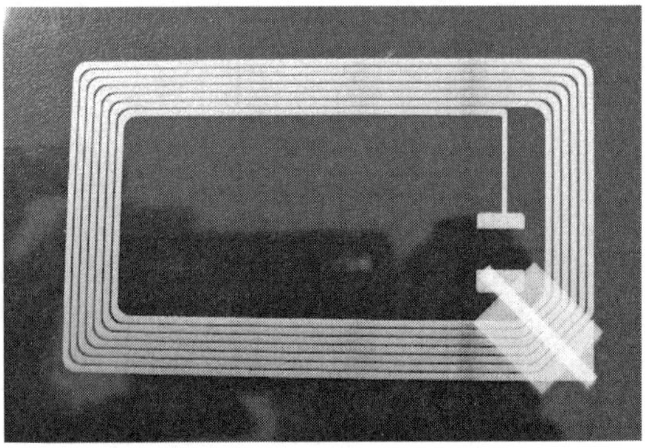

그림 2.6 HF 안테나 인쇄 결과

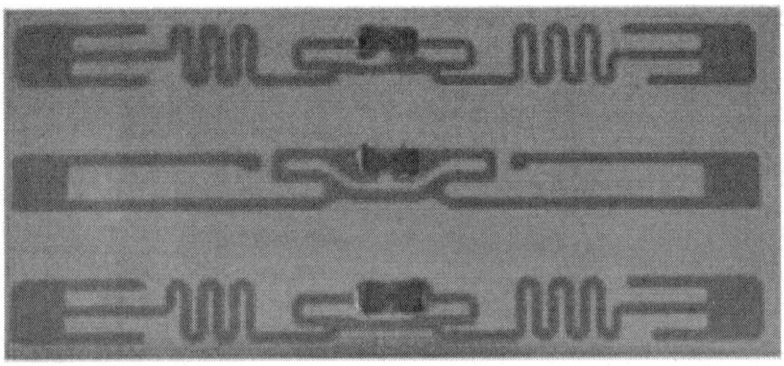

(a)

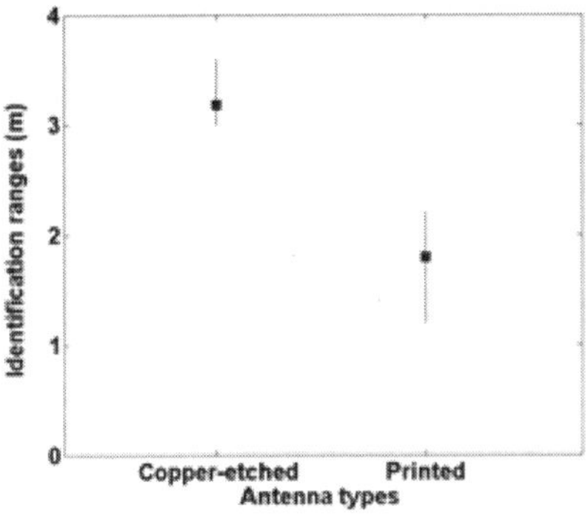

(b)

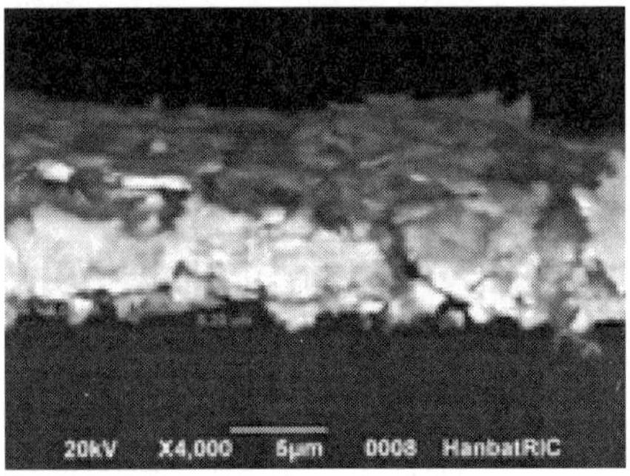

(c)

그림 2.7 (a) 중첩 인쇄로 제작한 안테나(chip 본딩) 및 (b) 안테나 인식 거리 측정 결과 (c) 두께 측정 결과

2.2.5 인쇄 RFID 안테나 공정 변수와 전기적 성능 관계의 실험적 고찰

1) 연구 절차 및 방법

본 연구의 수행에 사용된 연구 방법 및 절차는 다음 표 2.1과 같으며 구체적으로는 다음과 같다.

① 논문 등의 문헌이나 전문가의 협조로 안테나 디자인을 확보하였다. 이때 안테나는 인쇄 분야에서 가장 많이 활용되는 UHF(900MHz~1.2GHz) 대역의 안테나를 이용하였다.

② 기존의 구리안테나와의 비교를 위해 (1)에서 얻어진 디자인에 대해 구리 안테나를 제작하고, 스크린, 그라비아 등의 인쇄를 통해 인쇄 안테나를 제작하였다. 기초적인 성능 비교를 통해 차이점을 분석하였다.

③ 인쇄 과정에서 관찰된 인쇄 품질을 바탕으로 인쇄 공정 변수를 가정하고 이를 고려한 안테나를 제작하였다. 또한 재료 별 특성 차이를 분석을 위하여 시중에 시판되는 잉크 별로 안테나를 제작하였다.

④ 제작된 안테나는 주파수 특성과 효율 특성을 분석하여 인쇄 품질 및 변수에 따른 성능 차이를 분석하였다.

표 2.1 연구 절차 및 방법

연구 절차	연구 방법	내용
안테나 디자인	문헌 참조	UHF(900M~1.2GHz)
	디자인 의뢰	UHF(900MHz)
안테나 제작	구리에칭 안테나 제작	
	인쇄 안테나 제작	스크린, 그라비아 등
	인쇄 공정 변수 가정 및 이를 고려한 안테나 제작	에지, 표면, 핀 홀 등
	잉크 별 안테나 제작	3개사 잉크 비교
안테나 성능 측정	주파수 특성 측정	네트웍 어날라이저
	효율 측정	구형 반사판 제작

2) 다구찌 실험계획법을 이용한 설계 변수 영향 파악

① 안테나 인쇄 시 발생 가능한 변수 및 불량 요인

안테나 인쇄는 인쇄 제판의 정밀도와 두께가 우선적인 영향을 줄 수 있다. 최근 안테나의 인쇄에 많이 사용되는 스크린 인쇄는 메시(Mesh) 형태의 스크린에 비화상부에는 유막 처리를 하여 화상부에만 잉크를 침투시켜 인쇄하는 방식으로 그 특성상 메시 형상이 그대로 나타나 인쇄 표면의 불균일을 초래한다. 일반적으로 단위 길이 당 메시 수를 증가시켜 세밀한 패턴을 제작할 경우, 인쇄 표면의 불균일은 줄어들지만 스크린을 구성하는 꼬임선(Thread)의 두께는 달라지게 된다. 인쇄된 잉크의 두께는 이 꼬임선의 두께와 유막의 두께로 결정이 되며 꼬임선의 두께, 메시의 수 등에 따라 유막 두께의 범위도 정해진다. 이러한 인쇄 두께는 생산품의 종류와 전도성 등의 요구 조건에 따라 달라지며 인쇄 안테나 제작 시 인쇄 조건에 따른 변수로 작용한다. 이러한 메시 형상의 존재와 두께의 변수는 그라비아, 플렉소 등의 다른 인쇄에서도 나타나는 현상이다.

그림 2.8 메쉬에 의한 RFID 안테나 (a) 표면의 메쉬 형상 (b) 불균일 에지 (c)핀홀

이러한 인쇄 두께는 생산품의 종류와 전도성 등의 요구 조건에 따라 달라지며 인쇄 안테나 제작 시 인쇄 조건에 따른 변수로 작용한다. 이러한 메시 형상의 존재와 두께의 변수는 그라비아, 플렉소 등의 다른 인쇄에서도 나타나는 현상이다. 또한 인쇄 시 발생할 수 있는 품질 불량으로는 잉크의 번짐이나 전이 불량으로 발생하는 인쇄된 안테나의 에지(Edge) 불량(그림 2.8), 전이 불량으로 발생하는 핀홀(Pin hole)이 있다.(그림 2.8) 따라서 스크린 인쇄 시 사용자에 의하여 안테나에 영향을 줄 수 있는 두 가지 요인으로 스크린의 메시 수와 두께를 고려할 수 있으며, 인쇄 품질의 두 가지 요인으로 에지와 핀홀을 생각할 수 있다.

② 안테나의 설계 및 실험계획법의 적용

실험에 사용된 안테나는 가장 단순한 다이폴(Dipole) 형태로 50임피던스를 기준으로 UHF (Ultra High Frequency) 대역인 900 MHz에서 공진하도록 설계하였으며(그림 2.8) 설계 결과와 시뮬레이션 결과는 각각 그림 2.9와 그림 2.10와 같다. 시뮬레이션은 상용 전자기파 해석 도구인 CST를 이용해서 수행하였으며 그림 2.10의 결과는 안테나의 임피던스 부정합에 따라 반사된 전력과 입사된 전력의 비를 dB 스케일로 나타낸 S11 파라미터이다. 낮은 값일수록 더 높은 전력이 안테나에 전달되었음을 의미하며 최하점이 공진점에 해당한다. 접힘이 없는 다이폴 안테나의 길이는 공진주파수에서 반파장에 해당하며 따라서 공진 주파수에 반비례한다. 한편, 에칭으로 제작된 안테나와 비교를 위해 설계된 안테나와 동일한 형태를 가지며 17m의 두께를 가지는 구리 안테나를 제작하였고 10개의 샘플 측정 결과 공진주파수는 모두 889MHz로 측정되었다. 900MHz의 공진 주파수로 설계가 되었으나 시뮬레이션과 약11MHZ의 오차가 발생하였으며 이는 안테나 재료의 비저항, 유전율 등의 실제 값과 시뮬레이션 값과의 차이에 기인하며, 실제 안테나 설계 시에는 보정이 이루어져야 하는 부분이다. 그러나 본 연구에서는 정확한 공진주파수의 튜닝이 목적이 아닌, 인쇄 안테나와 에칭 안테나와 비교가 목적이므로 기준 안테나를 889MHz의 구리 에칭 안테나로 정하였다.

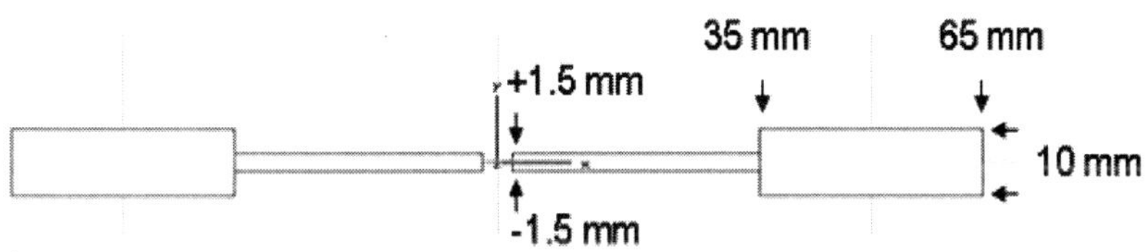

그림 2.9 설계된 900MHz 다이폴 안테나

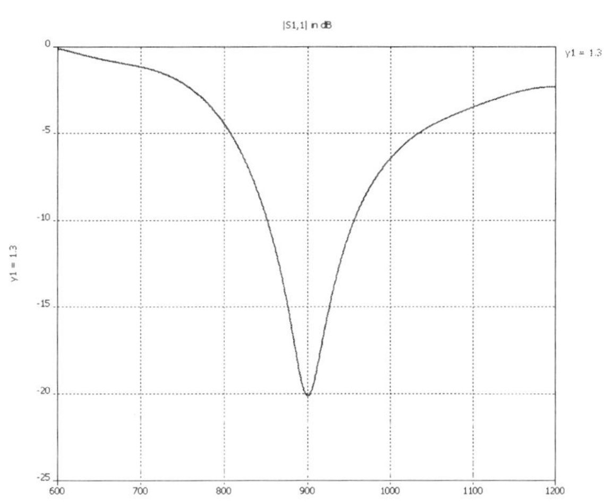

그림 2.10 설계된 안테나의 CST 시뮬레이션 결과

설계된 안테나에 대하여 아래 표 2.2와 같은 4개의 인자를 각각 3개의 수준으로 변화하여 안테나의 인쇄 시 발생할 수 있는 변수를 가정하였다. 여기서 제판의 두께는 75, 85, 95m 이지만, 안테나 인쇄 후 건조 과정을 거치며 실제로 남게 되는 은은 인쇄 두께의 30% 수준이 되어 20~30m 정도의 두께를 가지는 안테나가 만들어진다.

표 2.2 4개 인자 및 수준

Factor	Level		
	0	1	2
Number of mesh	120	255	355
Thickness (m)	75	85	95
Edge non-uniformity (mm)	0	0.3	0.6
Number of pin hole	0	26	58

에지의 불균일은 그림 2.11과 같이 굴곡의 반경으로 정의하였다. 핀홀은 0.5mm의 동일한 직경을 가지며 그림 2.13와 같이 분포하도록 디자인 하였다.

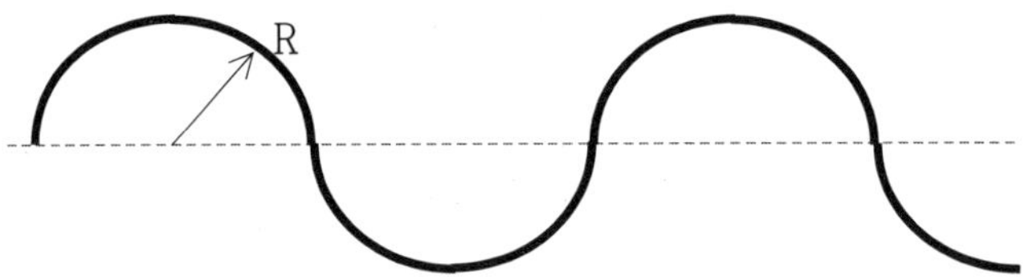

그림 2.11 에지 불균일의 정의

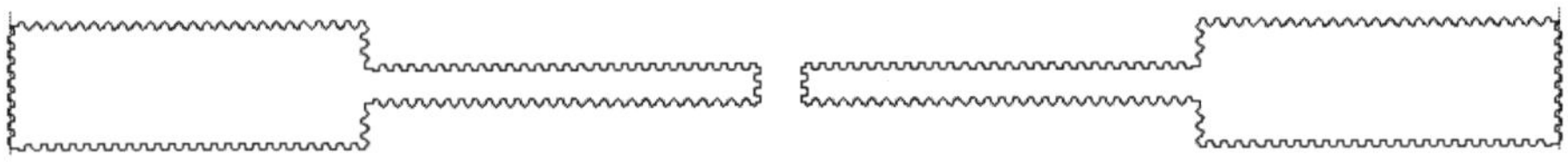

그림 2.12 불균일 에지를 가진 안테나의 예

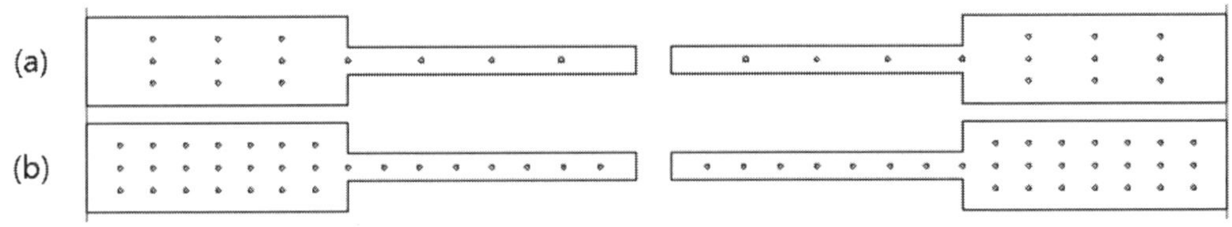

그림 2.13 핀홀이 형성된 안테나 (a) level 1 (b) level 2

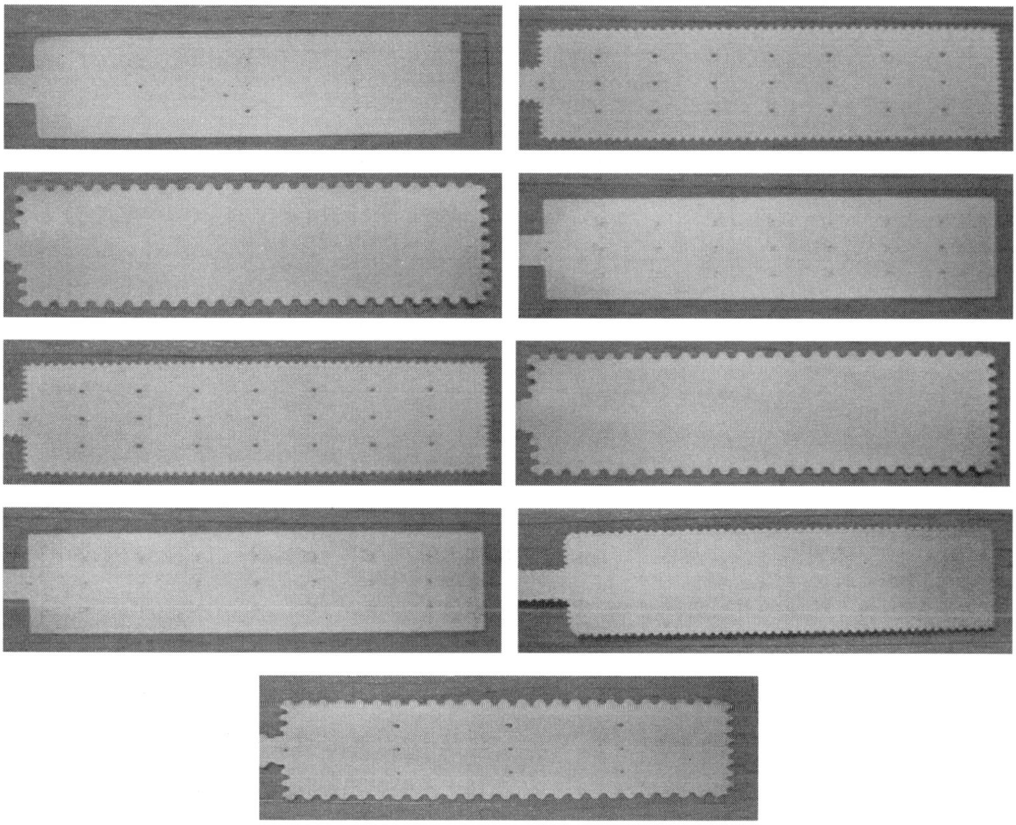

그림 2.14 실험에 사용된 인쇄 안테나

4개의 인자를 3수준으로 샘플을 제작하여 인쇄와 측정에 사용할 경우 총 81개의 서로 다른 샘플이 필요하며 유효한 데이터를 얻기 위해 동일한 형태의 샘플을 여러 개 제작해 실험할 경우 수백회의 측정이 필요하게 된다. 따라서 실험 회수를 줄이고 효율적인 데이터를 얻기 위하여 다구찌 실험계획법을 적용하여 L9(34)의 직교배열표로부터 샘플 개수를 9개로 줄여 안테나를 제작하였으며 안리쓰(Anritsu)사의 MS-4624D 네트워크 분석기를 이용하여 600 MHz~1.2 GHz 대역에서 S11을 측정하였다. 그림 2.14는 인쇄 방식으로 제작된 안테나 샘플 사진이다.

③ 실험 결과

안테나는 유전율(r) 3.1, 두께 50mm 인 PET (Polyethylene terephthalate) 기판위에 스크린 인쇄기로 전도성 잉크를 사용하여 인쇄하였고, 건조는 120도에서5분으로 충분한 건조 시간으로 완전 소성을 하여 전도성이 수렴하도록 하였다. 총 9가지 종류의 디자인에 대하여 인쇄 상태가 양호한 샘플을 각각 3개씩 측정하여 S11이 최소가 되는 주파수를 공진 주파수로 보고 평균값을 계산하였으며 측정 결과는 아래 표 2.3과 같다.

표 2.3 실험 결과 (M: no. of mesh; T: thickness; E: non-uniformity of edge; P: no. of pin hole)

Measurement Number	M	T	E	P	Resonant frequency, MHz
1	0	0	0	0	881.5
2	0	1	1	1	874.5
3	0	2	2	2	855.8
4	1	0	1	2	875.7
5	1	1	2	0	875. 7
6	1	2	0	1	886.2
7	2	0	2	1	869.8
8	2	1	0	2	881.5
9	2	2	1	0	888.5

그림 2.15는 측정된 결과로부터 얻어진 요인별 수준의 영향을 나타내는 그림으로 안테나의 두께를 제외한 3개의 인자에서 수준별 영향이 나타났다.

메시 수가 120에서 255로 증가할 때 큰 변화를 보이며 255에서 355로 증가할 경우 약간의 증가를 보인다. 특히, 구리 안테나의 공진주파수가 889MHz임을 감안할 때 메시 수가 증가할수록 목표 주파수에 근접함을 알 수 있다. 메시 수가 작을수록 스크린의 공극은 커지고 꼬임선의 두께를 굵어진다. 결국, 인쇄 후 표면은 더 거칠게 나타나 표면의 불균일이 커진다. 따라서 표면이 일정한 경우에 비해 전류가 흐르는 길이는 커지는 효과를 가져오고 결론적으로 주파수가 낮아지는 효과를 가져온다. 표면의 균일도 향상을 위해 355를 초과하는 고 정밀 메시는 스틸 재질로 정밀하게 제작되어야 하므로 높은 가격이 요구된다. 따라서 255 메시 수준이 제판의 가격과 공진주파수 특성을 고려할 때 적절하다고 볼 수 있으며 공진 주파수의 차이는 설계에서 보완하는 것이 경제적이다.

한편, 에지의 불균일에 의한 효과는 매우 크게 나타났으며 4개의 요인 중 가장 큰 영향을 가짐을 알 수 있다. 에지 불균일 역시 표면의 거칠기와 마찬가지로 안테나의 길이를 길게 하는 효과를 가져와 공진주파수를 낮추게 된다. 에지 불균일의 경우 설계 변수가 아닌 인쇄에 의해 좌우되는 품질 불량으로 일정한 수준의 불량은 설계에서 보완이 가능하나 큰 편차를 가지는 불량의 경우 인쇄 품질 관리가 이루어져야 한다. 특히, 불량의 범위에 따른 공진주파수의 변화의 영향을 추가적으로 살펴 볼 필요가 있다.

핀 홀 역시 증가에 따라 공진주파수가 낮아지며 수준 내에서 10MHz 정도의 변동을 보인다. 핀홀 역시 에지 불균일과 마찬가지로, 설계 변수가 아닌 인쇄에 의해 좌우되는 품질 불량으로 일정한 수준의 불량은 주파수 이동 등, 설계에서 보완이 가능하나 큰 편차를 가지는 불량의 경우 인쇄 품질 관리가 이루어져야 한다.

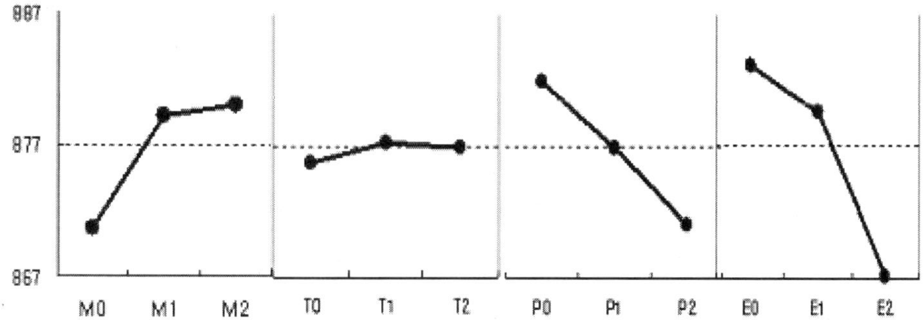

그림 2.15 주요인 효과

3) 주 영향 요소에 의한 안테나 성능 고찰

메쉬, 두께, 핀홀, 에지 등의 영향을 조사한 결과 에지와 핀홀이 안테나의 주파수에 영향을 미치는 주요인으로 파악되었다. 안테나의 성능 중 주파수 외에 가장 중요한 것 중 하나가 효율로써, 효율은 인식 거리와 직접적인 관련이 있으므로 안테나 인쇄 품질에 따른 효율의 변화를 고찰해볼 필요가 있다.

① 안테나 이론

안테나는 기본적으로 전자기파(electromagnetic wave)를 방사하거나 흡수하는 장치이다. 안테나는 송신 과정에서 전송선로(transmission line)를 통해 이동하는 전력을 전자기파의 에너지로 변환하여 자유 공간에 방출하고, 수신 과정에서는 자유 공간을 통해 전달된 전자기파의 에너지를 흡수하여 전력으로 변환하여 수신기에 공급하는 역할을 한다. 이런 점에서 안테나는 에너지 변환 장치의 역할을 한다고 볼 수 있다. 다음 그림 2.16은 안테나에서 전자기파가 전달되는 과정을 나타낸다.

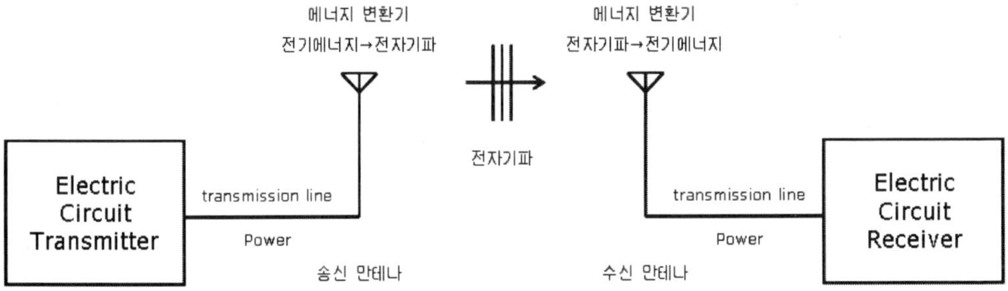

그림 2.16 안테나의 동작

송신 안테나는 송신 회로에서 발생한 전기 에너지를 전자기파의 에너지로 변환한다. 변환된 전자기파는 자유 공간 상에서 광속과 같은 속도로 진행하므로 가장 빠른 전달 속도를 가지게 된다. 수신 안테나는 전달되는 전자기파의 에너지를 전기 에너지로 변환하여 수신 회로에 공급하는 역할을 한다. 에너지의 전달 과정에서 에너지 변환 효율이 가장 중요한 문제가 된다. 사용자가 원하는 최적의 에너지 변환 효율을 가지도록 안테나의 형태 및 크기를 하는 것이 안테나 설계에 있어서 기본 조건이 된다.

안테나의 형태는 여러 가지가 있지만 일반적으로 선형 안테나(linear antenna)의 한 종류인 반파장(半波長) 다이폴 안테나를 가장 기본적인 안테나로 취급한다. 반파장 다이폴 안테나의 구조는 매우 간단하므로 이를 응용하여 여러 형태의 안테나를 설계할 수 있다. 일반적으로 반파장 다이폴 안테나는 간단히 다이폴 안테나라고도 부른다. 안테나에 높은 주파수의 전력을 가하면 그림 2.17과 같은 전류 분포를 가지게 된다. 다이폴 안테나에서의 전류 분포는 open 인 끝부분에서는 항상 0 이 되고, 가운데에서는 항상 최대가 된다. 다이폴 안테나의 전자기파 방사(radiation)의 기본적인 원리는 공진(resonance) 현상에 기인한다. 특정한 주파수 대역에서만 입력되는 전력이 외부로 방출되므로 일종의 L-C 공진 현상이라 볼 수 있다. 이처럼 안테나에서 전류가 균일하게 분포하고 있을 때 다이폴 안테나에 공급되는 고주파 전력은 공진 현상과 함께 높은 효율을 가지면서 방사하게 된다. 이상적으로 동작하는 다이폴 안테나는 순수 저항과 같은 상태가 된다. 여기서 순수 저항은 안테나 도체의 내부 저항이 아니라 전자기파 방사 과정에서 보는 방사 저항 성분이다. 방사 저항에 해당하는 순수 저항이 높을수록 전송선로를 이동해온 전력은 전자기파의 에너지로 변환되는 효율이 높다고 할 수 있다.

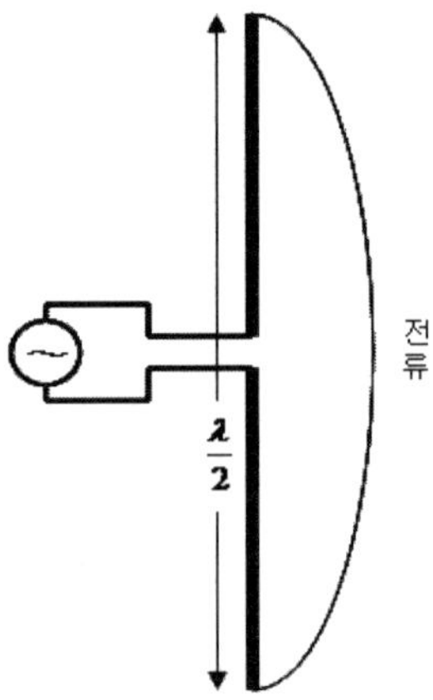

그림 2.17
반파장 다이폴 안테나

② 안테나 효율

안테나의 기본적인 역할은 전송선로의 전력을 자유 공간을 이동할 수 있는 전자기파의 에너지로 변환하거나 역으로 자유공간의 전자기파를 전송 선로를 이동할 수 있는 전력으로 변환하는 것이다. 안테나에서 에너지는 변환 과정에서 항상 손실(loss)에 대한 문제를 가져온다. 고주파의 입력 전원이 안테나 도체 내부에서 열에너지로 일부 전환되어 나타나는 현상은 안테나의 방사 효율을 떨어뜨리는 주원인이 된다.

㉠ 안테나 입력 임피던스

안테나의 방사 현상은 안테나에 입력되는 전류의 분포에서 찾을 수 있다. 안테나 도선에 고주파의 전류가 분포될 때 안테나에서는 고주파 전류의 흐름을 방해하는 작용을 하는 저항 성분이 있다. 안테나에 입력되는 전원의 전압과 전류의 관계에서 이 저항 성분을 찾을 수 있는데 이를 임피던스(impedance)라 한다. 이러한 저항 성분에는 저항과 리액턴스가 조합되어 있다. 다음 그림 2.18은 안테나의 전류 분포를, 그림 2.19는 안테나에 대한 등가 회로를 나타낸다.

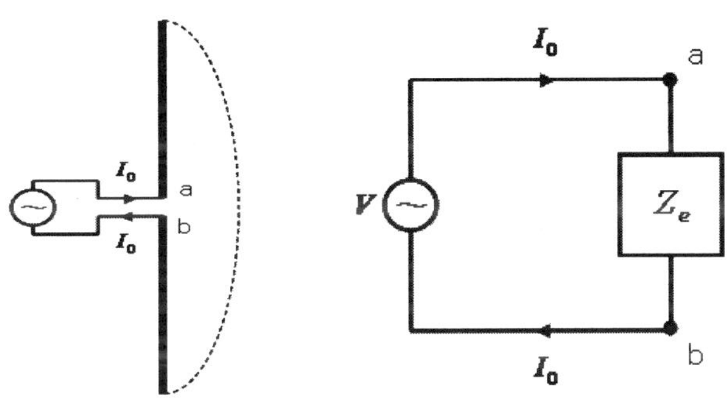

그림 2.18 (a) 전류 분포 (b) 안테나 등가회로

그림 2.19에서 노드 a-b 에 고주파이 전원을 연결하였을 때 안테나에 흐르는 전류를 I_0, 노드 a-b 사이의 전압을 V 라 하면 안테나는 그림 2.19 와 같은 입력 임피던스 Z_e 가 연결된 등가 회로로 볼 수 있다. 안테나의 입력 임피던스에 관련된 수식들은 다음과 같이 나와있다.

$$Z_e = \frac{I_0}{V} = R_o + jX_o \tag{2.1}$$

$$R_e = R_{rad} + R_{loss} \tag{2.2}$$

$$X_e = X_{rad} + X_{ant} \tag{2.3}$$

안테나의 입력 저항 즉, 실효 저항 R_e 는 안테나의 전자기파 방사와 관계된 방사 저항 Rrad 과 안테나 도체에서의 손실 저항 Rloss 의 합으로 표현할 수 있다. 또한 입력 리액턴스 X_e 는 안테나 주위 공간에 축적되는 에너지와 안테나 내부에 축적되는 에너지의 합을 표현할 때 사용되며 방사 리액턴스 X_{rad} 와 X_{ant} 합으로 표현할 수 있다. 안테나에 공급되는 전력은 리액턴스 성분에 의해 방사하지 못하게 된다. 방사 리액턴스 X_{rad} 에 의해 안테나로부터 방사되는 전자기파 에너지는 안테나 주위 공간에 축적되어 멀리까지 전파할 수 없게 된다. 따라서 실제로 전자기파 방사에만 관련되는 안테나의 방사 임피던스 Zr 는 방사 저항과 방사 리액턴스의 조합으로 나타낼 수 있으며 수식은 다음과 같다.

$$Z_{rad} = R_{rad} + jX_{rad} \tag{2.4}$$

ⓛ 안테나 효율의 정의

안테나는 에너지 변환 장치의 일종이다. 전송선로의 말단부에 연결되는 안테나는 입력 임피던스 성분을 가지는 소자로 볼 수 있다. 안테나 입력 임피던스는 저항 R_e 과 리액턴스 X_e 로 구성되며 안테나에 입력되는 에너지는 저항에서만 유효 전력으로 소모되어 전자기파 형태로 방사하게 된다. 안테나에서 소모되는 전력과 그에 대응하는 저항의 관계를 나타내는 그림은 다음과 같다.

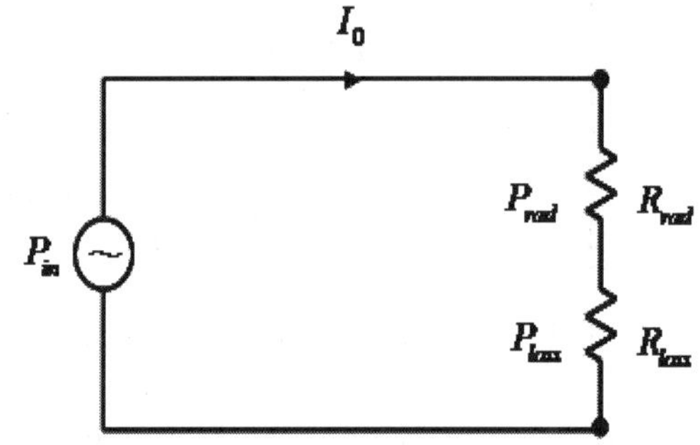

그림 2.19 공진 안테나 직렬 저항 등가 회로

안테나가 특정 주파수에서 이상적으로 동작하는 경우 실효 저항 R_e 만이 존재하여 순수 저항 성분만 가지게 된다. 안테나에 흐르는 전류를 I_0, 안테나의 방사 저항을 R_{rad}, 손실 저항을 R_{loss} 라 하면 안테나에 입력되는 유효 전력 P_i 의 식은 다음과 같다.

$$P_{in} = I_0^2 R_e = I_0^2 (R_{rad} + R_{loss}) \tag{2.5}$$

이때 안테나로 입력되는 전력과 방사되는 전력의 비율을 안테나 효율이라 하며 안테나의 방사 효과를 나타낼 수 있다. 안테나의 효율을 구하는 식은 다음과 같다.

$$\eta = \frac{P_{rad}}{P_{in}} = \frac{I_0^2 R_{rad}}{I_0^2 R_e} = \frac{I_0^2 R_{rad}}{I_0^2 (R_{rad} + R_{loss})} = \frac{R_{rad}}{R_{rad} + R_{loss}} \tag{2.6}$$

이상적인 반파장 다이폴 안테나에서는 방사 효율이 매우 높으므로 $R_{rad} >> R_{loss}$ 의 관계가 성립한다고 볼 수 있다. 따라서 안테나 효율 $\eta \approx 1$ 이 되어 안테나의 효율은 100% 에 가깝게 된다. 안테나의 효율은 안테나의 방사 현상과 직접적인 관계를 가지고 있다. 따라서 안테나 설계 시에는 안테나 도체의 구성 성분 및 형태 등을 잘 고려하여 안테나의 효율을 높은 수준으로 확보하는 것이 중요하다.

③ 안테나 효율 측정

안테나 효율은 안테나에 입력되는 전력에 대해 전자기파가 형태로 방사되는 전력의 비(比)라고 간단히 말할 수 있다. 안테나의 형태, 구조에 따라 안테나의 효율을 측정하는 방법은 여러 가지가 있다. 가장 잘 알려진 방법의 예로는 radiometry method, Wheeler cap method 와 같은 방법이 있다.

㉠ Radiometry Method

Radiometry method 는 안테나의 노이즈 성분을 분석하여 그 효율을 측정하는 방법으로 다이어그램은 다음과 같다.

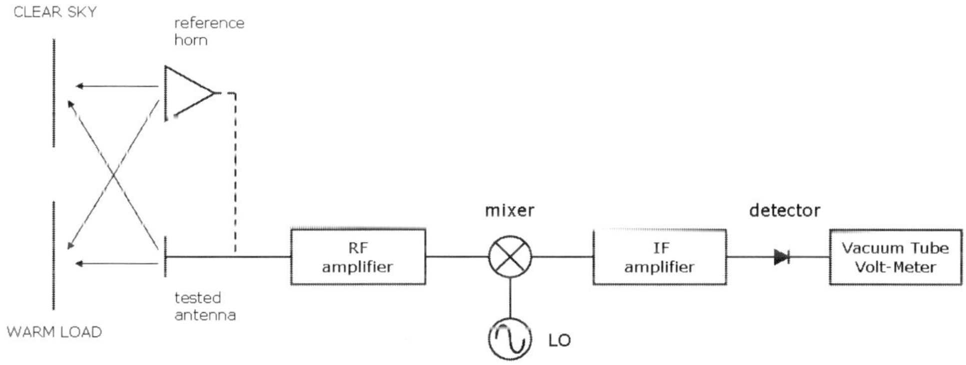

그림 2.20 안테나 효율 측정을 위한 Radiometry method

Radiometry method 에서는 lossy antenna 는 온도가 낮은 대상물에 방사될 때 low loss antenna 에 비하여 더 많은 노이즈 파워를 내는 특성을 이용한다. 실제 loss 를 가지고 있는 안테나는 주위 환경에 대해 일종의 noise 원천으로 동작한다. 안테나를 온도가 높은 대상물과 온도가 낮은 즉, 일반적으로 하늘에 대하여 작동시키고 이를 loss 가 거의 없다고 가정할 수 있는 기준 안테나와 비교하여 그 노이즈 파워에서 효율을 계산할 수 있는 것으로 알려져 있다. 매우 높은 정확도를 가지지만 그림 2.20의 시스템에서 RF 전체 noise figure을 결정짓는 데는 RF amplifier 등 우수한 특성을 가지는 장비들이 필요하다. 따라서 간단하면서 효과적인 다른 측정 방법으로는 Wheeler cap method 을 이용하는 것이 좋다.

ⓛ Wheeler Cap Method

반파장 다이폴 안테나 또는 소형화 안테나의 효율을 측정하는 방법에는 Wheeler Cap 을 사용하여 측정하는 방법이 가장 대표적이다. Wheeler Cap 은 강철과 같이 PEC 로 간주되는 금속의 구(球:sphere) 또는 반구(半球:half-sphere) 이다. 실험 안테나를 Wheeler Cap 을 씌웠을 때와 씌우지 않았을 때의 방사 조건을 다르게 설정할 수 있다. 실험에 사용되는 Wheeler Cap 의 기본 형태는 다음 그림 2.21 그림 2.22과 같다. 이 밖에 안테나 주위의 물리적 환경을 고려하여 원추(Cylinder) 형태를 비롯한 여러 형태의 Wheeler Cap 을 사용하기도 한다.

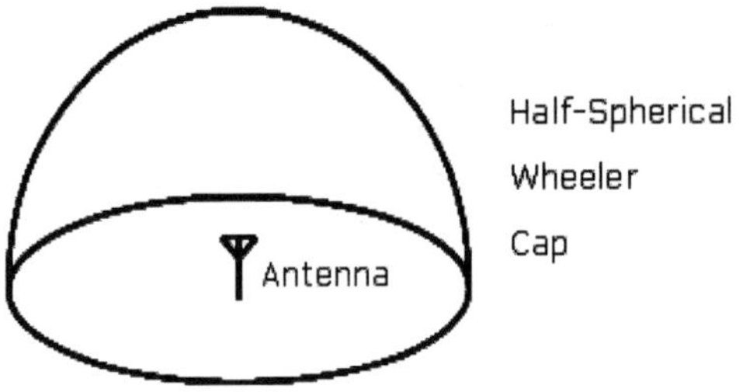

그림 2.21 Half-Spherical Wheeler Cap

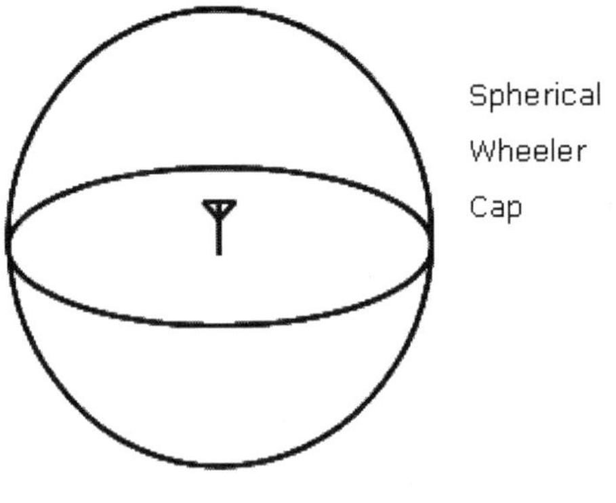

그림 2.22 Spherical Wheeler Cap

다음 그림 2.23과 그림 2.24는 Wheeler Cap 을 사용하였을 때 방사 저항 R_{rad} 의 조건이 달라지는 경우를 보여준다.

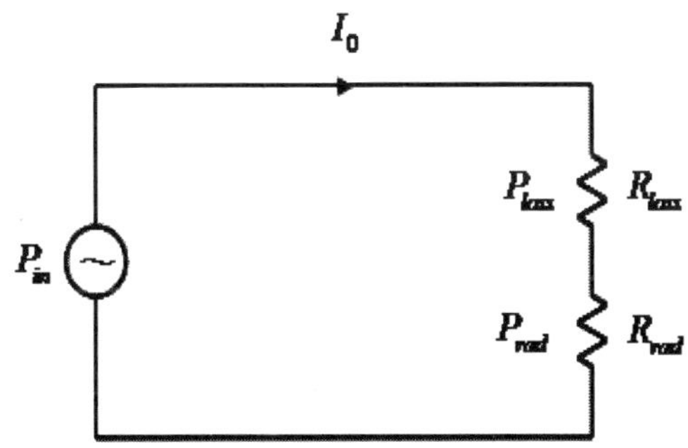

그림 2.23 공진 안테나 직렬 저항 등가 회로 (Free Space)

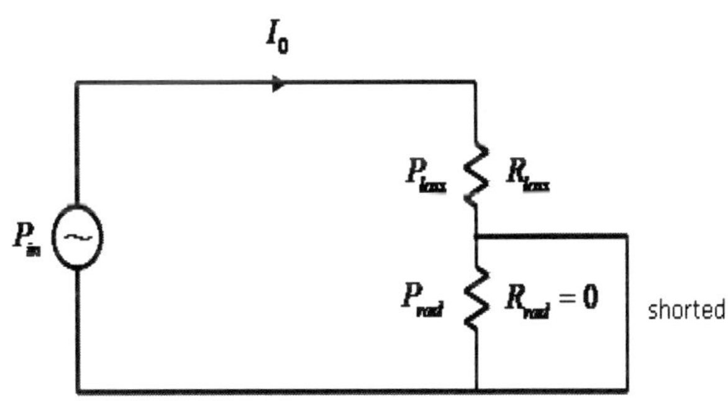

그림 2.24 공진 안테나 직렬 저항 등가 회로 (Wheeler Cap)

자유 공간(free space)에서 안테나는 방사에 아무런 장애도 받지 않는다고 본다. 하지만 Wheeler Cap 내부에 안테나가 위치하는 경우에는 안테나에서 방사하는 전자기파는 PEC(Perfect Electric Conductor) 로 볼 수 있는 강철 구(球) 에 의해 반사되어 Near Field 단계에서 Far Field 단계로 진행할 수 없게 된다. 따라서 안테나의 방사 저항 성분은 제거되어 0 이 된다. 이러한 현상을 이용하면 자유 공간에서는 식 2.2에서 실효 저항 $R_e = R_{rad} + R_{loss}$ 을 구하고, Wheeler Cap 을 씌운 경우에는 $R_{rad} = 0$ 을 적용하여 실효 저항 $R_e = R_{loss}$ 을 각각 구할 수 있다. 본 연구에서는 안테나를 전력(power), 저항(resistance), 컨덕턴스(conductance)에 대한 관점에서 모델링하여 안테나의 효율을 계산하였다. 안테나의 효율을 계산하는 방법들은 다음과 같은 것들이 있다.

ⓒ Power Loss Method (P–method)

안테나 효율을 자유 공간과 Wheeler Cap에서 조건을 다르게 하는 경우의 소모되는 전력 관계를 이용하여 계산하는 방법이다. 안테나는 일종의 1-port 회로라고 볼 수 있다. 자유 공간에서와 Wheeler Cap 내부에 있을 때의 S11 의 값을 각각 측정하여 식 2.6 에 적용하면 안테나 효율을 계산할 수 있다. 안테나 전력 손실에 대한 다이어그램은 다음과 같다.

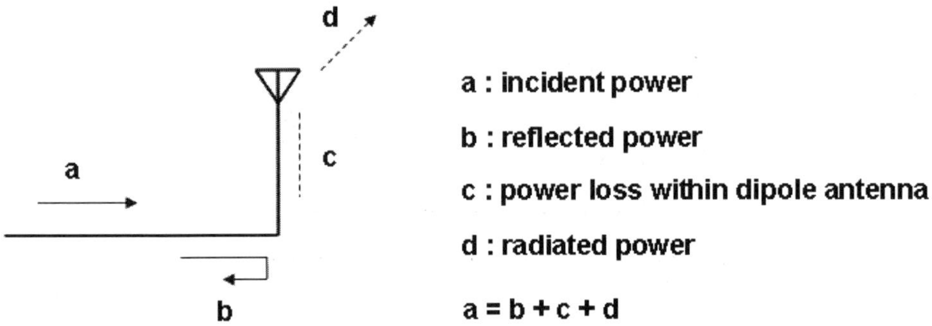

그림 2.25 안테나 전력 손실 다이어그램

Wheeler Cap 의 방법에 따르면 안테나 효율은 단순히 안테나에 입력되는 전력에 대하여 안테나에서의 손실되는 전력이다. 이 때 손실되는 전력은 방사 전력과 안테나 내부에서의 손실 전력의 합이다. 그림 2.26에서의 다이어그램의 관계에서 구할 수 있는 안테나 효율의 식은 식 2.7과 같다. 주어진 S11 값은 복소수(complex)값에 해당한다.

$$\eta_{P_1} = \frac{P_{rad}}{P_{in}} = \frac{d}{c+d} = \frac{d/a}{(c+d)/a} = \frac{(c+d)/a - d/a}{(c+d)/a} \tag{2.7}$$

$$= \frac{(1-|S_{11FS}|^2)-(1-|S_{11WC}|^2)}{1-|S_{11FS}|^2}$$

$$= \frac{|S_{11WC}|^2 - |S_{11FS}|^2}{1-|S_{11FS}|^2}$$

$|S_{11FS}|$은 자유공간에서의 안테나의 반사계수를, $|S_{11WC}|$은 Wheeler Cap 을 씌웠을 때의 반사계수의 크기(magnitude)를 나타낸다. 식 (7) 은 안테나 자체에서만의 방사 특성을 고려한 식이다. 한편, 입력 전력 a 에 대하여 안테나에서의 전력 소모의 관계를 생각하면 반사되는 전력 b 에 의한 효과까지 고려해야만 하므로 그 때의 안테나 효율을 구하는 식은 다음과 같다.

$$\eta_{P_2} = \frac{d}{a} = \frac{d/(c+d)}{a/(c+d)} = \frac{d}{c+d} \times \frac{c+d}{a} \tag{2.8}$$

$$= \frac{d}{c+d} \times \frac{a-b}{a} = \frac{d}{c+d} \times \left(1 - \frac{b}{a}\right)$$

$$= \frac{|S_{11\,WC}|^2 - |S_{11FS}|^2}{1 - |S_{11FS}|^2} \times \left(1 - |S_{11FS}|^2\right)$$

$$= |S_{11\,WC}|^2 - |S_{11FS}|^2$$

위의 효율을 구하는 식들에서는 반사 전력 b 을 고려하지 않는 경우(식 2.7)와 반사 전력 b 까지 고려한 경우(식 2.8)에 대하여 각각 표현하였다.

㉣ Series Resistance Loss Method (R-method)

전송 선로에 연결되어 있는 안테나는 특정한 주파수 대역에서만 전자기파를 방사하도록 설계된다. 이상적인 안테나의 경우 안테나는 공진 주파수(resonance frequency)에서 전자기파를 100 % 방사하므로 순수 저항 성분만 가져야만 한다. 하지만 실제의 안테나에서는 안테나 도체의 성질, 형태, 구조에 의해 리액턴스 성분을 가지게 된다. 이 리액턴스에 의하여 전자기파는 안테나 내부 혹은 주위 공간에 축적되어 방사 효과를 떨어뜨리게 된다. 실제로 안테나에서의 방사 현상은 저항 성분에서의 유효 소모 전력에만 관련되므로 저항 성분만을 계산하여 안테나 효율을 계산하여야 한다. 식 2.1 에서 복소수(complex) 값을 가지는 안테나의 입력 임피던스를 구하여 실수부만을 취하면 저항 성분에 대한 값을 계산 할 수 있다. 이 방법에서는 그림 2.29에서처럼 저항 성분들이 직렬상으로 연결되어 있다고 가정하였다. 안테나의 입력 임피던스는 1-port 회로의 S11 의 값 즉, 반사 계수 Γ 와 안테나 입력 임피던스 식 2.1 을 연립하여 계산할 수 있다. Z_0 은 안테나에 연결되는 전송선로의 특성 임피던스이다.

$$Z_e = \frac{I_0}{V} = R_e + jX_e \tag{2.9}$$

$$S_{11} = \Gamma = \frac{Z_e - Z_0}{Z_e + Z_0} \tag{2.10}$$

$$Z_e = \frac{1+S_{11}}{1-S_{11}} Z_0 = R_e + jX_e \tag{2.11}$$

$$R_e = Re\{Z_e\} = R_{rad} + R_{loss} \tag{2.12}$$

$$X_e = Im\{Z_e\} = X_{rad} + X_{ant} \tag{2.13}$$

자유 공간에서 안테나를 위치시키는 경우와 Wheeler Cap 내부에 안테나를 위치시키는 경우에 대하여 측정한 각각의 S_{11FS} 와 S_{11WC} 에서 식 (2.10), (2.11) 을 사용하면 R_{rad} 와 R_{loss} 을 구할 수 있다. 안테나에서만의 방사 현상만을 고려하므로 그 안테나 효율을 구하는 식은 다음과 같다.

$$\eta_{R_1} = \frac{P_{rad}}{P_{in}} = \frac{I_0^2 R_{rad}}{I_0^2 (R_{rad} + R_{loss})} = \frac{R_{rad}}{R_{rad} + R_{loss}} \tag{2.14}$$

입력 전력에 대한 안테나의 방사 전력의 관계를 구하기 위해서는 Power loss method 의 η_{P_2} 에서처럼 반사 전력에 의한 효과도 고려해야 한다. 그 때의 안테나 효율을 구하는 식은 다음과 같다.

$$\eta_{R_2} = \eta_{R_1} \times (1 - |S11_{FS}|^2) = \frac{R_{rad}}{R_{rad} + R_{loss}} \times (1 - |S11_{FS}|^2) \tag{2.15}$$

ⓜ Conductance Loss Method (G–method)

일반적으로 안테나는 직렬로 연결된 저항으로 등가 모델링할 수 있다. 하지만 안테나의 크기, 형태 등이 변형되는 경우에는 병렬로 연결된 저항으로 모델링을 할 필요가 한다. 병렬 저항들 즉, 컨덕턴스로 구성된 공진 안테나의 등가회로는 다음과 같다.

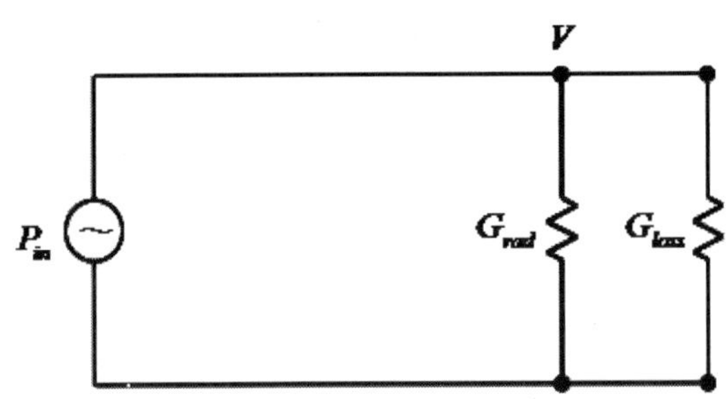

그림 2.26 공진 안테나 병렬 컨덕턴스 등가회로

병렬 컨덕턴스 등가 회로의 안테나의 효율을 구하는 식은 다음과 같다.

$$\eta_{G_1} = \frac{P_{rad}}{P_{in}} = \frac{V_0^2 / R_{rad}}{V_0^2 / (R_{rad} + R_{loss})} = \frac{G_{rad} + G_{loss}}{G_{loss}} \tag{2.16}$$

반사 전력에 의한 영향까지 고려하는 경우, 안테나의 효율을 구하는 식은 다음과 같다.

$$\eta_{G_2} = \eta_{G_2} \times \left(1 - |S_{11FS}|^2\right) = \frac{G_{rad} + G_{loss}}{G_{loss}} \times \left(1 - |S_{11FS}|^2\right) \tag{2.17}$$

위와 같이 효율을 구하는 식에는 전력, 저항, 컨덕턴스에 대하여 모델링하는 방법들이 있었다. 실험에 사용하는 안테나는 모양, 도체 구성 성분의 종류, 모서리 특성 및 표면 특성에 따라서 타당한 안테나효율 계산 방법을 선택하여야 한다.

표 2.4 안테나 효율 수식

Model	Method	Formula	반사 전력 고려
Power	P_1	$\eta_{P_1} = \frac{\lvert S_{11WC}\rvert^2 - \lvert S_{11FS}\rvert^2}{1 - \lvert S_{11FS}\rvert^2}$	×
	P_2	$\eta_{P_2} = \lvert S_{11WC}\rvert^2 - \lvert S_{11FS}\rvert^2$	○
Series Resistance	R_1	$\eta_{R_1} = \frac{R_{rad}}{R_{rad} + R_{loss}}$	×
	R_2	$\eta_{R_2} = \frac{R_{rad}}{R_{rad} + R_{loss}} \times \left(1 - \lvert S11_{FS}\rvert^2\right)$	○
Parallel Conductance	G_1	$\eta_{G_1} = \frac{G_{rad} + G_{loss}}{G_{loss}}$	×
	G_2	$\eta_{G_2} = \frac{G_{rad} + G_{loss}}{G_{loss}} \times \left(1 - \lvert S_{11FS}\rvert^2\right)$	○

④ 실험 장비

㉠ Vector Network Analyzer

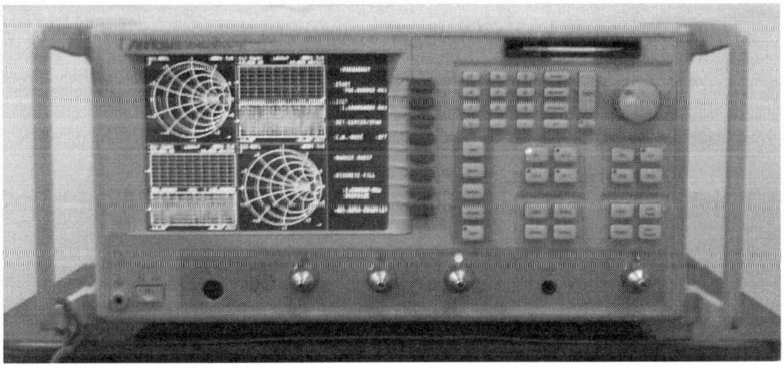

그림 2.27 실험에 사용된 Vector Network Measurement System: Anritsu 社 MS4624D 10 MHz – 9 GHz

㉡ Wheeler Cap

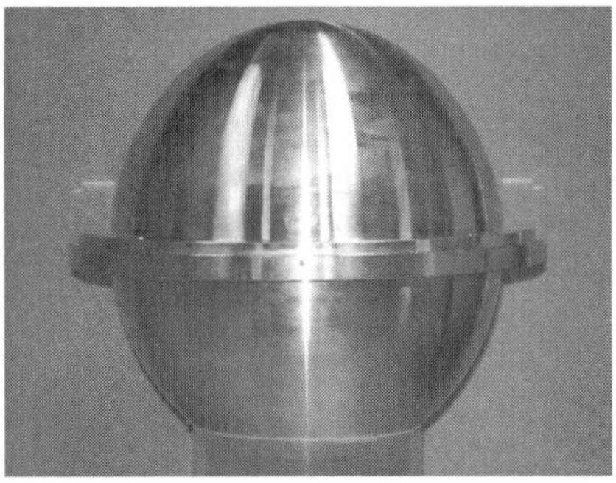

그림 2.28 Spherical Wheeler Cap 전체 모습

그림 2.29 Spherical Wheeler Cap 내부 모습

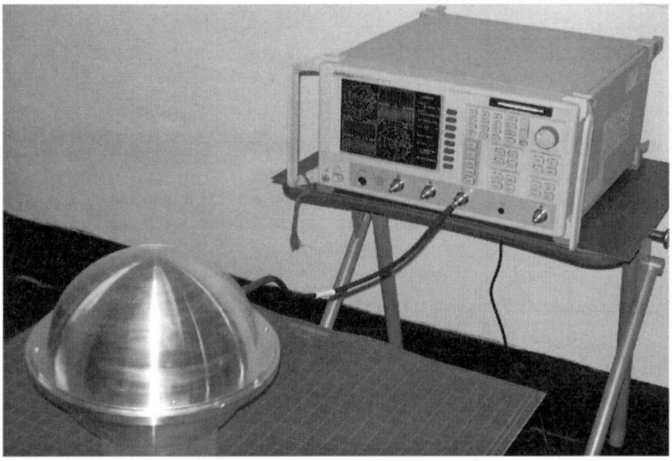

그림 2.30 Wheeler Cap Method 측정 방법 예시

⑤ 안테나 구조 및 재질

안테나는 구조에 따라 반파장 다이폴 안테나인 prototype antenna를 실험에 사용하였다. 일반적으로 소형화 안테나가 공간상의 문제 및 사용 재료 절감 효과로 많이 사용된다. 안테나에 사용하는 재질은 일반적으로 구리 식각 안테나에 사용되는 Cu와 인쇄 안테나에 N사 Ag 잉크, D사 Ag 잉크, E사 Ag 잉크들을 사용하여 총 4가지에 대해 그 특성을 비교하였다. 안테나에 대한 그림은 다음과 같다.

㉠ Prototype Antenna

Prototype Cu 재질의 안테나의 구조는 다음과 같다.

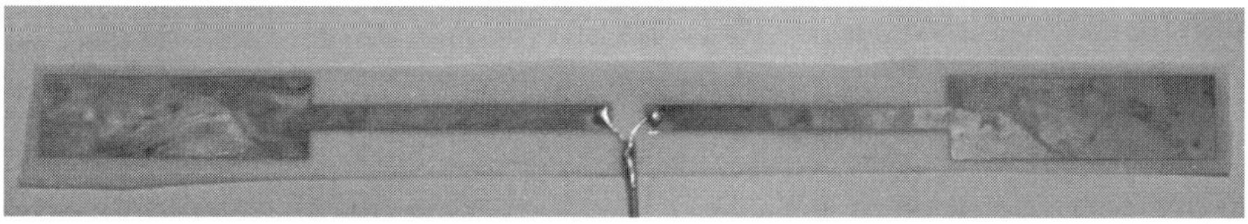

그림 2.31 Prototype Antenna : Cu – basic

Prototype Ag 재질의 안테나의 구조는 다음과 같다. 잉크 제조사별로 N사, D사, E사의 3 회사의 안테나가 있다.

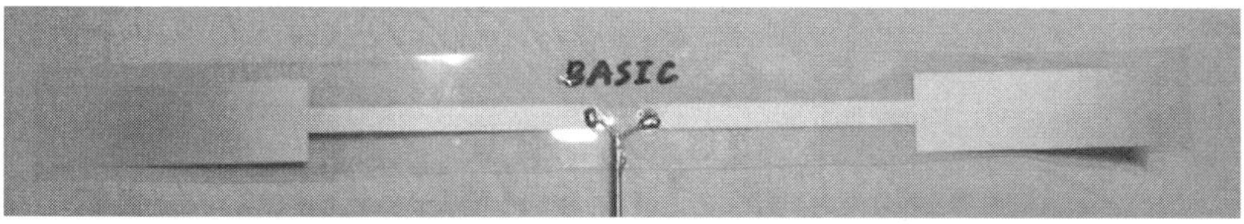

그림 2.32 Prototype Antenna : Ag – basic

⑥ 에지 및 핀홀 특성 변형 안테나

앞의 기본 안테나와 소형화 안테나의 두 가지에 대해 에지와 핀홀을 각각 임의로 부여하여 샘플을 제작하였다. 각 샘플 별로 N사, D사, E사의 잉크에 대해 각각 인쇄 안테나를 제작하였다.

㉠ Edge 특성 변형

- Prototype antenna : Edge 특성 변형

Edge는 거친 정도에 따라 E-1,E-2, E-3 순으로 거칠다. edge 가 거칠어질수록 edge 에서의 전류의 경로는 증가하게 된다. 즉 안테나의 길이는 조금씩 길어지는 효과가 나타나므로 안테나의 공진 주파수는 낮아질 것으로 예상된다.

1) E – 1

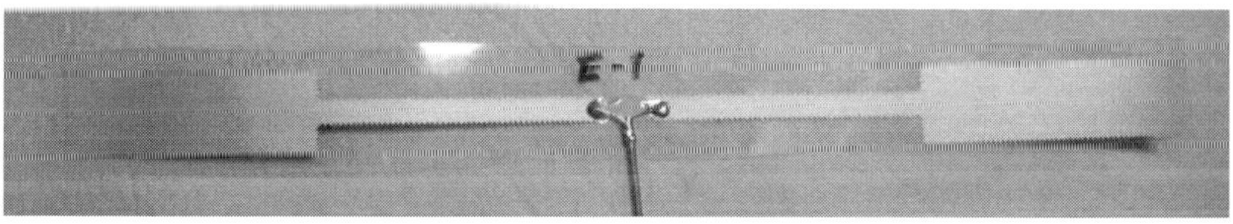

그림 2.33 Prototype Antenna : Ag – E–1

2) E - 2

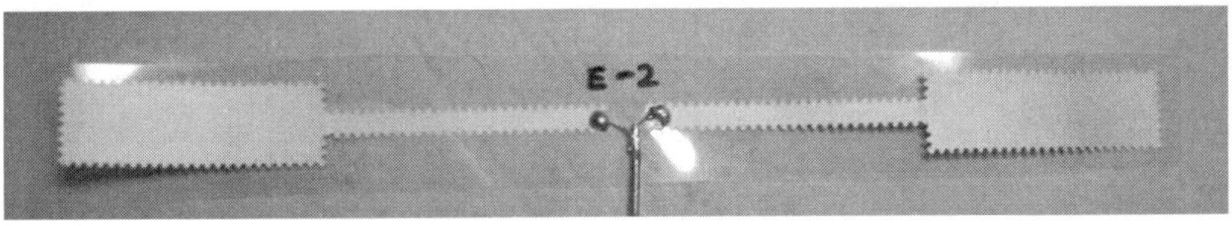

그림 2.34 Prototype Antenna : Ag - E-2

3) E - 3

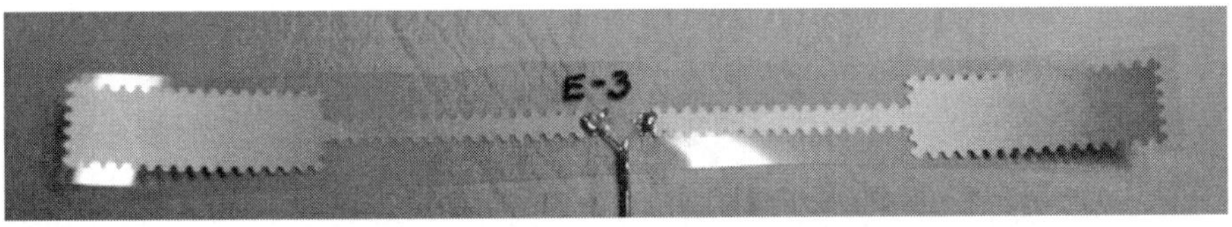

그림 2.35 Prototype Antenna : Ag - E-3

㉡ 핀홀 특성 변형

- Prototype antenna : 핀홀 특성 변형

핀홀은 표면의 표면에 분포한 핀 홀의 개수 정도에 따라 S-1, S-2, S-3 순으로 분류할 수 있다.

1) S - 1

그림 2.36 Prototype Antenna : Ag - S-1

2) S - 2

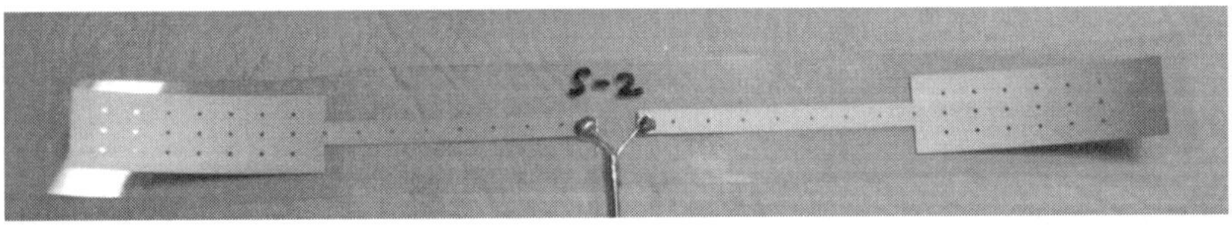

그림 2.37 Prototype Antenna : Ag - S-2

3) S - 3

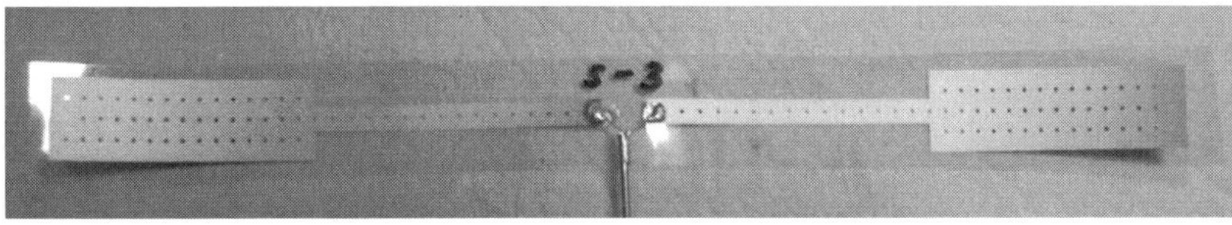

그림 2.38 Prototype Antenna : Ag – S–3

⑦ 측정 결과

각각의 안테나에 대해 측정된 결과는 다음 표 2.5 ~ 표 2.28과 같다. 여기서 f_S11 peak와 S11 peak는 각각 S11이 최저가 되는 주파수(공진주파수)와 이때의 S11 값을 의미한다. 또한 효율이 가장 높은 주파수 f_N peak와 이때의 효율 N peak를 반사 전력을 고려한 (with S11) 효율과 반사전력을 고려하지 않은 (without S11) 효율의 두 가지에 대해 나타내었다.

표 2.5 안테나 주파수 및 효율 측정 결과 (Prototype, basic)

Prototype, basic		f_S11 peak	S11 peak	With S11		Without S11	
				f_N peak	N peak	f_N peak	N peak
Cu		0.8871	−68.4548	0.8881	0.9733	0.8881	0.9734
E사	Sample1	0.8758	−29.5222	0.8804	0.9496	0.8806	0.9523
	Sample2	0.8773	−27.6312	0.8819	0.9495	0.8819	0.9523
D사	Sample1	0.8713	−30.5395	0.8788	0.9558	0.8788	0.9604
	Sample2	0.8773	−28.6582	0.8836	0.9554	0.8849	0.9588
N사	Sample1	0.8658	−48.2002	0.8836	0.9470	0.8849	0.9603
	Sample2	0.8708	−30.5159	0.8788	0.9577	0.8788	0.9626

표 2.6 안테나 주파수 및 효율 측정 결과 (Prototype, basic)

Prototype, Edge 1		f_S11 peak	S11 peak	With S11		Without S11	
				f_N peak	N peak	f_N peak	N peak
E사	Sample1	0.8738	−25.7962	0.8806	0.9396	0.8806	0.9459
	Sample2	0.8693	−27.2774	0.8773	0.9451	0.8776	0.9496
D사	Sample1	0.8638	−38.3344	0.8804	0.9376	0.8804	0.9545
	Sample2	0.8653	−33.2755	0.8773	0.9503	0.8773	0.9567
N사	Sample1	0.8633	−39.8555	0.8761	0.9496	0.8761	0.9574
	Sample2	0.8666	−40.7807	0.8761	0.9575	0.8761	0.9621

표 2.7 안테나 주파수 및 효율 측정 결과 (Prototype, Edge 2)

Prototype, Edge 2		f_S11 peak	S11 peak	With S11		Without S11	
				f_N peak	N peak	f_N peak	N peak
E사	Sample1	0.8661	−25.7893	0.8776	0.9367	0.8776	0.9443
	Sample2	0.8596	−25.5436	0.8746	0.9371	0.8746	0.9449
D사	Sample1	0.8631	−30.5956	0.8788	0.9423	0.8788	0.9548
	Sample2	0.8528	−47.4641	0.8776	0.9237	0.8788	0.9486
N사	Sample1	0.8601	−33.7212	0.8746	0.9481	0.8746	0.9584
	Sample2	0.8581	−30.8959	0.8746	0.9436	0.8746	0.9573

표 2.8 안테나 주파수 및 효율 측정 결과 (Prototype, Edge 3)

Prototype, Edge 3		f_S11 peak	S11 peak	With S11		Without S11	
				f_N peak	N peak	f_N peak	N peak
E사	Sample1	0.8508	−24.3211	0.8716	0.9255	0.8728	0.9425
	Sample2	0.8531	−28.0647	0.8743	0.9251	0.8746	0.9422
D사	Sample1	0.8486	−54.4632	0.8701	0.9336	0.8701	0.9534
	Sample2	0.8473	−36.5637	0.8716	0.9299	0.8716	0.9510
N사	Sample1	0.8481	−44.3310	0.8686	0.9364	0.8686	0.9575
	Sample2	0.8421	−33.8519	0.8728	0.9084	0.8731	0.9533

표 2.9 안테나 주파수 및 효율 측정 결과 (Prototype, Hole 1)

Prototype, Hole 1		f_S11 peak	S11 peak	With S11		Without S11	
				f_N peak	N peak	f_N peak	N peak
E사	Sample1	0.8771	−28.0245	0.8806	0.9503	0.8806	0.9527
	Sample2	0.8791	−26.1449	0.8849	0.9491	0.8851	0.9529
D사	Sample1	0.8728	−37.2157	0.8819	0.9565	0.8819	0.9615
	Sample2	0.8686	−30.6511	0.8791	0.9499	0.8791	0.9548
N사	Sample1	0.8706	−31.0211	0.8819	0.9589	0.8821	0.9641
	Sample2	0.8738	−35.3478	0.8791	0.9630	0.8791	0.9652

표 2.10 안테나 주파수 및 효율 측정 결과 (Prototype, Hole 2)

Prototype, Hole 1		f_S11 peak	S11 peak	With S11		Without S11	
				f_N peak	N peak	f_N peak	N peak
E사	Sample1	0.8653	−58.9098	0.8821	0.9323	0.8834	0.9473
	Sample2	0.8731	−26.2494	0.8849	0.9406	0.8849	0.9505
D사	Sample1	0.8741	−36.5352	0.8819	0.9571	0.8819	0.9612
	Sample2	0.8751	−30.6477	0.8834	0.9539	0.8834	0.9586
N사	Sample1	0.8741	−32.2088	0.8804	0.9607	0.8804	0.9640
	Sample2	0.8758	−31.0780	0.8824	0.9585	0.8834	0.9629

표 2.11 안테나 주파수 및 효율 측정 결과 (Prototype, Hole 3)

Prototype, Hole 1		f_S11 peak	S11 peak	With S11		Without S11	
				f_N peak	N peak	f_N peak	N peak
E사	Sample1	0.8773	−29.3373	0.8819	0.9498	0.8819	0.9521
	Sample2	0.8751	−25.5182	0.8819	0.9464	0.8819	0.9518
D사	Sample1	0.8703	−35.8617	0.8776	0.9532	0.8788	0.9563
	Sample2	0.8681	−38.4349	0.8791	0.9489	0.8791	0.9547
N사	Sample1	0.8771	−29.4519	0.8834	0.9614	0.8836	0.9649
	Sample2	0.8721	−29.6990	0.8821	0.9567	0.8821	0.9625

표 2.29 ~ 표 2.32는 위의 데이터를 비교를 위하여 에지 및 핀홀의 영향 별로 각각의 안테나에 대해 정리한 결과이며, 결과를 그래프로 나타내었다. 각 그림과 표에서 볼 수 있듯이, 공진주파수는 Prototype 의 에지의 불균일에는 민감하지만 핀홀에는 큰 영향을 받지 않았다. 반면, 안테나 효율은 Prototype의 경우 에지의 불균일과 핀홀 모두에 큰 영향을 받지 않고 90%이상으로 측정되어 구리 안테나의 효율과 큰 차이를 보이지 않았다. 그러나 안테나의 효율은 구리의 97%에 비해 50% 내외로 측정되어 큰 폭으로 하락하며 특히 에지의 불균일에 따라 10% 정도 추가적으로 효율이 떨어진다. 핀홀의 영향은 Prototype과 마찬가지로 큰 영향을 보이지 않았다.

표 2.12 에지 영향에 따른 안테나 주파수 및 효율 변화 비교 (Prototype)

Prototype, edge		f_S11 peak	S11 peak	With S11		Without S11	
				f_N peak	N peak	f_N peak	N peak
Cu, basic		0.8871	−68.4548	0.8881	0.9733	0.8881	0.9734
E사	basis	0.87655	−28.5767	0.88115	0.94955	0.88125	0.9523
	E1	0.87155	−26.5368	0.87895	0.94235	0.8791	0.94775
	E2	0.86285	−25.66645	0.8761	0.9369	0.8761	0.9446
	E3	0.85195	−26.1929	0.87295	0.9253	0.8737	0.94235
D사	basic	0.8743	−29.59885	0.8812	0.9556	0.88185	0.9596
	E1	0.86455	−35.80495	0.87885	0.94395	0.87885	0.9556
	E2	0.85795	−39.02985	0.8782	0.933	0.8788	0.9517
	E3	0.84795	−45.51345	0.87085	0.93175	0.87085	0.9522
N사	basic	0.8683	−39.35805	0.8812	0.95235	0.88185	0.96145
	E1	0.86495	−40.3181	0.8761	0.95355	0.8761	0.95975
	E2	0.8591	−32.30855	0.8746	0.94585	0.8746	0.95785
	E3	0.8451	−39.09145	0.8707	0.9224	0.87085	0.9554

표 2.13 핀홀 영향에 따른 안테나 주파수 및 효율 변화 비교 (Prototype)

Prototype, pin hole		f_S11 peak	S11 peak	With S11		Without S11	
				f_N peak	N peak	f_N peak	N peak
Cu, basic		0.8871	−68.4548	0.8881	0.9733	0.8881	0.9734
E사	basis	0.87655	−28.5767	0.88115	0.94955	0.88125	0.9523
	E1	0.8781	−27.0847	0.88275	0.9497	0.88285	0.9528
	E2	0.8692	−42.5796	0.8835	0.93645	0.88415	0.9489
	E3	0.8762	−27.42775	0.8819	0.9481	0.8819	0.95195
D사	basic	0.8743	−29.59885	0.8812	0.9556	0.88185	0.9596
	E1	0.8707	−33.9334	0.8805	0.9532	0.8805	0.95815
	E2	0.8746	−33.59145	0.88265	0.9555	0.88265	0.9599
	E3	0.8692	−37.1483	0.87835	0.95105	0.87895	0.9555
N사	basic	0.8683	−39.35805	0.8812	0.95235	0.88185	0.96145
	E1	0.8722	−33.18445	0.8805	0.96095	0.8806	0.96465
	E2	0.87495	−31.6434	0.8814	0.9596	0.8819	0.96345
	E3	0.8746	−29.57545	0.88275	0.95905	0.88285	0.9637

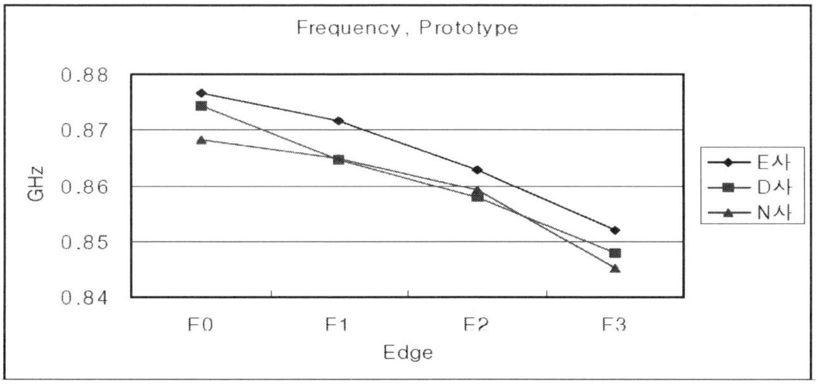

그림 2.39 에지 불량 영향에 따른 공진주파수 변화 (Prototype)

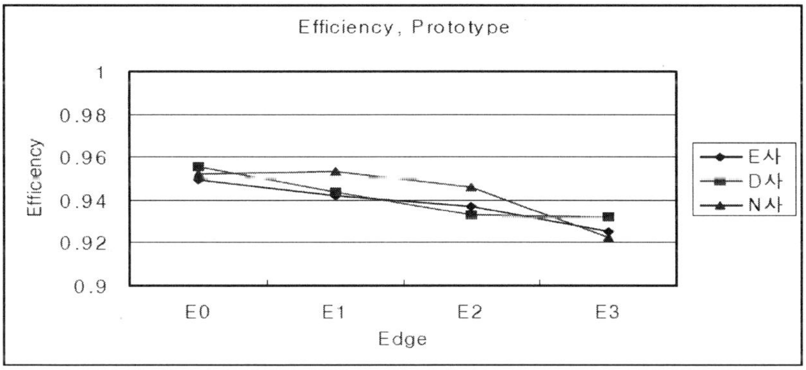

그림 2.40 에지 불량 영향에 따른 효율 변화 (Prototype)

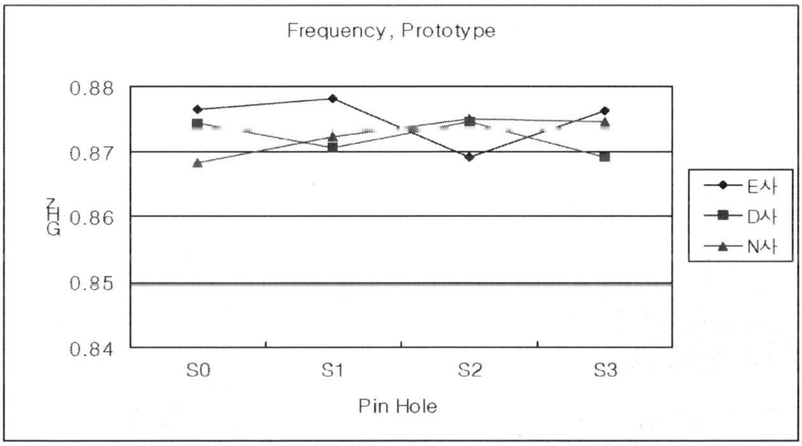

그림 2.41 핀홀 개수 영향에 따른 공진주파수 변화 (Prototype)

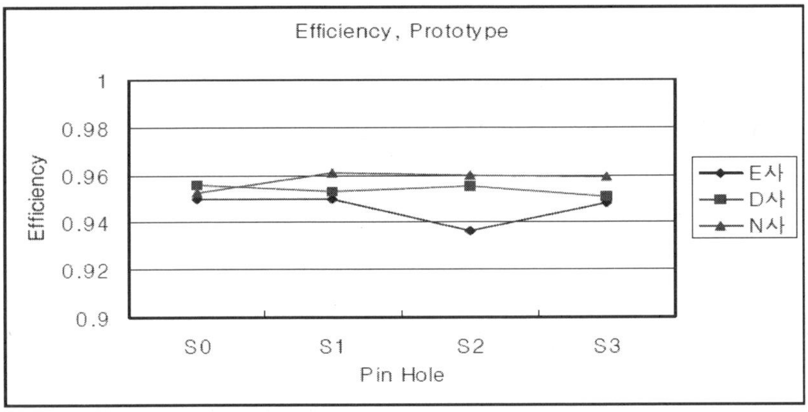

그림 2.42 핀홀 개수 영향에 따른 효율 변화 (Prototype)

2.3 결론

그림 2.43은 R2R 공정으로 제작된 HF 안테나 인쇄 결과이다. RFID 태그 안테나는 다층 R2R 그라비아 오프셋 인쇄 시스템으로 인쇄된다. 이 시스템은 3개의 인쇄 장치, 2개의 비전 시스템 및 다층 인쇄를 위한 2개의 레지스터 제어 시스템으로 구성되며, 3층으로 인쇄된 안테나는 금속 입자가 잘 채워지고 결합된 충분한 두께를 가진다. RFID 리더를 사용한 식별 테스트(식별 범위가 평균 약 3.2m인 구리 에칭 안테나가 있는 기존 RFID 태그와 비교)에서 본딩된 태그 칩이 있는 3층 인쇄 안테나는 약 평균 1.8m로 구리 에칭 안테나의 약 60%이다. 식별 범위 또는 안테나 성능은 잉크의 전도도를 높이거나 인쇄 레이어 수를 늘리면 향상될 수 있다. 이 작업은 실제 응용 분야에서 R2R 그라비어 오프셋 방법으로 만든 다층 인쇄를 사용하여 인쇄된 안테나의 가능성을 보여준다.

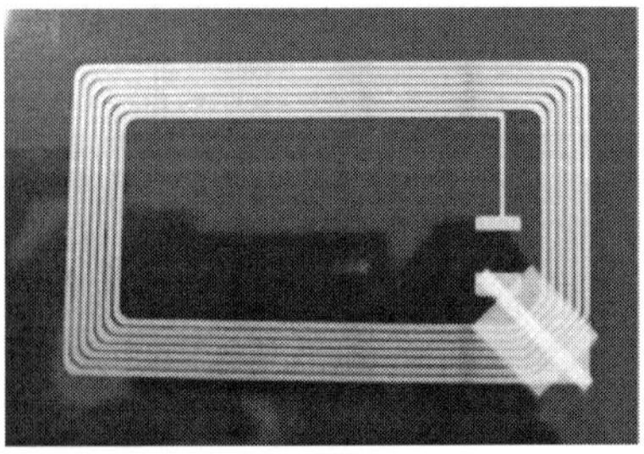

(a)

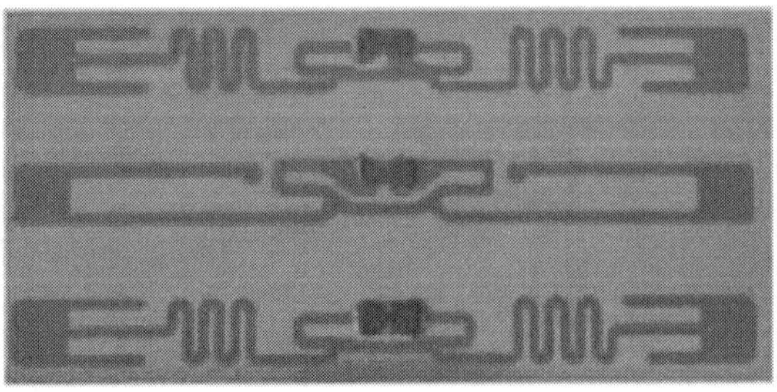

(b)

그림 2.43 (a) HF 안테나 인쇄 결과, (b) 중첩 인쇄로 제작한 안테나

Chapter 3

Gravure offset printer for RFID Tags

3.1 서론

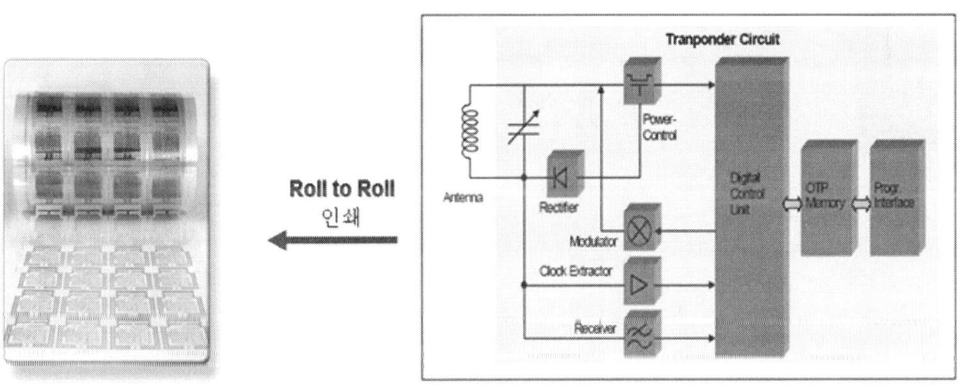

그림 3.1 인쇄 RFID Tag 개요도

국내에서는 아직 생소한 분야인 인쇄 RFID Tag 산업은 미국과 유럽 선진국에서는 1996년경부터 기술 개발이 시작되어 RFID 산업의 핵심인 태그의 지가화를 이루어 태그 한 개당 10원 이하로 모든 물품에 부착하여 유통물류 산업에서 기존의 바코드 시장을 대체하는 것을 산업의 주된 특징으로 한다. 인쇄 RFID Tag 산업은 13.56 MHz, UHF, 및 2.45 GHz 영역으로 크게 나눌 수 있으며, 현재는 기존 실리콘칩에 기반 한 13.56 MHz RFID Tag와 동일한 구조와 기능을 지니도록 13.56 MHz 안테나와 트랜스폰더 회로들을 100% Roll-to-Roll 인쇄 공정에 의해 플라스틱 필름위에 인쇄 생산하여 한개당 가격을 10원 이하로 저가 인쇄 13.56 MHz RFID Tag를 생산하는 산업이다.

100% Roll-to-Roll 인쇄 공정에 의한 초저가 RFID Tag 양산 기술은 Tag 한 개당 가격을 10원 이하로 낮출수 있는 유일한 기술로 간주되고 있다 (참조:IDTechEx 2006).

Roll-to-Roll 인쇄 공정에 의한 초저가 RFID Tag 양산 기술은 인쇄에 사용되어지는 소재 (전자잉크) 제조, 전자소자인쇄 장비 및 소자 설계 와 인쇄산업 분야의 종합 공학적 기술을 요구하기 때문에 소재산업과 인쇄산업 발전에 크게 기여하며 동시에 저가의 플렉시블 전자소자 산업 발전에 큰 영향을 주는 기술이다. 따라서 기존의 정밀화학산업, 기계장비산업 및 전자부품 산업의 발전을 동시에 유도할 수 있는 기술이다. 이와 같이 인쇄전자기술은 2001년 인쇄트랜지스터가 개발되면서 각광을 받게 되었다. 또한, 이 기술의 핵심은 전자기능을 만족하는 전도성, 반도체성, 절연성 잉크 개발과 트랜지서터와 같은 전자소자설계 기술과 이를 생산하는 프린팅장비기술 3박자가 매칭될 때 가능하다.

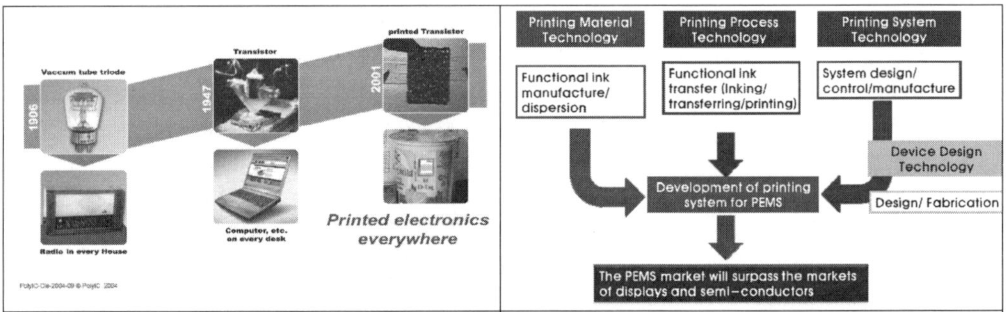

(a) (b)

그림 3.2 인쇄공정의 장점

궁극적으로 Roll-to-Roll 인쇄공정에 의한 초저가 RFID Tag 양산 기술은 인쇄 기술로 생산하는 저가의 간편한 전자 소자 산업발전에 큰 기여를 할 것으로 기대된다.

플렉소 프린팅

Flexo 프린팅 장비는 그림 3.3(b)와 같이 양각의 패턴에 잉크를 묻혀서 도장을 찍듯이 패터닝하는 장비이며. 역시 Roll-to-Roll 공정이므로, 생산성이 아주 좋다. 하지만, 정밀도는 40㎛정도이며, 제한적인 전도성 잉크의 사용이 가능하다.

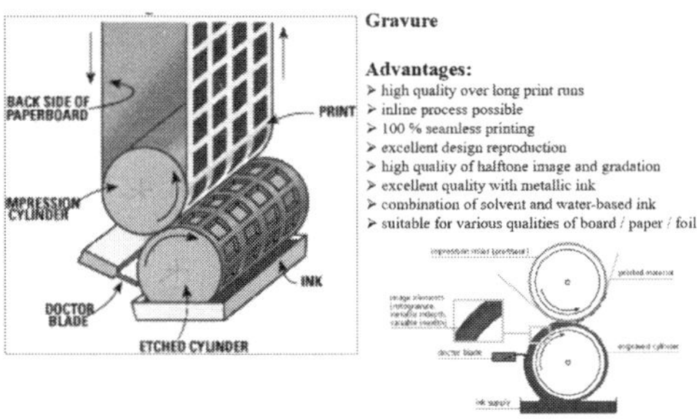

(a)

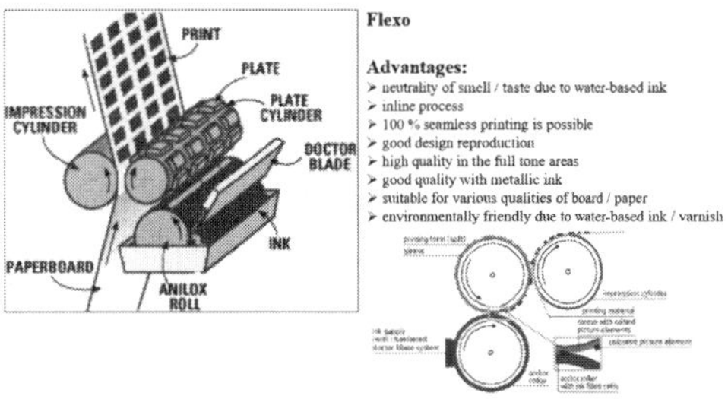

(b)

그림 3.3 (a) Gravure 프린팅 장비 (b) Flexo 프린팅 장비

그라비어 프린팅

Gravure 인쇄는 오목인쇄기술로서 그림 3.3 인쇄장비 중에서 가장 정밀(10um정도)하며 빠른 인쇄 방식과 같이 그라비어 옵셋으로 사용하려면, 잉크를 offset 실린더에 전이하고, 이를 다시 종이에 인쇄하는 방식으로 얇은 패턴의 형성이 가능하다. 장비가 상당히 고가인 것이 단점이다.

3.2 Gravure-Offset Printing System

3.2.1 RFID 인쇄를 위한 롤투롤 프린팅 공정 장비 개발

RFID Tag의 롤투롤 생산을 위한 R2R 프린팅 공정 장비를 설계 및 제작하였다. 설계 및 제작된 장비는 기본적으로 외팔보 형식이고 추가 인쇄 유닛을 확장할 수 있으며 사용자 편의를 위해 조절할 있는 보조 블록에 기초한 인쇄 유닛으로 되어있다. 언-와인더(Unwinder)로부터 공급된 피 인쇄체는 단위 보조 블록을 거쳐 리-와인더(Rewinder)로 이동하며 각 보조 블록은 인-피더(Infeeder), 로드 셀, 댄서, 정렬유닛, 인쇄유닛, 비전 유닛, 건조 유닛으로 구성되어있다. 인쇄 유닛은 기능별로 플레이트 실린더와 블랑켓 실린더, 가압 실린더, 잉크공급 장치, 닥터블레이드 장치 등으로 세분화 할 수 있다. 그림 3.4는 전체 조립도 및 각각의 주요 유닛에 대한 제작된 모습을 보여준다. 각 유닛의 주요 구동부분은 정밀한 서보모터에 의해 정확히 구동하고 조정할 수 있게 구성하였고, 인쇄 프로세스의 컬러 측정과 제어 방식을 도입하여 비 접촉방식으로 모니터링 하여 각 유닛에서의 인쇄결과가 정확한 위치에 중첩 인쇄 되는지를 검사할 수 있게 하고 오차를 시정하게 하는 피드백 제어 시스템을 구축하였다. 제어부는 모니터링부에서 보낸 이미지 데이터를 빠른 시간 내에 처리하여 조작함으로써 인쇄부의 서보 모터에 구동을 수정시키고 제어한다. 인쇄전자소자들을 경제적으로 생산 가능하도록 하게 하는 주요 기술은 고속 윤전인쇄기에 걸어 인쇄할 수 있는 마이크로 미세선 패턴회로의 제판이 가능하여야 하고, 이러한 인쇄판 실린더에 의하여 목적하는 미세회로 패턴이 잉크층을 제판의 모양대로 피 인쇄체에 안전하게 전이하는 전이방법을 확보할 수 있어야 하고 다음은 뒤이은 인쇄 유닛에서 인쇄잉크를 정확한 위치에 맞추어 인쇄하는 정렬 제어 기술이 필요하다.

(a) Un-Winder

(b) Re-Winder

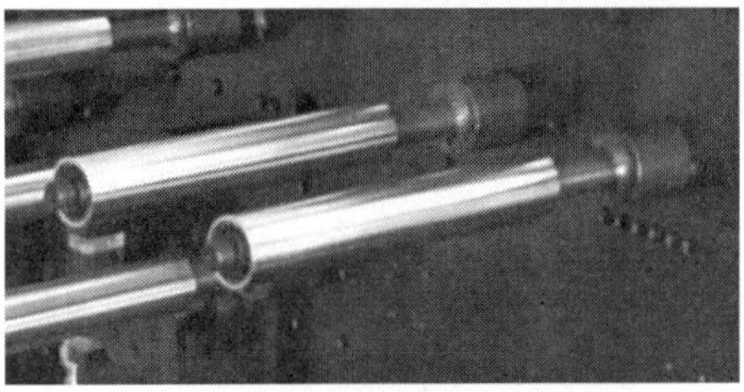

(c) Idle Roller

(d) Tension Roller,

(e) In-Feeder System

(f) Ink Supply System

그림 3.4 Printing Unit 구조 및 제작

인쇄 유닛의 설계는 잉크층을 제판의 모양대로 패턴형상을 안전하게 전이하는 방법이 구현되게 하는 것이라고 볼 수 있다. 인쇄 롤러는 그림2.2에서 보듯이 수평형으로 배치되어 있다.

그림 3.5 수평형 배치의 인쇄 롤러

이러한 수평형 배치가 아닐 경우, 그림 3.6과 같이 실린더 이송 방향과 가압 방향이 일치하지 않을 경우 불필요한 shear가 발생하여 불필요한 진동, 롤러의 피로를 유발하여 롤러의 수명을 짧게 하고 인쇄 정밀도를 떨어뜨릴 수 있다.

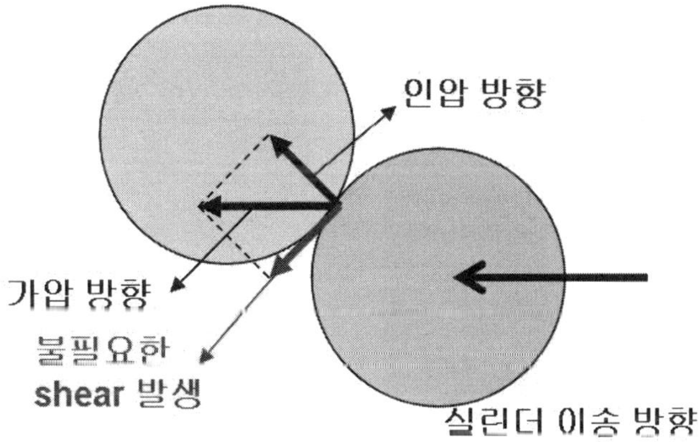

그림 3.6 실린더 이송 방향과 가압 방향이 일치하지 않을 경우

한편, 그림 3.7과 같이 수직형으로 배치하였을 경우에는, 인압과 역방향으로 하중이 작용하여 제어의 정밀도를 떨어뜨리고, 이송 방향으로 과도한 추력이 요구된다.

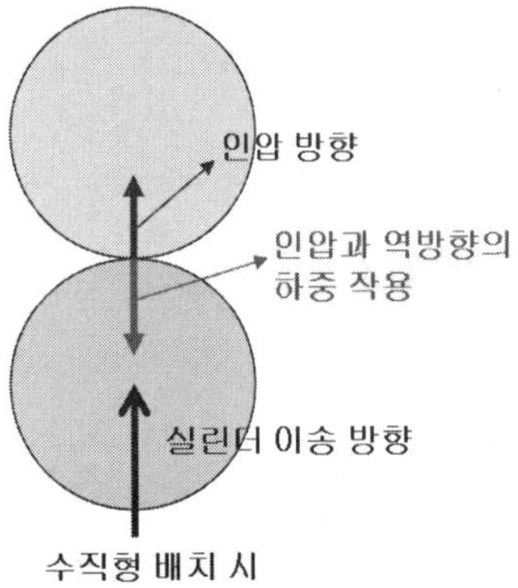

그림 3.7 실린더 이송 방향과 가압 방향이 일치하지 않을 경우

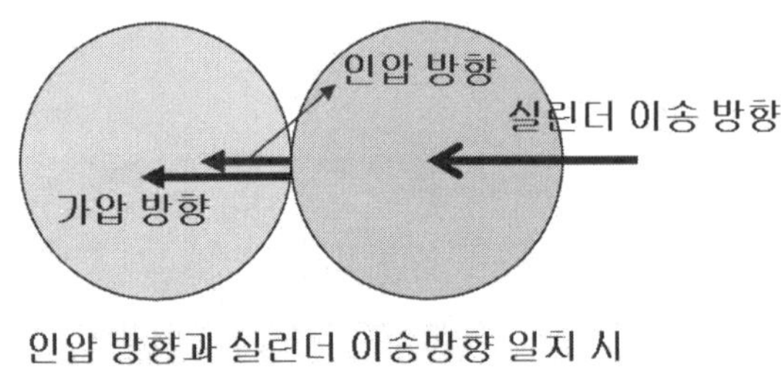

그림 3.8 실린더 이송 방향과 가압 방향이 일치할 경우

그림 3.8과 같이 수평으로 배치할 경우에는 불필요한 shear나 역방향의 하중이 작용하지 않아 정밀 제어에 유리하고 롤러나 베어링의 수명이 상대적으로 길어지게 된다. 그림 3.9는 각각 롤러끼리의 접촉 시 응력을 해석하기 위한 모델, 응력 해석 결과를 보여주고, 그림 3.10은 각각 인압 방향과 실린더 이송방향이 일치할 경우와 일치하지 않을 경우에 대해 닙 압력 분포를 해석한 결과이다. 그림에서 보듯이, 인압 방향과 실린더 이송방향이 일치하지 않을 경우에는 닙 압력 분포도 불균일하게 작용함을 알 수 있다.

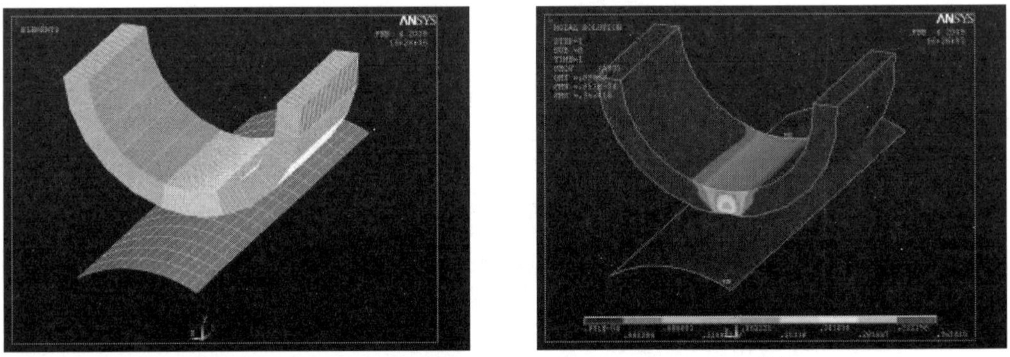

(a) (b)

그림 3.9 (a) 롤러 접촉 시 응력을 해석하기 위한 모델, (b)응력 해석 결과

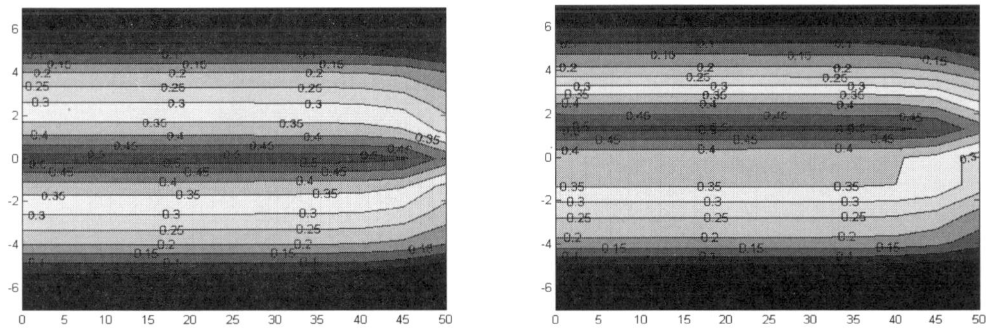

(a) (b)

그림 3.10 닙압력 분포 (a) 인압 방향과 실린더 이송방향이 일치할 경우, (b) 일치하지 않을 경우

인쇄 방식은 그라비아/그라비아 옵셋/플렉소의 세가지 방식을 하나의 인쇄 유닛에서 피인쇄체의 경로와 실린더 회전 방향 및 롤러의 배치 변경만으로 전환이 가능하도록 설계되었다. 그림 3.11 의 그라비아 옵셋의 경우는 제판 실린더, 블랑켓 실린더, 가압 실린더가 일렬로 배치되고, 그라비아 인쇄의 경우는 제판 실린더가 그라비어 옵셋의 가압 실린더의 자리로 배치되고 피인쇄체의 경로 및 실린더의 회전 방향이 바뀐다. 그림 3.12 의 플렉소 인쇄의 경우는 애니록스 롤러, 제판 실린더, 가압 실린더가 일렬로 배치되며 피인쇄체의 경로는 그라비아 옵셋의 경우와 동일하다.

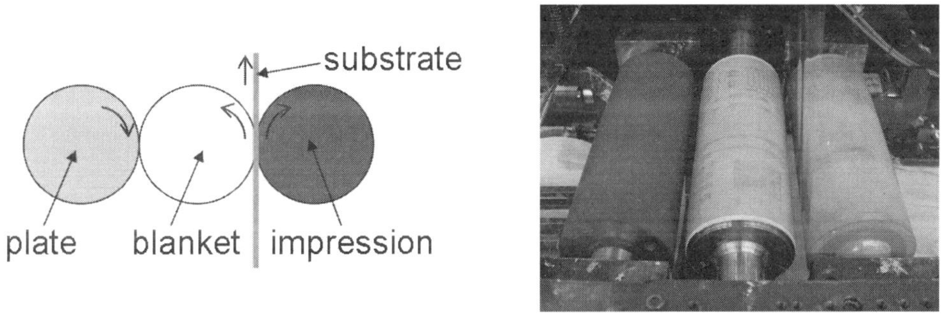

그림 3.11 (a) 그라비아 옵셋 인쇄의 롤러 배치 (b) 피인쇄체 경로

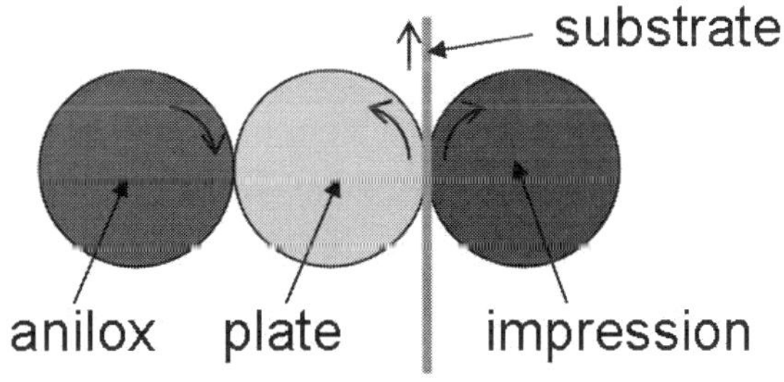

그림 3.12 플렉소 인쇄의 롤러 배치

그림 3.13 제작된 RFID Tag 인쇄용 롤투롤 3도 프린팅 시스템

제작된 롤투롤 프린팅 시스템의 도면 및 사진은 그림 3.13 과 같으며, 상세 제작 사양은 다음과 같다.

- 웹 폭: 최대 300mm
- 2도 인쇄 가능 (도수 확장 가능)
- 인쇄 방식: 그라비아, 그라비아 옵셋, 플렉소
- 모듈화 구조로 분리, 변경, 확장 용이
- 외팔보 구조로 정밀도 향상 및 보수 용이

1) 장력 제어 알고리즘

① 수학적 모델

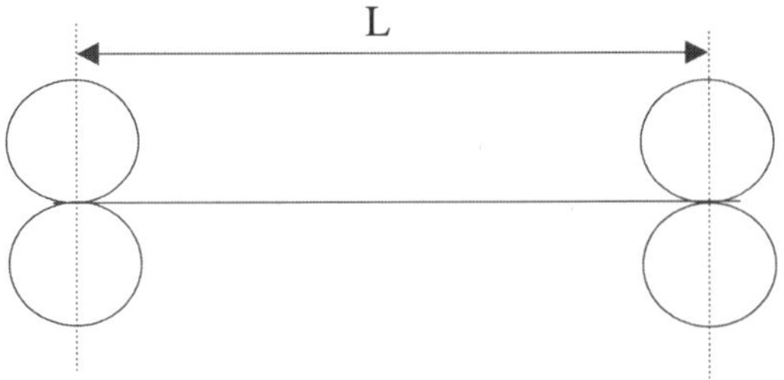

그림 3.14 롤러-Web 모델

그림 3.14와 같은 롤러-Web 모델을 고려할 때 두 롤러 사이의 Control volume에 질량 보존의

법칙을 적용하면 식 3.1과 같다.

$$\frac{d}{dt}\int_{x2}^{x1}\rho(x,t)Adt = \rho A v_1(t) - \rho A v_2(t) \tag{3.1}$$

여기서 ρ는 밀도, A는 단면적, v_1, v_2는 각각 롤러의 속도이다. 그림 2.13의 미소 웹 요소에서 장력이 있을 때와 없을 때의 상태 관계식은 다음과 같다.

$$dx = (1+\epsilon_x)dx_u \tag{3.2}$$

$$w = (1+\epsilon_y)w_u \tag{3.3}$$

$$h = (1+\epsilon_z)h_u \tag{3.4}$$

$$dm = \rho w h dx = \rho_u w_u h_u dx_u \tag{3.5}$$

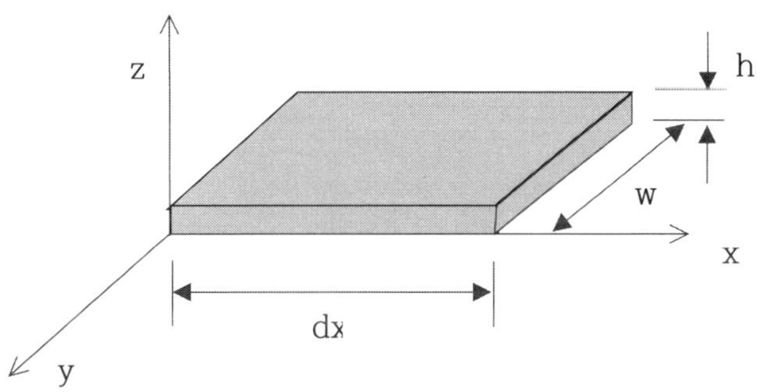

그림 3.15 웹의 미소 요소 모델

여기서 첨자 u는 장력이 없을 때의 상태를 나타낸다. 식 3.1 ~ 3.5로부터 다음과 같은 변형과 웹 속도와의 관계를 얻을 수 있다.

$$L\frac{d}{dt}\epsilon_2(t) = -v_2(t)\epsilon_2(t) + v_1(t)\epsilon_1(t) + v_2(t) - v_1(t) \tag{3.6}$$

식 2.6을 선형화 하고 Strain-Tension 관계식을 적용하면 식 2.7을 구할 수 있다.

$$\frac{d}{dt}T_2(t) = -\frac{v_{20}}{L}T_2(t) + \frac{v_{10}}{L}T_1(t) + \frac{AE}{L}(V_2(t) - V_1(t)) \tag{3.7}$$

롤러 속도와 장력과의 관계는 식 3.8로 나타낼 수 있다.

$$\frac{dV_2}{d} = R^2(T_3 - T_2)/J + RK_2U_2 \tag{3.8}$$

R은 롤러의 반경, J는 롤러의 관성 모멘트, K_2는 모터 상수, U_2는 모터의 구동 입력이다.

② PID 제어기 모델

PID 제어기는 다음 식으로 표현된다.

$$G_c = K_p + \frac{K_i}{s} + K_d s \tag{3.9}$$

식 2.7, 2.8로 표현된 수학적 모델을 적용하면 다음과 같은 폐루프 전달 함수를 구할 수 있다.

$$\frac{T_2}{T_{2ref}} = \frac{G_c G_p}{1 + G_c G_p} \tag{3.10}$$

여기서 G_p는 수학적 모델의 전달 함수이다. 식 3.10은 다음과 같이 표현된다.

$$\frac{T_2}{T_{2ref}} = \frac{b_2 s^2 + b_1 s + b_0}{s^3 + a_2 s^2 + a_1 s + a_0} = \frac{b_2 s^2 + b_1 s + b_0}{F(s)} \tag{3.11}$$

여기서 각 상수들은 식 3.7 ~ 3.10로부터 구해진다.

폐루프 장력제어 시스템에 대한 3차 특성 방정식은 다음과 같이 구할 수 있다.

$$F(s) = (s + r)(s^2 + 2\zeta\omega_n + \omega_n^2) \tag{3.12}$$

따라서 식 (11)과 (12)를 비교하여 PID 제어기의 이득을 다음과 같이 구할 수 있다.

$$K_i = \frac{1}{\beta_0} k_r \zeta \omega_n^3 \tag{3.13}$$

$$K_p = \frac{1}{\beta_0} \left(\frac{2\zeta\omega_n \beta_0 K_i}{\omega^{2_n}} + \omega_n^2 \right) \tag{3.14}$$

$$K_d = \frac{1}{\beta_0} \left(\frac{\beta_0 K_i}{\omega^{2_n}} + 2\zeta\omega_n - \alpha_1 \right) \tag{3.15}$$

여기서 $\alpha_1 = \frac{v_{20}}{L}$, $\beta_0 = \frac{K_2 AER}{LJ}$이다.

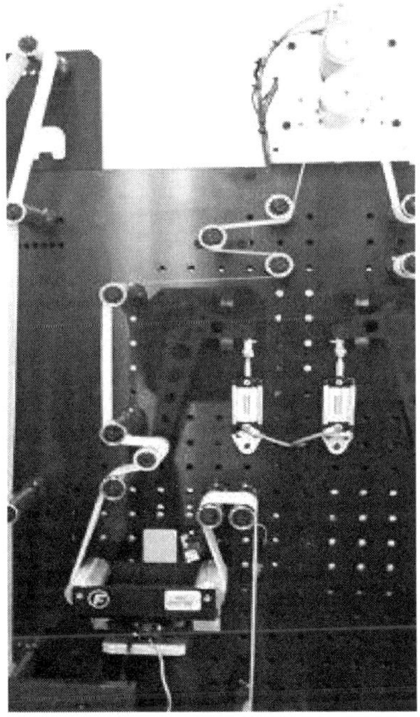

<u>**그림 3.16**</u> 장력 제어 시스템

그림 3.16은 장력 제어를 위한 기구부를 보여준다. 인쇄 유닛 진입전에 장력 측정을 위한 로드셀이 설치되고, 장력의 급격한 변화를 흡수하기 위한 댐퍼 역할의 댄서가 설치되며, 인피더의 속도 조절을 통해 장력을 조절한다. 그림 3.17은 이러한 구성을 통한 장력 제어 결과를 보여준다. 그림에서 보듯이, 6kgf의 장력 설정치에 대해 약 2% 이내로 장력이 제어되고 있음을 알 수 있다.

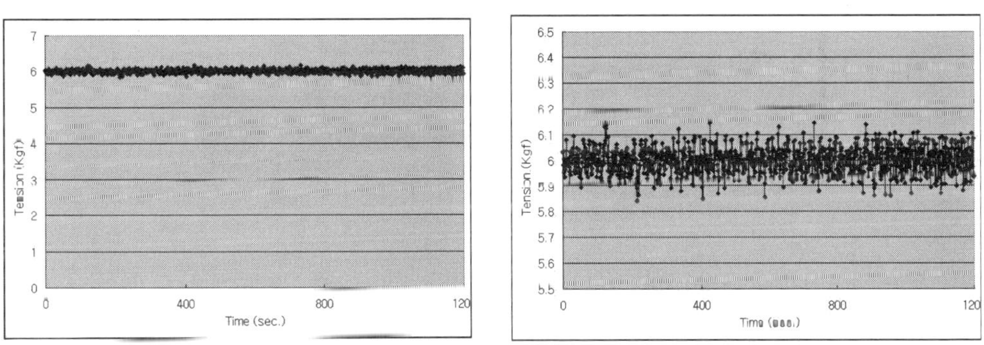

(a) (b)

<u>**그림 3.17**</u> 장력 제어 결과 및 확대 그림

3.2.2 롤투롤 프린팅 시스템의 레지스터 제어

제작된 연속 롤투롤 비전 얼라인 구현을 위하여 사용된 시스템은 Roll to Roll 시스템에서 인쇄대상 Film을 고속(30m/min 이상)으로 이송시키면서 고정밀도(10μm)로 Align을 수행하기 위한 Resister 측정 System이다. Film이 이송함에 따라 제판롤축에 설치된 Encoder에서 출력되는 신호를 입력받아 이를 인쇄된 Resister의 영상을 획득하기 위한 카메라로 Trigger신호를 출력하고 카메라는 최초 획득개시 신호를 받으면 고해상도의 Resister영상을 획득하게 된다. Film이 고속 이송함에도 불구하고 선명한 영상을 얻기 위해 충분한 광량의 Illuminator가 설치되어야 하며 PC는 카메라에서 출력된 영상을 처리하여 실시간으로 Resister의 위치를 외부 제판롤 위치 제어기로 Feedback한다. 따라서 연속 롤투롤 비전 얼라인 시스템은 제판롤의 외경기준 이동거리 4-5미크론 펄스를 발생시켜주는 고해상도 고속 엔코더와 엔코더에서 출력된 신호를 적절히 체배 또는 분주해주는 Trigger장치, 60m/min 속도를 5미크론 분해능으로 영상을 획득할 수 있는 광학계(카메라, 렌즈, 조명)과 획득된 영상을 처리하는 Software, 이러한 장치들을 편리하게 구동하고 조작하는 User Interface를 갖추고 있어야한다. 그림 3.18은 이렇게 구성된 연속 롤투롤 비전 얼라인 시스템의 구성도를 보여주며, 그림 3.19는 설치된 연속 롤투롤 비전 얼라인 시스템의 사진을 보여 준다.

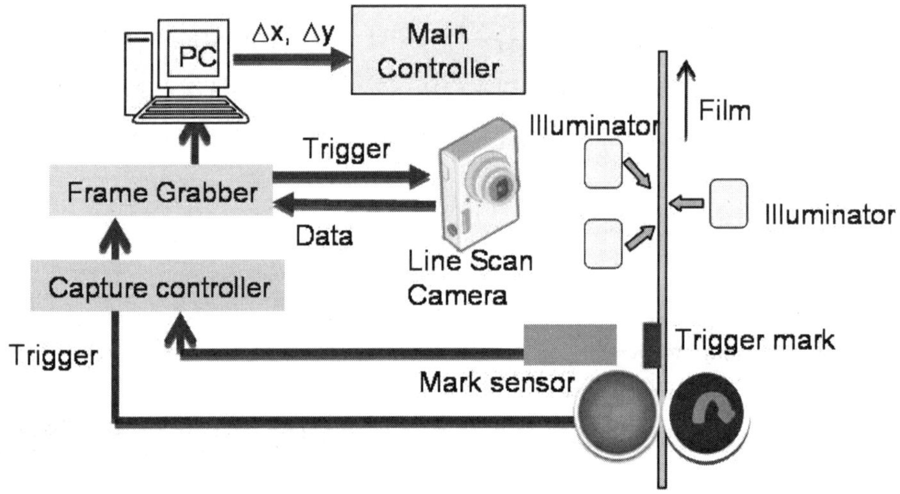

그림 3.18 연속 롤투롤 비전 얼라인 시스템 구성도

그림 3.19 연속 롤투롤 비전 얼라인 시스템 설치 사진

그림 3.20은 얼라인 레지스터 에러의 측정을 위한 마크의 형상과 X, Y 방향 레지스터의 정의를 보여준다. 1도에서는 +형상이 인쇄 되고 2, 3도 에서는 O 형상이 인쇄된다. 각 마크의 중심거리의 축방 오차를 X, 길이 방향(이송 방향) 오차를 Y로 정의 하되, 마크가 겹치는 경우에 인식 불량이 발생할 수 있으므로 X 방향 오차는 마크가 바로 인접한 경우로 정의할 수 있다. 그림 2.18은 레지스터 제어를 위한 측정 및 제어 시스템의 화면을 보여주는 것으로, 인식된 레지스터 마크와 현재 상태, 오차 수준 등을 보여주고 있다. 그림에서 두 개의 레지스터 마크는 얼라인이 맞은 경우를 보여준다. 일반적으로 롤투롤 시스템에서는 레지스터 오차는 축방향(X) 보다 이송방향(Y) 오차의 제어가 더 어렵다. 이것은 웹이 이송 방향으로 건조기 열에 의한 팽창, 롤러의 회전에 따른 run-out, 진동, 장력 영향에 따른 불균일성 등의 영향을 받기 때문이다. 따라서 주로 Y 방향 오차를 제어하는데 연구를 집중하였다.

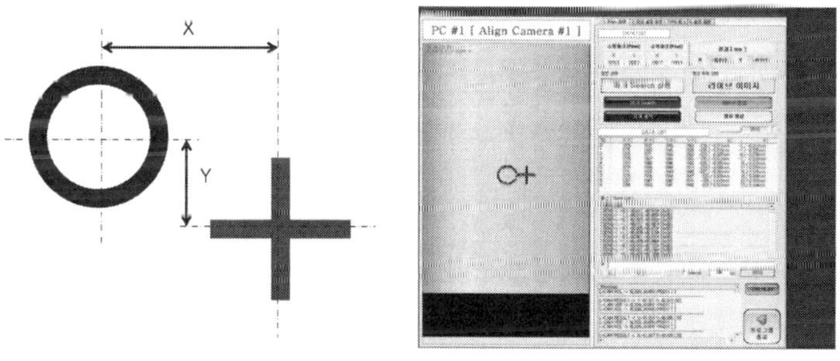

그림 3.20 (a) 레지스터 마크 형상 및 정의 (b) 레지스터 측정 및 제어시스템 화면

1) 레지스터 제어를 위한 측정 방법

다음의 그림 3.21에서와 같이 레지스터마크는 카메라를 이용해서 측정한다. 카메라로 촬영된 레지스터 마크는 비젼시스템의 컨트롤러에서 이미지프로세싱을 통한 레지스터 오차(X error, Y error)를 계산한다. 비젼시스템에서 측정된 값들은 롤투롤 시스템의 컨트롤러로 보내져 레지스터 제어에 사용된다.

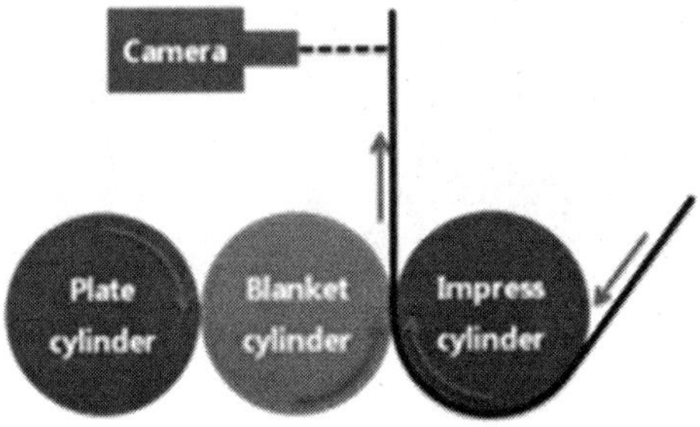

(a) 레지스터 에러 측정을 위한 카메라 위치

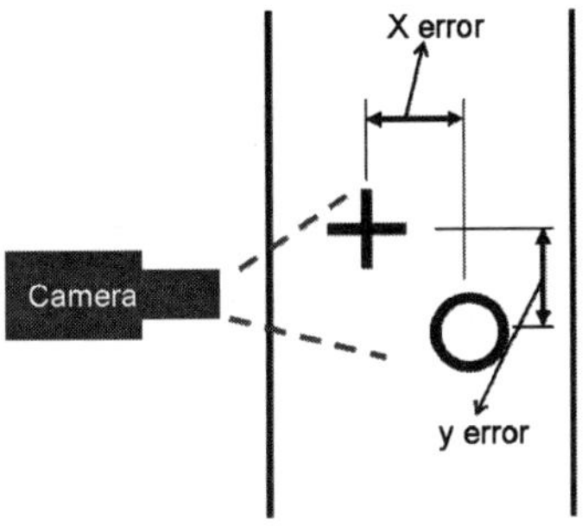

(b) 비전 측정 시스템

그림 3.21 롤투롤 프린팅 시스템의 레지스터 에러 측정 시스템

2) 레지스터 제어 이론

레지스터 오차의 주요 원인중의 하나는 각 층 인쇄 시 피인쇄체의 길이가 다르다는 것이다. 이것은 1도의 인쇄유닛을 기준으로 했을 때 2도에서 인쇄된 레지스터 마크의 인쇄길이가 줄어들거나 길어진다는 것을 의미한다. 그림 3.22에서와 같이 1도에서 인쇄된 레지스터 마크(십자모양)의 인쇄 길이가 동일하고 2도에서 인쇄된 레지스터 마크(원형)의 마크의 인쇄 길이가 동일하지만 십자모양 마크보다 인쇄길이 짧다면 레지스터 오차는 점점 증가하게 된다.

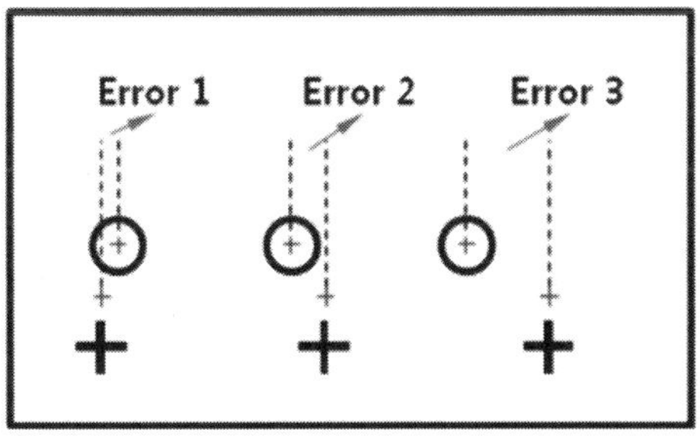

그림 3.22 롤투롤 세스템의 레지스터 에러

이러한 레지스터 오차를 최소화 하기 위해서 인쇄롤러의 속도를 보상하는 방법을 사용하였다. 인쇄롤러의 보상은 최소자승법을 사용하여 오차 데이터의 기울기를 계산하여 보상하였다. 다음의 식 (3.16)은 선형최소자승법을 나타내고 있다.

$$y = ax + b \tag{3.16}$$

여기서

$$a = \frac{nS_{xy} - S_x S_y}{nS_{xx} - S_x S_x} \quad , \quad b = \frac{nS_{xx} S_y - S_{xy} S_y}{nS_{xx} - S_x S_x}$$

$$S_{xx} = \sum_{i=1}^{n} x_i^2 \quad , \quad S_x = \sum_{i=1}^{n} x_i \quad , \quad S_{xy} = \sum_{i=1}^{n} x_i y_i \quad , \quad S_y = \sum_{i=1}^{n} y_i$$

이다.

식 3.16에서 레지스터 오차를 x로 놓고 기울기 a를 계산하여 인쇄롤러의 속도를 보상하게 된다.

3) 실험 결과

실험 결과 온도에 따른 레지스터 오차의 초기 기울기 값이 다르다는 것을 알 수 있다. 초기 기울기가 다르다는 것은 온도에 따라서 각 층에서의 인쇄 길이가 다르다는 것이다. 이러한 이유로 건조 온도는 롤투롤 인쇄 방법에서 레지스터 오차에 큰 영향을 주는 하나의 요인이라고 할 수 있다.

이러한 레지스터 오차의 기울기를 0에 가깝게 만들기 위해서 인쇄롤러의 속도를 보상한다.

그림 3.23은 건조 온도에 따른 기울기 보상 결과를 보여준다. 그림에서 보듯이 온도에 따라 기울기가 달라지고, 따라서 기울기 보상 성능이 차이남을 알 수 있다. 이러한 기울기 보상 정도를 높이기 위해 기울기에 식 3.17과 같이 게인 G를 적용하여 새로운 기울기 $\hat{a}$로 보상하였다.

$$\hat{a} = Ga \tag{3.17}$$

그림 3.24는 게인이 1, 2, 3일 경우에 대해 기울기의 수렴을 보여주는 데이터로, 게인 2에서 적절한 보상 성능을 보여주며, 오히려 게인이 커질 경우 오실레이션이 발생함을 알 수 있다.

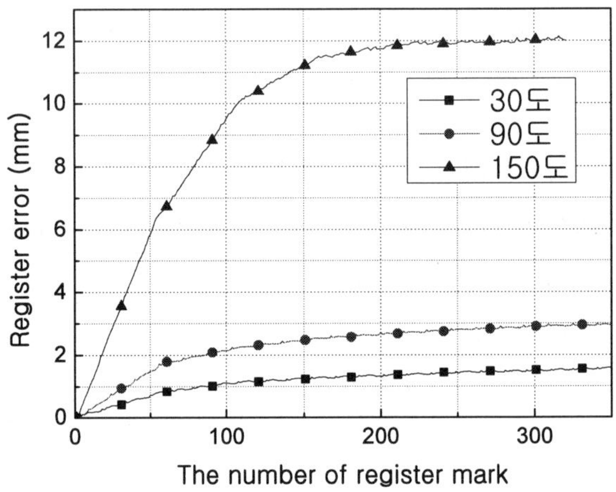

그림 3.23 건조기 온도에 따른 기울기 보상 결과

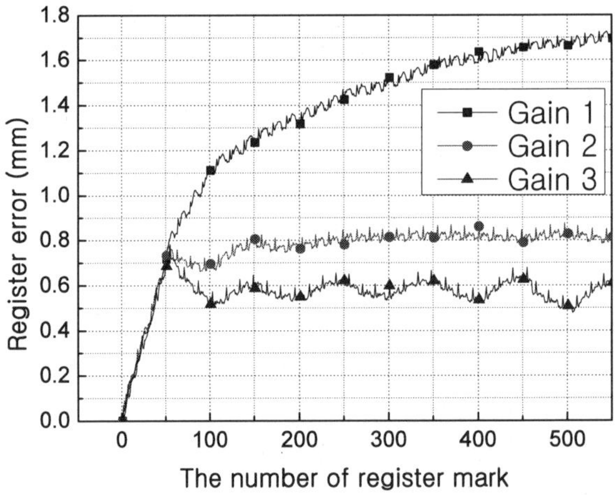

그림 3.24 게인 변화에 따른 기울기 보상 결과

그림 3.25는 그라비아의 경우에 대한 수행된 레지스터의 Y 방향 오차를 보여준다. 제어 구간으로부터 안정화 구간에 이르게 되면 10μm 대의 레지스터 오차 성능을 갖게 됨을 알 수 있다. 그림 2.24는 플렉소의 경우에 대한 수행된 레지스터의 Y 방향 오차를 보여준다. 그림에서 보듯이 30μm 대를 달성하여 목표치인 50μm를 만족함을 알 수 있다.

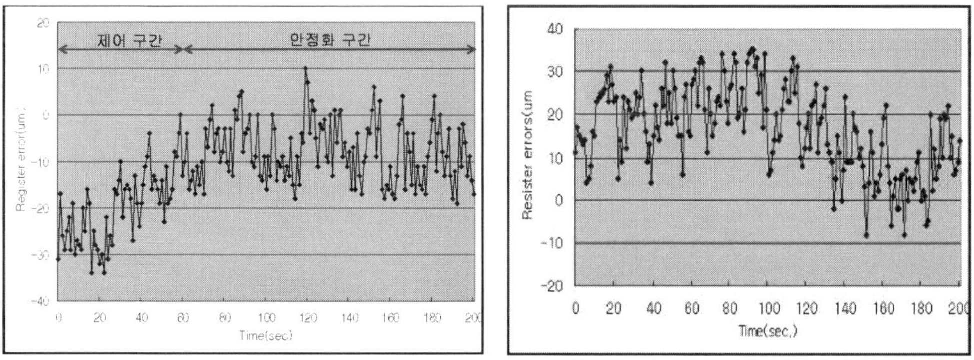

그림 3.25 레지스터 제어 결과 (a) 그라비아, (b) 플렉소

3.2.3 R2R 웹 이송 인쇄 압력 제어 공정 실험

1) 제어목표

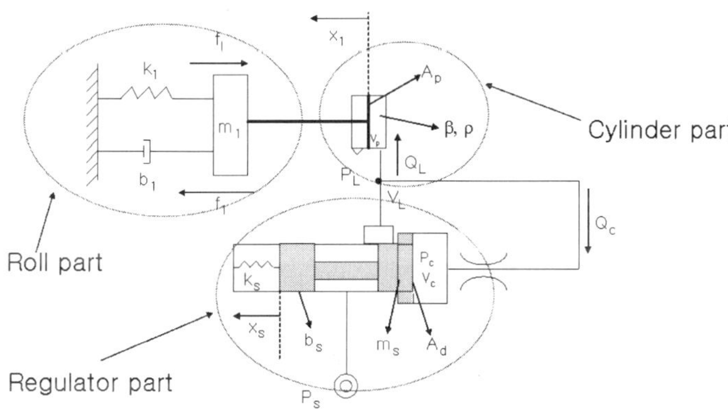

그림 3.26 제어 대상 개략도

인쇄 시의 인압은 잉크의 전이 성능 과 패턴 정밀도를 결정 짓는 중요한 요소 중의 하나이며 잉크의 종류 및 점도, 구동 속도, 환경 조건 등에 따라 크게 달라질 수 있다. 따라서 정밀한 인압의 제어는 고품질, 고정밀의 인쇄를 얻기 위해 필수적이다. 이러한 이유로 정밀한 인압 제어 장치를 모델링하고 설계 제작하여 실험을 수행 하였다. 그림 3.26은 롤투롤 인쇄시스템에서 블랭킷 롤과 임프레션 롤에 압력을 가하는 개략도를 나타내고 있다. 레귤레이터부에서 공압이 유입되는데 이 때 공압은 실린더부의 실린더를 밀게 되고 실린더는 임프레션롤을 밀어 블랭킷롤과의 인쇄압력을 유지하게 된다. 여기서, 실린더는 임프레션롤 양 끝단에 총 2개가 있으므로 동시에 압력을 가할 수 있게 제어하는 것이 목적이다.

2) 수학적 모델링

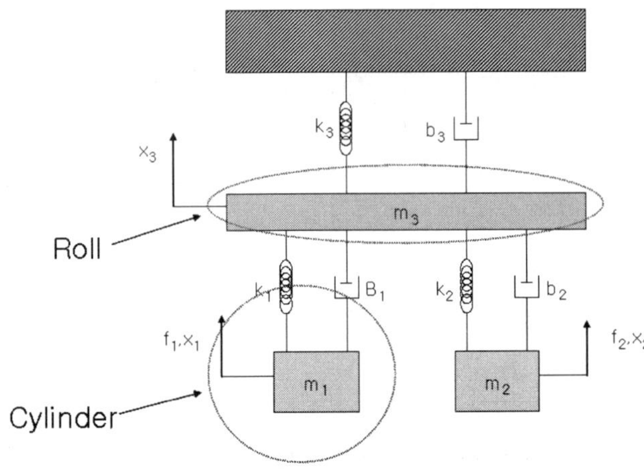

그림 3.27 위치제어 모델링 개략도

그림 3.27은 압력제어 모델링을 위한 개략도를 나타낸다. 실제로 시스템의 운동특성을 알아보기 위하여 Newton's law를 이용하여 모델링 하였다. 그 결과 아래의 수식을 구할 수 있다.

$$f_1 = m_1\ddot{x}_1 + k_1x_1 - k_1x_3 + b_1\dot{x}_1 - b_1\dot{x}_3 \tag{3.18}$$

$$f_2 = m_2\ddot{x}_2 + k_2x_2 - k_2x_3 + b_2\dot{x}_2 - b_2\dot{x}_3 \tag{3.19}$$

$$\begin{aligned} 0 = &\, m_3\ddot{x}_3 - k_1x_1 + k_1x_3 - b_1\dot{x}_1 + b_1\dot{x}_3 \\ &- k_2x_2 + k_2x_3 - b_2\dot{x}_2 + b_2\dot{x}_3 + k_3x_3 + b_3\dot{x}_3 \end{aligned} \tag{3.20}$$

식 3.18과 식 3.19는 양 끝단을 미는 공압실린더의 수식이며 식 3.20은 이때 발생되는 임프레션롤의 변위를 나타낸 것이다.

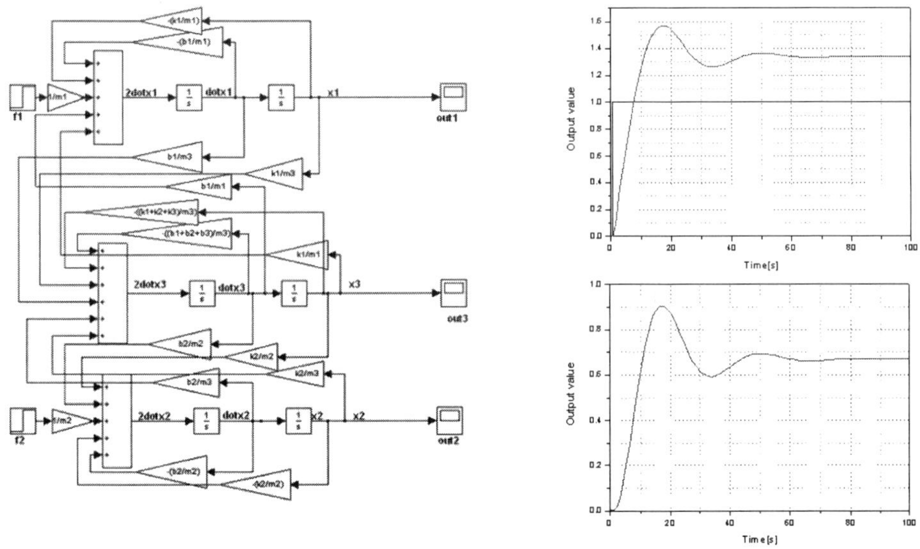

그림 3.28 시뮬레이션 및 결과

위 수학적 모델링을 가지고 시뮬레이션 한 결과는 그림 3.28에 나타내었다. 같은 신호를 인가하여 출력을 확인한 것이다.

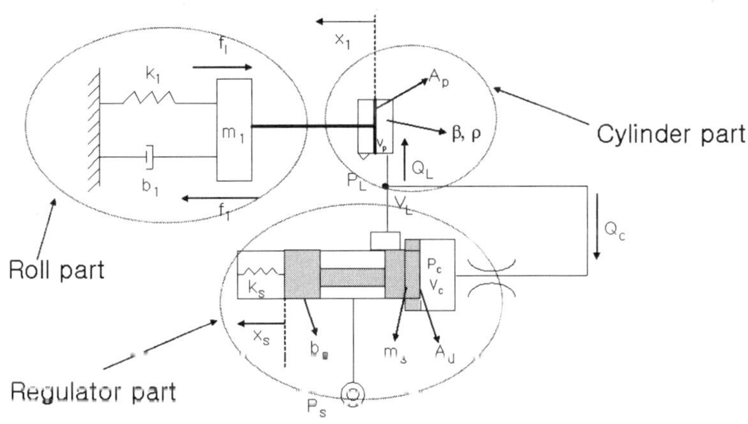

그림 3.29 압력제어 모델링 개략도

그림 3.29는 실제로 유량을 흘려보내면서 각각의 모듈들의 변화를 알아보기 위한 개략도 있다. 이 모델링에서 구해진 수식은 아래에 나타내었다.

$$Q_v = Q_L + Q_c + \beta V_L \frac{dP_L}{dt} \qquad (3.21)$$

$$Q_v = C_v A_v \sqrt{\frac{2(P_s - P_L)}{\rho}} \tag{3.22}$$

$$Q_L = A_p \frac{dx_1}{dt} \tag{3.23}$$

식 3.21, 3.22, 3.23은 전체 유량에 대한 수식이다.

$$Q_c = C_c A_c \sqrt{\frac{2(P_L - P_c)}{\rho}} \tag{3.24}$$

식 3.24는 실린더를 제어하는 유량을 나타낸 것이다.

$$A_d P_c = m_s \ddot{x}_s + b_s \dot{x}_s + k_s (x_{so} + x_s) \tag{3.25}$$

식 3.25는 감압밸브에서 P_c에 의해서 스풀이 움직이는 운동방정식을 나타낸 것 이다.

$$f_1 = A_p P_L = m_1 \ddot{x}_1 + b_1 \dot{x}_1 + k_1 (x_{1o} + x_1) \tag{3.26}$$

식 3.26은 최종적으로 롤이 움직이는 운동방정식을 나타낸다.

$$\frac{dP_L}{dt} = \frac{1}{\beta\left(V_{Lo} + A_p \frac{dx_1}{dt}\right)} \left\{ C_v A_v \sqrt{\frac{2(P_L - P_c)}{\rho}} - A_p \frac{dx_1}{dt} - C_c A_c \sqrt{\frac{2(P_L - P_c)}{\rho}} \right\} \tag{3.27}$$

$$\frac{dP_c}{dt} = \frac{1}{\beta\left(V_{co} + A_d \frac{dx_s}{dt}\right)} \left\{ C_c A_c \sqrt{\frac{2(P_L - P_c)}{\rho}} - A_d \frac{dx_s}{dt} \right\} \tag{3.28}$$

$$\ddot{x}_1 = \frac{1}{m_1} \left(A_p P_L - b_1 \dot{x}_1 - k_1 (x_{1o} + x_1) \right) \tag{3.29}$$

식 3.27, 3.28, 3.29는 운동방정식은 유량식을 롤에 가할 수 있는 압력식으로 바꾼 것이다.

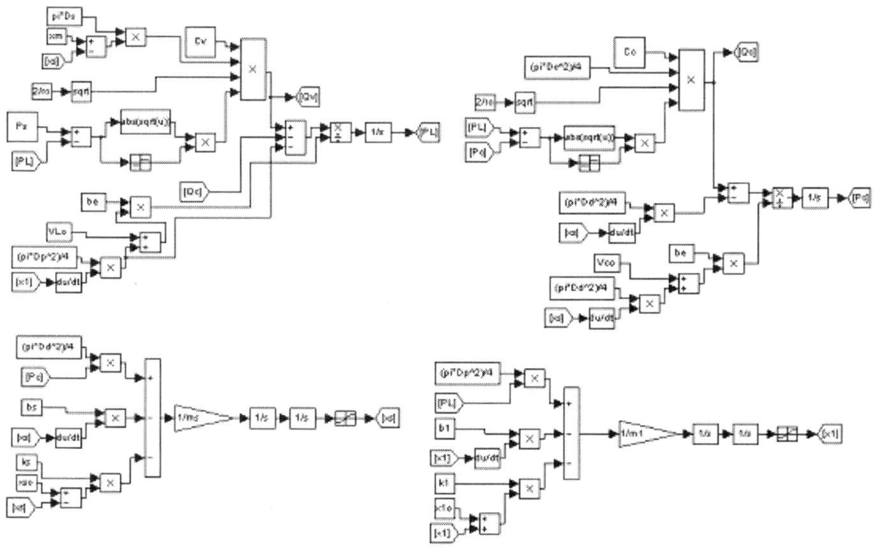

그림 3.30 압력식에 대한 시뮬레이션 블록선도

그림 3.30은 압력식을 시뮬레이션한 블록선도를 나타낸다. 그림3.31은 시뮬레이션 한 결과를 나타낸 것이다.

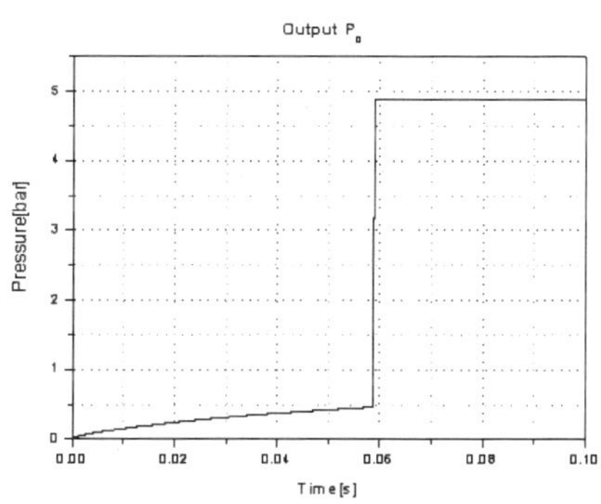

a) P_c 결과 그래프

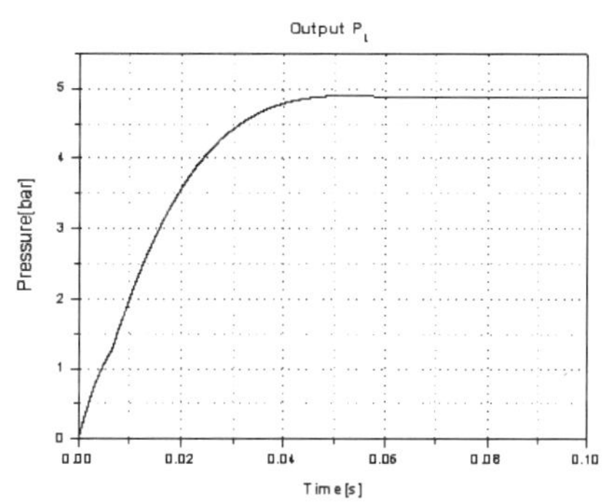

b) P_L 결과 그래프

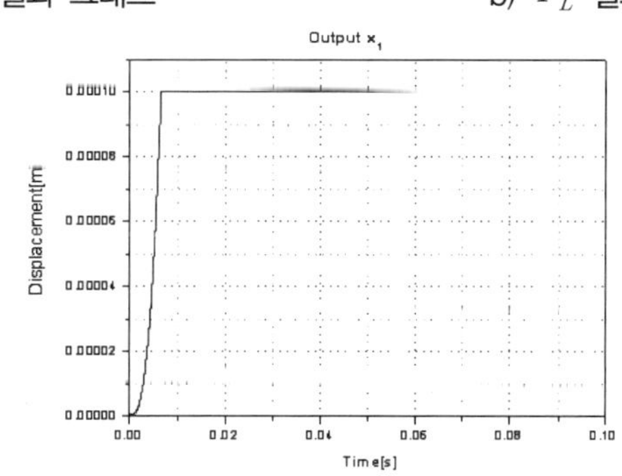

c) x_1 결과 그래프

그림 3.31 시뮬레이션 결과

3) 제어실험

① 계수분석(Identification)

실제 제어를 하기 위해서는 PID의 게인 값을 설정하여야 한다. 따라서 단일 동작실험을 실시하여 전달함수를 구하였다.

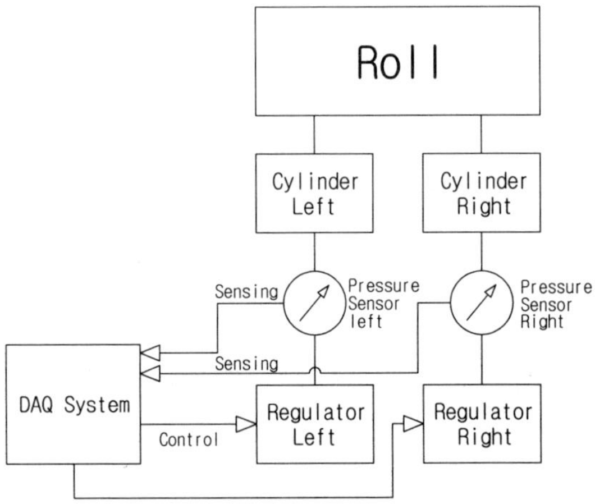

그림 3.32 계수분석을 위한 개략도

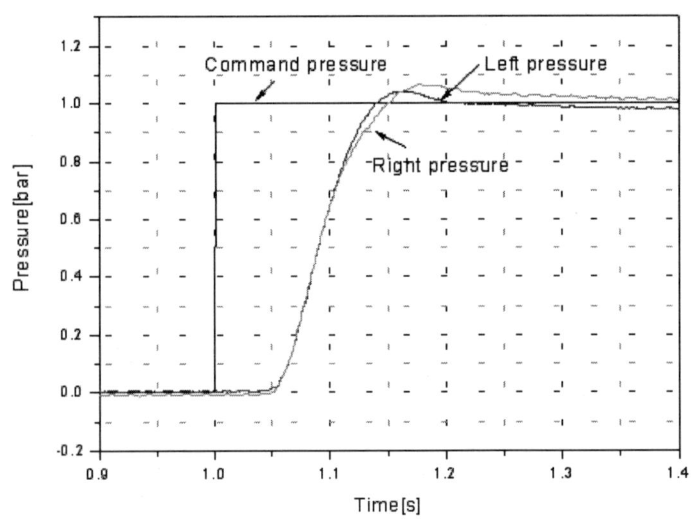

그림 3.33 계수분석을 위한 실험 결과

그림 3.33의 결과를 가지고 계수분석한 결과 왼쪽과 오른쪽의 전달함수는 다음과 같다.

$$G_L(s) = \frac{-1.4s + 154.4}{s^2 + 21.42s + 312.2} \tag{3.30}$$

$$G_R(s) = \frac{-2.3s + 151.1}{s^2 + 18.6s + 311.8} \tag{3.31}$$

② PID 실험

계수분석으로 얻어진 PID 게인값을 이용하여 실험을 실시하였다. 제어실험에 사용한 DAQ system으로는 NI6062E와 Matlab(Ver. 7.0)을 사용하였다. 그림 2.34는 실험에 사용한 Simulink 블록선도를 나타내고 있다.

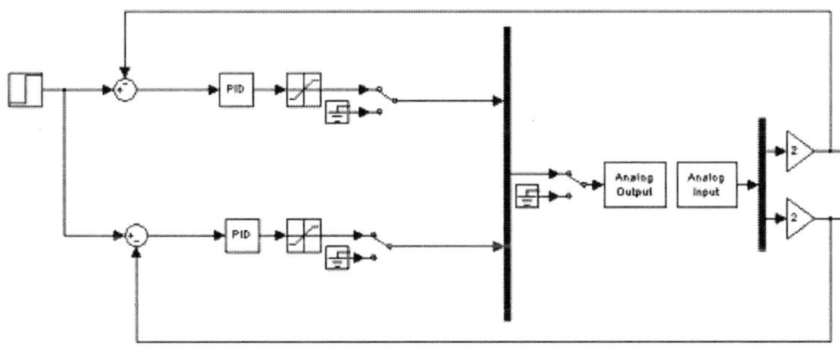

그림 3.34 제어실험 블록선도

위 제어실험은 임프레션롤 양 끝단에 있는 실린더의 압력을 측정하면서 압력의 오차만큼 제어기로 제어하는 방법을 사용하였다.

③ 왼쪽실린더만 제어

우선적으로 오른쪽은 정지한 상태에서 왼쪽 실린더만을 제어하였을 경우 스텝응답과 멀티스텝응답 특성을 확인하였다.

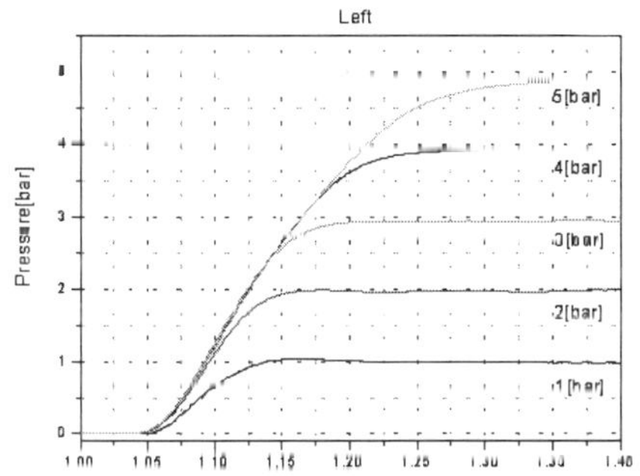

(a) 무제어 스텝응답 특성

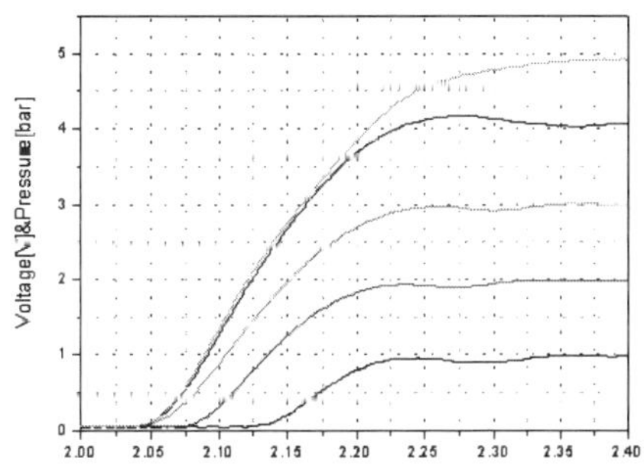

(b) PID 제어 스텝응답 특성

그림 3.35 왼쪽 실린더 스텝응답 특성

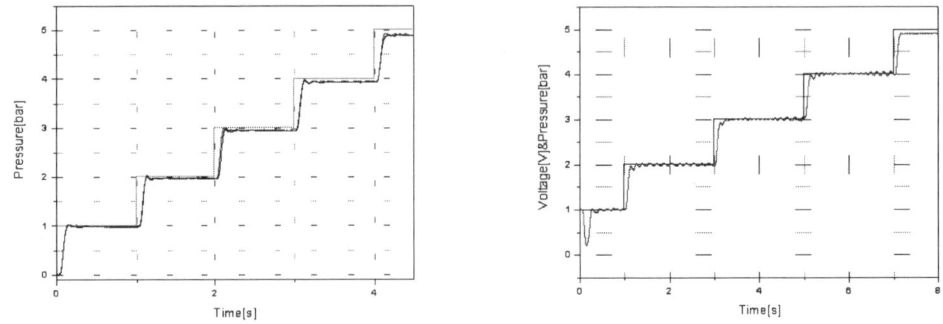

(a) 무제어 멀티스텝응답 특성　　(b) PID 멀티스텝응답 특성

그림 3.36 왼쪽 실린더 멀티스텝응답 특성

④ 오른쪽 실린더만 제어

왼쪽은 고정시킨 상태에서 오른쪽 실린더를 제어하여 스텝응답 과 멀티스텝응답 특성을 확인하였다.

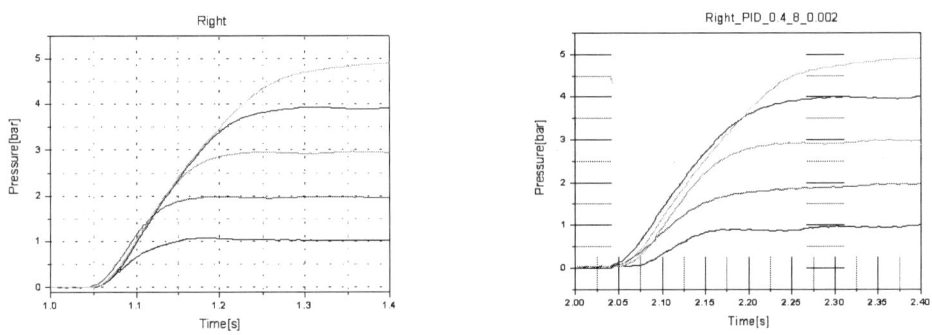

(a) 무제어 멀티스텝응답 특성　　(b) PID 멀티스텝응답 특성

그림 3.37 오른쪽 실린더 스텝응답 특성

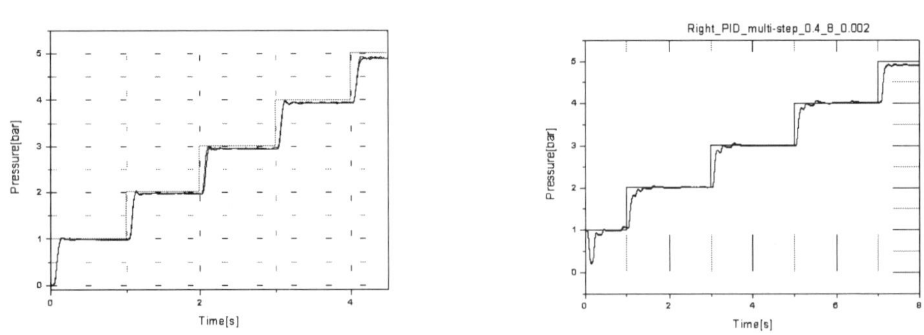

(a) 무제어 멀티스텝응답 특성　　(b) PID 멀티스텝응답 특성

그림 3.38 오른쪽 실린더 멀티스텝응답 특성

⑤ 왼쪽과 오른쪽 실린더 동시 제어실험

왼쪽 실린더와 오른쪽 실린더를 동시에 PID로 제어한 경우 롤의 움직임이 서로 어떤 영향을 미치는가를 확인하였다.

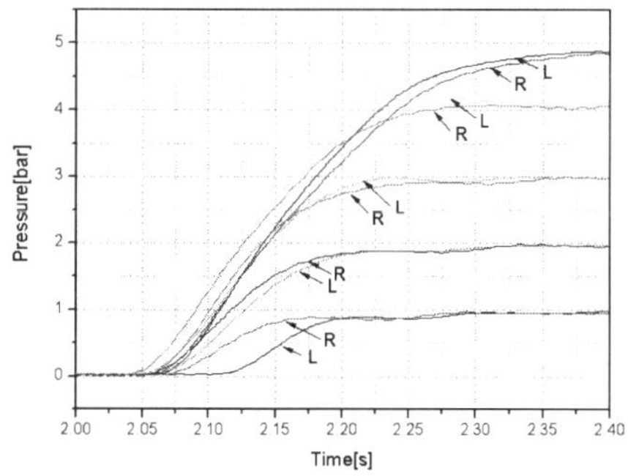

(a) 스텝응답 특성

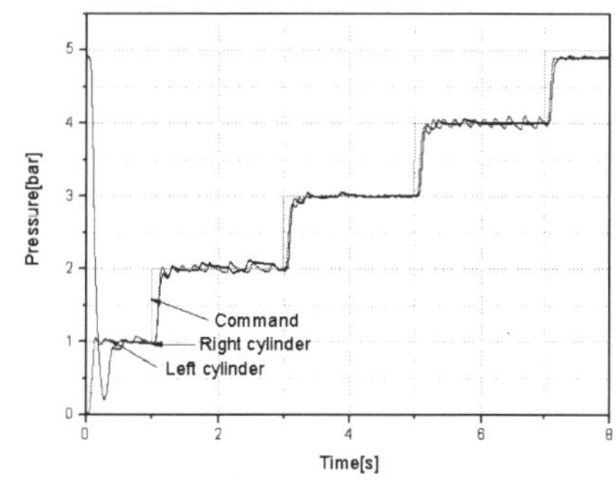

(b) 멀티스텝응답 특성

그림 3.39 동시동작 응답 특성

위 결과들로 확인할 수 있듯이 동시에 압력이 인가되므로 서로의 영향이 크게 미치지 않는 것을 확인할 수 있다.

그림 3.40 인압 제어부

그림 3.40은 인압 제어를 위한 인압 제어부를 보여준다. 그림에서 보듯이 실린더의 압력은 로드셀에 의해 측정되고, 측정된 압력은 모터-볼 스큐류 시스템에 의해 제어 된다. 14kgf의 인압 설정치에 대해 약 2% 이내로 인압이 제어되고 있음을 알 수 있다.

3.2.4 전극인쇄용 정밀 그라비아 인쇄기술

1) 그라비아 롤프린팅 공정 기술 개발 및 실험

그라비아 옵셋 프린팅의 경우는 음각의 셀에 잉크를 채우는 블레이딩 작업이 먼저 발생한다. 이때 평편한 면을 얻는 것이 가장 이상적이지만, 일반적으로 오목한 잉크채움 현상을 얻는다. 이러한 오목한 현상이 다음의 잉크전이에 문제가 되므로, 이에 대한 대비가 필요한데, 이는 제판롤러와 잉크와 블레이드 간의 표면에너지 문제, 블레이드의 변형 문제, 잉크의 특성 문제가 가장 중요하다.

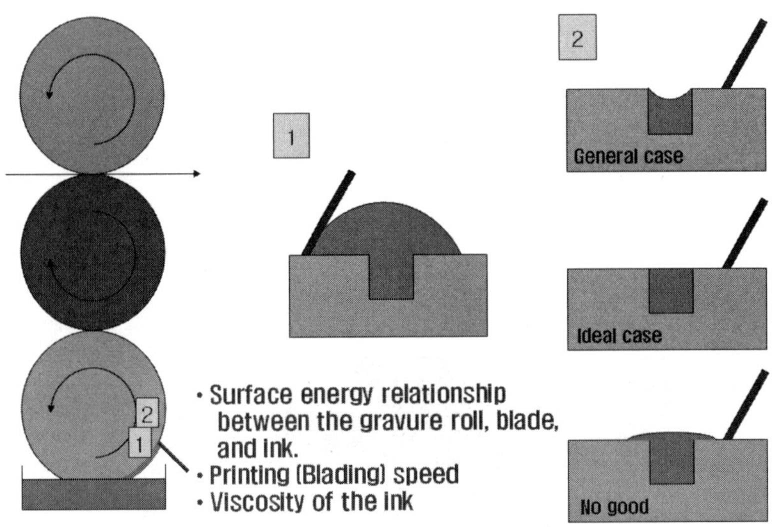

그림 3.41 그라비아옵셋 인쇄 공정

이와 같이 일반적으로 오목한 잉크채움이 일어나면, 실리콘 러버롤에 전이를 하게될 때, 압력이 충분하지 않거나, 실리콘 러버롤이 딱딱하면, 충분한 접촉이 일어나지 않아서, 가운데가 빈 패턴이 발생하게 된다. 하지만, 공정조건이 맞으면, 원하는 패턴을 얻을 수 있다.

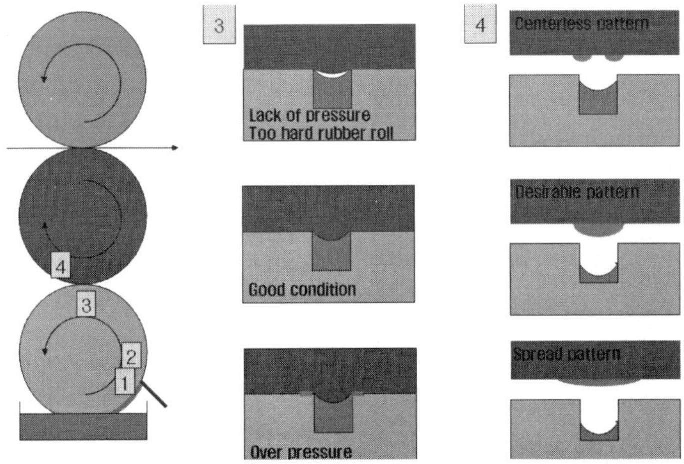

그림 3.42 그라비아옵셋 인쇄 공정

그렇지만, 좋은 공정조건으로 접촉이 완전하게 일어났을 경우도 실리콘 러버롤의 표면에너지가 변하게 되면, 항상 같은 잉크의 전이가 일어나지 않는다. 따라서 표면에너지를 일정하게 유지하는 것이 반드시 필요하다.

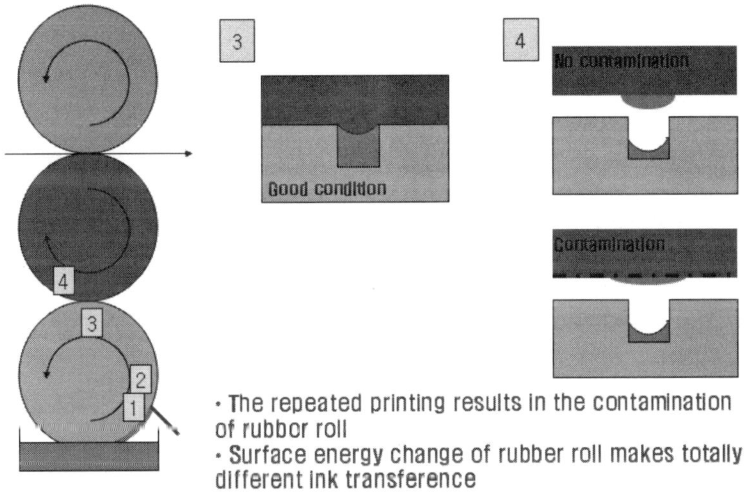

그림 3.43 그라비아옵셋 인쇄 공정

실리콘 러버롤에 전이된 잉크는 다시 플래스틱 기판에 전이가 되는데, 압통롤러가 위에서 누르기 때문에 퍼지고, 얇은 형상으로 잉크 패턴이 형성된다. 결국은 이러한 형상은 기판과 잉크의 표면에너지 관계로 인해서 평형을 찾아가겠지만, 롤투롤 프로세스에서는 전이가 일어나면 곧 경화로에 들어가기 때문에 평형을 찾아가는 도중에 경화가 발생하게 된다.

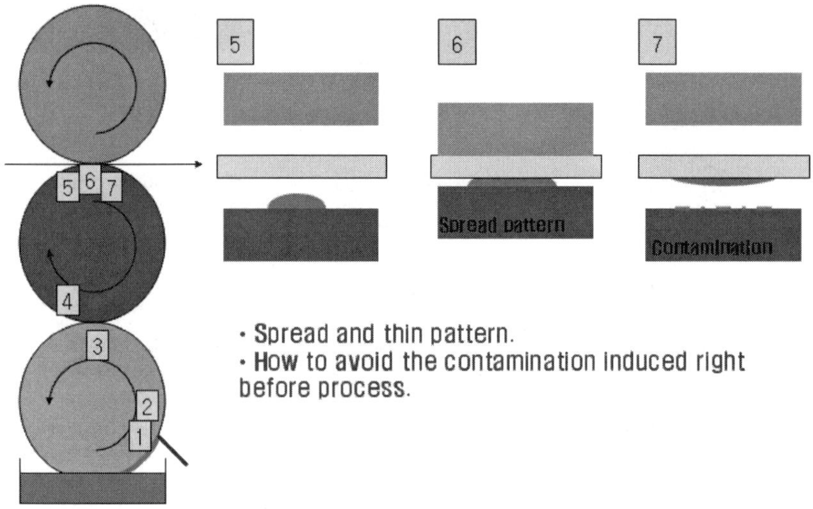

그림 3.44 그라비아옵셋 인쇄 공정

이에 대한 실험 결과들이 위의 내용을 반영한다. 위의 그림들을 살펴보면 100cPs이하의 저점도 실버 잉크로 실험한 결과로써, #1부터 #5는 그라비어 실험 결과이다. 이 실험에서 가운데가 없는 패턴이 프린팅 되기도 하였다. #6와 #7은 그라비어 옵셋 실험결과로써, 패턴이 심하게 퍼져있는 것을 확인할 수 있었다. 하지만, 본 실험은 잉크의 제판롤과 접촉각이 20도 정도되는 아직 최적화되지 못한 잉크였으므로, 전체적인 경향에 대해서만 이야기 할 수 있는 정도이다. #8부터 #13은 점도가 1500cPs정도 되는 실버잉크를 이용하여 그라비어 옵셋 프린팅한 결과이다. 비교적 고점도의 잉크로 실험한 결과에서는, 그라비어 옵셋에서 깨끗한 패턴을 얻을 수 있었다. 이는 그라비어 프린팅의 경우는 비교적 저점도, 1도 인쇄에 사용하는 것이 바람직하며, 그라비어 옵셋 프린팅의 경우는 비교적 저점도에서 낮은 압력으로 중첩인쇄에 적합한 것으로 판단된다.

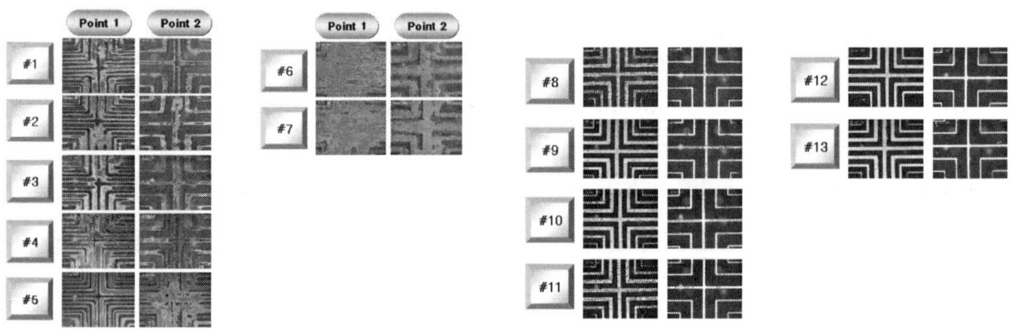

그림 3.45 그라비아 실험결과

제판의 사양은, 평제판 type 그라비아 타입으로 재료는 구리이고, 인쇄높이는 각각 5㎛, 9㎛정도이며, 인쇄물의 크기는 90mm × 90mm 정도이고, 각각의 선은 가로선 세로선으로써, 패턴폭 20㎛, 50㎛인 제판을 구현하였다.

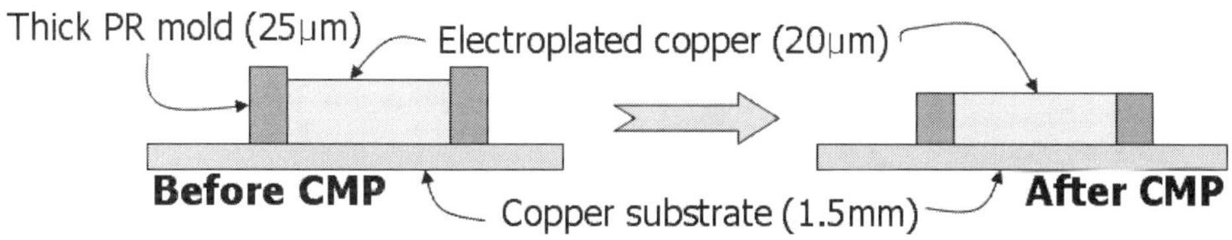

그림 3.46 제판 제작 공정

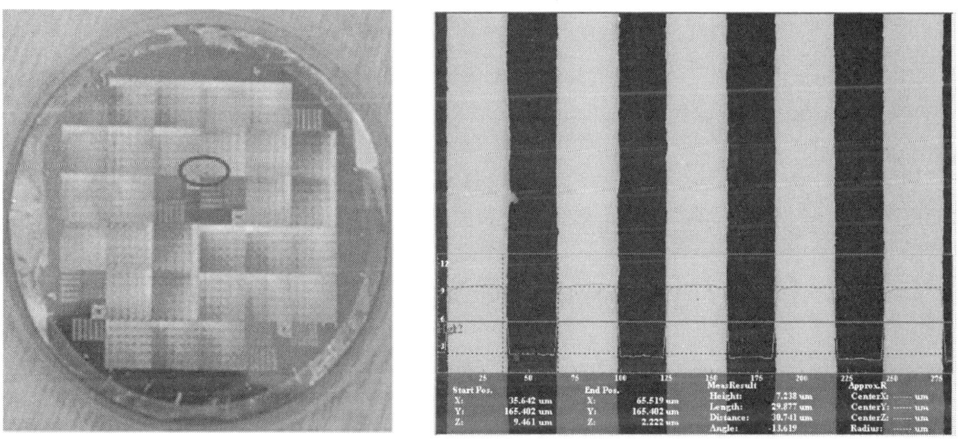

그림 3.47 제작된 구리 제판

위의 그림 3.47에서 보면, 그라비아 음각의 높이는 약 7㎛이며 패턴의 선폭은 대략 30㎛으로 형성되었다. 그림 3.48에서 그림 3.51은 구리 제판에 형성된 패턴을 측정한 결과이다.

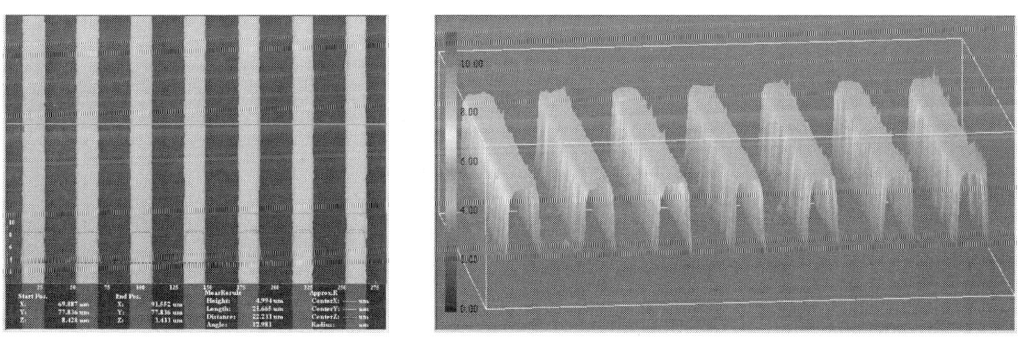

그림 3.48 패턴 높이: 5㎛, 패턴 폭: 22㎛

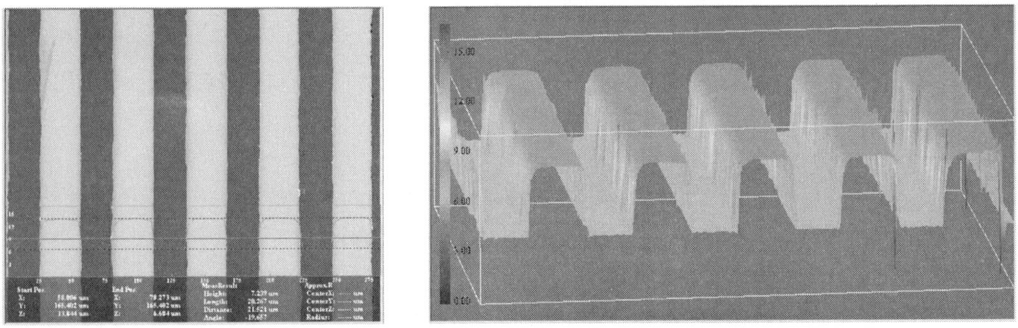

그림 3.49 패턴 높이: 7㎛, 패턴 폭: 20㎛

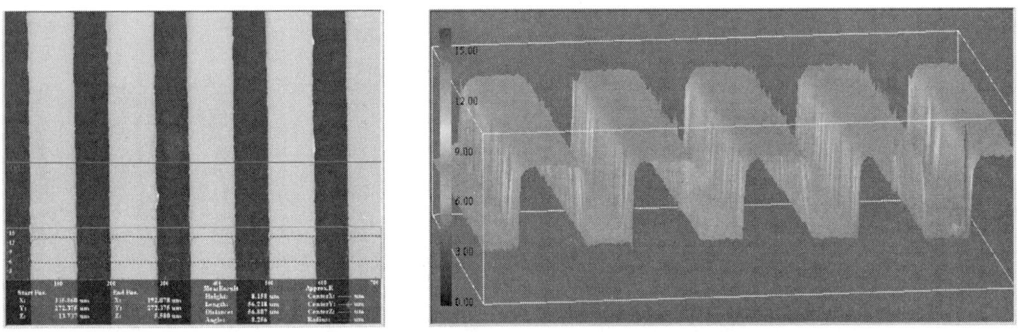

그림 3.50 패턴 높이: 8㎛, 패턴 폭: 56㎛

그림 3.51은 잉크를 구리제판의 패턴 높이 7㎛, 패턴 폭 20㎛인 패턴에 도포한 것으로 완전히 패턴에 채워지지 않은 모습이다.

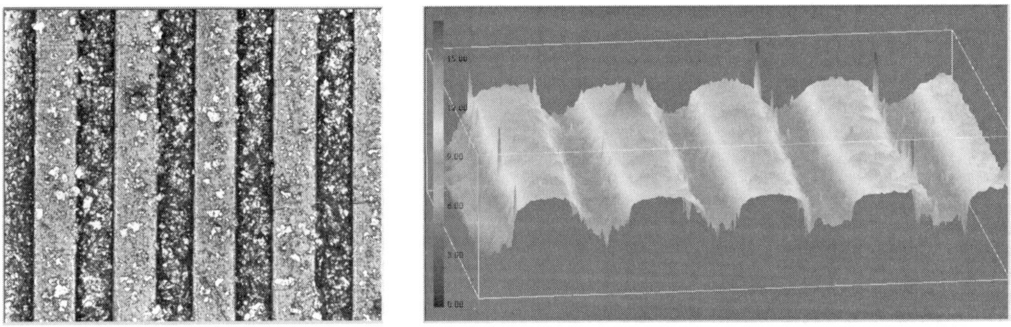

그림 3.51 구리제판에 잉크 도포

그림 3.52에서 그림 49는 OHP필름에 그라비아로 인쇄를 한 결과이다. 공정조건은 실리콘실린더 압력이 10kgf이고 인쇄속도는 100mm/sec이다.

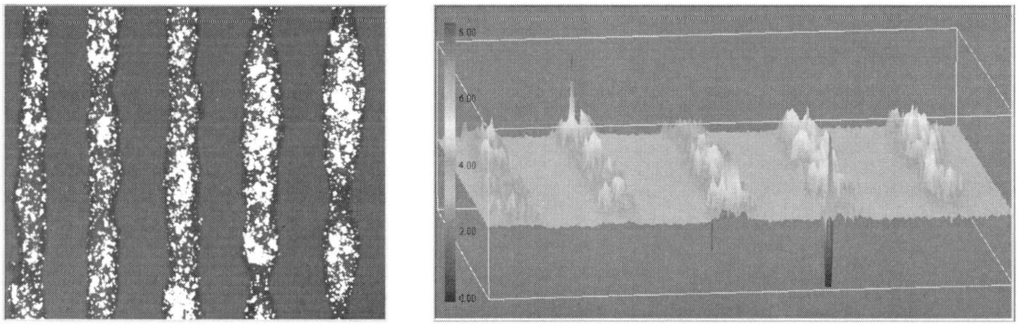

그림 3.52 패턴 높이: 0.5㎛, 패턴 폭: 21㎛

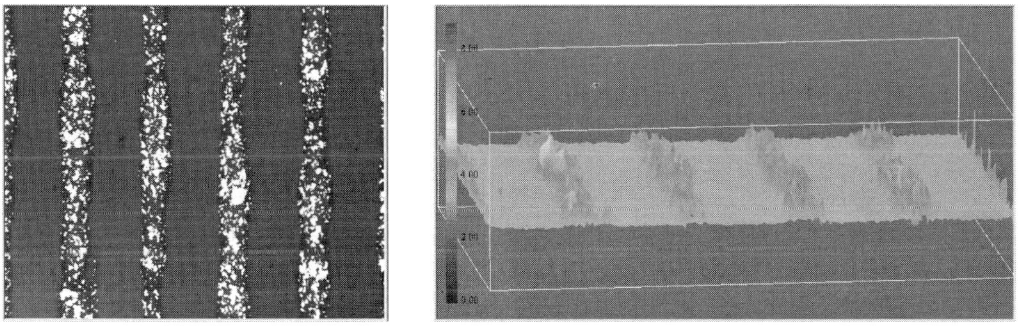

그림 3.53 패턴 높이: 0.7㎛, 패턴 폭: 51㎛

그림 3.52에서 그림 3.56은 OHP필름에 그라비아옵셋으로 인쇄를 한 결과이다. 공정조건은 실리콘실린더 압력이 10kgf이고, 압통실린더 압력 25kgf, 인쇄속도는 100mm/sec이다.

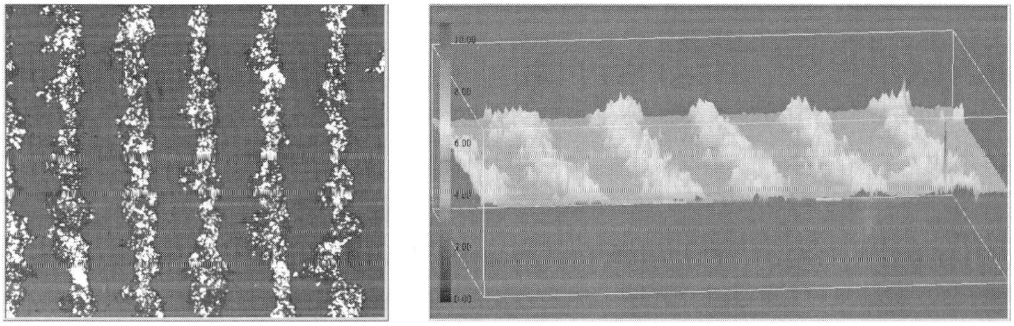

그림 3.54 패턴 높이: 0.6㎛, 패턴 폭: 22㎛

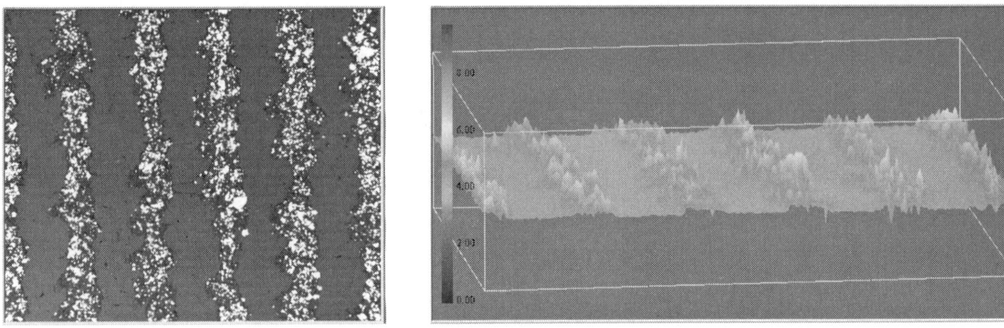

그림 3.55 패턴 높이: 0.4㎛, 패턴 폭: 20㎛

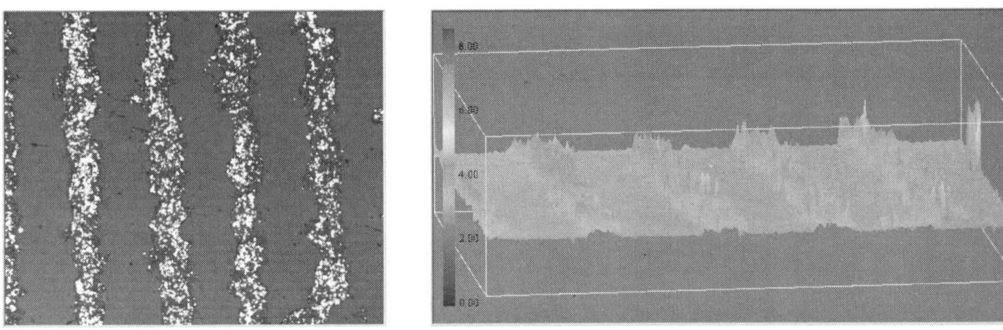

그림 3.56 패턴 높이: 0.8㎛, 패턴 폭: 26㎛

그림 3.57에서 그림 3.59는 PET필름에 그라비아옵셋으로 인쇄를 한 결과이다. 공정조건은 실리콘실린더 압력이 10kgf이고, 압통실린더 압력 25kgf, 인쇄속도는 100mm/sec이다.

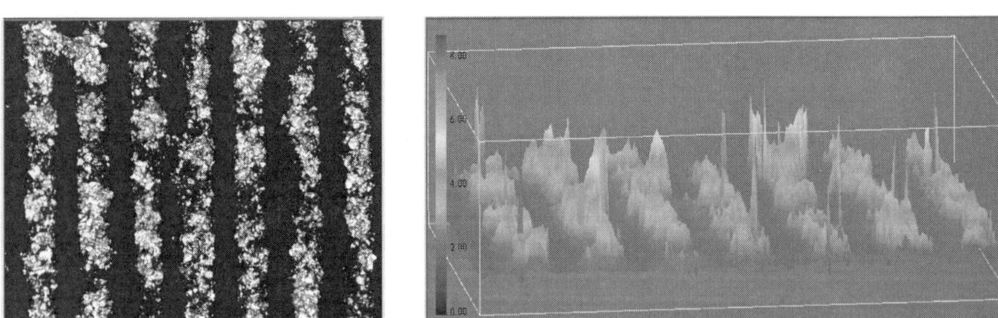

그림 3.57 패턴 높이: 0.7㎛, 패턴 폭: 21㎛

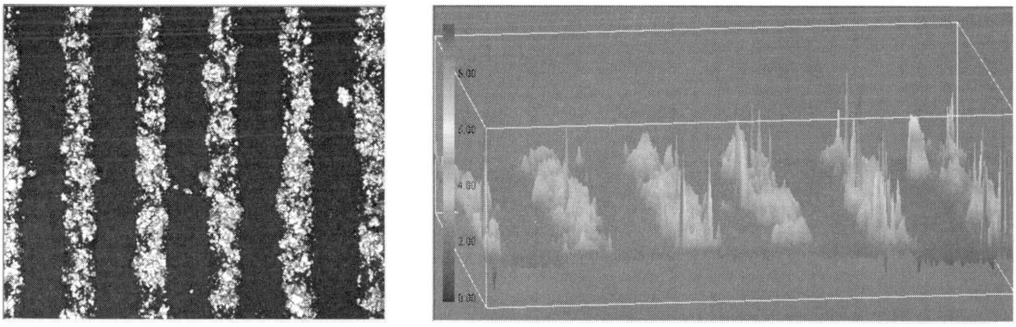

그림 3.58 패턴 높이: 0.8㎛, 패턴 폭: 23㎛

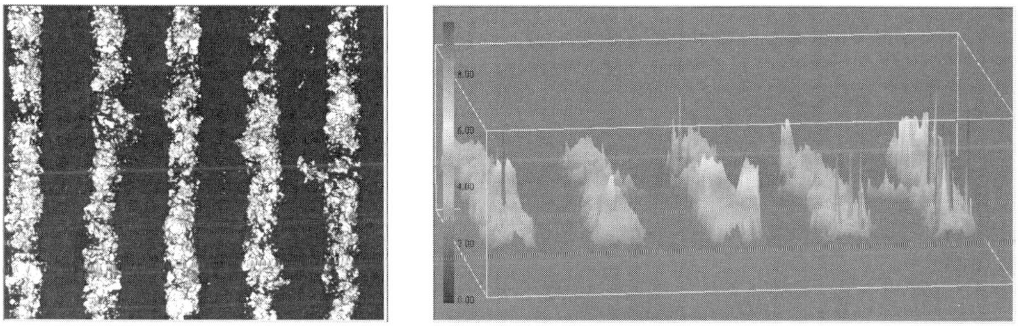

그림 3.59 패턴 높이: 1㎛, 패턴 폭: 30㎛

구리제판에 잉크가 잘 채워지지 않아서 그라비아에서 피인쇄체로의 전이가 용이하지 않았으며, 그라비아옵셋에서도 실리콘실린더로의 전이는 양호하나 피인쇄체로 전이되는 패턴은 높이가 낮게 형성되었다. 그리고 50㎛급의 패턴은 옆의 패턴과 간섭이 발생하여 패턴의 구분이 힘들었다. 그라비아보다 그라비아옵셋에서 패턴이 균일하게 형성 되었다.

3.2.5 그라비아 닥터링 공정(doctoring process)

그라비아 공정에서 가장 중요한 공정 중의 하나는 닥터링 공정이다. 닥터링 공정을 통해서 잉크를 그라비아 셀에 채우게 되는데, 닥터링 공정의 이상적인 형상은 그라비아 셀을 100% 채우는 것이 된다. 하지만, 일반적으로는 100%를 채우지 못하고 약간 움푹 들어간 형상을 띄게 된다 (그림 3.60). 그리고, 닥터링 조건이 좋지 못하거나, 잉크가 점도가 맞지 않으면, 스쿠핑 현상과 같이 그라비아 셀을 채우지 못하는 현상이 발생한다

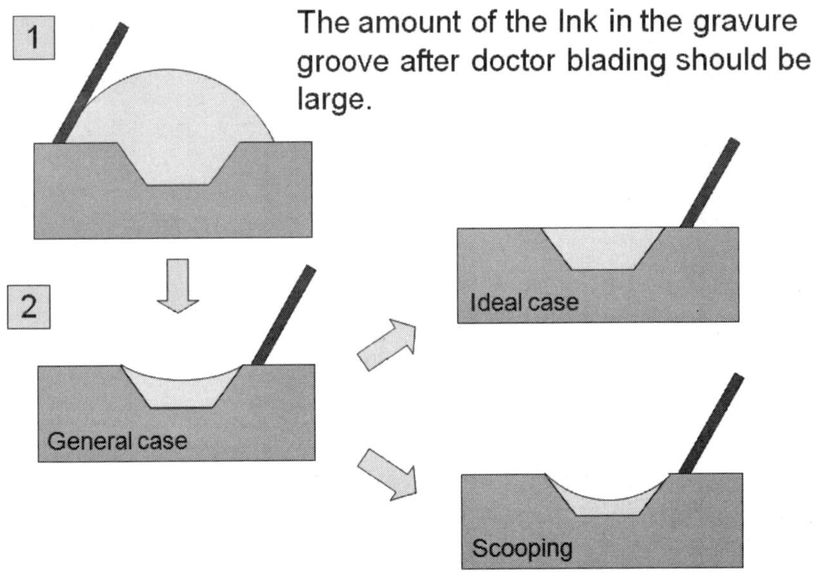

그림 3.60 닥터링 후의 그라비아셀 잉크 채움 현상

이러한 원인이 발생하는 이유를 살펴보기 위해 접촉각의 관점으로 채움 현상을 보면, 그라비아 셀의 측벽의 관점으로 보았을 때의 접촉각의 평형상태와 그라비아셀 외부의 관점으로 보았을 때의 접촉각의 관점으로 보았을때의 접촉각의 평형상태가 존재하게 된다. 따라서, 닥터링 조건이 잘 맞아서, 잘 채운다고 하였을 때에라도, 이 두가지 평형상태의 중간에서 실질적인 채움의 현상이 발생하게 된다. 이러한 평형상태를 meta-stable 상태라 하였다. 하지만, 이러한 평형상태는 조건이 잘 맞아서 평형상태에 이르른 것이고, 만약 점도가 너무 높거나 닥터링 속도가 너무 빠르거나 하는 등의 조건이 맞지 못하면, 이보다 더 낮은 수위로 잉크가 채워질 것이다.

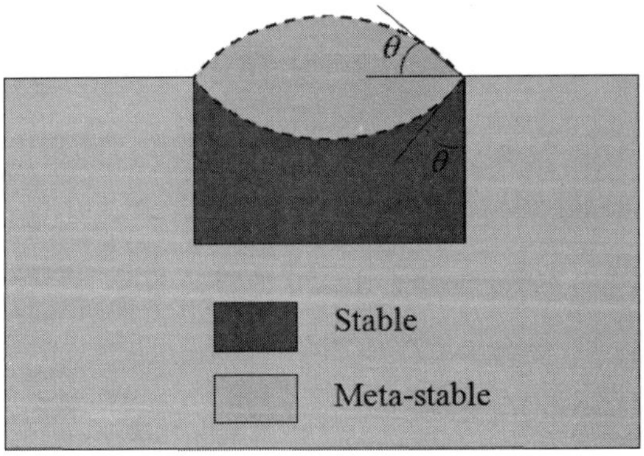

그림 3.61 닥터링 공정 후의 잉크 평형상태

먼저 잉크의 점도가 닥터링에 미치는 영향을 살펴보기위해서 다양한 잉크 점도를 가지고 닥터링 실험을 하였다. 그 결과는 다음 그림 3.62와 같다. 이 그림에서 파란색 막대는 100% 잉크가 충진되었을때의 volume을 의미하며, 자주색 막대는 실험에 의해 측정된 채워진 양이고, 노란색 막대는 그랬을 경우 그 안에 함유된 실버 잉크의 함량을 의미한다.

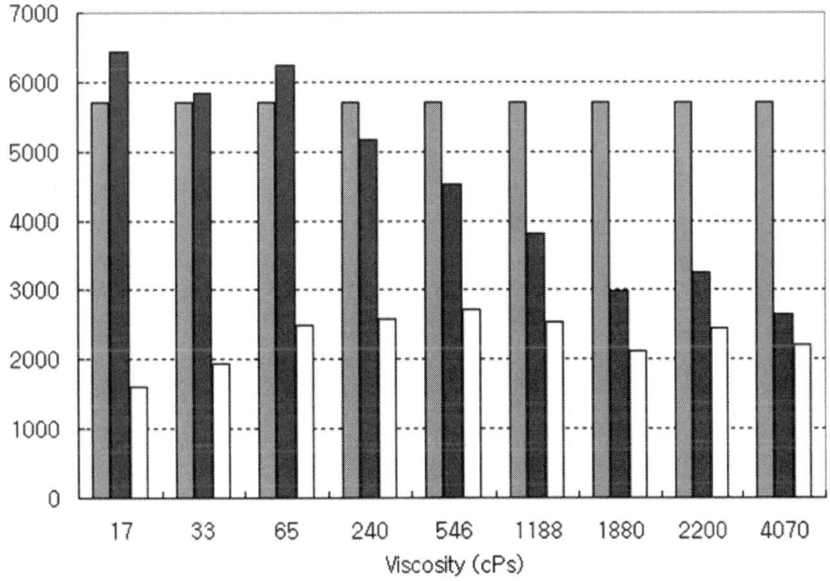

그림 3.62 잉크 점도별 닥터링 공정 결과

이 그림을 통해 알 수 있는 점음 점도가 낮을수록 잉크가 잘 채워진다는 점을 알 수 있다. 따라서, 점도가 200cP 정도에서 100% 정도 채워지고 그 이상에서는 채워지는 양이 줄어든다는 것을 확인할 수 있다. 하지만, 점도가 너무 낮아지면, 잉크 안의 실버의 함량이 줄어들기 때문에 결국은 점도가 높아야 한다는 결론도 함께 있다. 따라서 본 실험에서는 250cP 내외의 점도를 갈는 잉크가 적합하다는 결론을 얻을 수 있었다.

이러한 종류의 실험에서는 잉크, 제판, 공정이 함께 종합된 결과이므로, 다른 조건이 바뀌면, 이에 따라서, 적합한 점도도 바뀌게 된다는 것을 염두해두어야 한다.

다음으로는 다양한 인쇄공정조건에 따른 실험 결과를 살펴보았다.

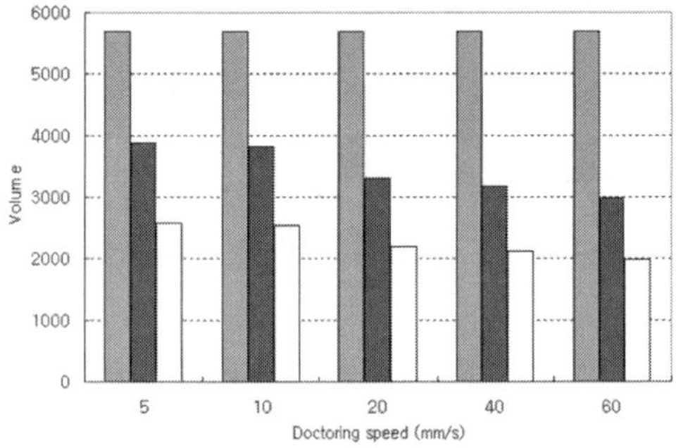

•As the doctoring speed gets increased, the original filled volume becomes lower.

•When the angle of the doctoring blade is 60 degree, the result was better.

•The doctoring pressure should be a little higher than an adquate value. Then it is almost same.

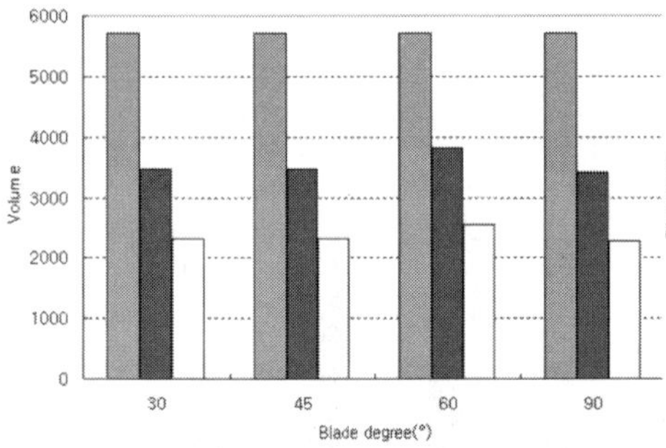

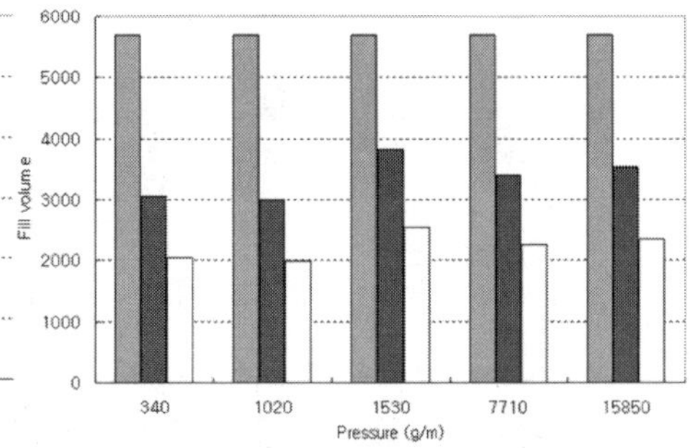

그림 3.63 다양한 인쇄공정에 따른 닥터링 효과

닥터링 속도는 느릴수록 잘 채워지는 것을 알 수 있다. 하지만, 이는 생산성에 상관이 있으므로, 이를 높일 수 있는 연구가 필요하다. 닥터링각도의 경우는 60도 정도가 가장 결과가 좋으며, 닥터링 압력은 어느정도 이상만 되면 비슷한 것으로 판단된다. 따라서, 너무 압력을 높지 않게 하여 제판이 손상을 입지 않도록 하는 것이 좋을 것으로 판단된다.

위의 그래프들에서 닥터링의 효과에 따라서 잉크가 얼마나 채워졌는지를 측정하여 보면, 이미 잉크가 채워진 후 솔벤트 들이 증발한 후의 형상만이 남게 된다. 따라서, 솔벤트가 증발하기 전에 얼마나 채워졌었는지를 모델링을 통해 예측하는 것이 필요하다.

먼저 잉크가 모두 증발했을때의 형상은 아래와 같이 폴리노미알로 모델링할 수 있다.

$$y = ax^b \qquad b = \log_{\left(x_1/x_2\right)}\left(y_1/y_2\right)$$

$$a = \frac{y_2}{x_2^b}$$

$$A_{dr} = 2\int_0^{x_2} ax^b dx + w(d - y_2)$$

$$= \frac{2a}{b+1} x_2^{b+1} + w(d - y_2)$$

그 다음, 잉크에 솔벤트가 얼마나 있었는지 부피의 비를 알기 때문에 역으로 환산하여 원래 부피를 알 수 있고, 형상으로는 bond number가 작고, 마이크로 그루브이므로 중력의 영향이 작다는 가정하에 원호로 모델링하여 아래와 같은 수식으로 모델링 할 수 있다.

$$x^2 + (y - y_0)^2 = r^2$$

$$y_0 = \frac{x_2 + y_2 \tan\theta}{\tan\theta}$$

$$r = \sqrt{x_2^{\,2} + (y_2 - y_0)^2}$$

$$A_{re} = w(d - y_2) - r^2\theta + x_2(y_0 - y_2)$$

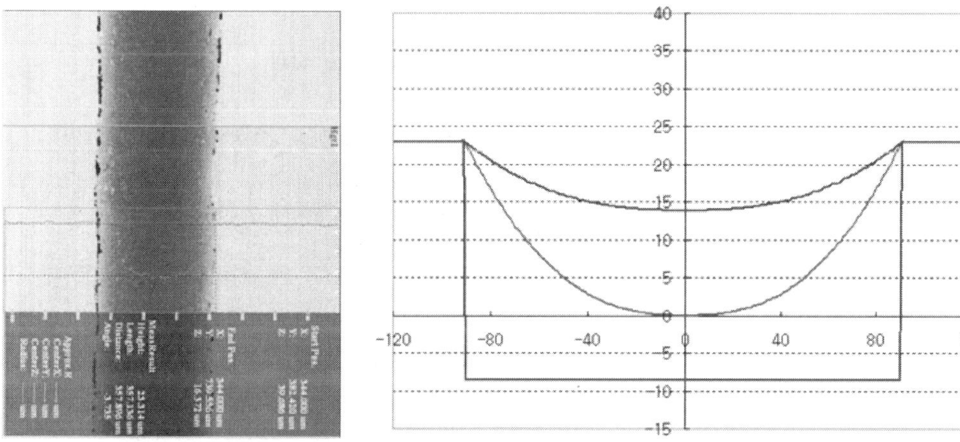

그림 3.64 (a) 그라비아 그루브에 잉크가 채워진 모습 (b)모델링한 결과 그래프

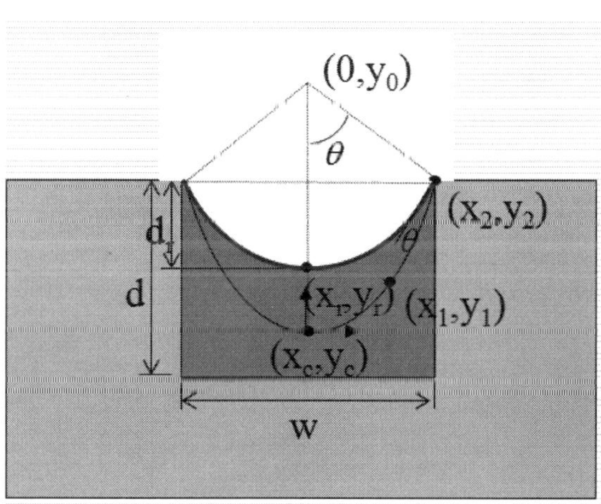

그림 3.65 모델링을 위한 파라메터

그림 3.65는 개발된 장비를 이용하여 전도성 잉크로 전극을 인쇄한 결과이다. 그림에서 보듯이 에지가 다소 불균일하게 인쇄되었으나 평탄화 구간에서는 두께 1μm 내외로 인쇄되었으며 표면 거칠기는 0.004μm로 측정되어 매우 고르게 인쇄되었음을 볼 수 있다.

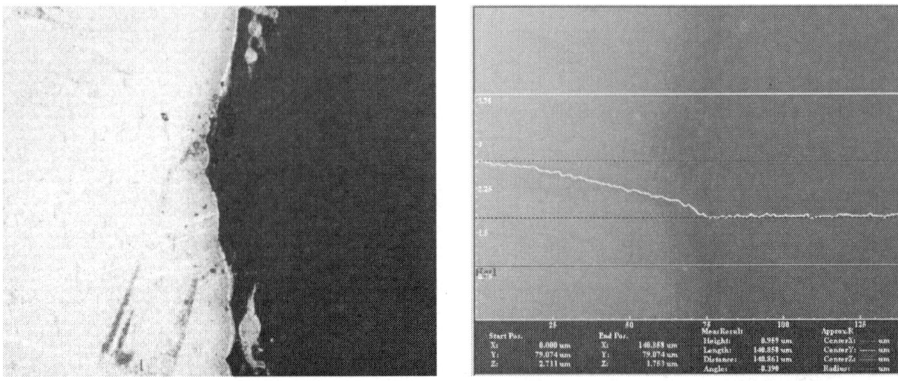

그림 3.66 전도성 잉크로 전극을 인쇄한 결과

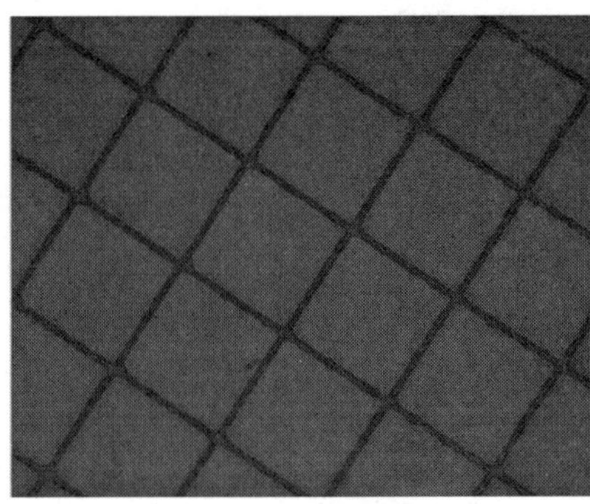

그림 3.67
전도성 잉크로 패턴된 20μ m급 미세 선폭

그림 3.67은 패턴된 20μm급 미세 선폭을 보여준다. 그림에서 보듯이 에지의 불균일이 다소 존재하나, 20μm급 미세 선폭이 단절된 부분 없이 깨끗하게 인쇄되었다.

그림 3.68은 20um급 제판과 이를 이용해 프린팅된 미세패턴의 광학사진 및 confocal microscope 사진을 보여주고 있다. 측정된 미세패턴은 폭이 27um, 높이가 3.7um로 그라비아 방식의 접촉식 롤 프린팅을 통하여 20um급 미세패턴이 성공적으로 인쇄된 것을 확인할 수 있다.

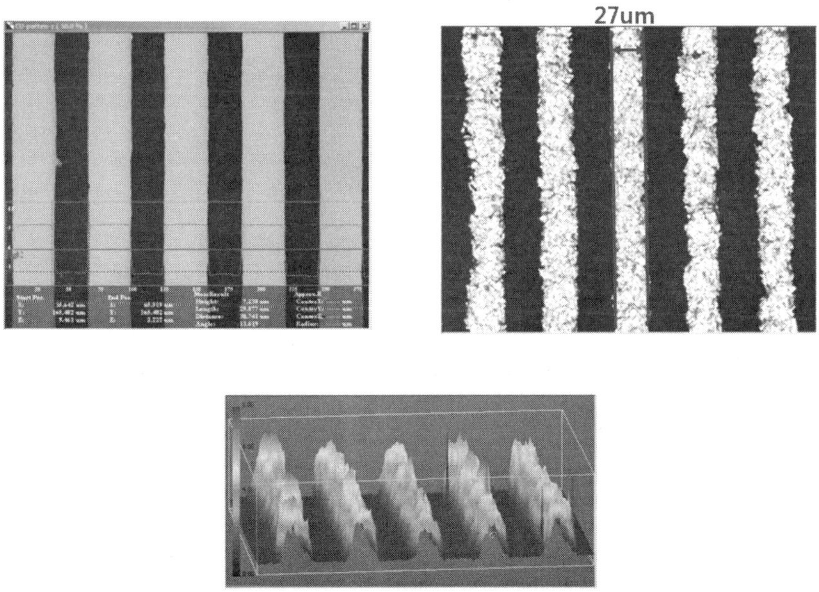

그림 3.68 20um급 미세패턴의 그라비아 인쇄 결과

3.3 인쇄 박막 트랜지스터

3.3.1 Si기반 트랜지스터

트랜지스터는 n-형과 p-형 트랜지스터로 크게 분류되며, ICT (Information and Communication Technology)에서 아날로그와 디지털 소자의 스위치 와 증폭 기능을 수행할 수 있도록 하는 기본 단위 소자로서 많은 트랜지터를 집적화하여 ICT제품에서 구현하고자 하는 기능을 수행 하도록 하는 핵심 소자로서 21세기는 트랜지스터로 구현되는 유비쿼터스 사회라고 할 수 있다. 이와 같이 ICT를 구성하는 대표적인 아날로그 제품으로는 그림 3.69에 도시한 ADC (Analog to Digital Convereter), DAC (Digital to Analog Converter), OpAmp (Operational Amplifier) 등이 있으며 디지털 제품으로는 AM (Active matrix) 디스플레이와 마이크로 콘트롤러가 있다.

그림 3.69 상용화된 ADC, DAC, OpAmp, AM 디스플레이 및 마이크로 콘트롤러 이미지.

출처:LG 디스플레이 대학생 인플루어서 디플, TexasInstruments

기본적으로 n-형과 p-형 트랜지스터의 구동원리는 동일하다고 할 수 있으며, 단지 전류를 흐르도록 하는 캐리어(Carrier)가 전자이면 n-형과 트랜지스터 그리고 홀이면 p-형 트랜지스터 로 구분한다. 우리가 사용하는 모든 아날로그와 디지털 소자는 대부분 Si웨이퍼를 이용하여, 원하는 트랜지스터 형태를 구현하기 위해 도핑 물질을 주입하여 p-형 웨이퍼와 n-형 웨이퍼를 제조하고 웨이퍼에 트랜지스터를 제조하기 위해 n-형 트랜지스터를 위해서는 p-형 웨이퍼를 사용하고 p-형 트랜지스터 제조를 위해서는 n-형 웨이퍼를 사용하여 제조하는데, 기본적인 원리는 그림 3.70에 도시한 p형 트랜지스터 제조의 예로 볼 수 있듯이 드레인과 소스전극을 기판으로 사용하는 Si웨이퍼와 p-n정션(Junction) 갭을 제조한 후 Si의 특징인 SiO2산화막을 자연스럽게 형성한 후 금속 게이트 전극을 유전체로 사용하는 SiO2 산화막위에 증착하여 드레인과 소스전극 사이의 채널에 전압, 즉 필드를 인가하여 p채널이 형성되어 드레인과 소스에 적합한 전압을 주어 전류가 흐를 수 있도록 하는 소자이다.

그림 3.70 대표적인 Si기반 p형 트랜지스터 제조 공정과 Si기반 p 형 트랜지스터 구조.

출처: https://m.blog.naver.com/PostView.naver?isHttpsRedirect=true&blogId=n_mind22&logNo=220364097525

상기에 예로 제공한 p-형 트랜지스터의 스위칭과 증폭 기능은 트랜지스터가 지닌 반도체, 유전체 막, 게이트 전극, 드레인-소스 전극의 물리적 구조와 물질이 지닌 전자기적 특성에 좌우되기 때문에 자세한 물리 소자적인 설명은 이 교재에서 다루고자 하는 주제가 아니기 때문에 별도의 교재를 참고하기 바란다. 그러나 인쇄 박막트랜지스터 기반 소자를 설명하기 위해 간단하게 언급하자면, 트랜지스터의 문턱전압(Threshold voltage: Vth), 이동도, 전류 점멸비(On-Off current ratio), 및 캐패시턴스의 상관관계로 설명될 수 있으며, 대표적인 상관관계 식을 p-형트랜지스터의 대표적인 Ids-Vds 및 Ids-Vgs 그래프와 함께 그림 3.71에 도시 하였다.

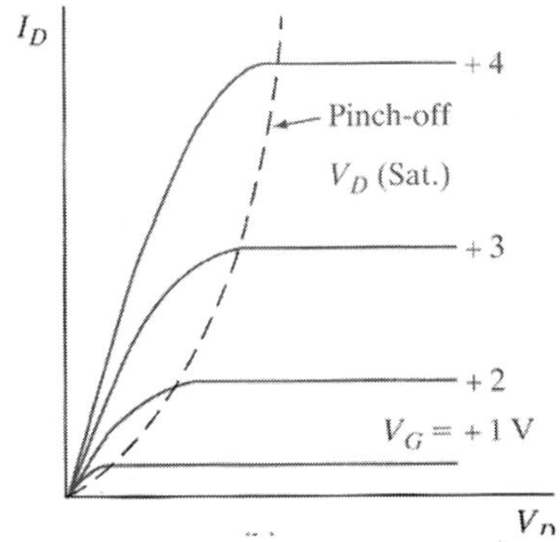

$$I_D = \frac{\overline{\mu_n} Z C_i}{L}\left[\left(V_G - V_T\right)V_D - \frac{1}{2}V_D^2\right]$$

ID : D-S 전류	[A]
μn : 유효 전자이동도	[㎠/V·s]
Z : 채널 폭	[cm]
Ci : 유전체 커패시터 용량	[F/㎠]
L : 채널 길이	[cm]
VG : G-S전압	[V]
VT : 문턱전압	[V]
VD : D-S 전압	[V]

그림 3.71 Si 기반 p-형 트랜지스터의 Ids-Vds 및 Ids-Vgs 그래프 및 대표 수식.

ICT제품에 사용하는 모든 아날로그와 디지털 소자는 앞에서 간략하게 설명한 p-형 과 n-형 트랜지스터를 구동하고자 하는 게이트 와 드레인-소스 전압으로 원하는 전류값과 스위칭 스피드 그리고 신호를 증폭 할 수 있도록 지난 1970년대 초반 인텔에서 4-bit 프로세서를 상용화한 이후로 지속적으로 트랜지스터의 문턱전압(Threshold voltage: Vth), 이동도, 전류 점멸비(On-Off current ratio), 및 캐패시턴스를 수백만개의 트랜지스터를 집적해도 항상 일정한 범위(1%이하)에서 제어되어 동일한 전자소자를 제조 할 수 있도록 하는 기술이 개발되었기 때문이며, 이러한 기술은 Si 결정이 지니고 있는 캐리어 덴시티와 유전체인 SiO2 산화막에 트랩되는 캐리어 그리고 드레인-소스 전극과 채널간의 계면에서 발생되는 캐리어 이동 배리어등의 이슈를 모두 시뮬레이션 가능할 수 있도록 지난 50년간 지속 적으로 연구가 수행되었기 때문이다. 그러나 기본적으로는 양자 역학을 이용하여 Si결정 유닛셀 안에서의 캐리어 덴시티를 계산하고 시뮬레이션 가능하도록 하여, 트랜지스터의 채널 면적당 캐리어 덴시티 계산에 의한 출력되는 전류값을 예측 가능하고 또한 계산한대로 제조 할 수 있었기 때문에 지금은 수천만개의 트랜지스터를 수 나노 크기의 채널로 집적화 할 수 있는 기술까지 도달해 있다.

반면, 다른 대표적인 ICT제품인 AM 디스플레이는 1980년대 파나소닉에서 처음 상용화 하였는데, 아날로그 소자와 디지털 프로세서와는 다르게 AM 디스플레이에서 요구하는 트랜지스터 사양은 대면적 디스플레이를 고려하여 제조비용이 가장 큰 이슈 였기 때문에 결정형 Si을 사용하지 않고, 무 결정형 Si반도체를 사용하여 AM 상용화(그림 3.72참고)에 성공 하였다. 이때 요구되는 트랜지스터의 파라미터중, 중용한 것은 점멸비와 스위칭 스피드였는데, 이동도 1cm^2/Vs의 무 결정형 Si으로 트랜지스터의 특성은 충분한 반면, 제조비용과 대면적 제조에 적합하도록 트랜지스터의 구조를 대면적 유리기판위에 제조하기 쉬운 형태의 구조인 박막 트랜지스터(Thin film transistor: TFT)형태로 제조하였다. 특히, TFT를 최적화하기 위해 Si결정을 사용하는 트랜지스터와는 다르게 무 결정형 Si의 캐리어 이동 등의 계산을 위해 기존에 사용하던 결정형 Si관련 계산 방법을 사용 하지 않고, 보다 포괄적인 통계학적 계산을 통해 무 결정형 Si기반 소자의 특성과 성능을 계산하고 제조 할 수 있게 되었다. AM에서도 상용화를 위한 중요한 요소는 제조공정을 최적화하여 수백만개의 TFT를 일정한 Vth를 유지하면서 제조 가능하도록 하는 것이 상용화를 위한 핵심 기술들 중 하나임을 알 수 있다.

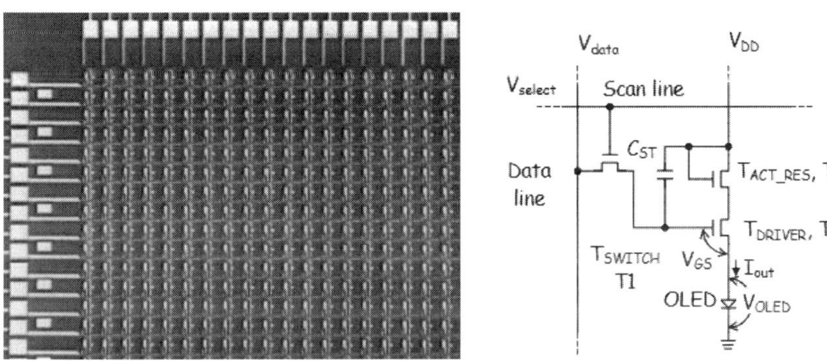

그림 3.72 무 결정형 Si 기반 AM(Active matrix) 트랜지스터레벨 이미지.

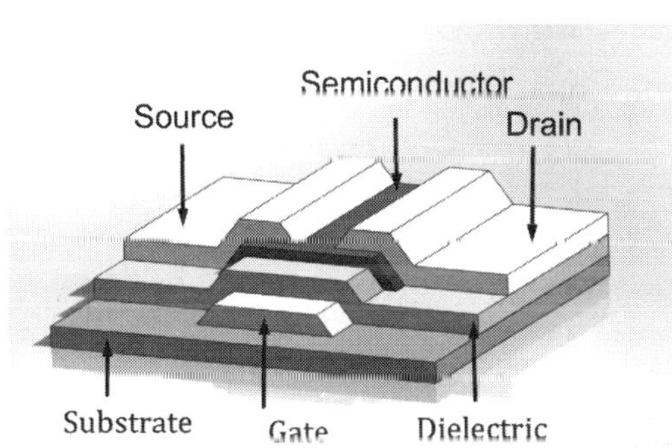

그림 3.73 박막트랜지스터(Thin film transistor: TFT) 구조 이미지.

3.3.2 인쇄 박막트랜지스터(Printed Thin Film Transistor: TFT)

앞장에서 설명한 것과 같은 ICT 제품을 모두 인쇄로 제조하려고 하면, 복잡한 공정을 피하면서 인쇄 할 수 있는 트랜지스터의 구조를 결정해야 하는데, 다양한 기판위에 적층하여 인쇄하는 인쇄 특성상 박막트랜지스터(TFT)가 인쇄로 트랜지스터를 구현하는데 최적의 구조이기 때문에 지난 30년간 대부분 TFT 구조로 인쇄 TFT의 개발이 이루어 져왔다. 그럼에도 불구하고 아직까지 시장에서 소비자들이 사용하는 제품은 전무 하다고 할 수 있다. 이와 같은 시점에서 인쇄 TFT는 기존의 결정형 Si기반 프로세서와 무 결정형 Si 기반 AM 분야에서 과연 시장 경쟁력을 가질 수 있을지를 과학적 기반에서 그리고 제조기반에서 고려하여야 한다. 고려해 보면, 결국은 인쇄 TFT의 최대 장점은 원천적으로 유연한 대면적의 소자를 빠르고 대량으로 제조할 수 있는 사실이 현재 Si기반 소자에 비하여 현저한 장점이다. 이러한 장점에 추가적으로 대두되고 있는 중요한 이슈는 지구온난화에 대한 문제이다. 원천적인 제조공정의 차이로 인쇄 전자소자는 Si기반 소자에 비교하여 이산화탄소 배출과 환경오염 유해 물질이 현저하게 작거나 거의 없다. 이러한 장점을 활용하면, 지난 30년간 보고된 인쇄 TFT를 기반으로 시장에서 소비자들을 만족 시킬만한 ICT 제품들의 출시가 가능하다. 즉, ICT제품의 사양과 용도를 현 수준의 인쇄 TFT가 잘 구현 할 수 있도록 선정하고 이를 실현하는데 필요한 핵심기술 위주의 추가 연구개발을 수행하는 전략이 필요하다. 이러한 전략에서 현재 인쇄 TFT로 시장에 들어갈 수 있는 ICT 제품은 롤러블 벽지형태의 사인에이지 및 대면적 압력센서 시트, 제품의 위변조를 방지할 수 있는 스마트 무선라벨, 인쇄한 센서를 포함한 환경진단 무선라벨을 들 수 있다. 여기에서 언급한 ICT 제품들을 구현하는데, 현시점에서 어느 부분들이 개선되어야 할지를 아래 [표 1]에 도시 하였다. [표 1]에 도시한 내용들 중, 공통적으로 포함되는 개발되어야 할 부분들을 중심으로 어떻게 인쇄 TFT를 개선해야 하는지에 대하여 주제별로 간략하게 요약 하였으며, 요약한 주제들에 대해 좀 더 폭넓은 이해와 깊이 있는 조사가 필요하면 [표 1]의 요약에서 언급된 키워드를 이용하여 관련분야의 연구논문들을 참조하여 학습하면 될 것이다.

표 3.1 인쇄 TFT기반 현재 상용화 가능한 대표 ICT 제품특징과 개선해야 할 기술요약

인쇄 ICT제품	Si기반 동일제품대비 장점	가능한 인쇄 제조방법	상용화를 위해 보완해야할 기술	참고문헌
롤러블 벽지형태의 사인에이지 및 대면적 압력센서 시트	· Si기반 기술로 제조불가	· R2R 그라비아	· 내구성 (페시베이션) · V_{th}변화 최소화 · 인쇄 게이트 라인 및 비트라인 전도성 개선	Adv. Electron. Mater. Vol 6, 1901431 (2020), Advanced Materials, 0935-9648, (2015), Scientific Reports, ,2045-2322,(2015)
위변조를 방지할 수 있는 스마트폰 연동 무선라벨	· 가격경쟁력 · 탄소중립제조	· R2R 그라비아	· 내구성 (패시베이션) · V_{th}변화 최소화	Adv. Mat. Tech, 2100969, (2021).
인쇄한 센서를 포함한 식품 및 환경 진단 가능한 스마트폰 연동 무선라벨	· 가격경쟁력 · 탄소중립제조	· R2R 그라비아	· 내구성 (패시베이션) · V_{th}변화 최소화 · 간단한 프로세서 · ADC 및 OpAmp	ACS Nano 10,1021,(2018), Scientific Reports 5, 810, 2045-2322, (2015), Scientific Reports 4, 5387 (2014),

표 3.1에서 인쇄 TFT기반 ICT제품을 제조하는 인쇄기술로서 R2R 그라비아를 명시 한 주된 이유는 지금까지 보고된 인쇄 TFT제조 방법들 중, 기존의 Si기반 소자를 제조하는 공정대비 제조 속도와 공정의 단순성 그리고 내구성을 고려한 최적의 인쇄 TFT제조 방법이면서 동시에 관련된 제조기술을 보고한 예가 전 세계적으로 R2R 그라비아 기술이 가장 실용적으로 제품을 제조하는데 근접해 있기 때문이다. R2R 그라비아를 이용하여 인쇄하는 기술에 대해서는주어진 참고문헌을 참고 하기 바란다.

표 3.1에 예로 주어진 인쇄 TFT기반 전자소자들은 공통적으로 내구성의 문제를 지니고 있다. 그러나 이러한 내구성은 Si기반 전자소자에서도 동일한 문제점이나, Si기반 전자소자는 Si기판이나 유리를 사용하기 때문에 기판 자체가 기판 하부로 부터의 수분과 산소를 원천적으로 차단하는 장점을 지니고 있어 내구성 확보에 도움이 된 것은 사실이나, 내구성 향상을 위해 최적의 패시베이션 기술을 확보하여 내구성을 향상시킬 수 있었다. 그러나, 인쇄 TFT는 SiN_4와 같은 물질을 MOCVD를 사용하여 인쇄 TFT 쪽과 고분자 기판쪽을 모두 증착하는 방법으로 외부의 변화인자인 수분과 산소를 차단하여도 인쇄 소자의 내구성을 충분히 확보 하지 못하는 경우가 대부분이다. 이러한 이유에 대하여 소자 물리학적 관점에서 규명해야 하는데, 아직 까지 제품으로 사용 할 만큼의 후보 인쇄 TFT가 존재 하지 않아서, 이 부분에 대해 집중적인 연구가 진행 되지 않았다. 아래

는 리버스 옵셋 인쇄 공정을 이용한 트랜지스터 개발이다.

3.3.3 리버스 옵셋 인쇄 방법을 이용한 100% 인쇄 트랜지스터 개발.

반도체층만 제외한 모든 공정을 리버스 옵셋 인쇄 방법을 이용하여 100% 인쇄 트랜지스터를 제작 하였으며, 이는 롤투롤 리버스 옵셋 연속 공정이 가능한 기술을 확보하였다.

99%의 반도체 특성을 갖는 단일벽 탄소 나노튜브를 이용한 잉크젯용 반도체 잉크 제조 및 이를 이용한 반도체층을 인쇄 하였으며, 유-무기 하이브리드 리버스 옵셋용 유전체 잉크 제조 및 유전체층을 인쇄하였다.

아래 그림과 같이 리버스 옵셋 / 잉크젯 인쇄 공정을 이용한 롤투롤 인쇄가 가능한 100% 인쇄 트랜지스터 개발하였으며 LCD 및 OLED TFT backplane 적용 가능한 10×10 인쇄 트랜지스터 어레이를 제작하였다.

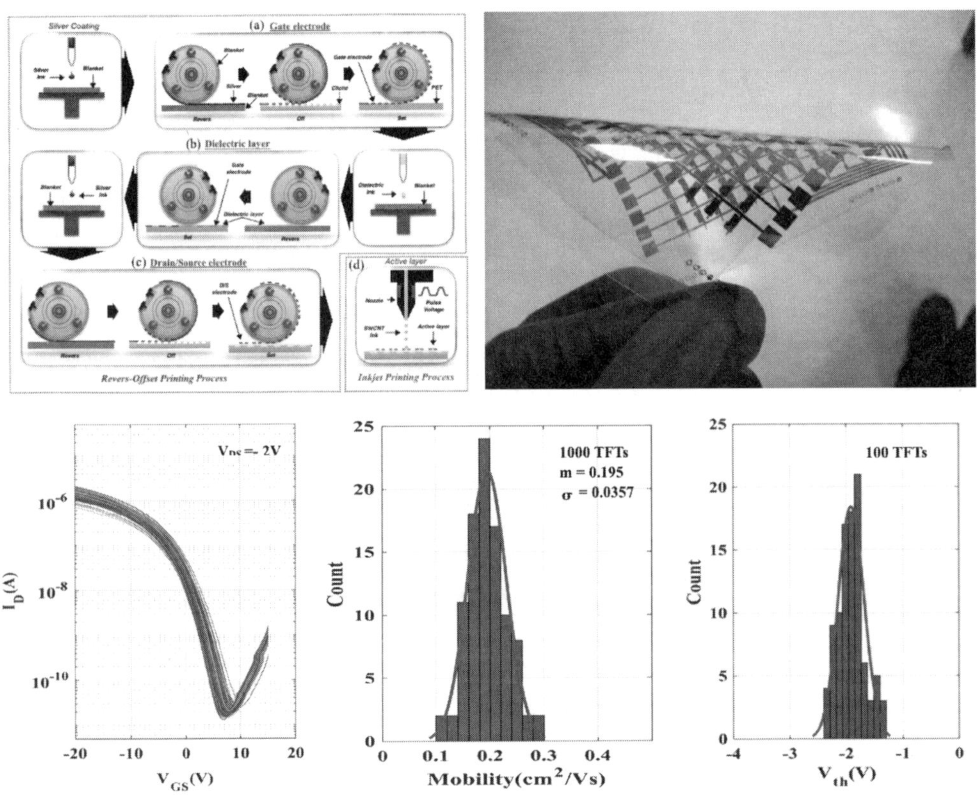

그림 3.74 리버스 옵셋 / 잉크젯 인쇄방법을 이용한 100% 인쇄 트랜지스터 어레이 제작

아래 사진들은 다양한 인쇄 공정들을 이용한 TFT 개발이다.

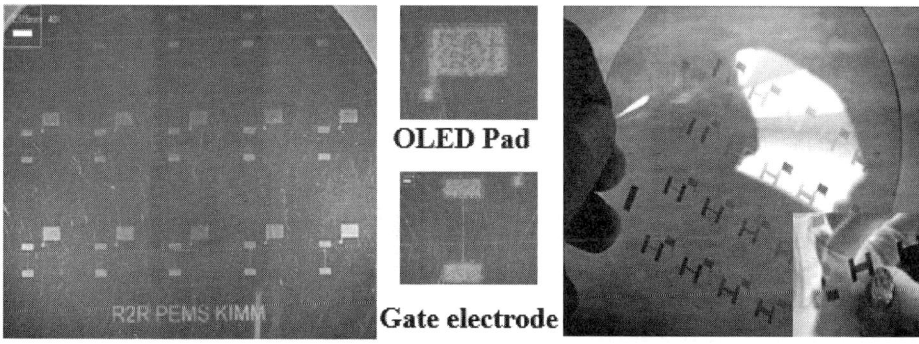

Printed OLED with OTFT

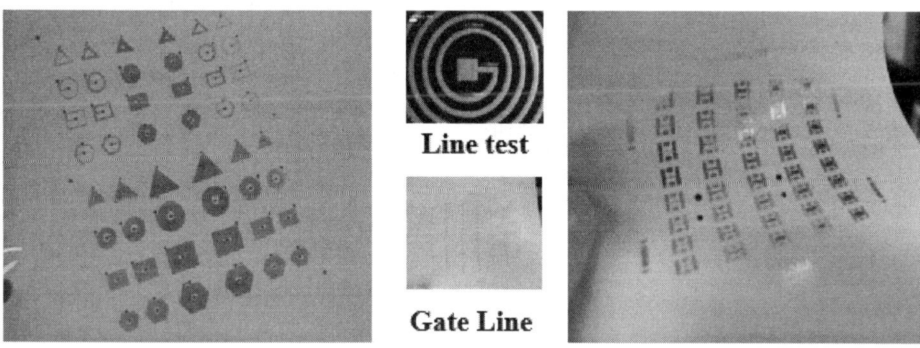

Printed Inductor Paper OTFT

■ OTFT Structure and Materials

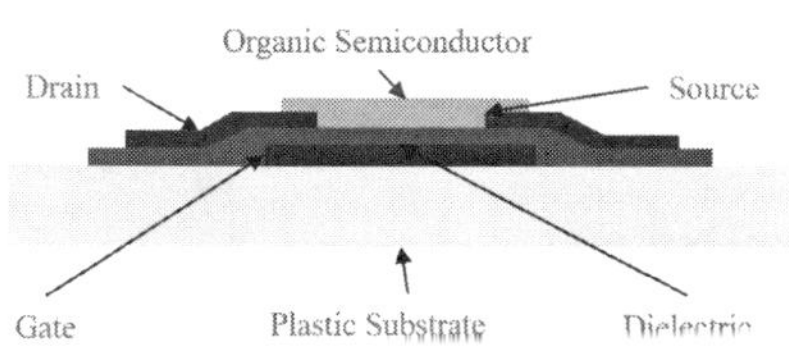

- □ Plastic substrate – (PEN, PET, PC)
- ■ Gate electrode – (DGS-1502, TEC-PA-010 Ag ink)
- ■ Dielectric – (PVP, PVA, etc..)
- ■ Source and Drain electrodes – (TEC-PA-010 Ag ink)
- ■ Organic semiconductor – (TIPS pentacene)

Plastic substrate

Low Processing Temperature High Optical Quality (>80% Transmission)	*Maximum Processing Temperature(℃)*	*Available Thickness*	*CTE (ppm/ ℃)*
Polycarbonate(PC)	*< 150*	*100 ~ 200um*	*20 ~ 50*
Polyethyenernaphthalate (PEN)	*< 150*	*100 ~ 200um*	*10 ~ 20*
Polyethyleneterephthalate(PET)	*< 150*	*100 ~ 200um*	*20 ~ 70*

Polymer dielectric

Properties	*Dielectric constant*	*Min. process temperature*	*Deposition Process*	*Problem*
PVP	*1.90*	*80℃/10min*	*Spin coating*	*Easy Process*

Gate, Source and Drain electrodes

Ink	*Electrode*	*Viscosity*	*Resistivity*	*temperature*
DGS-1502	*Gate*	*4.5 ± 1 kcps*	*<1.0*10⁻⁴Ωcm*	*130℃ 2~3min*
TEC-PA-010	*Source, Drain*	*7~7.5 kcps*	*6.0×10⁻⁶Ωcm*	*140℃ 5min*

Organic semiconductor

Organic semiconductor	*Mobility*	*Representative chemical structure*	
bis(triisopropyl-silylethynyl) pentacene (TIPS-pentacene)	*10^{-1}cm $V^{-1}S^{-1}$*		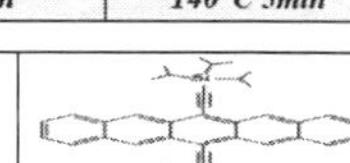

위 그림은 OTFT(Organic Thin-Film Transistor) 의 구조와 재료들 이다 OTFT는 유기박막 트랜지스터로 인쇄공정을 이용하여 제작이 가능하다는 장점이 있다.

아래 그림은 OTFT를 제작하기 위한 스크린 프린팅 공정의 조건을 나타낸다.

■ **Fabrication Process of OTFT using Screen Printing**

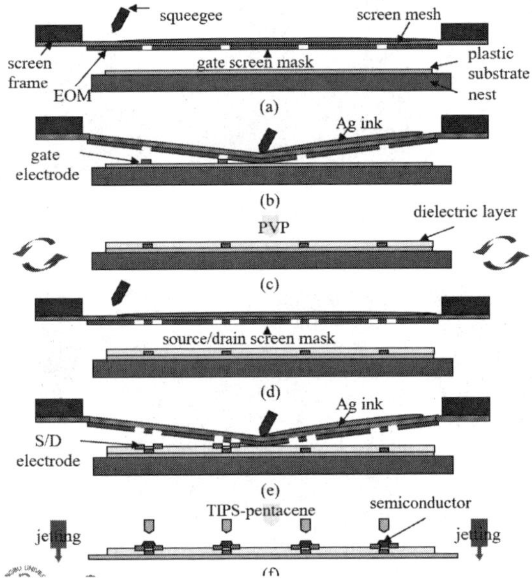

■ Rubber squeegee hardness: 70~80°
■ Printing pressure: 3~5kgf/cm^2
■ Squeegee angle: 80°
■ Separation distance:0.5mm ~ 2.5mm
■ printing speed: 100~250mm/sec.

● The specification of screen mask

Frame size	Mesh count	Mesh angle	Tension		Mesh Thick.	Emulsion Thick.
			X	Y		
320×320 mm	500	22.5°	1.00	0.99	28 um	5 um

■ **Fabrication Process of OTFT using Roll-Printing**

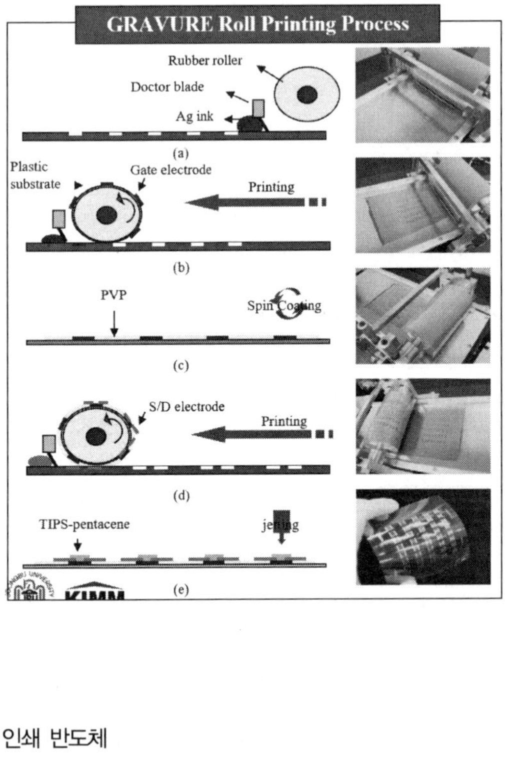

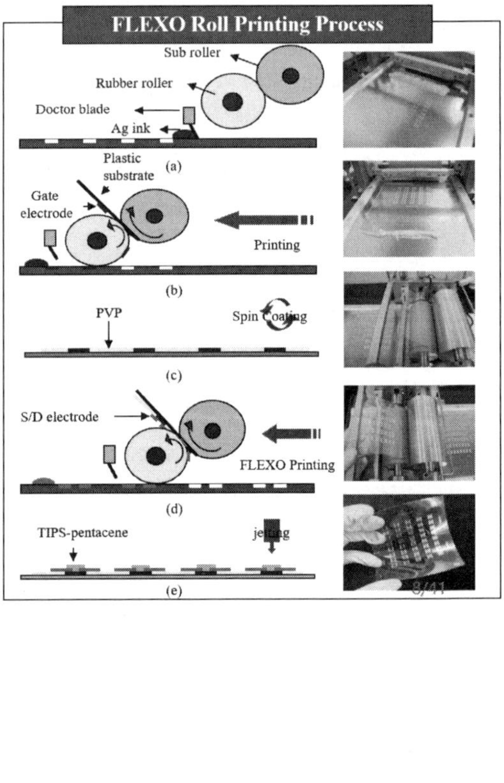

위 그림은 그라비어 인쇄 공정과 플렉소 인쇄 공정을 이용하여 OTFT를 제작하는 공정 개략도 이며 아래 그림은 스크린 프린팅 공정과 롤 프린팅 공정을 이용하여 OTFT를 제작하기 위한 도면 설계와 제작된 OTFT 모습을 보여준다.

Results of Fabrication

Fabrication and design of screen mask

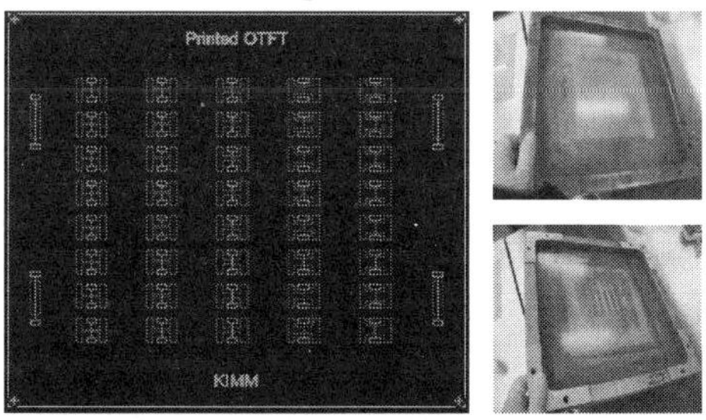

Fabrication and design of roll plate

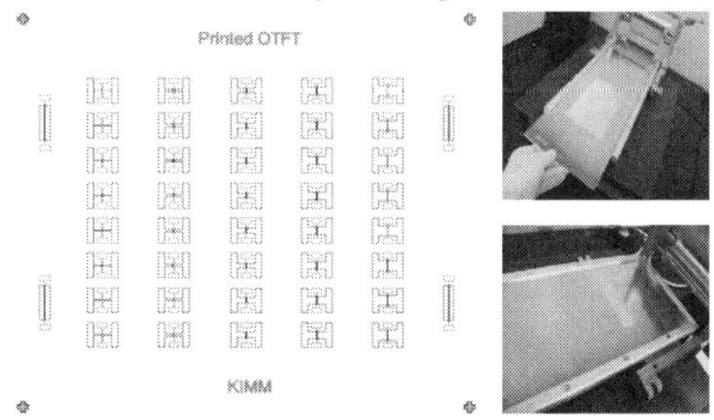

Fabrication results of screen-printed OTFT

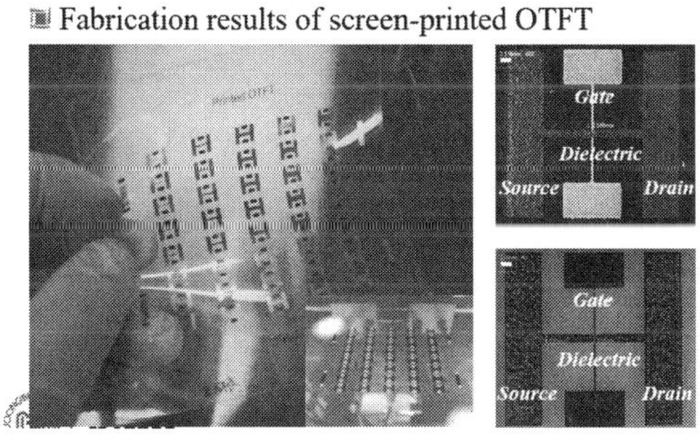

Fabrication results of roll-printed OTFT

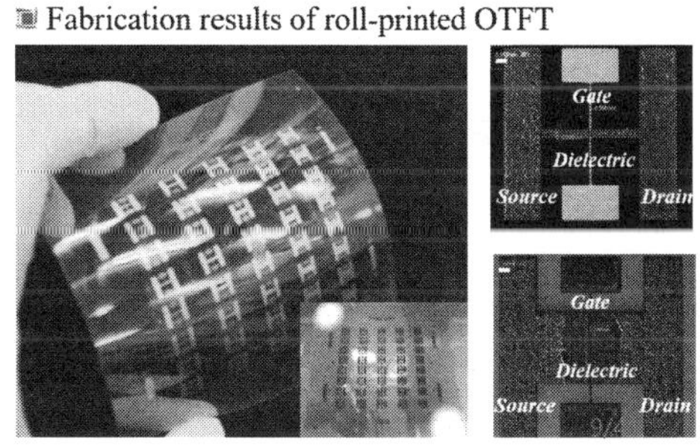

Results of Fabrication – Screen Printed OTFT (I)

Variation of screen printed electrodes

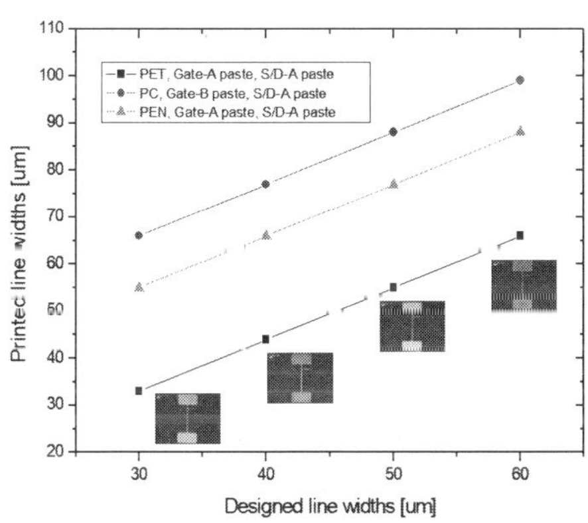

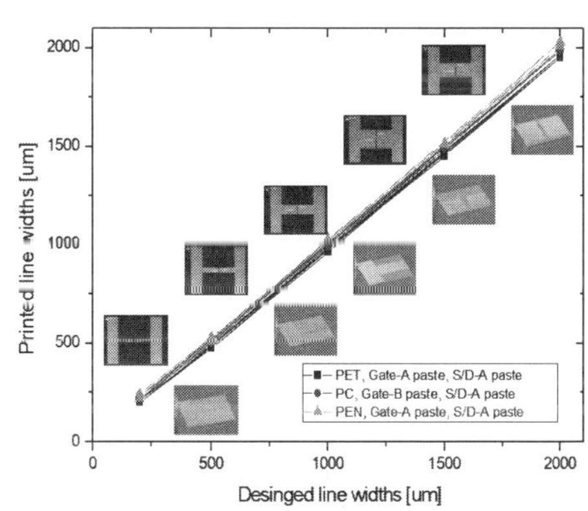

	Gate electrodes (line widths)	Source and Drain electrodes (line widths)
Design	30 ~ 70 μm	200 ~ 2000 μm
Printing result	33 ~ 99 μm	211 ~ 2007 μm

위 그림은 스크린 프린팅 공정을 이용하여 다양한 기판 위에 OTFT를 제작한 후 선폭을 측정한 결과이며 아래 그림은 롤프린팅 공정을 이용하여 다른 잉크를 사용하여 제작한 OTFT 의 선폭 측정 결과이다. 이 공정 연구를 통해 설계선폭과 인쇄선폭의 차이를 확인하였다.

아래 그림은 스크린 프린팅 공정을 이용하여 제작한 OTFT 의 성능 측정 결과이다. 이를 통해 인쇄 공정을 이용하여 제작된 OTFT 가 우수한 트랜지스터 특정을 가지고 있다는 것을 확인할 수 있었다.

■ Variation of roll printed electrodes

■ **Gravure printed OTFT**

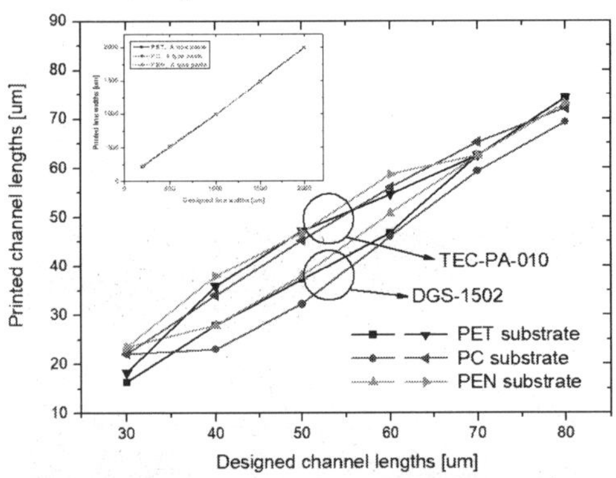

■ **Flexo printed OTFT**

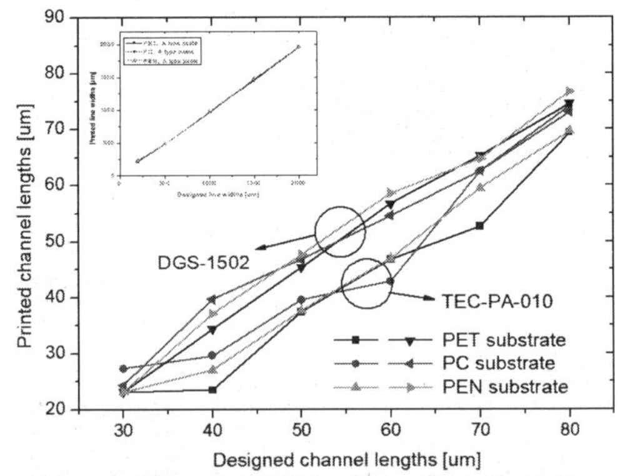

	Gravure printing (channel lengths)	Flexo printing (channel lengths)
Design	30 ~ 60 μm	30 ~ 60 μm
DGS-1502	12 ~ 70 μm	23 ~ 75 μm
TEC-PA-010	18 ~ 74 μm	22 ~ 69 μm

12/41

■ Output characteristics

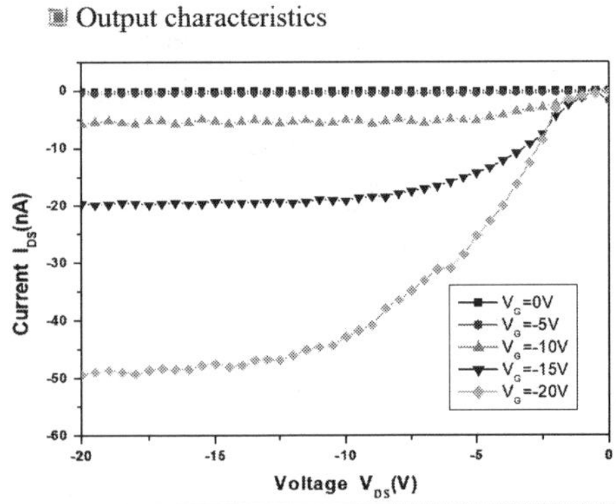

■ Transfer characteristics

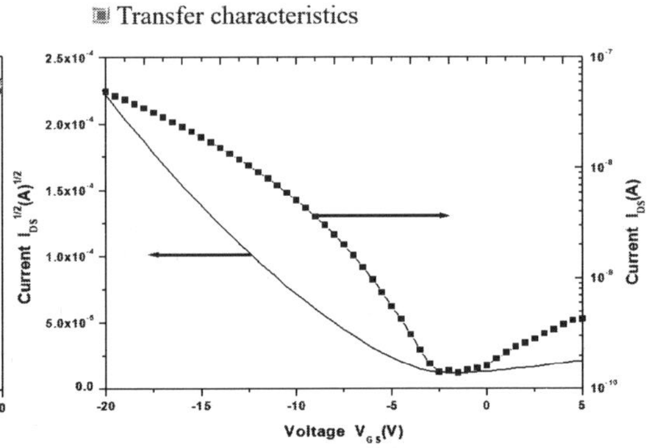

	μ_{FET} [cm²/V·sec]	I_{on}/I_{off}	V_T [V]	SS [V/dec]
Screen Printed OTFTs	**0.08±0.02**	**10³**	**-3.54**	**2.53**

■ Substrate: PEN(200um)
■ Dielectric: PVP
■ Channel Length: 23um
■ Gate, Source and Drain: : DGS, TEC-010 Ag paste
■ Organic Semiconductor: TIPS-Pentacene
■ Channel Width: 500um

보고된 많은 인쇄TFT 논문들을 보면, TFT를 구성하고 있는 게이트 전극과 유전체는 증착으로 제조하고, 반도체 층과 드레인-소스 전극은 인쇄로 제조하여 높은 이동도와 높은 점멸비를 확보하는데 연구의 초점을 맞추어 보고하고 있는데, 이러한 결과는 실제로 게이트 전극과 유전체를 인쇄하는데 사용되는 각각의 잉크들에 얼마정도의 캐리어를 트랩 할 수 있는 바인더 분자들과 이온들이 있어, 패시베이션을 충분히 하여도 이들로 인하여 소자의 내구성이 현저히 감소 될 수 있다. 또한 심지어는 유전체 잉크를 이용하여 유전체 인쇄 후 충분한 건조가 이루어지지 않으면 잔류 용매로 인하여 소자의 내구성이 감소 되는 현상들이 있는데, 이러한 모든 것을 종합하여 고려하는 인쇄 TFT기반 소자의 내구성 연구가 수행되어야 한다. 또한 유기 반도체 잉크를 이용하여 인쇄 TFT를 제조 할 경우에는 빛에 의한 산화를 고려하여야 한다, 특히 유기반도체 물질의 HOMO-LUMO 레벨이 UV-VIS 범위의 파장대와 매칭 될 경우에는 광 촉매성 산화가 일어나 아무리 패시베이션을 잘 하여도 내구성이 감소하게 된다. 따라서 유기반도체를 이용하여 인쇄 TFT를 제조할때는 빛에 의한 산화를 고려한 유기반도체를 디자인 하고 제조 하는 것이 추후 내구성을 확보 하는데 도움이 된다. 따라서 인쇄 TFT의 내구성을 확보하기 위해서는 SiN4 또는 알루미나 같은 무기물을 ALD(Atomic Layer Deposition) 또는 MOCVD 등을 이용하여 패시베이션 하는것만으로는 내구성을 확보 할 수 없고, 인쇄에 사용하는 도체, 반도체 및 유전체 잉크에 함유되는 물질들로 인하여 캐리어 트랩이나 빛 또는 대기의 온도에 의한 산화가 발생 할 수 있는 물질들인지를 먼저 점검하고 인쇄 TFT기반 소자를 인쇄하여야만, 상용화를 위한 내구성 확보를 위한 패시베이션 방법을 고려 할 수 있다.

두 번째로 표 3.1에서 인쇄 TFT기반 소자 상용화를 위해 개선해야할 공통 기술로 나타난 Vth변화 최소화를 위해서 어떠한 요소들을 고려해야 할 것인지를 논의 하고자 한다. 이를 논의하기 위해서는 먼저 원천적으로 발생하는 Vth변화를 먼저 규명하고 Vth변화폭을 고려한 ICT제품 디자인을 수행하여야 한다 제일먼저 고려되어야 할 것이 인쇄하는 장비로 인해서 발생 할 수 있는 Vth변화를 최소화할 수 있는 인쇄 장비와 공정을 선택해야 한다. 이래 표 3.2에 주이진 인쇄공정에 대하여 사용하는 잉크를 최적화하여도 Vth변화범위를 제어 하지 못할 경우 인쇄공정별 발생 할 수 있는 제어하기 힘든 Vth변화요인을 요약히였다. 그러니 어떠한 인쇄공정을 선정하는 것은 인쇄 TFT를 제조하고자 하는 연구팀의 노하우와 특성도 크게 작용하기 때문에 제공한 표 3.2는 인쇄 TFT기반 소자 개발시에 참고용임을 분명히 밝혀 둔다.

표 3.2 TFT 인쇄 시에 인쇄공정별 발생할 수 있는 Vth변화 요인

인쇄공정	Vth변화 요인	개선방법	비고
그라비아	그라비아롤의 마모	그라비아롤에 내마모성 코팅을 통해 마모를 최소화하여 오랜기간 사용가능	R2R 대량생산 가능
옵셋	옵셋 롤의 예측 하지 못하는 경화	사용하는 잉크의 용매에 따라 경화정도가 바뀌기 때문에 잉크별로 별도의 옵셋 롤을 사용하여야하기 때문에 해결이 쉽지 않음	R2R 대량생산 가능
플렉소	플렉소 기판의 예측하기 어려운 경화	사용하는 잉크의 용매에 따라 경화정도가 바뀌기 때문에 잉크별로 별도의 플레소 기판을 사용하여야하기 때문에 해결이 쉽지 않음	R2R 대량생산 가능
잉크젯	잉크 드롭렛의 불균일성	작은 진동 및 주변 환경의 변화에 민감하게 드롭렛이 변하기 때문에 변하지 않는 환경에서 드롭렛을 제어해야하기 때문에 어려움	R2R 대량생산 어려움(2022년기준)
스크린	반도체 잉크를 스크린으로 인쇄하기가 매우 어려움	고점도의 반도체 잉크를 개발하여 사용하여야 함	R2R 대량생산 불가능

상기 표 3.2에 요약한 인쇄공정에서 동일하게 적용하여 Vth변화 요인을 미리제거 할 수 있는 가장 중요하면서도 분명한 요인은 중첩제어 에러에 의한 채널길이의 불균일성이다. 따라서 인쇄 TFT의 크기를 결정하려고 하면 먼저 채널길이를 인쇄하고자 하는 게이트 전극의 폭과 그 위에 중첩하여 인쇄하고자하는 드레이-소스 전극과의 중첩에러를 고려하여 TFT의 구조를 디자인하여야 한다(Adv. Electronic Mat. 6, 2000770, 2020). 즉, 아무리 작은 채널 길이로 인쇄와 증착 그리고 포토리쏘를 이용하여 고성능의 유연 TFT를 제조 할 수 있다고 하여도 표 3.2에 도시한 인쇄공정을 100% 이용한 공정으로 제조 할 수 없다면 인쇄 TFT를 제조 할 수 없는 것이다.

또한 중첩제어를 일정하게 할 수 있는 인쇄공정을 확보하고 이에 따른 TFT의 구조를 결정한 후에는 사용하는 잉크의 유변학적 특성을 정확하게 제어하지 못하면 인쇄한 패턴의 모폴로지가 인쇄할 때 마다 다르게 되어 이로 인한 챠지 트랩 및 불균일한 캐리어 밀도가 발생하게 되어 Vth변화 요인이 된다(Proceedings of the IEEE, vol. 103, no. 4, pp. 554-566, April 2015). 이를 해결하기 위한 가장 기본적인 것은 인쇄후 커피링 효과를 제거하는 조건을 확보 하여야 하는데 이는 선택한 인쇄공정에 따른 패턴 형성과 건조조건을 잉크의 유변학적 특성을 고려하여 최적화 하여야 한다. 예로 들면, 그라비아 인쇄시에는 그라비아 롤에서 전이되는 잉크의 양과 전이된 잉크와 기판과의

매칭 그리고 건조 조건에 의하여 동일한 잉크를 사용해도 인쇄속도와 장력 그리고 닙포스에 의해 인쇄한 패턴위에 커피링이 존재 할 때도 있고, 없을 때도 있어 Vth변화의 중요한 요인이 된다. 특히 게이트전극과 유전체 인쇄시에 Vth변화를 발생 시키는 매우 중요한 요인이다.

일반적으로 Vth변화폭의 크기에 따라 집적 가능한 인쇄 TFT의 밀도가 결정되는데, 약 150개의 TFT를 집적한 디지털 논리회로 기반의 제품을 수율 50% 이상의 수준으로 100%인쇄를 이용하여 제조하기 위해서는 Vth 변화폭이 2V 수준으로 들어와야 하는 반면 150개 수준의 인쇄 TFT를 이용하여 아날로그 회로 기반의 제품을 제조 한다면 Vth 변화폭이 0.5V 수준으로 들어와야 소자수율 50% 이상을 확보 할 수 있다. 따라서 100% 인쇄TFT를 이용하여 인텔에서 최초로 상용화한 4-bit프로세서와 유사한 인쇄 유연 4-bit 프로세서를 제조하여 상품화 하려고 하면, 최소 1500개의 TFT를 집적해야 하는데, 이를 구현하기 위해서는 Vth 변화폭이 0.3V 수준으로 달성되고, 동시에 구동 주파수를 1 MHz 수준으로 확보하고 구동전압은 3V이하로 유지할 수 있도록 하면, Si기반 공정으로 경쟁력 있는 제품 제조가 어려운 표 3.1에서 정리한 새로운 ICT제품들이 상용화되면서 본격적인 인쇄반도체 시대가 열려 21세기 탄소중립의 제조공정을 통해 유비쿼터스 사회를 구현하는 중심 기술과 제품이 될 것이다.

3.4 MANUFACTURING OF UHF RFID Tag

그림 3.75는 첫 번째 인쇄와 두 번째 인쇄 사이에 측정된 레지스터 오류를 보여준다. 레지스터 제어 기능이 적용된 후(1 회전 후) x 방향과 y 방향의 오차는 70 μm 이내인 것으로 확인되었다. RFID 안테나의 공진 주파수는 안테나의 길이에 대략 반비례하기 때문에 레지스터 오류는 길이를 변경하고 결과적으로 안테나의 공진 주파수를 변경할 수 있다. 예를 들어, 길이가 100mm인 안테나의 경우 길이가 100μm이면 주파수가 변경될 수 있다. 이는 900MHz 안테나의 경우 0.9MHz에 해당합니다. 이것은 매우 적은 양이므로 안테나 성능에 거의 영향을 미치지 않는다. 따라서 70μm 이내의 레지스터 오류는 다층 인쇄 안테나에 적용하기에 충분하다.

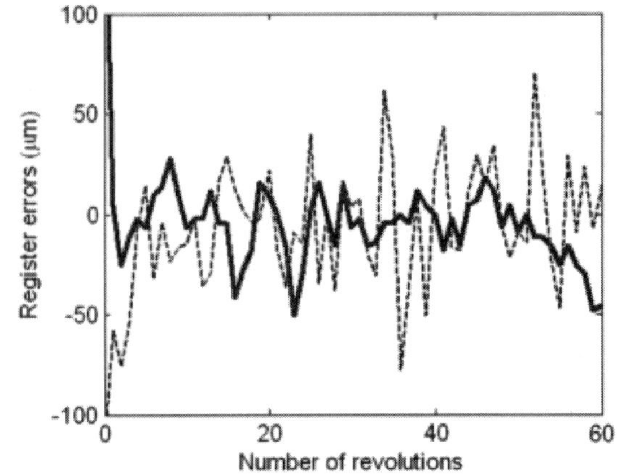

그림 3.75 측정된 레지스터 오류 실선은 X 점선은 Y 변화량

3.4.1 잉크와 피인쇄체 간의 적성 실험

1) 접촉각측정실험

그림 3.76은 Blanket 1 표면과 Ag paste간의 접촉각 측정 결과를 나타내는 그림이다. 접촉각은 시간이 지남에 따라 자연경화 되어 감소하는 특성을 보이고 있으며 초기 접촉각은 A ink가 가장 낮은 접촉각을 가지는 것을 알 수 있다. 하지만 A ink는 경화됨에 따라 접착력이 약해 쉽게 떨어져

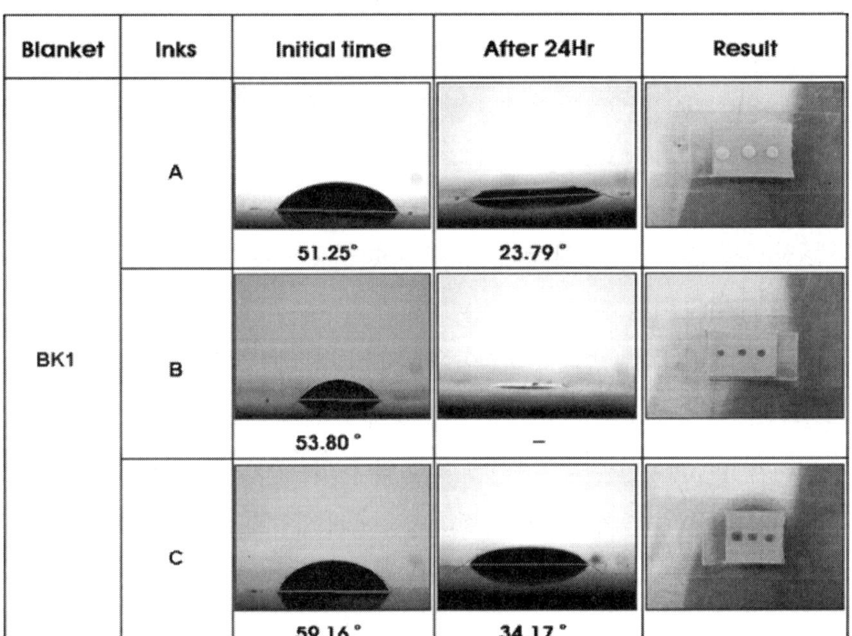

그림 3.76 접촉각 측정 결과 – Blanket 1

나간다는 단점이 있다. B ink의 경우는 초기 접촉각 측정 시 평균적으로 일정한 값을 가지며 24시간 후 경화 되었을 때에는 가장 낮은 표면을 가지기 때문에 접촉각 측정이 불가능하다. B ink 역시 A ink와 마찬가지로 접착력이 약해 쉽게 떨어져 나간다. C ink는 초기에 가장 높은 접촉각을 가지며 24시간 후에도 초기 형태와 비슷한 형태를 보이나 접촉각은 약간 작아지는 특성을 가진다. C ink도 역시 접착력이 약해 경화된 후에 쉽게 떨어져 나간다는 것을 알 수 있다.

그림 3.77은 Blanket 2에 대한 접촉각 측정 결과이다. 전체적으로 Blanket 1보다 낮은 contact angle을 보인다. 하지만 Blanket 2에 대해서도 역시 A ink가 가장 낮은 접촉각을 보이며, 접착력이 약해 24시간 후에는 edge부분이 약간 들리는 현상을 관찰할 수 있다. B ink에 대해서도 Blanket 1과 유사한 특징을 보이고 있으나 Blanket 2에서는 일부 깨지는 현상도 발생하였다. C ink도 Blanket 1에서의 특성과 유사한 특성을 보인다. 실험에 사용한 두 종류의 Blanket중 Blanket 1이 Blanket 2보다 낮은 contact angle을 보였으며 자연경화 후 에도 ink에 대한 접착력이 좋은 것으로 판단된다. 하지만 Blanket은 잉크를 전이하는 개념을 갖기 때문에 표면이 소수성이여야 하고 경화 시 잉크가 Blanket에서 떨어지는 것은 잉크를 substrate로 전이함에 있어 더 좋은 특성이라고 판단된다.

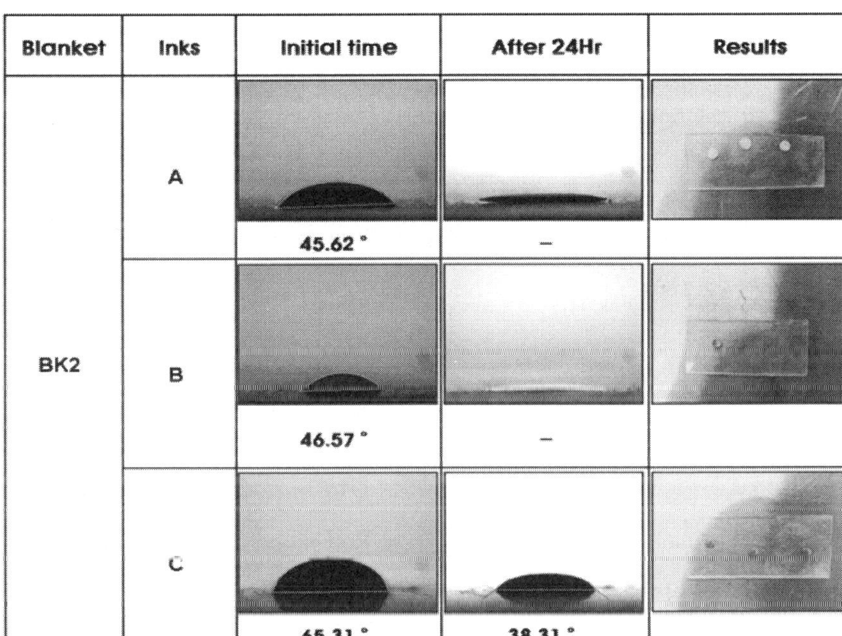

그림 3.77 접촉각 측정 결과 – Blanket 2

2) 잉크 전이성 실험

그림 3.78은 Blanket 1에 대한 ink 전이성 실험 결과를 나타낸다. 공정 조건은 그림에 나타낸 바와 같고 세 ink 모두 전이성, PET로의 인쇄, Roll 세정, Blanket 세정에 있어서 모두 우수한 성능을 가지고 있다. 패턴 형성 결과에 있어서는 B ink가 전이 특성이 가장 뛰어났고 A, C ink는 사이드 부분에만 패턴이 형성되는 것을 확인할 수 있다. A ink의 특성은 입자가 커서 부분 인쇄 및 전이되는 경향이 있고 경화가 쉽게 되기 때문에 빠른 시간 내에 프린팅을 해야 한다. B ink는 패턴 결과가 가장 좋지만 점도가 낮고 입자가 작아 코팅한 결과와 유사한 형태로 패터닝 된다. C ink는 상대적으로 깨끗하게 전이와 인쇄가 되지만 점도가 높아 패턴에 inking이 제대로 되지 않는 것을 알 수 있다.

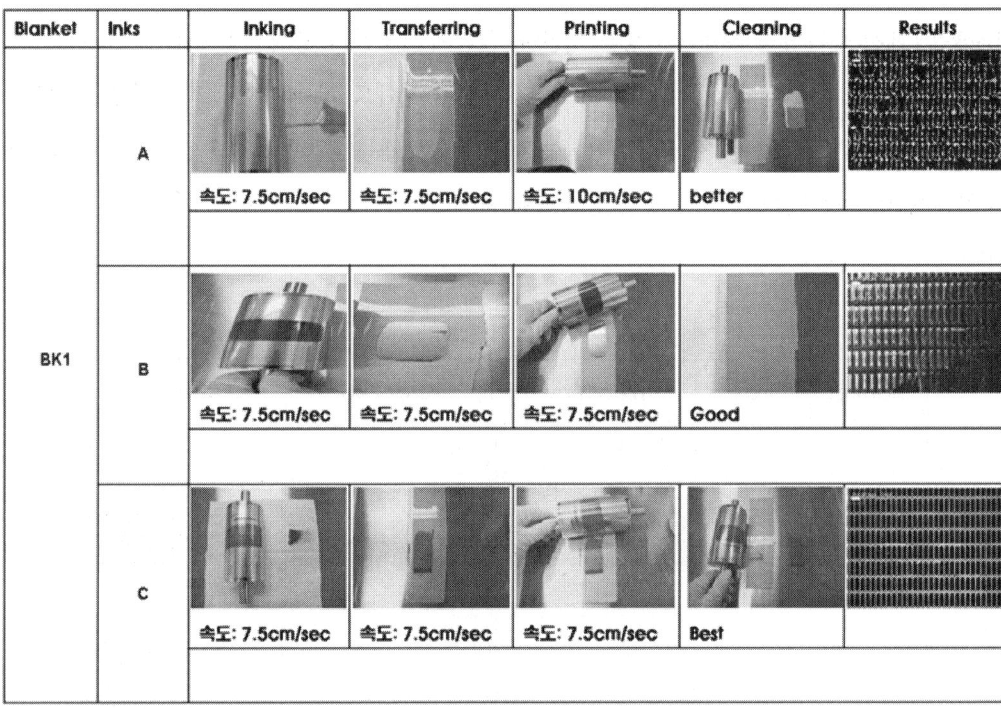

그림 3.78 잉크 전이성 실험 – Blanket 1

그림 3.78은 Blanket 2에 대한 ink 전이성 실험 결과를 나타낸다. 공정 조건은 그림에 나타낸 바와 같고 Blanket 1과 같이 세 ink 모두 전이성, PET로의 인쇄, Roll 세정에 있어서 모두 우수한 성능을 가지고 있다. Blanket 세정에 있어 A와 C ink는 우수한 성능을 보이나 B ink는 세정이 가능하기는 하나 완벽하게 세정이 불가능 하다. Blanket 1에서와 마찬가지로 Blanket 2에 대해서도 A ink와 C ink는 사이드 일부분에만 패터닝이 된다. C ink는 Blanket 1보다 전이율이 낮다는 결과가 확인되었다. 패터닝 결과는 B ink가 가장 우수하기는 하나 코팅과 유사한 형태로 패터닝이 되는 것을 확인할 수 있다.

패턴롤과-inking, Blanket과-전이, 필름과-패터닝에 관한 실험에 있어 그라비아 offset프린팅의 특성상 ink의 점도와 특성이 프린팅에 중요 요소로 작용하였으며, 상대적으로 점도가 낮은 B ink가 가장 잘 인쇄되었으며, 높은 점도의 ink들은 패턴롤에 inking이 잘 되지 않아 side 부분만 인쇄가 되는 문제점이 있었다. Blanket의 전이는 Blanket의 특성상 ink의 종류와, 필름으로 인쇄 시 각각 다른 특성을 보였으며, 결과적으로 Blanket 2가 Blanket 1보다 전이 특성이 좋은 것으로 나타났다. 하지만 Blanket 2는 세정문제와 특정잉크에서 전이가 더 잘되고 덜되고의 문제를 나타냈다. gravure offset printing등의 전이 특성을 갖는 인쇄 방법에 있어 잉크의 특성과 점도에 따른 전도성 물질의 선택 그리고 그 ink 특성에 맞는 Blanket의 선정은 중요한 요소로 작용하며 전이특성에 있어 Blanket의 표면, 프린팅 될 필름의 특성, 또한 고려해볼 만한 문제이다.

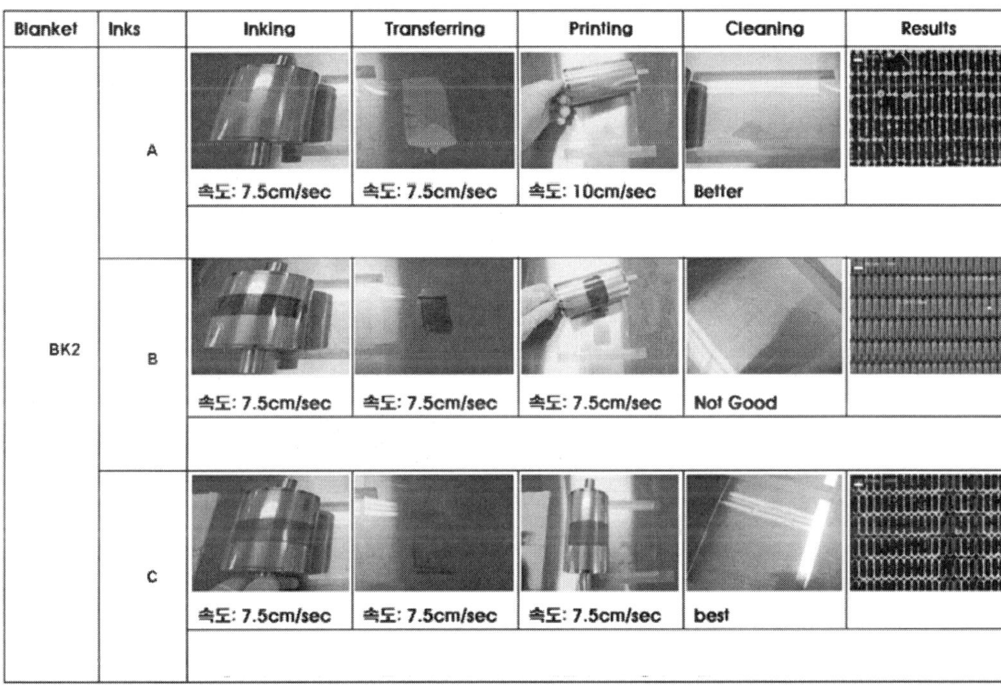

그림 3.79 잉크 전이성 실험 – Blanket 2

3.4.2 EWOD device를 이용한 유체전이 연구: 표면 접촉각 변화 가능한 EWOD device 제작

최근 미세 전자회로를 저렴하게 대량 생산하기 위해 롤투롤 인쇄 공정을 활용하는 PEMS (Printed ElectroMechanical System) 공정에 관한 연구가 활발히 진행되고 있다. 본 연구에서는 여러 인쇄

기술 중에서 전통적 인쇄매체를 출력하는 기술로 널리 사용되어온 그라비아 옵셋 인쇄기술에서의 잉크 전이에 관한 연구를 수행하였다.

그라비아 옵셋 인쇄공정에서의 잉크 전이과정은 plaste cylinder 의 패턴 내에 유입된 잉크가 blanket cylinder 로전이되는 과정과 blanket cylinder 에 전이된 잉크가 다시 substrate 로 전이되는 두 번의 전이과정을 갖는다 (그림 3.80). 본 실험에서는 이러한 잉크의 전이과정에서 전이 관계 요소들의 표면 접촉각이 잉크 전이 성능에 미치는 영향에 대해 알아보고자 한다. 이를 위해 잉크 전이 과정을 두 기판 사이의 유체 전이 과정으로 모사하고, 이를 실험적 방법을 통하여 전이 성능에 대해 분석해 보았다.

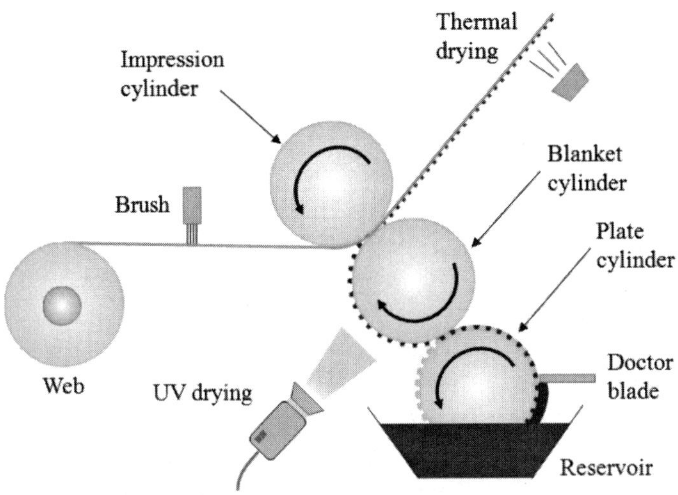

그림 3.80 마이크로 그라비어 오프셋 프린팅 공정의 모식도

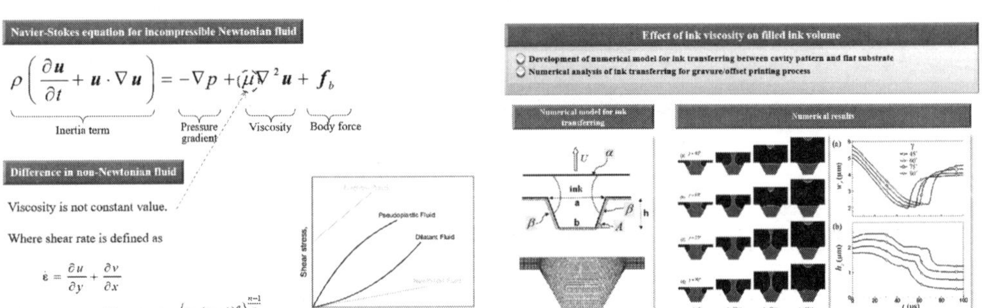

(a) (b)

그림 3.81 잉크전이 (a) Non-Newtonian Fluid 이론 (b) Numerical Model

1) 표면 접촉각

표면 접촉각 (surface contact angle)은 유체가 고체 표면 위에 놓여질 때 발생한다 (그림 4.7). 이는 열역학적 평형(Thermodynamic equilibrium)에 의해 분석 되며, 유체, 고체, 기체의 세 가지 상이 접촉점 (contact point)에서 화학적 퍼텐셜 (chemical potential)의 평형을 이루게 된다. 각각의 계면에서의 에너지는 다음과 같이 표현하였으며, S γ(surface tension of the solid), L γ (surface tension of the liquid), SL γ (interfacial tension between the solid and the liquid), 평형 관계식은 다음과 같이 표현된다.

$$\gamma_L \cos\theta = \gamma_S - \gamma_{SL},$$

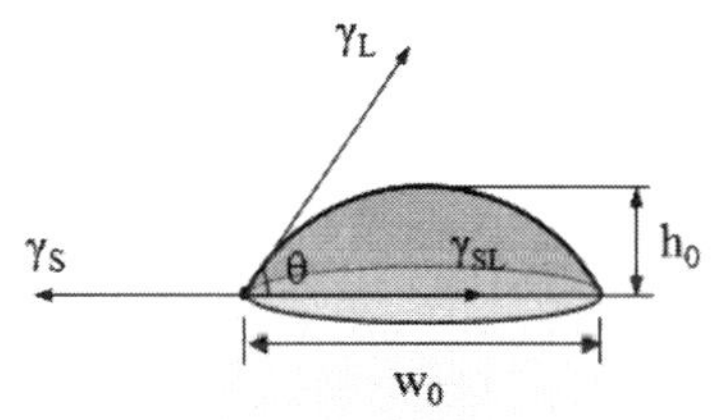

그림 3.82 물방울 단면 형상, 점 모양 물방울.

본 실험에서는 다양한 접촉각을 얻기 위하여 표면 코팅 (surface coating), 플라스마 표면처리 (plasma surface treatment), 계면 활성체 (surfactant), EWOD (electro-wetting-on-dielectric) surface 등을 실험적으로 고려하였으며, 그 결과는 다음과 같다.

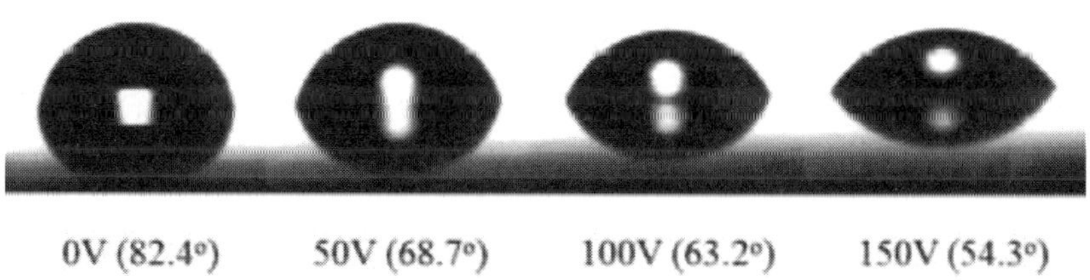

그림 3.83 인가된 전압(PMMA 코팅 표면)에 따라 전기 습윤–유전체(electrowetting–on–dilectric)에 sessile drop 이 발생한 사진.

2) 실험 설계

두 기판 사이의 잉크 전이에 관한 실험적 접근을 위하여 그림 3.84와 같이 실험 장치를 구성하였다. 실험은 실험 장치에 설치 된 두 기판에 일정한 접촉각을 가지는 필름을 설치한 후, 두 필름 사이에 유체를 놓고 기계적 장치를 통하여 윗판을 아랫판 쪽으로 이동하여 유체와

기판을 접촉시키고 다시 윗판을 위 쪽으로 이동시킨다. 이때 일어나는 잉크 전이 과정을 고속 카메라를 통하여 관찰하고, 측정된 결과를 바탕으로 각 평면의 접촉각에 따른 유체 전이율을 측정하였다.

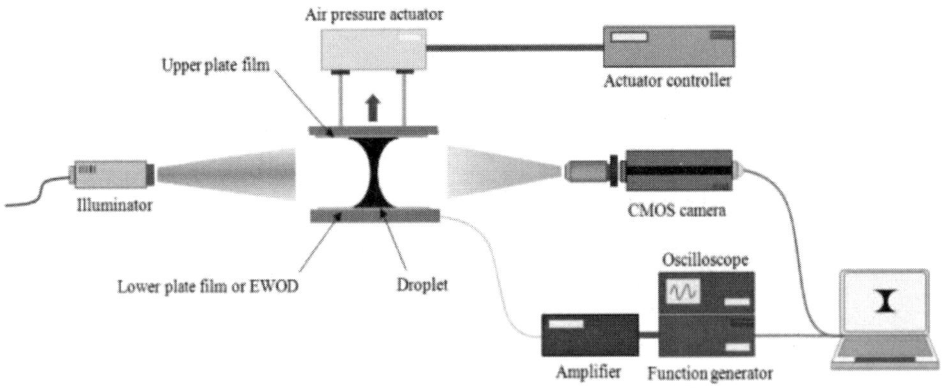

그림 3.84 실험장비 셋업 모식도

3) 실험 결과

다양한 접촉각에 따른 두 기판 사이에서의 유체 전이 결과를 살펴볼 수 있다. 실험 결과는 윗면의 접촉각이 감소할수록 유체의 전이율이 증가하게 되며, 또한 아랫면의 접촉각이 증가할수록 유체의 전이율이 증가함을 보이고 있다. 그림 3.85는 실험을 통하여 관찰된 유체 전이 과정이며, 접촉각의 변화에 따른 접촉면과 유체 전이율의 차이를 볼 수 있다. 면 접촉각이 같은 두 기판 사이에서의 유체 전이율을 보이고 있으며, 접촉각의 크기가 작아짐에 따라 이론값에서 멀어짐을 알 수 있다. 이는 동적 표면에너지의 증가와 같은 외적 영향의 증가에 따른 것으로 분석된다.

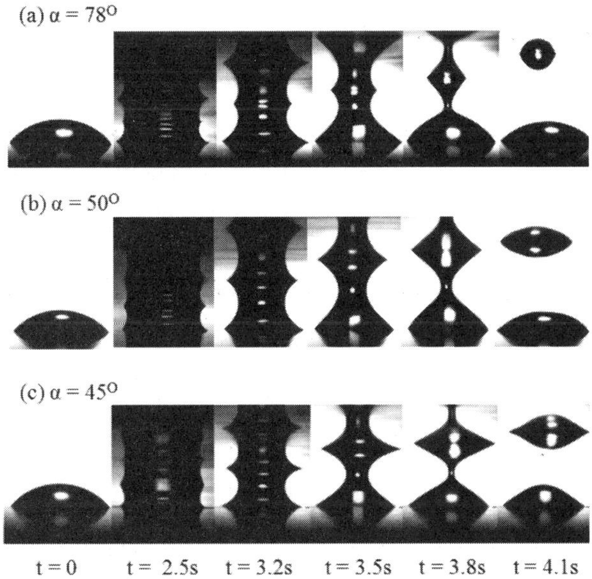

그림 3.85 두 평행판 사이의 물방울 분리의 순차 사진. $\beta = 45°$ (a) $\alpha = 78°$ (b) $\alpha = 0°$ (c) $\alpha = 45°$

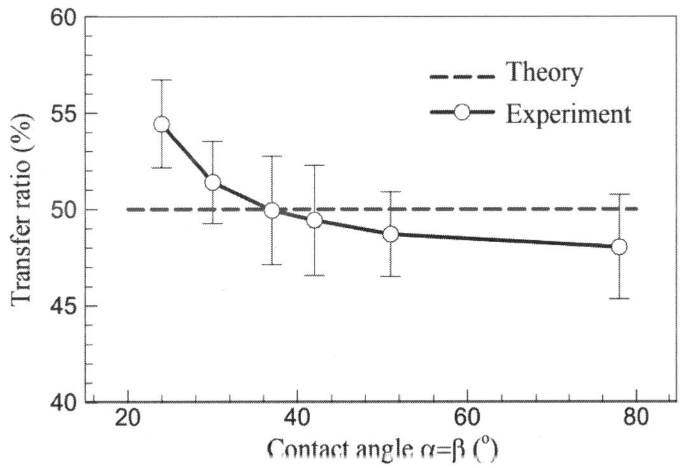

그림 3.86 동일한 접촉 각도에 대한 전이 비율.

마이크로 그라비아 옵셋 공정에서의 잉크 전이 공정을 살펴보기 위해 두 기판 사이의 유체의 전이 과정을 살펴보았다. 실험적 접근을 위하여 표면 처리 기법을 통한 유체의 접촉각 제어 방법을 살펴 보았으며, 두 기판 사이의 유체 전이에서 윗면과 아랫면의 접촉각의 크기가 전이율에 중요한 영향을 끼침을 알 수 있었다. 얻어진 결과를 통하여 그라비아 옵셋프린팅 기술에서 최적의 성능을 낼 수 있는 제판, 옵셋판, 기판의 표면 에너지 제어에 관한 방법과 접촉각을 선정하기 위한 조건을 제시 할 수 있는 기반을 마련하였다.

3.4.3 인쇄 패턴 왜곡 현상 해석

1) 그라비아 옵셋 인쇄에서의 블랑켓 변형에 따른 패턴 왜곡 현상의 관찰

그라비아, 옵셋, 플렉소, 로터리 스크린 등 다양한 롤투롤 인쇄 공정 방식 중 그라비아 옵셋 인쇄 방식은 그라비아의 장점인 두꺼운 패턴이 가능하면서도 중간 전이체인 블랑켓(Blanket) 롤러를 사용하므로 그라비아에 비해 작은 인쇄압을 필요로 하기 때문에 다양한 기능성 잉크의 중첩 인쇄에도 기 인쇄된 패턴의 손상이 적어 전자소자 프린팅에 적합한 인쇄 방식으로 알려져 있다. 그라비아 옵셋 방식의 경우 블랑켓 롤러를 사용하여 피인쇄체에 전이하는 압력은 그라비아에 비해 크지 않지만 제판 롤러로부터 블랑켓 롤러에 잉크를 전이하기 위해서는 수~수십 MPa의 고압이 필요하며 특히 전이성이 떨어지는 전도성 메탈 잉크의 경우 더 큰 압력을 필요로 하기도 한다. 그림 3.87은 그라비아 옵셋 방식으로 전도성 실버 잉크를 사용하여 인쇄된 패턴의 예로 인쇄 패턴의 왜곡(Distortion) 현상이 발생하였음을 알 수 있다.

이러한 왜곡 현상은 정밀한 인쇄를 요구하는 전자소자용 프린팅 공정의 경우 매우 큰 불량 요소로 작용할 수 있다. 따라서 이러한 왜곡의 원인과 영향을 주는 요소를 파악하고 민감도 해석을 통해 전자 잉크 전이 공정에 활용하고자 한다.

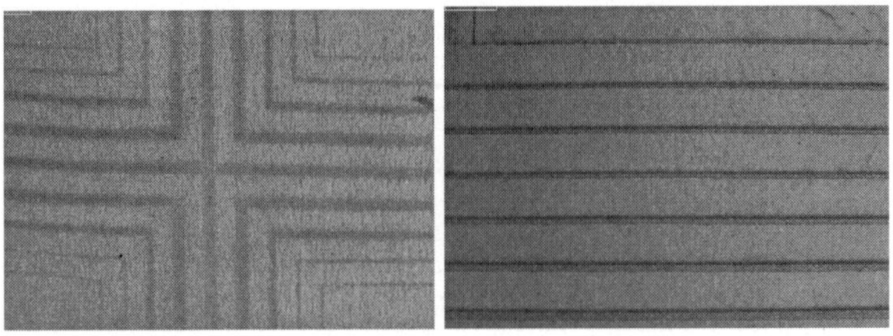

그림 3.87 전도성 잉크 패턴에서의 인쇄 패턴 왜곡 현상

2) 닙 폭/닙 변형률에 따른 인쇄 위치의 변화

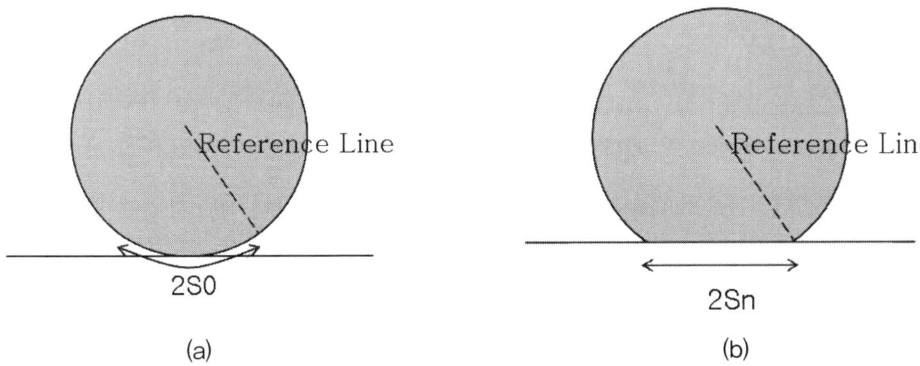

그림 3.88 S_n및 S_0의 정의 (a) 변형 전, (b) 변형 후

그림 3.88에서와 같이 롤러의 변형 후 닙(nip) 폭의 반 S_n과 S_n을 형성한 롤러의 변형 전 원주 길이를 S_0로 정의하였다. 닙의 폭은 롤러의 재질, 하중, 마찰 등에 따라 달라지며 롤러의 폭 방향으로도 불균일한 닙 폭을 형성한다.

평판 또는 원통의 강체 제판으로부터 고무 재질의 블랑켓 롤러에 잉크의 전이가 이루어지는 프린팅 공정의 경우 닙의 폭 S_n과 변형 전 원주 길이 S_0에 따라 프린팅 위치가 달라진다. 그림 3.39로부터 S_n과 S_0에 따른 전이 위치의 차이를 정량적으로 고찰할 수 있다.

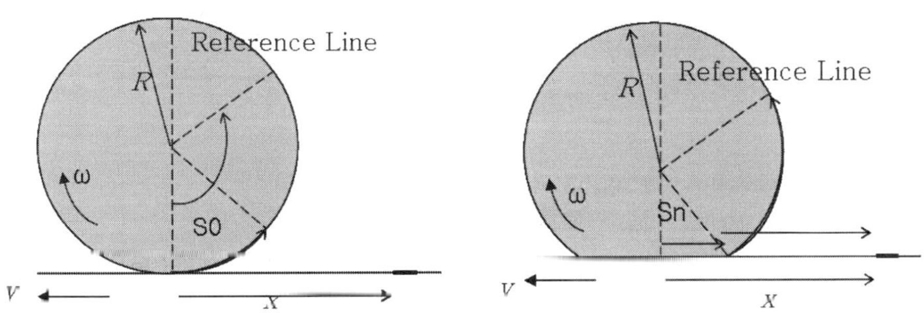

그림 3.39 닙 변형에 따른 인쇄 위치 변화

변형 전 제판의 x의 위치의 패턴은 롤러의 $x = R\varphi$의 위치의 기준점에 전이가 된다고 가정하면 S_n의 닙을 형성할 경우 기준점과의 전이 위치 차이는 다음과 같이 주어진다.

$$x' = (x - S_n) - (x - S_0) = S_0 - S_n \tag{3.1}$$

따라서 패턴의 위치 변화는 다음과 같이 닙 변형량 S_p로 정의할 수 있다.

$$S_p = S_0 - S_n \tag{3.2}$$

여기서 $S_p < 0$일 경우 패턴은 기준점보다 앞서게 되며 $S_p > 0$일 경우 패턴은 기준점보다 뒤쳐지게 된다. 따라서 롤러에서 폭 방향의 S_p가 달라질 경우 동일 선상의 패턴은 뒤쳐짐과 앞섬 등의 위치 변화로 나타나며 이것은 곧 패턴의 왜곡 현상으로 나타나게 된다. 양의 S_p만을 가지는 롤러에서 만약 롤러의 양 끝 쪽으로 갈수록 S_p가 커질 경우 직선으로 제판된 패턴은 인쇄 후 용지의 이송 방향으로 볼록한 왜곡된 패턴이 인쇄되며 반대로 S_p가 롤러의 양 끝 쪽으로 갈수록 작아질 경우 용지의 이송 방향으로 오목한 왜곡된 패턴이 인쇄된다. 패턴의 왜곡은 폭 방향의 S_p의 차이에 의해 나타나며 다음과 같이 정의된다.

$$\Delta S_p = S_p^2 - S_p^1 = S_0^2 - S_n^2 - (S_0^1 - S_n^1) \qquad = S_0^2 - S_0^1 - (S_n^2 - S_n^1) \tag{3.3}$$

여기서 식 3.1, 3.2는 롤러의 서로 다른 위치를 나타내며 롤러의 위치에 따라 S_n뿐만 아니라 S_0도 달라진다. 만약 임의의 위치에서 S_0이 같을 경우 $\Delta S_p = S_n^2 - S_n^1$로 주어지며 이 경우 닙의 크기 차이로 패턴의 왜곡이 나타난다. 따라서, 일반적으로 롤러의 위치에 따라 S_0이 달라지므로 닙의 크기 차이가 패턴의 왜곡으로 나타나는 것은 아니므로 단순히 닙의 크기만을 고려하여 패턴의 왜곡을 예측할 수 없다. 이러한 닙 변형량은 평면의 제판이 아닌 원통형 제판의 경우에도 마찬가지로 정의된다. 또한 고무 롤러의 패턴이 다른 롤러나 종이 등에 전이 될 경우의 닙 변형량은 다음과 같이 정의 된다.

$$S_p' = S_0 - S_m \tag{3.4}$$

여기서 S_m은 블랑켓 롤러가 2차 전이 시 형성하는 닙 폭이다.

따라서, 제판으로부터 고무 롤, 고무롤로부터 종이 등의 2차 전이가 일어나는 경우 닙 변형량은 다음과 같이 정의 된다.

$$S_p'' = S_p + S_p' = S_n - S_0 + (S_0 - S_m) = S_n - S_m \tag{3.5}$$

식 (3.5)에서 피인쇄체 또는 가압 롤러가 제판(롤러)과 동일 물성과 동일 형상을 가질 경우 동일한 닙 폭을 형성하며 따라서 닙 변형량은 0이 되어 전이 위치 변화는 없게 된다. 만약 블랑켓 롤러와 가압 롤러가 동일 물성과 동일 형상을 가질 경우 $S_p' = S_0 - S_m = 0$이 되어 2차 전이 후의 닙 변형량은 1차 전이 시의 닙 변형량과 같아지게 된다.

한편, 닙에서 잉크의 전이가 이루어질 경우 닙의 변형에 따른 이미지의 폭 변화는 다음과 같이 주어진다.

$$\Delta\hat{y} = \Delta y(S_0 / S_n) \tag{3,6}$$

따라서 위 식으로부터 전이된 패턴의 이득은 S_0/S_n 에 비례함을 알 수 있다. 따라서 롤러의 폭 방향 위치에서의 닙 변형량 S_p의 차이에 따라 잉크의 전이 위치가 달라지며 S_n과 S_0의 비율인 S_0/S_n 에 따라 패턴의 이득이 달라진다. 이러한 이득의 변화를 결정하는 파라미터로 닙 속도 변화율의 역수를 닙 변형율 G_n 으로 다음과 같이 정의할 수 있다.

$$G_n = S_0 / S_n \tag{3.7}$$

따라서, 본 논문에서는 롤러의 재료 특성, 하중 조건, 롤러의 형상 등의 조건에 따른 닙 변형량 S_p와 변형율 G_n 의 롤러의 폭 방향 위치에서의 차이를 고려하여 잉크의 전이 위치 변화와 이득의 변화를 고찰하고자 한다.

3) 상용 유한요소 프로그램을 이용한 해석

닙 변형량 S_p와 변형율 G_n 의 계산을 위하여 상용 유한요소 프로그램을 이용하였다. 인쇄 공정 중의 롤러 회전과 제판의 이송 등을 고려하기 위해서는 동역학과 변형을 같이 해석할 수 있는 해석툴이 사용되어야 하지만 여기서는 동역학적인 측면은 고려하지 않고 정적 상태로 가정하고 해석하였다. 그림 3.40은 메쉬된 롤러의 형상을 보여준다.

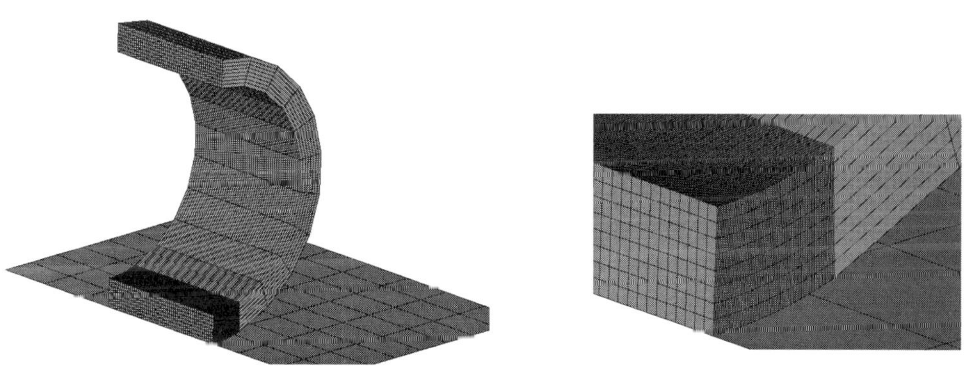

그림 3.40 롤러의 유한요소 모형

표 3.3 TFT 인쇄 시에 인쇄공정별 발생할 수 있는 Vth변화 요인

Parameter	Value
Roller inner radius,	40(mm)
Roller outer radius	50(mm)
Roller width	100(mm)
Young's modulus	3.0(MPa)
Poisson ratio,	0.30
Friction coefficient between roller and plate, μ	0.0
Load applied, F	50(Kgf)

일반적으로 롤러는 중앙의 강체 축에 고무 재질의 코팅이 입혀져 있으므로 축 위치의 롤러 요소는 상호 연성되어 있고 축에 대한 상대 변형은 없다고 가정할 수 있다. 또한 정적 상태의 가정에 따라 닙의 중심에 수직인 평면에 대해 대칭이며 롤러의 양 쪽 지지 축에 동일한 하중이 작용할 경우 폭 방향으로 대칭을 이루게 된다. 따라서 *yz* 평면, *xy*평면에 대해 대칭으로 가정하여 해석할 수 있다. 롤러의 영 계수 및 포아송 비 등의 물성은 변형량에 무관한 상수로 가정하여 선형 구간을 가정하고 해석하였다. 또한, 해석의 수렴 안정성을 위해 마찰 계수는 0으로 가정하여 무마찰 상태에 대한 해석을 수행하였다.

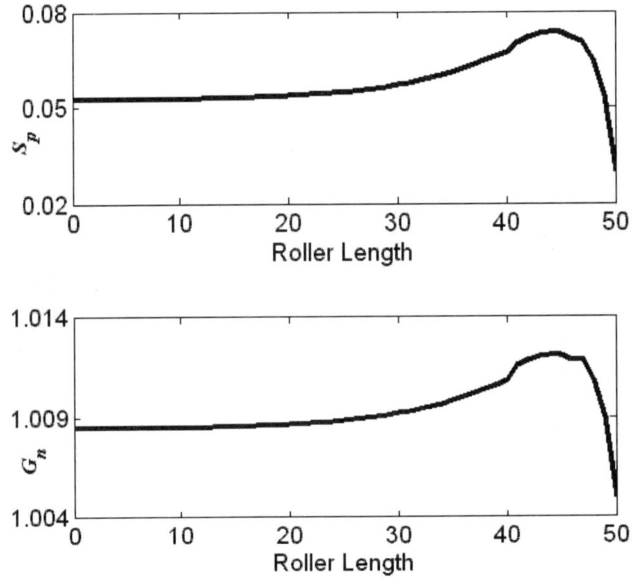

그림 3.41 롤러 폭 위치에 따른 S_p 및 G_n

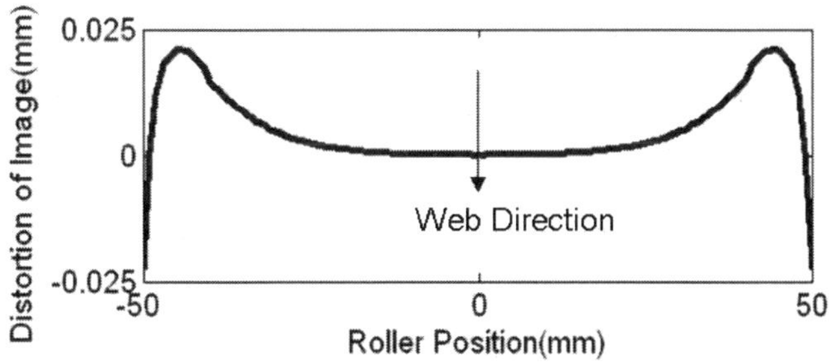

그림 3.42 패턴 이미지 변형

그림 3.41은 표 3.3로 주어지는 롤러의 물성 및 형상, 접촉 조건 대하여 얻어진 닙 변형량 S_p와 변형율 G_n을 롤러의 폭 방향에 대하여 보여준다. 여기서 보듯, 롤러의 중앙에서는 거의 일정한 닙 변형량을 보여주지만, 롤러의 경계로 갈수록 커지다가 경계 부근에서 급격히 감소하였으며 중앙 대비 약 0.02mm의 왜곡이 나타났다. 한편, 이득의 경우 롤러의 중앙에서 약 0.9%의 증가가 나타났으며 닙 변형량과 마찬가지로 경계로 갈수록 증가하다가 경계 부근에서 급격히 감소하였고 최대 약 1.2%의 이득 증가가 나타났다. 롤러 닙 변형으로부터 발생하는 인쇄 패턴의 왜곡을 그림 3.42에 나타내었다. 이 때 롤러의 중심에서의 왜곡을 0으로 봤을 때, ±0.25mm정도의 왜곡이 나타나며 중심에서는 피인쇄체의 이송 방향으로 오목하고, 경계부분에서는 반대로 이송 방향으로 볼록한 형태로 나타남을 알 수 있다.

그림 3.43~46은 각각 v=0.1,0.3,0.4,0.499의 포아송 비에 대해 F=1, 10, 25, 50, 100의 경우에 대해 S_p와 G_n를 구한 그림이다. 여기서 볼 수 있듯이 포아송비가 0.1, 0.3으로 작을 경우 하중이 커질수록 닙 변형량은 양의 값을 가지며 커지지만, 포아송비가 0.499로 클 경우 닙 변형량은 음의 값을 가지며 더 작아진다. 포아송비가 0.4일 경우 과도적인 모습을 보인다. 닙 변형량은 결국 전이 위치의 이동과 패턴의 왜곡을 나타내므로 포아송 비에 따라 패턴의 전이 위치가 기준점보다 앞 뒤로 이동하여 나타날 수 있음을 보여준다. 닙 변형률은 포아송비가 0.1일 경우 하중이 증가할수록 1보다 점점 커지며 0.499일 경우 1보다 점점 작아지며 포아송비 0.3, 0.4의 경우 과도적인 모습을 보인다.

그림 3.47은 동일한 하중에 대해 서로 다른 포아송비를 갖는 경우의 S_p와 G_n를 구한 결과로 포아송비가 커질수록 왜곡 현상은 더 심해짐을 알 수 있다.

그림 3.48는 동일한 포아송비와 동일한 하중에 대해 고무 롤러의 내경, 즉 고무의 두께가 달라질 경우에 대한 결과로, 고무 롤러의 내경이 작아질수록, 즉 고무가 두꺼울수록 왜곡 현상은 심해짐을 알 수 있다.

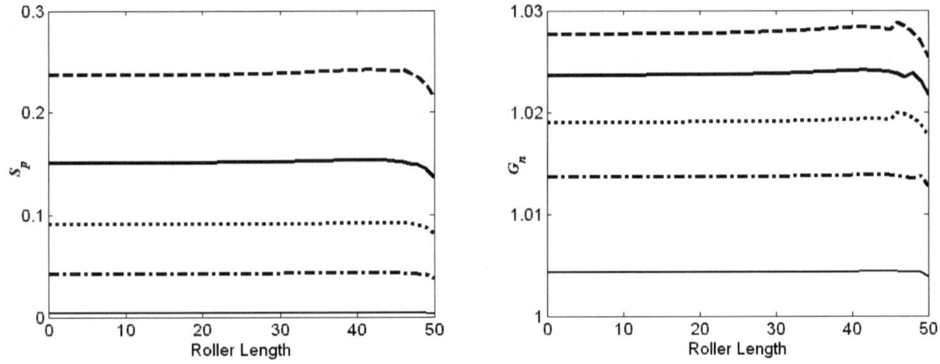

그림 3.43 하중의 변화에 따른 S_p 및 G_n (v=0.1)

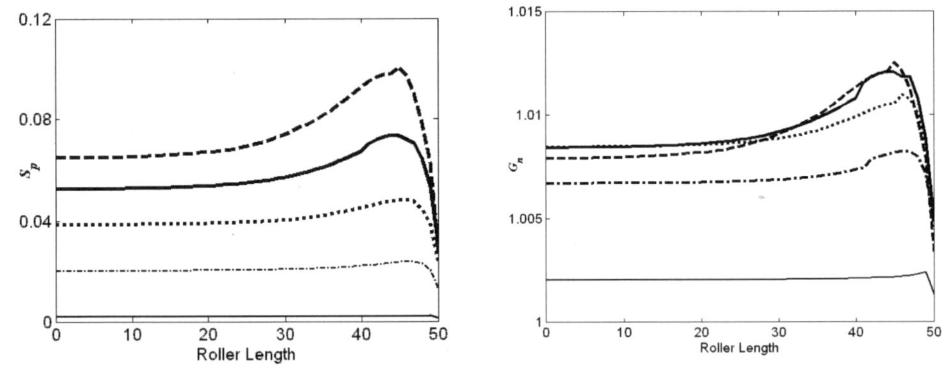

그림 3.44 하중의 변화에 따른 S_p 및 G_n (v=0.3)

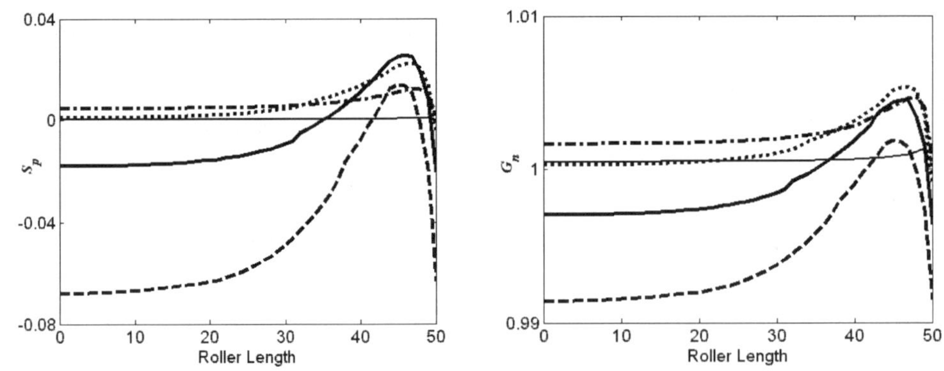

그림 3.45 하중의 변화에 따른 S_p 및 G_n (v=0.4)

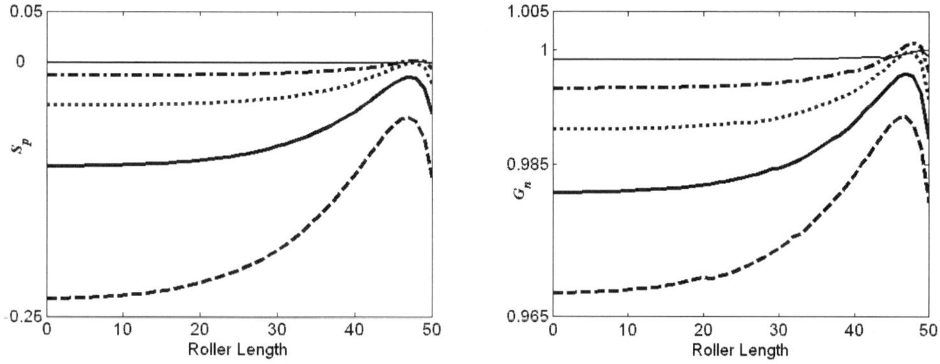

그림 3.46 하중의 변화에 따른 S_p 및 G_n (v=0.499)

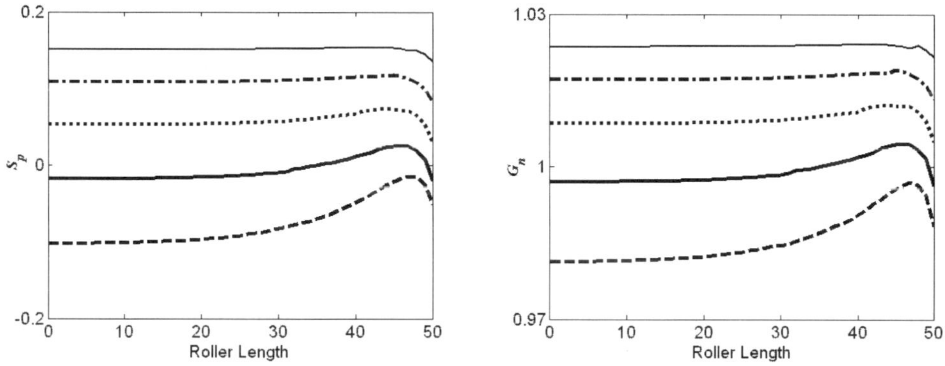

그림 3.47 포아송비의 변화에 따른 S_p 및 G_n

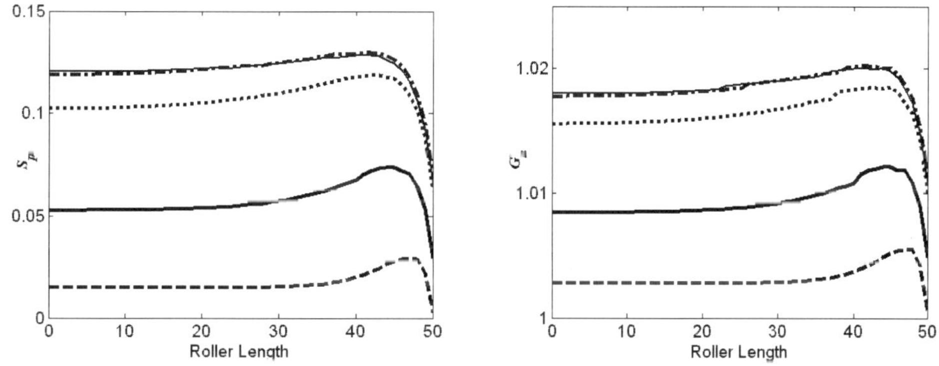

그림 3.48 블랑켓의 두께에 따른 S_p 및 G_n

3.4.4 피인쇄체의 변형 및 응력 분포 해석

종이, 필름, 직물 등의 웹(web)은 일반적으로 얇고 평편하며 매우 작은 크기의 휨 강성(flexural stiffness)을 갖는다. 웹은 가정용 프린터, 산업용 인쇄기, 제지 생산 등 여러 분야에서 사용되며 웹의 구김은 생산품의 품질을 저하시키는 원인이 된다. 불균일 장력 분포가 웹의 구김을 일으키는 원인이 되며 특히, 불균일 장력에 의해 웹 내부에 발생하는 압축법선응력(compressive normal stress)이 휨 강성과 관계되는 한계 값을 초과할 경우 구김이 발생하는 것으로 알려져 있다. 웹의 구김은 주로 유한요소법이나 해석적 방법으로 많이 연구되고 있다. 일반적으로 웹에 작용하는 경계 하중은 대칭 형태로 쌍으로 존재하기 보다는 서로 다른 형상을 갖는 분포로 존재하게 된다. 롤러와 롤러 사이로 이송되는 웹의 장력은 롤러의 닙(nip) 압력 분포, 롤러의 정렬 상태 등에 따라 달라지므로 각각의 롤러에 의해 발생하는 경계 하중은 각각 다른 형태의 분포를 갖게 된다. 특히 한쪽에만 불균일 경계 하중이 작용할 경우 생 베낭의 원리(Saint Venant's principle)에 의해 하중이 작용하는 경계에서 일정 거리 이상이 될 경우 하중의 영향은 없어지지만 일반적으로 감쇠 상수를 가정하거나, 매우 길거나 짧은 박판의 문제로 가정하고 해석하는 경우가 많다.

여기에서는 일반적인 불균일 경계 하중 분포를 갖는 웹의 응력 분포와 구김 해석을 위해 편측 불균일 경계 하중을 받는 웹의 Airy 응력 함수를 구하고 이를 통해 응력 분포와 구김 모드를 구하고자 한다. 이 결과로부터 생 베낭의 원리를 고찰하여 제안한 해의 타당성을 검증하고 경계 하중에 따른 구김의 영향을 고찰한다.

1) 한쪽 경계에만 불균일 하중이 작용할 경우의 응력 분포

사각형의 웹의 응력 분포에 관한 경계 조건은 다음과 같다.

$$T_{xx}(0, y) = \sum_{m=1}^{\tilde{m}} \lambda_m \sin\left(\frac{m\pi}{s} y\right) \tag{4.8}$$

$$T_{yy}(x,0) = T_{yy}(x,s) = 0 \tag{4.9}$$

$$T_{xy}(0, y) = T_{xy}(1, y) = 0 \tag{4.10}$$

$$T_{xy}(x,0) = T_{xy}(x,s) = 0 \tag{4.11}$$

여기서 B와 L은 각각 웹 폭과 길이이며 s는 B/L로 정의 된다. 여기서 $x = 0$의 경계에만 경계 조건이 주어지고 $x=1$에서의 경계 조건은 미정(unknown)이다.

주어진 Airy 응력 함수 F는 $\nabla^4 F=0$를 만족해야 하며 응력 분포는 $T_{xx}=\partial^2 F/\partial y^2$, $T_{yy}=\partial^2 F/\partial x^2$및 $T_{xy}=-\partial^2 F/\partial x\partial y$로 구해진다.

주어진 경계 조건을 만족하며 $x=0$의 경계 상에서 $y=s/2$에 선대칭인 경계 하중이 작용할 때의 Airy 응력 함수는 식(4.12)와 같이 주어진다.

$$
\begin{aligned}
F &= \sum_{m=1,3}^{\tilde{m}} \lambda_m \sin\left(\frac{m\pi}{s}y\right)\left[C_{1m}\cosh\left(\frac{m\pi}{s}(x-1)\right)+C_{2m}(x-1)\sinh\left(\frac{m\pi}{s}(x-1)\right)\right] \\
&+ \sum_{p=1,3}^{\tilde{p}} B_p \sin\left(\frac{p\pi}{2}x\right)\left[D_{1p}\cosh\left(\frac{p\pi}{2}\left(y-\tfrac{s}{2}\right)\right)+D_{2p}\left(y-\tfrac{s}{2}\right)\sinh\left(\frac{p\pi}{2}\left(y-\tfrac{s}{2}\right)\right)\right] \\
&+ \sum_{q=1,3}^{\tilde{q}} \overline{B}_q \sin\left(\frac{q\pi}{s}y\right)\left[D_{1q}\cosh\left(\frac{q\pi}{s}(x-1)\right)+D_{2q}(x-1)\sinh\left(\frac{q\pi}{s}(x-1)\right)\right]
\end{aligned}
\tag{4.12}
$$

여기서

$$
C_{1m}=\frac{-\left[\frac{m\pi}{s}\cosh\left(\frac{m\pi}{s}\right)+\sinh\left(\frac{m\pi}{s}\right)\right]}{\left(\frac{m\pi}{s}\right)^2\left[\frac{m\pi}{s}+\cosh\left(\frac{m\pi}{s}\right)\sinh\left(\frac{m\pi}{s}\right)\right]}\ ,\qquad C_{2m}=\frac{\sinh\left(\frac{m\pi}{s}\right)}{\left(\frac{m\pi}{s}\right)\left[\frac{m\pi}{s}+\cosh\left(\frac{m\pi}{s}\right)\sinh\left(\frac{m\pi}{s}\right)\right]}
$$

이며

$$
D_{1p}\cosh\left(\frac{p\pi s}{4}\right)+D_{2p}\frac{s}{2}\sinh\left(\frac{p\pi s}{4}\right)=0\ ,\qquad D_{1q}\cosh\left(\frac{q\pi}{s}\right)+D_{2p}\sinh\left(\frac{q\pi}{s}\right)=0
$$

이다.

위 식에서 B_P와 $\overline{B_q}$는 경계 조건을 만족하도록 구해져야 하는 값들이다. 그림 4.21 (a)-(c)는 $T_{xx}(0,y)=\sin(\pi y/s)$의 경계 하중을 받는 웹의 법선 응력 분포 T_{xx}, T_{yy}와 전단 응력 분포 T_{xy}를 보여준다. 이 그림들에서 보듯이 주어진 경계 조건을 만족하고 있음을 알 수 있다. 응력 분포는 경계 하중이 작용한 경계에서 멀어질수록 균일한 분포로 수렴함을 알 수 있다.

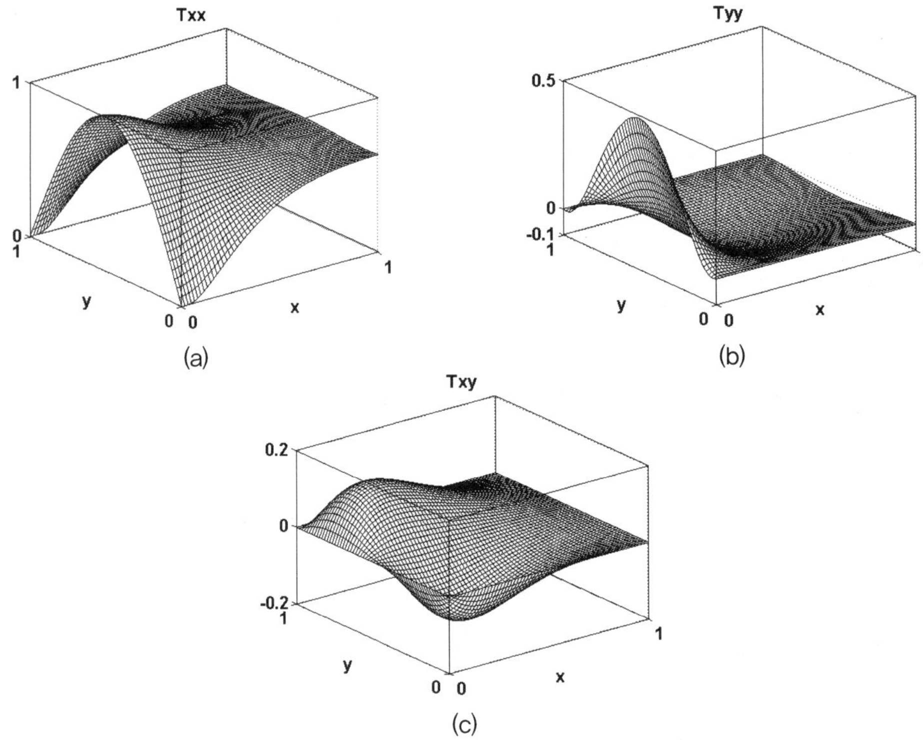

그림 3.49 $T_{xx}(0,y)=\sin(\pi y/s)$의 경계 하중에 대한 응력 분포 (a) T_{xx} (b) T_{yy} (c) T_{xy}

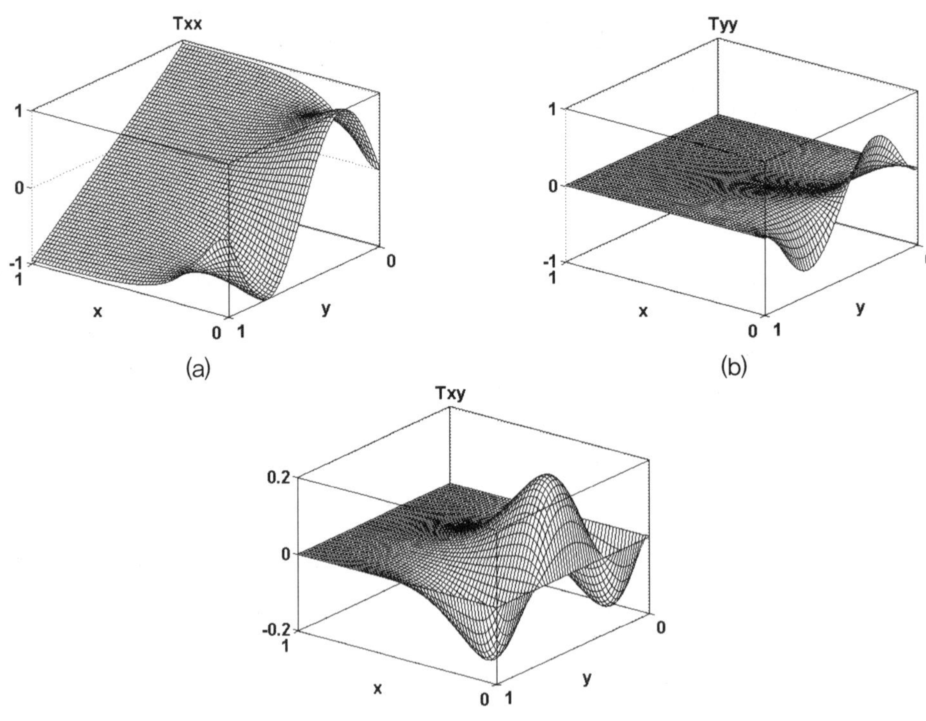

그림 3.50 $T_{xx}(0,y)=\sin(2\pi y/s)$의 경계 하중에 대한 응력 분포 (a) T_{xx} (b) T_{yy} (c) T_{xy}

$y = s/2$에 대해 점대칭인 경계 하중에 대해 Airy 응력 함수는 다음과 같이 구해진다.

$$
\begin{aligned}
F = & \sum_{m=2,4}^{\tilde{m}} \lambda_m \sin\left(\frac{m\pi}{s} y\right)\left[C_{1m}\cosh\left(\frac{m\pi}{s}(x-1)\right) + C_{2m}(x-1)\sinh\left(\frac{m\pi}{s}(x-1)\right)\right] \\
& + \sum_{p=1,3}^{\tilde{p}} \hat{B}_p \sin\left(\frac{p\pi}{2} x\right)\left[\hat{D}_{1p}\sinh\left(\frac{p\pi}{2}\left(y-\tfrac{s}{2}\right)\right) + \hat{D}_{2p}\left(y-\tfrac{s}{2}\right)\cosh\left(\frac{p\pi}{2}\left(y-\tfrac{s}{2}\right)\right)\right] \\
& + \sum_{q=2,4}^{\tilde{q}} \overline{B}_q \sin\left(\frac{q\pi}{s} y\right)\left[D_{1q}\cosh\left(\frac{q\pi}{s}(x-1)\right) + D_{2q}(x-1)\sinh\left(\frac{q\pi}{s}(x-1)\right)\right]
\end{aligned}
\tag{4.13}
$$

여기서 $\hat{D}_{1p}\sinh\left(\frac{p\pi s}{4}\right) + \hat{D}_{2p}\frac{s}{2}\cosh\left(\frac{p\pi s}{4}\right) = 0$이다.

그림 3.49 (a) - (c)는 $T_{xx}(0, y) = \sin(2\pi y/s)$의 경계 하중을 받는 웹의 법선 응력 분포 T_{xx}, T_{yy}와 전단 응력 분포 T_{xy}를 보여주며 주어진 경계 조건을 만족함을 알 수 있다. 경계 하중이 가해진 경계에서 멀어질수록 T_{xx}는 1차의 선형 응력 분포로 수렴함을 알 수 있다.

2) 생 베낭 원리 효과

앞에서 언급했듯이 $y = s/2$에 대해 선대칭인 $\sin(\pi y/s)$와 같은 형태의 경계 하중이 가해질 경우, 하중이 가해진 경계에서 멀어질수록 T_{xx}는 균일한 값으로 수렴하며 특히, 이 값은 가해진 하중의 평균값인 $\overline{T}_1 = (1/s)\int_0^s \sin(m\pi y/s)dy = 2/m\pi$가 되며 $m = 1$일 경우 0.6366이다.

또한 임의의 x에 대해 $\int_0^s T_{xx}(x, y)dy =$ 상수 = 0.6366가 성립하며 이는 임의의 x 위치에서 x 방향 법선응력 분포 T_{xx}는 평형 상태임을 의미한다. 따라서 구해진 응력 분포 및 이것의 Airy 응력 함수는 물리적으로 타당하며 Horvay3에서처럼 지수함수 형태의 감쇠를 가정할 필요 없이 생 베낭의 원리를 만족하는 해임을 알 수 있다.

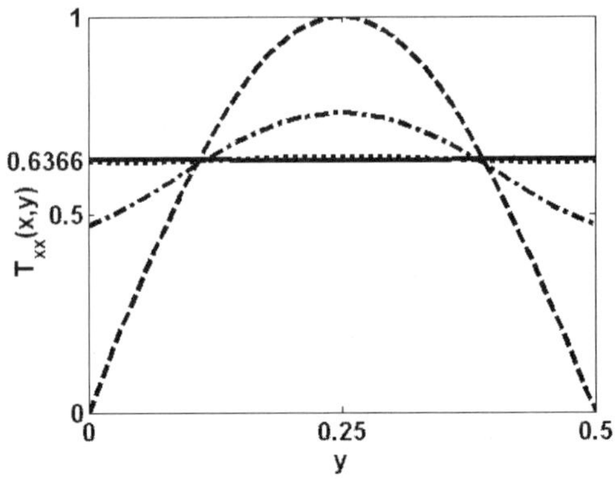

그림 3.51 $T_{xx}(x,y)$ for $m=1$, $s=0.5$ at $x=0$:_________, $x=0.25$:_________,

$x=0.5$:_________ and $x=1$:_________

$m=2$의 예와 같이 점대칭의 경계 하중이 작용할 경우 T_{xx}는 1차의 선형 형태 $\overline{T}_2 = A(y-s/2)$로 수렴한다. 여기서 A는 가해진 하중과 모멘트의 평형을 이루도록 하는 상수이다. 즉,

$$\sum M = \int_0^s y\sin(m\pi y/s)dy = \int_0^s yA\left(y-\frac{s}{2}\right)dy \tag{4.14}$$

여기서 $A = -12/m\pi s$로 주어진다. 이때 $y=0$ 경계에서의 평형 응력은 $\overline{T}_2|_{y=0} = 6m\pi$ 로 주어지며 s와는 무관함을 알 수 있으며 $m=2$의 경우 $3\pi = 0.9549$로 주어진다.

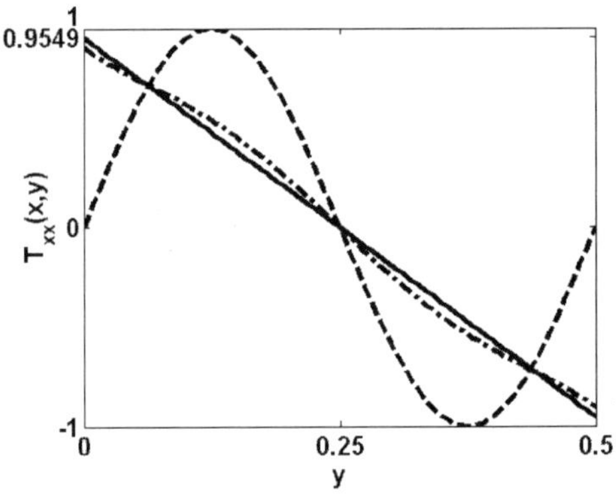

그림 3.52 $T_{xx}(x,y)$ for $m=2$, $s=0.5$ at $x=0$:_________, $x=0.25$:_________,

$x=0.5$:_________ and $x=1$:_________

따라서, 선대칭의 경계 하중이 작용할 경우 응력 분포는 가해진 하중과 힘의 평형이 되는 균일한 값으로 수렴하고, 점대칭의 경계 하중이 작용할 경우 가해진 하중과 힘과 모멘트의 평형이 되는 1

차 선형 형태로 수렴함을 알 수 있다.

3) 한쪽에만 $\sin(\pi y/s)$ 형태의 불균일 경계 하중이 작용하는 웹의 구김 해석

$1+T_{xx}(0,y)$의 경계 하중이 작용하는 웹의 무차원 식은 다음과 같다.

$$-w_{,xx}-(T_{xx}w_{,xx}+2T_{xy}w_{,xy}+T_{yy}w_{,yy})+\varepsilon\nabla^4 w=0 \tag{4.15}$$

일반적으로 웹에 장력이 작용할 경우, 폭 방향의 장력은 불균일하게 나타나는 경우라도 장력의 제어를 통해 장력의 평균값은 일정하게 유지된다. 따라서 Lin[1]의 결과에서는 $T_{xx}(0,y)=\lambda\sin(\pi y/s)$로 가정했지만 여기서는 가해진 경계 하중의 평균이 1이 되도록 $T_{xx}(0,y)=\lambda[\sin(\pi y/s)-2/\pi]$로 가정하자. 즉, 그림 3.25와 같이 균일 장력과 $\lambda\sin(\pi y/s)$ 형태의 하중이 작용하여 하중의 y 방향 평균의 합은 λ에 관계 없이 1로 동일하게 한다. 이렇게 가정된 경계 하중으로부터 장력의 크기는 동일하되, 장력의 불균일의 정도가 다를 경우의 웹의 구김 조건을 해석할 수 있다.

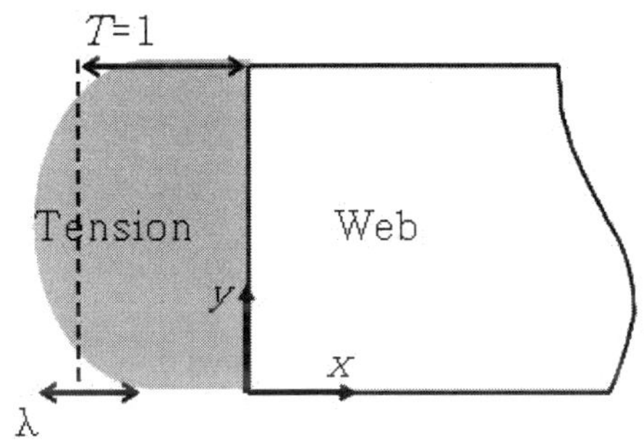

그림 3.53 $1+\lambda[\sin(\pi y/s)-2/\pi]$ 형태의 경계 하중

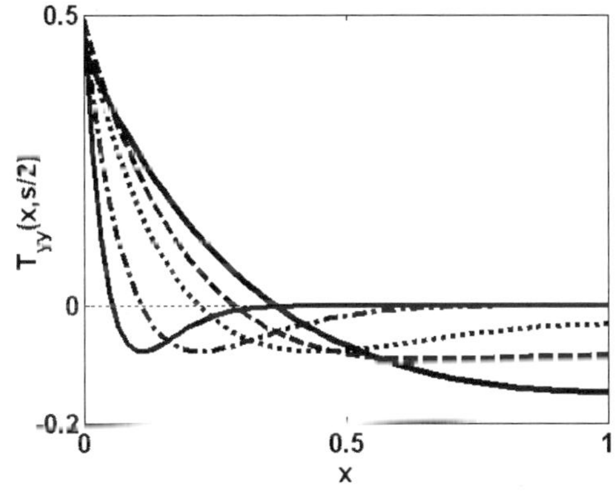

그림 3.54 $T_{yy}(x,s/2)$ for $m=1$, with $s=2$:_________, $s=1.5$:_________, $s=1$:_________, $s=0.5$:_________ and $s=0.25$:_________

고유치 문제는 다음과 같이 주어진다.

$$L[w] = \lambda M[w] \tag{4.17}$$

여기서

$L[\,] = -\partial^2/\partial x^2 + \varepsilon \nabla^4$ 이고 $M[\,] = T^e_{xx}\partial^2/\partial x^2 + 2T^e_{xy}\partial^2/\partial x \partial y + T^e_{yy}\partial^2/\partial y^2 - 2/\pi\partial^2/\partial x^2$

이다. 이때 T^e_{xx}, T^e_{xy} 와 T^e_{yy} 는 $\sin(\pi y/s)$의 경계 하중에 의한 응력 분포를 나타낸다. 모든 경계가 단순 지지(simply supported)의 경계 조건으로 주어질 경우 고유치 문제는 다음과 같은 유사함수(comparison function)를 이용하여 Rayleigh-Ritz 방법에 의해 해가 구해진다.

$$w_{ij} = \sin(i\pi x)\sin(j\pi y/s) \tag{4.18}$$

여기서 $i, j = 1, 2, 3, \ldots$ 이다.

한쪽 경계에만 불균일 하중이 작용하는 웹에 대하여 $\varepsilon = 10^{-6}$, $s = 0.5$의 경우 최소 양의 고유치와 최대 음의 고유치는 각각 $\lambda^p_{cr} = 0.2070$와 $\lambda^n_{cr} = -0.2913$으로 구해진다.

동일한 크기와 형태의 경계 하중이 반대편에도 작용하는 경우, 즉, 대칭의 경계 하중이 작용하는 경우 $\lambda^p_{cr} = 0.1498$, $\lambda^n_{cr} = -0.2911$로 나타났는데, 두 경우에서 최소 양의 고유치는 크게 다르지만 최대 음의 고유치는 거의 동일함을 알 수 있다.

이것은 구김은 y 방향의 음의 압축력 즉, 음의 T_{yy}에 의해 발생하는데, 양의 λ를 갖는 경계 하중이 작용할 경우 그림 4.26에서와 같이 음의 T_{yy}는 경계에서 일정 거리에서부터 중앙으로 분포하게 된다. 따라서 양쪽에 경계 하중이 작용할 경우 상호 작용에 의해 한쪽에만 경계 하중이 작용할 경우보다 더 작은 크기의 경계 하중에 의해서도 구김을 일으키기에 충분한 음의 T_{yy}가 분포하게 된다. 그러나 반대로, 음의 λ를 갖는 경계 하중이 작용할 경우 음의 T_{yy}는 경계에서 시작하여 그 근방까지 분포하게 된다. (그림 4.26의 x축에 대한 대칭 이미지) 따라서 이 경우 T_{yy}는 경계 주위에만 분포하게 되어 한쪽 경계에만 하중이 작용할 경우와 양쪽 경계에 하중이 작용할 경우 상호 작용이 발생하지 않아 구김은 경계 주위에 독립적으로 작용하는 효과를 가져오고, 결과적으로 두 경우의 음의 고유치는 동일하게 나타난다. 이것은 한쪽 경계에만 하중이 작용할 경우의 구김 형상을 보여주는 그림 6.55와 양쪽 경계에 하중이 대칭으로 작용하는 경우의 구김 형상을 보여주는 그림 3.56을 비교하여 볼 때 더 분명하게 나타난다. 그림 3.55에서 $\lambda^p_{cr} = 0.2070$의 경우 구김 형상은 경계에서 시작하여 중앙으로 퍼져 반대편 경계에까지 영향을 주지만, $\lambda^n_{cr} = -0.2913$의 경우 구김 형상은 그림 3.55와 그림 3.56 모두 경계 주위에만 한정되어 있음을 알 수 있다.

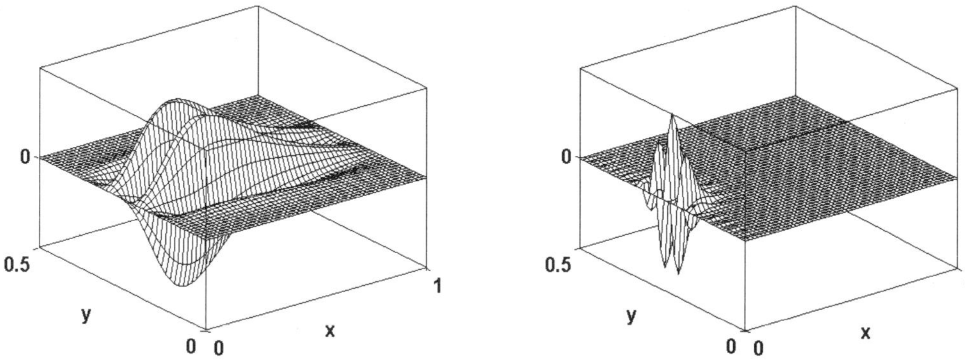

(a) (b)

그림 3.55 $T_{xx}(0,y)=\lambda[\sin(\pi y/s)-2/\pi]$의 경계 하중에 대한 구김 형상
(a) $\lambda=\lambda_{cr}^{p}=2070$, (b) $\lambda=\lambda_{cr}^{n}=-0.2911$

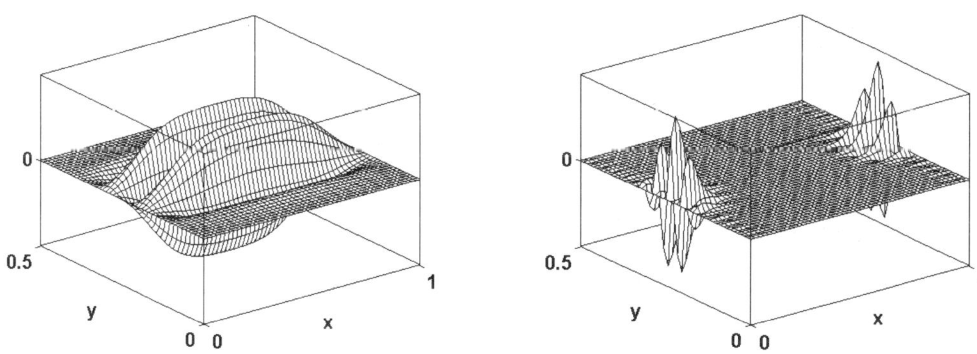

(a) (b)

그림 3.56 $T_{xx}(0,y)=T_{xx}(1,y)=\lambda[\sin(2\pi y/s)-2/\pi]$의 경계 하중에 대한 구김 형상
(a) $\lambda=\lambda_{cr}^{p}=1498$, (b) $\lambda=\lambda_{cr}^{n}=-0.2911$

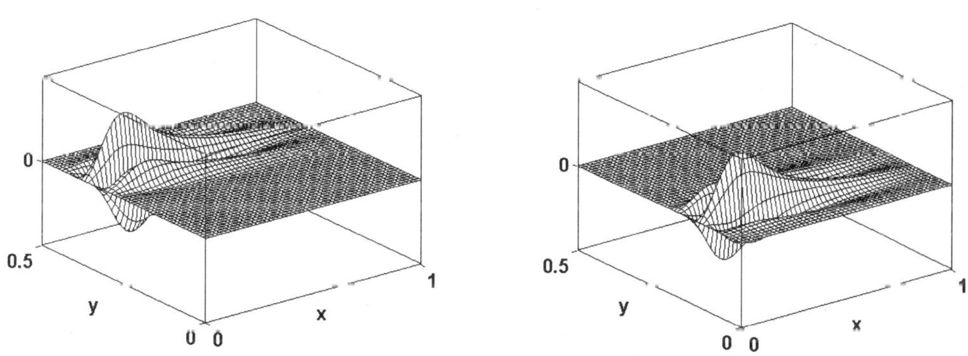

(a) (b)

그림 3.57 $T_{xx}(0,y)=\lambda\sin(2\pi y/s)$의 경계 하중에 대한 구김 형상
(a) $\lambda=\lambda_{cr}^{p}=0.2917$, (b) $\lambda=\lambda_{cr}^{n}=-0.2917$

그림 3.57(a)-(b)는 $y = s/2$에 대해 점대칭인 경계 하중이 작용하는 경우인 $m = 2$일 경우, 즉, $T_{xx}(0,y) = \sin(2\pi y/s)$의 경계 하중이 작용할 경우의 구김 형상을 보여준다. 고유치는 $\lambda_{cr}^{p} = 0.2917$, $\lambda_{cr}^{n} = -0.2917$로 주어지며 두 고유치는 절대값이 같고 구김 형상도 구김이 형성된 위치가 대칭적인 것을 제외하면 두 경우가 동일함을 알 수 있다. 특히, 양의 하중이 작용하는 부분에서는 구김이 일어나는 반면, 음의 하중이 작용하는 부분에서는 구김이 일어나지 않음을 알 수 있다.

3.4.5 RFID 인쇄

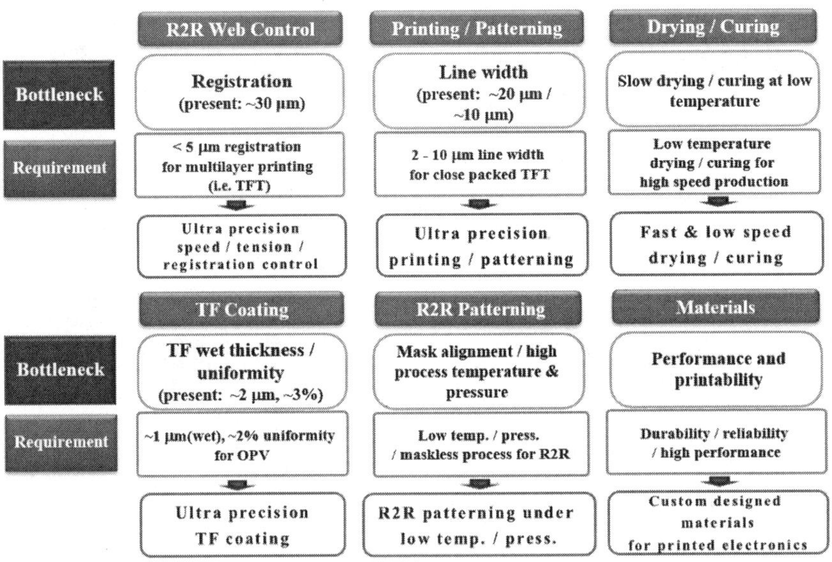

1) 4bit tag 인쇄

그림 4.30은 3도 중첩 인쇄를 통하여 4bit tag의 안테나, 유전체, 전극을 인쇄한 결과다.

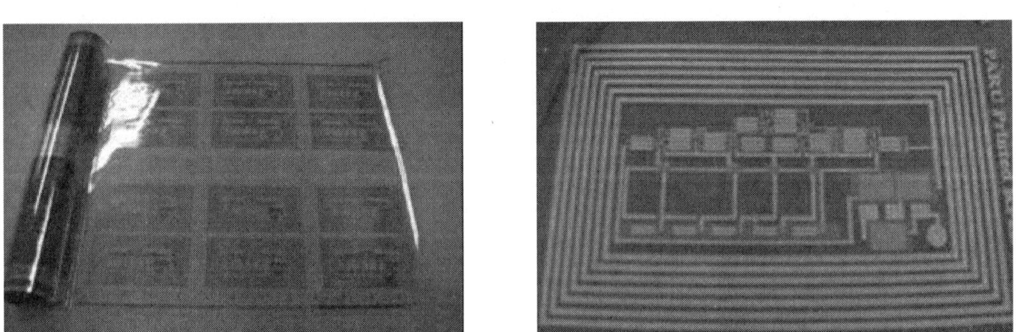

(a) (b)

그림 3.58 4bit tag 인쇄 결과

2) 16bit tag 인쇄

그림 3.31은 3도 중첩 인쇄를 통하여 16bit tag의 안테나, 유전체, 전극을 인쇄한 결과이다. (c)는 3도 인쇄가 이루어진 부분을 확대한 사진으로, 안테나 층(1도), 유전체층(2도), 전극층(3도) 인쇄가 중첩되어 이루어져 있음을 볼 수 있다.

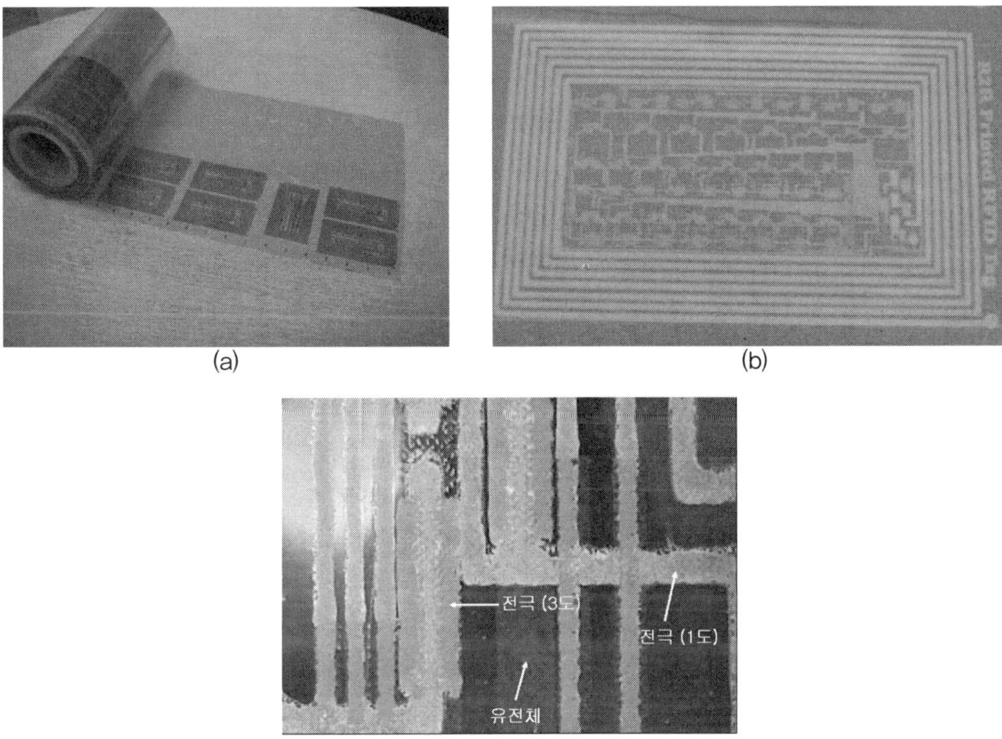

그림 3.59 16bit tag 인쇄 결과

Chapter 4

Gravure offset printer for TCF

4.1 서론

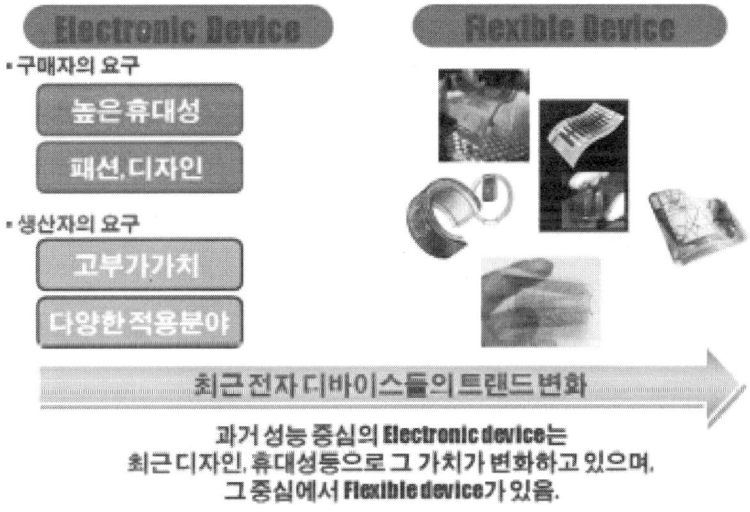

그림 4.1

TCF란 Transparent conductive film 의 약자로 투명전극필름을 말한다.

투명전극 필름은 높은 전기 전도성, 열 전도성, 광 투과율을 가지는 박막으로 LCD, 터치스크린, 광전지 등과 같은 디스플레이 패널의 제조에 많이 사용되고 있다. 일반적으로, 유리나 필름으로 만들어진 기판에 인듐 주석 산화물, 금속 산화물, 은나노와이어, 전도성 중합체와 같은 도전성 물질을 도포하여 제조하며 주로 모바일 기기의 투명 전극으로 사용되고 있고, 정전식 및 감압식 터치패널에 사용되고 있다.

본 챕터에서는 기존에 ITO를 대체하고자 하는 ITO-free 기술과 현재 ITO의 문제점을 보완하는 기술의 융합으로 그 가치가 높다. Ag grid mesh + ITO는 높은 성능의 넓은 소자 적용성이라는 두 가지 요소를 모두 포함함으로 최근의 유연 전자소자에 대한 적용성을 더욱 넓히는 계기가 되고 있으며, 경제적 효과로는 국외 의존도가 높은 기술들을 국산화와 더불어 생산성 향상과 제조단가 감소가 있다.

■ **ITO (Indium Tin Oxide)**

➢ High price, Indium resource exhaustion
➢ High processing temperature
➢ Cracking by bending
➢ High import dependence

■ **Printable metal grid mesh based TCF**

➢ Low coast, Mass product
➢ Easy process, Reduced process step
➢ High flexibility
➢ Large area, Room temperature process
➢ High transmittance and conductivity

○ Excellent ◎ Good ● Poor

	Metal grid mesh	Sputtered ITO	CNT	Conductive polymer
Transparency	○	○	○	○
Conductivity	○	○	◎	◎
Cost	○	◎	○	◎
Printing capability	○	●	○	○
Flexibility	○	●	○	○
Environmental stability	◎	○	○	●
Easy process	○	●	◎	◎

그림 4.2 투명전극 형성 기술과 ITO 특성 비교

대표적인 대체 기술로 메탈 그리드 매쉬, CNT, 전도성 고분자 등이 있으며 그 특성은 각 재료가 가진 특성에 따라 다양한 장점을 가지고 있다. R2R 기반의 Ag grid mesh 형성 기술의 장점은 높은 유연성과 환경 변화에 강점을 가지고 있으며 가장 손쉬운 공정 기술 중의 하나로 꼽히고 있다.

Ag 메쉬의 특징은 다음의 몇 가지로 요약 될 수 있음.

- 기존 ITO를 대체하는 롤투롤 기반의 Ag grid mesh 형성 기술
- 메탈 그리드 매쉬 필름에 대한 국내 기술 확보.
- 높은 유연성을 통한 유연 전자 소자의 적용성을 확대 시켜 향후 유연 태양전지, 디스플레이, 터치패널등의 산업에 밑바탕이 되고자함.

실버 그리드 매쉬를 이용한 투명 전극을 형성하기 위해 1차적으로는 그라비어 옵셋을 이용한미세 선폭 구현이 가장 핵심이다. 따라서 본 기술 에서는 실버 그리드 매쉬를 이용한 미세 선폭 구현을 위해 그라비어 옵셋 기술을 통해 구현된 세계 최고 수준의 미세 선폭 구현 기술이 적용되었다. 미세 선폭 구현을 위해 적용된 기술은 2가지 요소를 가지고 있다. 이는 기존 그라비어 옵셋에서 세계

최고 수준이 약 20um 선폭 수준이었으므로 20um 이하의 미세선폭 구현을 위해 이중 레이어(double layer) 구조의 패턴롤 각인이 도입 되었고 미세 패턴을 찍어 오기 위한 이중 코어(double core) 블랑켓 전이 기술이 도입 되었다.

4.2 접촉식 그라비어 프린팅 기반의 투명전극 필름

4.2.1 그라비어 옵셋을 이용한 유연 태양전지 용 미세 실버 투명전극 형성 기술

이중 레이어 패턴롤이란 기존 단일 레이어의 패턴롤 형상에서 보다 미세한 선폭이 구현 가능하도록 형성한 패턴롤 가공 기술이다. 기존 기술의 경우 20um이하의 선폭 구현이 어려운 관계로 최하 20um 선폭 패턴이 된 패턴롤을 사용하였으며 그 이하의 선폭에서는 좁은 패턴롤 선폭으로 잉크가 잘 채워지지 않는 단점을 가지고 있다. 따라서 만약 10um이하의 선폭을 구현하고자 할 경우 패턴롤을 10um 선폭으로 단일 레이어 형성 시 패턴롤에 잉킹이 잘 이루어 지지 않아 결국 블랑켓 롤로 깨끗한 선이 전이 되지 못해 좋은 미세 선폭을 얻지 못하는 단점이 있다. 본 기술 에서는 패턴의 표면을 20um로 형성하여 잉킹이 원활히 이루어지도록 하며 내부에는 보다 미세한 형상으로 패턴을 형성한 이중 레이어 구조를 통해 외부의 넓은 패턴으로 잉킹된 실버나노 잉크를 블랑켓으로 내부 좁은 패턴으로 깊게 찍어 누르는 방식으로 미세 선폭을 구현하였다. 이중 레이어 패턴롤을 이용한 공정의 특성상 내부의 좁은 패턴으로 잉크를 밀어 넣기 위해 보다 소프트한 블랑켓 롤의 재질을 필요로 한다. 일반적으로 그라비어 옵셋에서의 블랑켓 롤은 외부 보다 내부가 하드한 재질의 언더 블랑켓을 사용하는 것이 일반적이지만 본 기술 개발에서는 공정의 특성상 외부보다 내부가 더 소프트한 블랑켓을 구현한 이중 코어 블랑켓을 구현하여 패턴에서 블랑켓으로의 미세 선폭이 잘 전이 되도록 설계 하였다. 본 기술에 사용된 블랑켓 롤의 외부 재질은 탄성중합체의 폴리머 계열로 보다 미세한 선폭 구현과 100%의 필름 잉크 전이를 특징으로 한다. 따라서 100% 필름으로의 잉크 전이를 위해 탄성중합체 재질의 외부 블랑켓 패드를 사용하였으며 내부 코어 재질은 외부 블랑켓 패드 보다 소프트한 경도의 재질로 구현된 실리콘 러버 재질로 형성 하였다.

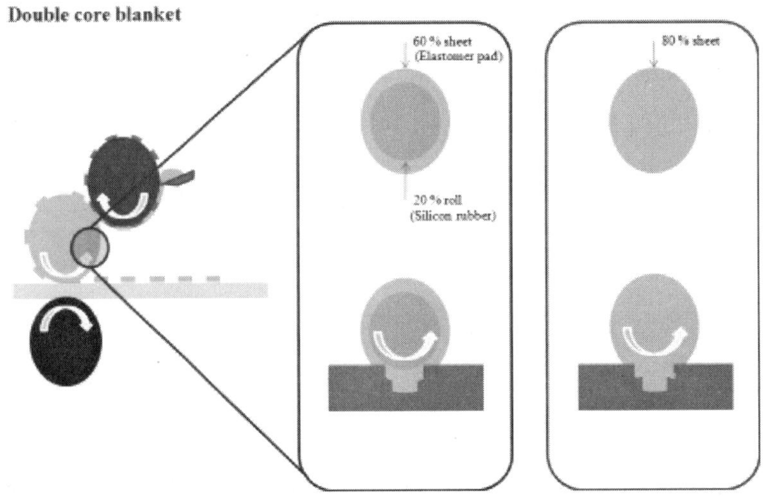

그림 4.3 이중 코어 블랑켓 기술을 이용한 미세 선폭 구현 기술

그림 4.3은 이중 코어 블랑켓을 나타내며 이중 코어 블랑켓의 소프트한 특성이 본 공정에서 보다 깨끗한 라인을 형성할 수 있는 개념을 나타낸다. 현재 개발된 이중코어 블랑켓은 외부는 약 60(Wallace) 도의 탄성중합체와 내부는 약 20(Wallace) 경도의 실리콘 러버 블랑켓 재질이 사용되었다. 실버 그리드 매쉬를 형성하기 위해 사용된 잉크는 ANP의 실버나노 페이스트가 사용되었으

Nano Ag paste (ANP)

	Eagle 2000	Eagle XG	PET
DGS	X	X	X
ABC-W	X	X	X
ANP	○	○	○
NPK-W	X	△	△
I-010	△	△	△
I-020	△	△	△

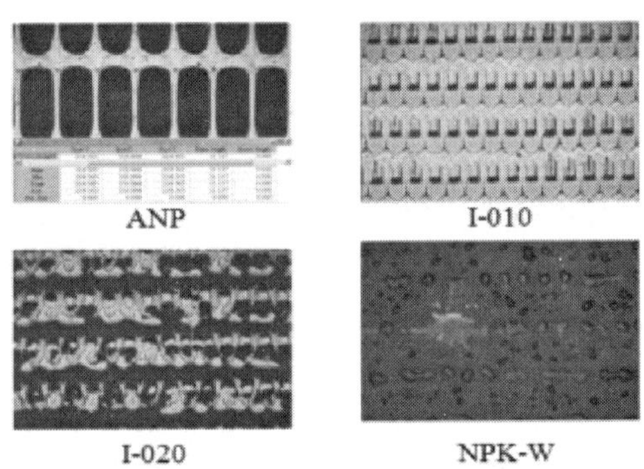

Ag paste for gravure offset printing

ANP nano Ag paste (screen) - high silver contents(70~80%)
α- Terpineol - Viscosity control
Isopropylalcohol (IPA) - Drying control
Dispersing agent - offset control

그림 4.4 실버 나노 페이스트의 인쇄성 실험 (필름과 유리기판에서 수행)

며 특별히 튜닝된 잉크를 사용하였다. 실버 나노 잉크를 선정하기 위해 국내외의 여러 나노 입자의 실버 잉크를 테스트 하였고 그중 가장 인쇄성이 좋으며 미세 선폭이 구현 가능한 잉크를 선정하였다. 더불어 선정된 실버 나노 잉크를 보다 본 인쇄 공정에 적합하게 하기 위해 몇 가지 첨가 재료를 튜닝하여 구현 하였으며 그로 인해 10um 이하의 미세 패턴 형성이 가능하였다.

그라비어 옵셋의 공정의 특성상 사용된 실버 나노 페이스트의 점도를 a-terineol을 통해 약 13,000 cps로 제작 하였고, 블랑켓 롤로 전이 된 패턴이 필름이나 유리 기판으로 전이되는 시간 동안의 건조를 지연시키고 인쇄성을 향상시키기 위해 IPA와 분산재의 양을 적절히 조합하여 미세 선폭 인쇄에 특성화 된 잉크가 사용되었다. 투명 전도막 필름에 사용된 기판 필름은 약 93%이상의 고투과가 가능한 PET 필름이 사용되었으며 그에 따른 필름 스펙은 다음과 같다. 유리 기판의 경우는 95% 투과도를 가지는 삼성 코팅 Eagle XG 글라스가 사용되었으며 가능한 태양전지 기판으로 사용되기 위해 고투과 특성을 가지는 기판으로 적용되었다. 또한 필름의 경우 SKC의 SH-34 필름과 SH-92 필름이 사용되었는데 SH-34는 낮은 헤이즈 특성과 낮은 열 수축율이 장점이며 SH-92 필름은 높은 헤이즈 특성과 표면 대전 방지 처리의 우수한 특성을 가지고 있다(그림 2.3). 따라서 이와 같은 필름의 특성은 실제 사용되는 박막 태양전지의 특성에 따라 다양하게 적용이 가능하며 실제 코팅 및 패터닝 공정의 차이가 없이 연속적인 대량 생산이 가능하도록 구현되었다.

Plastic film (PET)

SH-34 (SKC)

물성	단위	대표치	시험방법
일반특성			
공칭두께	Gauge μm	400 (100)	SKC Method
기계적특성			
인장강도	Kg/mm² MD TD	21 24	ASTM D 882
신도	MD TD	200 120	ASTM D 882
광학특성			
헤이즈(Haze)	%	0.8	ASTM D 1003
빛투과율	%	93	ASTM D 1003
광택도	%	200	ASTM D 523
열적특성			
열수축률	% MD TD	1.3 0.5	SKC Method (150℃×30 min)

SH-92 (SKC)

물성	단위	대표치	시험방법
일반특성			
공칭두께	μm (Gauge)	400 (100)	SKC Method
기계적특성			
인장강도	Kg/mm² MD TD	21 24	ASTM D 882
신도	MD TD	190 115	ASTM D 882
마찰특성			
마찰계수	μk μs	0.25 0.45	ASTM D 1894
전기특성			
표면저항	Ω	10^{10}	ASTM D 257-90
광학특성			
헤이즈(Haze)	%	1.6	ASTM D 1003
빛투과율	%	98	ASTM D 1003
광택도	%	180	ASTM D 523
열적특성			
열수축률	% MD TD	1.8 0.6	SKC Method (150℃×30 min)

그림 4.5 투명 전도막 코팅 필름에 적용된 필름

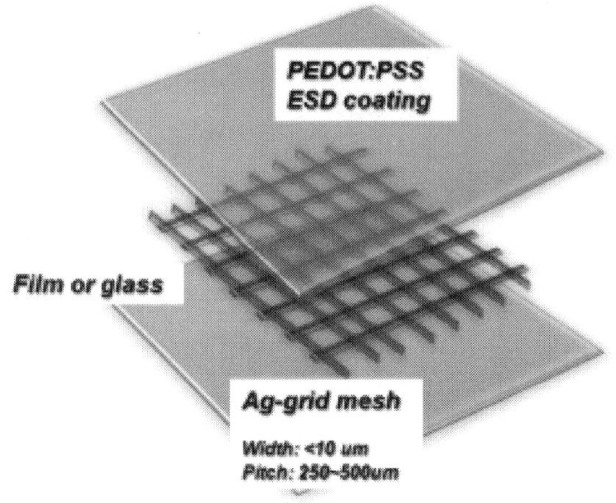

그림 4.6 실버 그리드 매쉬와 PEDOT:PSS를 이용한 투명 전도막 필름/유리기판 형성 개념

미세 선폭 인쇄 기술을 통해 세계 최고 수준의 실버 그리드 매쉬를 형성 하였으며(그림 4.6) 그 공정 기법은 다음과 같다(그림 4.7).

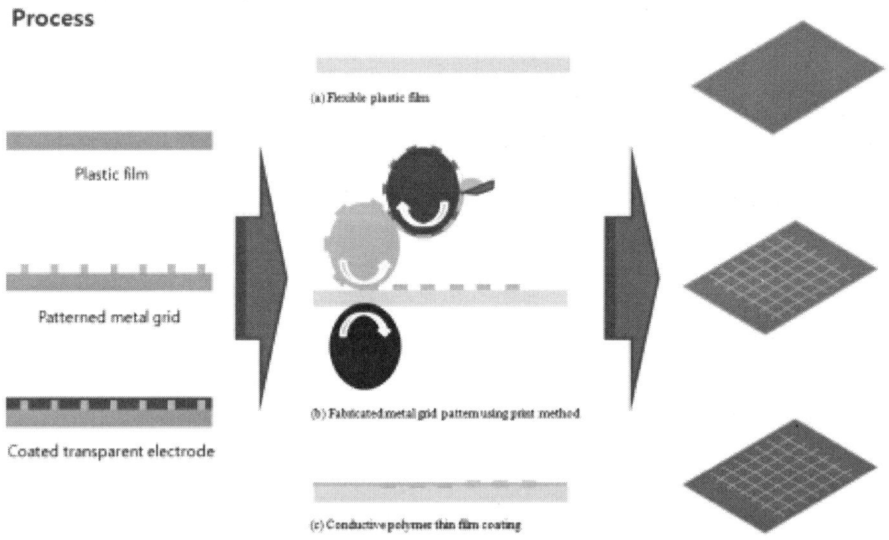

그림 4.7 그라비어 옵셋과 ESD 코팅을 이용한 투명전도막 형성 공정 기술 개념도

그라비어 옵셋을 이용하여 1차적으로 형성된 실버 그리드 매쉬는 아래와 같이 약 7~8um의 세계 최고수준의 미세 선폭에 선간격이 약 500um로 형성된 그리드 매쉬로 구현 되었으며 이러한 선폭과 선간격은 실험을 통해 규명 하였다(그림 4.8).

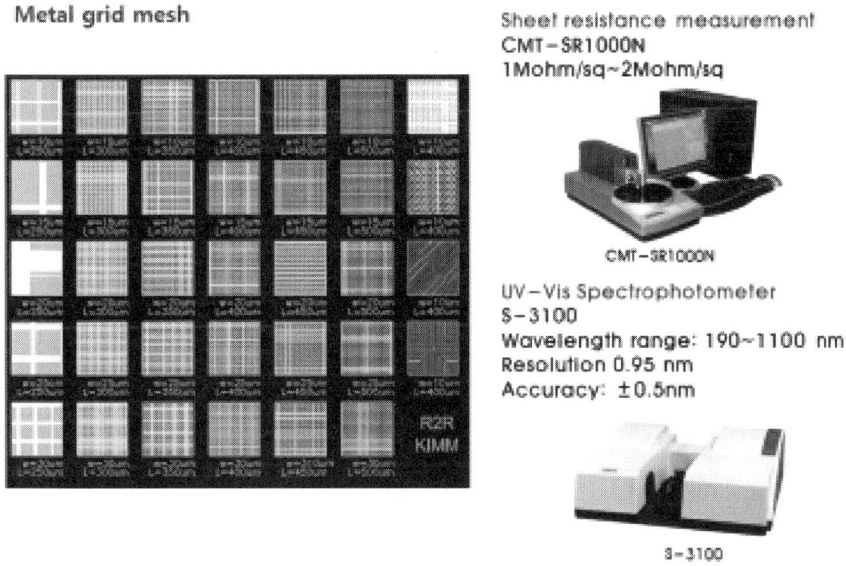

그림 4.8 실버 그리드 매쉬의 선폭과 간격에 따른 측정 패턴과 측정 장비

다양한 선폭과 선간격의 상호 특성 비교를 위해 여러 패턴된 형상을 통해 면저항 측정과 광 투과 측정을 수행하였으며 그 결과 본 기술 개발 과제의 목표 달성을 위한 20 Ω/□ 이하의 면저항에 적합한 선폭과 간격이 선정되었다. 더불어 메탈 그리드 매쉬에서의 이론적인 투과도 측정식은 아래와 같으며(그림 4.9) 아래식을 이용하여 기본적인 측정치를 예측하고 설계된 다양한 패턴에 따라 실제 측정을 수행하였다.

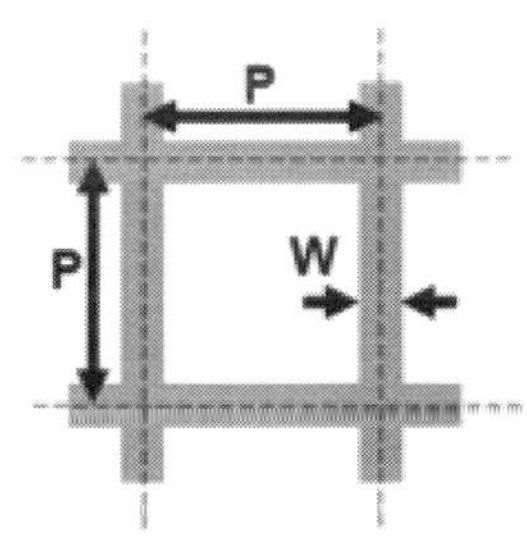

$$Ag\ filling\ factor \approx \frac{(2\times w\times p)}{p^2}$$

그림 4.9 실버 그리드 매쉬의 fill factor에 따른 광 투과도 측정 식

PET/Ag grid

Channel length (um) / Line width (um)	Transparency (%)					
	250	300	350	400	450	500
10	69.64	73.69	76.48	80.01	83.95	84.91
15	65.58	70.36	72.07	75.72	79.49	80.72
20	62.70	68.75	70.10	73.36	75.93	79.26
25	59.93	65.28	69.51	71.78	72.62	75.69
30	57.05	64.59	68.05	69.52	71.87	74.92

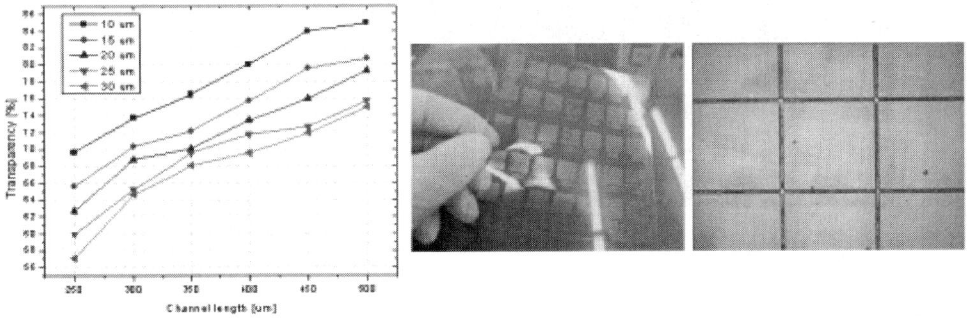

그림 4.10 다양한 선폭과 선 간격에 따른 광 투과도 측정(약 90%투과도의 기판 사용)

상기의 실험에서 기판은 약 90%의 투과도를 가지고 있는 PET 필름이 사용 되었으며 그때의 광투과도는 10um 선폭에 500um 간격에서 약 84.91%의 투과도를 나타내었다(그림 4.10). 더불어 각각의 선폭에 따른 실제 투과도 측정 그래프는 다음과 같다. 그라비어 옵셋을 이용한 실버 그리드 매쉬의 형성에 있어서 본 기술 개발의 핵심 기술인 이중 레이어 기법과 이중 코어 기술이 적용된 실제 인쇄 실험 결과는 단일 코어 기술과 비교를 통해 우수함을 검증 하였다. 단일 코어 블랑켓에서는 이중 레이어를 통해 미세한 선폭이 구현되었으나 그 인쇄 품질에 있어서 문제점이 발생하였다. 내부로 깊숙이 침투하지 못해 크로스 라인에서의 선 끊김 현상과 선 라인 가지 현상 및 라인 양쪽으로 형성되는 잔여 잉크에 의한 인쇄선이 형성되어 좋은 결과를 가져오지 못하였다(그림 4.11). 하지만 이중 코어 블랑켓에서는 그림 2.10에 도시된 것처럼 단일 코어 블랑켓에서보다 깨끗하며 정확한 그리고 좀더 미세한 라인 형성이 가능하였고, 그 결과 측정치가 약 7~8um의 선폭을 가지는 연속 공정에서의 그리드 매쉬 라인 형성이 가능하였다(그림 4.12).

그림 4.11 단일 코어 블랑켓에 따른 인쇄 문제

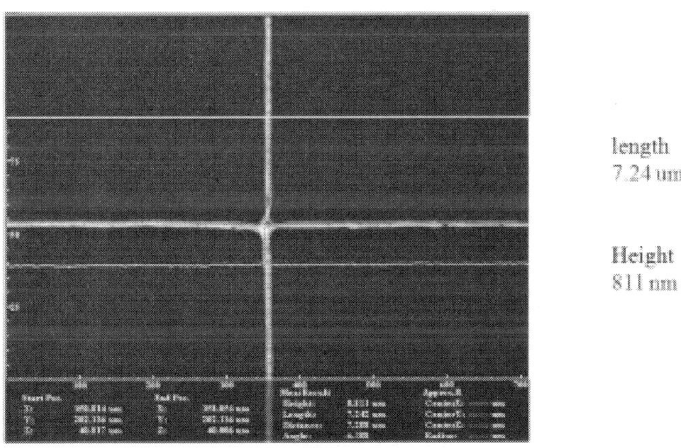

그림 4.12 미세 선폭 측정 결과 (선폭: 7.24um, 높이: 811nm)

실버 그리드 매쉬를 이용한 투명전극에서는 이와 같은 미세 선폭 구현이 필수적이며 그간 잉크젯, 그라비어, 그라비어 옵셋등을 이용하여 20um까지의 선폭 구현이 가능하였다. 하지만 이러한 선폭의 한계는 보다 다양한 그리고 본 기술 개발에 있어 요구되는 높은 투과도의 확보가 어려웠으며 이에 대한 해결책은 연속 공정에서는 R2R 리소그래피와 같은 하이브리드 반도체 공정이 필요한 현실이었다. 본 연구 개발을 통해 구현된 미세 선폭은 세계 최고 수준의 연속 공정 기술의 그라비어 옵셋 인쇄 기술이며 그에 따라 기존에 한계로 여겨졌던 고투과의 메탈 그리드 매쉬 형성이

가능하게 됨으로 해서 향후 박막 태양전지는 물론 넓은 범위에서 다양하게 활용 될 것으로 기대한다. 앞선 박막 태양전지의 투명 전도막 형성 공정에서 실버 그리드 매쉬의 단점을 보완하기 위해 전도성 고분자를 코팅 함으로 해서 보다 높은 성능의 전기적 특징을 얻고자 하였다. 따라서 본 연구에서는 미세 선폭 기술로 구현된 실버 그리드 매쉬 위에 전도성 고분자를 코팅하여 높은 성능을 가지는 투명 전도막을 개발 하였다. 아래는 실제 사용된 고투과의 PET (SKC SH-34, 약 93% 투과도) 필름 위에 앞선 실험과 같이 다양한 패턴으로 실버 그리드 매쉬를 형성하고 그 위에 전도성 고분자(PH1000+DMSO)를 코팅 했을 때의 광투과도를 나타낸다(그림 4.13). 대략적으로 전도성 고분자의 투과도 하락은 약 6~7% 정도로 측정되며 따라서 실제 필름에서 실버 그리드 매쉬의 투과도를 포함하여 측정된 결과이다. 본 연구 개발에서 높은 투과도를 가지는 10um 선폭에 500um 간격을 가지는 매쉬위에 전도성 고분자를 코팅한 결과 약 83.69%의 광 투과도를 나타내었고 이는 기판 자체의 투과도인 93% 투과도에서 실버 그리드의 투과도 하락(약4%)과 전도성 고분자의 투과도 하락(약 6~7%)가 포함된 결과이다.

PET/Ag grid/PH1000

Line width (um) \ Channel length (um)	Transparency (%)					
	250	300	350	400	450	500
10	65.16	70.38	75.06	77.63	82.04	83.69
15	62.70	68.79	71.33	73.49	77.66	81.64
20	61.22	67.16	69.41	70.18	74.68	78.29
25	59.71	64.57	67.42	69.12	70.88	74.04
30	55.78	62.61	65.31	67.17	69.87	72.92

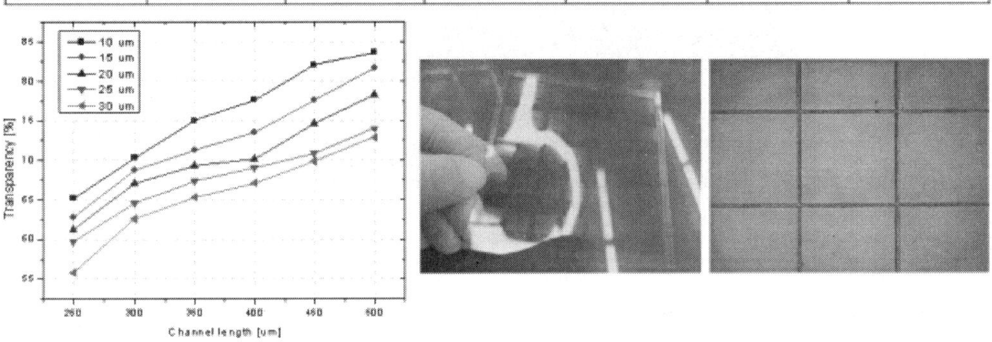

그림 4.13 실버 그리드 매쉬와 전도성 고분자를 코팅한 필름의 투과도 측정

상기의 결과에서 10um 선폭에 500um 선간격을 가지는 실버 그리드 매쉬 전극과 그위에 코팅된 전도성 고분자의 광 투과도는 본 기술 개발의 정량적 목표 항목인 80%이상의 투과도를 가지기에 충분한 성능을 가지고 있음을 알 수 있다. 하지만 80%이상의 광투과도를 가질 때 형성된 투명 전도막

이 목표 사양인 20Ω/□ 이하의 성능이 나타나는지에 대한 검증이 필요로 하다. 본 연구에서는 위의 조건에서 실제 면저항 측정기를 통해 측정된 결과를 통해 성능 지표를 검증하였다(그림 4.14).

PET/Ag grid/PH1000

Channel length (um) / Line width (um)	Sheet resistance (ohm/sq)					
	250	300	350	400	450	500
10	5.70	6.67	6.81	7.06	8.01	9.65
15	4.76	4.80	5.62	6.17	7.11	8.42
20	4.33	4.47	5.01	5.95	6.08	8.01
25	4.14	4.29	4.89	5.51	5.78	6.67
30	4.03	4.11	4.72	5.07	5.37	6.00

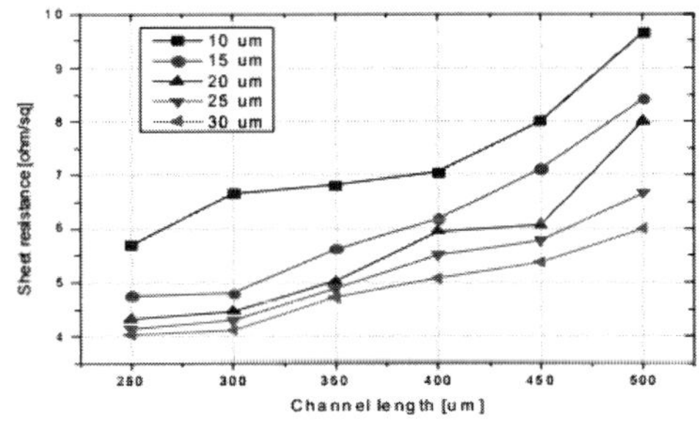

그림 4.14 실버 그리드 매쉬와 전도성 고분자 코팅된 필름의 면저항 측정 결과

선폭 10um에 500um의 선간격을 가지는 실버 그리드 매쉬와(그림 4.15) 그 위에 코팅된 전도성 고분자로 형성된 투명 전도막 면저항 값이 약 9.65Ω/□로 목표 사양에 충분한 결과를 나타낸다. 그림 4.16은 실제로 구현된 박막 태양전지용 투면 전도막 형성 필름을 나타낸다.

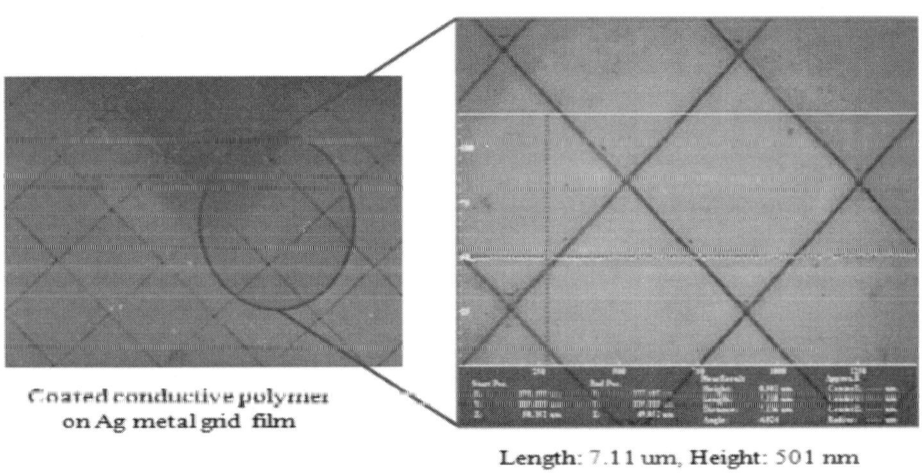

그림 4.15 전도성 고분자가 코팅된 실버 그리드 매쉬 투명 전도막 필름(선폭: 7.11um, 높이: 501nm)

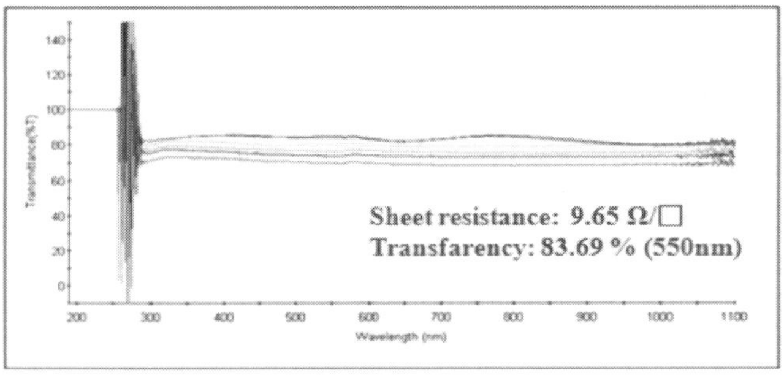

Printed transparent conductive roll

그림 4.16 면저항 및 광투과도 측정 결과 및 대량 인쇄 결과

4.2.2 ESD 나노 박막 코팅 기술

전도성 고분자는 ESD 박막 코팅 기술을 통해 구현 되었으며 사용된 재료는 baytron사의 PH1000 전도성 고분자가 사용되었다. PH1000 전도성 고분자의 가장 중요한 전도 전도도는 약 900S/cm를 가지고 있다. 전도성 고분자는 높은 박막 두께에 따라 높은 전기 전도도 혹은 낮은 면저항 값을 갖게 되며 그에 따라 약 300~400nm 박막 두께에서 80%이상의 광 투과도를 가질 수 있다.

PH1000 전도성 고분자는 DMSO가 약 5% 추가되어 구성된 물질을 통해 높은 성능의 전도성 박막의 구현이 가능하다. 그림 4.17은 PH1000에 DMSO 5%를 첨가하여 박막 코팅을 한 결과를 나타내며 그때의 광 투과도와 박막 두께를 함께 측정한 결과를 나타낸다.

Sheet resistance (Ω/□)	Thickness (nm)	Transparency (%)
41.91	430	83.7076
82.68	356	87.0804
119.07	118	92.9335
151.54	97	94.6813
175.21	74	95.223
198.9	58	95.898
226.51	34	96.2848
268.16	24	97.7338

그림 4.17 전도성 고분자 박막 코팅 실험 결과

상기의 결과에서 약 430nm 두께에서 약 84%의 광 투과도를 가지고 있으며 그때의 면저항은 약 42Ω/□를 가진다. 본 과제의 정량적 목표 사양에서 전도성 고분자 코팅 시 80%이상의 광 투과도에서 50Ω/□ 이하의 목표 사양을 만족하는 결과를 나타내며 상기의 실험에 대한 상세한 결과 그래프는 아래 그림과 같다.

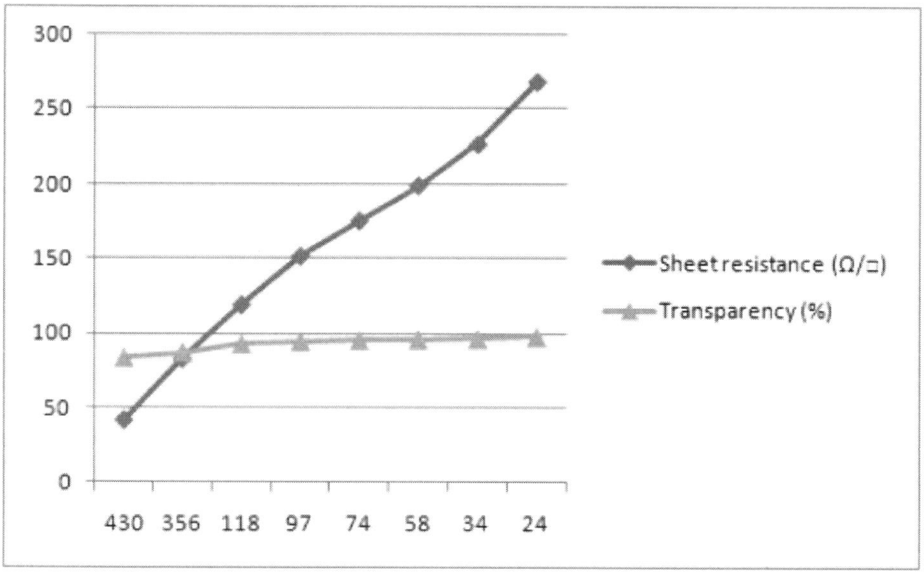

그림 4.18 박막 두께에 따른 광 투과도 및 면저항의 변화

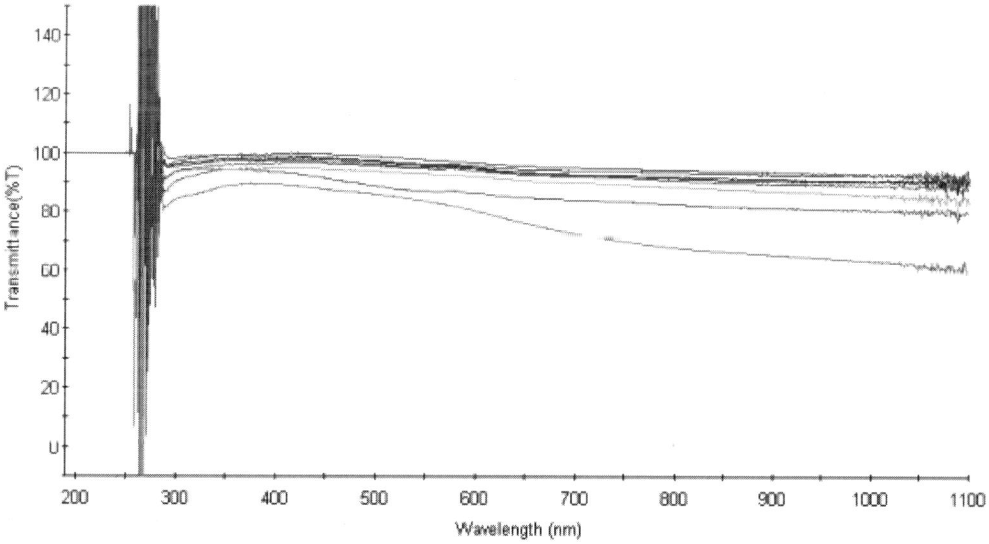

그림 4.19 박막 두께에 따른 파장대별 광 투과도 측정 결과 (주 사용구간: 400nm~600nm)

ESD를 이용한 전도성 고분자 박막 형성에 따른 박막 조도의 측정 결과 약 9~12nm 박막 형성이 가능하였으며 97nm의 박막 코팅의 측정 결과를 나타낸다.

그림 4.20 97nm 박막 코팅 표면 측정 결과

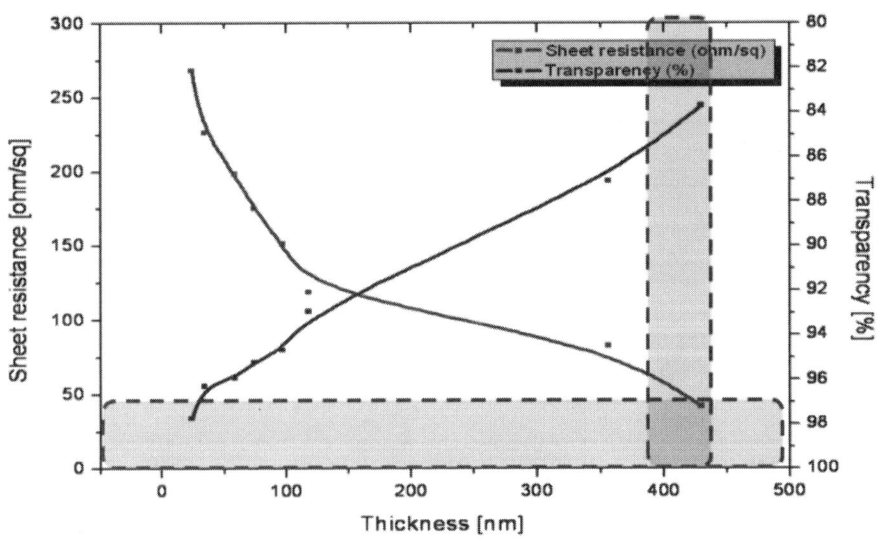

그림 4.21 전도성 고분자 코팅의 투과도 80% 이상 영역과 50Ω/□이하의 면저항에 따른 영역

4.2.3 Micro gravure를 이용한 전도성 고분자 코팅 기술 개발

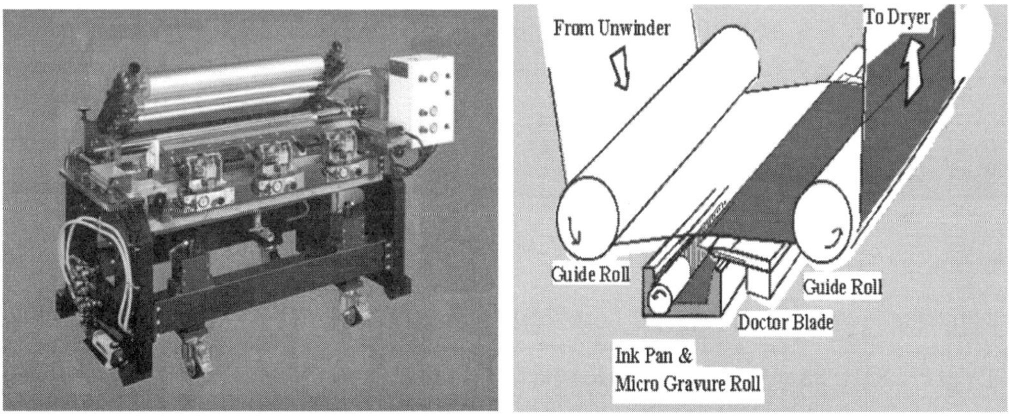

그림 4.23 일본 Yasui seiki 사의 Micro gravure 코팅 시스템

Micro gravure 코팅 기술은 사선으로 패터닝된 마이크로 그라비어 롤에 잉크를 잉킹 시킨 후 이를 두 개의 backup 롤을 통해 필름은 집촉시켜 잉크를 전이시기는 공정 기술로써 현재 코팅 기술 중 전도가 낮으며 나노 두께를 요하는 박막 형성 기술에 장점을 보유하고 있다. Flexible OPV 소자의 경우 다양한 박막 두께와 비교적 낮은 점도를 가지는 용액이 적용이 되므로 본 과제에서 수행 한 Micro gravure 코팅 기술은 이러한 측면에서 미세 나노 박막을 형성하는 층에 대한 적용에 적합하다고 볼 수 있다.

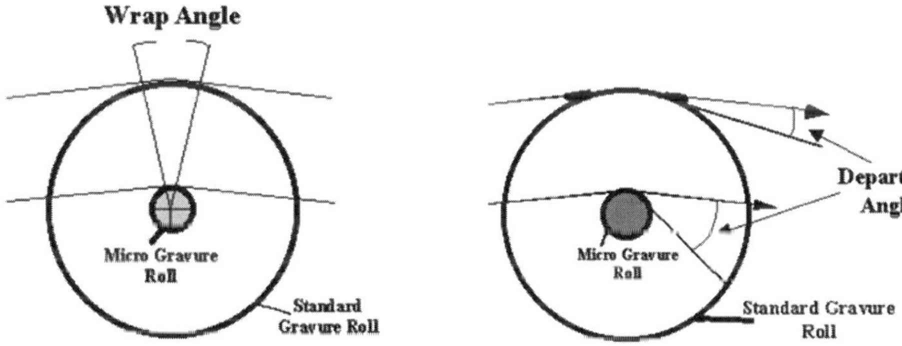

그림 4.24 그라비어 코팅과 마이크로 그라비어 코팅 기술의 비교

그림 4.24는 일반 그라비어 코팅 기술과 Micro gravure 코팅 기술을 비교한 것이다. 일반 그라비어 코팅기술은 큰 코팅롤 직경에 대비하여 필름 코팅 시 접촉 필름과 패턴롤의 접촉면이 큰 단점으로 인해 코팅의 박막 표면이 거칠고 두꺼운 현상을 야기한다. Micro gravure 코팅롤은 작은 접촉면은 가지며 이로 인해 좋은 박막 표면과 얇은 박막 두께 형성이 가능하다.

그림 4.25 Micro gravure 코팅 실험 장치

본 연구에서는 이러한 Micro gravure 코팅 기술의 Flexible OPV 소자 적용 성을 테스트하기 위해 OPV의 PEDOT:PSS 층에 대한 얇은 나노 박막 코팅 실험을 수행하였다. 그림 4.25는 험에 적용된 Micro gravure 코팅 시스템을 나타내며 적용된 필름은 PET 필름을 사용하였다. 그림 4. 26 (1),(3),(5),(7)은 각각 20m/min, 30m/min, 40m/min, 50m/min의 속도로 PEDOT:PSS를 코팅한 실험 결과이며 (2),(4),(6),(8)은 코팅 유무의 확인을 위해 아세톤으로 박막 표면을 일부분 지워낸 것이다. 그 결과 아주 얇은 박막으로 고르게 코팅이 되었음을 알 수 있었다.

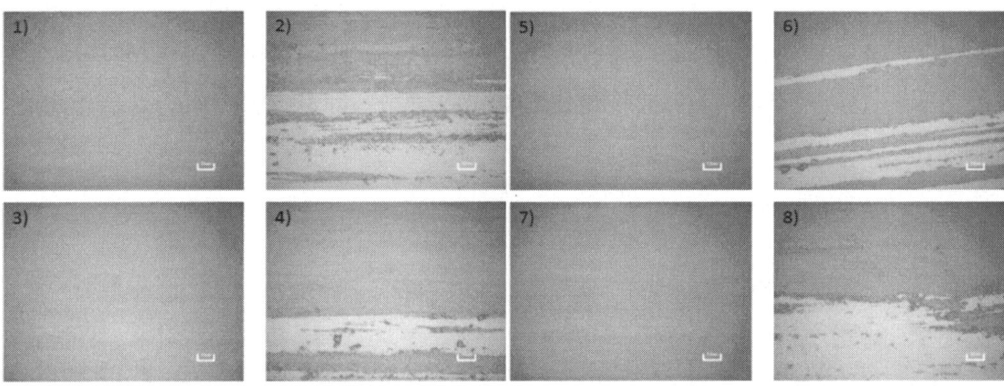

그림 4.26 Micro gravure 코팅 실험 결과

그림 4.27은 코팅 속도 대비 박막의 두께와 투과도를 측정한 결과이다. 50m/min에서 57nm의 박막 두께를 얻을 수 있었으며 필름의 광 투과도의 하락이 아주 미미함을 알 수 있다. 20m/min의 속도에서 98.7nm로 가장 두꺼운 결과를 나타내었으며 이때 필름의 광 투과도에 비해 약 0,3%의 투과도 하락을 나타내었다. Flexible OPV를 비롯한 다양한 인쇄전자 소자에서 용액 기반에서 100nm이하의 박막 두께 형성 기술로 많은 기술이 제안되고 있으나 재료의 특성과 박막의 균질도 측면에서 좋은 공정기술이 필요한 것이 현실이다. 따라서, 본 실험에서 나타나듯이 Micro gravure 코팅 기술은 고속과 더불어 미세 박막을 형성 할 수 있는 좋은 코팅 기술중의 하나로 판단된다. 기

존에 OPV제작에 있어 최적 두께가 100nm이하로 요구 되는 HTL, ETL층과 같은 버퍼층의 구현에 있어서 좋은 공정 기술로 확립될 수 있을 것으로 보이며, 연속적인 필름 기반의 공정 기술로써 큰 장점을 보유하고 있다. 현재 Micro gravure 코팅 기술은 패터닝 측면에서 테스트가 진행되지 못하였는데 향후 연구에서는 패터닝에 따른 공정 연구를 수행할 계획이다.

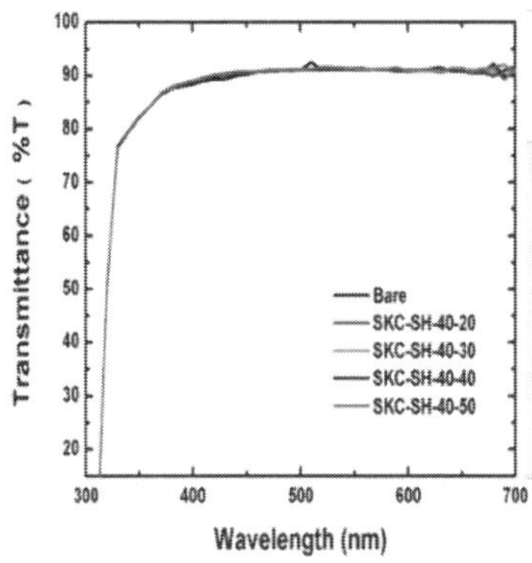

	Velocity (m/min)	Transmittance (%T)	Coating thickness (nm)
PET Film	Bare	91.37	-
	20	91.06	98.7
	30	91.27	89.7
	40	91.32	79.7
	50	91.34	57.0

그림 4.27 Micro gravure 코팅 실험 결과

4.2.4 Small gravure roll(D-bar)을 이용한 전도성 고분자, EIL/ETL 코팅기술

일반적인 그라비어 코팅 기술은 코팅 두께가 최소 약 200nm 정도를 가지고 있기 때문에 Flexible OPV의 EIL/ETL 층의 박막 형성 기술로는 적합하지 않은 단점을 가지고 있다. 따라서 일반적인 그라비어 코팅 기술로 구현되는 Flexible OPV 태양전지의 경우 이러한 두께 최적화에 다양하게 대응하지 못해 결국 소자의 성능을 하락시키는 원인이 된다. 일반 그라비어 코팅기술 에서 개선된 small gravure roll의 적용을 통해 보다 얇은 박막 두께 형성 실험을 수행하였으며, 단위 공정 테스트로서 일반 Bar 코팅 시스템에 롤을 적용하였다.

그림 4.28 Small gravure roll 코팅 장치 및 코팅 롤

그림 4.28는 실험에 적용된 small gravure roll과 시스템을 나타내며 코팅 실험은 EIL/ETL 층으로 적용이 가능한 ZnO 용액과 HTL로 적용이 가능한 PEDOT:PSS의 두 가지 용액으로 실험 한 후 결과를 측정하였다. 각각 필름과 유리 기판에서 동시에 실험이 진행 되었으며 필름의 경우 박막 두께의 측정이 접촉식(alpha step)의 방법에서는 팁의 진행이 원활하지 못한 관계로 광학식(confocal microscope)으로 측정하였으며 유리기판의 경우 접촉식 방법으로 측정을 수행하였다. 그림 4.29는 필름과 유기 기판에서 각각 수행된 코팅 모습을 나타낸다.

Small gravure roll의 경우 코팅 후 박막 두께가 아주 얇게 형성이 되기 때문에 ZnO의 경우 OPV 적용 시 최대 농도인 0.75Mol의 Sol-gel 타입의 용액을 사용하여 가능한 박막 두께를 크게 하여 측정 하였으며, PEDOT:PSS의 경우는 순수 용액과 2배의 DI-Water 희석 용액을 사용하여 코팅을 수행 하였다. OPV 에서 가장 일반적으로 적용되는 용액의 농도는 ZnO의 경우 약 0.1~0.5 Mol 수준이며 PEDOT:PSS의 경우 약 1:2 수준으로 DI-Water나 Solvent (IPA)등으로 희석하여 필터를 거친후 사용하게 된다.

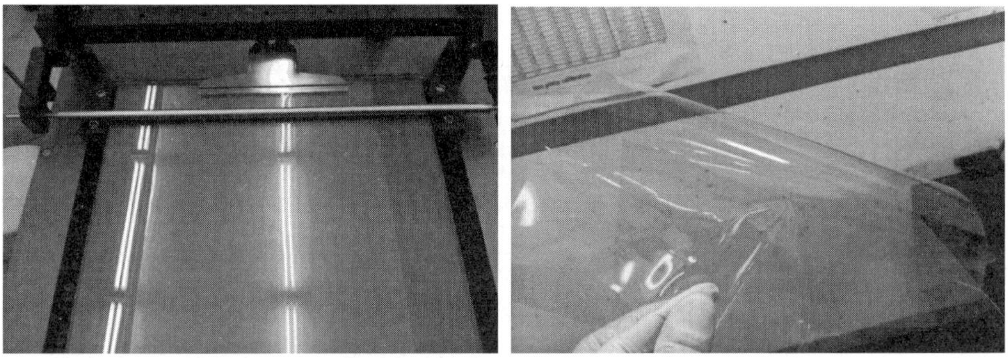

(a) 필름 기판에서의 코팅 실험

(b) 유리 기판에서의 코딩 실험

그림 4.29 Small gravure roll 코팅 실험

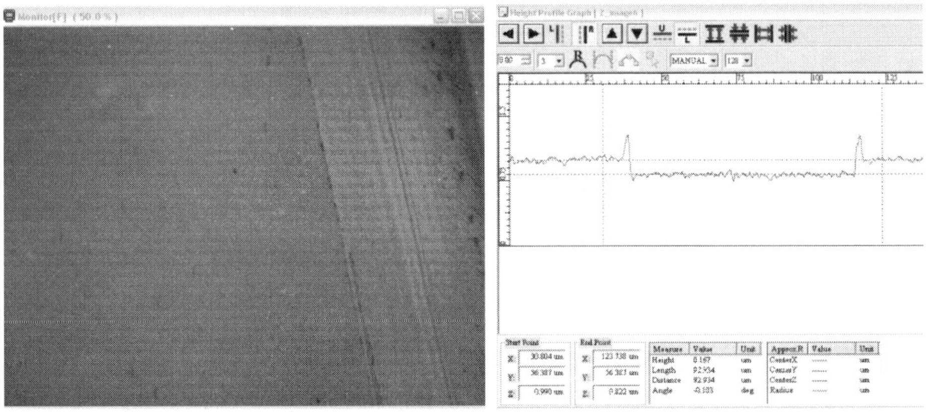

(a) 순수 Pedot:pss 코딩 실험 결과(박막 두께 167nm)

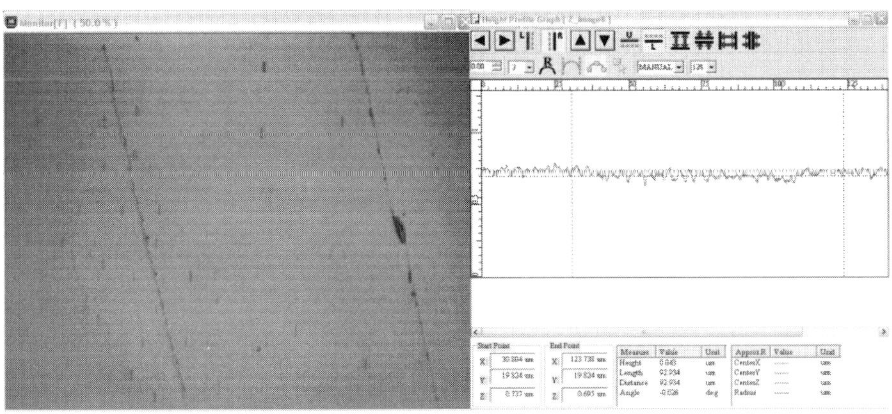

(b) Pedot:pss를 1:2로 DI-Water 첨가 후 코딩 실험 결과(박막 두께 43nm)

그림 4.30 PEDOT:PSS 필름 박막 코팅 실험 결과

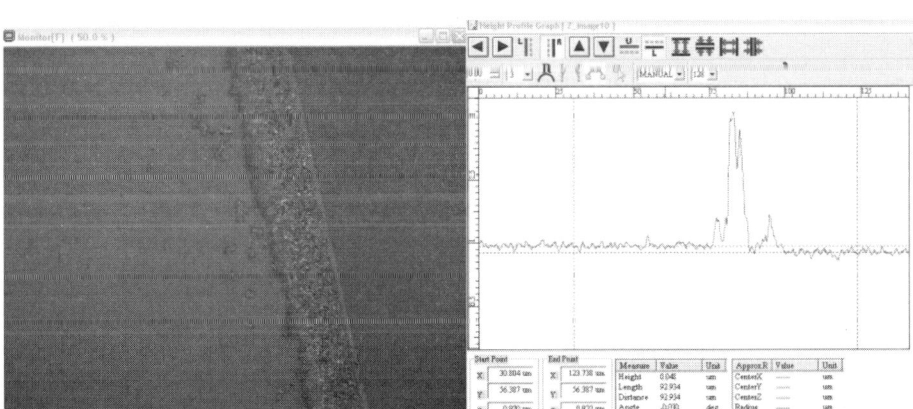

그림 4.31 ZnO 필름 박막 코팅 실험 결과 (박막 두께 48nm)

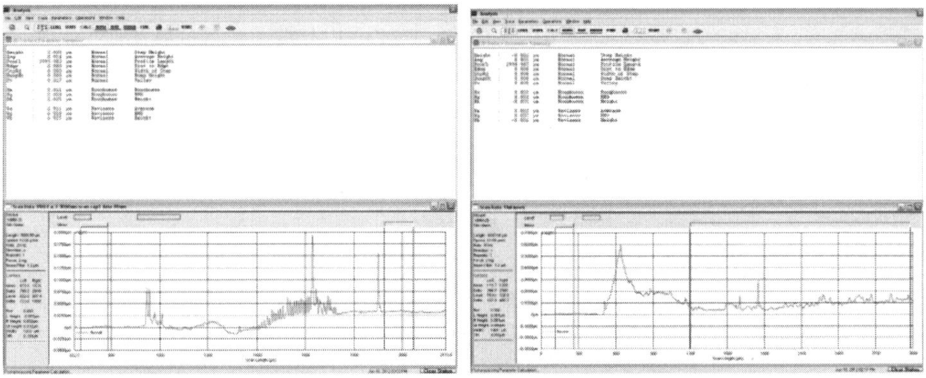

그림 4.32 유리기판 코팅 실험 결과, Pedot:Pss(30nm), ZnO (81nm)

Small roll gravure 코팅은 PEDOT:PSS의 경우 필름과 유리 기판에서 각각 43nm와 30nm의 박막 두께가 측정된 반면 ZnO의 경우 각각 48nm와 81nm의 측정 결과를 나타내었다. 이러한 편차는 광학식 측정 방법의 경우 박막 표면에 일부 스크레치를 내어서 그 단차를 측정하였으며 접촉식의 경우는 코팅 시작 부분부터 코팅면으로 넘어가는 단차를 측정하였기 때문에 나타나는 오차라고 볼 수 있다. ZnO의 경우는 PEDOT:PSS와는 달리 solvent 기반의 용매를 사용하였기 때문에 롤 코팅 시작 부분에서 급속한 건조가 발생하여 상대적으로 안정된 코팅 영역이 형성 되기 전에 높은 박막 두께가 나타난 것으로 유추된다. 하지만 유리 및 필름과 PEDOT:PSS와 ZnO의 재료 조건에서 모두 100nm이하의 우수한 박막 형성이 가능하였으며 특히 실제 적용 농도에 비해 상대적으로 높은 농도를 구현한 ZnO 용액 코팅에서도 충분히 얇은 나노 박막 구현이 가능하였다. 실제 0.1~0.5 Mol 수준의 용액 코팅 시에는 보다 더 얇은 박막 구현이 가능하며 본 실험에서는 이 경우에 10~20nm 수준의 박막 두께 측정에 한계가

있기 때문에 상대적으로 높은 농도의 용액을 통해 박막 코팅성을 테스트 하였다.

Flexible OPV 소자에서 ZnO층은 EIL/ETL층의 요소로 구현이 되며 최적 박막 두께는 일반적으로 최소 30nm에서 최대 100nm 수준으로 알려져 있다. 따라서 본 실험에서의 결과로 충분히 적용이 가능한 연속 공정 기법으로 도입 될 수 있으며 재료의 농도 조절을 통해 보다 최적화된 얇은 박막 구현이 가능하다.

4.3 Reverse Gravure offset 이용 OLED 보조전극 기술

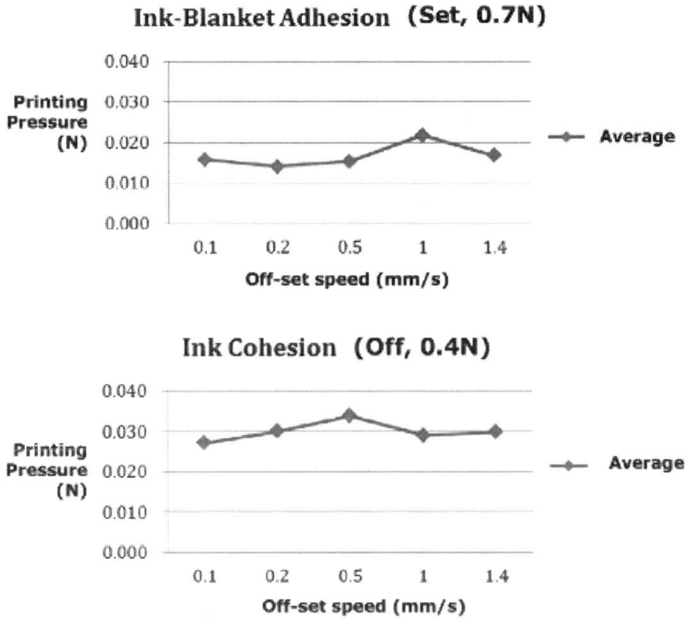

그림 4.33

표 4.1

Variable	Condition
OFF force (N)	0.2, 0.4, 0.7, 1.1, 1.5
Set force (N)	0.2, 0.4, 0.7, 1.1, 1.5
Set time (mm/s)	0.1
Off–set speed (mm/s)	0.1, 0.2, 0.5, 1.0, 1.4

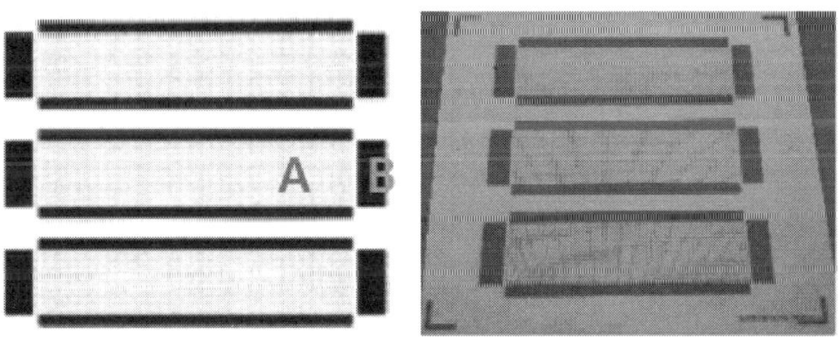

(a) Printing pattern (b) Printing image

그림 4.44

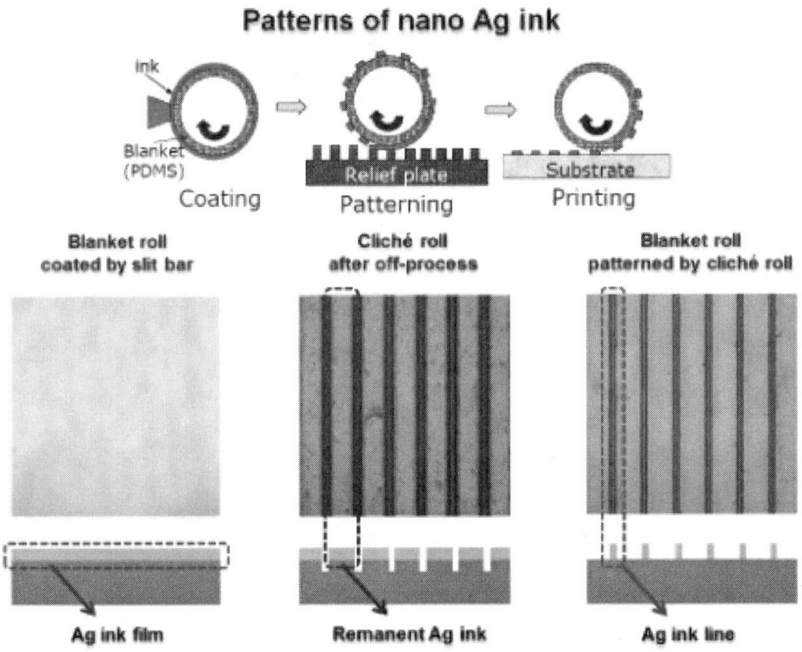

그림 4.45

그림 4.33에 실험 결과를 그래프로 나타내었다. 여기에서 Ink Cohesion은 Ink-Ink 간 사이의 힘을, Ink-Adhesion은 Ink-Blanket 사이의 힘을 의미한다. 그림 4.44(a) 와 (b)및 그림 4.45는 이러한 공정 변수 적용 실험을 위해 사용된 패턴 도면과 인쇄 후 이미지 및 Reverse Gravure Offset 프린팅 시스템을 이용해 OLED보조전극을 형성하는 공정 프로세스 모식도를 나타내었다. 그림 3.4는 최적 공정 인쇄 조건을 확립하는 과정에서 발행한 그림 4.44(a)의 A, B 부분에 대한 defects을 보여주고 있다. 전이된 패턴들의 형상이 번짐, 끊김 등의 현상이 발생하여 균일하게 인쇄되지 못한 것을 확인할 수 있다. 이러한 defects을 해결하고자 상기에서 언급한 최적 공정 조건 도출 실험을 통해 그림 4.47와 같이 fine한 인쇄 결과를 얻을 수 있었으며, 이를 통해 OLED 보조전극 형성에 대한 최적 공정 조건을 도출 되었음을 확인 할 수 있었다.

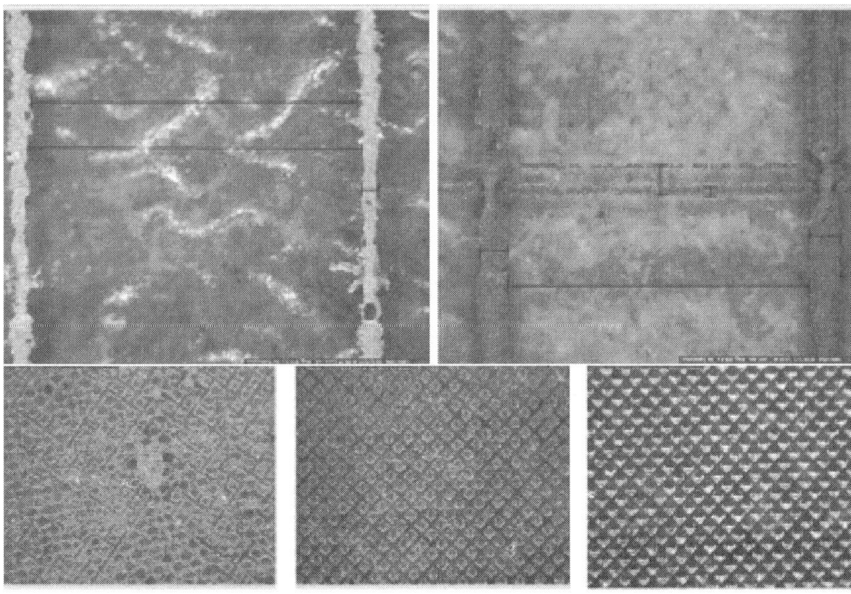

그림 4.46

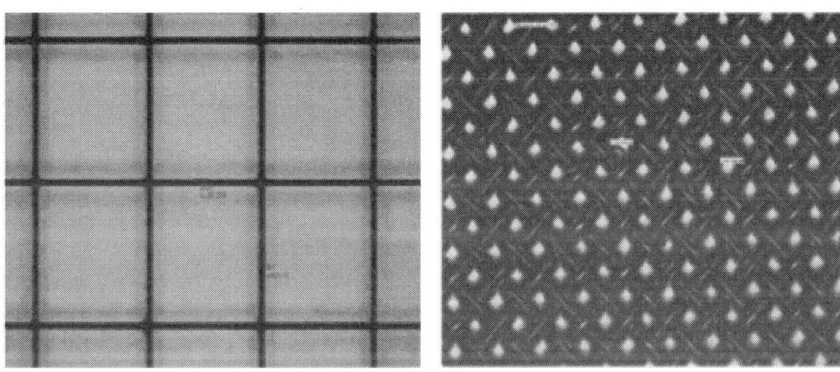

그림 4.47

그림 4.48

실험을 통해 얻어진 최적 공정 조건을 바탕으로 본 연구의 최종 타깃인 OLED 조명소자용 보조전극 제작을 위해 잉크로는 나노신소재사의 Ag paste를 사용하였고, Cliché depth 는 3 ㎛, 습도는 45% 이하, 인쇄 면적은 200 x 200mm에서 공정연구를 수행하였으며, 앞서 기초 실험을 통해 얻어진 최적 공정 조건을 바탕으로 OLED 보조전극 제작 실험을 수행하였다. 그림 4.48에 최적 공정 조건에 따라 OLED 조명 소자용 보조전극을 실제 인쇄하는 과정을 나타내었으며, 그림 4.49에 최적 인쇄 공정을 통해 제작된 OLED조명 소자용 보조전극의 형상을 보여주고 있다. 그림 4.49에서 보면 알 수 있듯이 설계된 형상대로 보조전극이 깨끗이 인쇄된 것을 볼 수 있다. 본 실험을 통해서 구현된 선폭은 70±10㎛이였고, 구현된 전극의 두께는 1 ㎛ 이하로 측정되었다.

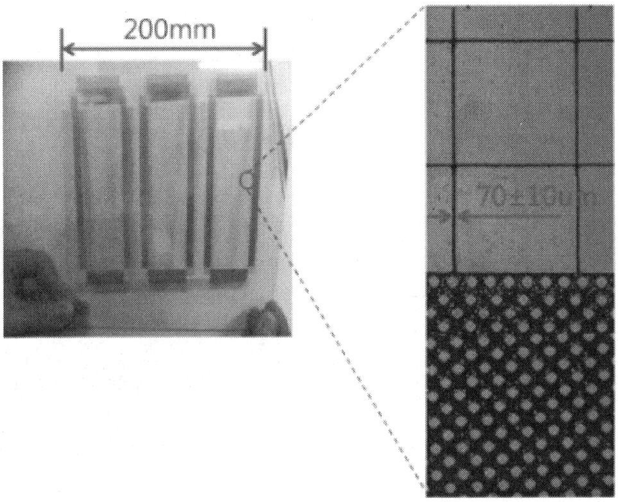

그림 4.49

OLED 보조전극 형성을 위한 기초 공정 연구를 수행하였다. 사용된 잉크는 ANP사의 Ag paste를 이용하였고, 기존의 증착공정을 대체하고자 저가격, 대량 생산이 가능한 Reverse Gravure-Offset 인쇄 공정 장비를 활용하였으며, 본 연구 범위 내에서 다음과 같은 결론을 얻을 수 있었다.

1) 다양한 공정연구를 통하여 본 논문에서 구현된 Reverse Gravure-Offset printing의 최적 공정 조건을 확립하였으며,Ag paste와 블랑켓 사이의 평균 압력이 0.02~0.03N일 때 100% 전이가 일어남을 확인할 수 있었다.
2) OLED 보조전극 형성 공정 실험을 통해 200x200mm 크기의 보조전극을 제작하였고, 선폭은 70±10㎛, 구현된 전극의 두께는 1 ㎛ 이하가 측정되었으며, 이를 OLED 보조 전극으로 활용 가능함을 확인하였다.

Chapter 5

Nano Imprinting for TCF

5.1 서론

■ **Printable TCF**

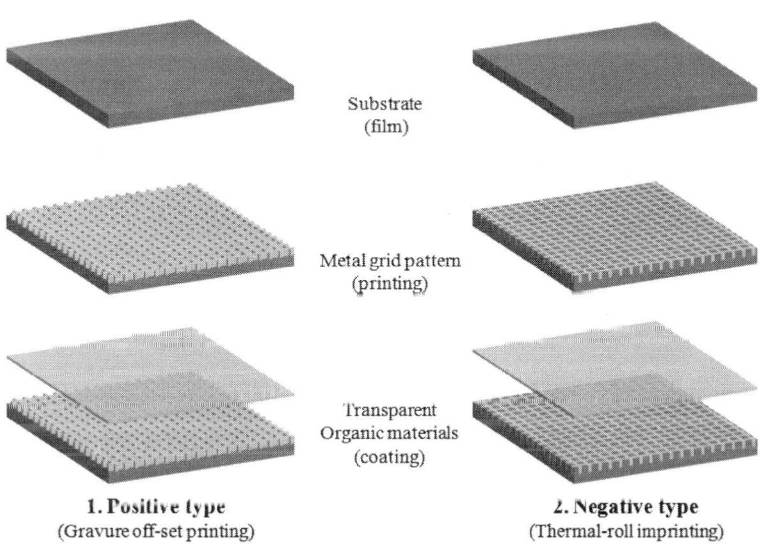

그림 5.1 인쇄 기술을 이용한 2가지 타입의 Ag grid mesh 형성 기술

- 현재 인쇄 기술 기반의 Ag grid mesh 형성 기술은 2가지 타입으로 분류가 됨.
- 기존 접촉식 인쇄 (Gravure or offset or flexo or inkjet)을 이용한 Positive type의 그리드 형성 기술과 열형 롤을 이용하여 필름을 그리드 형태로 각인 시키고 그 내부에 Ag를 채우는 방식의 Negative type의 그리드 형성 기술이 있음.
- 이 두 가지 방식 중 초기에는 Positive type에 대한 연구가 진행이 되었으나 Positive type의 경우 패턴의 높이가 1um 수준으로 형성됨으로 인해 다양한 유기 전자 소자의 코팅 공정에 적용성이 떨어지는 문제점이 있음.
- 최근 필름 내부에 Ag grid mesh를 심어 넣는 형태의 Negative type은 필름 표면의 플랫성을 보장하고 전극의 산화를 일부분 방지하며 높은 유연성을 가지는 측면에서 많은 연구가 진행되고 있음. 이런 Negative type의 투명전극 형성 기술에서 열형 롤을 도입하여 프린팅 방식으로 제작함과 동시에 롤투롤 구현을 진행하고자함.

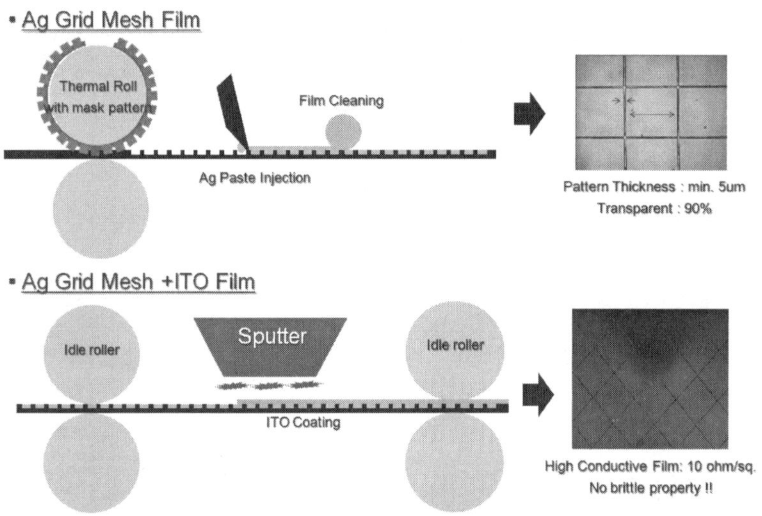

그림 5.2 공정 기술 개요 컨셉

- 본 공정 컨셉은 크게 2가지로 나뉨.
- 첫 번째는 Ag grid mesh film을 인쇄 공정 (열형롤을 통한 필름각인)을 이용해 형성하여 1차적으로 전극을 형성하고 두 번째는 그 위에 ITO를 스퍼터링하여 코팅함으로써 필름 표면은 최종적으로 ITO의 물성과 특성을 따름과 동시에 기존 ITO 필름이 가진 높은 면저항 (50~100ohm/sq. 수준)을 10ohm/sq.로 낮춤으로써 상용화를 높이고자함.

■ **Thermal-roll imprint (New printing method for embedded TCF)**

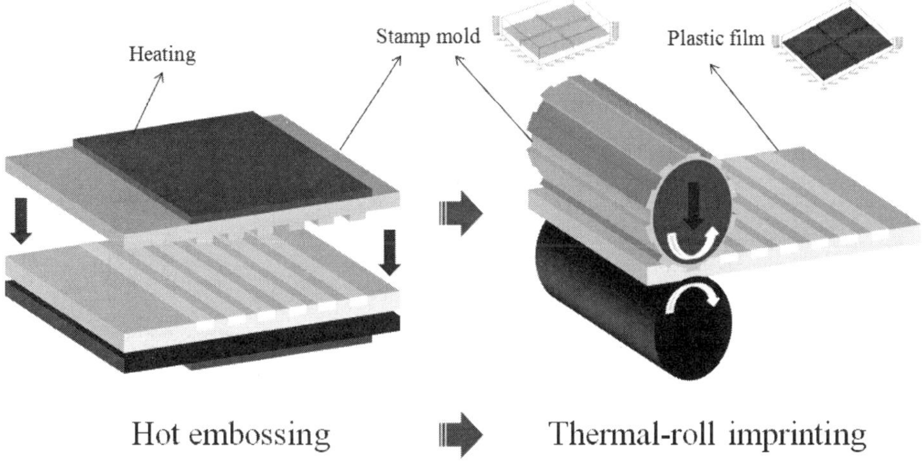

그림 5.3 핫 엠보싱과 열형롤 임프린팅 기술의 비교

- 열형롤 임프린팅 기술은 기존의 핫 엠보싱 기반에서 히팅 플레이트를 열형 롤로 대체하여 연속적인 생산이 가능하도록 구현한 기술임.

■ **Fabrication process of Ag-embedded TCF**

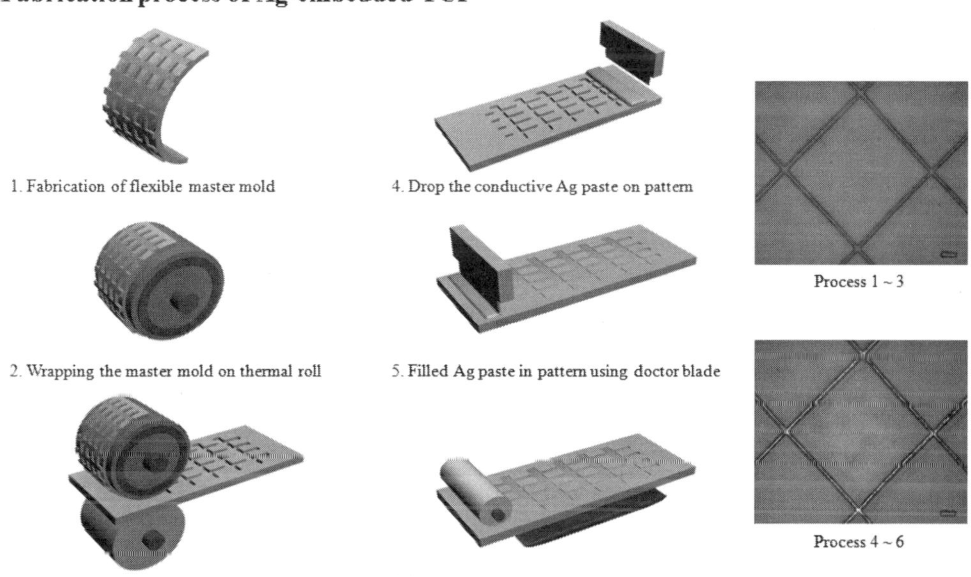

그림 5.4 공정 순서 1~6

- 공정 순서는 다음과 같이 수행됨.
  1. 유연한 마스크(패턴이 형성된)를 제작함.
  2. 히팅이 가능한 롤에 마스크 시트를 감아 패턴롤 형태를 구현함.
  3. 필름을 마스크가 씌어진 롤과 백업롤 사이에 통과 시킴과 동시에 온도와 압력을 가함.
  4. 필름에 음각의 패턴이 각인되며 그 위에 Ag 잉크를 도포함.
  5. 플라스틱 혹은 메탈 블레이드 이용하여 음각으로 형성된 필름 내부에 Ag 잉크를 채워 넣음.
  6. 클린롤을 이용하여 필름 표면을 닦아내면 패턴 내부에 Ag 잉크가 채워진 필름이 제작됨.
- 상기와 같이 1차적으로 필름 패턴 형성과 Ag 잉크 채움과정을 통해 Ag grid mesh 필름을 제작하고 필름을 건조 시켜 Ag 잉크가 전극 특성을 갖도록 유도함.

5.2 열형 롤 임프린팅 기반의 투명전극 필름

5.2.1 열형 롤 임프린팅 기반의 투명전극 필름 생산 시스템 설계 및 제작

1) 온도 조건과 압력등의 선행 연구 기술 분석을 통한 공정에 적용

PE = polyethylene

PEEK = polyetheretherketon,

PEI = polyetherimide

PEN = polyethylenenaphthalate,

PES = polyethersulfone

PET = polyethyleneterephtalate,

PI = polyimide,

PO = polyolefin

PMMA = polymethylmethacrylate,

PSF = polysulfone

PVA = polyvinylalcohol

PVCi = polyvinylcinnamate

TAC = triacetylcellulose,

Substrate	Tg (℃)	Transparency (%)	CTE (ppm/C)
PC	120	> 90	20~50
PEN	150	> 85	10~20
PET	140	> 85	20~30

물성	단위	PET	PEN	PC	PAc	PES	TAC	COC	유리
비중	-	1.40	1.36	1.20	1.20	1.37	1.30	1.02	2.52
굴절율	-	1.66		1.59	1.60	1.65	1.49	1.53	1.54
투과율	%	88	82	90	87	88	94	92	93
열팽창계수	ppm/℃	20	13	70	70	44		60	7
Tg	℃	69	121	155	193	223	92	80~185	660
흡수율	%			0.2	0.26	0.4	4.0	<0.01	0.2

자료 : Polymer Science and Technology, 14(2), pp183, 2003

그림 5.5 각 소재별 광학적, 열적 특성 분석

- PC, PEN, PET 필름등은 현재 산업계에서 가장 많이 활용이 되는 필름이며 각 필름은 열적, 광학적 특성이 각각 다름.
- 대표적인 PC, PEN, PET 필름의 적용성에 대한 분석을 수행함.

표 5.1 국내의 다양한 공정 조건에 따른 시험 결과

Type	온도	압력	속도	substrate	소속
R2R	90℃	-	1rpm	PC, PEN, PET 200㎛	KIMM
R2P	150℃	400kgf/10min	-	PC	KIMM
R2R	80~160℃	400~2000kgf	0.8m/min	-	KIMM
R2R	90℃	320kgf	1mm/sec	PET	KIMM
R2R	90℃	400kgf	-	PC, PEN, PET	KIMM
-	90℃	210kgf	1mm/sec	PC	KIMM
P2P	160~170	2.5, 5, 7.5mpa	-	PC	-
P2P	140	35bar	35sec	PMMA	부산대
R2P	160	200kgf	1mm/sec	PC	아주대
P2P	Tg 이상	25~30bar	10min	-	순천향대

- 앞선 다양한 공정 조건에 따른 분석과 적합성등으로 판단할 때 최적 조건으로 120~150도 부근의 온도 조건에서 200kgf ~ 500kgf 의 공정 조건이 최적으로 평가됨. 따라서 본 연구 개발 장비의 개발 온도범위는 0~200도, 압력 조건은 0~1000kgf로 장비를 설계 제작함.

- 열형-롤 각인으로 형성한 Ag 격자 패턴과 전도성 고분자 코팅을 이용한 투명전극 필름 제작에 관한 연구,2010_한국기계연구원
  - 장비 : R2R, 온도 : 90℃, 속도 : 1rpm, 패턴 높이 : 10㎛, 필름두께 : 200㎛

Substrate	1st	2nd	3rd
PC	7.55㎛	7.34㎛	7.41㎛
PEN	1.55㎛	1.49㎛	1.65㎛
PET	4.08㎛	4.02㎛	4.16㎛

- 고온 엠보싱 장비의 연속공정을 위한 스티칭 오차에 관한 연구,2008_한국기계연구원
  -장비 : P2P, 온도 : 150℃, 압력 : 4,000kgf/10min after cooling 50℃/5min, substrate : PC film
- 초미세 패턴 구조 성형을 위한 Roll to Flat 임프린팅 시스템 개발, 2008_한국생산기술연구원, 충주대
  -R2R 공정이 높은 금형제작 비용 절감
- 니켈 스탬프를 이용한 롤투롤 핫엠보싱 장비의 개발_2011/한국기계연구원
  장비 : R2R 유도기열방식, 선폭 : 20~170㎛, 심도 : 25㎛, 속도 : 0.8m/min
  - 압력 : 400~2000kgf, 온도 : 80~160℃

- 열형 롤 임프린팅으로 형성한 Ag 메시전극과 SWNTs를 이용한 투명전극 형성에 관한 연구. 2011/한국기계연구원
  - 장비 : R2R, 필름 : PET, 온도 : 90℃, 압력 : 320kgf, 속도 : 1mm/sec
- 열형 롤-임프린트를 이용한 미세유체소자 채널 형성, 2009_한국기계연구원
  - 온도 : 90℃, 압력 : 400kgf, substrate : PET, PEN, PC
- Fabrication of Transparent Conductive Electrode film Using Thremal Roll-imprinted Ag metal grid and coated conductive polymer_한국기계연구원
  - Substrate : PC, 온도 : 90℃, 압력 : 210kgf, 속도 : 1mm/sec
- Experimental and numerical study on the viscoelastic property of polycarbonate near glass transition temperature for micro thermal imprint process, 2009
  - 온도 : 160, 165, 170℃, 압력 : 2.5, 5, 7.5MPa, substrate : PC, 장비 : P2P(상하 모두 히팅)

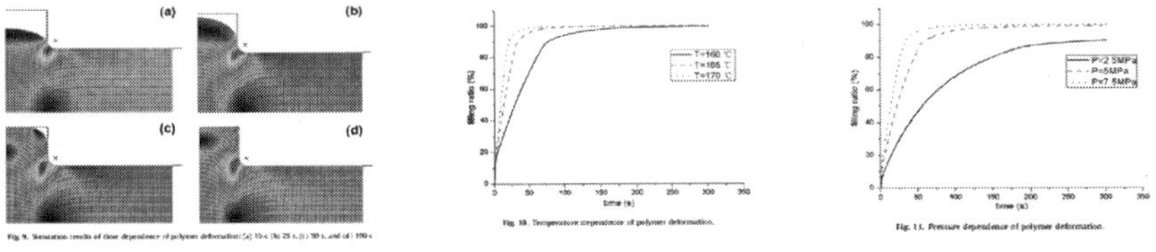

- 마이크로 광소자 Hot embossing 공정 특성 연구, 2009_부산대학교
  -온도: 140℃, 압력 35bar, 시간 : 35sec, PMMA tg : 108℃, 이형온도 : 80℃

- Development of Roll-to-flat thermal imprinting equipment and experimental study of large area pattern replication on polymer substrate, 2009_아주대학교
  - Substrate : PC (Tg:150℃), 온도 : 160℃, 압력 : 200kgf, 속도 : 1mm/s

그림 5.6 임프린팅 기술에 대한 다양한 선행 연구

2) 열형롤 임프린팅 1차 인쇄 장비 제작

1. 제 원
   - ► 크　　기 : 900*500*1420mm
   - ► 롤사양 : 직경150mm, 길이 170mm
   - ► 카트리지히터 : 330W*7개
   - ► 모　　터 : 750W*2개, 500W*1개
   - ► 히트파이프 : 14개
2. 기 능
   - ► 인쇄속도 : 0.1mm/s ~ 100mm/s
   - ► 압　　력 : 1000Kgf
   - ► 온　　도 : ~200 ℃

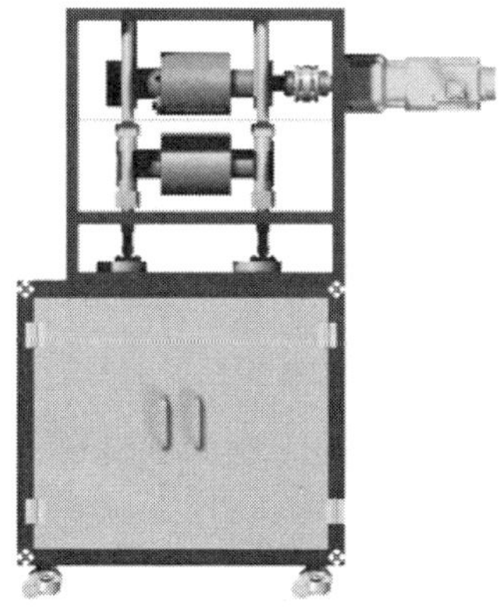

(a)

(b)

그림 5.7 (a) 열형롤 임프린팅 시스템 설계 컨셉 (b)프로토타입의 실험용 시스템 제작

- 최종 롤투롤 장비 구현을 위해 단위 모듈형 패터닝 시스템을 통해 공정과 성능을 구현하고 이를 최종적으로 롤투롤 구동 시스템에 구현하여 완성된 시스템을 제공하도록 하였으며, 시트 단위의 열형 롤 임프린팅 시스템을 제작하고 공정 실험과 평가를 수행함.
- 본 시스템의 최고 인쇄 속도는 100mm/s (6m/min)의 사양으로 제작하였으며 인쇄 압력은 축당 최고 1000kgf로 구현하였고 온도는 최대 200도까지 히팅이 이루어 지도록 구현하였음.
- 열형 롤 임프린팅 시스템에서 가장 중요한 히팅 롤 구조는 170mm*150mm 크기에 7개의 카트리지 히터를 사용하였으며 히트파이프를 14개 추가하여 롤 표면 전체에 온도가 균일하게 유지하도록 디자인 되었음. 외부에는 패턴 마스크 부착을 위한 클램핑 구조로 설계 하였음.

(a) 히팅롤 내부 (b) 히팅롤 외부

그림 5.8 히팅롤의 내부와 외부 설계

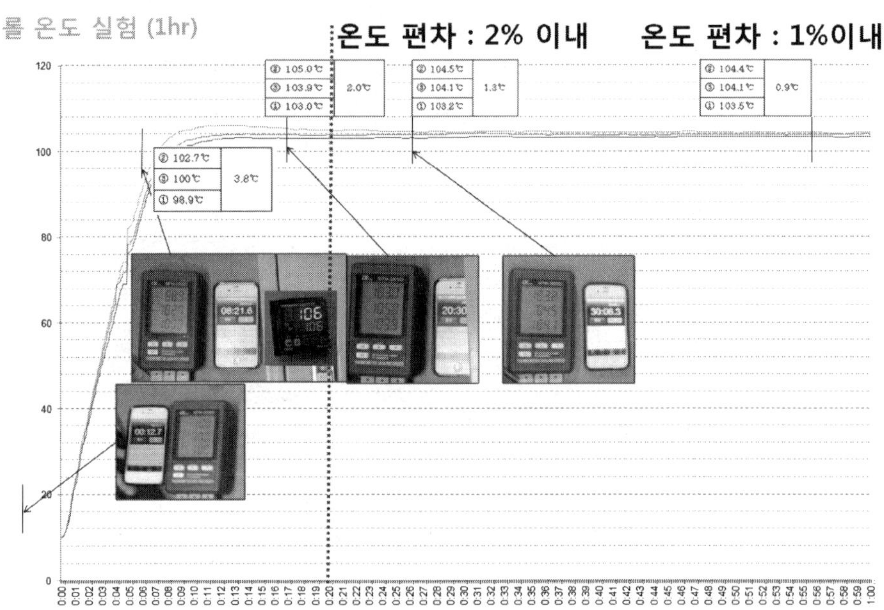

그림 5.9 히팅롤 성능 실험 결과

• 히팅롤의 성능 실험 결과 설정 온도 100도를 기준으로 롤 좌측, 중앙, 우측의 3포인트로 1시간동안 온도 변화를 측정하였음. 20분에 약 2%의 온도 편차로 히팅 되었으며 1시간 후에는 약 1%의 온도편차로 균일하게 온도 유지 특성을 보임.

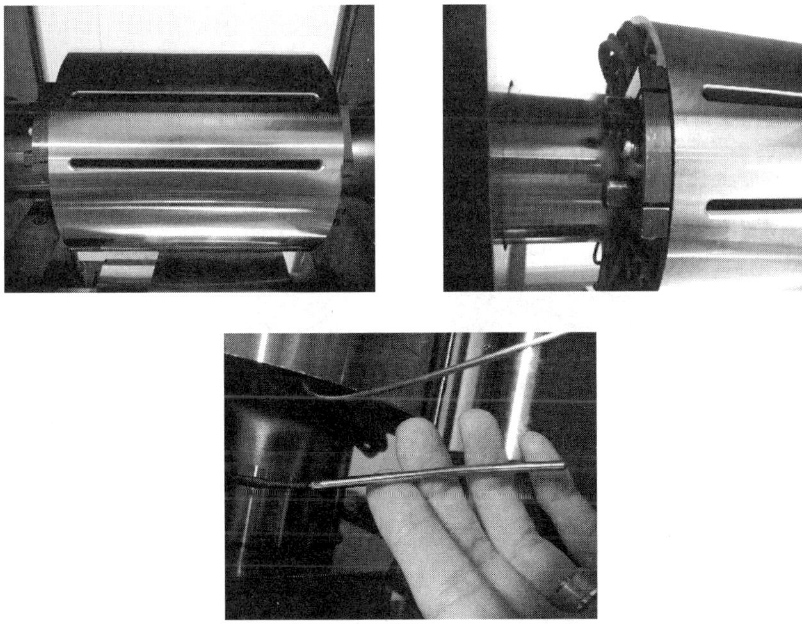

그림 5.9 히팅롤, 클램핑 유닛, 히팅롤 내부 온도 측정 센서

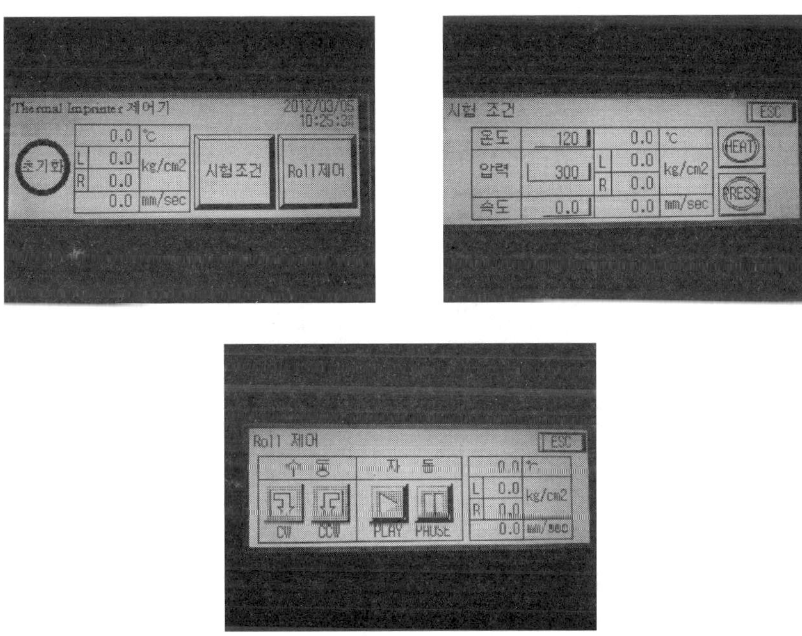

그림 5.10 시스템 제어기 구성

• 열형 롤 임프린팅 시스템은 롤의 온도, 압력, 구동 속도를 쉽게 세팅 할 수 있도록 구현하였으며 수동, 자동 모드를 통해 임프린팅의 다양한 공정을 테스트 할 수 있도록 구현 하였음.

3) 열형 롤 임프린팅을 이용한 Ag grid mesh 필름 제작

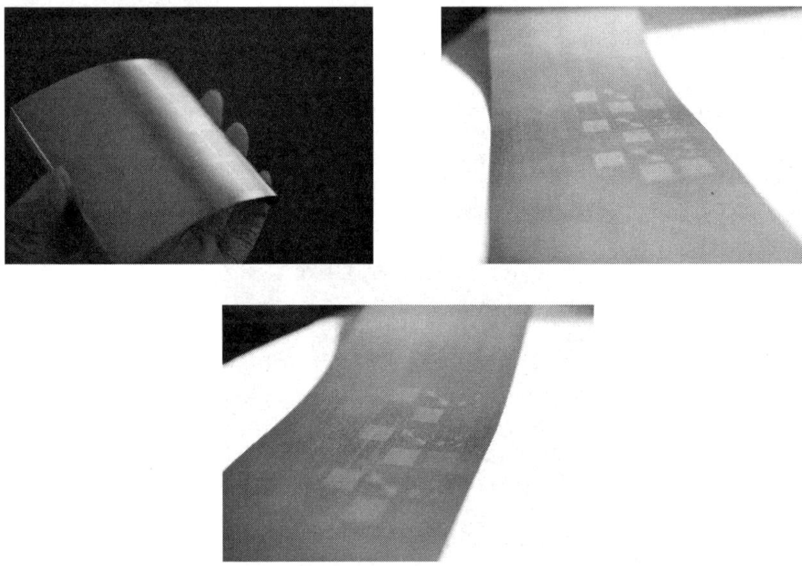

그림 5.11 다양한 패턴의 SUS 마스크 스탬프 제작

• 임프린팅용 마스크는 sus를 에칭하여 다양한 패턴을 양각 패턴으로 패턴 선폭은 최하 10~30um 수준에서 다양한 형태과 간격으로 제작 하였고 깊이는 높이는 10um로 형성 되었음.

• 상기의 스탬프를 장착하고 1차적으로 PC, PEN, PET의 필름 각인 실험을 수행함.

Imprint rates of plastic film

❖ Process condition

➢ Temperature : 90 ℃
➢ Cylinder pressure: 320 kgf
➢ Imprinting speed: 1mm/sec.
➢ Stamp mold (h): 10 um
➢ Doctor blade: Acetal-based angle of 22 °

Substrate	Result of pattern depth (μm)		
	1st	2nd	3rd
PC	7.55 ± 0.2	7.34 ± 0.2	7.41 ± 0.2
PEN	1.55 ± 0.1	1.49 ± 0.1	1.65 ± 0.1
PET	4.08 ± 0.1	4.02 ± 0.1	4.16 ± 0.1

그림 5.12 PC, PEN, PET 필름을 인쇄 한 후 깊이 측정결과

• PC, PEN, PET 필름을 인쇄 한 후 패턴의 깊이 측정 결과 10um 높이를 가지는 스탬프를 기준으로 각각 약 7um, 1.5um, 4um 수준의 결과를 나타냄.

• 온도 조건은 90도이며 인쇄 압력은 축당 320kgf, 인쇄 속도는 1mm/s임. 상기의 테스트에서 PC

필름이 가장 열 팽창 계수가 높기 때문에 높은 각인율 70%이상을 기록하였으며 상대적으로 가장 낮은 열 팽창 계수를 가지는 PEN의 경우 각인율이 약 1.5%를 기록하였음. 그러나 현재 가장 많이 일반화 되어 있는 PET의 경우는 약 40%의 각인율을 기록하였으며 PC필름의 경우 스크레치등에 약한 특성과 PEN의 경우 가격적 측면과 낮은 각인율로 인해 가장 적합한 필름을 PET로 선정하였음. 하지만, 소자의 특성이나 용도에 따라 다른 필름이 사용되어 질수 있음.

➢Transmittance (Ag filling factor)

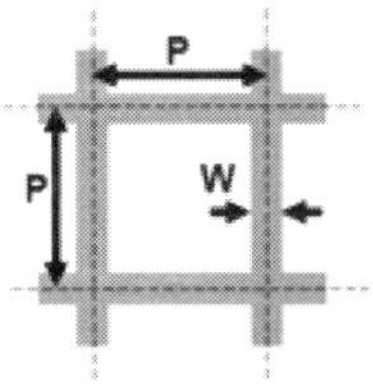

$$Ag\ filling\ factor \approx \frac{(2 \times w \times p)}{p^2}$$

➢Sheet resistance (grid mesh type)

$$R_{TD}\ or\ R_{MD} = R_{TD}\ or\ R_{MD}\text{resistance}\ \frac{W}{(L1 - L2 \times 2)}$$

$$Rs = \frac{R_{TD} + R_{MD}}{2}$$

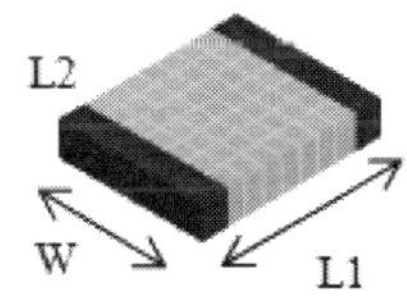

그림 5.13 Ag grid mesh의 투과도와 투명전극 저항과의 관계

- Ag grid mesh는 선폭(W)와 선간격(P)에 의해 투과도(Ag filling factor)와 면저항(Rs)이 정의 됨. 따라서 선폭과 선간격의 변화를 통해 투과도와 면저항의 조절이 가능하며 이러한 측면에서 선폭별/선간격별 면저항을 측정하고 분석함.

표 5.2 선폭과 선간격에 따른 면저항의 변화

Channel length (μm)	Sheet resistance according to line width (Ω/sq)				
	10 μm	15 μm	20 μm	25 μm	30 μm
250	5.70	4.76	4.33	4.14	4.03
300	6.67	4.8	4.47	4.29	4.11
350	6.81	5.62	5.01	4.89	4.72
400	7.06	6.17	5.95	5.51	5.07
450	8.01	7.11	6.08	5.78	5.37
500	9.65	8.42	8.01	6.67	6.00

• 대체적으로 Ag grid mesh의 면저항은 10ohm/sq. 이하로 측정이 되었으며 이는 높은 수준의 투명전극으로 활용할 수 있는 가치가 있음을 보여줌.

■ **Thermal roll imprint (cell test)**

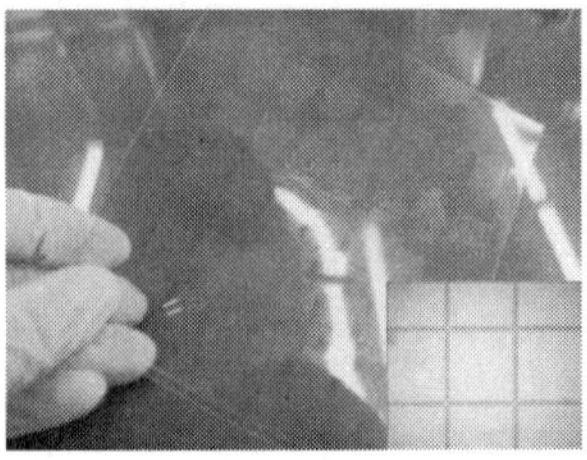

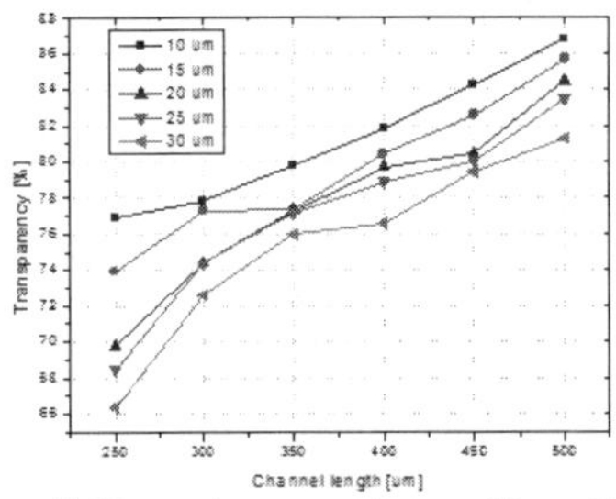

■ **Result of transmittance for different geometry grid pattern**

Channel length (μm)	Transmittance according to line width (%)				
	10 μm	15 μm	20 μm	25 μm	30 μm
250	76.95	73.93	69.75	68.45	66.35
300	77.82	77.30	74.41	74.36	72.58
350	79.81	77.33	77.31	77.15	75.95
400	**81.91**	**80.43**	79.91	78.91	76.55
450	**84.31**	**82.59**	**80.42**	**80.02**	79.45
500	**86.80**	**85.66**	**84.49**	**83.49**	**81.32**

그림 5.14 열형롤 각인을 통한 선폭/선간격별 필름 투과도 측정

• 약 88%의 투과도를 가지는 기본 필름에서 열형 롤 임프린팅으로 각인 패턴된 필름의 투과도는 80%이상의 기준에서 선폭/선간격이 10um/400um ~ 30um/500um 기준으로 형성 되었으며 이는 임프린팅 기법이 다양한 면저항과 투과도를 자유롭게 선택 할 수 있는 장점을 가지고 있음.

■ **Nano-particle based silver paste**

Nano-silver paste	Particle size (nm)	Silver contents (%)	Viscosity (cps)	Sheet resistivity Ω/□
water based	40~80	86.7	11,000	<0.03 (at 5 um,140℃/5min)

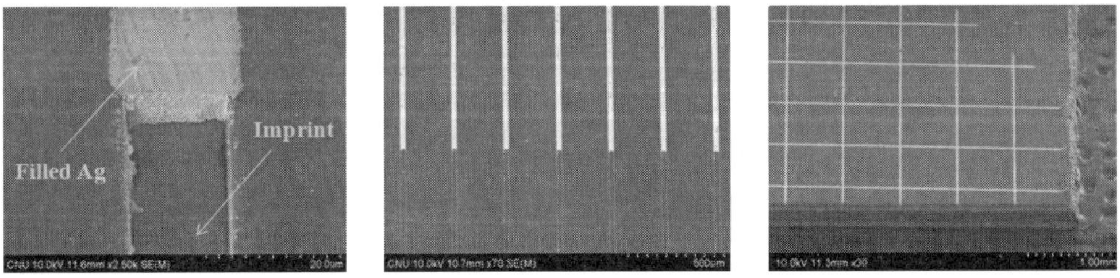

그림 5.15 Ag nano paste를 패턴 내부에 블레이딩을 통해 채운 결과

• 앞서 패터닝된 필름 내부에 Ag nano paste를 블레이딩을 통해 패턴 내부에 채우고 140도/5min의 조건으로 건조 시킨 후의 모습을 SAM 이미지 촬영을 통해 확인하였음. 이는 블레이딩 기법이 Ag paste를 잘 채울수 있는지에 대한 검증과 패턴 내부로 Ag paste가 채워 질수 있는 지에 대한 검증을 위해 수행 되었음. 그 결과 패턴 내부로 Ag paste가 잘 채워짐과 동시에 건조 공정 후에는 실버 전극으로 형성된 모습을 볼 수 있음.

■ **Filled nano-silver paste (cell test)**

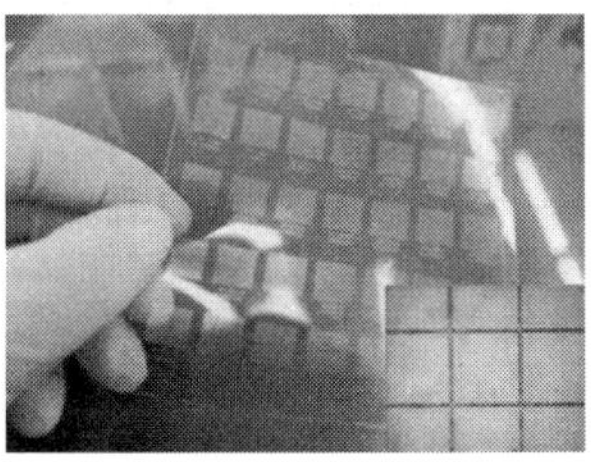

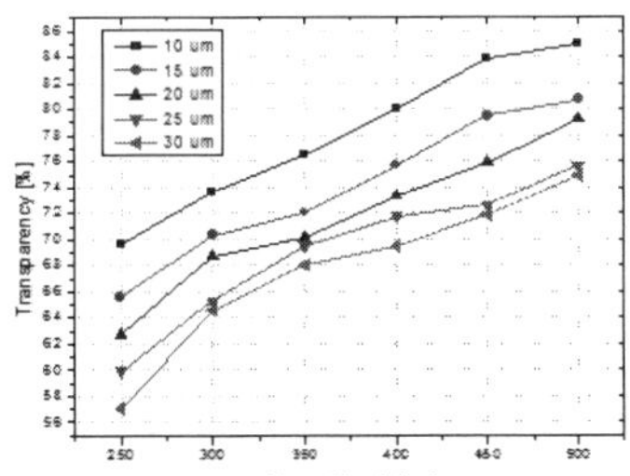

■ **Result of transmittance for different geometry grid pattern**

Channel length (μm)	Transmittance according to line width (%)				
	10 μm	15 μm	20 μm	25 μm	30 μm
250	69.64	65.58	62.70	59.93	57.05
300	73.69	70.36	68.75	65.28	64.59
350	76.48	72.07	70.10	69.51	68.05
400	**80.01**	75.72	73.36	71.78	69.52
450	**83.95**	79.49	75.93	72.62	71.87
500	**84.91**	**81.64**	79.26	75.69	74.92

그림 5.16 Ag paste를 채운 후 선폭/선간격별 필름 투과도 측정

• Ag paste를 채운 후에 광 투과도 변화를 보면 채우기 전과 비교하여 투과도가 약간 하락하였으며 10um 선폭의 경우 400, 450, 500um가 80% 이상의 광투과도를 나타내었고 15um 선폭에서는 500um 간격에서 80%이상의 투과도를 나타내었음. 이는 앞서 채우기 전과 비교하면 확실히 채워진 Ag가 빛을 차단함을 볼 수 있으며 채워지기전에는 geometry에 따른 빛의 산란에 의해 투과도가 하락 했음을 알 수 있음.

4) Ag grid mesh 필름 제작 공정 기술의 최적화

① 인쇄 공정을 활용한 Ag grid mesh 필름의 문제점

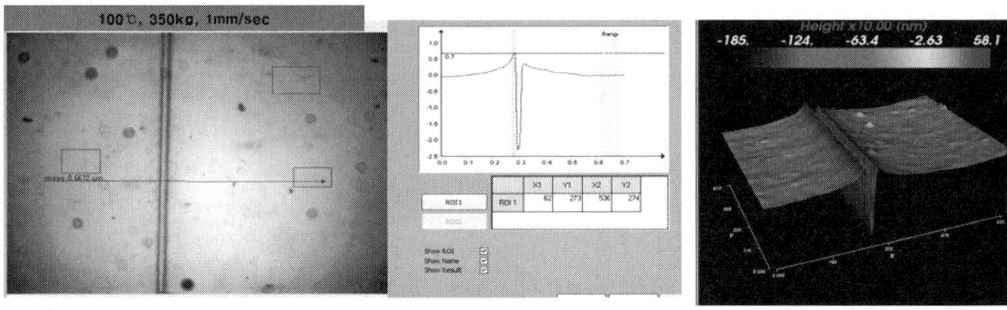

그림 5.17 임프린팅된 선폭에 대한 미세 형상 측정

- 본 연구에서 보다 심도 깊은 공정 변수에 대한 연구를 진행하고자 패턴된 깊이에 따른 형상을 confocal micro scope를 통해 측정한 결과 선폭 사이드 기준으로 필름이 올라오는 warping 현상이 관측되었음. 이는 열과 압력에 의해 변형된 필름이 형상 변형을 통해 패턴 밖으로 올라오는 현상으로 보임.
- warping 현상은 열형 롤 기법을 이용한 인쇄 공정에서 나타날 수 밖에 없는 현상이지만 측정 결과 최대 1um ~ 최하 700nm 까지 올라옴으로 인해 향후 인쇄 전자 소자제작 시 큰 문제점으로 나타날 가능성이 높음.
- 본 연구에서는 이러한 문제점 해결을 위해 두 가지 방법으로 공정 변화를 주었음. 첫 번째는 보다 높은 온도에서 필름을 더욱 유연하게 하고 warping되 형상을 다시 눌러주는 형태로 시도를 하였음.

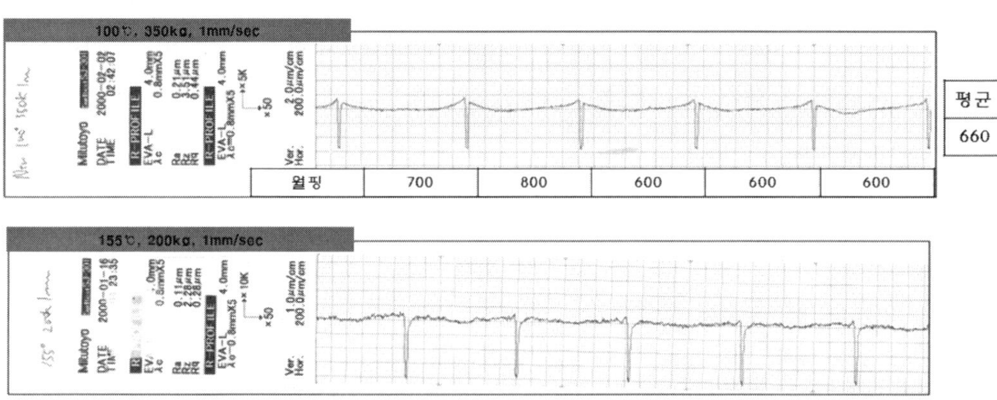

그림 5.18 100도/350kgf, 150도/200kgf와의 형상 비교

• 100도/350kgf의 조건에서 평균적으로 약 660nm의 warping이 발생하였으며 150도/200kgf에서는 보다 warping이 현저히 감소된 모습을 나타내었으나 문제는 높은 온도에 따른 높은 필름 변형에 따라 표면 조도가 나빠지는 단점이 있음을 알 수 있음.

② Warping 해결을 위한 리몰딩 & 건조 공정

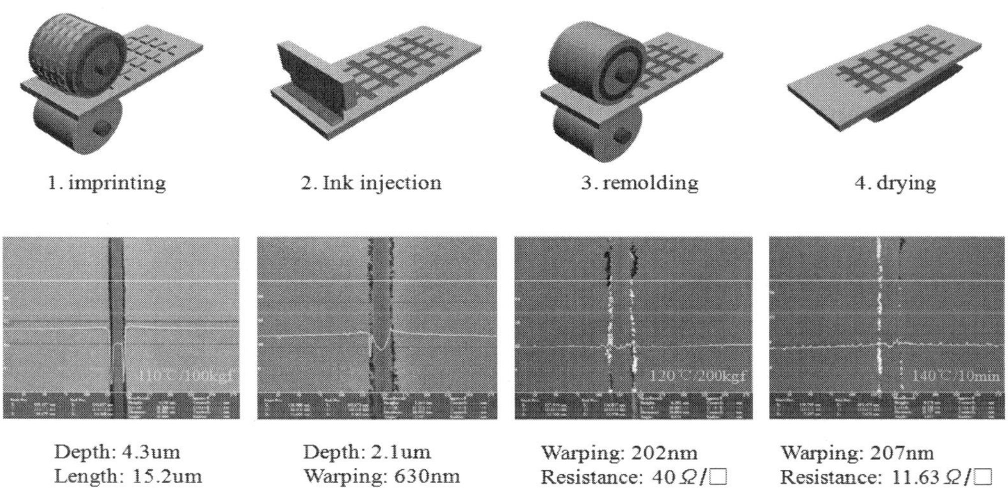

그림 5.19 리몰딩 공정이 포함된 공정 기법

• warping 해결을 위한 또다른 공정 기법으로 리몰딩 공정을 도입하여 문제를 해결함과 동시에 Ag paste의 건조 특성을 높이고자 하였음.

• 리몰딩이란 임프린팅 후에 Ag 잉크를 채우고 그 위에 평평한 히팅롤을 이용해 다시 한번 더 높은 압력으로 눌러줌으로써 1차 건조와 동시에 warping 부분을 가라앉게 만드는 공정 기법임.

• 이와 같은 공정 기술을 확인하여 리몰딩과 건조를 수행한 결과 200nm 수준의 warping을 갖는 우수한 Ag grid mesh 필름을 제작 할 수 있었음. 따라서, 본 실험 결과 인쇄 공정을 통한 열형 롤 임프린팅 기술은 리몰딩 공정을 포함 할 때 더욱 우수한 특성을 나타낼 수 있음. 여기서 특이한 부분은 리몰딩 공정 과정에서 전극의 저항이 일반 단일 건조에 비해 현저히 낮아진다는 특징을 보임. 그 이유는 현재 nano 입자들의 ag paste가 건조 시 압력과 더불어 높은 결합력을 나타내기 때문으로 보임.

③ 전주 도금 마스크를 사용한 성능 향상

- 앞선 실험에서 sus 마스크의 경우 에칭공정으로 패턴이 제작 되어 가격이 저렴하게 제작이 가능하였으나 보다 깊은 패턴 형성을 위해 전주 도금 공정을 이용한 EF(electroforming) 마스크를 제작 하였음. 기존 sus 마스크에 비해 높은 패턴 형성이 가능하고 마스크 표면이 매끄러워 더 나은 결과를 나타내었음.

❖ Problems and solutions (EF stamp mold)

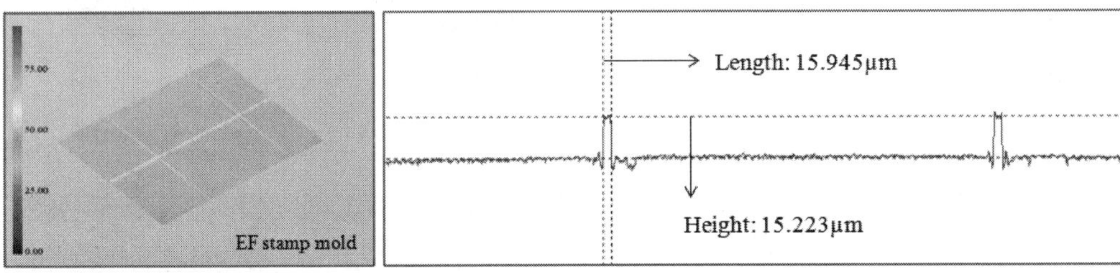

❖ Process conditions

➤ Stamp mold: SUS(h:10μm) → EF(h:15μm)
➤ Remold temperature: 100℃ → 130℃

그림 5.20 전주 도금 마스크를 이용하여 기존 sus 마스크 대비 향상된 결과 예측

- 전주 도금 마스크의 경우 기존 sus 마스크에 비해 높은 선폭 형성이 가능하였으며 이는 열형 롤 임프린팅 기법에서 보다 깊은 패턴을 형성 할 수 있는 장점이 있음.

❖ SUS vs. EF stamp mold

Imprint condition (80 ℃/400kgf)	SUS stamp mold/M188	EF stamp mold/M188
Warping (nm)	466	844
Depth (μm)	2.11	4.27

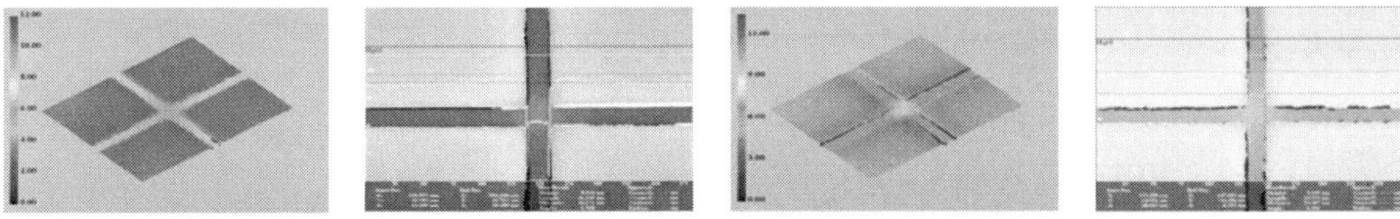

❖ Remolding process

EF imprint/M188/Ag	Remold (130 ℃/600kgf)	Dry (140 ℃/5min)
Warping (nm)	219	-
Depth (nm)	240	h: 282

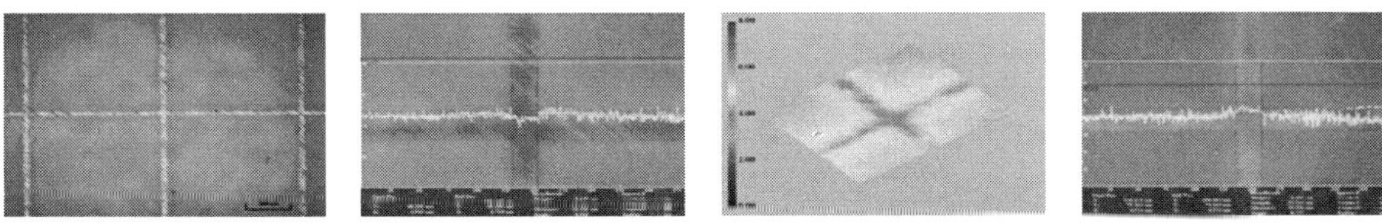

그림 5.21 SUS 에칭와 전주도금 마스크의 패턴 형상 비교 〉

• Sus 마스크와 전주도금 마스크를 PEN 필름에서 각각 80도/400kgf로 각인 했을 때 전주도금 마스크가 약 2배의 각인율과 warping이 형성이 됨. 이를 다시 리몰딩 한 결과 전주도금 마스크의 경우 warping이 현저히 감소하였고 최종적으로 더욱 깨끗한 패턴을 형성하였음.

❖ Electrical characteristics

Cell	Rs (remold) Ω/□	Rs (dry) Ω/□
1	1.56	0.82
2	1.37	0.81
3	1.37	0.74
4	1.59	0.80
5	1.63	0.89
6	1.61	0.87
7	1.69	0.95
8	1.79	0.97

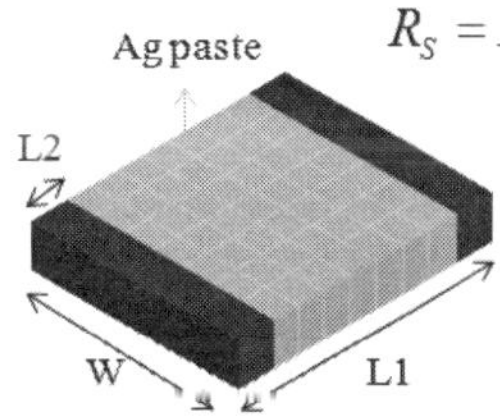

$$R_S = R_D \text{ resistance} \frac{W}{(L1 - L2 \times 2)}$$

$$W = 13mm$$
$$L1 = 175mm$$
$$L2 = 5mm$$

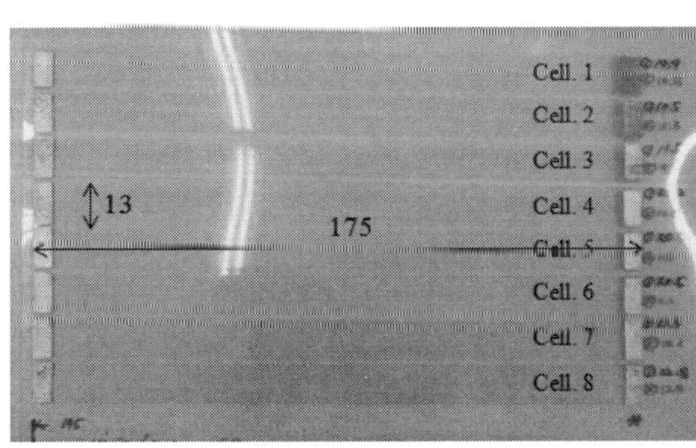

그림 5.22 전주도금 마스크를 활용한 Ag grid mesh의 스트라이프 패턴의 면저항

- 전주 도금 마스크를 활용하여 Ag grid mesh 필름을 제작한 결과 높은 각인율에 따른 더 많은 Ag가 채워짐으로 인해 2ohm/sq. 이하의 스트라이프 형태의 투명 전도막을 형성 할 수 있었으며 리몰딩 후 추가 건조 후에는 1ohm/sq. 이하의 아주 높은 성능의 투명 전도막 제작이 가능하였음.

④ Ag grid mesh 투명 전극 신뢰성 평가

- Ag grid mesh 필름의 bending 특성 분석을 위해 필름위에 증착된 Au electrode와의 비교 평가를 수행하였음. Au electrode의 경우 약 45도 부근의 각도에서 저항변화에 따른 전압 변화가 관측되었으며 60도 이상의 각도에서 균열이 발생하여 큰 전압 변화를 보였음.
- Ag grid mesh 필름의 경우 약 90도 각도까지 electrode의 끊어짐 현상이 없었으며 거의 저항변화가 미미 하였음. 이는 임프린팅 된 필름 내부에 Ag가 채워져 있기 때문에 유연성이 증가하였음을 의미함.

■ **Bending test**

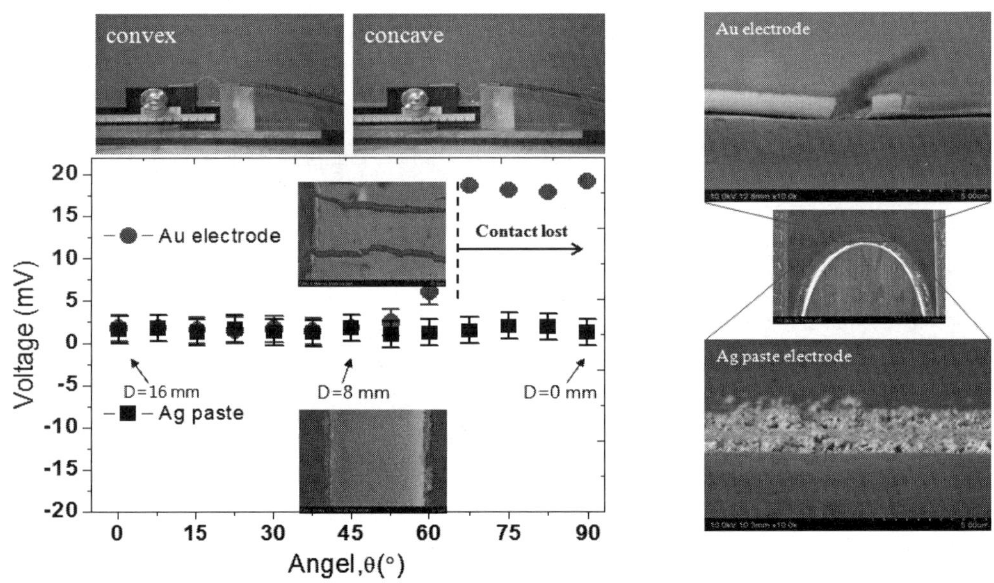

그림 5.23 필름 위에 증착된 Au 전극과의 bending test 비교 결과

⑤ 롤투롤 기반의 장비 제작 설계 및 제작

㉠ 연속 공정을 위한 패턴 롤 설계 및 제작

- 앞선 1차 프로토타입의 시스템에서 열형 롤 기반의 임프린팅 공정의 특성을 이해하고 이를 활용하여 다양한 실험 수행을 통해 최적 공정 기술을 확립하였음. 하지만 최종 목적인

연속적인 롤투롤 양산 기술을 위해 마스크기반이 아닌 롤 기반의 패턴 형성이 필요함. 따라서 롤 기반에서 10um 선폭을 위한 레이져 패터닝 기법과 에칭 기법에 따른 패턴 형상을 분석하여 제작될 롤투롤 장비에 장착하여 연속적인 필름을 생산하고자함.

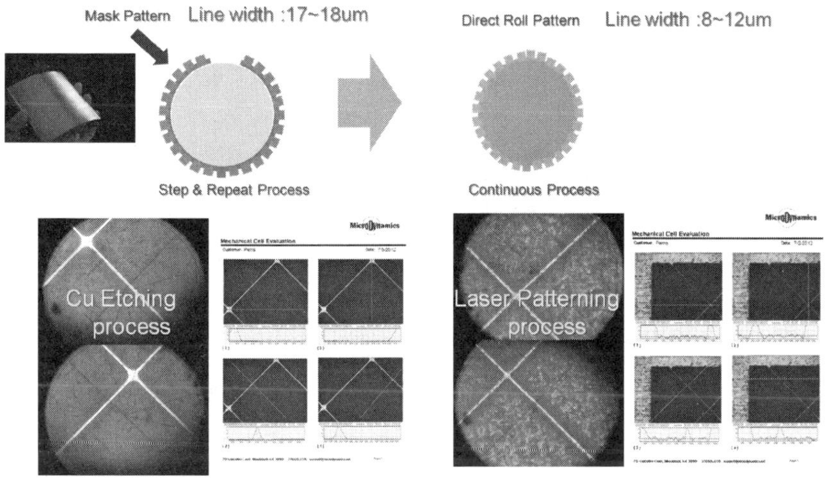

그림 5.24 마스크 패턴을 대체할 패턴롤 형성

- 패턴롤 형성은 레이져 기법과 에칭 기법을 활용하여 10um급의 선폭 제작을 목표로 수행하였음. 그 결과 에칭 기법의 경우 약 12um 선폭 구현이 가능하였고 레이져 패터닝의 경우 약 8um의 패턴 형성이 가능하였으나 에칭 기법의 경우 크로스 라인에서 선폭이 넓어지는 현상을 나타내었으며, 레이져 패터닝의 경우 롤 표면이 매끄럽지 못한 단점을 가지고 있음.

ⓛ 롤투롤 열형 롤 임프린팅 시스템 설계 및 제작

- 앞선 열형 롤 기반의 임프린팅 공정 기술을 활용하여 롤투롤 장비를 설계하고 제작을 수행하였음.

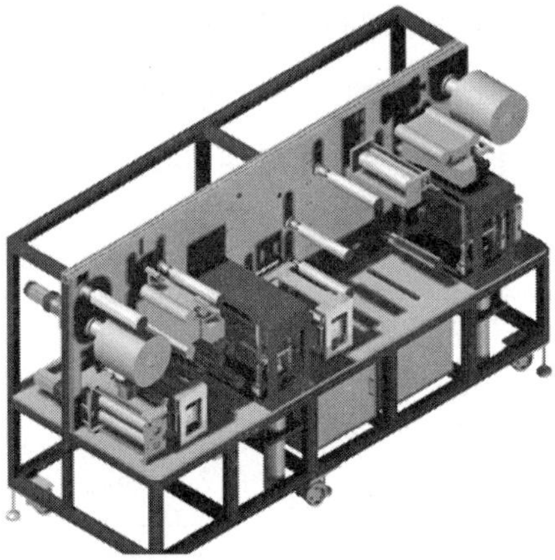

그림 5.25 롤투롤 기반의 열형 롤 임프린팅 시스템

- 롤투롤 기반의 열형 롤 임프린팅 시스템은 기본적으로 롤투롤로 필름을 이송하는 feeder, winder, EPC(web guiding), Damper 유닛을 포함하고 있으며 본 연구 개발을 통해 최적화된 공정 순서로 1차 패턴 각인 부, 2차 잉킹 유닛, 3차 리몰딩 부분으로 구성되며 건조기능은 선택적으로 수행 하는 구성으로 형성 되었음.
- 이러한 연속적인 롤투롤 생산 시스템은 웹 이송을 위한 장력 제어, 아이들 롤러 제작 기술, 웹 속도 제어 기술을 포함하고 있다.

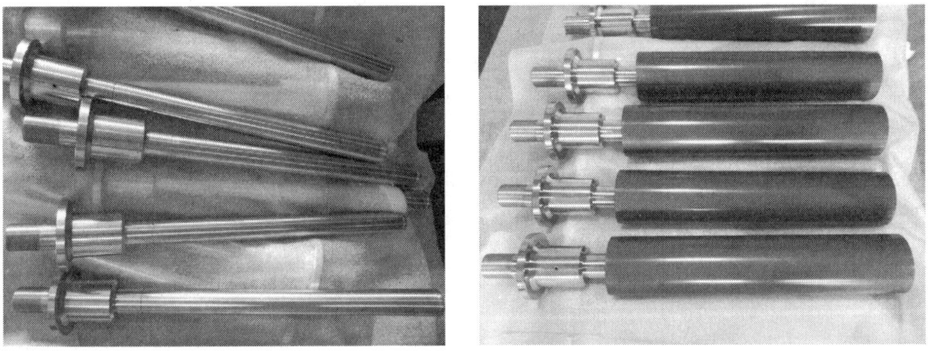

그림 5.26 외팔보 형태의 300mm 아이들 롤러 제작

- 외팔보 형태에서 300mm이상의 폭의 경우 정밀한 설계와 가공을 통해 롤 처짐을 최소화함으로써 필름 장력을 안정하게 유지해야함. 본 연구 개발에서는 롤 처짐 감소를 위해 알루미늄 기반의 원통 형상으로 무게를 최소화 하였으며 표면은 아노다이징 처리와 미세 연마 기술을 활용하여 필름의 스크레치를 최소화하는 형태로 제작됨.

- 장비의 무게를 최소화하고 가공시 발생되는 프레임의 평탄도 변화를 최소화하기 위해 가급적 표면 처리를 하지 않았으며 향후 장비의 부식을 방지와 강도 유지를 위해 30mm두께의 알루미늄 프레임으로 제작을 수행 하였음.

5.3 결론

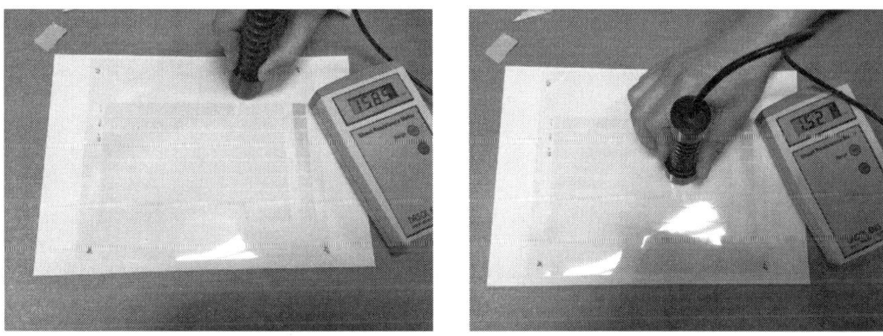

그림 5.27 Ag grid mesh + ITO필름에서의 (a) ITO 면저항 측정(158.9 ohm/sq.) (b) 필름의 면저항 측정 (1.521 ohm/sq.)

열형 롤 공정 기술에 대한 분석과 기술 분석을 통한 1차 프로토타입의 장비를 제작하고 이를 이용하여 다양한 실험을 수행하였다.

열형 롤 공정 기술에서 중요한 요소는 다음과 같다.

1. 임프린팅 공정의 안정성을 위해 열형 롤의 온도 분포를 일정하게 유도 할 수 있는 장비 설계, 제작이 필요함.
2. 온도는 약 80~120도 사이에서 좋은 필름 표면 상태를 가질 수 있으며, 인쇄압은 최대 400kgf에서 다양한 패턴의 형성이 가능함.
3. 열형롤 임프린팅 기술을 활용하여 10ohm/sq. 이하의 높은 성능의 투명전극 필름의 제작이 가능함.
4. 전주도금을 이용한 마스크와 리몰딩 공정을 통해 2ohm/sq. 수준의 고품질의 투명전극 필름 제작이 가능하며 이러한 수준은 현재 세계 최고의 수준으로 평가됨.
5. 롤투롤 장비로의 전환이 필요하며 기존의 스탬프 구조에서 롤 구조로 가기위해서 2가지 타입인 레이저 기법과, 에칭 기법이 활용되어 질수 있음.

연구 목표에 따라 기존 ITO 필름 기반 및 개발된 Ag 그리드 필름 기반 OLED, OPV 소자 제작 및 분석을 통한 비교 연구를 수행하였다. 특히, 복합 인쇄공정이 적용 가능한 Inverted OLED의 후보 물질들을 분석하고 적용 가능한 인쇄공정을 분류하여 그에 따른 인쇄 공정 연구를 수행하였으며, 실험을 통해 구현된 조건 및 실험 결과를 본 연구에 적용 할 수 있음을 확인 하였음. 또한 이러한 기술을 통해서 바코팅으로 형성된 상부 발광형 OLED를 유연기판위에 제조하였고 4 cd/A의 성능을 얻었다. 또한 유연 OPV 제작을 통해 모듈 효율 2%이상의 제작 공정 확립과 Ag grid mesh 적용 필름을 통해 ITO free에서 1.8%, ITO 기반에서 2.04%의 효율을 달성하였다.

Chapter 6

Gravure printer for Pouch film

6.1 서론

그림 6.1 리튬 이차전지의 응용분야

휴대폰, 노트북, 태블릿 PC 등의 모바일 IT 기기는 현대 생활에 밀접한 관계를 맺고 있으며 IT 산업 시장의 성정과 함께 핵심 부품인 이차전지에 대한 수요도 급증 하고 있다. 이차전지는 충·방전을 통해 반복사용이 가능하며 납, 니켈, 카드뮴 등의 유해물질 을 사용하지 않는 친환경 기술이다. 또한, 가벼우면서도 작은 체적으로 많은 에너지를 저장할 수 있는 높은 에너지 밀도를 가지는 장점으로 미래 신(新)성장 동력 산업의 핵심을 이루고 있다. 현재 리튬 이차전지는 IT 기기의 전원뿐 아니라 전기자동차, 에너지 저장 장치(ESS), 로봇, 위성 등 다양한 응용 분야를 가지며 중요성이 대두되고 있다.

그림 6.2

리튬 이차전지는 양극재, 음극재, 분리막, 전해액 및 외장재로 구성되어 있으며 위 그림 2 와 같이 외장재의 형태에 따라 캔 타입(원형 및 각형)과 파우치 타입으로 구분된다. 그중 파우치 형 리튬 이차전지는 알루미늄 박막과 폴리머 필름으로 구성된 알루미늄 라미네이트 필름 내에 전지 셀이 내장된 구조를 가지며, 알루미늄 라미네이트 필름은 외부로부터의 산소 및 수분, 충격으로부터 전지 셀을 보호하는 역할을 한다. 이러한 파우치형 리튬 이차전지는 소형화 및 박형화가 가능하고 대면적화, 고출력 특성 구현에 용이하며 이러한 특성으로 기존의 캔 형 이차전지에서 파우치형 이차전지로 변화하고 있는 추세이다.

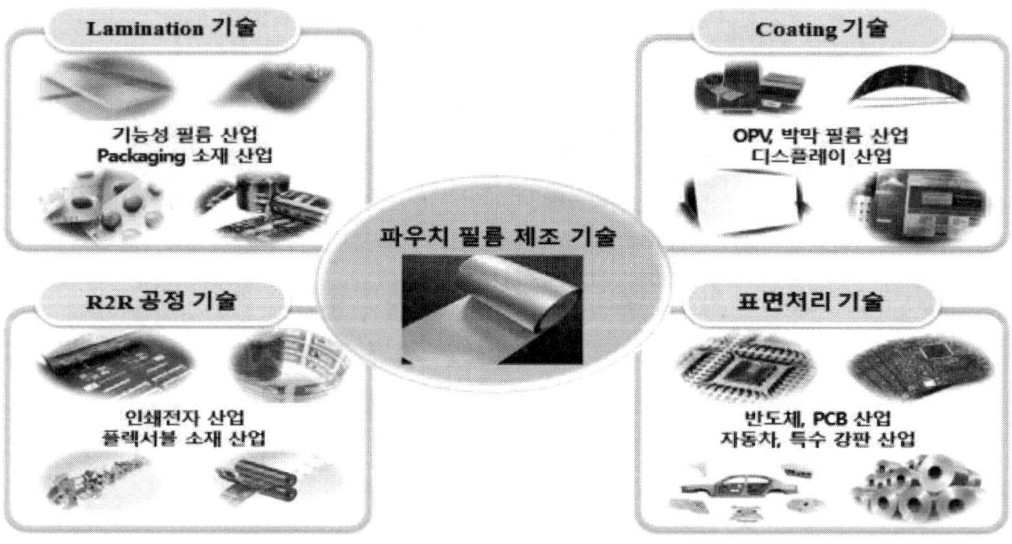

그림 6.3 파우치 필름 제조 기술과 개발 기술의 활용분야

소형 리튬 이차전지는 휴대폰, 노트북, 전동공구 등 다양한 기기에 적용되며 휴대성에 대한 수요가 증가함에 따라 소형화, 경량화가 가능한 리튬 이차전지의 활용성은 더욱 증가하고 있다. 또한, 소형 전지 산업과 더불어 전기자동차 및 에너지 저장장치(ESS)에 적용 가능한 중대형 리튬 이차전지의 개발과 성장도 급증하고 있다. 아래 그림 3은 파우치 필름 제조 기술의 도식이다.

6.2 파우치 필름

6.2.1 알루미늄 표면처리 기술

1) 친수성 고분자 코팅 조건 확립

- 친수성 고분자의 모노머의 농도를 변화시켜 코팅한 후 Contact Angle Analyzer와 Surface profiler를 이용하여 농도에 따른 코팅 두께 및 젖음성 비교 분석.
- Contact Angle을 측정함으로써 접착제와의 젖음성에 관한 데이터를 얻고 이를 바탕으로 접착제가 균일하게 코팅될 수 있는 조건을 확립.

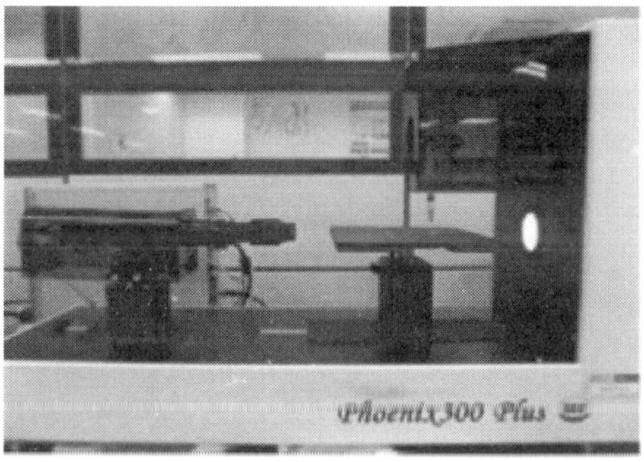

그림 6.4 Contact Angle Analyzer (Phoenix 300 Pluε, SEO)

그림 6.5 Surface Profiler (Dektak-8, Veeco)

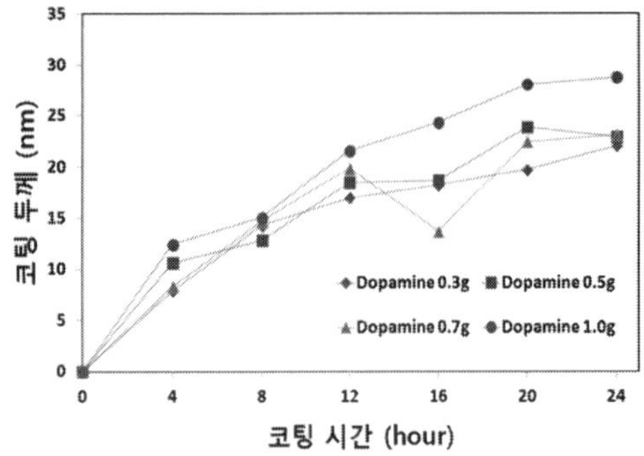

그림 6.6 모노머의 농도에 따른 코팅 두께

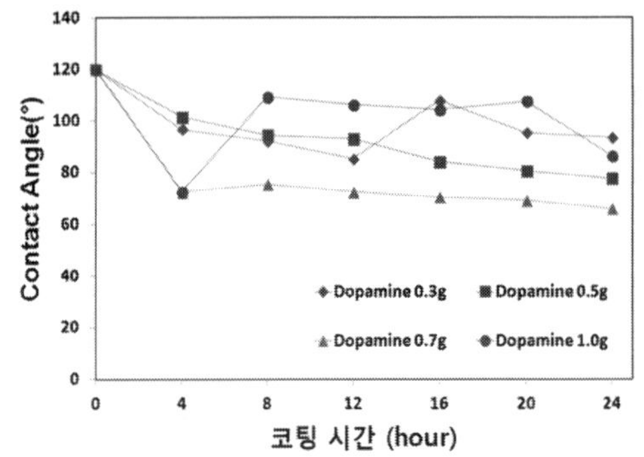

그림 6.7 S모노머의 농도에 따른 Contact Angle

- 모노머의 농도가 증가할수록 코팅 두께가 증가하는 것을 관찰할 수 있었음. 특히 모노머의 농도가 1.0g/100ml일 때, 자가 중합 반응이 가장 빠르게 일어나는 것을 확인할 수 있었으나, 이 농도에서는 Contact Angle이 높게 측정됨.
- 모노머의 농도가 낮거나 높을 때, Contact Angle이 높게 측정되는 것을 확인. 모노머의 농도가 0.7g/100ml일 때, 코팅 두께와 Contact angle이 적정하다고 판단되어 이 농도를 최적 조건으로 확립함.
- 친수성 고분자 코팅 용액의 온도를 변화시켜 코팅한 후 Contact Angle Analyzer와 Surface profiler를 이용하여 농도에 따른 코팅 두께 및 젖음성 비교 분석.

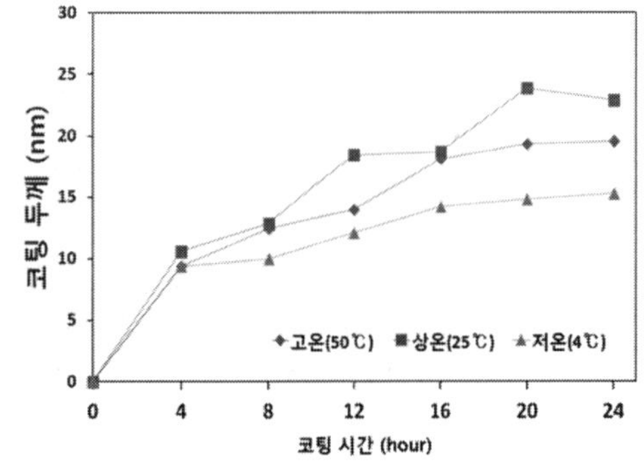

그림 6.8 온도에 따른 코팅 두께

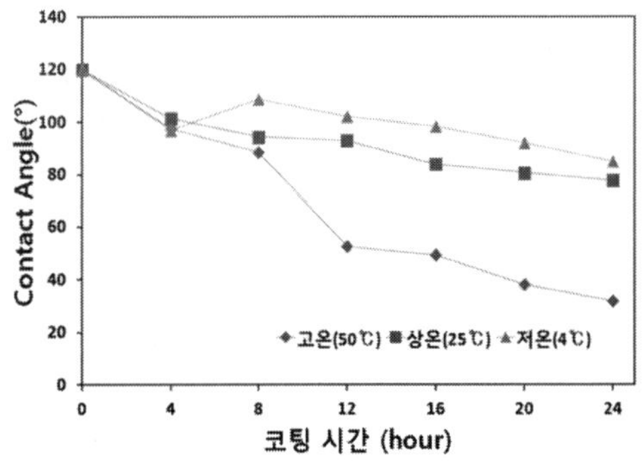

그림 6.9 온도에 따른 Contact Angle

- 온도에 따른 코팅 두께의 경우, 상온에서 자가 중합 반응이 가장 빠르게 일어난다는 것을 알 수 있었음. 하지만 Contact Angle결과를 보았을 때, 상온에서 반응이 빠르게 일어나지만 반응이 조밀하게 이루어지지 않는 것으로 추정되며, 고온에서 반응이 조밀하게 이루어지는 것으로 판단함. 따라서 고온(50℃)에서의 조건을 최적 조건으로 확립.

2) 코팅층의 두께, 모폴로지 및 접착력 분석

• 코팅층의 두께는 상기 데이터에서 제시한 바와 같이 Surface Profiler(Dektak-8, Veeco)를 사용하여 측정하였으며 FE-SEM을 통해 코팅 표면의 모폴로지 분석.

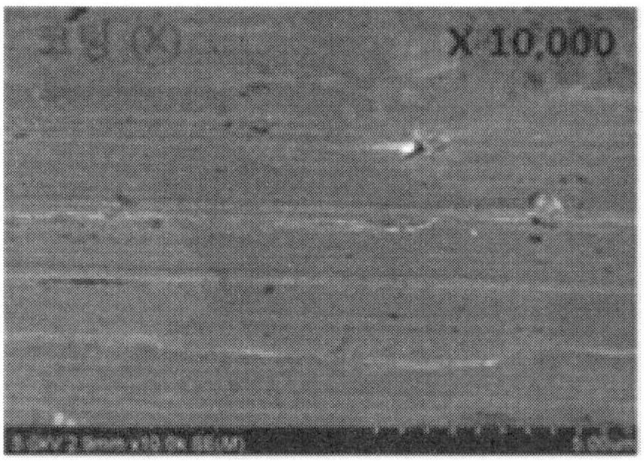

그림 6.10 친수성 고분자 코팅 X (X10,000배율)

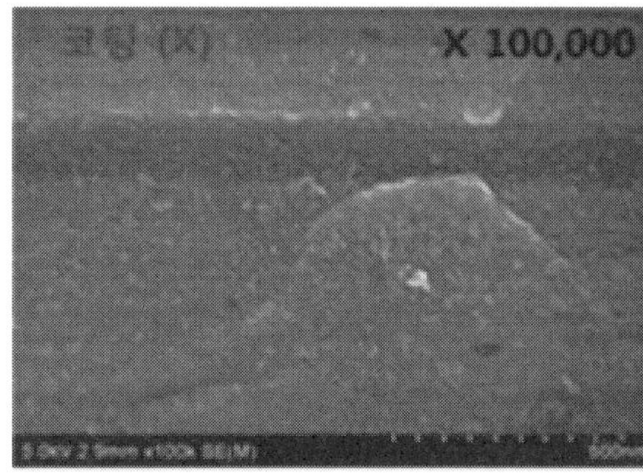

그림 6.11 친수성 고분자 코팅 X (X100,000배율)

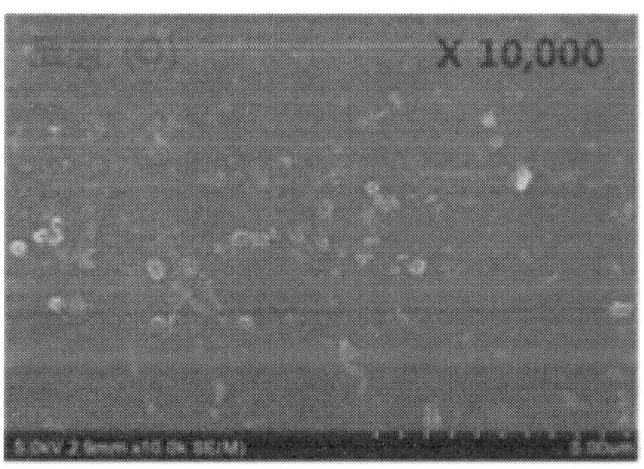

그림 6.12 친수성 고분자 코팅 O (X10,000배율)

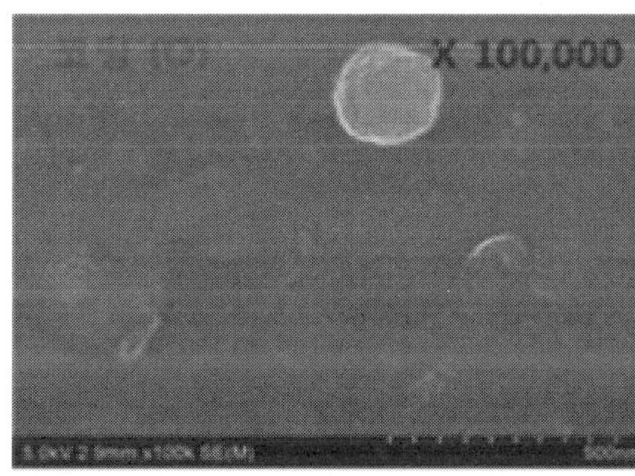

그림 6.13 친수성 고분자 코팅 O (X100,000배율)

• FE-SEM을 통하여 표면을 관찰한 결과, 친수성 고분자를 코팅하지 않은 알루미늄의 표면은 거칠게 나타났고, 친수성 고분자를 코팅하였을 때, 이와 같은 거친 부분이 친수성 고분자로 코팅되어 표면이 부드럽게 변화한 것을 관찰할 수 있었음.

3) 표면처리에 따른 접착력 평가

• 알루미늄박에 친수성 고분자를 코팅한 전/후의 샘플 접착강도를 분석함.

• 접착강도는 Peel-off Test(Micro Material Tester, Instron; Instron 5848)를 통하여 측정하였으며, 접착강도를 측정하기 위해 3가지(우레탄, 아크릴, 에폭시) 계열의 접착제를 사용하여 알루미늄박과 CPP(Casted Polypropylene)을 합지하여 Peel-off Test를 진행함.

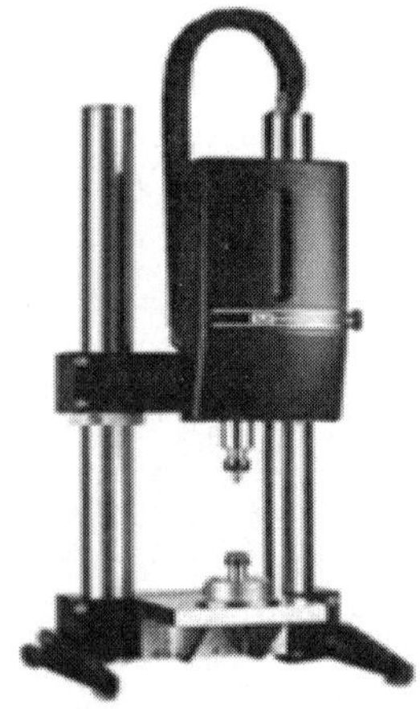

그림 6.14 Micro Material Tester(Instron 5848)

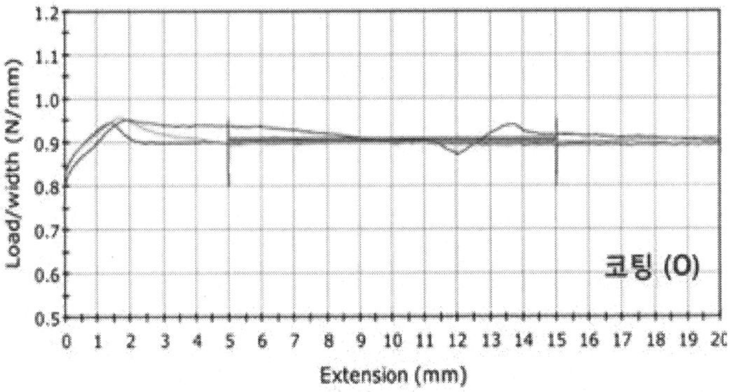

그림 6.15 접착강도 측정 데이터

표 6.1 접착강도 측정 결과

접착제 Type	친수성 고분자 코팅 유무	Rate [mm/min]	접착강도 [N/15mm]
우레탄계	코팅 ×	10	13.57
	코팅 ○	10	13.76
에폭시계	코팅 ×	10	13.51
	코팅 ○	10	13.78
아크릴계	코팅 ×	10	14.40
	코팅 ○	10	14.32

- 친수성 고분자의 코팅에 따라 접착강도가 조금씩 증가하였으나 그 값이 미세하여 친수성 고분자의 적용에 따른 접착강도를 확실하게 확인하기 위해 추후 코팅 두께 등의 변수를 바탕으로 접착강도를 재평가할 계획임.
- 또한, 크로메이트 등 다양한 표면처리제에 따른 접착강도 및 내전해액성을 비교 분석하여 양산 공정에 적용할 수 있는 표면처리제를 선정할 예정임.

4) 접착력 및 코팅 특성이 우수한 접착제 원천 기술

- 접착력 및 코팅 특성이 우수한 접착제의 원천 기술 개발을 위해 다양한 계열의 접착제(폴리우레탄계, 에폭시계, 아크릴계, 핫멜트계 등)에 따른 접착강도 및 성형성을 측정하여 파우치에 적합한 접착제 선정.
- 동일한 계열의 접착제의 경우에도 여러 제조사의 제품을 사용하여 접착강도 실험을 진행하여

접착강도 및 성형성 측정.

- 접착제 실험은 접착제의 샘플을 수급하고 접착제의 기본 사양(접착제 계열, 고형분 농도, 용매, 경화제의 비율 등)을 파악하여 접착제를 최적 조건으로 배합하여 알루미늄박에 코팅한 뒤, 샘플을 오븐에 건조(80℃, 1min : 표면에 적당한 접착성(Tack)을 유지할 수 있는 조건)하여 CPP필름과 합지 후 숙성하여 경화시킨 후 알루미늄박과 CPP필름의 접착강도를 측정함.
- Peel-off Test를 통해 접착강도를 측정하고 그 값의 평균 결과치는 표와 같이 나타남.
- 접착강도 결과, 에폭시 계열의 접착제가 가장 높은 접착강도를 보였으나 에폭시계 접착제는 유연성(Flexibility)이 없고 딱딱한 형태로 경화되어 성형 시 백화 또는 필름 간의 박리현상이 발생함.
- 우레탄 계열의 접착제는 에폭시 계열의 접착제에 비해 접착강도는 다소 낮으나 성형성이 우수할 것으로 예상되어 파우치용 접착제로 적합하다고 판단됨.
- 본 연구에서는 에폭시 계열의 접착제와 우레탄 계열의 접착제의 장점을 모두 가질 수 있는 우레탄-에폭시 계열의 접착제를 연구 및 개발함과 동시에 국외 파우치용 접착제 업체와 접촉하여 비교 분석.

표 6.2 접착제 계열에 따른 접착강도 및 성형성 평가

접착제 Type	제조사	접착강도 [N/15mm]	결과 요약
우레탄계	A	8.13	• 초기 접착강도, 목표치 대비 낮음 • 표면처리제 종류에 따라 접착강도 향상 기대됨
	B	8.82	• 초기 접착강도 우수 • 성형성에 영향을 미치는 굴곡강도 우수
	C	8.82	
Polyester Hotmelt계	A	7.84	• 초기 접착강도, 목표치 대비 낮음 • 코팅두께 제어가 어려움
Polyamide Hotmelt계	A	2.45	• 초기 접착강도, 목표치 대비 낮음 • 알루미늄박/CPP필름과의 계면 접착력 낮음
에폭시계	A	9.80	• 초기 접착강도 우수 • 경화 후, 접착제가 딱딱하여 취성이 강함 • 성형 시 백화 또는 계면 박리현상 발생 가능
	B	9.60	
SBR계	A	5.88	• 초기 접착강도 미흡 • 고점도 용액으로 코팅 두께 제어가 어려움
CR(chloroprene)계	A	7.15	• 초기 접착강도 미흡 • 고점도 용액으로 코팅 두께 제어가 어려움
변성 아크릴계	A	7.84	• 초기 접착강도 미흡

6.2.2 최적의 표면처리/접착제 기술 확보 및 양산 적용 조건 확립

1) 최적의 표면처리 기술(Lab scale Test)

- 다양한 표면처리 및 분석
  - ✓ 친수성 고분자의 경우, 성능은 우수하지만 코팅시간이 길고 코팅두께 조절이 어려움.
  - ✓ 양산적용이 가능한 표면처리제 및 기술을 확보하기 위해 다양한 표면처리를 통해 알루미늄박의 표면개질 및 이들의 표면과 접촉각(Contact angle)을 분석하여 필름에 접착제가 잘 스며드는지에 대한 젖음성 확인 및 균일한 코팅조건 확립함.

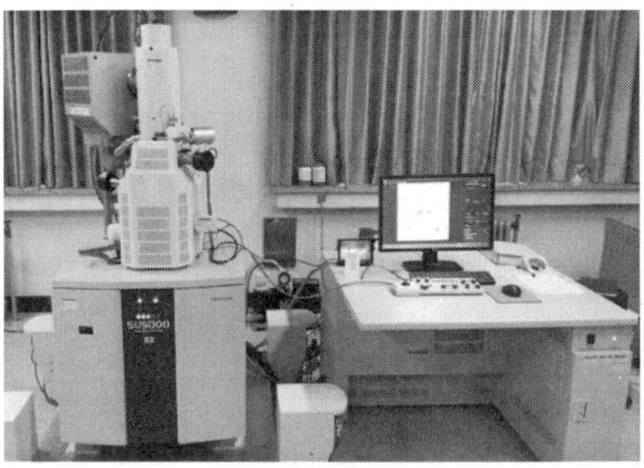

그림 6.16 FE-SEM : 표면분석용
(Schottky FE-SEM SU5000, Hitachi)

그림 6.17 Contact Angle Analyzer : 접촉각 측정
(Phoenix 300 Plus, SEO)

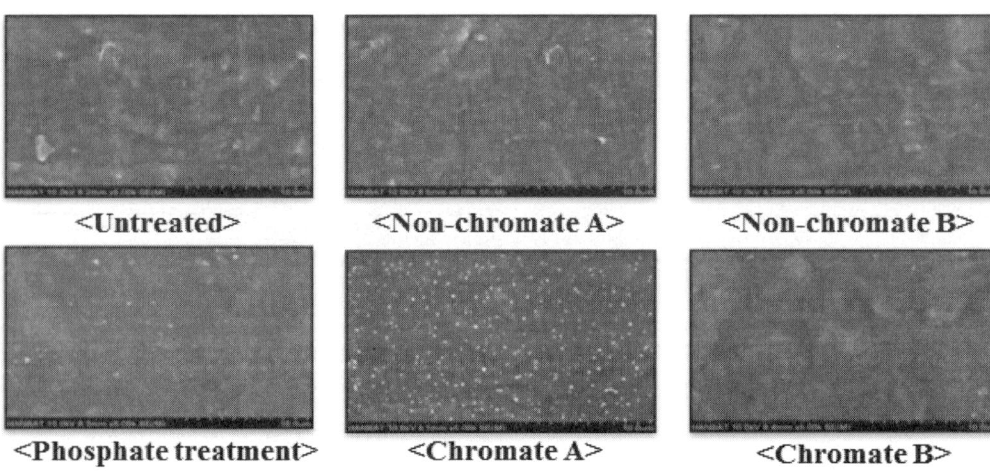

그림 6.18 Surface morphology of aluminum foil surfaces with different treatments

✓ Non-chromate의 경우, 표면처리를 하지 않은 샘플과 거의 유사한 표면을 보이지만 이는 코팅두께가 다른 표면처리에 비해 얇기 때문인 것으로 추정됨. (종류별 표면처리제를 동일한 두께로 코팅, 건조 후 Non-chromate 표면처리제의 두께가 가장 얇음) 또한, 미반응 물질로 추정되는 부분이 Non-chormate A에서 관찰됨.

✓ 크로메이트와 인산염 피막에서도 미반응물이 관찰됨. 이는 현재 상용되고 있는 대부분의 표면처리제의 경우, 침적 및 스프레이에 의해 코팅되므로 R2R 공정에서 그라비어 등 접촉식 코터를 통해 코팅할 시, 기재(알루미늄박)와 충분한 반응이 일어나기 전에 용매가 건조 및 증발되기 때문인 것으로 생각됨.

✓ 각각의 표면처리제가 코팅된 알루미늄박의 접촉각을 측정한 결과, Non-chromate 표면처리제의 접촉각이 감소한 것으로 확인되지만 그 차이가 미비함.

✓ 크로메이트와 인산염 피막의 경우, 샘플 당 접촉각의 차이가 크게 나타나는 것을 알 수 있으며 이는 미반응물에 의한 결과로 판단됨.

표 6.3 표면처리제에 따른 알루미늄박 표면의 접촉각 결과

Surface treatment	1	2	3	4	5	Average(°)
Untreated	56	56	56	58	58	56.8
Non-chromate A	73	43	43	43	43	49
Non-chromate B	44	44	48	48	48	46.4
Phosphate treatment	56	56	59	59	59	57.8
Chromate A	54	68	68	68	60	63.6
Chromate B	71	71	50	71	71	66.8

2) 알루미늄 라미네이트 필름 제조 및 접착강도 분석

- 표면처리가 접착강도에 미치는 영향을 확인하기 위하여 표면처리제별 코팅된 알루미늄박을 적용하여 라미네이트 필름을 제조한 후 접착강도를 측정함.
- 접착강도는 ASTM D903 규격에 따라 측정하였으며 측정결과, 표면개질을 한 샘플이 표면처리를 하지 않은 샘플 대비 접착강도가 높게 측정됨.
- 특히, 인산염 피막과 크로메이트제를 적용한 경우, 접착강도가 약 2배 정도 향상된 것을 알 수 있으나 인산염 복합피막 및 크로메이트에서 그래프의 요철이 심한 것을 알 수 있으며 이는 미반응물의 영향인 것으로 추정됨.

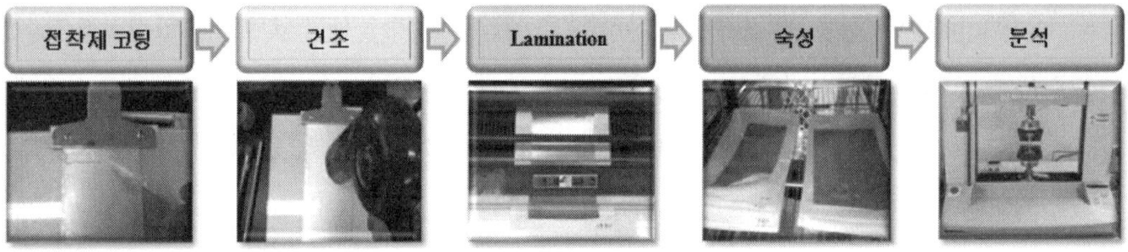

그림 6.19 라미네이트 필름의 제조 공정 (단위 공정 실험)

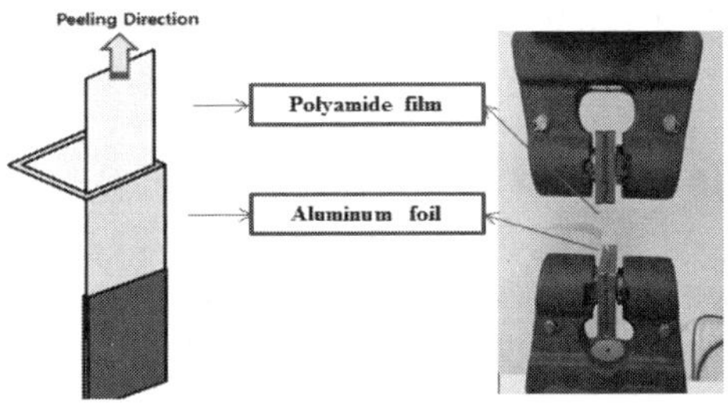

그림 6.20 접착강도 측정 방법

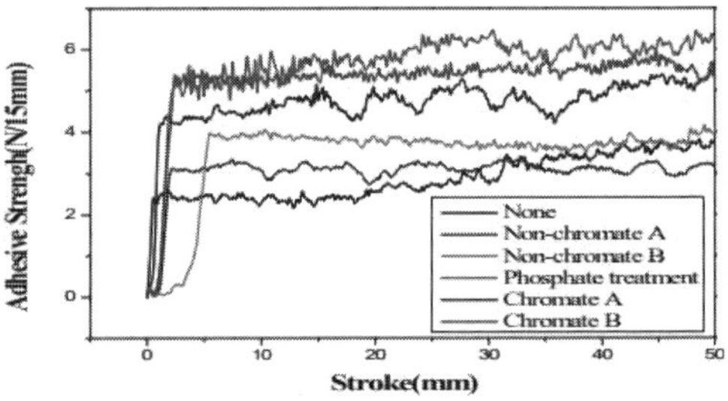

그림 6.21 표면처리제에 따른 접착강도 결과

- 표면처리제의 농도별 접착강도를 측정한 결과, 농도에 따른 접착강도의 경향성은 없는 것으로 확인됨.
- 표면처리제의 종류는 접착강도에 영향을 미치므로 최적의 표면처리제 개발이 필요함.

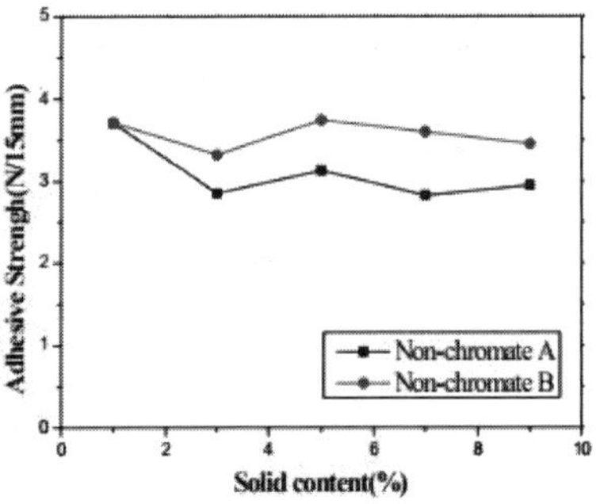

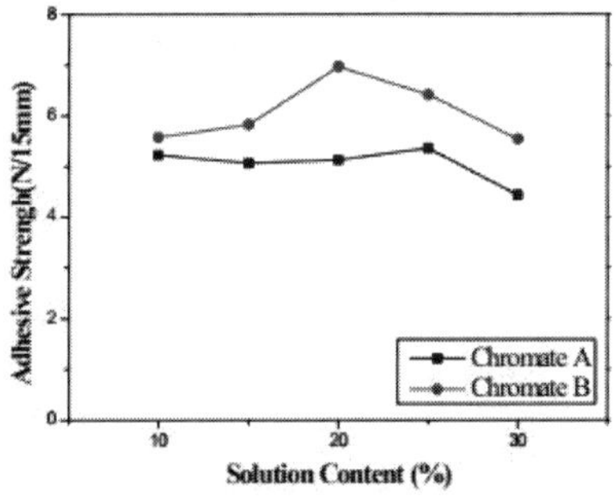

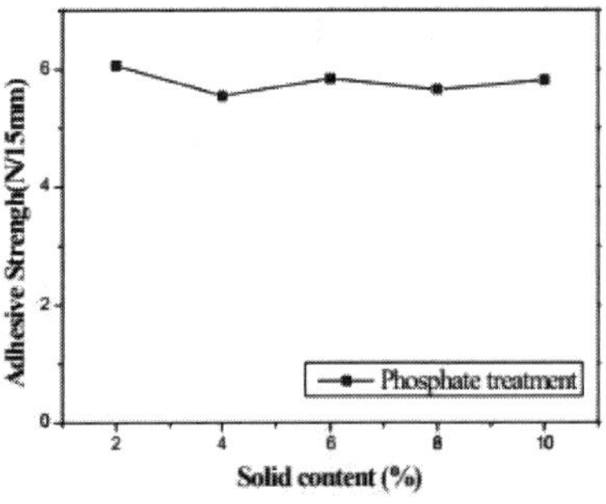

그림 6.22 표면처리제의 종류에 따른 농도별 접착강도 결과

3) 표면처리제의 표면 및 접착강도 분석

- 표면처리제에 대한 연구 결과, 파우치 필름에 최적화된 표면처리제의 개발 필요성에 따라 아래의 특성을 갖는 표면처리제를 연구개발함.
  - ✓ 다이렉트 그라비어 등 접촉 및 비접촉 코팅 시 반응 잔여물이 남지 않는 표면처리
  - ✓ 접착제의 이소시아네이트기(-NCO)와 반응하여 접착강도가 향상되는 표면처리
  - ✓ 내화학성이 확보되어 전해액의 침투에도 안정적인 표면처리
- 위의 조건을 충족하는 표면처리제를 개발하기 위해 인산염과 크로메이트의 장점을 융합한 크로메이트-인산염 복합 용액을 RTU(Ready To Use) 형태로 개발함.
- 개발된 표면처리제를 알루미늄박에 코팅한 후 표면을 분석한 결과, 표면의 요철 없이 매끄럽고 접촉각이 감소된 것을 알 수 있음.
- 개발된 표면처리제를 적용하여 알루미늄 라미네이트 필름을 제조한 후 접착강도를 분석한 결과, 표면처리를 하지 않은 샘플 대비 약 2배 정도 접착강도가 향상됨.
- 목표로 한 조건을 모두 충족한 표면처리제를 개발하였으며 해당 데이터를 바탕으로 양산 적용 가능 여부에 대한 실험을 진행할 예정임.

그림 6.23 개발 표면처리제의 표면분석

그림 6.24 면처리 후 접촉각 분석

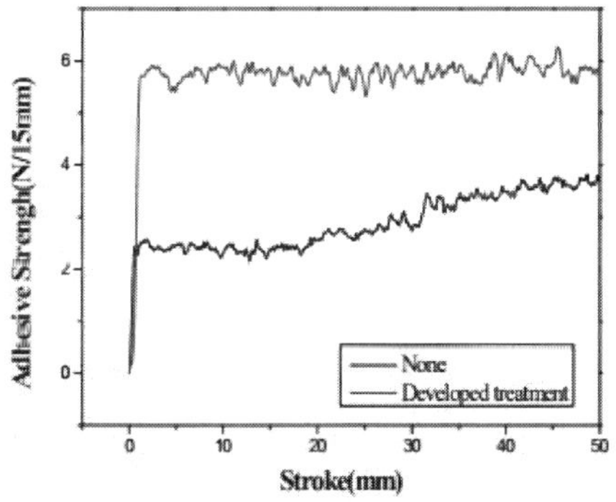

그림 6.25 개발 표면처리제에 따른 접착강도 결과

4) 접착제 선정 및 공정조건에 따른 물성 분석 (Lab scale Test)

• 접착제 분석

✓ 파우치 필름의 접착강도를 향상시키기 위해서는 접착제의 역할이 중요함. 접착력은 접착제의 분자량, 젖음성, 유리전이온도(Tg) 등에 영향을 받으며 본 연구에서는 폴리우레탄 계열의 2액형 접착제를 사용하여 실험을 진행함.

✓ 최적의 접착제를 선정하기 위하여 현재 상용되고 있는 접착제를 선정하여 접착제의 물성을 분석하였으며 주제와 경화제의 분자량을 확인함. (측정장비 : 겔 투과 크로마토그래피(GPC))

✓ 선정된 두 업체의 접착제 분자량을 측정한 결과, B사(社)의 분자량이 높게 측정되었으며 분자량이 높을수록 주제의 유동성이 느려지게 되어 접촉면적 당 계면에 얽히는 접착제의 분자 수가 감소되어 접착력이 감소됨.

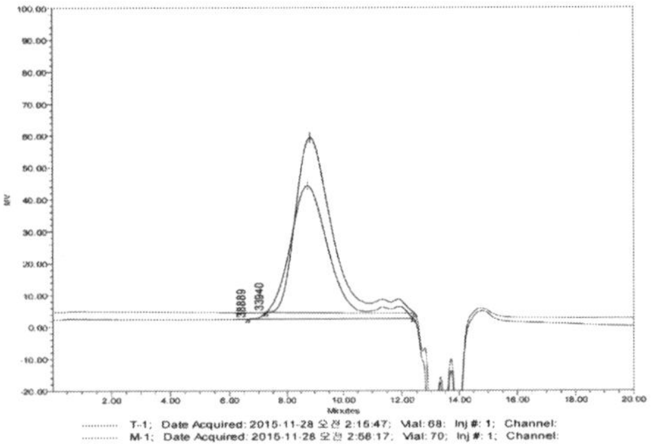

그림 6.26 접착제 - 주제 분자량 측정 결과

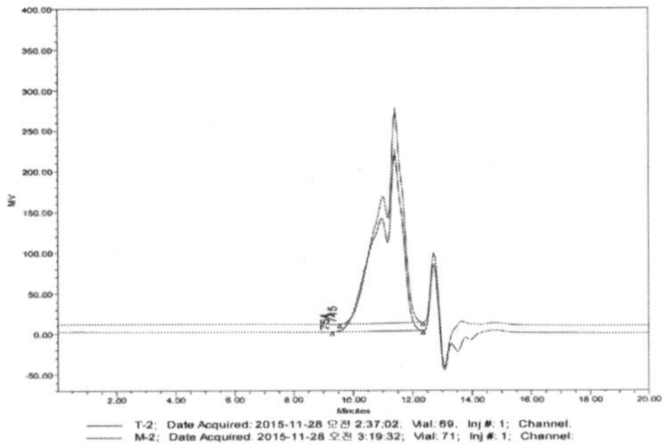

그림 6.27 접착제 - 경화제 분자량 측정 결과

표 6.4 Molecular weight of adhesive

Name	Mn	Mw	Mp	Mw/Mn
A社-Main element	5580	35400	33900	6.34
A社-Curing agent	880	1386	745	1.58
B社-Main element	5850	52200	38900	8.94
B社-Curing agent	955	1637	754	1.71

• 접착제 배합비율에 따른 접착강도 분석

✓ 폴리우레탄계 2액형 접착제는 주제와 경화제로 구성되어 있으며 사용 시 유기용제에 주제와 경화제를 혼합하여 사용함.

✓ 최적의 접착제 배합비를 확립하기 위해 주제와 경화제, 유기용제의 비율을 변화시켜 접착강도를 분석, 업체에서 제공한 기술정보를 바탕으로 배합비의 기준을 정한 뒤 각각 경화제 및 유기용제의 배율을 다르게 하여 실험을 진행함.

표 6.5 접착제 업체별 적용 배합비율 – 경화제 및 유기용제 [g]

	A社			B社		
샘플명	주제	경화제	유기용제	주제	경화제	유기용제
A(standard)	10	1	10	10	0.8	1.2
B	10	0.5	10	10	0.4	1.2
C	10	1.5	10	10	1.2	1.2
D	10	1	8	10	0.8	0.8
E	10	1	12	10	0.8	1.6

✓ 업체별 접착제의 접착강도를 확인한 결과, A사가 B사보다 우수한 것을 알 수 있으며 이는 앞서 분석한 분자량 측정결과에 따라 분자량이 낮은 A사의 접착제 물성이 좋은 것으로 판단됨.

✓ 경화제 및 유기용제의 배합비에 따른 접착강도의 경우, 조건별 약 1N/15mm ~ 1.5N/15mm 정도의 차이가 발생했으며 A사의 경우, 유기용제의 함량이 낮은 샘플에서 접착강도가 가장 높았으며 경화제의 비율은 접착강도에 큰 영향을 미치지 않았음. B사의 경우, 경화제의 함량이 높은 샘플이 가장 높은 접착강도를 나타냈으며 용제의 비율이 낮은 샘플에서도 접착강도가 증가하는 것을 알 수 있음.

✓ 접착제의 배합비에 따른 접착강도를 분석한 결과, 경화제의 비율이 높을수록, 유기용제의 비율이 낮을수록 접착강도가 증가하였음. 이는 경화제의 함량이 높을수록 주제와의 반응이 활발해지고 용제의 함량이 낮을수록 접착제의 두께가 두꺼워짐에 따른 것으로 추정됨.

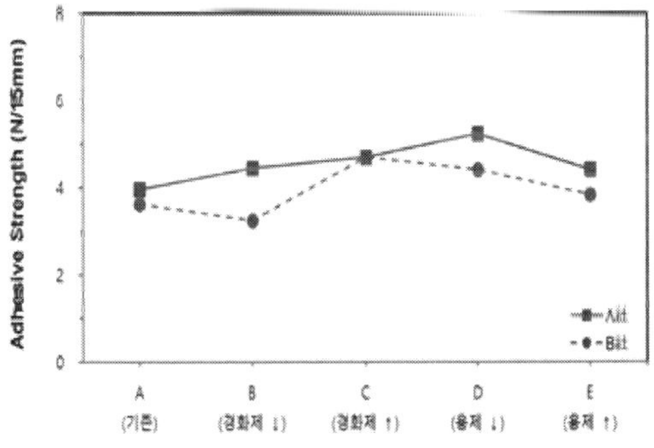

※ 접착강도 [N/15mm]

	A	B	C	D	E
A社	3.96	4.44	4.70	5.23	4.41
B社	3.63	3.25	4.69	4.40	3.84

그림 6.28 접착제 배합비에 따른 접착강도 결과

- 접착제 배합비율에 따른 인장강도 분석
  - ✓ 앞서 진행한 접착제의 배합비에 따른 접착강도 외에 인장강도를 측정함. 접착제를 사용하는 파우치 필름의 인장강도는 전극조립체의 수납부를 형성하는 성형성에 영향을 미치는 주요 인자로써 경화된 접착제가 탄성이 없을 경우, 성형 시 미세한 크랙 및 박리현상이 발생하여 백화현상(표면이 하얗게 변하는 현상)이 일어나게 됨.
  - ✓ 인장강도는 만능물성시험기(UTM : Universal Testing Machine, AGS-X)를 이용하여 측정함. (측정조건 : 하중 500N, 속도 300mm/min)
  - ✓ 접착제의 배합비율이 인장강도에 미치는 영향은 크지 않았으나 두 업체의 접착제 모두 경화제의 함량이 높을수록 인장강도가 높게 측정됨. 특히, B사의 경우, 경화제의 함량이 높은 샘플의 인장강도가 가장 높았으며 이는 접착제의 분자량이 영향을 미치는 것으로 추정됨.
  - ✓ 또한, 경화제의 함량이 높을수록 연신율이 감소하였는데 이는 경화제의 함량이 높을 시, 경화 후 접착제의 탄성이 감소함에 따른 것으로 판단됨. 이는 성형공정에서 문제를 야기할 수 있으므로 접착제 선정 시 문제가 될 수 있음.

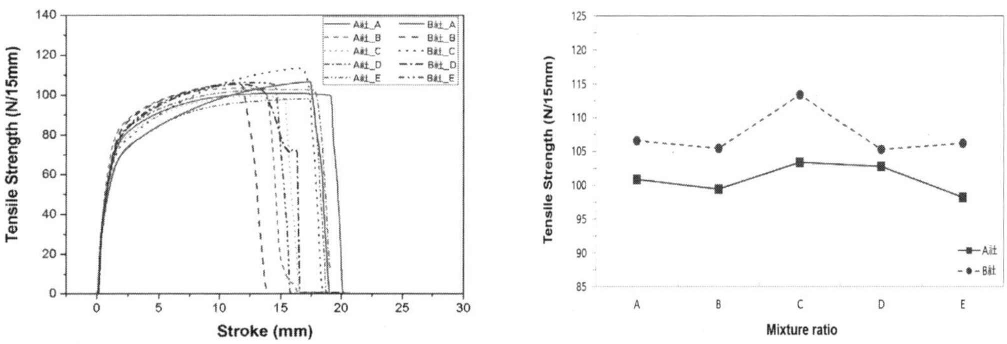

그림 6.29 접착제 배합비에 따른 인장강도 결과

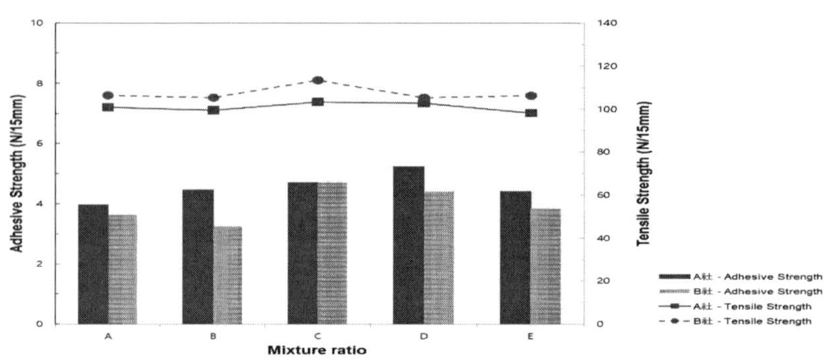

그림 6.30 Adhesive strength and Tensile strength of adhesive by mixture ratio

6.2.3 접착제 코팅 두께, 라미네이션 온도, 숙성 조건에 따른 접착강도

- 파우치 필름의 제조공정 중 알루미늄박과 고분자 필름을 적층하는 공정에서 접착제의 두께, 라미네이션 온도 및 숙성 조건에 따른 접착강도를 평가하여 양산 적용 조건을 확립함.
- **접착제 두께** : Mayer bar, No.3 / No.5 / No.10를 사용하여 두께의 변화를 적용하였으며 각각의 습도막 두께는 약 7㎛ / 12㎛ / 22㎛ 임.
  - ✓ 코팅두께에 따른 접착강도 결과, A사의 경우, 코팅두께가 증가할수록 접착강도가 증가하는 것으로 나타났으나 접착제의 코팅두께가 증가하면서 샘플의 유연성 및 연신율이 감소하는 것으로 확인됨.
  - ✓ B사의 경우, 코팅두께에 따른 접착강도의 차이는 크지 않았으며 해당 업체의 접착제는 경화 후, 취성(Brittleness)이 나타나 제품 적용에 어려운 것으로 판단됨.
  - ✓ 접착제 실험 결과, A사의 제품을 선정하였으며 습도막 두께는 약 10~12㎛가 가장 적합한 것으로 판단되어 추후 양산에 적용할 예정임.
- **라미네이트 온도** : 라미네이트 필름의 경우, 제조공정 시 열과 압력을 가하여 각 필름을 접착 및 경화시키는데 이 때, 롤의 압력과 온도, 시간이 접착물성에 변화를 미치며 본 연구에서는 가장 주요한 요인으로 판단된 라미네이트 온도에 따른 접착강도를 분석함.
  - ✓ 온도가 증가함에 따라 접착강도가 증가하였으나 일정 온도 이상에서는 접착강도가 다시 감소함. 이는 지나치게 높은 온도에서 접착제가 선(先)경화를 이뤄 필름의 접착에 필요한 점착성(Tack성)이 소실되는 것으로 추정됨.
  - ✓ 라미네이션 온도에 따른 실험 결과, 약 90℃가 적정온도로 판단되어 추후 양산에 적용할 예정임.
- **숙성기간** : 폴리우레탄계 2액형 접착제는 라미네이션 이후 주제와 경화제가 반응하여 경화되는 시간이 필요하며 이를 숙성이라 함. 본 연구에서는 숙성기간에 따른 접착강도를 분석하여 최적의 조건을 확인함.
  - ✓ A사 접착제의 경우, 숙성 5일까지 시간 경과에 따라 접착강도가 증가하였으며 B사의 경우, 3~5일의 숙성기간 동안 일정한 접착강도를 나타냄.
  - ✓ 숙성기간은 제조시간과 밀접한 관계를 가지고 있으며 이는 결국, 생산성에 영향을 미치므로 숙성기간이 짧은 B사의 제품이 양산 적용에 유리한 것으로 보이지만 이를 제외한 여러 가지 조건 및 물성에서 A사가 우수한 것으로 판단됨.

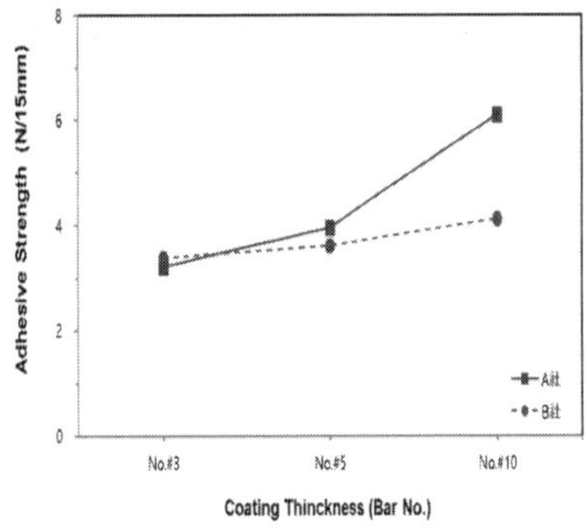

그림 6.31 접착제 코팅두께에 따른 접착강도

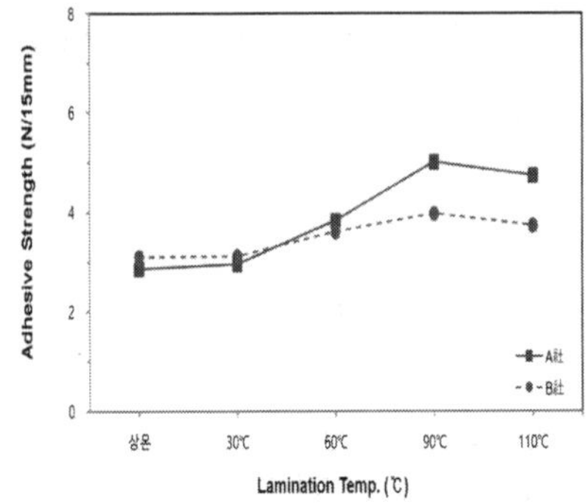

그림 6.32 라미네이션 온도별 접착강도

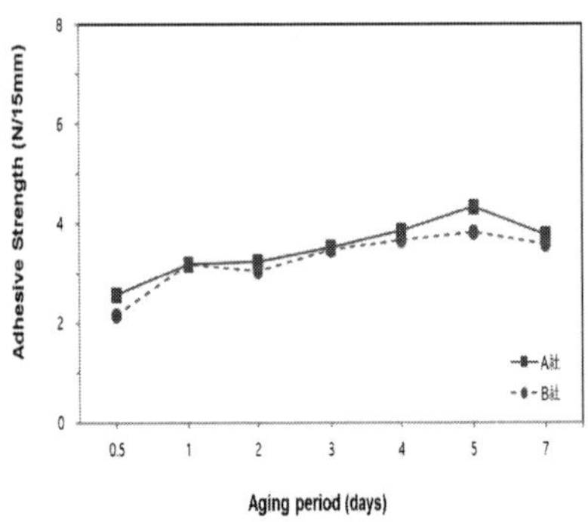

그림 6.33 숙성기간에 따른 접착강도

6.2.4 제조방식 및 R2R 연속 생산 장비 설계/제작

1) 제조방식 선정 및 확립

① 드라이 라미네이션 vs 압출 라미네이션

✓ 파우치 필름의 배리어층(알루미늄박)과 실란트층(무연신폴리프로필렌, CPP : Casted Polypropylene)을 합지하는 방식에는 대표적으로 드라이 라미네이션과 압출 라미네이션 방식이 있음.

✓ 드라이 라미네이션 방식은 공정이 단순하고 제품 품질이 안정적이며 코팅과 라미네이션을 동시에 진행하여 생산 단가를 낮출 수 있음. 하지만 충분한 접착강도 및 내전해액성을 위해서는 화학적으로 안정된 접착제 개발이 필요하며 최적화된 접착제의 개발 및 적용에 어려움을 겪고 있음.

✓ 압출 라미네이션은 작업속도가 빨라 생산성이 좋으나 공정상의 변수가 많아 품질관리가 어려움. 또한, 접착수지를 토출하는 압출 공정과 필름을 합지하는 라미네이션 공정이 필요하

므로 생산 단가가 높음. 그러나 용융수지를 통해 필름을 합지하므로 접착강도 및 내전해액 성이 안정적임.

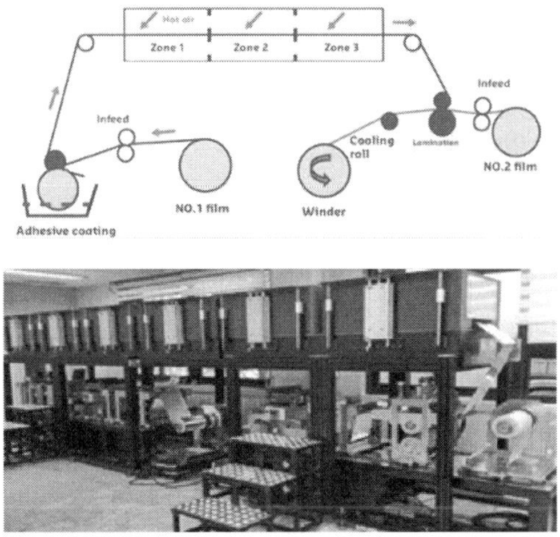

[드라이 라미네이션 공정 및 장비]

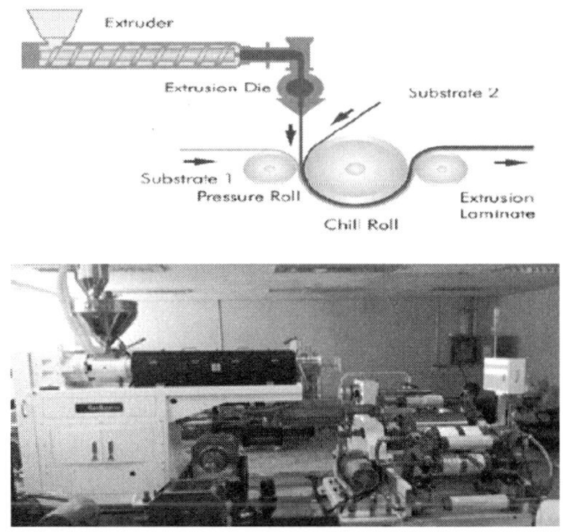

[압출 라미네이션 공정 및 장비]

그림 6.34 드라이 라미네이션과 압출 라미네이션

② Pilot scale R2R 연속 생산 장비

그림 6.35 Pilot scale R2R 연속 생산 장비 및 Part

✓ R2R 생산 장비를 구성하는 공정부(인취기[Unwinder], 권취기[Winder], 그라비어 코터[Gravure coater], 댄서[Dancer unit] 및 합지부[Laminate])별 단위 공정 실험을 진행하여 각각의 공정변수 및 수정/보완사항을 도출함.

③ 생산 장비 공정파트별 수정/보완 연구

✓ **인취부(Unwinder) 및 권취부(Winder)** : 장력 및 속도에 따른 1급지, 2급지의 공급 속도를 확

인하고 고속 장력 제어장치에 따른 이송 롤 속도의 동기화 기술(Roll Synchronization)의 작동여부를 프로그램을 통해 확인함.

✓ **다이렉트 그라비어 코터(Direct Gravure Coater)** : 그라비어 롤의 선수(dyne)에 따른 코팅 두께 및 균일도를 분석하고 표면처리제 및 접착제에 적합한 그라비어 롤의 선수를 확정함.

✓ **댄서부(Dancer unit)** : 1급지가 투입될 때, 장력에 의한 흔들림 현상을 제어하여 필름이 합지될 때 어긋나거나 주름 등의 발생여부를 확인하였으며 특이사항 없음.

✓ **라미네이트부(Laminate)** : 라미네이트 롤의 온도 및 압력을 변수로 이에 따른 제어 범위 및 속도별 계측을 진행함. 작업 속도에 따른 라미네이트 롤의 온도 및 압력의 변화를 측정한 결과, 작업 범위 안에서 제어가 완벽하게 이루어짐을 확인함.

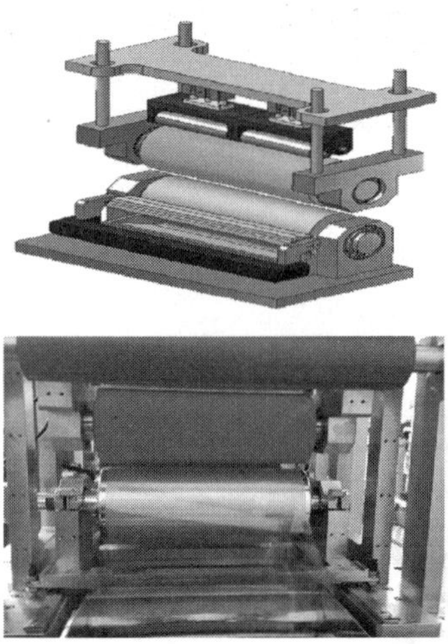

그림 6.36 그라비어 코터부

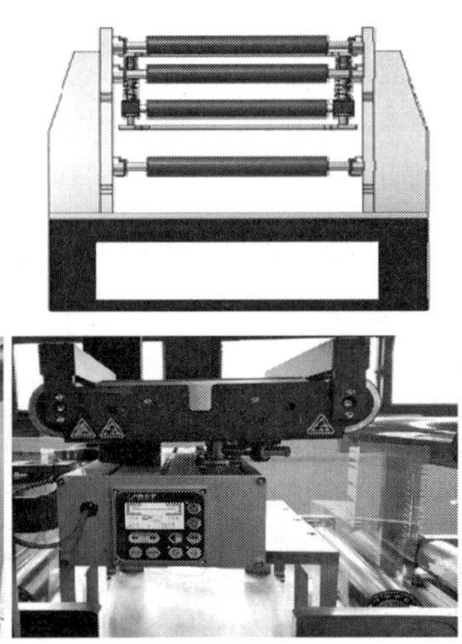

그림 6.37 댄서부

그림 6.38 라미네이트부

6.2.5 파우치 필름 제조공정 확립 및 공정 조건 최적화

• 드라이 라미네이션 방식의 제조공정 최적화

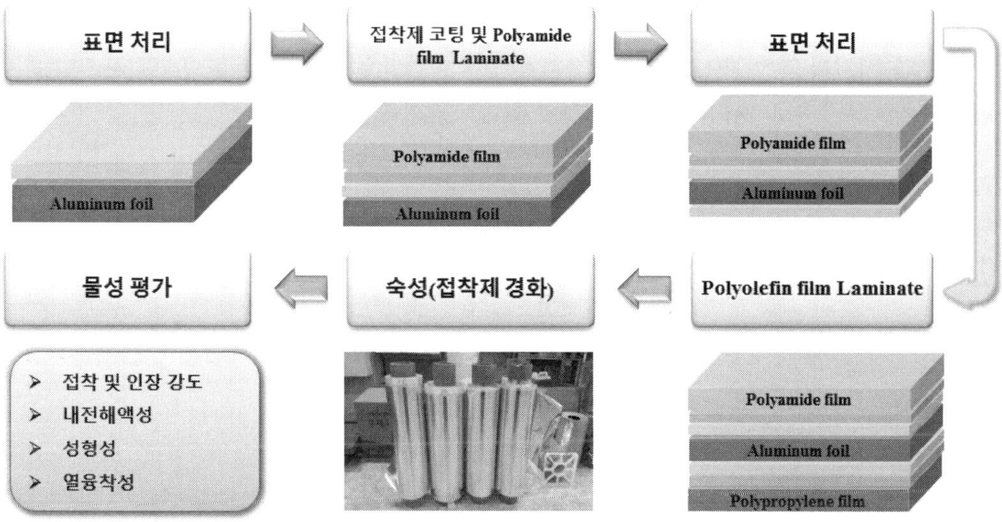

그림 6.39 파우치 필름 제조공정도

✓ 드라이 라미네이션 방식에 최적화된 파우치 필름의 제조공정을 도출 및 확립하였으며 제조공정은 크게 알루미늄박의 표면처리, 접착제 코팅, 필름의 합지 및 숙성 과정으로 구성됨.

✓ 표면처리 공정은 다이렉트 그라비어 코터를 사용하여 알루미늄박에 표면처리제를 코팅하고 건조하는 공정으로 이전 단위 공정 실험을 통한 결과를 적용하여 공정을 확립함.

✓ 접착제 코팅 및 합지 공정은 표면처리된 알루미늄박에 접착제를 코팅하고 고분자 필름을 합지하는 것으로 알루미늄박의 양면에 각각 폴리아미드 필름(나일론)과 폴리프로필렌 필름(CPP)을 합지함.

✓ 표면처리제 및 접착제의 코팅 공정에서 표면처리제와 접착제와의 성능과 접합성 연구를 실시하여 양산에 적용할 조건을 도출함.

✓ 합지 공정에서는 온도, 압력, 속도에 따른 파우치 필름의 접착강도, 내전해액성, 성형성 등을 평가하여 제조공정 조건을 도출함.

1) 공정변수별 물성 연구 및 공정 최적화 & 적용

드라이 라미네이션 공정 장비를 활용하여 라미네이션 온도, 압력, 이동 속도에 따른 파우치 필름의 접착강도 및 내전해액성 분석

① 공정변수 – 라미네이션 온도

✓ 라미네이션 온도에 따른 접착강도 결과, 약 50~70℃에서 접착강도는 매우 낮았으며 90℃ 이상에서는 충분한 접착강도를 확보함. 그러나 110~130℃의 온도에서 접착강도는확보되었으나 폴리프로필렌(CPP) 필름에 미세한 변형이 발생하였음.

✓ 내전해액성의 경우, 90℃의 라미네이션 온도에서 안정적인 내전해액성이 나타났으며 따라서 90℃의 라미네이션 온도를 양산 공정 조건으로 확립함.

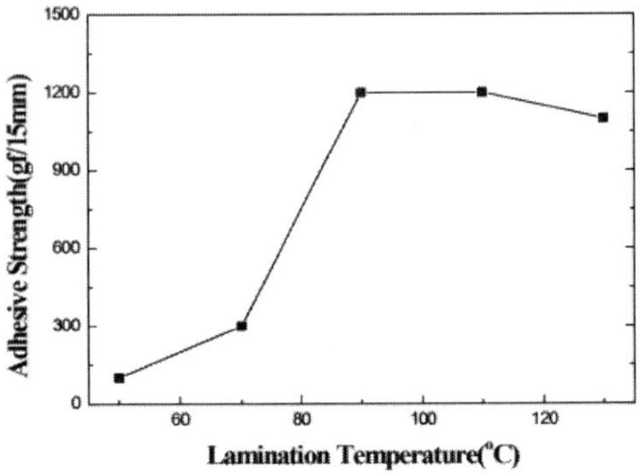

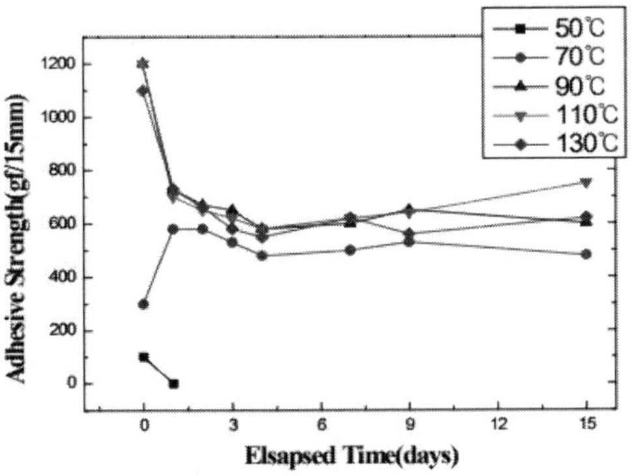

그림 6.40 라미네이션 온도에 따른 접착강도 및 내전해액성

② 공정변수 – 라미네이션 압력

✓ 라미네이션 압력에 따른 파우치 필름의 접착강도 및 내전해액성을 평가함. 압력 60kgf에서 접착강도 및 내전해액성이 가장 우수했으며 압력에 따른 물성의 차이는 크지 않았음. 라미네이션 압력 60kgf를 양산 공정 조건으로 설정함.

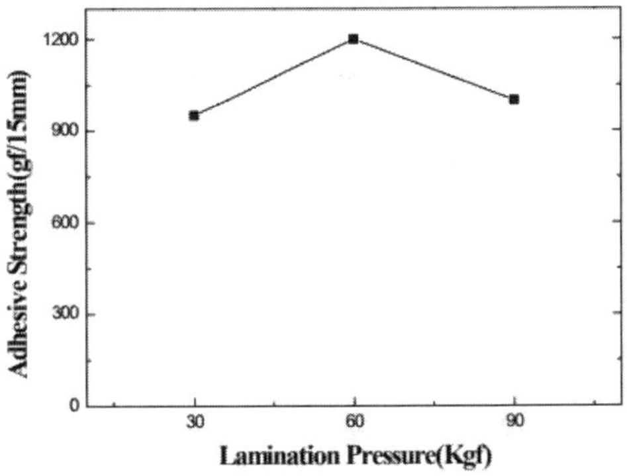

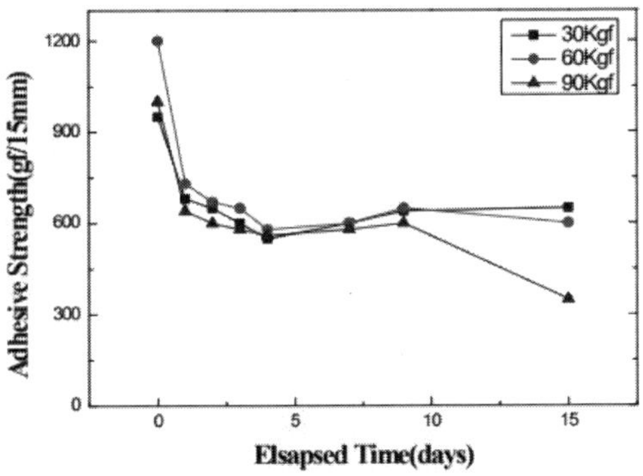

그림 6.41 라미네이션 압력에 따른 접착강도 및 내전해액성

③ 공정변수 – 라미네이션 속도

✓ 라미네이션 속도에 따른 파우치 필름의 접착강도 및 내전해액성을 평가한 결과, 라미네이션 속도가 증가할수록 접착강도 및 내전해액성은 감소함. 이를 바탕으로 라미네이션의 속도와 온도를 동시에 증가시킨 결과, 접착강도 및 내전해액성이 향상됨을 알 수 있었음.

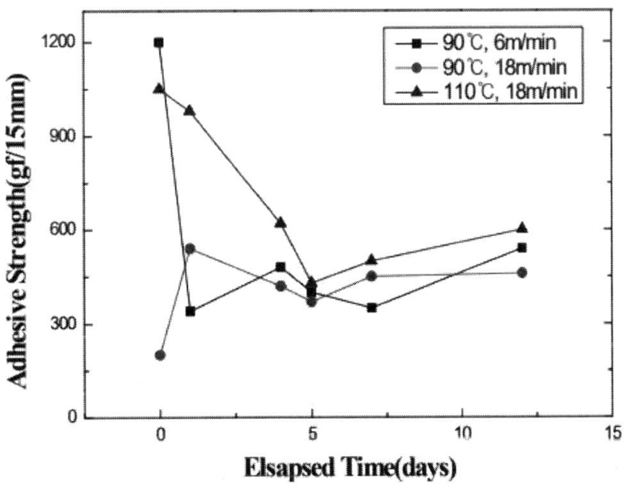

그림 6.42 라미네이션 속도에 따른 접착강도 및 내전해액성

✓ 각 공정파트별 단위 공정 실험을 통해 라미네이션의 온도와 속도가 제품의 접착강도 및 내전해액성에 미치는 영향이 큰 것을 알 수 있으며 라미네이션의 압력은 영향을 미치지 않는 것을 확인함.

✓ 단위 공정 실험을 통해 향후 양산 설비에 적용할 공정 조건을 확립하였으며 이를 바탕으로 외주임가공을 통해 시제품 제작 및 이들의 물성과 Pilot 장비를 통한 샘플의 물성을 비교분석할 예정임.

✓ 최적 공정 조건 - 라미네이션 온도 90℃ , 압력 60kgf , 속도 6m/min

2) 경생사 제품과의 물성 비교 (외주임가공 시제품)

• 최적화된 조건을 양산 공정에 적용하여 제작한 시제품과 경쟁사 제품의 물성(인장강도, 연신율, 접착강도, 내전해액성 및 성형성, 열융착성 등)을 비교 분석하였으며, (주)탑앤씨의 기술수준과 개선사항을 확인 및 설정함.

표 6.5 소형전지용 파우치 필름 물성 (시제품 vs 경쟁사)

<table>
<tr><th colspan="3">Properties</th><th>Unit</th><th>TOPnC</th><th>경쟁사(日)</th></tr>
<tr><td colspan="3">Thickness</td><td>㎛</td><td>113</td><td>113</td></tr>
<tr><td rowspan="2">Tensile strength</td><td colspan="2">MD</td><td rowspan="2">N/15mm</td><td>127.4</td><td>137.2</td></tr>
<tr><td colspan="2">TD</td><td>137.2</td><td>147.0</td></tr>
<tr><td rowspan="2">Elongation rate</td><td colspan="2">MD</td><td rowspan="2">%</td><td>75</td><td>80</td></tr>
<tr><td colspan="2">TD</td><td>70</td><td>65</td></tr>
<tr><td rowspan="2">Adhesive strength</td><td colspan="2">NY/Al</td><td rowspan="2">N/15mm</td><td>7.35</td><td>7.84</td></tr>
<tr><td colspan="2">Al/CPP</td><td>11.76</td><td>12.74</td></tr>
<tr><td colspan="3">Electrolyte resistance (85℃, 7days)</td><td>N/15mm</td><td>8.82</td><td>8.82</td></tr>
<tr><td colspan="3">Formability</td><td>mm</td><td>5.0</td><td>6.0</td></tr>
<tr><td rowspan="3">Heat seal strength</td><td colspan="2">160℃</td><td rowspan="3">N/15mm</td><td>107.8</td><td>98.0</td></tr>
<tr><td colspan="2">170℃</td><td>107.8</td><td>107.8</td></tr>
<tr><td colspan="2">180℃</td><td>117.6</td><td>117.6</td></tr>
<tr><td rowspan="4">Friction coefficient</td><td rowspan="2">Ny/Ny</td><td>Static</td><td rowspan="4">-</td><td>0.18</td><td>0.10</td></tr>
<tr><td>Kinetic</td><td>0.13</td><td>0.08</td></tr>
<tr><td rowspan="2">CPP/CPP</td><td>Static</td><td>0.12</td><td>0.1</td></tr>
<tr><td>Kinetic</td><td>0.10</td><td>0.07</td></tr>
</table>

▶ 자체적으로 평가한 측정치임.

- 대부분의 물성을 확인한 결과, 경쟁사와 유사하였으며 연신율 및 성형성이 다소 미흡한 것을 알 수 있음.

6.2.6 신뢰성 평가 기술 개발

1) 접착강도 및 인장강도

- 접착강도 및 인장강도는 파우치 필름의 내전해액성, 성형성에 영향을 미치는 주요물성으로 품질관리를 위한 평가방법 및 기준을 확립함.
- 샘플링 및 측정방법을 획일화하고 각 계면의 접착강도와 파우치 필름의 인장강도를 평가, 소재 및 품질관리에 적용함.

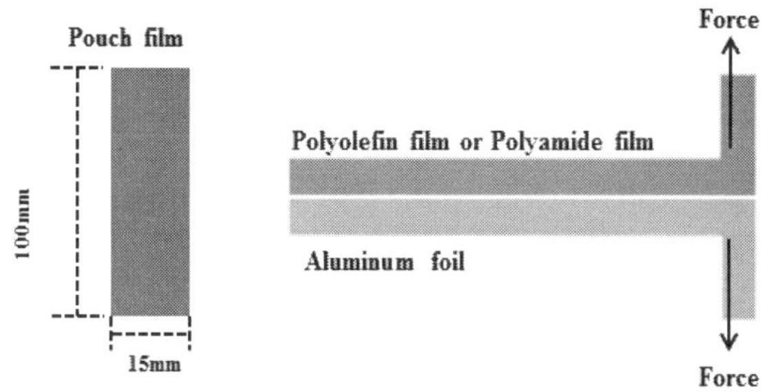

그림 6.43 접착강도 평가방법

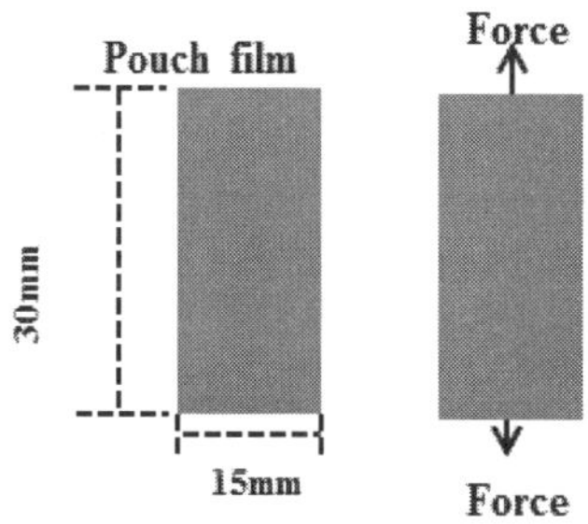

그림 6.44 인장강도 평가방법

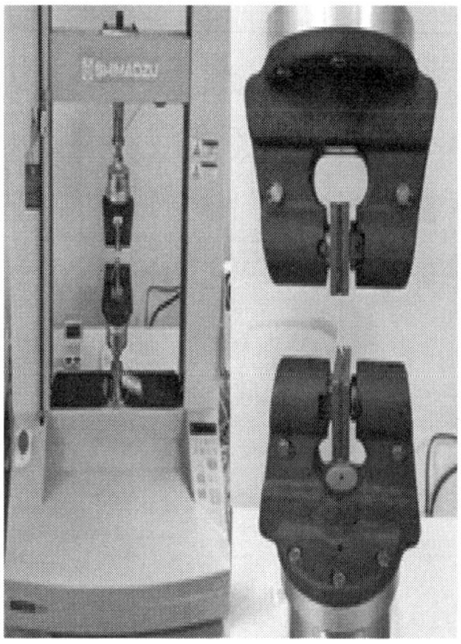

그림 6.45 측정장비 : 만능재료시험기(UTM)

2) 내전해액성

- 내전해액성은 전해액에 대한 내화학성을 나타내는 물성으로써 알루미늄박과 폴리프로필렌(CPP) 필름의 계면으로 침투한 전해액에 의해 계면 박리 및 부식현상이 발생하여 접착강도가 감소하거나 전해액이 외부로 누출되는 것을 방지 및 억제하는 특성임.
- 내전해액성에 대한 샘플링 및 평가방법을 확립하였으며 샘플링 규격은 접착강도와 동일하게 적용하여 전해액에 시편을 넣어 약 60℃ 또는 85℃의 온도에서 24시간 마다 접착강도를 측정하여 경향성을 파악함.

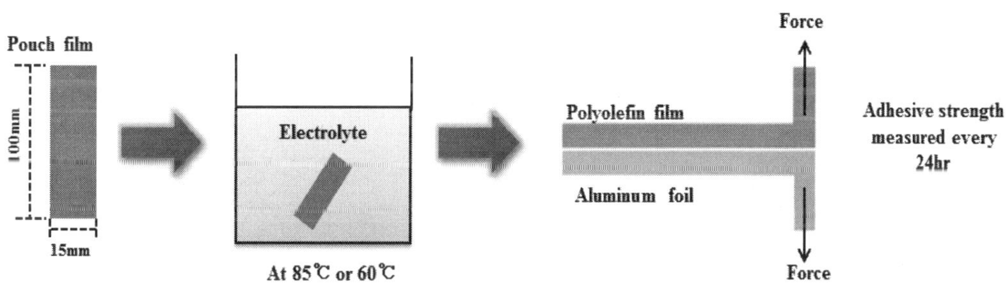

그림 6.46 내전해액성 평가방법

3) 열융착강도

- 열융착성은 파우치 필름을 밀봉할 때 필요한 특성으로 전지의 내부와 외부를 차단하고 수분 및 가스의 침투와 전해액의 누출을 방지함.
- 자체적으로 제작한 열융착장비를 통해 열융착을 한 후, 강도를 측정하며 샘플링 및 평가방법을 획일화하여 품질 관리에 적용함.

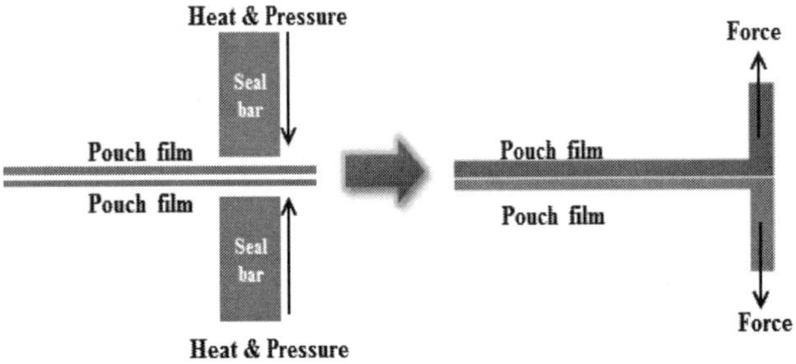

그림 6.47 열융착강도 평가방법

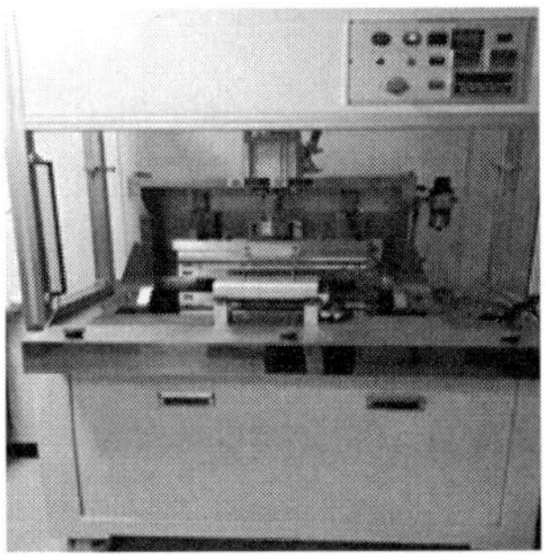

그림 6.48 열융착장비 (Sealing M/C)

4) 성형성

- 성형성은 리튬 이차전지의 용량과 비례하여 성형되는 면적과 깊이가 결정되며, 성형하고자 하는 깊이 및 면적으로 성형한 후 파우치 필름의 연신된 부분에서 크랙 및 균열, 핀홀 등의 발생여부를 확인함.
- 성형성을 측정하기 위해 자체적으로 제작한 성형기를 통해 일정한 규격의 펀치를 사용하여 압력과 가해 특정 깊이까지 성형.
- 성형성에 대한 샘플링 및 평가방법을 획일화하고 성형 후, 파우치 필름 상의 균열 및 핀홀 발생여부와 연신된 부분의 두께 변화를 측정하여 품질관리에 적용하도록 함.

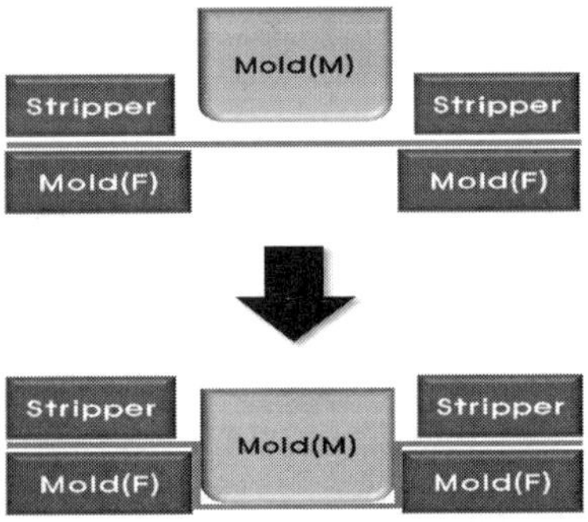

그림 6.49 성형성 평가방법

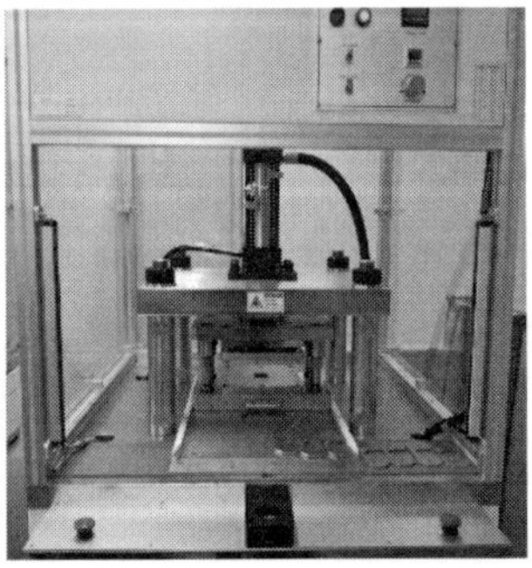

그림 6.50 성형기 (Forming M/C)

6.2.7 파우치 필름 물성 및 신뢰성 개선

1) 성형성 향상

① 마찰계수에 따른 성형성

- ✓ 고분자 필름(Nylon 또는 CPP)의 마찰계수에 따라 성형성의 변화를 알아보기 위하여 슬립제를 코팅하여 마찰계수를 감소시켜 실험을 진행함. 슬립제란 표면을 미끄럽게 하는 화학용액으로 본 연구에서는 실리콘계 슬립제를 사용함.
- ✓ 슬립제를 파우치 필름의 Nylon 필름(단면), CPP 필름(단면), Nylon 필름과 CPP 필름(양면)에 각각 코팅한 후, 마찰계수의 변화와 성형성을 분석함.
- ✓ 슬립제 코팅 후 Nylon 필름과 CPP 필름의 마찰계수를 측정한 결과, Nylon의 경우 마찰계수가 정마찰 0.235에서 0.048로 감소하였고 CPP의 경우, 정마찰 0.075에서 0.041로 감소함.

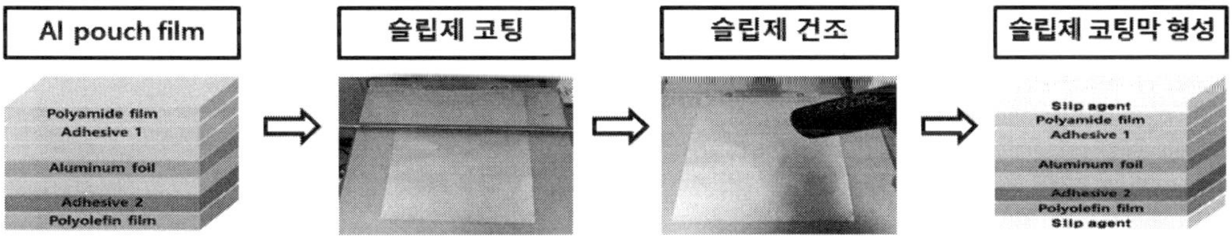

그림 6.51 슬립제(Slip agent) 코팅 공정 및 모식도

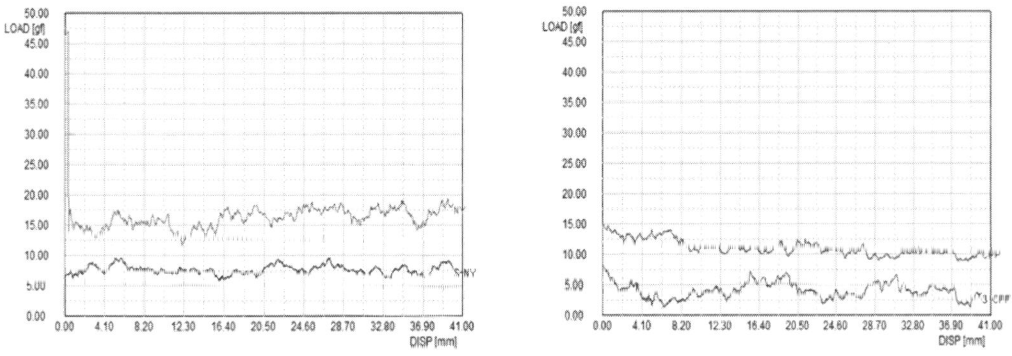

그림 6.52 슬리제 코팅 후 필름의 마찰계수 결과 (Nylon[좌], CPP[우])

- ✓ 마찰계수에 따른 성형성을 알아보기 위하여 각각 Nylon 필름(단면), CPP 필름(단면), Nylon과 CPP 필름(양면)에 슬립제를 코팅한 샘플과 코팅 전 샘플의 성형성을 평가하였음.
- ✓ 슬립제 적용 여부에 따른 제품의 성형 깊이 별 실험을 진행하였으며 성형된 파우치 필름의 표면에 크랙 및 파단 발생 여부를 통해 성형성을 비교 분석함.

✓ 실험 결과, 슬립제를 적용한 샘플이 기존 샘플(Standard) 대비 성형성이 개선됨을 알 수 있었으며 특히, Nylon 필름에 슬립제를 코팅한 샘플에서 성형성이 크게 향상됨을 확인함.

✓ 그러나 슬립제를 코팅하여 마찰계수를 감소시키는 것은 공정의 추가에 따른 제조비용 증가를 가져옴으로 마찰계수가 낮은 Nylon 필름을 수배하여 성형성을 개선하는 것이 물성 및 제조에 있어 이점이 있을 것으로 판단됨.

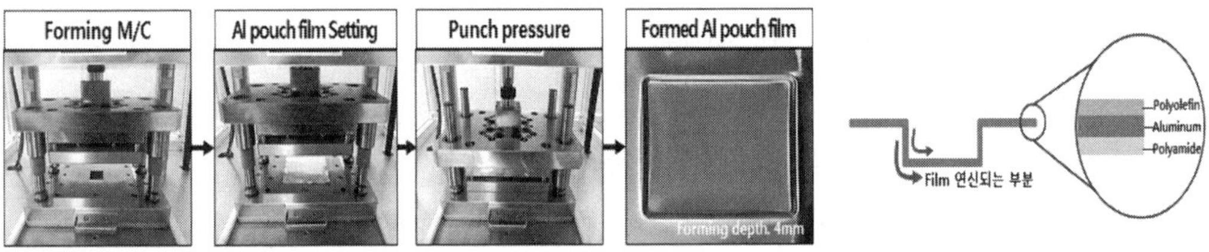

그림 6.53 성형성 평가 방법

※ Mark : ○ = Pass, X = Fail, — = No test (Depth. 단위 : mm)

Forming Depth.	4.5	5.0	5.5	6.0	6.5
Standard	○	X	—	—	—
Slip-Ny	○	○	○	○	X
Slip-CPP	○	○	X	—	—
Slip-Both	○	○	○	X	—

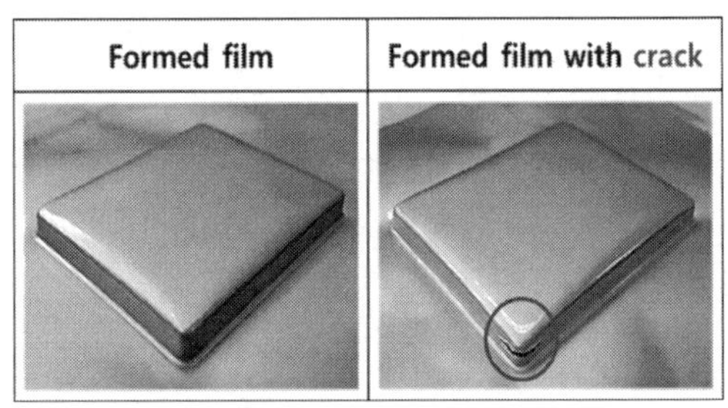

그림 6.54 성형성 평가 결과 및 성형성 불량 예시(크랙)

② 접착강도에 따른 성형성

✓ 필름 간의 접착강도는 파우치 필름의 성형성에 영향을 주는 것으로 알려져 있으며 이들의 영향을 알아보기 위해 접착강도에 따른 성형성을 평가함.

✓ 접착강도를 측정한 결과, 10N/15mm 미만의 낮은 접착강도를 갖는 샘플에서는 성형 후 표면이 하얗게 변하는 백화현상이 발생하는 것을 확인함. 이는 향후 성형성 평가 및 물성 검증에 있어 주요한 요인으로 반영할 수 있을 것으로 생각됨.

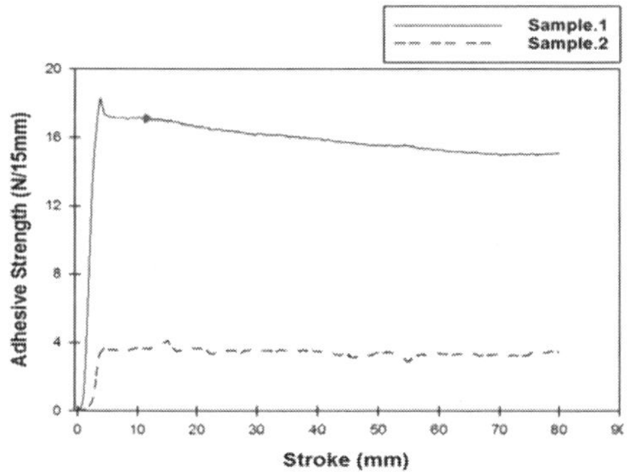

구분	접착강도 [N/15mm]
Sample.1	15.60
Sample.2	3.31

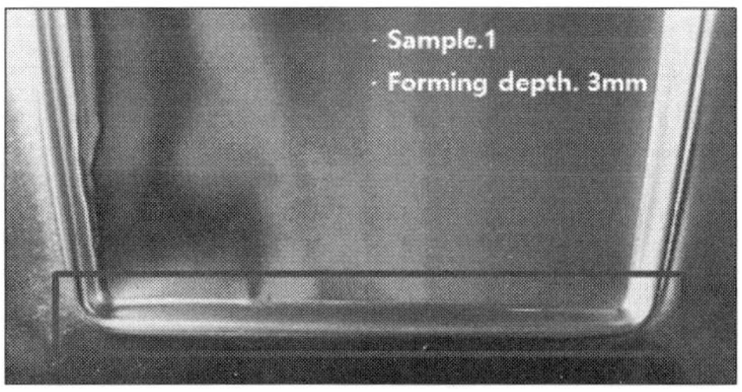

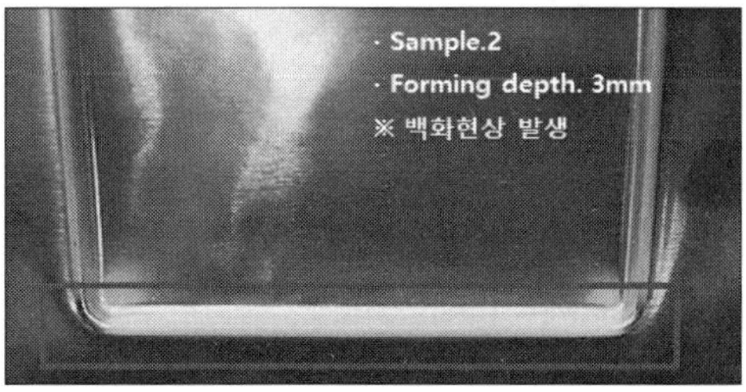

그림 6.55 접착강도 측정 결과 및 이에 따른 성형성 결과

2) 공정조건에 따른 접착강도 및 내전해액성

파우치 필름의 제조 공정조건 중 코팅두께, 건조시간, 라미네이션 온도 및 압력, 속도, 장력 제어 등은 제품의 물성과 신뢰성에 영향을 미치며 특히, 주요 물성인 접착강도와 내전해액성을 중심으로 라미네이션의 공정 조건에 따른 물성 변화를 연구함.

① 라미네이션 온도

- ✓ 라미네이션 온도가 높을수록 접착강도도 증가하였으며 90℃미만의 낮은 온도에서는 각 필름 간의 합지(라미네이션)가 이루어지지 않아 접착강도가 거의 없음.
- ✓ 또한, 약 110℃ 이상의 라미네이션 온도에서는 CPP 필름의 표면에 열로 인한 손상을 받는 것을 확인할 수 있었음.
- ✓ 즉, 라미네이션 공정에서 속도와 온도는 밀접한 관계를 가지고 있으며 같은 온도 조건에서 라미네이션 속도가 낮을수록 접착강도 및 내전해액성은 증가하고 같은 속도 조건에서 온도가 증가할수록 접착강도 및 내전해액성이 증가하지만 일정한 온도 이상에서는 필름에 열 손상을 입힐 수 있음을 확인함.

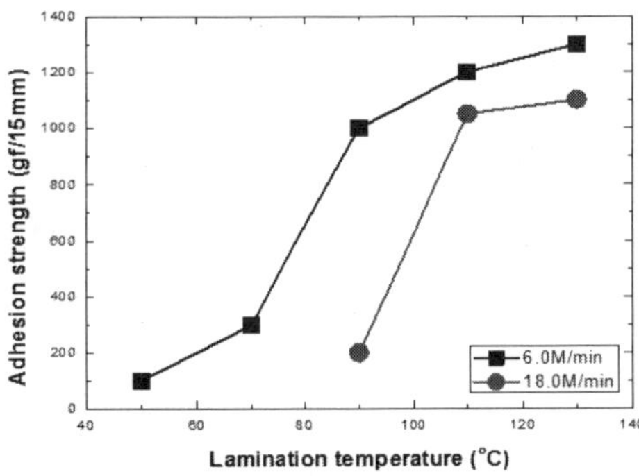

	합지온도 (℃)	합지속도 (M/min)	합지압력 (kgf/cm2)	초기접착력 (gf/15mm)
1	50			100
2	70			300
3	90	6.0	80	1000
4	110			1200
5	130			1300
6	90			200
7	110	18.0	80	1050
8	130			1100

그림 6.56 라미네이션 조건에 따른 접착강도

② 라미네이션 압력

라미네이션 압력이 높을수록 접착강도가 증가하였으나, 라미네이션 온도에 비해 접착강도에 미치는 영향은 미미한 것으로 나타남.

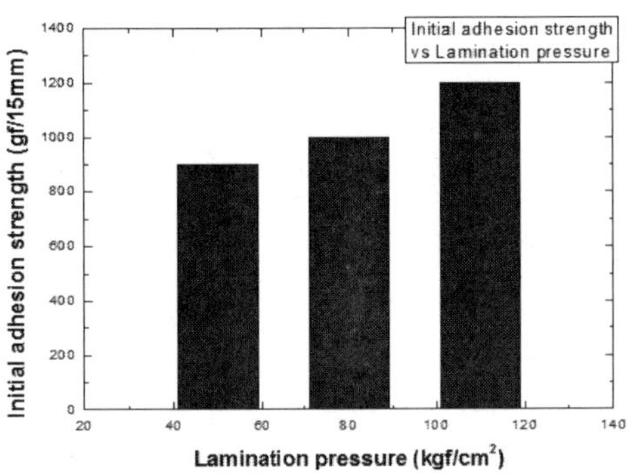

	합지압력 (kgf/cm²)	합지온도 (℃)	합지속도 (M/min)	초기접착력 (gf/15mm)
1	50			900
2	80	90	6.0	1000
3	110			1200

그림 6.57 라미네이션 압력에 따른 접착강도 변화

③ 라미네이션 속도

- ✓ 라미네이션의 온도 및 압력(라미네이션 온도 110℃, 압력 90kgf/㎤)을 최적화 한 상태에서 라미네이션 속도에 따른 접착강도 및 내전해액성을 평가함.
- ✓ 라미네이션 속도가 낮을 경우, 초기 접착강도는 높았으나 1일차 내전해액성이 상대적으로 많이 감소함. 라미네이션 속도가 빠른 경우, 1일차 내전해액성은 우수했으나 시간 경과에 따라 내전해액성이 감소함.
- ✓ 라미네이션의 공정 조건에 따른 파우치 필름의 접착강도 및 내전해액성을 비교 분석함으로써 제품의 물성에 영향을 미치는 공정조건을 확인 및 도출함.

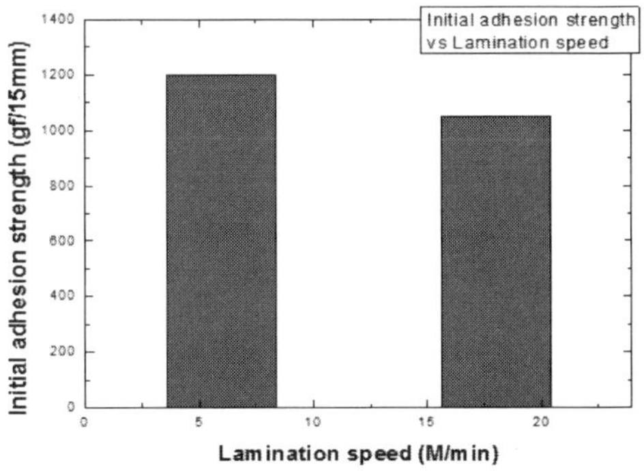

	합지속도 (M/min)	합지온도 (℃)	합지압력 (kgf/cm2)	초기접착력 (gf/15mm)
1	6.0	110	80	1200
2	18.0			1050

그림 6.58 라미네이션 속도에 따른 접착강도 변화

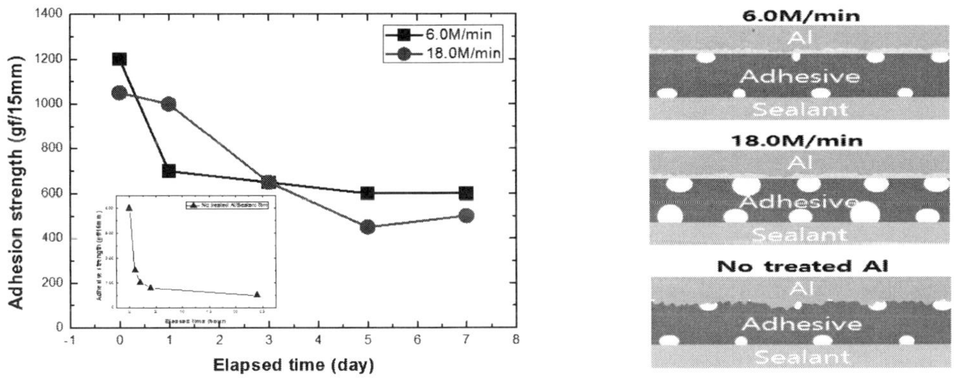

(a) (b)

그림 6.59 라미네이션 속도별 내전해액성 결과 및 원인 분석

3) 제품의 경쟁사 간 비교분석 및 차별화

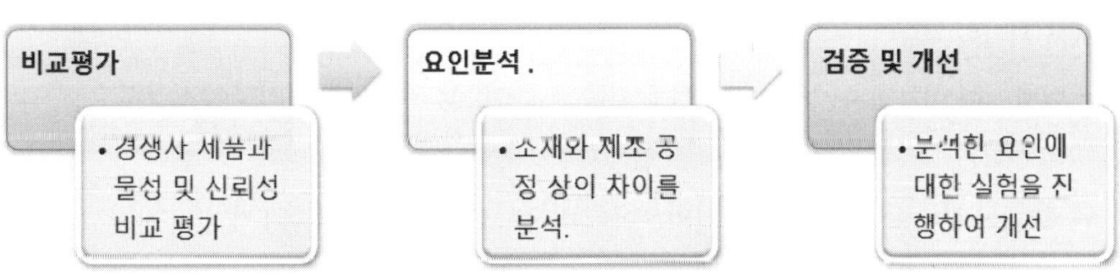

그림 6.60 파우치 필름의 물성 및 신뢰성 향상 연구 진행

표 6.6 소형전지용 파우치 필름 물성 (물성 개선 시제품 vs 경쟁사)

Properties			Unit	TOPnC	경쟁사(日)
Thickness			㎛	111	113
Tensile strength	MD		N/15mm	14	15
	TD			14	17
Elongation rate	MD		%	103	117
	TD			103	97
Adhesive strength	Al/CPP		N/15mm	10.8	11.8
Electrolyte resistance (85℃)	1day		N/15mm	9.8	10.8
	3days			9.3	10.8
	5days			8.8	9.8
Formability			mm	6.5 (Max 7.0)	7.0
Heat seal strength (Time 3sec, 100kgf)	60%	160℃	N/15mm	71.5	91.2
		170℃		88.3	95.1
		180℃		99.0	103.9
	70%	160℃		72.6	75.5
		170℃		75.5	77.5
		180℃		88.3	91.2
	80%	160℃		68.6	67.7
		170℃		71.6	70.6
		180℃		76.5	84.3
Impurity heat seal strength			N/15mm	13.2	13.3

▶ 자체적으로 평가한 측정치임.

① 제품 차별화

✓ 현재 리튬 이차전지 시장이 급격하게 확대됨에 따라 파우치 필름의 시장이 성장하고 있으며, 이에 따라 요구되어지는 물성(수요업체의 Needs)이 다양화되고 있음.

✓ 특히, 리튬이차전지가 다양한 산업분야에 적용되고 있으며 모바일/IT기기 및 전기자동차 등 용도별 제품의 요구물성이 다양해지고 이는 실정으로 이에 발맞추어 다양한 물성을 가지는 파우치 필름 개발에 초점을 맞추고 연구 개발 진행.

✓ **기재층(Preservation Layer)** : 기재층인 Nylon 필름에서는 성형성을 향상시키기 위한 연구를 진행하였으며 또한, 외부 충격 등 내구성이 우수한 소재 개선 및 선정을 통하 제품의 신뢰성 향상

✓ **접착층(Adhesive Layer)** : 파우치 필름뿐 아니라 플렉서블 디바이스에도 적용이 가능하도록

접착제의 유연성(Flexibility), 크랙 방지 기술 등을 연구 개발

✓ **실런트층(Sealant Layer)** : 최내층인 CPP 필름의 경우, 자가치유물질을 포함하여 성형 시 발생할 수 있는 마이크로 크랙을 스스로 방지할 수 있는 기술과 절연성, 열융착성 등을 향상시킬 수 있는 기술 연구

✓ 이와 같이 파우치 필름을 구성하는 각 층에 대하여 성능 개선에 대한 다양한 연구를 진행했으며 사업화에 있어 제조비용 등의 여러 가지 문제가 있을 것으로 판단되나, 향후 수요업체에서 요구하는 물성을 만족하는 맞춤형 파우치 필름 제조에 기여할 것으로 판단됨.

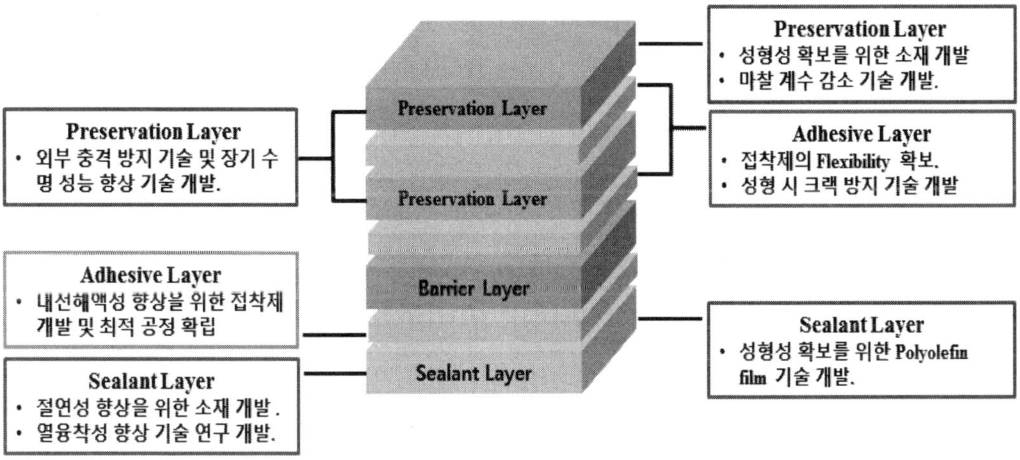

그림 6.61 파우치 필름의 차별화 기술 연구

4) 제품 수율 향상

• 제품의 생산에 있어 수율은 제조원가에 영향을 미치는 요인으로 제품의 가격경쟁력을 확보하기 위해서는 제조공정의 수율 향상이 필요함.

• 제품 생산 공정에서 제품 제작에 따라 소모된 재료와 제작된 파우치 필름의 양을 바탕으로 수율을 분석함.

• 생산 공정에서 인취기(Unwinder), 권취기(Rewinder)의 장력, 라인 구성(Line path), 공정 속도(Line Speed) 등이 수율에 영향을 미치는 것을 확인, 다양한 공정 변수 실험을 통해 수율 향상을 위한 공정을 개선함.

• 실제 양산 공정을 통해 수율을 분석하였을 때 알루미늄박의 평활도와 품질이 수율에 가장 많은 영향을 미치는 것을 확인하였으며 알루미늄박의 단재 상태, 주름, 찍힘 등의 소재 상태에 따라 수율이 감소하는 것을 확인함.

• 알루미늄박의 업체와의 협의를 통해 개선방향을 논의하였으며 해당 필름의 입고 시 수입검사 및 관리기준의 필요성을 확인함.

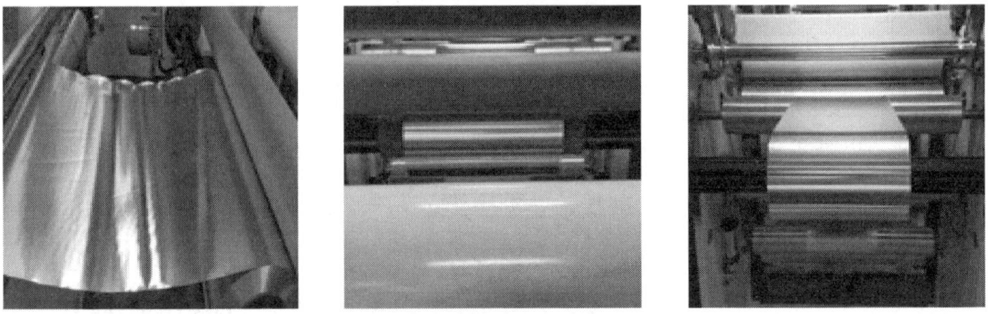

그림 6.62 수율 감소에 영향을 주는 요인들

그림 6.63 알루미늄박의 불량에 따른 수율 감소

6.2.8 신뢰성 평가 기술 추가확립

1) Bending Test

• 리튬 이차전지의 내구성 및 장기 수명 등이 주요 이슈로 부각되면서 파우치 필름의 내구성을 평가할 수 있는 방법 필요, 수요업체들과 협의를 통해 Bending Test를 진행하고 있는 것을 확인.

• BendingTest란 파우치 필름을 접은후 일정한 압력을 가했다가 다시펴는 과정을 반복하면서 크랙이 발생하는 횟수를 측정하는 것으로 반복 횟수가 높을수록 내구성이 뛰어남.

• 핀홀과 같은 미세 크랙의 발생 가능성을 확인하기 위하여 광학 현미경(Microscope)을 이용하여 표면 분석.

• 향후 기계적 설계 및 자동화 시스템을 구축하여 정밀한 평가가 가능하도록 평가 방법의 보완이 필요함.

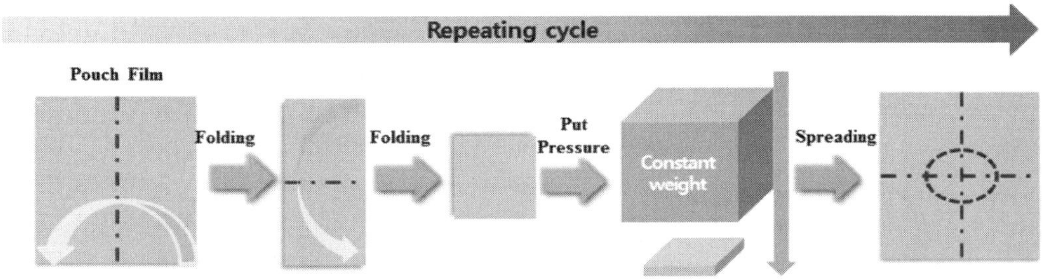

그림 6.64 Bending Test 방법

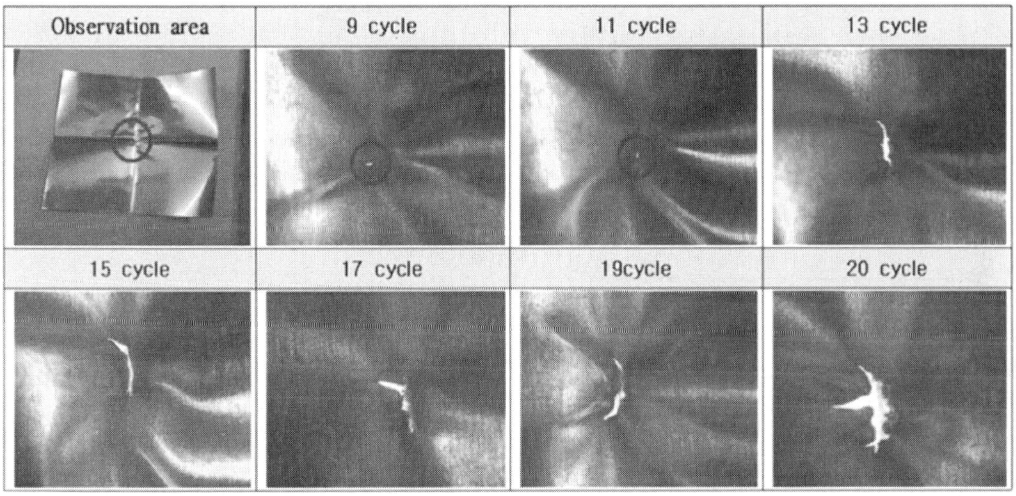

그림 6.65 Bending Test 결과

2) 이물질 잔존 여부에 따른 열융착성

- 리튬 이차전지의 후속공정인 열융착 공정은 전극조립체를 파우치 필름에 내장한 후 열과 압력을 가해 파우치 필름을 밀봉하는 것으로 전지의 신뢰성을 유지하기 위해 가장 주요한 물성임.
- 실제로 열융착 공정은 파우치 필름의 3면을 밀봉한 뒤 전해액을 주입하고 마지막 4면을 융착하는 공정으로 전해액이 잔존할 수 있는 가능성을 가지고 있어 이물질에 따른 열융착성을 확인하고 평가하는 방법이 필요함.
- 따라서 전해액이 잔존하는 상태에서의 열융착강도를 측정하기 위하여 파우치 필름을 열융착하여 전해액을 주입한 상태의 더미 셀(Dummy cell)을 제작한 후, 중앙 부분을 다시 열융착함으로써 해당 부분의 열융착강도를 측정하는 방법을 개발함.
- 열융착성은 CPP필름과도 긴밀한 관계가 있으므로 다양한 CPP 필름과 경쟁사 제품을 비교 분석하여 테스트를 진행함.

• 경쟁사의 제품과는 열융착성의 차이가 거의 없었으며 CPP 필름의 종류에 따라서 열융착강도의 차이가 발생하였으나 각 결과별 오차도 나타나는 것을 알 수 있었음.

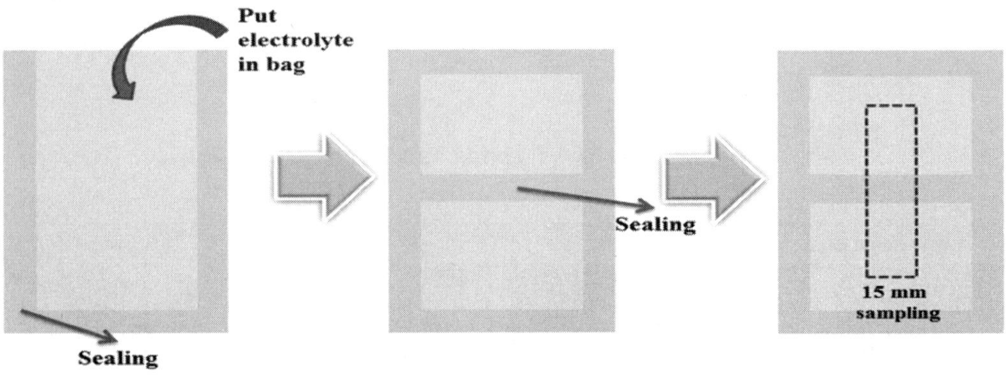

그림 6.66 이물질 열융착강도 평가 방법

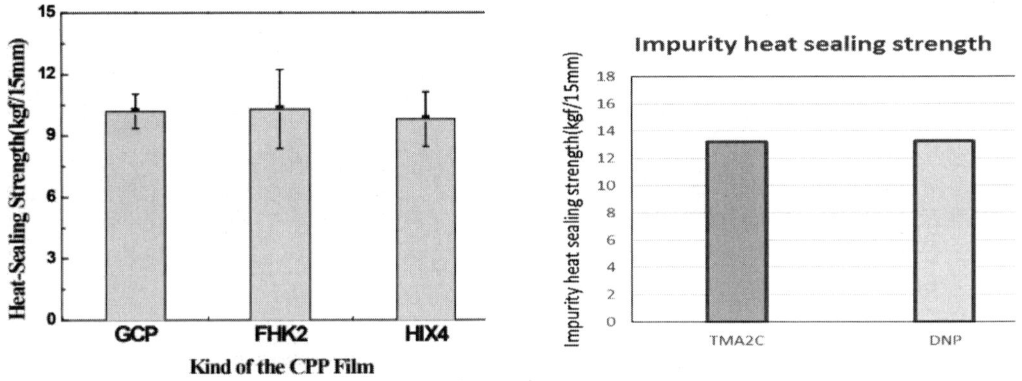

그림 6.66 CPP 필름 별 이물질 열융착강도 측정 결과 및 경쟁사 제품 비교 분석 결과

3) 성형 후 알루미늄박의 두께 변화

• 파우치 필름은 일반적으로 딥 드로잉 공정을 통한 프레스 성형으로 전극조립체를 내장할 수 있는 수납부를 형성하며 적용 분야에 따라 성형하는 깊이는 다양함.

• 전지의 용량에 비례하여 성형 깊이도 증가하므로 파우치 필름에 크랙 등과 같은 불량 없이 안정적인 성형성을 갖는 것은 제품의 품질과 리튬 이차전지의 안전성에 매우 중요한 요소임.

• 따라서 성형 후 파우치 필름의 내구성을 평가하기 위해 일정한 두께로 성형한 후 알루미늄박의 두께 변화를 분석함. 알루미늄박의 두께는 파우치 필름의 단면을 주사전자현미경(SEM)을 통해 관찰함.

- 성형 후 알루미늄박의 두께는 전체적으로 감소하였으며 특히, 그림의 "c"부분에서의 두께 감소가 큰 것을 확인하였음.
- 알루미늄박의 두께 변화와 더불어 제품의 물성 및 신뢰성, 내구성 등에 미치는 영향을 파악하여 정량적으로 평가할 수 있는 방법을 연구할 계획임.

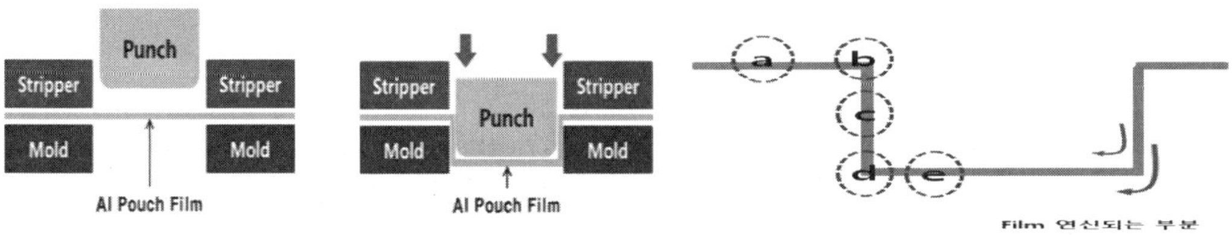

그림 6.67 성형 후 알루미늄 두께변화 측정 방법

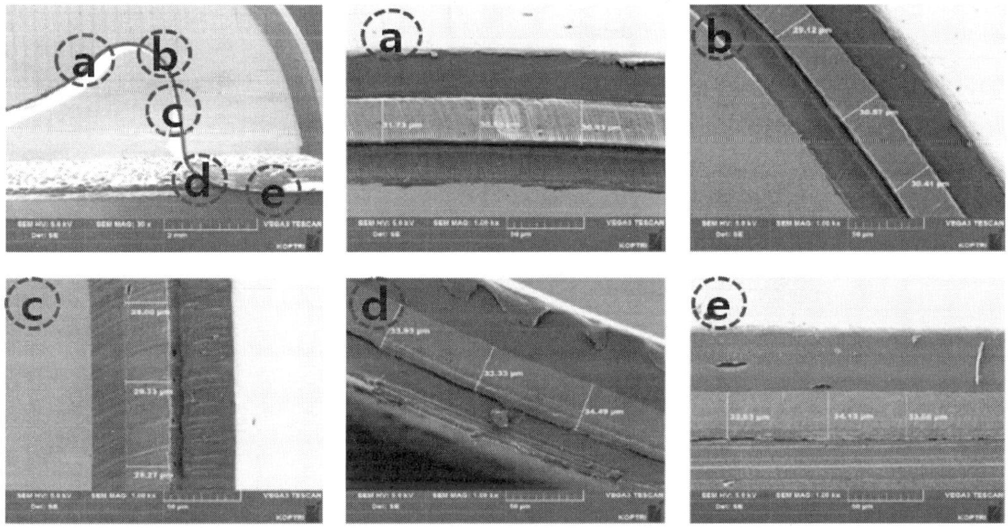

그림 6.68 성형 후 알루미늄 두께변화 측정 결과

4) 성형 후 내전해액성 분석

- 리튬 이차전지 및 수요업체들과의 기술 미팅을 진행하면서 파우치 필름의 경우, 성형 후에도 제품의 물성에 변화 없이 안정적으로 유지될 수 있는 제품을 요구하고 있으며 이를 위한 평가 방법이 필요하다는 의견임.
- 따라서 성형 후 내전해액성을 평가할 수 있는 방법을 개발 및 설계하고 이를 통해 성형 전/후의 내전해액성을 비교 분석함.
- 평가 방법은 파우치 필름을 성형하여 더미셀을 제작한 후 전해액을 주입하여 샘플링 한 뒤 이들

을 내전해액성 평가 환경조건(85℃)에서 보관한 후 일정 시간마다 접착강도를 측정함.

- 성형 부분 별 접착강도를 지속적으로 측정하여 각각의 부분(1~4 point)의 접착강도 및 내전해액성의 변화도 확인할 수 있도록 평가 방법을 개발함.
- 해당 평가 방법을 적용하여 내전해액성을 평가하였으며 향후 제품의 품질 관리를 위한 요소로 활용될 것으로 생각됨.

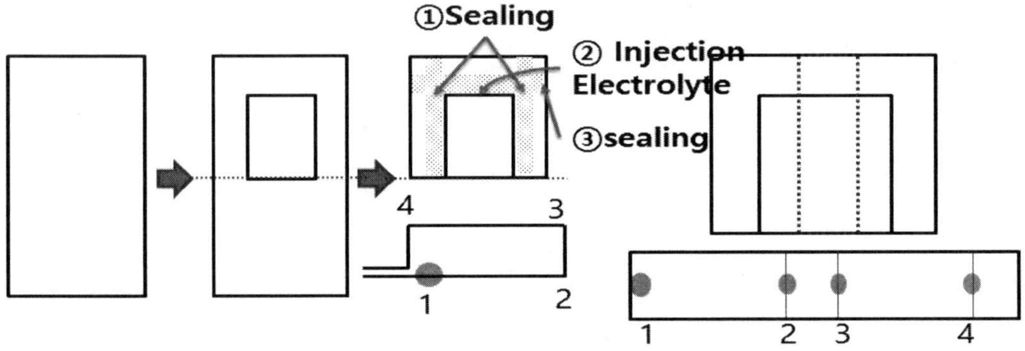

그림 6.69 성형 후 내전해액성 평가 방법

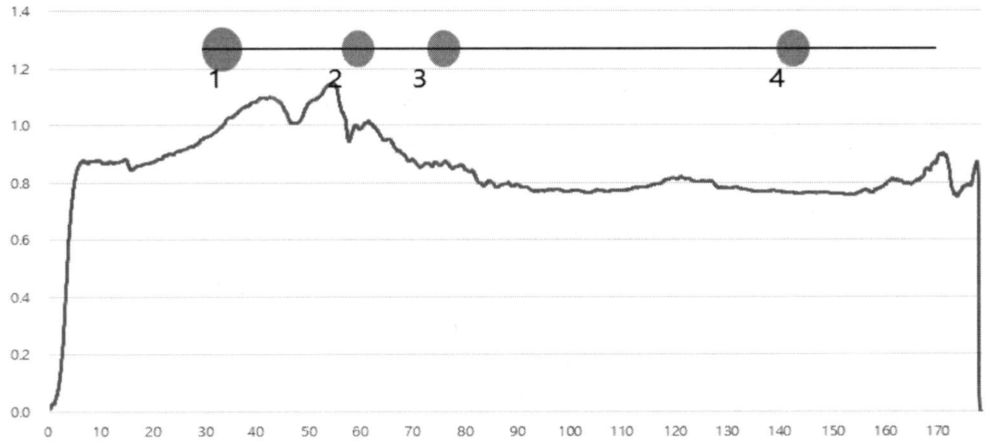

그림 6.70 성형 후 접착강도 및 내전해액성 측정 결과

6.2.9 적용분야에 따른 파우치 필름과 신뢰성 개선

1) 중대형 이차전지용 파우치 필름

- 환경문제에 대한 대안으로 친환경 기술이 각광받고 있으며 전기자동차의 개발이 전 세계적으로 이루어지고 있음.

- 전기자동차에 사용되는 리튬 이차전지는 패키징 형태에 따라 원통형, 각형, 파우치형으로 구분되며 기존에는 내구성이 좋은 금속 캔 형태의 외장재가 주로 사용되었으나 열 방출 및 무게 등의 단점으로 파우치형의 수요가 높아지고 있음.
- 파우치형 이차전지는 가볍고 제품 설계도 및 부피면적 당 에너지효율이 높아 연비를 중요시 하는 전기자동차에 적합하지만 아직까지는 생산단가가 높은 단점이 있음. 이는 기술의 개발에 따른 제품의 보편화 및 수요증가에 따라 개선될 것으로 생각됨.

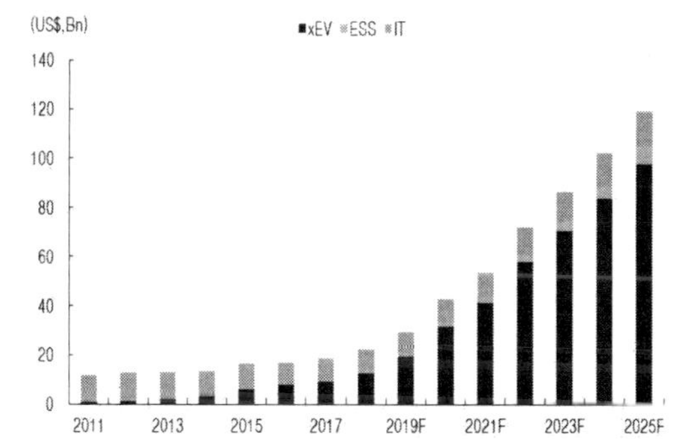

자료: SNE리서치, IBK투자증권

그림 6.71 글로벌 리튬 이차전지 시장 동향

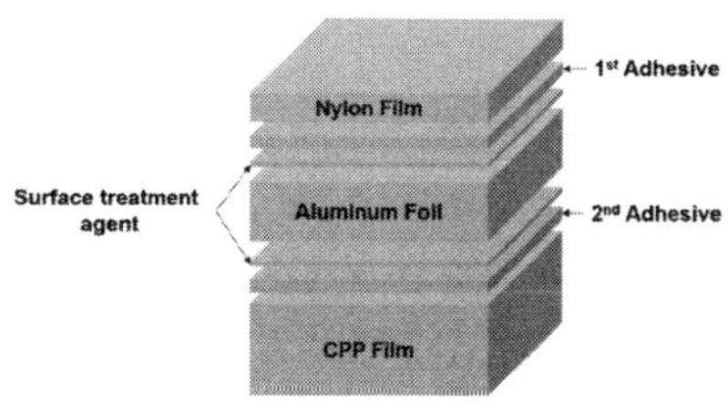

그림 6.72 전기자동차용 파우치 필름의 구조

2) 중대형 이차전지용 파우치 필름의 물성

① 표면처리제의 건조조건에 따른 물성

✓ 중대형 이차전지용 파우치 필름의 주요 물성 중 하나인 내화학성의 개선을 위하여 알루미늄박의 표면처리 조건에 따른 접착강도와 내화학성을 분석함.

✓ 표면처리제의 건조조건에 따른 접착강도 측정 결과, 건조온도 100℃ 이상에서 9.8N/15mm 이상의 높은 접착강도를 나타냄.

✓ 표면처리제 건조조건에 따른 알루미늄박의 표면을 주사전자현미경(SEM)을 통해 분석한 결과, 100℃ 미만의 건조온도에서는 알루미늄박 자체의 표면만 나타남. 100℃ 이상의 샘플에서는 알루미늄박의 거친 표면이 아닌 매끈한 표면을 볼 수 있으며 이는 접착제가 코팅된 면으로 판단됨.

✓ 수(水)계인 표면처리제의 경우, 충분한 건조가 이루어지지 않으면 수분이 내재되어 있어 추후 공정인 접착제의 코팅 및 필름의 합지 후 숙성과정에서 접착제와 피착재 간의 접착력 형성을 방해하여 접착력이 감소하는 것으로 생각됨.

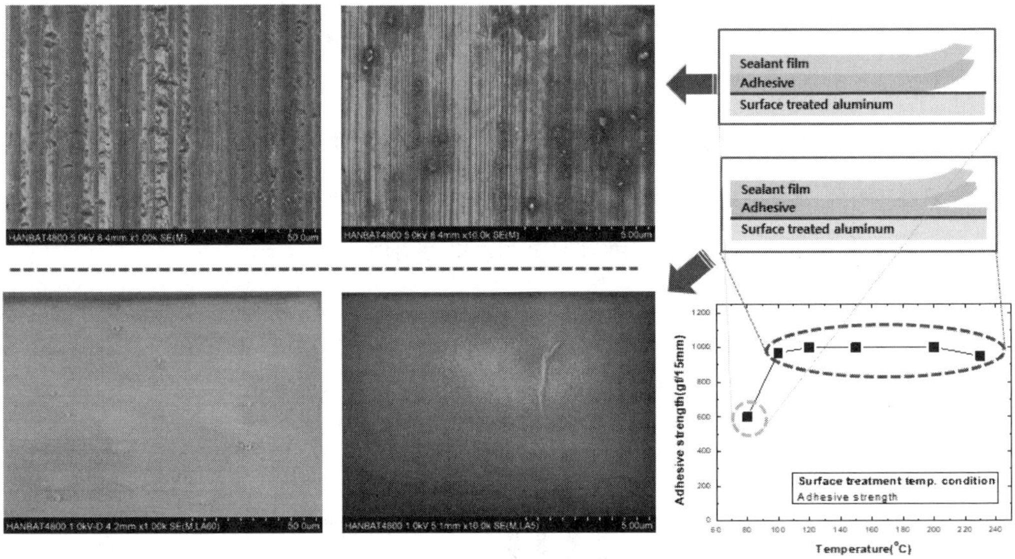

그림 6.73 표면처리제의 건조온도에 따른 표면분석 및 접착강도 결과

② 접착제의 건조조건에 따른 물성 (표면처리제 최적 조건 적용)

✓ 앞서 진행한 표면처리제의 건조조건을 적용하여 접착제의 건조조건에 따른 파우치 필름의 접착강도 및 내전해액성 연구를 진행함.

✓ 실험 결과, 접착제의 건조온도 60℃에서 초기 접착강도는 상대적으로 낮았으며 80℃에서 가장 높은 접착강도를 나타냄.

✓ 그러나 100℃ 이상의 온도에서 접착강도는 다시 감소하였는데 이는 접착제의 경우, 함유하고 있는 솔벤트의 끓는점이 약 80~90℃ 범위이며 따라서 건조온도 100℃ 이상에서는 접착제의 선(先)경화가 진행되어 합지 후에 반응할 접착 및 경화반응이 없어져 접착강도가 낮아지는 것으로 생각됨.

✓ 85℃, 24시간 동안 진행된 내화학성의 결과, 접착제의 건조온도가 증가할수록 내전해액성도 향상되었는데 이는 접착제의 결정성이 높아짐에 따른 것으로 생각됨.

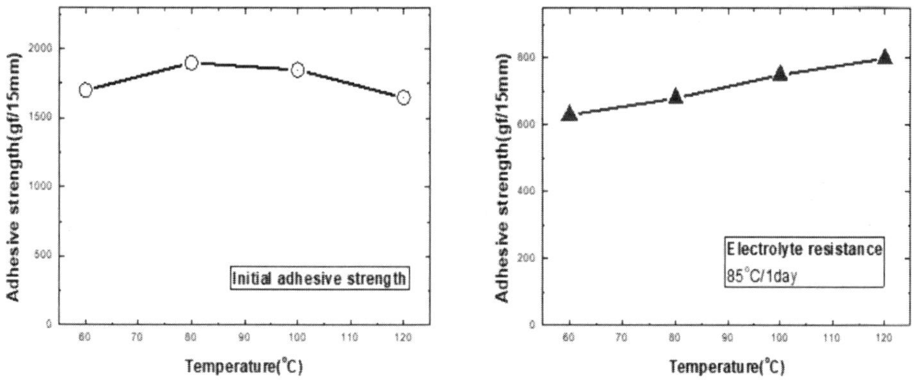

그림 6.74 접착제의 건조온도에 따른 접착강도 및 내전해액성 결과

③ 접착제의 코팅두께에 따른 물성

✓ 접착제의 코팅두께를 2.5μm~7μm까지 변경하여 이들에 따른 접착강도를 측정한 결과, 두께가 두꺼워질수록 접착강도는 증가하였으며 7μm의 두께에서 24N/15mm의 높은 접착강도를 나타냄.

✓ 내전해액성의 결과도 접착강도와 마찬가지로 두께가 증가할수록 개선되었으며 2.5μm의 두께에서는 약 7.3N/15mm 정도의 내전해액성을 나타냈으나 7μm 조건에서는 약 11.3N/15mm의 내전해액성으로 1.5배 정도 증가한 것을 알 수 있음.

✓ 접착제 코팅 두께의 증가는 전해액이 침투하는 경로를 증가시킴에 따라 접착강도 및 내전해액성이 향상되는 것으로 생각됨.

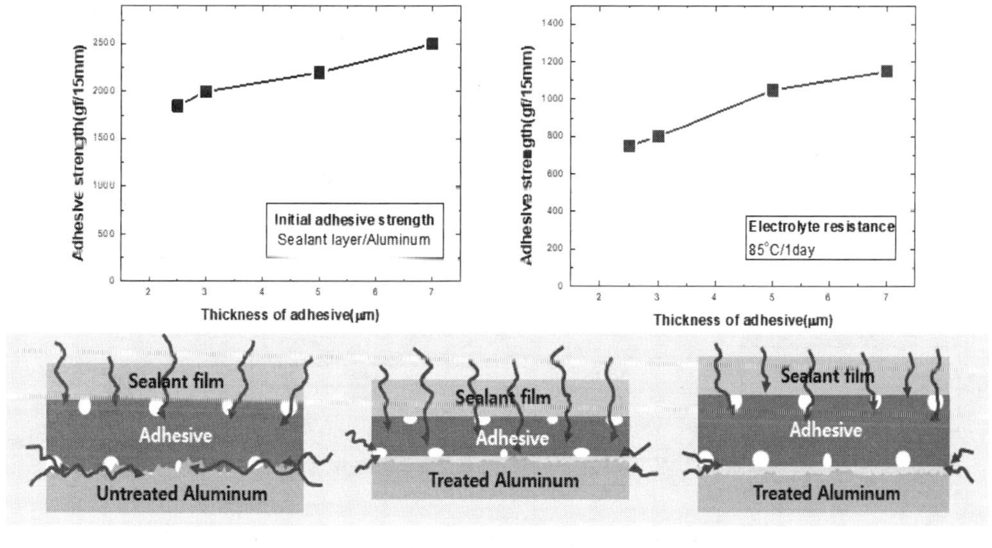

그림 6.75 접착제의 코팅두께에 따른 초기접착강도 및 내전해액성 결과

④ 파우치 필름의 열융착강도 개선

✓ 리튬 이차전지의 안전성과 장기수명에 영향을 주는 파우치 필름의 열융착강도의 개선을 위해 온도, 압력, 시간과 열융착 두께 외에 이물질 유무와 CPP필름의 소재에 따른 물성 및 최적의 열융착강도를 위한 연구를 진행함.

✓ 열융착공정의 경우, 압착을 가하는 실바(Seal-bar)의 압력과 온도, 시간에 영향을 받으며 실바에 장착된 다양한 스토퍼(Stopper)를 이용하여 열융착 두께를 조절할 수 있음.

✓ **열융착 두께**

- 열융착 두께의 경우, 실바의 간격이 좁을수록 열과 압력에 의한 CPP 필름의 변형 및 밀림 현상으로 파우치 필름 자체의 절연성과 차단성이 파괴될 수 있으며 실바의 간격이 너무 넓으면 열융착강도가 낮아 전해액 누출 등의 문제가 발생할 수 있음.
- 열융착 두께는 파우치 필름 두께의 60%~80% 정도인 약 1.2T~1.6T 범위를 기준으로 열융착강도의 경향성을 분석함.
- 측정 결과, 두께가 감소할수록 열융착강도는 증가하였으며 CPP 필름의 종류에 따라서도 열융착강도는 차이를 보임.
- 열융착 두께 60%(1.2T)와 80%(1.6T)를 기준으로 GCP 및 FHK2 필름의 열융착강도는 소재에 따라 약 2kgf/15mm 정도의 차이를 나타내는 것을 알 수 있음.

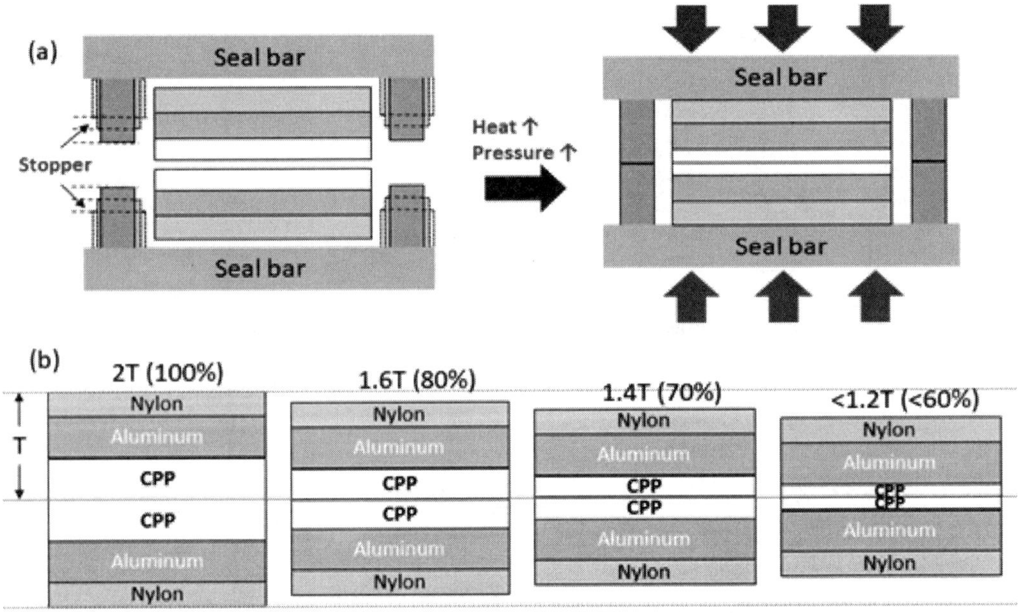

그림 6.76 열융착공정 모식도(a) 및 두께별 열융착된 파우치 필름(b)

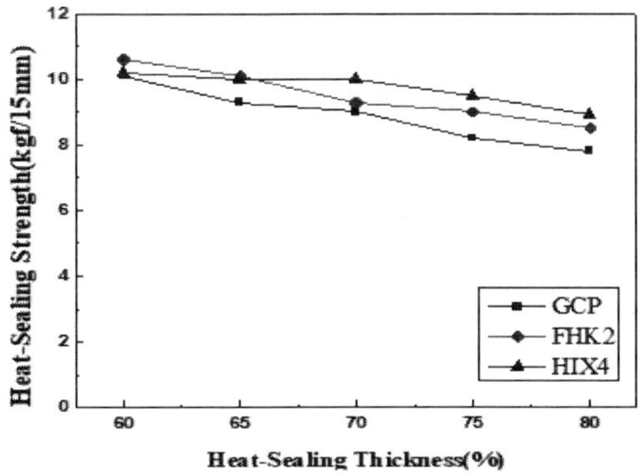

그림 6.77 열융착 두께에 따른 열융착강도 결과

✓ 열융착 온도 및 시간

- 열융착 온도의 경우, 온도가 증가할수록 열융착강도도 증가함. 190℃ 온도에서 열융착강도는 전체적으로 감소하는 경향을 나타냈으며 이는 고온에서 CPP 필름의 변형이 발생함에 따른 것으로 생각됨.
- 열융착 시간의 경우, 3초의 시간 조건에서 모든 샘플이 가장 높은 열융착강도를 나타냈으며 열융착 시간이 증가할수록 CPP 필름의 열 변형에 의해 물성은 감소함. 또한, 7초 이상의 시간조건에서 CPP 필름의 밀림 현상이 육안으로 관찰됨.

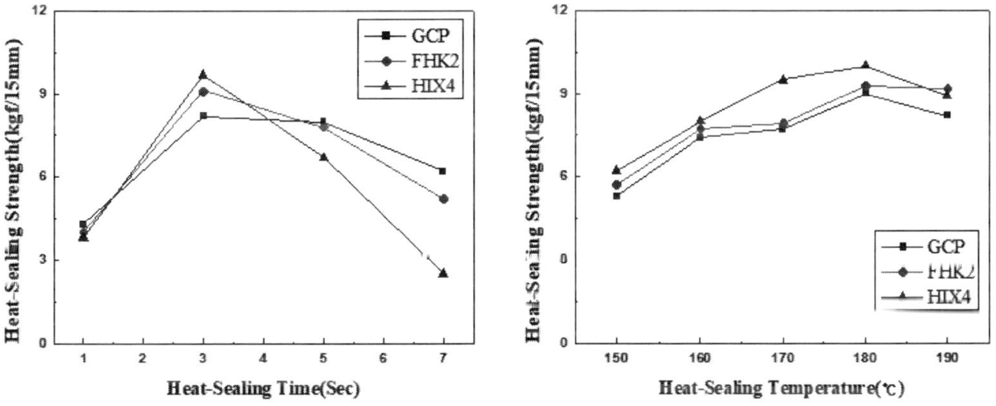

그림 6.78 열융착온도 및 시간에 따른 열융착강도 결과

3) 소형 이차전지용 파우치 필름의 물성 개선

① 접착제 배합비율에 따른 물성

✓ 파우치 필름은 금속과 고분자 필름으로 구성된 복합다층필름으로써 제품의 품질을 위해 안

정적인 접착강도가 요구되며 전지의 4대 요소 중 하나인 전해질 성분이 수분 및 산소와의 반응으로 인해 계면 간 박리를 일으킬 수 있어 전해액에 대한 내화학성이 필수임.

✓ 중대형 이차전지용 파우치 필름의 적용에 앞서 선행연구로써 소형 이차전지용 파우치 필름에 대하여 접착제의 배합비율에 따른 접착강도 및 내전해액성을 분석함.

✓ 전해액에 직접적으로 노출되는 내면 접착제(알루미늄/실란트 층)에 대하여 현재 사용하고 있는 폴리올레핀계 접착제의 배합비율을 다르게 하였으며 이를 통해 물성을 개선할 수 있는 조건을 도출함.

✓ 접착제의 배합비율은 주제와 경화제의 함량을 다르게 하여 진행하였으며 내전해액성의 경우, 85℃ 온도 조건 하에 1일, 3일, 5일, 7일 동안 전해액에 방치한 샘플의 접착강도를 측정함으로써 경시변화 여부를 확인하였음.

표 6.7 접착제의 배합 비율

구 분	샘플명	주제	경화제	용제	비고	경화제 함량[%]
외면접착제	샘플 전체 동일	10	1	10	업체제공	–
내면접착제	A	100	1.7	–	업체제공	1.7
	B	85	1.7	–		2.0
	C	120	1.7	–		1.4
	D	100	1.2	–		1.2
	E	100	2.2	–		2.2

✓ 초기 접착강도의 경우, 경화제의 함유량이 높은 샘플(B, E)이 가장 높게 나타남.

✓ 주제와 경화제의 성분분석을 위해 적외선 흡수분광법(FT-IR)으로 분석한 결과,

- 경화제(b)의 경우, 디히드록시(Dihydroxy) 성분이 있는 첨가제를 포함하는 가교성 단량체임을 알 수 있음. 가교성 단량체는 접착제의 내구성, 접착력과 응집력을 조절하여 히드록시기 등과 같은 질소 함유 관능기를 제공함.
- 주제(a)의 경우, 아다만타논(2-Adamantanone) 성분이 있는 다관능성 가교제로써 이는 접착제층의 형성과정에서 가교성 관능기와 반응하여 중합체를 가교시킬 수 있음.

✓ 2액형 접착제는 히드록시기(-OH)와 이소시아네이트기(-NCO)의 공유결합에 의해 경화반응을 일으키게 되며, 질소 함유 관능기를 포함한 경화제의 증가는 주제와의 반응성을 높여 가교도를 증가시키므로 경화제의 비율이 높을수록 접착강도는 증가하게 됨.

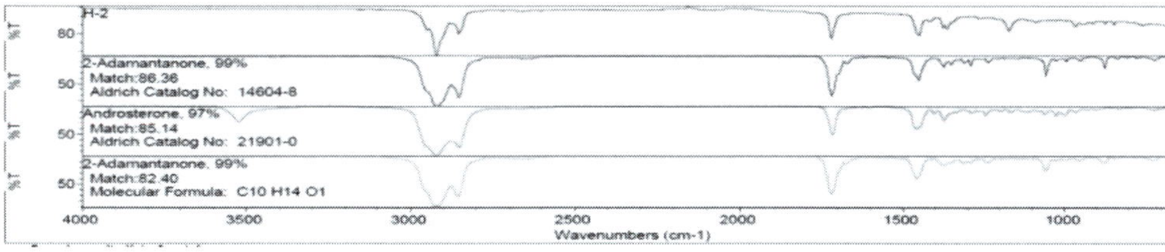

(a) Main element

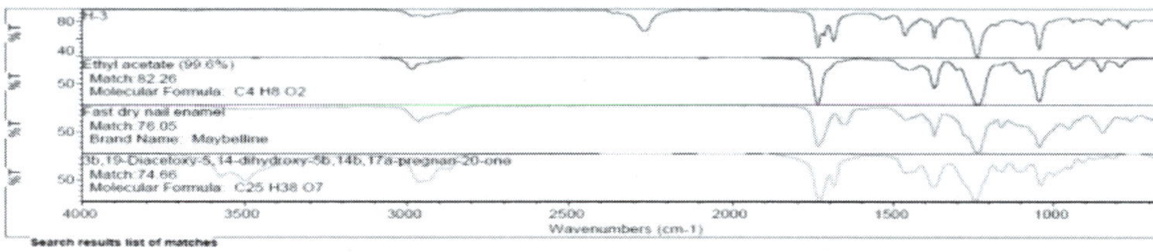

(b) Hardener

그림 6.79 접착제의 성분 분석(FT-IR) 결과 (a) 주제 , (b) 경화제

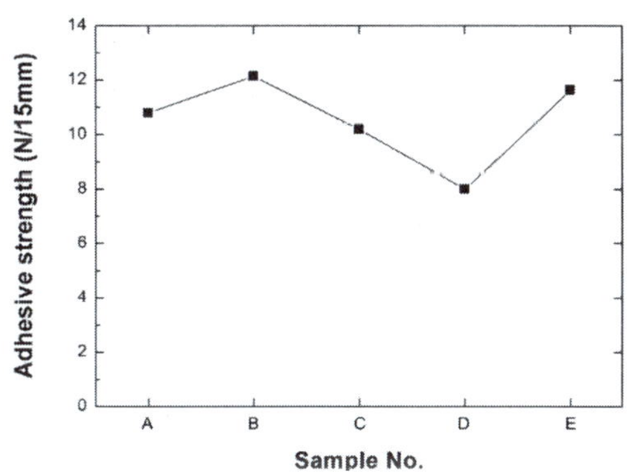

그림 6.80 접착제의 배합비율에 따른 접착강도 결과

✓ 접착제의 배합비율에 따른 내전해액성 결과, 업체에서 제공한 기술정보에 따른 배합비율인 주제 100 : 경화제 1.7을 적용한 샘플(A)이 가장 우수함. 또한, 초기 접착강도와 7일 후의 접착강도 간의 감소율도 가장 적어 경시변화에 안정적임을 알 수 있음.

✓ 경하제의 한량이 낮은 샘플(D)과 높은 샘플(E)의 경우, 경시변화에 따른 내전해액성의 감소율이 큰 것을 알 수 있음.

- 경화제 함량이 높을 경우, 접착제의 탄성율과 젖음성(Wetting)이 낮아져 접착력이 감소하는 것으로 생각됨.
- 경화제의 함량이 낮을 경우, 접착제가 경화되지 않음에 따른 물성저하로 판단됨.

✓ 내전해액성은 접착제의 응집력에 의한 것으로써 접착제 조성 물질 간의 화학적 상호작용이 높을수록 강한 응집력을 나타내며 해당 접착제의 배합비율은 주제와 경화제의 안정적인 반응성과 가교도를 형성하여 내전해액성이 향상되는 것으로 생각됨.

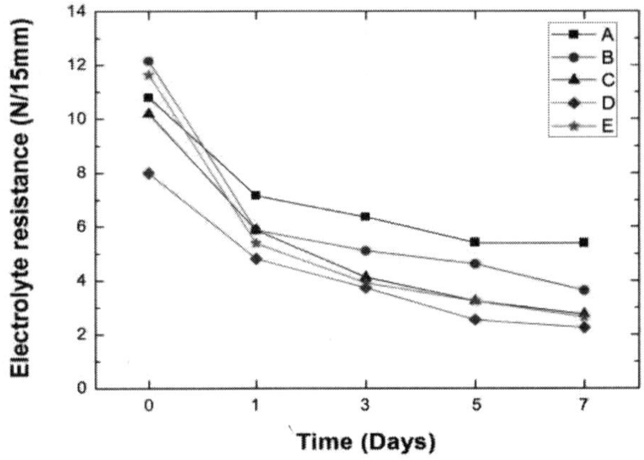

그림 6.81 접착제의 배합비율에 따른 내전해액성 결과

② 성형 후 파우치 필름의 물성 변화 분석

✓ 파우치 필름의 성형 공정은 딥 드로잉 공정에 의해 펀치의 가압으로 파우치 필름의 변형이 이루어지는 공정이며 이 때, 재료의 물리적 특성과 다이 간의 마찰 특성이 복합적으로 작용하여 파우치 필름에 영향을 미침.

✓ 따라서 성형 후 파우치 필름의 변형에 대하여 접착강도 및 내전해액성을 파악 및 분석하고 안정적인 성형성을 위한 연구를 진행함.

✓ 성형 깊이 3.0mm부터 0.5mm 간격으로 증가하여 성형을 진행하였으며 각 깊이별 접착강도 및 내전해액성을 측정함. 내전해액성은 초기 접착강도부터 16일까지의 경시변화에 따른 접착강도를 측정함.

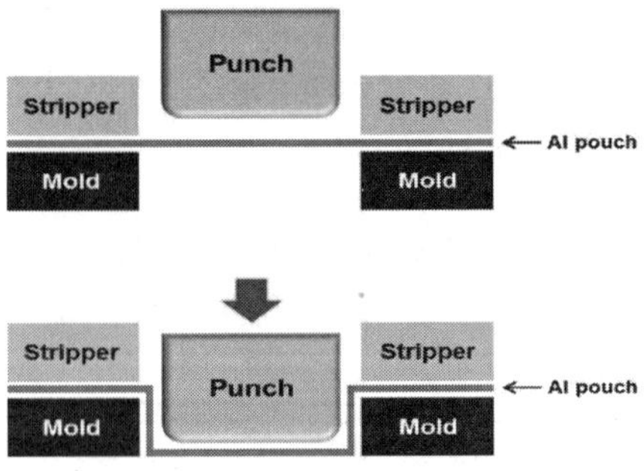

그림 6.82 성형성 공정 모식도

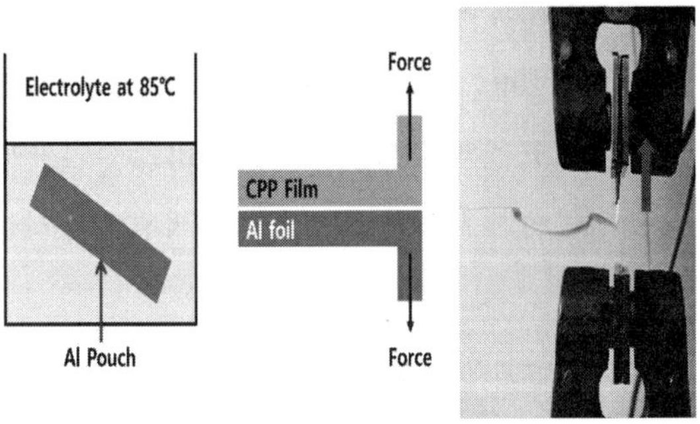

그림 6.83 성형 후 내전해액성 측정 방법

③ 성형 깊이에 따른 접착강도

✓ 성형 깊이가 증가할수록 접착강도는 감소하였으며 성형 전과 성형 후(최대 성형 깊이

5.0mm 기준), 접착강도의 차이는 약 40% 정도로 나타남.

✓ 또한, 성형 깊이 3.0mm와 5.0mm 샘플의 접착강도 측정 결과, 5.0mm 샘플의 접착강도가 약 17% 정도 낮았으며 두 가지 샘플 모두 특정한 부분에서 접착강도가 일시적으로 감소하는 것을 알 수 있음.

✓ 파우치 필름의 경우, 금속과 고분자 필름이 접착되어 있는 구조로써 알루미늄박은 강성이 높지만 연신율이 부족하며 고분자 필름은 연신율이 좋지만 강성이 낮은 특성을 가짐. 즉, 물리적 특성의 차이로 인해 성형 공정 시 파우치 필름에 가해지는 응력과 재료의 변형은 계면 간의 미세 균열을 일으켜 접착력이 저하될 수 있음.

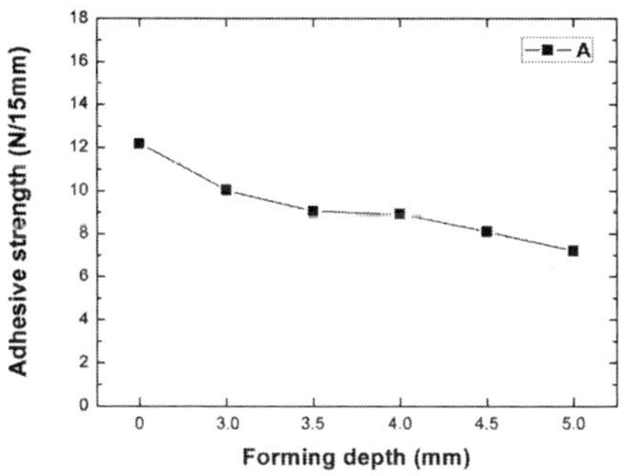

그림 6.84 성형 깊이에 따른 접착강도

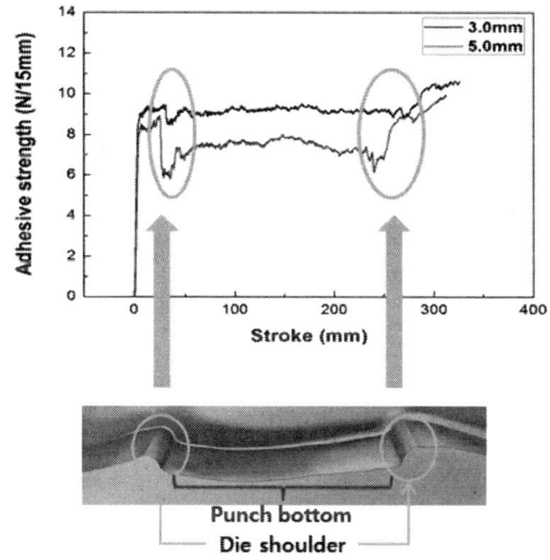

그림 6.85 성형 깊이 3mm vs 5mm 샘플의 접착강도

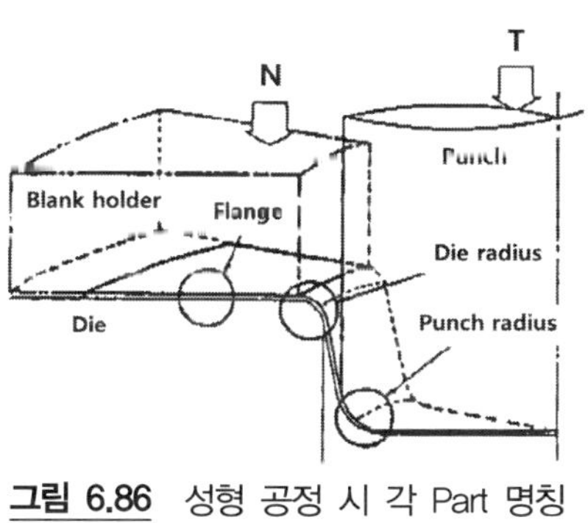

그림 6.86 성형 공정 시 각 Part 명칭

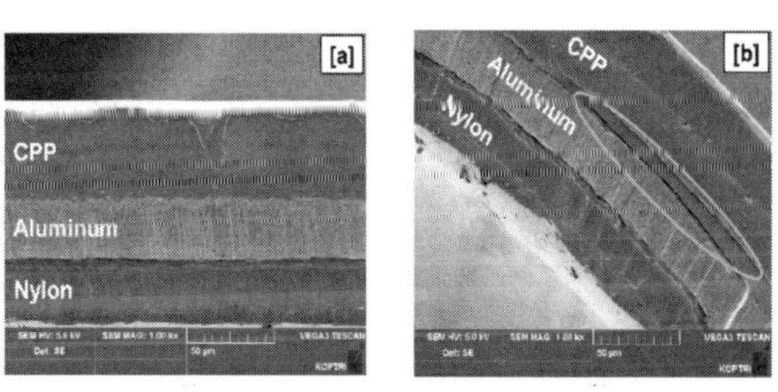

그림 6.87 성형 후 파우치 필름이 단면 분석(SEM)
(a) Flange 부분 , (b) Die shoulder 부분

④ 성형 깊이에 따른 내전해액성

✓ 전해질에 함침되는 시간이 증가할수록 모든 샘플에서 경시변화에 따른 내전해액성이 감소

하는 것을 알 수 있으며 성형 깊이에 따른 내전해액성에는 큰 차이가 없음.

✓ 즉, 성형 깊이는 초기 접착강도에만 영향을 미칠 뿐 내전해액성에는 큰 영향을 미치는 요인이 아님을 알 수 있음.

✓ 이는 성형 후 파우치 필름의 단면에서 알 수 있듯이 접착제와 CPP 필름 사이에 미세 균열이 발생하였기 때문에 전해액에 침투하더라도 내화학성을 가진 접착제에 의해 안정적으로 유지되는 것을 생각됨.

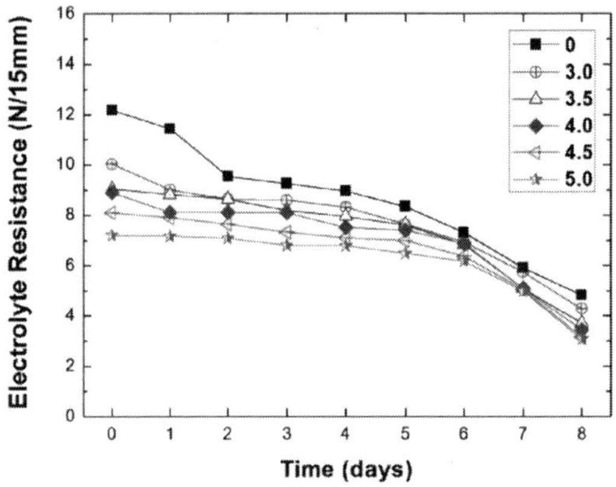

그림 6.88 성형 깊이에 따른 내전해액성 결과

⑤ 필름 물성에 따른 성형성 향상

✓ 나일론 필름과 알루미늄박에 대하여 제조사별 필름을 각각 적용한 샘플을 통해 성형성을 분석함.

✓ 필름에 따른 성형성에 차이가 발생하는 것을 알 수 있었으며 I사(社)의 나일론 필름과 D사(社)의 알루미늄박을 적용한 샘플의 성형성이 가장 우수한 것을 알 수 있음.

✓ 또한, C사(社)의 제품과 I사(社)의 제품을 적용한 샘플에서 성형성이 약 1.0mm 정도 차이 나는 것을 바탕으로 나일론 필름이 성형성에 미치는 영향이 큰 것을 알 수 있음.

표 6.8 제조사별 성형성 분석

성형 깊이 [mm]	[제조사] 나일론 / 알루미늄박			
	C / D	I / D	C / S	I / S
6.5	○	○	○	○
7.0	○	○	○	○
7.5	○	○	○	○
8.0	×	○	×	×
8.5	–	○	–	–

6.2.10 중대형 전지용 파우치 필름의 경쟁사별 물성 비교

1) (주)탑앤씨 사업화를 위한 제품의 물성 실현

- 파우치 산업시장의 경우, 일본의 DNP와 쇼와덴코가 약 80% 이상의 점유율을 가지고 있으며 DNP의 경우, 높은 내전해액성(10N/15mm 이상)이 강점이며 쇼와덴코의 경우, 높은 성형성(8.5mm)이 강점임.
- (주)탑앤씨는 수많은 실험과 분석, 개선작업을 통해 두 경쟁상의 강점인 10N/15mm 이상의 내전해액성과 7.0mm 이상의 성형성을 확보함으로써 선두 경쟁사와 우위를 겨룰 수 있을 정도로 기술 및 제품 품질을 확보함.

표 6.9 소형전지용 파우치 필름 물성 (물성 개선 시제품 vs 경쟁사)

Properties		Unit	TOPnC	경쟁사(DNP)	경쟁사(쇼와)
Thickness		㎛	153	153	150
Tensile strength	MD	N/15mm	162	176	173
	TD		169	144	192
Elongation rate	MD	%	100.7	98.1	115.5
	TD		92.1	105.0	100.3
Adhesive strength	Al/CPP	N/15mm	23.5	18.5	22.5
Electrolyte resistance (85℃, 24hr)※1		N/15mm	11.3	11.8	10.3
Formability※2		mm	8.5	7.5	8.5
Heat seal strength※3	160℃	N/15mm	86.3	107.5	77.5
	170℃		129.4	123.6	135.3
	180℃		156.0	128.8	139.3

▶ 자체적으로 평가한 측정치임.

※1) Electrolyte resistance : Immerse samples into electrolyte (EC:DEC:DMC=1:1:1, LiPF6 1M)

※2) Formability : Punch size 4cm×5cm / Sample size 9cm×12cm [width×length]

※3) Heat seal strength : Pressure 40kgf / Time 3sec

6.2.11 파우치 필름 규격화

1) 안정적인 제품을 위한 소재 및 공정 최적화

① 원재료(필름)별 물성 분석 및 이에 따른 파우치 필름의 성형성 파악

✓ 이차전지용 파우치 필름을 구성하는 나일론, 알루미늄박, CPP필름에 대하여 각 필름 별 제조사에 따른 물성을 분석하고 이를 적용한 파우치 필름의 성형성을 측정하여 최적의 소재 확립 및 성형성 개선 연구 (※ **4차년도 필름 물성별 성형성 향상 후속연구**)

✓ 나일론의 경우, I社의 필름이 C社 대비 인장강도와 연신율이 안정적인 것을 알 수 있음. 즉, 필름의 방향인 MD(Machine Direction)와 TD(Transverse Direction) 간의 물성 차이가 없는 것을 알 수 있으며 이는 I社의 나일론이 동시이축연신에 의해 제조된 것으로 이 제조방법이 적용된 제품의 경우, 연신성이 우수한 장점을 가짐. I社의 제품을 적용한 샘플의 성형성이 C社 대비 1.0mm 정도 개선된 것을 알 수 있음.

✓ 알루미늄박의 경우, D社 및 S社는 연신율의 차이만 나타낼 뿐, 인장강도는 유사한 것으로 나타남. 또한, 각 제조사별 알루미늄박을 적용한 샘플의 성형성을 분석한 결과, 6.0mm로 동일하게 나타났으며 따라서 재료의 가격 및 수급 등의 조건을 바탕으로 국내 제조사인 D社의 알루미늄박을 채택함.

✓ CPP 필름의 경우, Y社의 제품이 인장강도와 연신율이 높은 것으로 나타났으나 O社의 CPP 필름은 마찰계수가 Y社 대비 약 49%로 낮아 슬립성이 매우 좋음. (*필름의 마찰계수 : Y社 0.35, O社 0.18) 따라서 슬립성과 인장강도, 연신율의 복합적인 작용에 의해 O社의 제품을 적용한 샘플의 성형성이 6.0mm로 우수한 것을 알 수 있음.

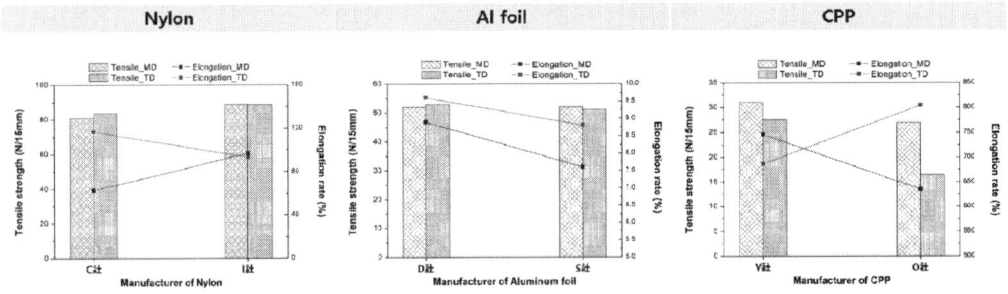

구 분	Nylon		Al foil		CPP	
제조사	C社	I社	D社	S社	Y社	O社
성형성	5.0mm	6.0mm	6.0mm	6.0mm	4.0mm	6.0mm
결과	I社		D社		O社	

그림 6.89 원재료별 물성 측정 및 성형성 결과

② 표면처리제 및 접착제별 접착강도 분석

✓ 알루미늄박과 CPP 필름의 접착력과 내전해액성을 향상시키기 위하여 표면처리제와 접착제의 종류를 다르게 하여 샘플 제작 및 접착강도와 내전해액성 확인. 표면처리제는 인산염, 크로메이트계 및 변성중합체 크로메이트계를 사용하였으며 접착제는 우레탄계, 에스테르계, 고분자계를 사용함.

✓ 표면을 개질하지 않은 알루미늄박의 표면은 자연 산화막을 형성하며 내식성과 접착성이 약함. 또한, SEM(주사전자현미경)을 통해 표면을 관찰한 결과(그림 (d)), 필름 표면의 거칠기가 매우 높은 것을 알 수 있음.

✓ 인산염 및 크로메이트계 표면처리제를 코팅한 알루미늄박의 표면을 관찰한 결과(그림 (a) 및 (b)), 표면이 거칠고 백색 알갱이가 분포되어 있음. 이는 금속 이온과 첨가제 사이의 분산성 증가를 위한 표면처리제 내의 실리카 입자인 것으로 생각됨.

✓ 변성중합체 크로메이트계 표면처리제를 적용한 알루미늄박의 경우(그림 (c)), 표면의 거칠기가 개선된 것을 알 수 있으며 이는 표면처리제의 낮은 pH가 알루미늄박 성분 중 높은 활성기를 갖는 금속성분의 부식을 야기시키고 산화물층을 형성함으로써 표면거칠기가 감소된 것으로 생각됨.

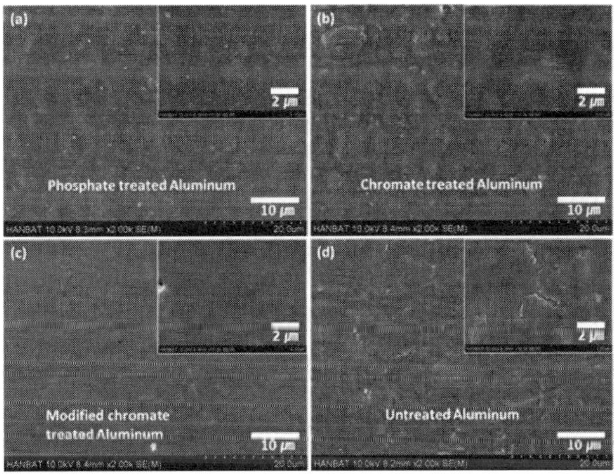

그림 6.90 표면처리제 종류별 알루미늄박의 표면 관찰(*측정장비 : 주사전자현미경(SEM))

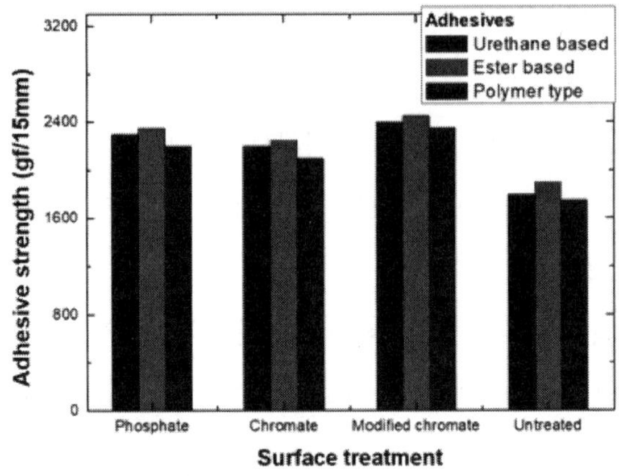

그림 6.91 표면처리제 및 접착제 적용에 따른 접착강도

표 6.10 표면처리제에 따른 접착제 종류별 접착강도

Adhesive type	Unit	Initial adhesive strength			
		Surface treatment agent type			
		Phosphate	Chromate	Modified chromate	Non treatment
Urethane	N/15mm	22.6	21.6	23.5	17.7
Ester		23.0	22.1	24.0	18.6
Polymer		21.6	20.6	23.0	17.2

- ✓ 표면처리제와 접착제의 종류에 따른 접착강도를 분석함. 표면처리를 하지 않은 알루미늄박의 경우, 표면처리된 알루미늄박의 샘플들 대비 낮은 접착강도를 나타냈으며 세 가지 접착제를 적용하여 측정한 초기 접착강도는 약 17.2N/15mm ~ 17.7N/15mm의 범위를 나타냄.
- ✓ 인산염, 크로메이트 및 변성중합체 크로메이트계 표면처리제를 적용한 샘플의 경우, 20.0N/15mm 이상의 안정적인 접착강도를 나타냈으며 표면처리제가 알루미늄박의 표면에 안정적으로 형성되었음을 알 수 있음.
- ✓ 표면처리제에 따른 접착제별 초기 접착강도를 측정한 결과, 우레탄 및 에스테르계 접착제의 초기 접착력이 높은 것을 알 수 있으며 특히, 변성중합체 크로메이트계 표면처리제를 적용한 알루미늄박에 우레탄 및 에스테르계 접착제를 적용했을 경우, 초기 접착강도는 약 24.0N/15mm로 가장 우수한 것을 알 수 있음.

③ 표면처리제 코팅 순서에 따른 성형성 개선

- ✓ 기존의 표면처리제 코팅 순서는 알루미늄박의 무광면에 코팅한 후, 접착제 코팅 및 나일론 합지를 완료하고 알루미늄박의 유광면에 표면처리제를 코팅하는 방식으로 진행됨.

파우치 필름 공정 모식도 (※ 나일론 필름이 작업 롤에 접촉되는 부분 표시)

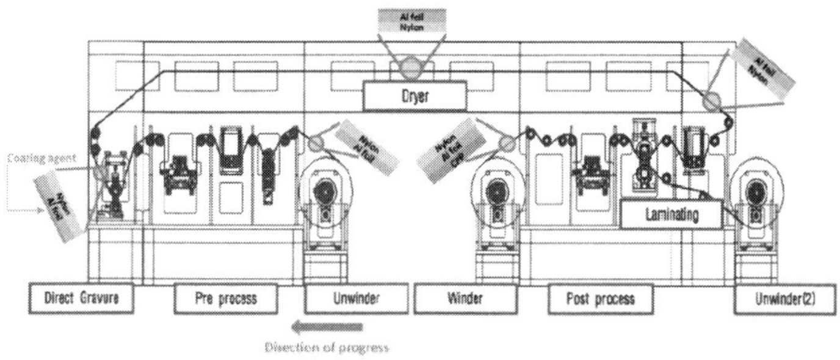

(a) 기존 공정	표면처리제 코팅 (알루미늄 무광면)	접착제 코팅	합지 (알루미늄박/나일론)	표면처리제 코팅 (알루미늄 유광면)	접착제 코팅	합지 (알루미늄박/CPP)

(b) 변경 공정	표면처리제 코팅 (알루미늄 양면)	접착제 코팅	합지 (알루미늄박/나일론)	접착제 코팅	합지 (알루미늄박/CPP)

그림 6.92 파우치 필름 공정 모식도

✓ 이 때, 합지된 나일론 필름이 작업 롤에 접촉되는 횟수와 시간이 증가하게 되어 나일론의 표면 손상을 유발시켜 성형성이 저하되는 요인으로 작용됨.

✓ 따라서 표면처리제를 알루미늄박의 무광면과 유광면에 동시 코팅한 후, 접착제의 코팅과 2급지 합지를 진행한 결과, 나일론이 작업 롤에 접촉되는 시간 및 횟수가 감소됨에 따라 표면 손상이 최소화되며 슬립성이 보존되는 것을 알 수 있음. (* 마찰계수 약 14% 정도 감소됨.)

✓ 또한, 나일론의 슬립성이 보존됨에 따라 성형성이 약 1.0mm 정도 개선된 것을 알 수 있음.

④ 접착제 건조온도별 접착강도 및 성형성 분석

✓ 알루미늄박과 CPP 필름의 계면에 적용되는 접착제에 대하여 건조온도별 파우치 필름의 접착강도와 성형성을 분석함.

✓ 파우치 필름에 사용되는 접착제의 경우, 용제가 포함된 이액형 접착제로써 용제가 휘발되면서 접착제의 경화가 발생하며 따라서 건조온도별 용제의 휘발정도와 이에 따른 접착강도 및 성형성 확인

✓ Pilot장비를 사용하여 접착제 코팅을 진행했으며 코팅속도는 18m/min, 건조시간은 약 30초 정도의 조건 하에서 건조온도를 다르게 하여 진행함.

✓ 건조온도가 증가할수록 파우치 필름의 무게와 두께가 감소하는 것을 알 수 있으며 이를 통해 온도 증가에 따라 용제의 휘발량도 증가하는 것을 확인 할 수 있음. 또한, 용제가 휘발되면서 접착제와 피착재 간의 결합력이 증가하며 두께가 감소하는 것을 알 수 있음.

✓ 건조온도 120℃에서 접착강도는 23.8N/15mm로 건조온도 40℃ 조건 대비 약 17% 증가하였

으며 성형성도 건조온도 120℃에서 6.5mm로 건조온도 40℃ 대비 약 1.0mm 정도 증가함.

표 6.11 접착제 건조온도별 파우치 필름의 접착강도 및 성형성

건조온도 [℃]	파우치 무게 [g]	파우치 두께[μ m]	접착강도[N/15mm]	성형성 [mm]
40	0.567	165	20.4	5.5
60	0.565	163	21.2	5.5
80	0.563	158	22.1	6.0
100	0.557	154	22.6	6.0
120	0.554	152	23.8	6.5

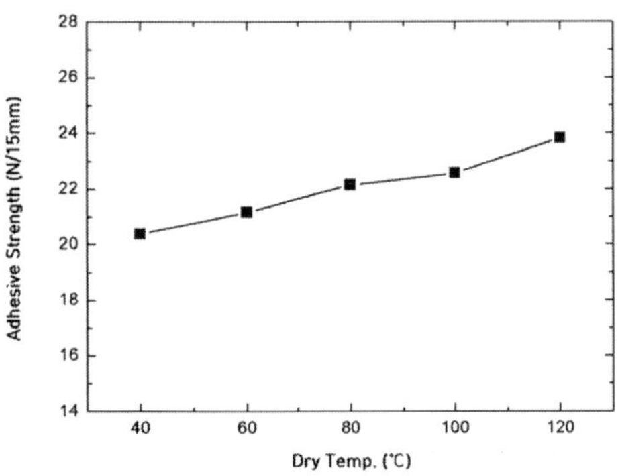

그림 6.93 건조온도별 파우치 필름 접착강도

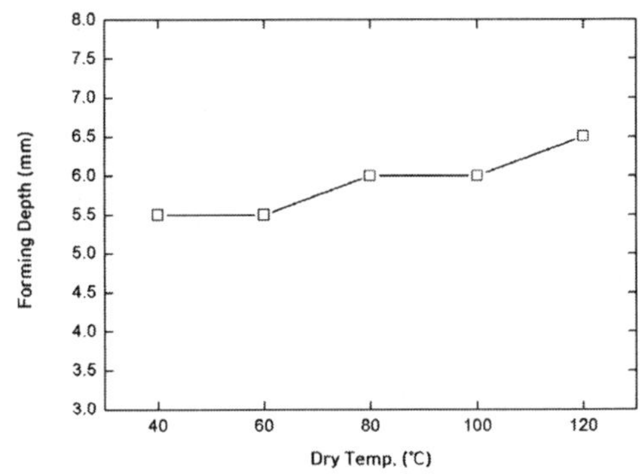

그림 6.94 건조온도별 파우치 필름 성형성

⑤ 공정 최적화

✓ 파우치 필름의 제조공정은 크게 코팅(Coating), 건조(Drying), 합지(Laminating) 및 숙성(Aging)으로 구분되며 코팅공정 전에 표면처리제 및 접착제를 일정한 비율로 배합(Mixing)하여 진행됨.

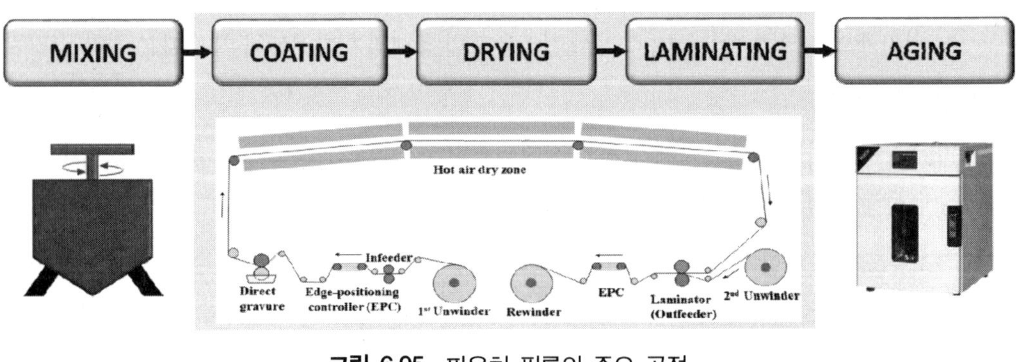

그림 6.95 파우치 필름의 주요 공정

✓ **배합공정(Mixing)**

- 각각의 코팅용액(표면처리제 및 접착제)은 용제 및 주제, 경화제 등 이들을 구성하는 요소들을 적당한 배합비율로 혼합하여 특성을 발휘하도록 함. 특히, 각 코팅용액은 고형분(%)의 최적화가 필수적이며 고형분은 용액의 점도 및 코팅두께 등에 영향을 미치므로 코팅성 및 품질에 영향을 미치는 중요한 요소임.
- **표면처리제**는 알루미늄박의 표면에 산화피막을 형성하고 젖음성(Wetting)을 향상시켜 접착제가 잘 스며들게 하며 내식성, 접착제와의 밀착성을 향상시킬 수 있음. 표면처리제는 크로메이트 또는 인산염 크로메이트 계열을 사용하며 고형분 약 3.0%로 최적화하여 사용함.
- **외면(1st)접착제**는 알루미늄박과 나일론을 합지(Lamination)하는데 사용되며 2액형 폴리우레탄 계열을 사용함.
- **내면(2nd)접착제**는 알루미늄박과 CPP 필름을 합지(Lamination)하는데 사용됨. CPP 필름의 경우, 전해액과 접촉하고 있으며 알루미늄박과 CPP 필름 간의 접착제도 전해액에 영향을 받기 쉬우므로 내화학성 요구됨. 내면 접착제는 2액형 폴리올레핀 계열이다.

✓ **코팅공정(Coating)**

- 코팅은 다이렉트 그라비어 코터(Direct Gravure Coater)를 이용하여 이루어지며 이는 코팅액의 균일한 도포가 가능하여 수율이 개선되는 장점을 가짐.
- **표면처리제** 코팅은 알루미늄박의 양면에 진행되며 1급지가 알루미늄박이므로 작업과정에서 주름 및 자국에 의한 손상 등이 발생하기 쉬움. 코팅두께는 약 1μm 이내이며 그라비어 코팅롤의 선수(lpi : lines per inch)는 200~300lpi 이내가 적당함.
- **외면 접착제** 코팅은 약 2~3μm 두께로 하여 코팅롤의 선수 120lpi로 최적화함.
- **내면 접착제** 코팅은 약 2~6μm 두께로 하여 코팅롤의 선수 100~120lpi로 최적화함. 접착제의 경우, 점도 등의 특성에 따라 코팅롤의 선수를 통해 코팅두께를 조절함.

✓ **건조공정(Drying)**

코팅된 용액이 건조가 불충분할 경우, 각각의 용액들이 함유하고 있는 물 또는 유기용제 등의 성분이 필름이 합지된 이후 숙성과정을 거치면서 밖으로 새어 나오거나 용액의 내부에 존재하면서 접착강도를 저하시키는 등 물성에 영향을 미치므로 최적의 건조공정 확립이 중요함.

- 건조공정에 있어 건조온도, 풍량, 속도 등이 주요한 조건이며 온도가 낮거나 속도가 빠를 시 건조가 불충분하게 이루어지고 온도가 높거나 속도가 느릴 시에는 필름이 열에 노출되는 시간이 길어져 열 주름 등의 불량이 발생할 수 있음.

- 접착제의 경우, 유기용제의 끓는점과 필름의 내열성을 고려하여 건조온도를 설정해야 물성 저하 및 필름에 문제가 발생하지 않음.

✓ **합지공정(Laminating)**

- 각각의 접착제를 코팅한 후 2급지를 1급지와 접착시키는 공정으로 외면(1st)접착제를 코팅한 후 알루미늄박과 나일론필름(2급지)를 합지시키고 이후 내면(2nd)접착제를 코팅한 후 알루미늄박과 CPP필름(2급지)를 합지시킴.
- 합지공정은 위쪽에 위치한 히팅롤과 아래쪽에 위치한 서포팅롤을 통해 열과 압력을 가해 필름을 접착시키며 필름의 내열온도와 특성을 고려하여 온도 및 압력을 설정해야 함.

✓ **숙성공정(Aging)**

- 숙성공정은 접착제와 피착재(필름)간의 접착력 형성과 경화를 위한 과정으로써 일정한 온도와 시간 조건에서 진행됨.
- 숙성온도 및 시간은 물성과 생산성에 영향을 주는 중요한 요소이므로 최적의 조건이 필수적임. 온도가 낮을 경우, 숙성시간이 길어져 생산성이 떨어지게 되고 온도가 높을 경우, 접착력이 형성되기 위한 시간이 단축되어 제품의 물성이 저하됨.

⑥ 공정조건 확립

✓ Pilot 장비를 통한 파우치 필름(폭 300mm 적용)의 안정적인 제조를 위한 최적의 공정조건 도출 및 확립

✓ 또한, 양산화(폭 800mm 적용)를 위하여 외주임가공을 통해 도출한 결과들을 바탕으로 양산장비에 대한 최적의 공정조건을 확립하여 안정적인 제품 생산이 가능하며, 추후 양산 설비 및 사업화에 적용 가능함.

표 6.12 양산장비 적용, 파우치 필름 공정 조건

표면처리제 코팅			
Line Speed		m/min	50
Chamber Condition		℃	110
Unwinder	Press	MPa	0.6
	Tension	MPa	0.2
Coating	Press	MPa	0.05
	Tension	MPa	0.1
Rewinder	Tension	MPa	0.3
Lamination	Press	MPa	0.2
	Tension	MPa	0.1
접착제 코팅 및 합지			
Line Speed		m/min	50
Chamber Condition		℃	90~100
Unwinder	Press	MPa	0.5
	Tension	MPa	0.28
Coating	Press	MPa	0.05
	Tension	MPa	0.1
Rewinder	Tension	MPa	0.2
Lamination	Press	MPa	0.2
	Tension	MPa	0.15

2) 파우치 필름의 규격화 기준 및 시스템 정립

① 파우치 필름의 물성 검증 및 제품 관리 기준 확립

✓ 본 연구 과제를 통해 개발한 파우치 필름의 물성을 검증하기 위하여 자체평가와 공인시험기관을 통해 물성평가를 진행함.

✓ 주요 물성 항목인 접착강도 및 내전해액성은 최종목표치인 10N/15mm 이상의 물성을 나타냈으며 열융착강도 또한, 150N/15mm 이상의 측정치를 나타내며 기준치(>60N/15mm)를 넘어서는 안정적인 물성치를 나타냄.

✓ 향후 제품의 상업화를 위해 본 연구 과제에서 제시한 최종목표치를 바탕으로 제품의 관리 기준(Spec)을 확립하였으며 이를 통해 안정적인 제품 및 품질 관리를 지속할 것임.

표 6.13 파우치 필름 물성 기준 및 검증 결과

주요 성능지표	단위	기준 (최종목표)	자체평가	공인시험	
				결과	시험기관
두께	μm	153±10%	153	154	PETeS 인쇄전자기술 지원센터
접착강도 (알루미늄/폴리올레핀)	N/15mm	〉10	23.5	23.5	
내전해액성※1 (알루미늄/폴리올레핀)	N/15mm	〉10	10.3	10.9	
열융착강도※2	N/15mm	〉60	156.0	151.7	
성형성※3	mm	6.5	8.5	≥7.0	

※1) 내전해액성 (전해액에 대한 내화학성) : 샘플을 전해액에 함침한 후, 85℃ 24시간 후의 접착강도 측정 (EC:DEC:DCM = 1:1:1, LiPF6 1M)

※2) 열융착강도 (파우치 필름의 밀봉성) : 열융착온도 180℃, 압력 40kgf, 열융착시간 3초

※3) 성형성 (전극조립체의 수납부 형성) : 펀치 규격 4cm×5cm, 샘플 규격 9cm×12cm [가로×세로]

6.3 요약

파우치 필름은 리튬 이차전지의 외장재로 사용되어 리튬이차전지 적용 분야에 대부분 적용 가능할 것으로 예상됨.

- 금속 및 고분자와 같은 물리적 기계적 특성이 상이한 소재를 합지하여 적층구조의 파우치 필름으로 제조하는 기술은 파우치 필름뿐만 아니라 다양한 특성이 요구되는 기능성 필름의 제조에 응용할 수 있는 기술임.
- 드라이 라미네이션 공정을 통하여 접착강도 및 내화학성이 확보되는 코팅 및 접착 기술은 의료 및 전자 기기 패키징 소재로 활용이 가능한 기술임.
- 파우치 필름 제조 기술을 다양한 기술이 융합된 기술로 다양한 분야에서 응용이 가능할 것으로 기대됨.

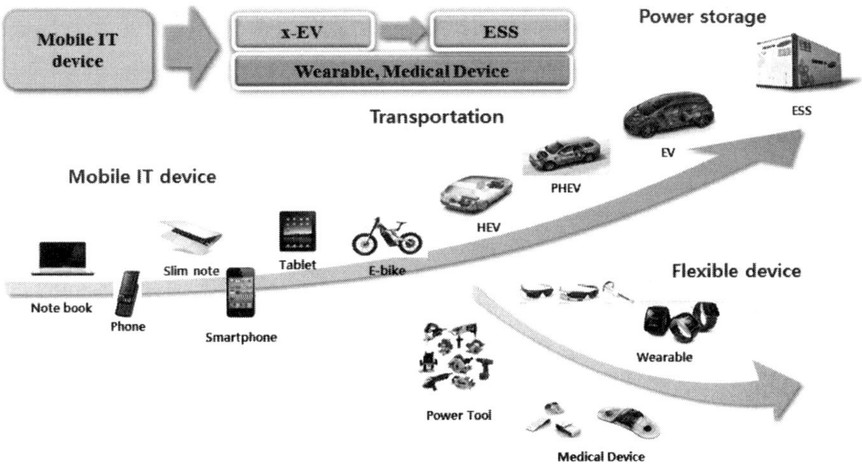

그림 6.96 리튬 이차전지 파우치 필름 적용 분야

리튬 이차전지 시장은 지속적으로 성장할 것으로 전망되고 있으며, 특히 전기자동차 및 에너지 저장 장치(ESS) 시장이 급격하게 확대되고 있는 실정임.

- 또한, 리튬 이차전지의 여러 유형 중 파우치 필름의 비중이 점차 증가하는 추세이며, 특히 중국의 리튬 이차전지 시장이 급격하게 성장하면서 파우치 필름 공급업체를 찾는 리튬 이차전지 제조업체 증가.

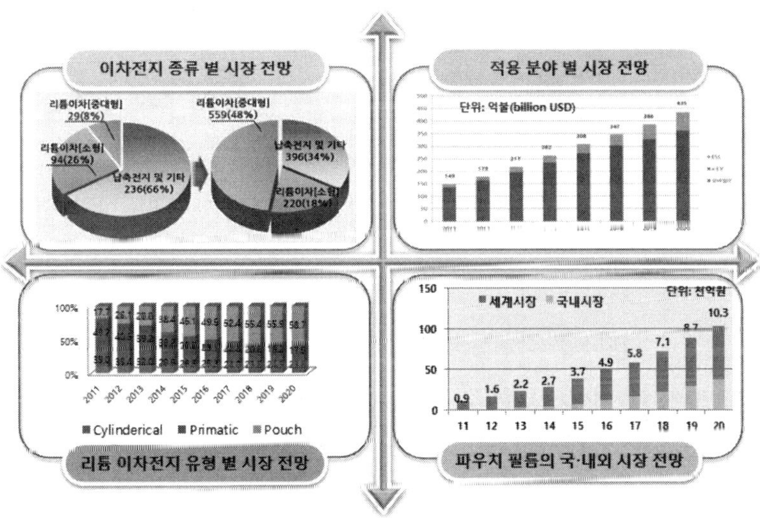

그림 6.97 파우치 필름 관련 시장 전망

✓ 수입의존도가 높은 이차전지용 파우치 필름의 국산화 및 상용화를 위해 경쟁사(일본, DNP) 제품을 기준으로 제품의 설계 및 개발, 안정적인 물성을 지닌 파우치 필름 개발

✓ 또한, 리튬 이차전지의 적용분야가 확대됨에 따라 모바일/휴대 전자기기에 적용되는 소형전지용(113㎛ 두께)과 전기자동차 및 에너지저장장치에 적용되는 중대형 전지용(153㎛ 두께) 파우치 필름을 개발하고 이들이 요구하는 물성을 충족하는 제품 개발 (성형성, 내구성 등 용도별 제품의 물성 상이함)

✓ 리튬 이차전지의 용도에 따라 파우치 필름에 요구되는 물성이 다르며 제조업체에 따라서도 요구하는 물성이 차이를 보이고 있어 이에 따른 수요처 요구 맞춤형 파우치 필름 개발을 진행.

그림 6.98 용도 및 수요처 등에 따른 다양한 파우치 필름 개발 필요성 및 연구방향

• 소재/제품의 규격화

✓ 안정적인 품질 및 경향성을 확보한 파우치 필름을 생산하기 위하여 소재, 공정 및 제품의 유지 및 품질 관리 기준이 필요하며 각 부분별 관리 항목을 설정하고 이에 대한 규격화 및 기준 확립

그림 6.99 소재 / 공정 / 제품의 규격화 방향

- R2R 연속 생산 설비 구축
  - ✓ 파우치 필름의 상용화 및 안정적인 생산과 제조비용의 감소, 수율 개선 등 복합적인 요소들의 개선을 위해 R2R 연속 생산 설비를 설계하고 구축하여 안정적인 제조 및 기업의 경쟁력 향상
  - ✓ 양산 설비 구축과 공장부지 확보에 투입되는 자금 규모가 크기 때문에 투자유치를 통한 설비 제작 및 부지 비용 확보

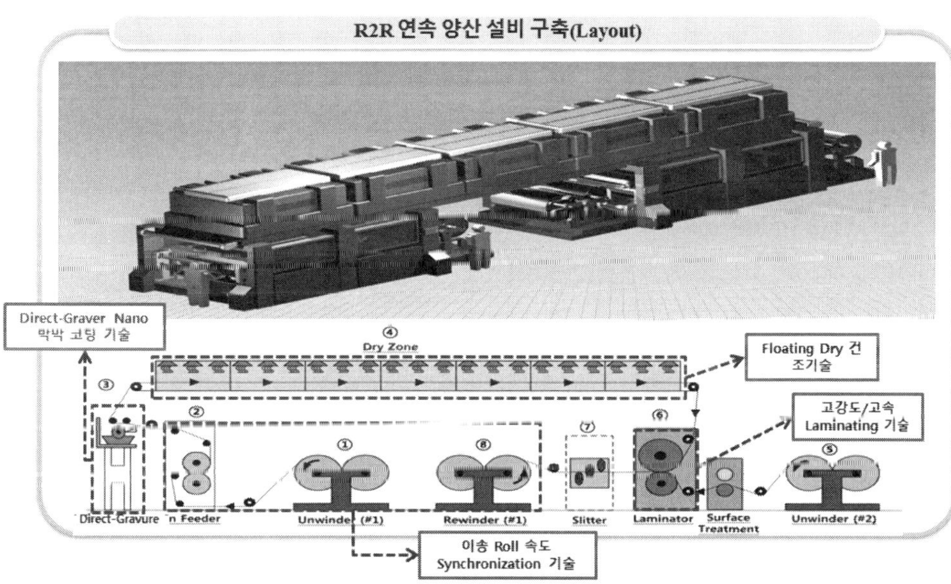

그림 6.100 R2R 연속 생산 장비 레이아웃 및 요소부품별 적용기술

Chapter 7

Screen printing Technology

7.1 서론

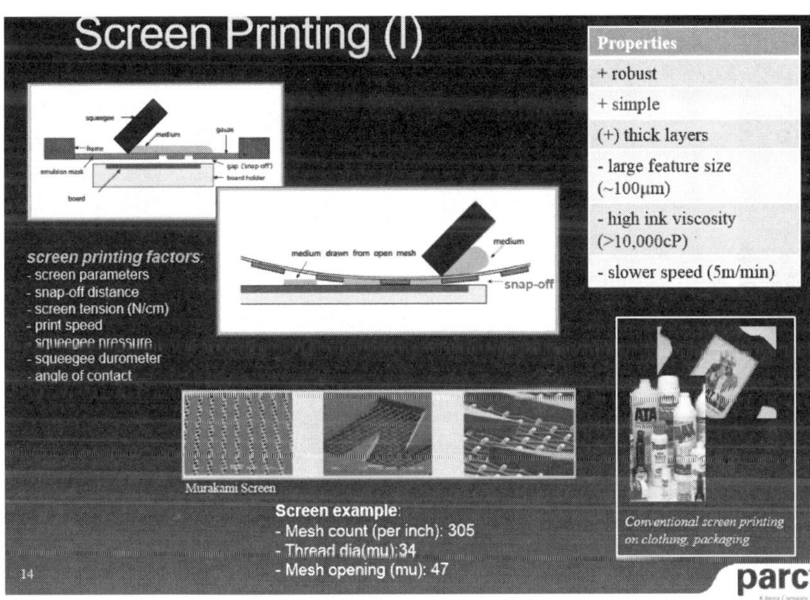

그림 7.1 스크린 프린팅 기술의 특징

스크린 프린팅 기술은 얇은 메쉬 선과 유제막으로 구성된 제판으로부터 잉크를 도포하고 그 위에 러버나 우레탄 같은 소재의 스퀴지로 밀어서 패턴을 형성하는 기법으로써, 오랜 인쇄 기술 중의 하나이며, 과거 미디어 인쇄 시절부터 많은 산업계에 널리 활용이 되어 왔다. 특히, 섬유, 제과 등의 분야에서 다양한 패턴을 손쉽게 구현 할 수 있는 특징이 있으며, 인쇄전자 기술에서 전극층 형성 기술로 가장 많이 활용이 되고 있으며 대표적으로 전극 배선이나 RFID 안테나 등의 패턴 인쇄 기술로 적용이 가능하다.

스크린 인쇄 기술은 현재 인쇄 전자 기술의 상용화를 가장 앞당기고 있는 기술 중의 하나이다. 최근 전자 기기들은 사이즈를 줄이기 위해 유연한 회로 기판을 주로 활용하고 있으며 이러한 측면에서 FPCB 시장이 증가하고 있다. 미래의 기술로써 FPCB 시장에서 유연한 기판과 더불어 스크린 공정 기술을 활용하면 현재 시장보다 더욱 저가격화와 대량화를 앞당겨 산업전반에 큰 이익을 창출 할 것으로 예상된다. 다양한 유연 전자 소자에 있어서도 비교적 넓은 범위의 잉크 사용 점도 범위와 면 인쇄, 선 인쇄가 자유롭게 구현이 가능한 스크린 공정 기술은 전극 배선을 포함하여 다양한 컬러 인쇄가 가능한 장점과 다양한 재료의 적용성이 높다는 장점이 있어 산업 전반에 그 활용도가 클 것이다. 인쇄 전자 기술은 향후 모든 공정이 롤투롤 기반에 다양한 유기 재료의 패터닝/코팅 공정으로 하나의 전자 소자로 직접 제작되는 것을 목표로 하고 있으나, 산업적인 측면에서는 현재 기술 수준에서 부분 공정으로서의 대체 기술에 대한 요구에 시장 활용도가 높다고 볼 수 있다.

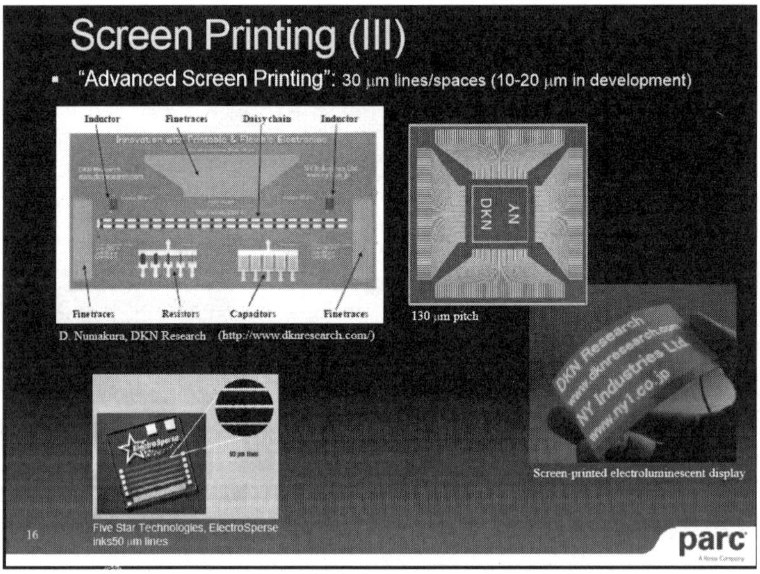

그림 7.2 스크린 프린팅 공정을 이용한 다양한 인쇄 전자 소자

스크린 프린팅 공정을 이용한 롤투롤 기반의 연속 생산 시스템은 제판의 형상이 플랫한 평판 제판과 원통형의 제판의 2가지 타입으로 분류가 된다. 일반적으로 평판 제판 타입의 스크린 인쇄 장비

를 평판 스크린 프린터라고 하며, 원통형의 제판 타입의 스크린 인쇄 장비를 로타리(rotary) 스크린 프린터라고 한다.

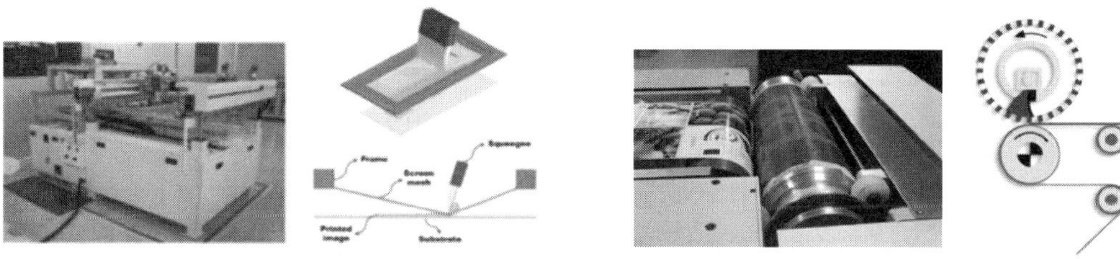

그림 7.3 평판 타입과 로타리 타입의 스크린 프린팅 시스템

각각의 타입은 모두 롤투롤 기반에서 구성되어 연속적인 전극 인쇄가 가능한 장점이 있으나 평판 타입의 스크린 제판의 경우 잉크를 도포하는 과정에서 발생하는 공정 시간으로 인해 주로 스텝 앤 고 방식의 형태로 구성되고 있다. 스텝 앤 고 방식의 평판 스크린 프린터는 로타리 스크린에 비해 제판의 비용이 저렴하며 최근 30um 수준의 미세 패턴 형성도 가능한 장점을 보유한 반면 스텝 앤 고 방식의 고질적인 문제인 공정 시간의 문제와 연속적인 인쇄가 불가능한 난점이 있다. 연속적인 전극 인쇄가 가능한 로타리 스크린 공정 기술의 경우 평판 타입의 공정 기술과는 달리 공정 택타임의 손실이 없다. 하지만, 기술적으로 제판의 가격이 비싸며 장비 가격 또한 높다는 단점을 보유하고 있다. 최근 인쇄전자 기술의 발전으로 다양한 전자 소자에 대한 롤투롤 방식의 연속적인 생산 공정 기술이 개발되고 있다.

7.2 스크린 프린팅 공정 해석

7.2.1 이론적 해석

스크린 인쇄 공정은 스크린 위에 잉크를 도포하고 스퀴지에 일정 압력을 가하여 운동시킴으로써 기판에 일정한 패턴을 형성하는 공정이다. 스크린 인쇄 공정에 대한 전반적인 해석은 고정밀 미세 스크린 인쇄 뿐만 아니라, 대면적에 고르게 패터닝을 하는 기술을 위해 필요하다.

스크린 프린팅 공정 중에서 스크린과 스퀴지의 상호 접촉에 의하여 발생되는 문제점을 고찰하기 위하여 스크린과 스퀴지가 접촉할 때부터 스퀴징 공정을 시뮬레이션하여 스크린과 스퀴지 각각의 응력 분포와 형상 변화, 그리고 응력변화를 살펴보았다.

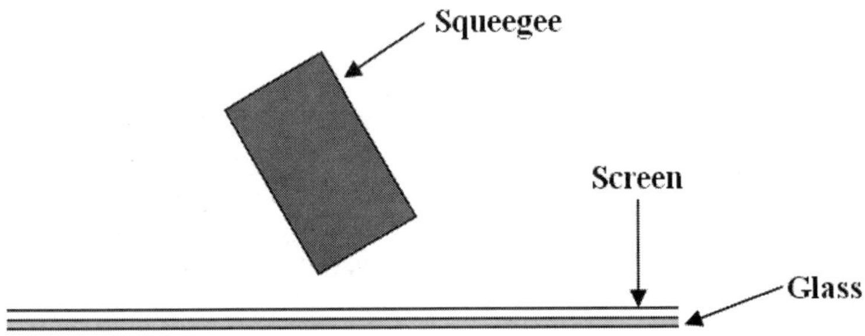

그림 7.4 스크린과 스퀴지의 접촉 (측면도)

위의 그림 7.4는 스퀴지와 스크린의 개요를 나타낸 것으로써, 본 챕터에서는 여러가지 해석적 방법을 제시하고, 이의 수식에 다음과 같은 치수로 스퀴지와 스크린, 유리 기판의 실제적인값을 대입하여 그 영향을 분석하였다.

- 스퀴지 : 1400 × 6 × 10 (㎣)
- 스크린 : 2000 × 1800 × 0.024 (㎣)
- 유리 기판 : 1100 × 1250 × 0.5 (㎣)

1) 스크린의 길이방향의 변형량 계산

그림 7.4에서 인쇄 시작점에서부터 인쇄 영역의 스크린의 전체 길이는 다음 공식을 통하여 구할 수가 있다.

$$L' = c + d = \sqrt{x^2 + h^2} + \sqrt{(L_0 - x)^2 + h^2} \tag{7.1}$$

식 (7.1)에서 스퀴지가 스크린에 접촉이 되지 않았을 때의 스크린의 초기 길이를 L_0이라 하고, 기판과 스크린과의 초기 사이 간격을 h라고 하고, 앞부분부터 스퀴지와 스크린이 접촉해 있는 지점까지의 스크린의 길이를 c, 스퀴지와 스크린이 접촉해 있는 지점부터 뒷부분까지의 스크린의 길이를 d 라 한다면, 윗 식은 x 즉, 스퀴지가 인쇄를 하는 동안의 x좌표에서의 스크린의 전체 길이를 구할 수가 있다.

그리고, 길이방향 변형후의 스크린의 변형량은 식 (7.2)와 같다.

$$\delta = L' - L_0 = \sqrt{x^2 + h^2} + \sqrt{(L_0 - x)^2 + h^2} - L_0 \tag{7.2}$$

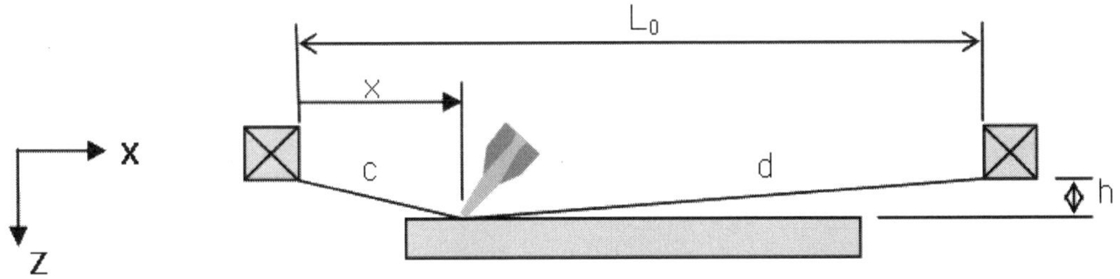

그림 7.5 스크린의 길이방향 변형의 개요도

식 (7.2)에서 $L_0 = 2000mm$, $h = 0.5mm$ 이라면,

$$\delta\big|_{h=0.5} = c + d - L_0 = \sqrt{x^2 + 0.5^2} + \sqrt{(2000 - x)^2 + 0.5^2} - 2000$$

윗 식에서 x를 변수로 하여 h = 0.5mm 일 때의 스크린의 변형량을 계산하여 다음 그래프에 도시하였다.

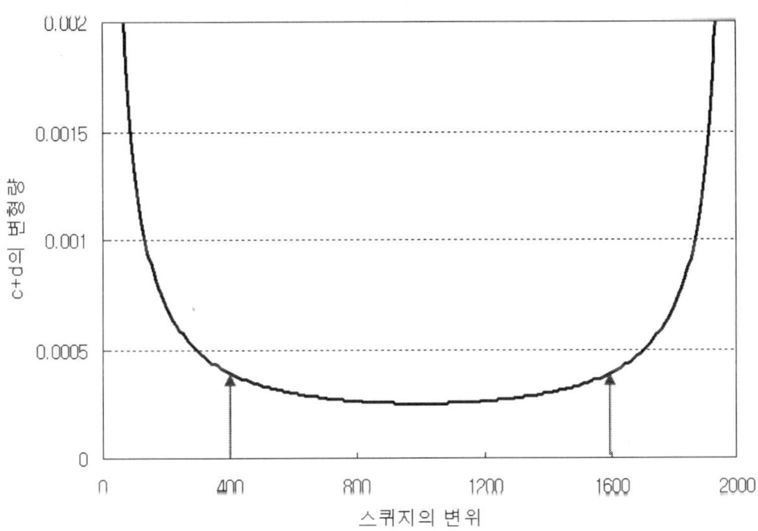

그림 7.6 스크린과 기판 사이의 간격이 0.5mm 일 때

그림 7.6에서 보는 바와 같이 실제 인쇄 영역(400~1600mm)에서 변형량은 약 0.4㎛정도가 됨을 확인 할 수 있다. 그리고 중앙에서의 변형량은 0.25㎛가 된다.

식 (2)에서 $L_0 = 2000mm$, $h = 1mm$ 이라면,

$$\delta\big|_{h=0.5} = c + d - L_0 = \sqrt{x^2 + 1^2} + \sqrt{(2000 - x)^2 + 1^2} - 2000$$

와 같은 식이 되고, 윗 식에서 x를 변수로 하여 스크린의 전체 길이를 계산하여 다음 그래프(그림 2.4)에 도시할 수 있다.

그림 7.7에서 보는 바와 같이 스크린과 기판 사이의 간격이 1mm 일 때의 인쇄영역에서의 변형량은 1.5㎛정도가 됨을 확인할 수 있다.

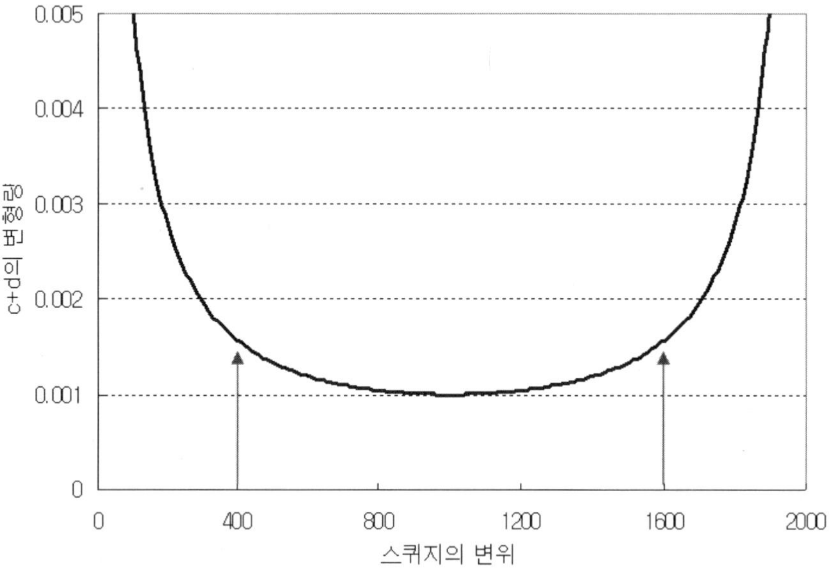

그림 7.7 스크린과 기판 사이의 간격이 1mm 일 때

2) 스크린의 폭방향 변형량 계산

스퀴지와 스크린의 접촉하지 않았을 때의 초기 위치가 아래 그림 7.8의 점선으로 표시되어 있다. 그 후 스퀴지에 충분한 인압이 가해 진다면 스크린은 그림과 같이 h 만큼의 처짐이 발생하게 된다. 최대 처짐은 인압이 충분히 가해지고 있다면 스크린과 기판과의 사이 간격인 h가 된다.

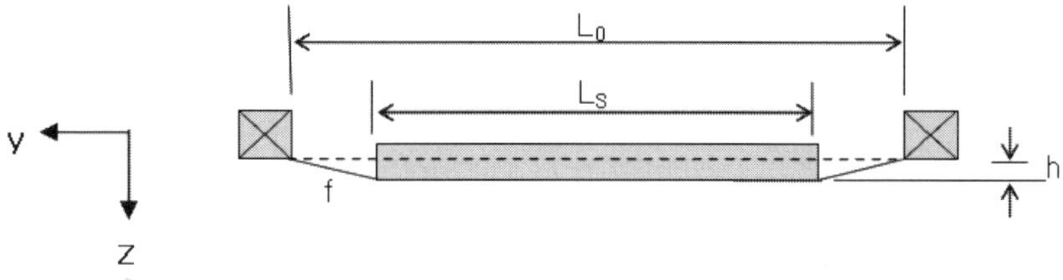

그림 7.8 스크린의 폭 방향 변형의 개요도

스크린 폭 방향의 변형 역시 삼각공식에 의해 쉽게 구할 수 있다.

스크린의 초기 길이를 L_0라고 하고, 스퀴지의 길이를 L_S , 그리고 프레임에서 스퀴지의 끝날까지의 스크린의 길이를 f 라고 한다. 또한 스크린과 기판과의 초기 사이 간격을 h 라 한다면,

$$L' = 2f + w = 2\sqrt{\{(L_0 - L_S)/2\}^2 + h^2} + L_S \qquad (7.3)$$

(7.3)식과 같이 변형 후(스퀴지에 충분한 인압이 가해진 후 스크린이 기판에 닿았을 때)의 스크린의 길이 L′을 구할 수 있다.

$$\delta = L' - L_0 = 2\sqrt{\{(L_0 - L_S)/2\}^2 + h^2} + L_S - L_0 \qquad (7.4)$$

그리고, (4)식을 이용하여 스크린의 변형량을 계산할 수 있는데, 식 (4)에 관련된 상수들을

- 스크린의 초기 길이(L_0) = 1800mm
- 스퀴지의 길이(L_S)= 1400 mm
- 스크린과 기판과의 초기 사이 간격(h) = 0.5mm

이용하여 스크린과 기판과의 사이 간격이 0.5mm, 1mm 일 때의 인쇄 중 스크린의 변형량을 각각 계산할 수 있다.

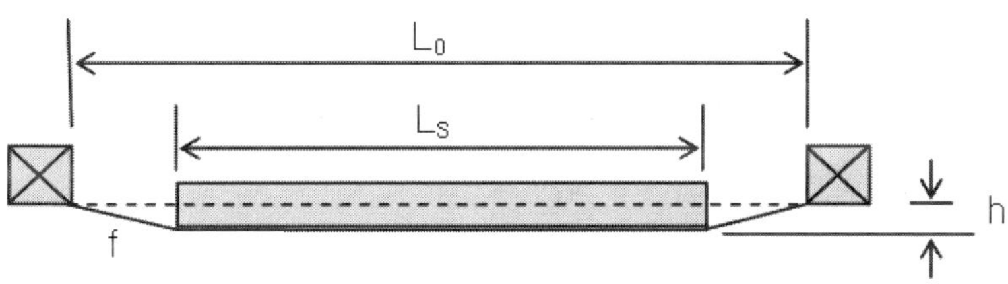

그림 7.9 스크린과 기판 사이의 변형량

스크린과 기판 사이의 간격이 0.5mm 일 때의 변형량은,

$$\delta|_{h=0.5} - L' - L_0 = 2\sqrt{\{(L_0 - L_S)/2\}^2 + h^2} + L_S - L_0$$

$$= 2\sqrt{\{(1800 - 1400)/2\}^2 + 0.5^2} + 1400 - 1800 = 0.00125mm$$ 이고,

스크린과 기판 사이의 간격이 1mm 일 때의 변형량은,

$$\delta|_{h=1} = L' - L_0 = 2\sqrt{\{(L_0 - L_S)/2\}^2 + h^2} + L_S - L_0$$

$$= 2\sqrt{\{(1800 - 1400)/2\}^2 + 1^2} + 1400 - 1800 = 0.005mm$$ 이다.

위의 결과에서 알 수 있듯이 스퀴지 인압에 따른 스크린의 처짐에 대한 영향은 아주 작음을 알 수 있다.

3) 대면적에 고른 패터닝을 위한 잉크의 전이과정 해석

대면적에 미세 패턴을 고르게 형성하기 위해서는 반드시 스크린의 개구부(Opening)를 통해 전이되는 잉크의 특성에 대한 검토가 수행되어야 한다.

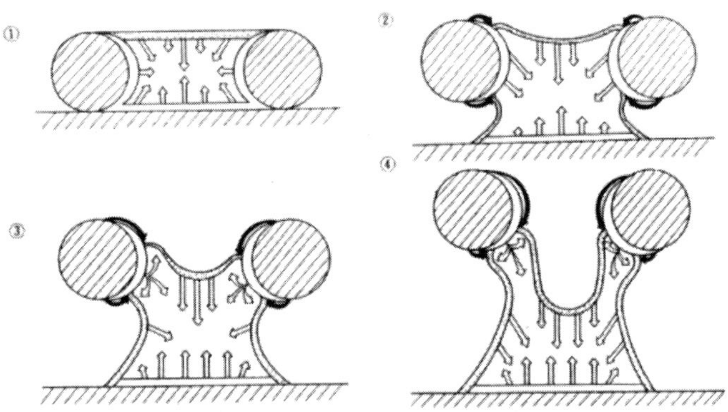

그림 7.10 잉크의 전이 과정

위의 그림 7.10은 잉크의 전이과정을 도시화한 것으로 ①은 스퀴지가 지나간 직후, ②와 ③은 스크린이 유리기판과 분리되는 과정이며, ④는 유리 기판과의 분리의 마지막 부분이다. 이 과정에서 패턴의 형태의 변화는 그림 7.11에 잘 나타나있다.

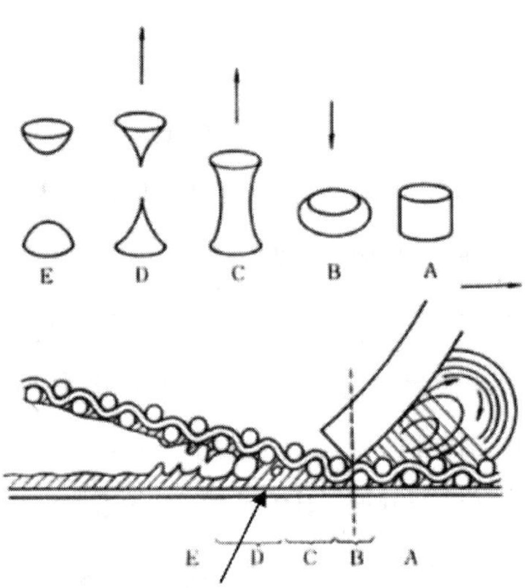

그림 7.11 스퀴지 이동 후의 경과시간에 의한 잉크의 형태

그림 7.11은 스퀴지가 지나간 후, 잉크가 전이되어 패턴을 형성하는 과정을 나타낸 것으로 유리기판과 스크린이 분리되고 난 후에 일정 패턴이 형성됨을 알 수 있다. 잉크의 전이과정에서 일정한 두께의 패턴을 형성하는 데 아주 중요한 과정은 그림 2.7의 ②, ③과정과 그림 2.8의 C, D과정이다. 이 과정에서 스크린이 유리기판과 분리되는 속도가 항상 일정해야 일정한 두께의 패턴을 얻을 수 있다.

위의 내용을 토대로 일반적인 스크린 인쇄 공정에서의 분리 속도를 일정하게 하는 스퀴지의 이동 속도에 대한 계산을 수행하였다.

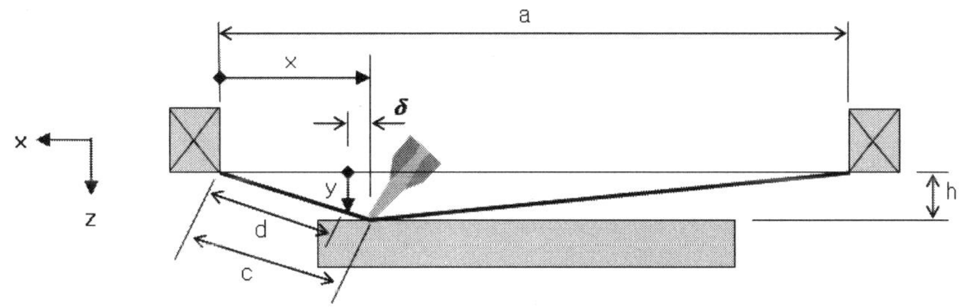

그림 7.12 스퀴지 속도에 따른 스크린의 분리 속도 계산을 위한 개요도

위의 그림 7.12에서 x는 일정 시간 후의 스퀴지의 위치, y는 초기 변위에 대한 스크린의 처짐 변위, δ는 스퀴지 날끝에서 y까지의 거리, h는 스크린과 유리 기판과의 거리, t는 시간이다.

$$\frac{dx}{dt} = \left(-\frac{x}{y} - \frac{h^2}{x \cdot y} \right) \frac{dy}{dt} \cong -\frac{1}{y} \cdot \frac{dy}{dt} \cdot x \tag{7.5}$$

아래의 그림 7.13은 스퀴지의 속도를 일정하게 했을 때, 스크린이 유리기판과 분리되는 속도를 식 (7.5)를 통하여 계산한 것이다.

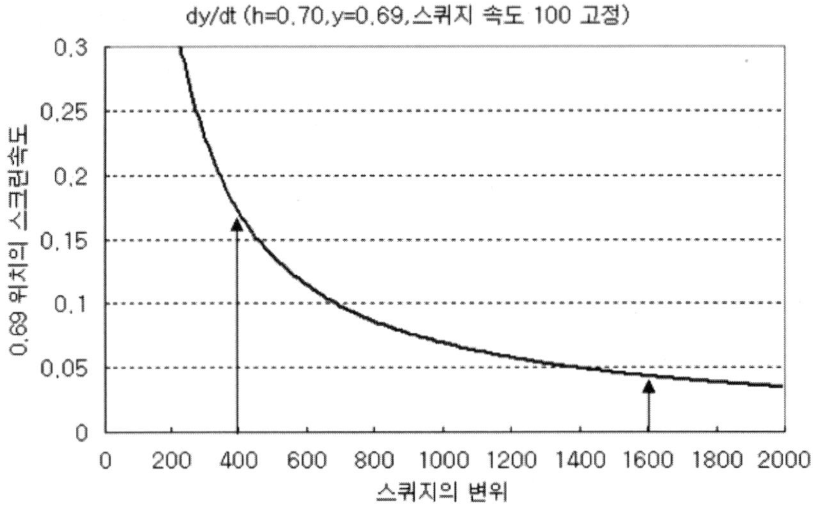

그림 7.13 h = 0.7, y = 0.69, dx/dt = 100mm/s 로 고정한 경우

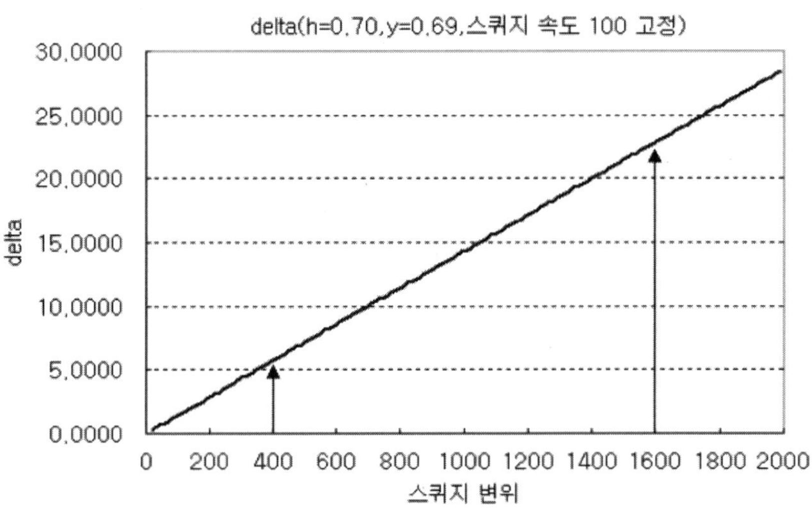

그림 7.14 h = 0.7, y = 0.69, dx/dt = 100mm/s 로 고정한 경우

위의 그림 7.13은 스퀴지가 등속도 운동을 할 때, 스크린이 유리 기판과 분리되는 속도를 계산한 것으로 스퀴지가 이동함에 따라 분리 속도가 감소함을 알 수 있다. 또한 그림 7.14은 동일 조건에서 δ의 위치 변화를 계산한 것으로, 스퀴지가 이동함에 따라 스퀴지 날끝에서 멀어짐을 알 수 있다.

위의 결과를 통해 스퀴지의 등속도 운동은 스크린과 유리 기판의 분리속도를 감소시켜 고른 두께의 패턴을 형성하기 어렵다. 그래서 스크린과 유리 기판의 분리속도를 일정하게, dy/dt를 고정시킨 후 스퀴지의 속도변화를 계산하였다.

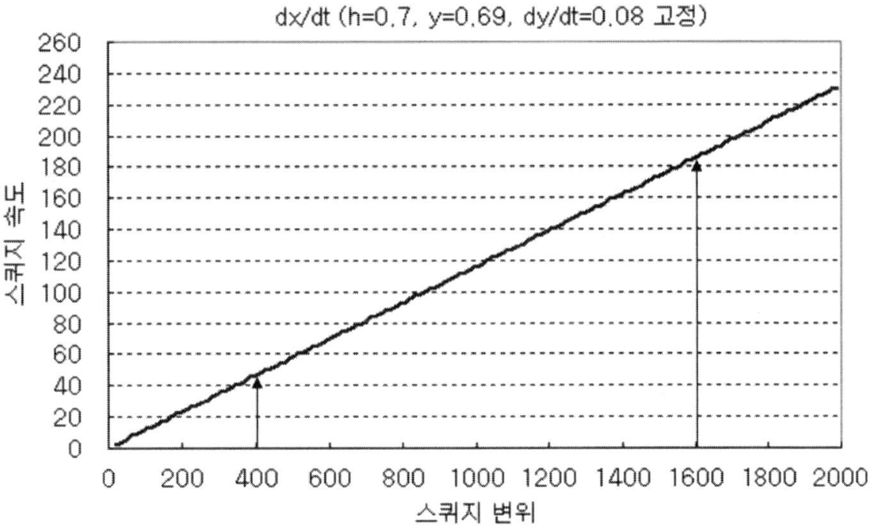

그림 7.15 h = 0.7, y = 0.69, dy/dt = 0.08로 고정한 경우

그림 7.15를 보면 스크린과 유리기판의 분리속도를 항상 일정하게 하여 고른 두께의 패턴을 형성하기 위해서는 스퀴지가 등가속도 운동을 해야 함을 알 수 있다.

4) 스크린 메쉬의 사매기각에 따른 패턴의 Size에 대한 검토

스크린 인쇄 공정에서 개구부는 스크린의 메쉬 부분에서 불필요한 영역에 유제를 도포하여 메쉬 구멍을 막아서 형성한다. 메쉬는 일정한 크기의 사매기각을 갖고 있으며, 사매기각의 크기에 따라 패턴의 품질도 달라진다고 알려져 있다.

전면적에 일정한 Size 패턴을 형성하기 위하여 사매기각과 개구부의 위치에 따른 패턴의 Size의 변화에 대한 계산을 수행하였다.

다음 그림 7.16은 두께 5㎛의 패턴을 형성하고자 할 경우에 개구부의 위치에 따른 패턴 크기에 대해 계산한 것이다.

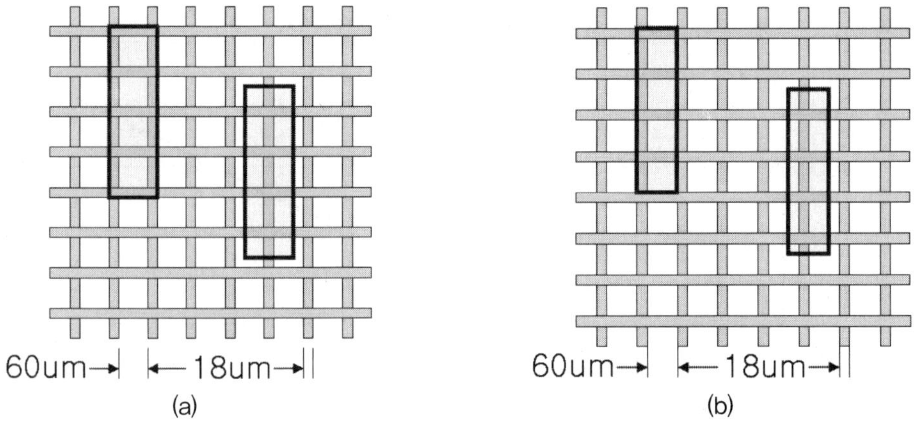

그림 7.16 개구부의 위치에 따른 패턴의 크기 계산을 위한 개요도

계산을 위한 경계조건은 스크린의 메쉬의 직경은 18㎛, 메쉬 사이의 거리는 60㎛, 325메쉬이며 사매기각은 직각, 스크린 메쉬의 피치는 25.4mm/325개 = 78um/pitch이다.

그림 (a)의 경우 형성된 개구부의 위치로부터 Color Filter의 Size는 96㎛ x 330㎛으로 계산이 된다. 그림 7.16 (a)의 왼쪽 패턴의 부피를 계산해 보면,

96×330 - 18×330×2 - 18×96×5 = 31680 - 20520 = 11160 이며,

그림 7.16 (a)의 오른쪽 패턴의 경우에는

96×330 - 18×330x1 - 18×78×4 = 31680 - 11556 = 20124이 된다.

두 패턴 사이에는 약 1.8배 정도의 부피 차이를 보이고 있다. 따라서 그림 7.16 (a)와 같이 개구부가 형성되는 경우에는 패턴의 두께 차이 많이 나타나게 된다.

그림7.16 (b)의 경우 형성된 개구부의 위치로부터 Color Filter의 Size는 78㎛ x 312㎛으로 계산이 된다. 그림 7.16 (b)의 왼쪽 패턴의 부피를 계산해 보면,

78×312 - 18×312x1 - 18×78×4 = 24336 - 11232 = 13104가 된다

그림 7.16 (b)의 오른쪽 패턴의 경우에는

78×312 - 18×312×1 - 18×78×4 = 24336 - 11232 = 13104 이다.

두 패턴 사이에 부피 차이는 발생하지 않았으며, 약 46%정도의 부피 감소 효과가 있다.

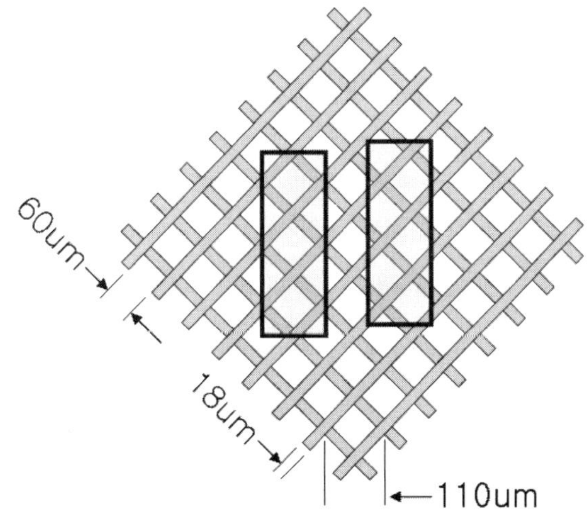

그림 7.17 스크린을 45° 회전 했을 때의 패턴 크기 계산 개요도

그림 7.17은 스크린을 45°회전시켜 개구부를 형성하였을 때 형성되는 패턴의 크기를 계산한 것이다.

스크린의 기본 조건은 위의 조건과 동일하며, 형성된 개구부의 위치로부터 Color Filter의 Size는 110㎛ x 330㎛로 계산이 된다. 그림 2.14의 왼쪽 패턴의 부피를 계산하면,

110×330-78×18×12 = 36300 - 16848 = 19452이며,

그림 7.17의 오른쪽 패턴의 부피를 계산해 보면,

110×330-78×18×12 = 36300 - 16848 = 19452로

두 패턴 사이의 크기 변화는 없었으며, 약 46%정도의 부피 감량 효과가 있었다.

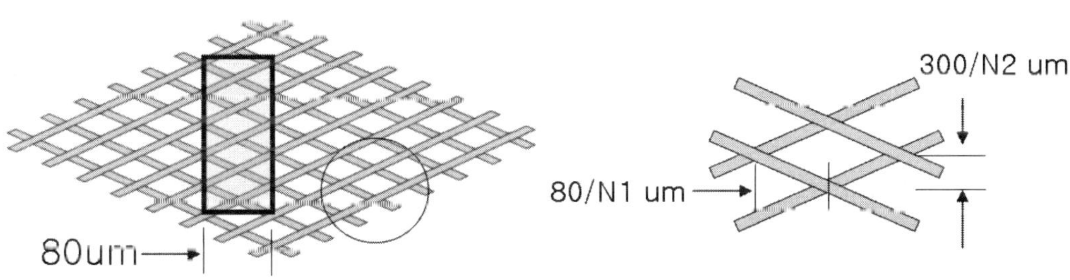

그림 7.18 사매기각에 따른 패턴의 크기 계산 개요도

위 그림 7.18은 스크린의 사매기각에 따라 개구부를 형성하였을 때 형성되는 패턴의 크기를 계산

한 것이다.

계산의 경계조건은 스크린 메쉬의 직경은 18㎛, Color Filter의 크기는 80㎛ x 300㎛로 설정하고, 계산은 다음과 같이 세 가지의 조건으로 나누어 실시하였다.

① 80/2, 300/10 : 사매기각 36.9°, 50㎛/pitch, 508 메쉬

② 80/1, 300/5 : 사매기각 36.9°, 100㎛/pitch, 254 메쉬

③ 80/1, 300/9 : 사매기각 22.6°, 86.5㎛/pitch, 293 메쉬

조건 ①의 경우 부피를 계산해 보면,

80 x 300-50 x 18 x 20 = 24000-18000 = 6000으로

오차는 발생하지 않았으며, 75%의 부피 감량 효과가 있었다.
조건 ②의 경우 부피를 계산해 보면,

80 x 300-100 x 18 x 5 = 24000-9000 = 15000으로

오차는 발생하지 않았으며, 37.5%의 부피 감량 효과가 있었다.
조건 ③의 경우 부피를 계산해 보면,

80 x 300-86.65 x 18 x 9 = 24000-14037 = 9963으로

오차는 발생하지 않았으며, 58.5%의 부피 감량 효과가 있었다.
위의 계산 결과를 통해 다음과 같은 결과를 얻을 수 있었다.

- 스크린 메쉬의 주기와 Color Filter의 크기는 정수배의 관계가 있어야 정밀한 미세 스크린 프린팅이 가능하다.
- 사매기 각도, 메쉬의 수, 메쉬의 직경에 따라 미세 스크린 프린팅의 한도가 결정된다.

5) 스크린 크기에 따른 스퀴지의 인압

통상적으로 가장 이상적인 패턴을 얻을 수 있는 스크린 메쉬의 크기는 전체 스크린 크기의 1/3정도라고 알려져 있다. 이러한 경우 스퀴지는 그림과 같이 패턴 형성 영역보다 먼저 하강하여 패턴 영역이 지난 후 상승하게 된다.

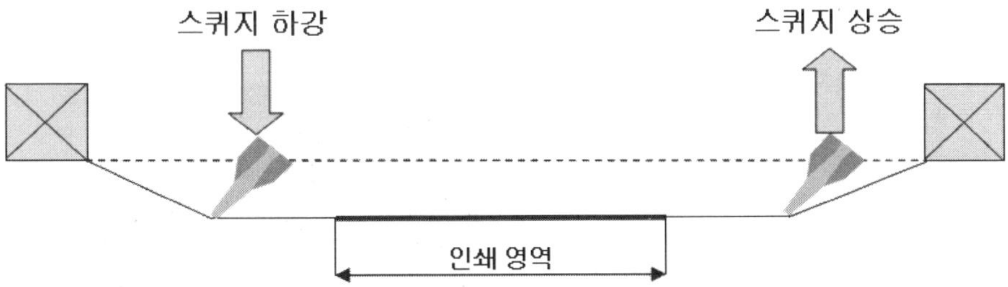

그림 7.19 일반적인 스크린 인쇄 공정의 스퀴지 하강 및 상승 운동 개요도

그림 7.20 (a)에서 보는 바와 같이 스크린 전 영역에 대해 고른 인쇄 압력이 부여되면그림 7.20 (b)와 같은 분포를 나타내야 하지만, 실제로는 그림 7.20 (d)처럼 스퀴지의 끝날부로 갈수록 더 큰 압력이 걸림을 알 수 가 있다. 또한 길이방향에 대해 스퀴지기 중심부에서 멀어질수록 스크린의 장력이 커져 부여되는 인쇄압력이 더 커져야 함을 알 수 있었다.

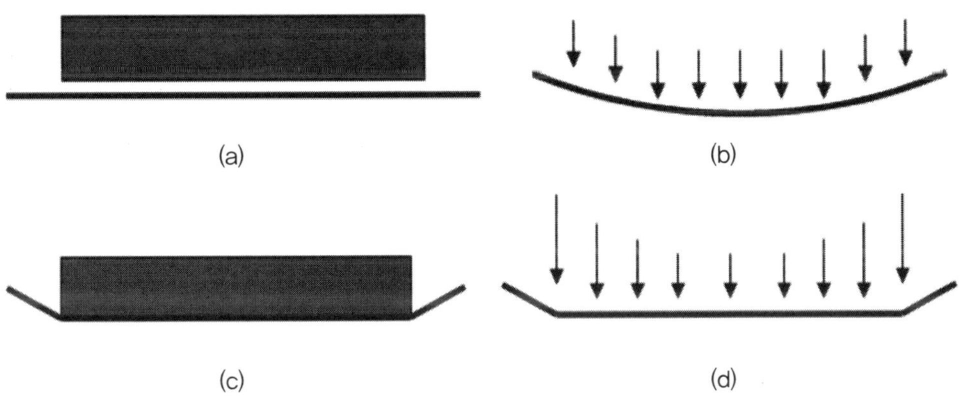

그림 7.20 인쇄 공정에서 인쇄 압력의 분포 개요도

6) 스크래퍼와 디스펜서의 공정 해석

디스펜서는 스크린 위에 잉크를 공급하는 장치이며, 스크래퍼는 공급된 잉크를 스크린의 인쇄영역에 고르게 도포하는 장치이다. 따라서 도포되는 두께에 따라 공급되는 잉크의 양이 결정되기 때문에 디스펜서와 스크래퍼 공정에 대한 검토가 필요하다.

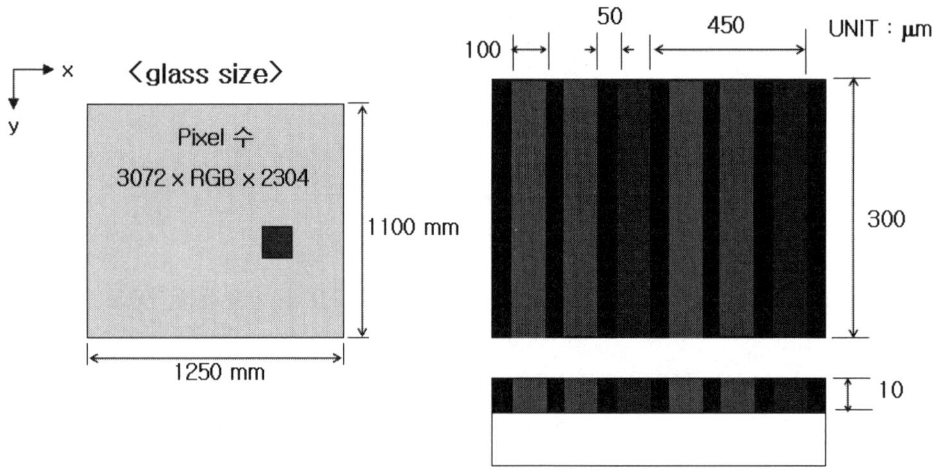

그림 7.21 스크린의 크기 및 인쇄 목표 패턴

그림 7.21는 본 분석에 사용되는 스크린의 크기와 패턴을 크기를 나타낸 것으로 스크린 전면적에 도포되는 잉크의 두께에 대한 잉크의 공급량과 패턴 형성 시 소모되는 잉크의 양을 계산하기 위한 것이다.

스크린에 도포되는 잉크의 두께에 대해 공급되는 양에 대해 도포 두께를 달리 하여 계산하였다. 이때 잉크의 비중은 1.2로 가정하였을 때, 공급되는 잉크의 양은 다음과 같다.

(1) 도포 두께 1mm일 때:

공급되는 잉크의 양(부피) = 1200×800×1 = 960000 = 0.96 L

공급되는 잉크의 무게 = 0.96×1.2 = 1.156kg

(2) 도포 두께 2mm일 때:

공급되는 잉크의 양(부피) = 1200×800×2 = 1920000 = 1.92 L

공급되는 잉크의 무게 = 1.92×1.2 = 2.304kg

(3) 도포 두께 0.1mm일 때:

공급되는 잉크의 양(부피) = 1200×800×0.1 = 96000 = 0.096 L

공급되는 잉크의 무게 = 0.096×1.2 = 115.2g

(4) 도포 두께 0.5mm일 때:

공급되는 잉크의 양(부피) = 1200×800×0.5 = 480000 = 0.48 L

공급되는 잉크의 무게 = 0.48×1.2 = 576g

또한, 1회 패턴을 형성하는 데 소모되는 잉크의 양은 다음과 같다.

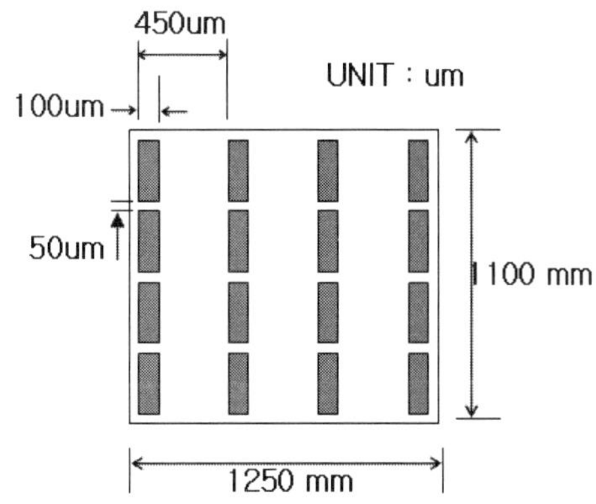

그림 7.22 1회 패턴 형성시 소모되는 잉크의 양 계산을 위한 개요도

1회 패턴시 소모되는 잉크의 양(부피) = $100\mu m \times 300\mu m \times 10\mu m \times 3072 \times 2304$

$$= 2123.3664mm^3 = 2.123 \times 10^{-3}L$$

1회 패턴시 소모되는 잉크의 무게 $2.123 \times 10^{-3}L \times 1.2 = 2.548g$

공급되는 잉크의 양에 대한 패턴 형성 시 소모되는 잉크의 양을 비교해 보면,

- 도포두께 1mm일 때, 공급되는 잉크의 양은 0.96L, 이때 소모되는 잉크의 양은 $2.123 \times 10^{-3}L$ 로 공급되는 잉크의 0.221%가 소모된다.
- 도포두께 2mm일 때, 공급되는 잉크의 양은 1.9L, 이때 소모되는 잉크의 양은 $2.123 \times 10^{-3}L$ 로 공급되는 잉크의 0.111%가 소모된다.
- 도포두께 0.1mm일 때, 공급되는 잉크의 양은 0.096L, 이때 소모되는 잉크의 양은 = $2.123 \times 10^{-3}L$ 로 공급되는 잉크의 2.211%가 소모된다.
- 도포두께 0.5mm일 때, 공급되는 잉크의 양은 0.48L, 이때 소모되는 잉크의 양은 = $2.123 \times 10^{-3}L$ 로 공급되는 잉크의 0.44%가 소모된다.

위의 비교 결과로 알 수 있듯이 1회 패턴시 사용되는 잉크의 소모량은 2.548g으로 공급되는 잉크의 양에 비해 아주 작음을 알 수 있으며, 매회 잉크를 공급하지 않고 일정한 주기로 공급을 해도 됨을 알 수 있었다.

스크린에 일정한 두께로 도포된 잉크는 스퀴지가 이동함에 따라 그림7.23과 같이 스퀴지 앞쪽에 모여 인쇄 공정이 끝날 때까지 이동하게 된다.

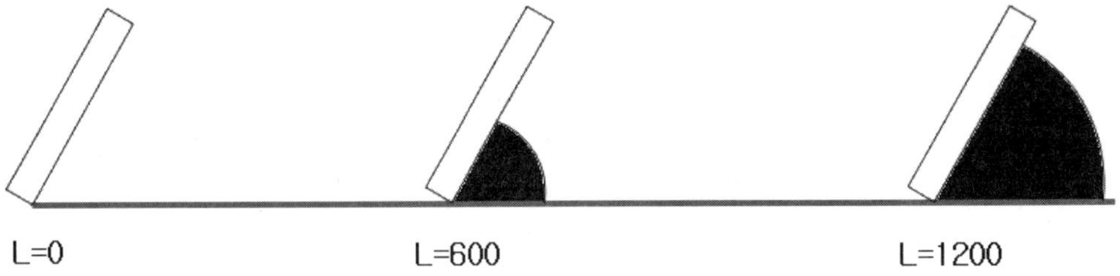

그림 7.23 스퀴지 운동에 따른 잉크의 거동

따라서, 스퀴지의 운동이 끝나는 부분에서의 잉크의 높이를 계산해 봄으로써 스크래퍼의 높이, 스퀴지 날의 높이 등을 결정할 수 있다.

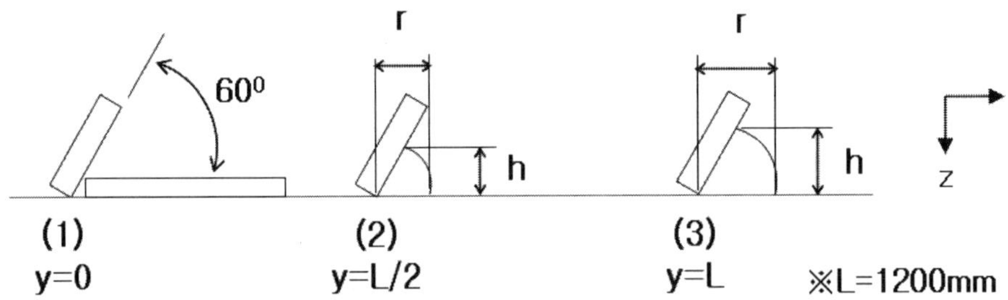

그림 7.24 잉크의 높이 계산을 위한 개요도

그림 7.24에서 스퀴지 앞부분에 모이는 잉크의 형태를 부채꼴의 형태로 단순화하여, 공급되는 잉크와의 관계를 이용하여 다음 식을 이용하여 높이 h를 계산하였다.

$$\frac{\pi r^2}{6} = (L_x \times thickness) \tag{7.6}$$

$$r = \sqrt{(L_x \times thickness \times \frac{6}{\pi})} \tag{7.7}$$

① 도포되는 잉크의 두께가 1mm일 때, 공급되는 잉크의 양은 0.96L이며, L=1200mm인 지점에서의 r=47.874mm, h=41.460mm이다.

② 도포되는 잉크의 두께가 2mm일 때, 공급되는 잉크의 양은 1.92L이며, L=1200mm인 지점에서의 r=67.704mm, h=58.633mm이다.

③ 도포되는 잉크의 두께가 0.1mm일 때, 공급되는 잉크의 양은 0.096L이며, L=1200mm인 지점에서의 r=15.139mm, h=13.111mm이다.

④ 도포되는 잉크의 두께가 0.5mm일 때, 공급되는 잉크의 양은 0.48L이며, L=1200mm인 지점에서의 r=33.852mm, h=29.317mm이다.

위의 계산 결과를 보면 도포되는 두께에 따라 스퀴지 앞부분에 모이는 잉크의 높이가 달라짐을 알 수 있으며, 이를 고려하여 스퀴지 날의 높이, 스크래퍼 날의 높이를 설계해야 한다.

7.2.2 수치해석

스퀴지와 스크린의 변형에 대해 ANSYS 프로그램을 사용하여 수치해석을 실시하였다.

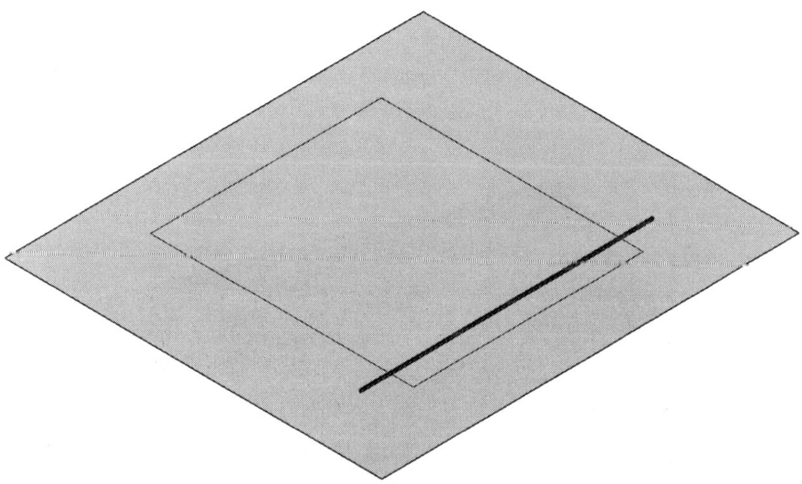

그림 7.25 스크린과 스퀴지의 접촉 해석 3D 모델링

그림 7.25와 같이 3D 모델링을 하였으며, Dimension은 위의 조건과 동일하다. 그리고, 재료의 요소를 입력하기 위하여 스퀴지는 재료 자체가 고무와 같은 비선형성 재질이기 때문에 Hyper-elastic material element(58)의 요소로 선택을 하였다. 그리고 스크린은 실제 망사의 두께가 매우 얇은 판이기 때문에 3D - Shell element (63)의 요소를 선택하였고, 패터닝이 되는 부위인 유리 기판은 물성치가 매우 높은 3D - solid element (45)로 선택을 하여 해석을 진행하였다.

또한 재료의 물성치를 입력하는 과정에서 스퀴지의 물성치가 중요한 관건이 된다. 그 이유는 스퀴지 재료 특성상 앞서 언급한 바와 같이 비선형성 재료이기 때문에 물성치를 구하는 것 자체가 쉽지가 않은 일이다. 그리하여 스퀴지의 물성치는 일반 우레탄의 물성치중 Mooney – Rivlin 모델 상수를 적용하여 재료의 비선형적 특성을 나타내었다.

그 외 해석 변수로서는 스크린과 스퀴지 사이의 초기 간격을 3mm로 하여 스크린에 접촉을 하도록 하였다. 또한 스크린과 유리 기판과의 사이 간격을 1mm로 설정하여 스퀴지가 스크린에 접촉을 하고, 변형된 스크린이 유리 기판에 접촉을 하도록 하였다.

수치해석을 수행한 결과는 다음과 같다.

1) 초기 위치에서의 스크린과 스퀴지의 응력 변화

스퀴지가 스크린에 접촉을 할 때 스크린은 그림 7.26과 같은 응력 분포를 보인다. 그림 7.26에서 보는 바와 같이 스퀴지가 스크린에 접촉을 할 때 스크린의 모서리 쪽에서 가장 큰 응력을 보인다. 그리고, 스크린의 중앙쪽이 가장 작은 응력을 보이고 있다.

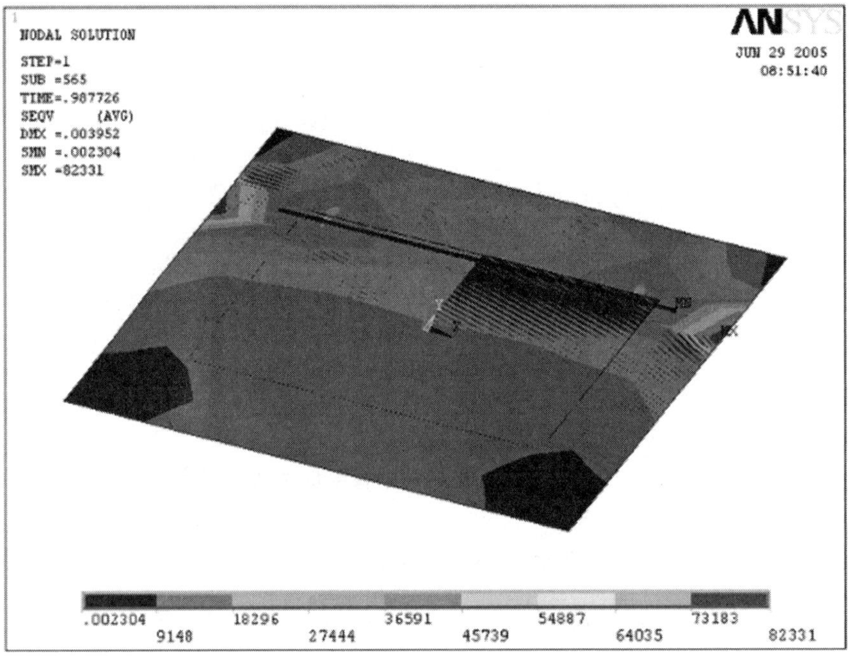

그림 7.26 초기 위치에서의 스크린 응력 분포

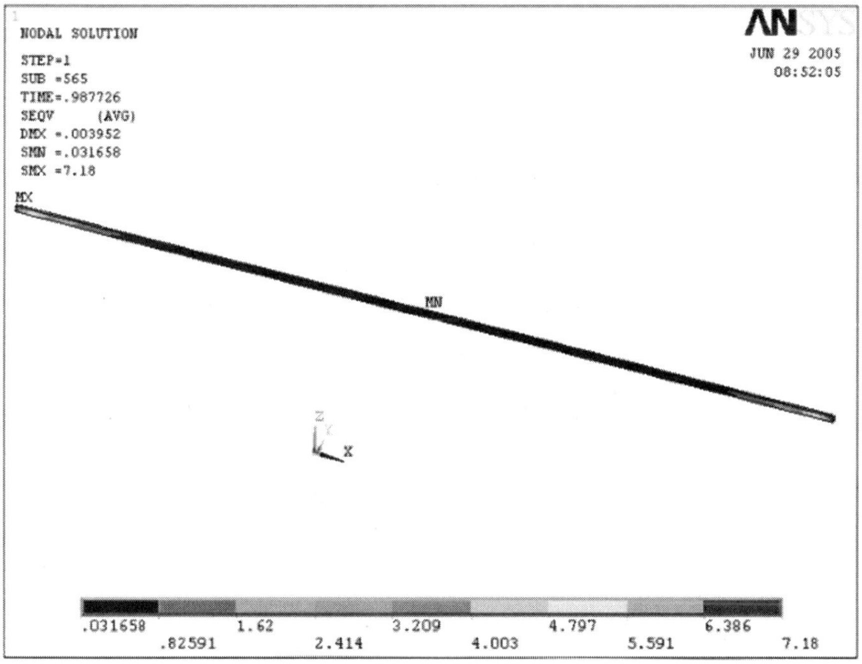

그림 7.27 초기 위치에서의 스퀴지의 응력 분포

그림 7.27은 스크린과 접촉하였을 때 스퀴지의 응력 분포를 나타내고 있는 그림이다. 그림 2.24와 같이 스퀴지 중앙에서 떨어질수록 응력이 커짐을 볼 수가 있으며, 최대응력이 발생되는 곳은 스퀴지의 끝 부분임을 알 수가 있다.

2) 스크린의 중앙에서의 스크린과 스퀴지의 응력 변화

그림 7.28과 그림7.29는 스크린의 중앙에서의 스크린과 스퀴지의 응력 분포를 각각 나타낸 그림이다. 초기 위치에서의 스크린과 스퀴지의 응력분포와 같은 경향을 보이고 있다.

인쇄를 시작할 때와 인쇄를 하는 도중인 그림 7.26과 그림 7.28을 각각 비교해 보면, 스퀴지가 스크린에 접촉을 하고, 다시 스크린이 기판에 접촉을 할 때의 응력이 중앙에서의 응력보다 적게 나타남을 볼 수가 있다. 그리고 스퀴지는 그와 반대적으로 초기 위치에서의 응력이 중앙에서의 응력보다 더 큼을 확인 할 수가 있다.

그리고 그림 7.31은 스퀴지의 처짐을 알아 보기 위하여 유리 기판을 제거한 상태에서의 스퀴지가 스크린의 중앙에 위치할 때의 스크린의 변형된 형상을 나타내고 있다. 그림에서 보는 바와 같이 스퀴지가 접촉하고 있는 부위의 스크린의 최대 처짐이 발생하는 것을 볼 수가 있다.

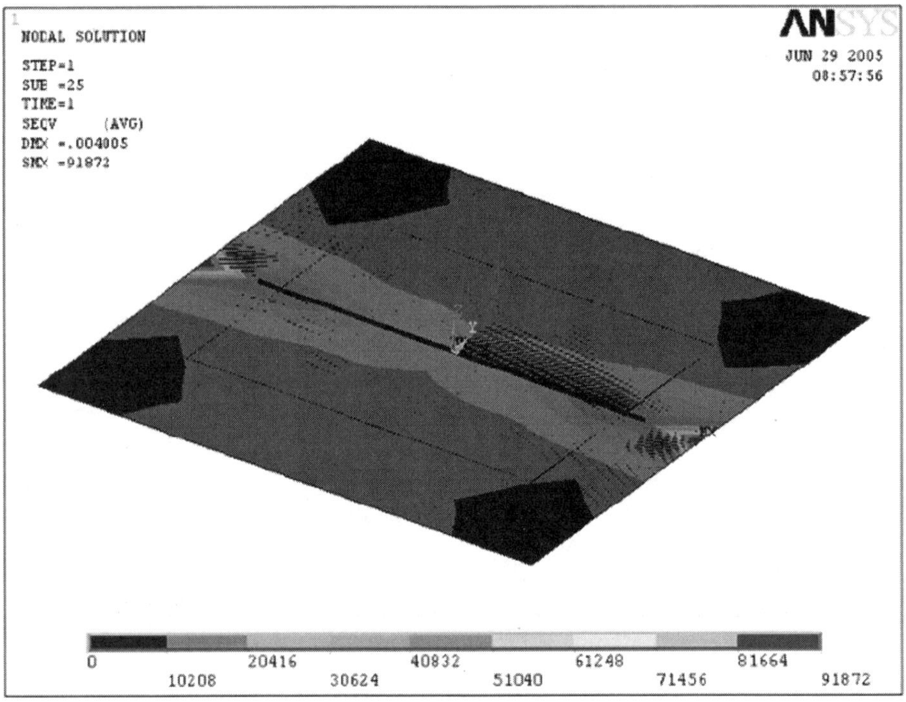

그림 7.28 스크린의 중앙에서 응력 분포

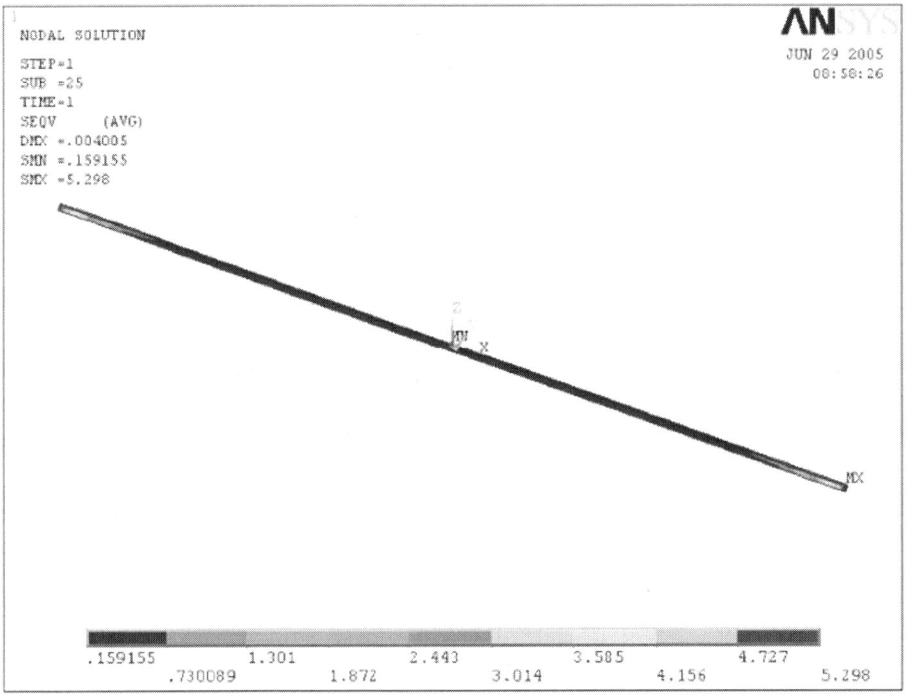

그림 7.29 스크린의 중앙에서의 스퀴지의 응력 분포

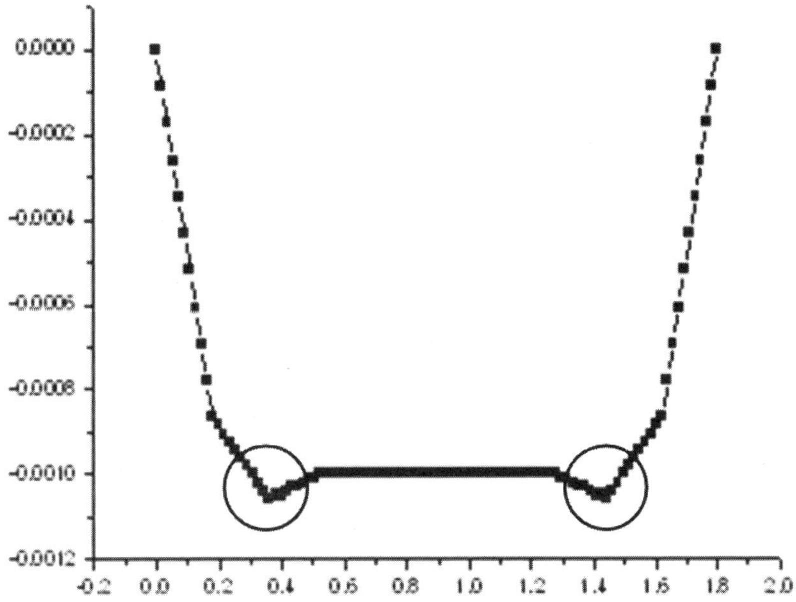

그림 7.30 스크린 중앙에서의 변형

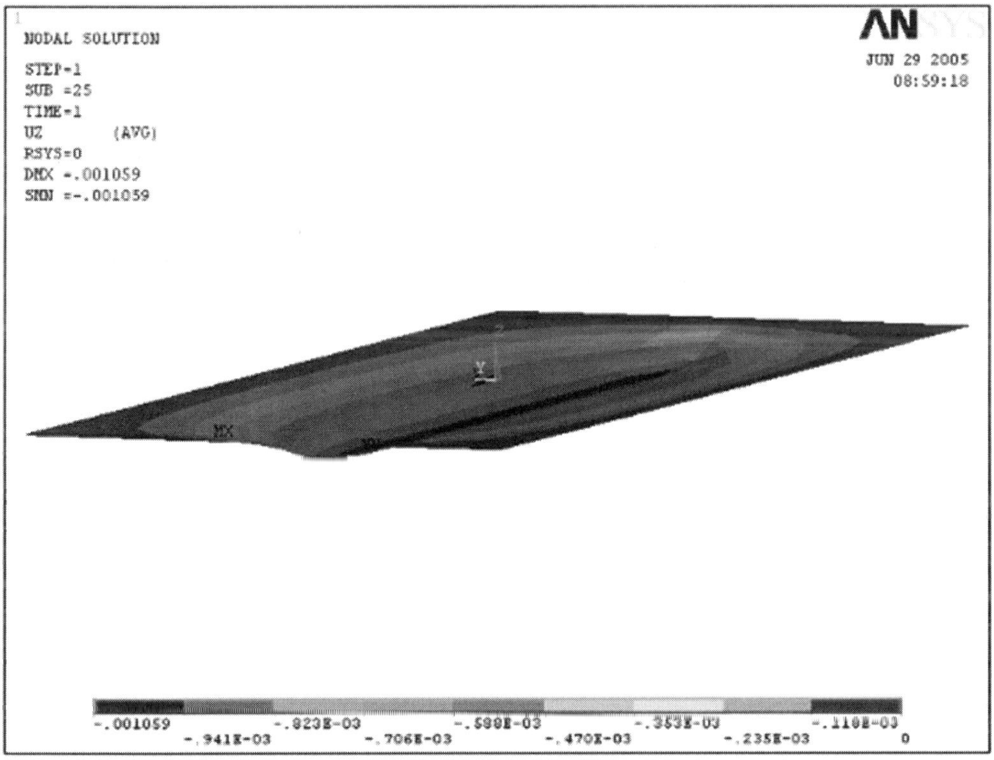

그림 7.31 스크린의 중앙에서의 변위

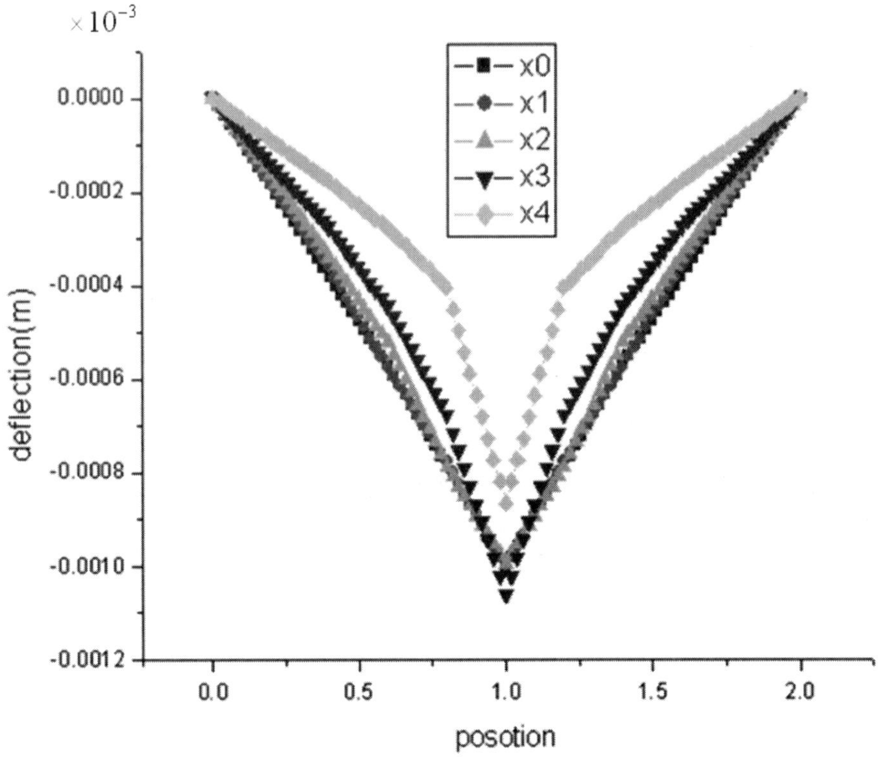

그림 7.32 스크린 중앙에서의 처짐

그림 7.30은 인쇄 진행 정도에 따른 스크린의 처짐을 나타낸 그래프이다. 그래프에서 보듯이 기판의 Edge부위에서 급격한 접촉이 발생하고 있다. 실제로 유리 기판 앞에서 스퀴지의 공정이 일어난다면 스퀴지와 스크린과의 접촉으로 인하여 스크린의 손상이 우려된다. 따라서 이 문제점을 해결할 수 있는 방안이 필요하다.

그리고, 그림7.32는 그림 7.31의 스크린의 처짐 형상을 인쇄 위치에 따라 그래프화 시킨 것이다. 그래프에서 볼 수 있듯이 변형은 중앙에서 최대가 되며 그 값은 속도에 따라서 약간씩 차이를 보이지만, 그 값은 0.9㎛~1.1㎛의 사이값을 갖는다. 또한 중앙에서 바깥쪽으로의 변형이 적다는 것을 볼 수가 있으며, 인쇄가 시작하는 위치(400mm)에서의 변형은 0.17㎛~0.34㎛의 범위를 가진다.

7.3 대면적 패터닝을 위한 공정 시험 및 결과 분석

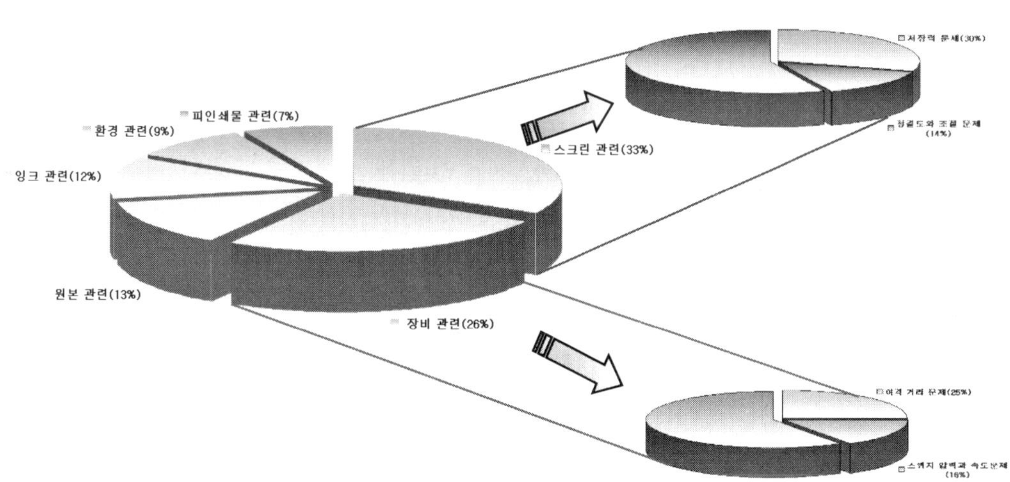

대면적 프린팅을 하기 위해선 그에 적합한 인쇄공정조건을 찾아야 한다. 스크린 인쇄는 인쇄의 변수 및 그들 상호간의 작용에 대한 노하우를 갖추어야 좋은 결과를 얻을 수 있다.

자료 출처 : (주) 삼성 케미칼 상사

그림 7.33 스크린 인쇄면의 불량 통계

7.3.1 스크린 인쇄의 인쇄 불량 및 해결 방안

그림 7.33은 스크린 인쇄에서 인쇄 불량 통계를 도식화한 것으로, 인쇄 불량의 대부분은 스크린과 관련된 문제와 인쇄기 자체의 문제에 의해 발생하는 경우가 많다. 우선 스크린과 관련된 문제로는 스크린의 장력이 너무 낮은 경우와 스크린의 크리닝 문제가 가장 심각하며, 장비와 관련된 문제로는 스크린과 인쇄물의 이격거리가 너무 떨어져 생기는 경우와 스퀴지의 압력과 속도가 너무 과하거나 그 반대의 경우에서 인쇄의 질의 떨어지는 결과를 얻을 수 있다. 뿐만 아니라 잉크와 관련된 문제와 피인쇄물과 관련된 문제들이 상호 복합적으로 작용하여, 인쇄 결과에 상당한 영향을 끼치게 된다.

이런 문제들이 제기되었을 경우 그에 관한 해결 방안은 다음과 같다.

- 원고 필름의 검토(색분해 확인, 망점의 득실조정)
- 망사의 정확한 선택(망사 목수, 종류, 색상)
- 정확한 견장(고장력, 저신장, UV 경우 380~470목) 및 각도
- 유제 도막 두께(5μm~10μm)

• 적정한 노광(과노광:구멍이 좁아지거나 막힘, 저노광:유제벽이 약해 수명 단축)
• 스퀴지(경도, 각도, 최소한의 압력)와 이격거리
• 잉크점도-. 기계적 규칙성 및 정확성

7.3.2 인쇄공정조건에 따른 대면적 인쇄 선폭의 균일도

다양한 공정조건에서 대면적 인쇄 균일도를 알아보기 위해, 스퀴지 속도 변화, 이격 거리 변화, 인압 변화, 인쇄 방향 변화, 페이스트 변화 등에 따른 스크린 프린팅된 패턴의 폭을 위치별로 측정하여 분석하였다.

7.3.2.1 패턴의 수직 방향 인쇄시 공정 조건에 따른 인쇄 균일도

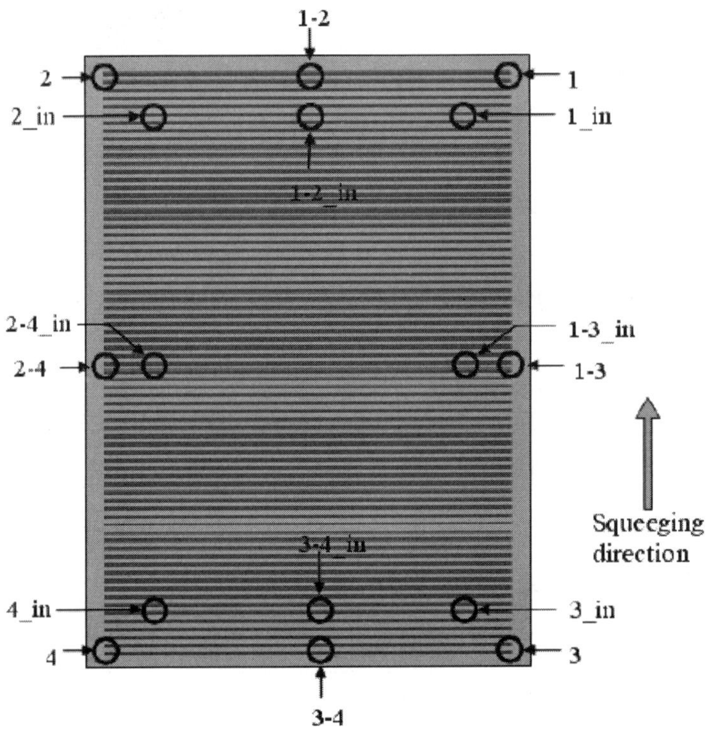

그림 7.34 Split 2-1의 인쇄 방향과 측정점

7.3.2.1 절의 실험에서는 그림 7.34와 같은 스퀴징 방향과 인쇄 패턴이 수직인 방향으로 인쇄하면서 대면적 인쇄 전폭의 균일도를 확인하였다. 스퀴지 속도 변화, 이격 거리 변화, 인압 변화에 따른 인쇄 선폭을 측정하였다. 여기서, 스퀴지 속도 5와 7은 각각 125mm/s 와 180mm/s을 의미하며, 이격거리의 단위는 mm이고, 측정된 패턴 폭의 단위는 마이크로 미터이다.

① 이격 거리 변화에 따른 패턴의 선폭

인쇄공정 조건들 중 이격 거리 변화에 따른 실험을 진행하였고, 현미경(200X)을 사용하여 각 패턴들에서 17부위를 측정하였다. 그리고 각 패턴의 평균을 구하여 측정 결과를 표 7.1에 정리하였다.

표 7.1 Split 3-1의 실험의 이격 거리 변화에 따른 패턴의 선폭

조건	패턴					
스퀴지 속도 : 7 **이격거리 : 0.5** 안압 : max 스퀴지 각도 : 75 도포높이 : 1.0	1-1	162.481		181.508		153.532
			176.180	183.796	168.570	
		145.572	164.765	185.693	162.101	145.191
			156.013	176.561	150.305	
		122.527		175.419		121.173
	1-2	173.136		194.826		170.258
			186.690	199.011	173.897	
		143.691	172.992	191.020	167.664	157.299
			159.437	180.366	155.015	
		122.147		180.747		124.810
스퀴지 속도 : 7 **이격거리 : 1.0** 안압 : max 스퀴지 각도 : 75 도포높이 : 1.0	2-1	145.739		193.684		142.289
			182.749	193.304	172.969	
		140.412	158.826	178.463	149.544	143.836
			153.113	167.686	149.924	
		129.376		179.163		124.810
	2-2	128.235		181.599		126.804
			160.777	165.261	150.685	
		140.411	165.504	182.649	158.676	144.217
			165.906	194.826	177.809	
		148.402		193.684		148.783
스퀴지 속도 : 7 **이격거리 : 2.0** 안압 : max 스퀴지 각도 : 75 도포높이 : 1.0	3-1	130.270		157.020		151.028
			158.585	160.343	145.358	
		140.034	149.163	159.437	150.685	143.075
			149.544	153.730	147.641	
		128.615		133.181		126.332
	3-2	141.553		161.721		145.572
			153.585	166.287	156.538	
		143.075	156.629	162.482	148.402	146.119
			145.572	155.632	149.163	
		130.518		145.594		129.757

이격 거리 증가에 따른 패턴의 선폭의 결과를 보면 다음과 같다.

- 선폭은 감소.
- 선폭 편차가 많이 줄어듬.

표 7.1의 결과를 보듯이 이격 거리가 증가 할수록 선폭의 폭과 편차가 줄어드는 것을 볼 수가 있었다. 그리고 좌우 방향으로 패턴을 분석해보면 중앙쪽으로 패턴 선폭이 넓게 분포되어 있다는 것을 알 수 있다.

② 인압 변화에 따른 패턴의 선폭

인쇄공정 조건들 중 이격 거리 변화에 따른 실험을 진행하였고, 같은 인쇄조건의 실험 결과를 표 7.2 에 정리하였다.

표 7.2 Split 3-1의 실험의 인압 변화에 따른 패턴의 선폭

조건	구분				
스퀴지 속도 : 7 이격거리 : 1.0 **안압 : 1.5kg** 스퀴지 각도 : 75 도포높이 : 1.0	4-1				
	144.978		174.277		149.924
		159.126	173.127	163.076	
	146.500	158.151	172.755	161.340	143.075
		152.299	164.598	151.827	
	132.421		175.418		134.776
	4-2				
	135.465		181.888		145.069
		164.004	187.596	163.881	
	136.606	149.757	171.233	156.013	139.651
		147.641	157.771	152.588	
	128.235		174.727		128.235
스퀴지 속도 : 7 이격거리 : 1.0 **안압 : 2.0kg** 스퀴지 각도 : 75 도포높이 : 1.0	5-1				
	138.509		193.303		146.119
		164.765	188.357	165.145	
	144.217	161.721	171.019	161.576	147.500
		154.110	171.522	161.104	
	128.235		192.923		131.279
	5-2				
	140.412		186.454		144.597
		161.812	187.596	162.101	
	143.456	159.437	168.809	154.365	142.314
		153.349	168.950	153.516	
	127.546		194.064		128.782
스퀴지 속도 : 7 이격거리 : 1.0 **안압 : max** 스퀴지 각도 : 75 도포높이 : 1.0	2-1				
	145.739		193.684		142.289
		182.749	193.304	172.969	
	140.412	158.826	178.463	149.544	143.836
		153.113	167.686	149.924	
	129.376		179.163		124.810
	2-2				
	128.235		181.599		126.804
		160.777	165.281	150.005	
	140.411	165.504	182.049	158.676	144.217
		165.906	194.826	177.809	
	148.402		193.684		148.783

인압 증가에 따른 패턴의 선폭의 결과를 보면 다음과 같다.

- 선폭이 증가.
- 편차가 커짐.

③ 도포 높이에 따른 패턴 선폭

인쇄공정 조건들 중 도포 높이 변화에 따른 실험을 진행하였고, 같은 인쇄조건의 실험 결과를 표 3.3 에 정리하였다.

표 7.3 Split 7-1의 실험의 인압 변화에 따른 패턴의 선폭

스퀴지 속도 : 7
이격거리 : 1.0
안압 : max
스퀴지 각도 : 75
도포높이 : 1.0

2-1				
145.739		193.684		142.289
	182.749	193.304	172.969	
140.412	158.826	178.463	149.544	143.836
	153.113	167.686	149.924	
129.376		179.163		124.810

2-2				
128.235		181.599		126.804
	160.777	165.261	150.685	
140.411	165.504	182.649	158.676	144.217
	165.906	194.826	177.809	
148.402		193.684		148.783

스퀴지 속도 : 7
이격거리 : 1.0
안압 : max
스퀴지 각도 : 75
도포높이 : 1.5

6-1				
145.739		178.083		139.651
	165.711	181.888	160.126	
141.553	161.270	168.950	156.013	139.270
	154.726	157.337	152.802	
129.757		166.287		128.615

6-2				
143.547		192.162		143.456
	171.850	189.118	168.570	
141.173	158.676	175.039	165.145	141.934
	159.673	170.472	158.677	
131.188		176.180		127.854

스퀴지 속도 : 7
이격거리 : 1.0
안압 : max
스퀴지 각도 : 75
도포높이 : 2.0

7-1				
152.569		179.460		145.811
	173.136	179.985	170.472	
138.128	142.390	170.853	156.013	138.509
	158.151	167.428	153.729	
126.024		180.713		126.952

7-2				
150.544		192.145		148.783
	167.048	178.083	168.570	
144.811	162.246	165.145	162.482	138.509
	160.198	165.906	156.774	
131.659		192.162		127.307

스크린 위의 도포 높이 증가에 따른 패턴의 선폭 결과를 보면 다음과 같다.

• 편차가 약간 작아지나 변화가 없다고 볼 수있다.

• 평균 선폭은 비슷하다.

④ 스퀴지 속도 변화에 따른 패턴의 선폭

표 7.4에 정리한 바와 같은 공정 조건으로, 2가지 스퀴지 속도 변화에 따른 인쇄 실험을 수행하여, 그 중 육안으로 확인하기에 가장 양호하게 보이는 패턴을 선택하여 선폭을 측정하였다.

표 7.4 Split 7-2의 실험의 스퀴지 속도 변화에 따른 패턴의 선폭

스퀴지 속도 : 5
이격거리 : 1.0
안압 : 0.6
스퀴지 각도 : 75

1-1				
121.839		123.372		124.138
	135.121	144.283	134.610	
126.437	131.035	140.485	131.290	126.692
	126.182	131.801	131.801	
123.883		119.285		118.555

1-2				
131.490		150.740		132.681
	143.438	156.509	146.727	
138.826	135.942	152.496	139.203	134.437
	137.948	149.235	138.450	
136.694		134.688		130.926

스퀴지 속도 : 7
이격거리 : 1.0
안압 : 0.6
스퀴지 각도 : 75

2-1				
142.714		158.766		145.222
	129.190	152.997	144.470	
135.942	134.437	149.235	135.440	137.447
	132.932	141.836	136.193	
133.685		158.248		128.167

2-2				
140.958		168.548		142.965
	142.714	162.277	144.470	
135.942	137.447	150.740	140.707	137.196
	136.945	147.981	134.186	
138.952		163.059		133.935

스퀴지 속도 변화에 따른 패턴의 선폭의 균일성은 다음과 같다.

• 속도가 빠를수록 선폭이 전반적으로 크다.

• 속도가 빠를수록 선폭 편차가 크다.

7.3.2.2 패턴의 평행 방향 인쇄시 공정 조건에 따른 인쇄 균일도

7.3.2.2 절의 실험에서는 그림 7.35과 같은 스퀴징 방향과 인쇄 패턴이 평행인 방향으로 인쇄하면서 대면적 인쇄 전폭의 균일도를 확인하였다. 스퀴지 속도 변화, 이격 거리 변화, 인압 변화에 따른 인쇄 선폭을 측정하였다. 여기서, 스퀴지 속도 5와 7은 각각 125mm/s 와 180mm/s을 의미하며, 이격거리의 단위는 mm이고, 측정된 패턴 폭의 단위는 마이크로 미터이다.

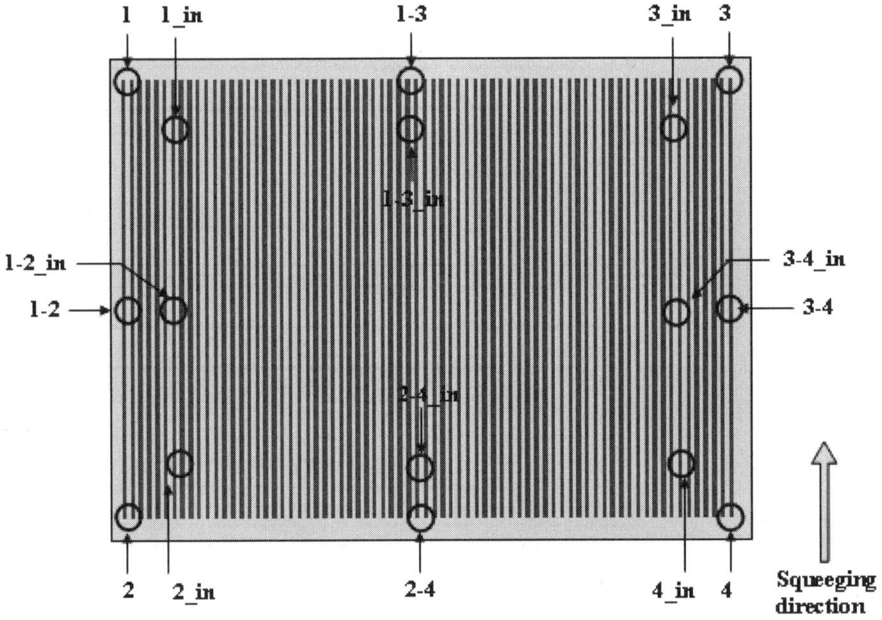

그림 7.35 Split 3-2의 인쇄 방향과 측정점

① 이격 거리 변화에 따른 패턴의 선폭

인쇄공정 조건들 중 이격 거리 변화에 따른 실험을 진행하였고, 동일한 인쇄조건의 실험 결과를 표 7.5 에 정리하였다.

표 7.5 Split 4-2의 실험의 이격 거리 변화에 따른 패턴의 선폭

조건	구분					
스퀴지 속도 : 7 **이격거리 : 0.5** 안압 : max 스퀴지 각도 : 75 도포높이 : 1.0	1-1	133.562		173.896		171.697
			164.384	176.561	172.375	
		134.537	160.960	169.331	162.862	144.264
			133.562	141.173	130.518	
		135.465		126.713		128.996
	1-2	140.103		175.869		189.118
			166.378	173.281	177.322	
		135.656	159.057	178.844	170.853	149.924
			139.484	145.405	141.053	
		136.820		130.518		135.465
스퀴지 속도 : 7 **이격거리 : 1.0** 안압 : max 스퀴지 각도 : 75 도포높이 : 1.0	2-1	133.609		137.201		133.109
			141.553	136.226	132.040	
		136.226	138.509	133.182	135.845	136.081
			133.776	128.996	130.898	
		132.634		130.898		129.757
	2-2	134.157		132.421		138.509
			134.537	129.376	133.776	
		134.537	132.801	131.659	130.898	137.367
			130.518	128.996	130.518	
		132.801		132.801		137.748
스퀴지 속도 : 7 **이격거리 : 2.0** 안압 : max 스퀴지 각도 : 75 도포높이 : 1.0	3-1	131.493		137.367		138.128
			140.031	136.606	135.084	
		132.040	137.748	133.942	138.509	136.059
			134.323	133.943	136.179	
		131.279		127.999		132.087
	3-2	140.103		133.182		139.270
			134.323	135.465	135.084	
		133.562	136.226	129.757	136.226	135.084
			134.323	127.474	132.801	
		134.704		126.713		132.040

이격 거리 증가에 따른 패턴의 선폭의 결과를 보면 다음과 같다.

• 선폭은 감소.

• 선폭편차가 많이 줄어듬.

표 3.5의 결과를 보듯이 이격 거리가 증가 할수록 선폭의 폭과 편차가 줄어드는 것을 볼 수가 있었다. 또한 이격 거리가 1.0mm 이상이 되면 패턴의 선폭이나 그 편차가 크게 차이가 나지 않는다는 것을 알 수 있다. 따라서 패턴의 크기에 따라서 이격 거리가 일정 이정이 되면 더 이상 인쇄의 결과에 영향을 끼치지 못하는 것 같다. 그렇다면, 스퀴지나 스크린의 보호를 위하여 일정한 이격 거리를 찾는 것이 중요하다.

② 인압 변화에 따른 패턴의 선폭

인쇄공정 조건들 중 인압 변화에 따른 실험을 진행하였고, 동일한 인쇄조건의 실험 결과를 표 7.6 에 정리하였다.

표 7.6 Split 3-2의 실험의 인압 변화에 따른 패턴의 선폭

조건					
스퀴지 속도 : 7 이격거리 : 1.0 **안압 : 1.5kg** 스퀴지 각도 : 75 도포높이 : 1.0			4-1		
	130.137		131.279		134.704
		135.084	131.279	137.748	
	152.588	135.845	157.535	136.226	135.846
		137.748	156.393	158.296	
	140.792		162.482		135.084
			4-2		
	136.059		133.181		136.654
		139.693	134.156	135.465	
	131.659	135.465	130.518	132.040	134.323
		136.606	129.376	132.801	
	130.898		128.615		128.615
스퀴지 속도 : 7 이격거리 : 1.0 **안압 : 2.0kg** 스퀴지 가도 : 75 도포높이 : 1.0			5-1		
	135.084		137.962		136.987
		135.084	133.943	135.845	
	133.562	134.704	134.704	136.226	136.226
		135.845	133.943	134.704	
	130.518		129.376		133.943
			5-2		
	134.704		132.040		137.368
		133.943	135.465	134.323	
	130.518	137.106	132.040	133.943	138.509
		135.229	126.332	131.659	
	133.562		131.851		133.562
스퀴지 속도 : 7 이격거리 : 1.0 **안압 : max** 스퀴지 각도 : 75 도포높이 : 1.0			2-1		
	133.609		137.201		133.109
		141.553	136.226	132.040	
	136.226	138.509	133.182	135.845	136.081
		133.776	128.996	130.898	
	132.634		130.898		129.757
			2-2		
	134.157		132.421		138.509
		134.537	129.376	133.776	
	134.537	132.801	131.659	130.898	137.367
		130.518	128.996	130.518	
	132.801		132.801		137.748

인압 증가에 따른 패턴의 선폭의 결과를 보면 다음과 같다.

- 선폭 차이 없음.
- 편차 차이 없음.

③ 도포 높이에 따른 패턴 선폭

인쇄공정 조건들 중 이격 거리 변화에 따른 실험을 진행하였고, 동일한 인쇄조건의 실험 결과를 표 7.7 에 정리하였다.

표 7.7 Split 3-2의 실험의 도포 높이 변화에 따른 패턴의 선폭

스퀴지 속도 : 7
이격거리 : 1.0
안압 : max
스퀴지 각도 : 75
도포높이 : 1.0

2-1				
133.609		137.201		133.109
	141.553	136.226	132.040	
136.226	138.509	133.182	135.845	136.081
	133.776	128.996	130.898	
132.634		130.898		129.757

2-2				
134.157		132.421		138.509
	134.537	129.376	133.776	
134.537	132.801	131.659	130.898	137.367
	130.518	128.996	130.518	
132.801		132.801		137.748

스퀴지 속도 : 7
이격거리 : 1.0
안압 : max
스퀴지 각도 : 75
도포높이 : 1.5

6-1				
138.937		132.421		136.059
	156.013	164.765	176.180	
135.084	176.561	185.693	183.796	130.518
	150.305	162.101	168.570	
135.084		127.854		131.279

6-2				
135.845		131.659		135.845
	133.562	132.801	136.226	
134.704	134.323	130.898	133.182	130.898
	133.182	134.704	133.181	
137.367		128.615		132.040

스퀴지 속도 : 7
이격거리 : 1.0
안압 : max
스퀴지 각도 : 75
도포높이 : 2.0

7-1				
131.279		130.898		132.421
	133.562	129.376	131.279	
131.279	134.704	132.420	133.562	132.421
	134.704	130.898	131.279	
128.235		125.335		130.137

7-2				
136.606		132.421		135.084
	135.465	133.181	133.943	
131.279	136.226	130.518	132.801	133.182
	128.996	126.332	127.093	
130.898		127.474		132.421

스크린 위의 도포 높이 증가에 따른 패턴의 선폭의 결과를 보면 다음과 같다.

- 선폭 차이 없음.
- 편차 차이 없음.

7.3.2.1절의 실험에서도 도포 높이의 증가에 따른 패턴의 경향을 뚜렷이 나타내지 못하고 있는데, 이번 실험에서도 도포 높이는 인쇄 결과물에 미치는 영향이 상당히 적음을 의미하고 있다.

7.3.2.2절 실험에서는 패턴의 전체적인 선폭이 상당히 안정화되었고, 이격 거리의 증가에 따라서 좌우 방향과 상하 방향 모두 적은 이격 거리에서는 선폭의 폭 차이가 심하지만 1.0mm 이상에서는 좌우/상하 선폭의 폭 차이가 비슷하게 나타나고 있다.

그림 7.36 Split 3-2의 패턴의 전반적인 선폭의 분포 형상

그리고 인압이 증가 할수록 패턴의 선폭 차이는 크게 나타나지 않았다. 그렇다면 스퀴지나 스크린의 보호를 위하여 적은 인압에서 실험을 행하는 것이 좋다.

따라서 전체적으로 고른 패턴 형성을 얻기 위해서는 패턴의 길이 방향으로 스퀴징을 해야 하며, 이격 거리는 일정 값 이상, 인압은 스크린과 스퀴지의 보호를 위해 작게 하는 방향으로 공정 조건을 정립하는 것이 좋다.

7.3.2.3 패턴의 수직 방향 인쇄시 공정 조건에 따른 인쇄 균일도 (페이스트 변경)

7.3.2.3절의 실험은 Split 3.2.1절과 같은 인쇄 방향과 인쇄조건에서 페이스트를 변경하여 DUS-적색-2) 실험을 진행하였다. 점도가 약 30,000cp정도 높은 페이스트를 사용하였다.

① 이격 거리 변화에 따른 패턴의 선폭

인쇄공정 조건들 중 이격 거리 변화에 따른 실험을 진행하였고, 동일한 인쇄조건의 실험 결과를 표 7.8에 정리하였다.

표 7.8 Split 3-3의 실험의 이격 거리 변화에 따른 패턴의 선폭

조건	구분					
스퀴지 속도 : 7 **이격거리 : 0.5** 안압 : max 스퀴지 각도 : 75 도포높이 : 1.0	1-1	150.305		165.098		157.915
			153.349	158.843	152.207	
		134.704	134.323	136.226	135.465	137.368
			133.943	125.952	124.732	
		123.288		122.147		117.200
	1-2	156.774		177.322		139.270
			158.151	160.579	159.224	
		135.915	144.597	134.323	138.890	128.615
			146.500	136.606	133.562	
		127.854		147.808		119.103
스퀴지 속도 : 7 **이격거리 : 1.0** 안압 : max 스퀴지 각도 : 75 도포높이 : 1.0	2-1	140.412		158.676		137.748
			159.365	167.048	145.358	
		131.279	141.553	132.634	136.606	127.926
			138.128	136.987	133.562	
		124.574		146.119		116.819
	2-2	132.420		175.419		130.518
			149.924	161.721	142.361	
		134.704	139.270	142.314	136.607	124.763
			129.757	132.421	133.395	
		125.952		146.333		123.288
스퀴지 속도 : 7 **이격거리 : 2.0** 안압 : max 스퀴지 각도 : 75 도포높이 : 1.0	3-1	128.235		145.358		128.615
			139.651	146.880	138.890	
		128.996	134.704	133.943	133.182	130.898
			136.606	132.801	126.713	
		129.757		115.677		123.288
	3-2	130.137		149.116		127.474
			146.456	148.569	138.889	
		131.279	141.767	147.261	140.031	130.137
			142.908	145.739	138.889	
		122.527		126.332		121.766

이격 거리 증가에 따른 패턴의 선폭의 결과를 보면 다음과 같다.

- 선폭은 감소.
- 선폭 편차가 많이 줄어듬.

② 인압 변화에 따른 패턴의 선폭

인쇄공정 조건들 중 인압 변화에 따른 실험을 진행하였고, 같은 인쇄조건의 실험 결과를 표 7.9에 정리하였다.

표 7.9 Split 3-3의 실험의 인압 변화에 따른 패턴의 선폭

스퀴지 속도 : 7
이격거리 : 1.0
안압 : 1.5kg
스퀴지 각도 : 75
도포높이 : 1.0

4-1				
127.093		162.481		126.713
	148.402	162.481	146.500	
128.996	140.411	137.748	138.129	127.854
	137.367	141.934	143.836	
121.385		132.421		123.669

4-2				
128.235		182.649		132.040
	154.491	171.233	157.154	
132.421	146.500	152.207	146.500	130.137
	140.839	152.588	140.411	
125.571		154.490		119.864

스퀴지 속도 : 7
이격거리 : 1.0
안압 : 2.0kg
스퀴지 각도 : 75
도포높이 : 1.0

5-1				
129.757		184.171		140.412
	155.632	159.057	152.588	
129.757	147.688	153.018	151.446	137.367
	141.600	150.852	143.836	
128.235		149.544		130.137

5-2				
127.854		174.658		132.040
	158.677	169.566	154.963	
132.801	144.217	155.107	144.597	132.420
	140.792	148.783	138.889	
117.055		154.490		125.052

스퀴지 속도 : 7
이격거리 : 1.0
안압 : max
스퀴지 각도 : 75
도포높이 : 1.0

2-1				
140.412		158.676		137.748
	159.365	167.048	145.358	
131.279	141.553	132.634	136.606	127.926
	138.128	136.987	133.562	
124.574		146.119		116.819

2-2				
132.420		175.419		130.518
	149.924	161.721	142.361	
134.704	139.270	142.314	136.607	124.763
	129.757	132.421	133.395	
125.952		146.333		123.288

인압 증가에 따른 패턴의 선폭의 결과를 보면 다음과 같다.

- 선폭이 차이 없음.
- 편차 차이 없음.

잉크의 점도가 높을수록 선폭이 상대적으로 좁아지며, 편차 또한 줄어드는 경향이 있다.

③ 도포 높이에 따른 패턴 선폭

인쇄공정 조건들 중 도포 높이 변화에 따른 실험을 진행하였고, 동일한 인쇄조건의 실험 결과를 표 7.10 에 정리하였다.

표 7.10 Split 3-3의 실험의 도포 높이 변화에 따른 패턴의 선폭

조건	구분					
스퀴지 속도 : 7 이격거리 : 1.0 안압 : max 스퀴지 각도 : 75 **도포높이 : 1.0**	2-1	140.412		158.676		137.748
			159.365	167.048	145.358	
		131.279	141.553	132.634	136.606	127.926
			138.128	136.987	133.562	
		124.574		146.119		116.819
	2-2	132.420		175.419		130.518
			149.924	161.721	142.361	
		134.704	139.270	142.314	136.607	124.763
			129.757	132.421	133.395	
		125.952		146.333		123.288
스퀴지 속도 : 7 이격거리 : 1.0 안압 : max 스퀴지 각도 : 75 **도포높이 : 1.5**	6-1	128.996		142.695		129.376
			146.880	165.478	148.402	
		132.420	144.217	138.889	140.412	128.996
			137.581	136.226	137.201	
		121.386		140.411		122.908
	6-2	132.420		168.189		134.323
			161.340	181.418	166.095	
		134.703	151.066	160.579	155.632	135.845
			144.597	159.057	141.767	
		128.235		156.941		128.235
스퀴지 속도 : 7 이격거리 : 1.0 안압 : max 스퀴지 각도 : 75 **도포높이 : 2.0**	7-1	128.235		151.447		124.049
			142.908	158.296	146.880	
		133.943	146.047	153.563	146.500	130.518
			138.509	148.663	140.412	
		119.864		145.739		125.191
	7-2	136.987		171.233		136.987
			164.765	172.756	161.596	
		135.845	148.772	166.523	156.113	136.987
			148.402	155.349	151.280	
		127.474		148.924		128.615

스크린 위의 도포 높이 증가에 따른 패턴의 선폭의 결과를 보면 다음과 같다.

- 펀치 미미
- 평균 선폭은 비슷하다.

그림 7.37 Split 3-3의 패턴의 전반적인 선폭의 분포 형상

7.3.2.3절의 실험을 통한 전체적인 패턴의 선폭 분포는 그림 3.5과 같이 나타나고 있다. 좌우 방향으로는 중앙 쪽으로의 선폭이 넓게 측정되고, 상하 방향으로는 인쇄가 진행 될수록 선폭이 넓게 측정되었다.

7.3.2.4 패턴의 평행 방향 인쇄시 공정 조건에 따른 인쇄 균일도 (페이스트 변경)

7.3.2.4 절의 실험은 .7.3.2.2절과 같은 인쇄 방향과 인쇄조건에서 Ink(DUS-적색-2)를 달리하여 실험을 진행하였다. 점도가 약 30,000cp정도 높은 페이스트를 사용하였다

① 이격 거리 변화에 따른 패턴의 선폭

인쇄공정 조건들 중 이격 거리 변화에 따른 실험을 진행하였고, 동일한 인쇄조건의 실험 결과를 표 7.11 에 정리하였다.

표 7.11 Split 3-4의 실험의 이격 거리 변화에 따른 패턴의 선폭

스퀴지 속도 : 7
이격거리 : 0.5
안압 : max
스퀴지 각도 : 75
도포높이 : 1.0

1-1				
129.376		171.664		162.101
	154.491	160.199	157.771	
128.996	148.022	147.641	153.349	138.889
	132.801	139.650	136.226	
129.757		127.854		122.907

1-2				
126.332		185.740		181.508
	166.667	172.755	174.847	
132.420	153.302	157.535	161.195	143.836
	135.084	144.597	144.217	
130.137		124.430		124.810

스퀴지 속도 : 7
이격거리 : 1.0
안압 : max
스퀴지 각도 : 75
도포높이 : 1.0

2-1				
129.757		123.502		128.615
	133.562	129.757	135.845	
126.713	130.518	125.571	132.801	133.182
	126.332	127.093	130.898	
125.191		124.430		124.049

2-2				
131.660		127.854		128.996
	133.562	132.421	133.562	
133.562	133.562	128.615	134.323	131.279
	131.659	126.332	126.713	
130.137		122.907		128.996

스퀴지 속도 : 7
이격거리 : 2.0
안압 : max
스퀴지 각도 : 75
도포높이 : 1.0

3-1				
129.757		128.996		132.421
	138.128	135.845	136.987	
129.376	135.845	125.571	137.748	133.562
	130.898	123.288	129.757	
129.590		122.527		132.040

3-2				
130.898		130.373		130.518
	136.606	130.518	133.562	
135.845	131.000	126.332	135.845	133.562
	132.040	128.615	132.420	
132.420		127.854		126.332

이격 거리 증가에 따른 패턴의 선폭의 결과를 보면 다음과 같다.

- 선폭의 폭은 감소.
- 선폭 편차가 많이 줄어듬.

잉크의 점도를 달리 하였을 때, 잉크 점도가 상대적으로 높은 Ink(DUS-적색-2)가 선폭이 약간 좁게 나오고 있으며, 편차는 오차의 범위 내에서 비슷하게 측정되었다.

② 인압 변화에 따른 패턴의 선폭

인쇄공정 조건들 중 인압 변화에 따른 실험을 진행하였고, 동일한 인쇄조건의 실험 결과를 표 7.12에 정리하였다.

표 7.12 Split 3-4의 실험의 인압 변화에 따른 패턴의 선폭

스퀴지 속도 : 7
이격거리 : 1.0
안압 : 1.5kg
스퀴지 각도 : 75
도포높이 : 1.0

4-1				
127.093		122.908		125.571
	128.235	126.713	134.323	
120.244	136.987	125.571	125.571	125.571
	130.898	122.527	118.341	
133.181		122.527		121.005

4-2				
131.659		127.093		127.093
	134.612	122.908	128.615	
138.056	140.031	135.465	121.386	121.386
	136.987	138.128	119.102	
136.226		128.996		119.483

스퀴지 속도 : 7
이격거리 : 1.0
안압 : 2.0kg
스퀴지 각도 : 75
도포높이 : 1.0

5-1				
131.659		135.084		134.323
	135.084	133.182	136.226	
130.899	135.682	127.093	134.704	133.182
	136.226	133.943	137.748	
129.757		129.376		131.279

5-2				
132.801		125.191		130.137
	135.845	134.704	136.226	
135.084	133.943	125.571	133.776	130.898
	135.465	124.430	127.093	
132.801		122.908		128.615

스퀴지 속도 : 7
이격거리 : 1.0
안압 : max
스퀴지 각도 : 75
도포높이 : 1.0

2-1				
129.757		123.502		128.615
	133.562	129.757	135.845	
126.713	130.518	125.571	132.801	133.182
	126.332	127.093	130.898	
125.191		124.430		124.049

2-2				
131.660		127.854		128.996
	133.562	132.421	133.562	
133.562	133.562	128.615	134.323	131.279
	131.659	126.332	126.713	
130.137		122.907		128.996

인압 증가에 따른 패턴의 선폭의 결과를 보면 다음과 같다.

- 선폭 변화 미미.
- 편차 차이 없음.

지금까지의 인압에 관한 결과와 비슷하게 선폭에 큰 영향이 없었다. 그러나 인쇄 방향에 대해서는 패턴의 길이 방향의 수직방향으로의 인쇄 방향보다 패턴의 길이와 평행한 방향으로의 인쇄를 진행시키는 것이 패턴의 폭이나 전체영역에서 편차의 폭이 상당히 작으므로, 인쇄방향을 패턴의 길이 방향으로 일치시키는 것이 좋다.

③ 도포 높이에 따른 패턴 선폭

인쇄공정 조건들 중 이격 거리 변화에 따른 실험을 진행하였고, 동일한 인쇄조건의 실험 결과를 표 7.13 에 정리하였다.

표 7.13 Split 3-4의 실험의 도포 높이 변화에 따른 패턴의 선폭

조건	구분					
스퀴지 속도 : 7 이격거리 : 1.0 안압 : max 스퀴지 각도 : 75 **도포높이 : 1.0**	2-1	129.757		123.502		128.615
			133.562	129.757	135.845	
		126.713	130.518	125.571	132.801	133.182
			126.332	127.093	130.898	
		125.191		124.430		124.049
	2-2	131.660		127.854		128.996
			133.562	132.421	133.562	
		133.562	133.562	128.615	134.323	131.279
			131.659	126.332	126.713	
		130.137		122.907		128.996
스퀴지 속도 : 7 이격거리 : 1.0 안압 : max 스퀴지 각도 : 75 **도포높이 : 1.5**	6-1	134.704		136.606		132.421
			135.084	140.411	138.128	
		135.845	137.748	130.518	136.226	135.465
			132.801	127.474	136.226	
		134.704		124.049		130.898
	6-2	137.367		134.323		133.562
			134.704	130.518	134.323	
		138.128	134.323	129.757	138.176	134.323
			135.465	131.279	134.323	
		135.845		121.766		132.040
스퀴지 속도 : 7 이격거리 : 1.0 안압 : max 스퀴지 각도 : 75 **도포높이 : 2.0**	7-1	138.129		136.987		135.084
			136.226	130.898	138.129	
		136.226	136.606	132.040	139.270	138.509
			135.845	128.996	131.279	
		135.465		122.908		133.943
	7-2	134.704		132.040		135.845
			140.412	136.987	135.465	
		134.704	138.509	133.181	132.040	132.801
			136.059	130.732	132.801	
		133.943		128.615		133.942

스크린 위의 도포 높이 증가에 따른 패턴의 선폭의 결과를 보면 다음과 같다.

- 편차 미미.
- 평균 선폭은 비슷

이 내용을 역으로 생각한다면, 도포 높이가 패턴의 선폭에 영향을 주기 않는다면 도포 높이를 줄여주는 것이 좋다.

그림 7.38 Split 3-4의 패턴의 전반적인 선폭의 분포 형상

7.3.3 대면적 균일 스크린 프린팅을 위한 공정 조건 결론

스크린 프린팅 공정에 주요 변수로 사용되었던, 이격거리, 인압, 도포높이, 인쇄방향에 따른 패턴의 폭과 편차를 micro scope를 이용하여 측정하여 분석하였으며, 실험 결과로써 다음과 같은 특징들을 알 수 있었다.

(1) 이격거리가 증가함에 따라 패턴의 폭이 줄어들며, 편차도 줄어들어 고른 패턴이 형성된다. 그리고, 일정 값 이상이 되면 영향을 주는 정도는 극히 미약하다.

(2) 인압의 증가에 따른 인쇄물의 차이는 인쇄결과에 큰 영향을 주지 않는 것으로 측정되었다.

(3) 도포 높이 증가에 따른 인쇄물의 차이 역시 100mm x 100mm 영역에서는 별 차이가 없었다.

(4) 인쇄 방향에 따른 패턴 분석에서는 패턴의 폭 차이는 패턴의 길이방향으로 인쇄를 하였을 때가 전면적에 대하여 고르게 분포되었다.

(5) 스퀴지 속도 증가에 따라서 인쇄 결과물에 큰 영향을 미치지 못했다.

7.4 요약

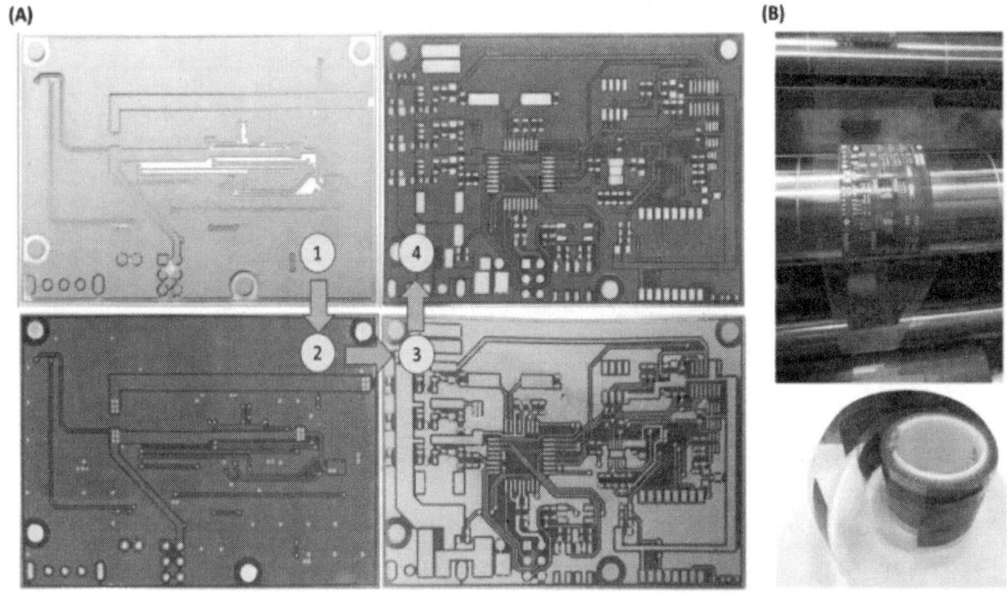

그림 7.39 롤투롤스크린인쇄를 이용한 IoT회로플랫폼인쇄.
(A) IoT회로플랫폼의 4층인쇄, (B) 웹 및 최종인쇄회로롤인쇄.

재료 및 인쇄 성능을 조사한 후 그림 7.39와 같이 IoT 기기용 회로 플랫폼을 인쇄하였다. .이 방법에서 회로 플랫폼은 그림 A와 같이 4개의 인쇄 레이어를 겹쳐 R2R 스크린 인쇄를 사용하여 인쇄되었다. 여기서, 전사 제어 프로세스를 실시해 인쇄레이어를 정렬한다, 그림 B는 다음 단계의 인쇄 롤을 나타내고 있습다. 회로 플랫폼을 인쇄한 후 솔더 페이스트를 스크린 인쇄하고 전자 부품을 장착했다. 인쇄층 간 및 바닥층과 기판 간 연결부는 접착성이 우수했으며, 납땜 페이스트층을 포함한 층은 균열이나 변형이 없어 실용에 적합했다. 최종 IoT 장치는 그림 7.40와 같이 성공적으로 구현되었다. 그림 A와 같이 구현된 IoT 장치는 온도 및 습도 모듈(SH-15)과 가요성 저항 압력 센서를 갖추고 있다. 마이크로컨트롤러 유닛(Atmega8a)은 디바이스를 제어하고 데이터를 처리한 후 블루투스 모듈(HM-11)에 정보를 송신하여 그림 B와 같이 다른 디바이스와 통신한다.

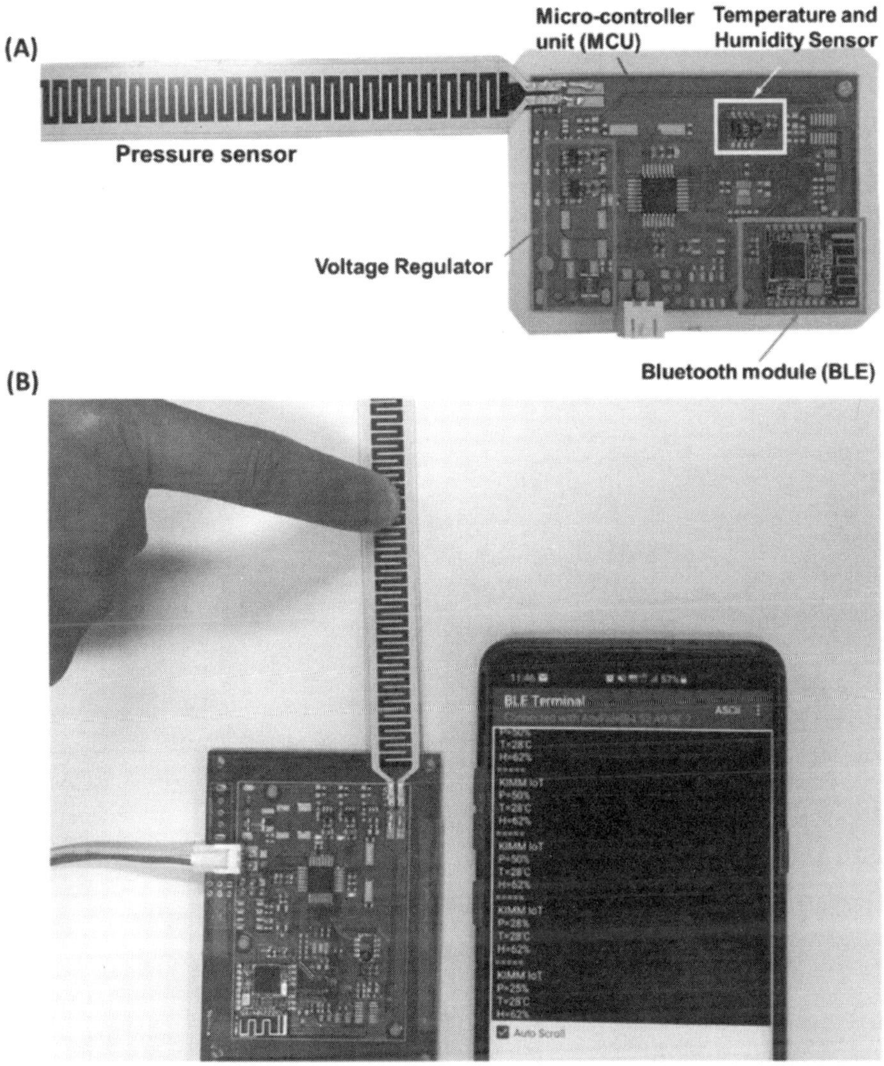

그림 7.40 IoT 디바이스 구현 (가) 구현된 IoT 디바이스 구조 (나) 구현된 IoT 디바이스 테스트

요약하면, R2R 스크린 인쇄를 사용하여 여러개의 레이어를 포함한 프린트 회로 플랫폼으로 IoT 디바이스 제작이 가능하며, 도전층 인쇄를 위해 층간 연결 결함 없이 인쇄층의 거칠기를 줄이기 위해 에폭시 기반의 은 페이스트와 스크린 메쉬를 조사했다. 또한, 절연층은 용도에 적합한 충분한 강도를 보였다. 본 연구의 접근방식은 다른 전자기기 애플리케이션뿐만 아니라 보다 복잡한 IoT 디바이스에서도 사용될 수 있도록 확장할 수 있다.

Chapter 8

SB Gravure offset printer for flexible sensor

8.1 서론

투명하고 플렉서블한 cellulose nanofiber 박막은 습도 센서의 감지물질로 사용된다. 또한 습도 센서 전극은 polyimide와 pet film에 인쇄된다. 대면적에 적합한 인쇄전자공정을 이용해 플렉서블하고 강한 기계적 특성을 가지도록 제작되었다. 센서는 다양한 분야에서 활용되기 때문에 저렴하게 대량생산 할 수 있어야 한다. 우리는 Double Blanket Gravure offset 인쇄 공정을 통해 다양한 기판에서 제작할 수 있는 공정 연구를 수행했다. 전도성 Flexible 센서는 빠른 시간 동안 전도도가 변하는 넓은 상대 습도(RH) 범위에서 빠르고 변화가 큰 실시간 응답을 보여주며, 다른 연구에서 보고된 대부분의 값보다 짧은 17초/7초의 응답/복구 시간을 보여줬을 뿐만 아니라 문헌에 보고된 것보다 훨씬 좁은 0.57%의 히스테리시스 오차를 보여주었다. 결과적으로 사람 피부의 실시간 수분 정보를 제공하고 통합 지능형 웨어러블 장비의 유망한 모듈 구성 요소로서 CNF 기반 습도 센서로서의 잠재력을 보여준다. 최근 개인 관리, 건강 평가 및 스포츠 모니터링과 같은 잠재적 응용을 위한 플렉서블한 전자 장치에 대한 관심이 증가하고 있다. 특히, 다양한 플렉서블 센서 디자인의 급속한 발전에 따라 플렉서블 전자 장치의 범위는 새로운 종류의 soft electronics 시스템으로 관심이 증가하고 있다. 습도는 쾌적한 생활환경, 의료시설, 신체건강정보 등 일상생활에서 가장 집중적으로 측정되는 변수 중 하나이지만, 이 분야에서 매주 중요한 플렉서블한 습도 센서에 대한 보고는 거의 없었다. 최근 플렉서블 습도 센서는 전자 피부, 웨어러블 전자 시스템, 소프트 로봇 공학 및 비접촉 감각 응용 분야에서 잠재적인 응용 분야에 대해 연구되고 있다. 특히 개인 헬스케어 및 e-스킨 애플리케이션에서는 인체 피부의 수분 상태나 인체 주변 환경의 습도를 실시간으로 모니터링하는 것에 대한 관심이 커지고 있다. 예를 들어, 사람의 피부 습도를 모니터링하는 것은 생리학적, 건강 정보를 제공할 수 있고, 건강 상태 및 화장품 시장에서 쉽게 사용된다. 또한, 상처 주위의 수분을 모니터링하여 피부 상처의 치유 상태를 평가할 수 있다. 웨어러블 습도 센서는 인간의 건강과 활동과 밀접하게 관련된 가장 중요한 생리학적 신호 중 하나인 호흡을 모니터링하는데 사용될 수 있다. 습도 센서 어레이는 비접촉 감각 및 비접촉 인터페이스 국소화 애플리케이션에 사용될 수 있어 기존 터치스크린으로부터의 전파 위험을 줄일 수 있다. 현재까지 습도 변환 인자로 금속 나노와이어, 고분자, 탄소계 나노소재 등 다양한 소재가 연구되어 왔다. 이러한 재료 중 셀룰로오스 나노섬유 재료는 환경친화적이고 재현성이 높아 많은 연구가 진행되고 있다.

기존의 습도 센서는 MEMS 기반 기술을 사용하여 제작되었습니다. 그러나 본 연구에서 제안하는 공정은 플렉서블한 기판에서 전자소자를 제조할 수 있으며 roll-to-roll 공정을 갖는다. Double blanket Gravure offset(DB-GO) 인쇄 공정은 기존 그라비아 공정의 다양한 잉크로 인쇄할 수 있으며, 많은 분야에서 사용되고 있다. 다만 해상도가 떨어지고 두께가 두껍다는 단점이 있어 고해상도 인쇄가 가능한 Blanket Roll을 추가한 그라비아 오프셋 인쇄 공정으로 상용화했다는 연구도 있다. 우리는 플렉서블하거나 곡면인 기판에 고해상도 인쇄가 가능한 공정을 제안했다. 따라서, 새로운 웨어러블 애플리케이션을 위한 고감도, 빠른 응답/복구, 저온 및 플렉서블한 습도 센서의 제작을 위해 새로운 재료의 습도 감지 특성을 조사하는 것이 필수적이다. 센서는 경량화, 소형화, 플렉서블화, 고감도성을 갖게 할 수 있으며, 저렴한 비용으로 대량생산 및 제조하면 충분히 개발할 수 있다.

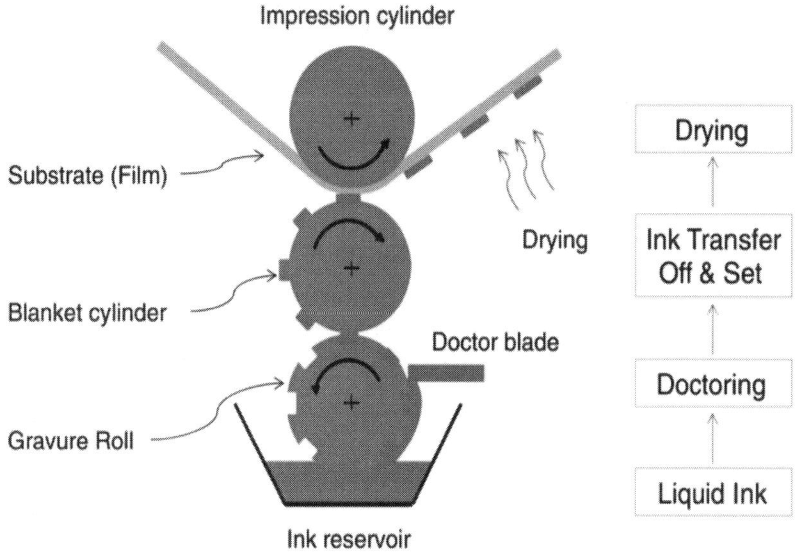

그림 8.1 그라비어 오프셋 인쇄의 개략도

본 연구에서 전극 인쇄에 사용된 그라비어 오프셋 인쇄는 패턴화된 롤에서 블랭킷 롤로 잉크가 전사되는 오프 공정과 블랭킷 롤에서 기판으로 잉크가 전사되는 세트 공정으로 나뉜다. 도시된 바와 같이 패턴화된 그라비어 롤의 홈에는 잉크가 채워져 있으며, 그라비어 롤에 부착된 닥터 블레이드를 이용하여 여분의 잉크를 제거한다. 그라비어 홈에 채워진 잉크는 블랭킷 롤에 전사되고, 블랭킷 롤에 전사된 잉크는 기판에 전사되어 인쇄된다. 이것은 두 번의 잉크 전달을 통해 원하는 패턴을 얻는 인쇄 전자 기술이다. 세트 과정에서, 모든 잉크가 기판 위로 옮겨져야 하고, 만약 잉크가 남아 있다면, 다음 인쇄에 영향을 미치고 결함을 발생시킨다. 상기 블랭킷이 흡수하는 잉크의 양이 발수량보다 많기 때문에 블랭킷의 물성이 계속 변화하고, 블랭킷 내의 용매 함량이 점차 증가하여 결국 블랭킷의 수명이 종료된다. 블랭킷 내 용액의 양이 증가함에 따라 인쇄선 폭이 증가한다. 이 경우, 인쇄 횟수에 따라 선폭이 증가하는 것이 오프셋 인쇄의 신뢰성의 요인이 된다. 하지만 다양한 기판을 적용할 수 있으며, 진공 공정이 필요하지 않아 장비 및 설비 비용이 절감되며, 그 외에도 고해상도 패턴 프린팅, 높은 중첩 정밀도 등 다양한 장점이 있다.

그라비어 오프셋 인쇄에서 인쇄 품질은 오프셋 공정 동안 전달되는 잉크의 양과 인쇄 후 패턴의 선폭과 높이에 의해 결정된다. 이와 관련된 공정 변수로는 블랭킷 롤의 재질, 인쇄 속도, 용매 특성, 접촉각, 표면 장력 등이 있다.

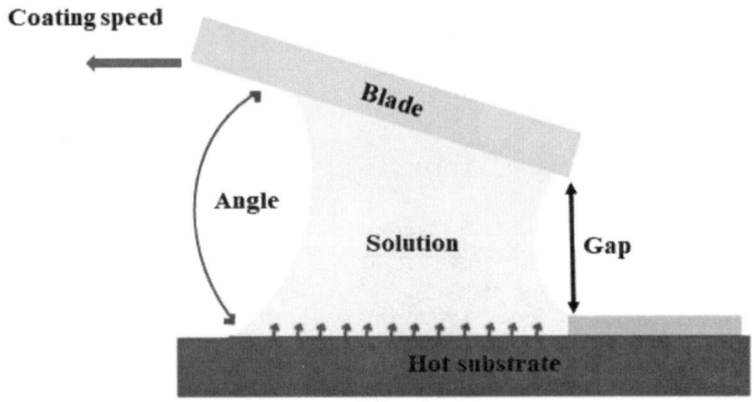

그림 8.2 전단 응력 코팅 개략도

전단 응력 인쇄 공정은 그림과 같이 기판과 블레이드 사이에 용액을 주입한 후, 그 사이에 형성된 메니스커스를 이용하여 용액을 기판에 고르게 도포하여 박막을 제조한다. 박막을 제조하는 과정에서 블레이드와 기판 사이의 간격은 항상 일정하게 유지되어야 하며, 이 간격으로 인해 모세관 현상이 발생하여 블레이드가 이동할 때 용액이 갭에 존재하게 된다. 또, 블레이드가 이동함에 따라 이동 방향과 반대 방향으로 형성된 용액부에 두께가 매우 얇고 곡률 반경이 큰 면이 형성된다. 이때, 메니스커스 영역에서의 급격한 증발은 외부 대류 흐름을 촉발시켜 용매의 증발 손실을 보상하고 커피링 효과로 용질을 접촉선으로 이동시킨다. 이러한 인쇄 공정은 블레이드 코팅과 유사하지만, 저점도 용액을 사용하며, 블레이드 이동 속도와 메니스커스 표면에서 발생하는 용매의 증발 속도 사이에서 적절한 균형을 이루어야 한다. 소량의 재료를 사용하기 때문에 재료 손실이 적고 넓은 면적에 걸쳐 균일한 품질의 박막을 제조할 수 있다. 용액 전단 공정의 변수로는 기판 온도, 블레이드와 기판 간격, 인쇄 속도, 블레이드 각도 등이 있다.

8.2 유연 센서 제작

8.2.1 유연한 CNF 센서 어레이의 제작 및 특성

그림 8.6 은 플렉서블 습도 센서 구조의 개략도이다. 상부 감지층은 solution shearing으로 코팅해 PI 필름에 셀룰로오스 나노 섬유를 인쇄하여 제조된다. 전극은 그라비아 오프셋 인쇄를 사용하여 플렉서블 기판 위에 silver nanoparticle ink로 인쇄하였다. 제안된 촉각 센서는 두 전극 사이에 감지 층이 수직으로 적층된 구조를 갖는다. 제작된 센서의 총 크기는 30mm × 40mm이고 두께는 1mm 미만이다.

PI 필름에 샘플을 만들기 전에 PET 필름에서 최적의 공정으로 인쇄했다. 그라비아 오프셋 패턴 롤에는 다양한 전극이 패턴화되었다. 감지층의 크기가 길고 IDE 전극의 수를 다르게 해 패턴의 감도를 분석하기 위한 인쇄를 수행하였다. Doctor Blade는 그라비어 롤에 블레이드를 사용하여 패턴 부분만 잉크로 채워지도록 한다. 그 후 실리콘 Roll Blanket에 패턴을 전사하여 플렉서블 기판에 패턴을 인쇄하는 과정을 진행하였다. 인쇄된 센서의 전극은 150°C 오븐에서 20분 동안 소결하였다. silver nanoparticle ink는 고온에서 소결되지 않으면 저항이 높아 전극으로 사용하기 어렵다. 그 후, 감지층은 cellulose nanofiber 소재를 사용하여 solution shearing으로 코팅하였다. 코팅된 감지층은 170 nm의 두께를 가지며, SEM 이미지를 통해 균일한 박막이 코팅된 것을 확인하였다. 그림에서 확대된 SEM 이미지는 인쇄된 CNF층의 경계를 보여줍니다. 하단 부분에는 잉크로 코팅된 것을 관찰할 수 있다. SEM에 의해 확대된 CNT 잉크의 경계를 통해 패턴의 경계가 뚜렷하다는 것을 할 수 있다. 그라비어 오프셋 인쇄 방식을 사용하여 크기가 작은 패턴을 인쇄할 수 있다.

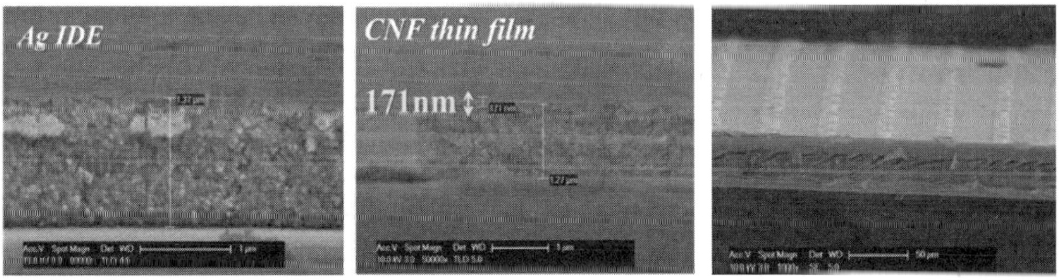

그림 8.3 제작된 interdigitated electrode (IDE) SEM 이미지

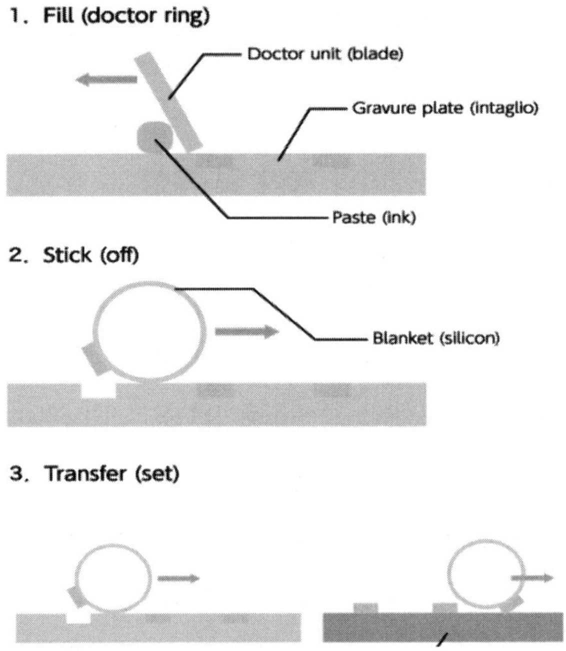

그림 8.4 그라비어 오프셋 인쇄를 이용한 바닥 전극층 인쇄 개략도

표 8.1 인쇄 제작 기법 비교

Fabrication technique	Screen printing	Inkjet printing	Gravure printing	Flexography printing
Form	Stencil/R2R	Digital (DoD/CIJ)	R2R	R2R
Ink viscosity (mPa·s)	500–5000	10–20	10–100	<500
Printing resolution (μm)	30–100	15–100	50–200	30–80
Line width (μm)	50–100	10–50	10–100	10–100
Line thickness (μm)	5–250	1–10	<1	<1
Printing speed (m/min)	70	1	1000	1000
Process mode (step)	Multiple	Single	Multiple	Multiple
Flexible substrate	Yes	Yes	Yes	Yes
Material wastage	Yes	No	Yes	Yes

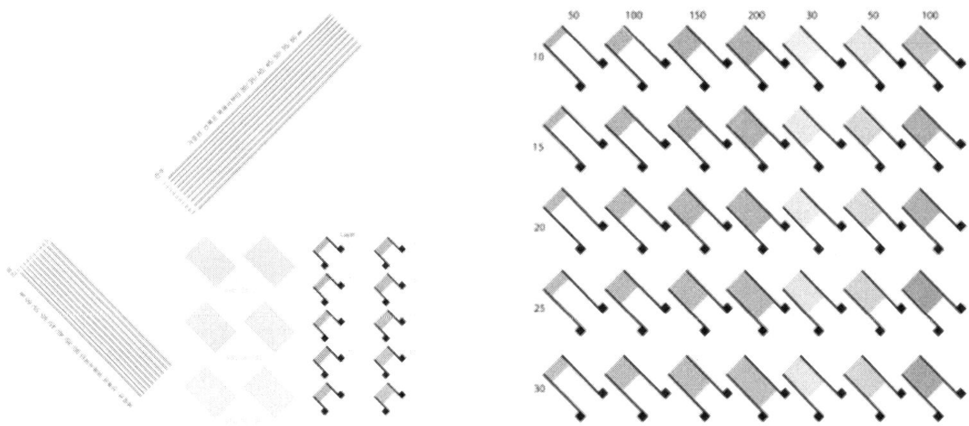

그림 8.5 그라비어 롤 패턴 개략도

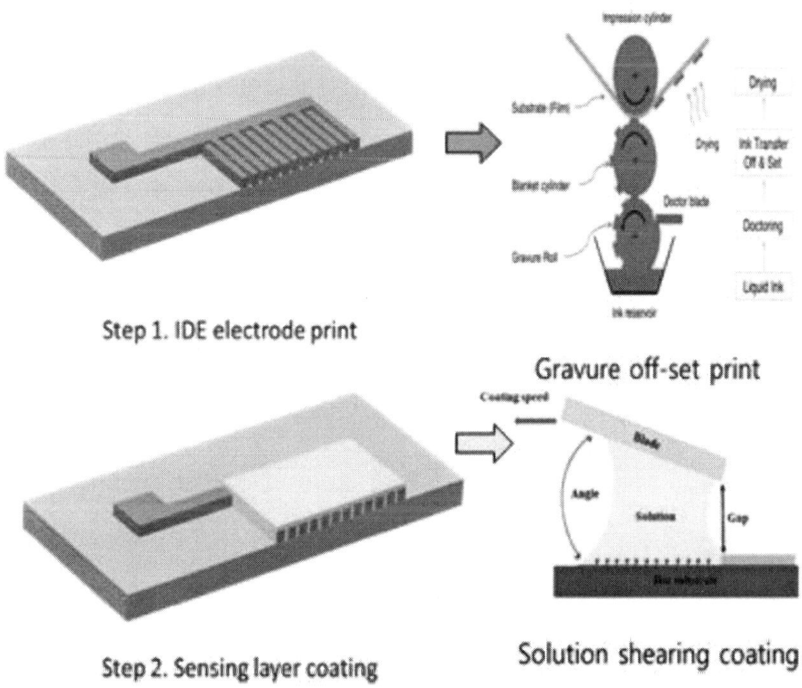

그림 8.6 플렉시블 센서에 인쇄된 센서와 사용된 장비의 개략도

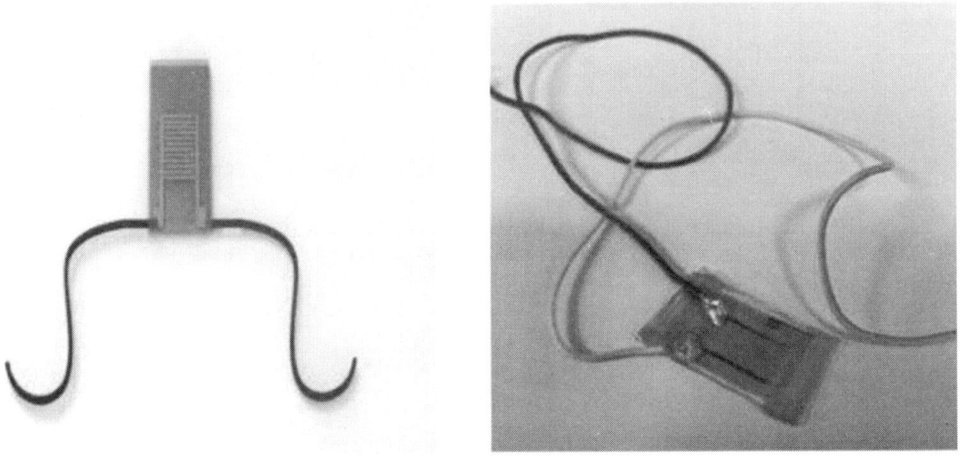

그림 8.7 습도 센서의 개략도와 광학 이미지

그림 8.8은 nanoparticle ink로 인쇄된 전극과 CNF 잉크로 인쇄된 감지층의 5*4 배열을 보여준다. 숫자는 감지층에서 각 셀의 초기 저항값을 나타내며 상당히 균일하다. Roll to Roll 그라비어 오프셋 프린터로 인쇄된 셀은 평균 초기 저항이 1.6-2Ω이고 2% 이내의 오차를 보였다. 이는 그라비어 오프셋 프린터로 동일한 저항의 저항형 센서를 대량 생산할 수 있음을 보여준다.

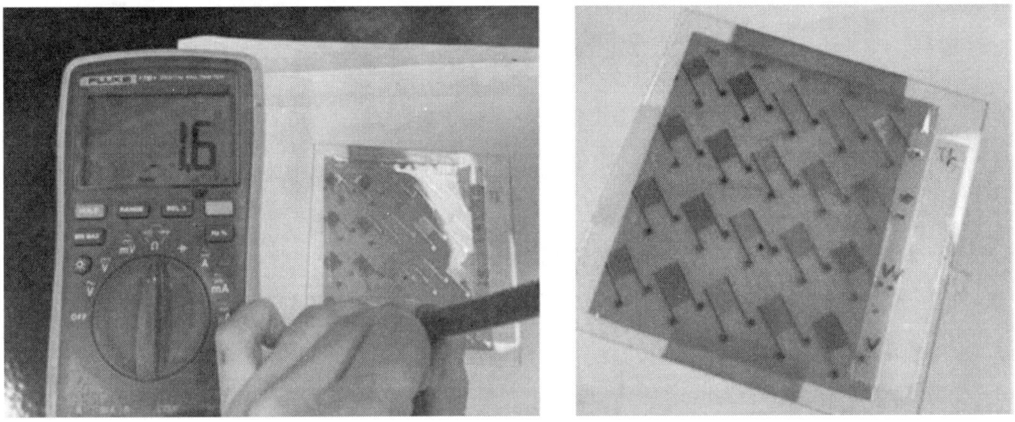

그림 8.8 CNF로 인쇄된 감지 레이어 어레이와 은 잉크로 인쇄된 전극의 사진.

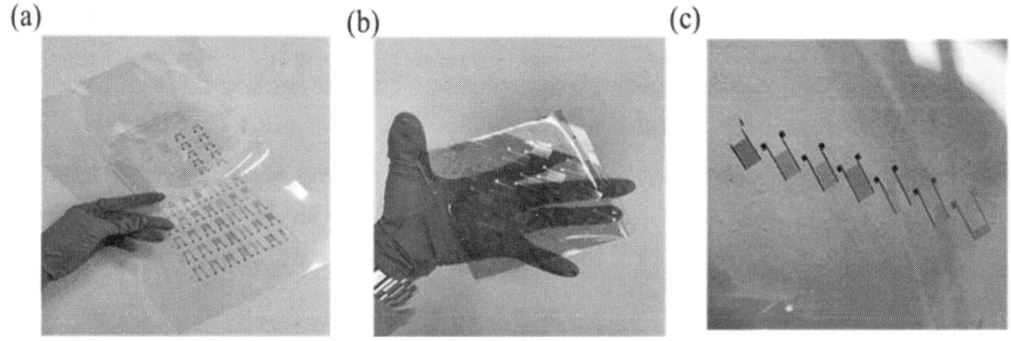

그림 8.9 다양한 플렉시블 기판에 인쇄된 센서 전극 (a) PET 필름 (b) PI 필름(C) 셀룰로오스 필름

8.2.2 재료

센서 전극을 제작하는 데 사용된 재료는 ANP의 Ag 페이스트이다. Ag 입자가 수십 나노미터 이하의 크기로 균일하게 분산되면 표면적이 매우 넓어지고, 이에 따라 화학적으로 결합된 유기 리간드는 90°C 이하의 온도에서도 분해되어 사라지게 된다. 마지막으로, 인쇄된 Ag 나노입자가 서로 응고하여 150°C 미만의 극히 낮은 온도에서도 표면 에너지를 낮추는 것을 기대할 수 있다.

이러한 Ag 나노입자의 저온에서의 계면 반응성을 바탕으로 열적 안정성이 낮은 유기 고분자 필름에 공정을 거치더라도 필름의 변형 없이 전도성이 높은 금속 배선을 안정적으로 프린팅할 수 있는 장점이 있다.

그림 8.10 유연한 습도 센서에 사용되는 재료

표 8.2 문헌과 본 연구에서 보고된 다양한 습도 감지 재료의 민감도 비교

Sensing material	Fabrication method	Measurement range	Sensitivity	Reference
MWCNTs/polyelectrolyte	Solution dripping	35–60% RH	4.2 pF/% RH	[80]
Au/PVA	Drop casting	11–97% RH	11.38 pF/% RH	[81]
Polyimide	Spin coating	20–90% RH	43.9 pF/% RH	[82]
GO	Solution dripping	25–65% RH	−9.5 pF/% RH	[83]
GO	Drop casting	15–95% RH	46.3 pF/% RH	[84]
GO/PDDA	LBL self-assembly	11–97% RH	1552 pF/% RH	[85]
GO/ZnO	LBL self-assembly	11–97% RH	17 785 pF/% RH	[86]
Au/GO (9 wt%)/MPTMOS	Sol–gel process	20–90% RH	118 kΩ/% RH	[87]
GO/Ag (2 wt%)	Drop casting	11–97% RH	25 809 pF/% RH	[88]

습도 센서는 전해질형, 고분자형, 금속 산화물형으로 나뉜다. 본 연구에서는 고분자계에 포함된 셀룰로오스 화합물을 수분 감지막으로 사용하였다. 정전용량 변화형은 습도-캐패시턴스 특성의 선형성이 우수하고, 온도 의존성이 작으며, 넓은 범위에서 상대습도를 측정할 수 있다.

나노 셀룰로오스는 셀룰로오스 사슬이 다발을 이루고 단단히 결합된 나노-마이크로미터 크기의 막대형 입자 또는 섬유를 말한다. 일반적으로 나노 셀룰로스는 스틸 또는 케블라(100~160GPa)와 유사한 인장계수를 가지며, 밀도가 낮고(0.8~1.5g/cm^3) 비표면적이 크다. 나노 셀룰로오스는 또한 다양한 기능성 물질과 복합체를 형성하여 전기, 전기화학, 광학 소자에 다양한 응용이 가능하다. 셀룰로오스 나노섬유 및 기능성 물질 복합체를 이용한 전자 기술, 바이오 센서, 에너지 저장 장치의 다양한 응용에 대한 연구가 보고되고 있다. 본 연구에서는 저비용, 고강도, 생체적합성 등의 장점을 이용하여 CNF를 센싱물질로 사용하였다.

8.2.3 측정 셋업

다양한 상대습도(%RH)에서 인쇄된 습도 센서의 반응을 조사하기 위한 실험 설정은 그림 2.8과 같다. 인쇄된 센서에 대한 전기적 연결은 케이블을 사용하여 수행되었다. 인쇄된 센서는 BSTech 항온항습 챔버에서 25°C의 일정한 온도에서 10% RH에서 80% RH까지 다양한 상대 습도를 주었다. 챔버에는 내부 환경의 데이터를 제어, 모니터링, 그래프 작성 및 보고하기 위한 DAQ(Data Acquisition) 시스템이 장착되었습니다. 실험 중 PC의 맞춤형 LabVIEW™ 프로그램에 의해 제어

되는 Agilent 4291 정밀 임피던스 분석기 방법을 사용하여 1kHz의 작동 주파수와 1V의 인가 전압에서 인쇄 습도 센서의 저항을 기록했다.

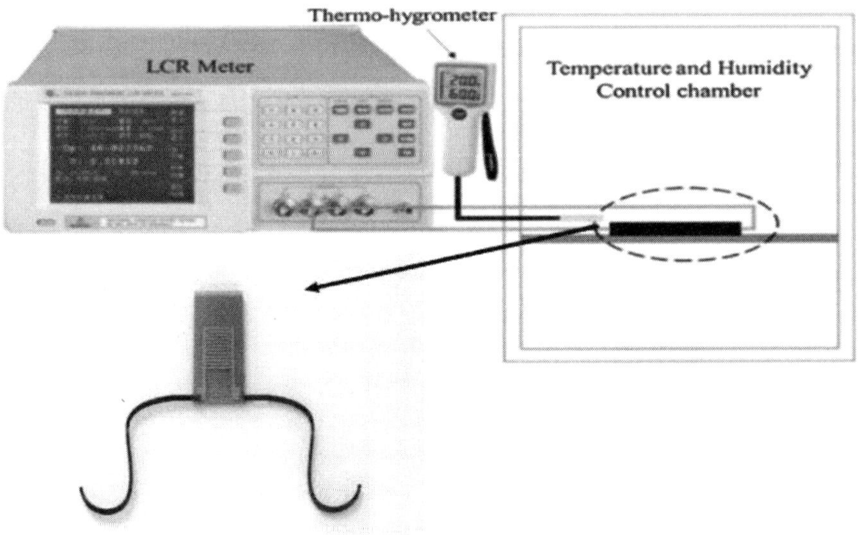

그림 8.11 개별 구성 요소를 보여주는 습도 측정 설정의 개략도

8.3 결과 및 논의

센서는 1kHz의 주파수에서 다양한 습도에 대한 캐패시터 반응을 테스트했다. 감지층 재료의 열화를 방지하고 편광 효과를 제거하기 위해 직류 신호 대신 교류 신호를 사용하여 센서의 전기적 특성을 확인했다.

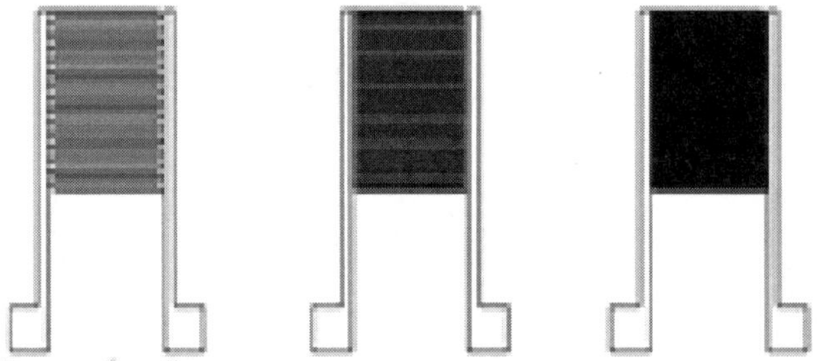

그림 8.12 측정에 사용되는 세 가지 유형의 센서 개략도

전극에 대해서는 동일한 감지 영역에서 전극선 폭이 다른 3종류의 센서를 제조하였다. 40um에서 120um까지의 선폭 거리별 센서를 비교 분석하였다.

얇은 감지층이 위에 있는 IDE형 전극을 가진 센서의 교류 용량 및 저항은 일반적으로 테스트 주파수에 따라 달라진다. 1kHz로 테스트한 주파수의 결과가 그림에 나와 있다. 테스트 주파수에서 캐패시턴스는 높은 값을 나타낸다. 습한 환경에서는 감지 물질이 물 분자를 흡수하여 캐패시터를 통해 누출 전류를 발생시켜 캐패시터의 "누출 전도(γ)"(leak conduction)라 불리는 현상이 일어난다. 최적 값을 선택하기 전에 추가 매개변수를 고려해야 하며, 이를 위해 모든 "n" 시험 지점의 평균 이력 값은 Eq를 사용하여 계산되었다.

$$C = \varepsilon^* C_o = \left(\varepsilon_r - i\frac{\gamma}{2\pi f \varepsilon_o}\right) C_o$$

$$AverageHysteresis = \left[\sum_{k=0}^{n} \frac{y_{k+1} - y_k}{y_{max} - y_{min}}\right] / n$$

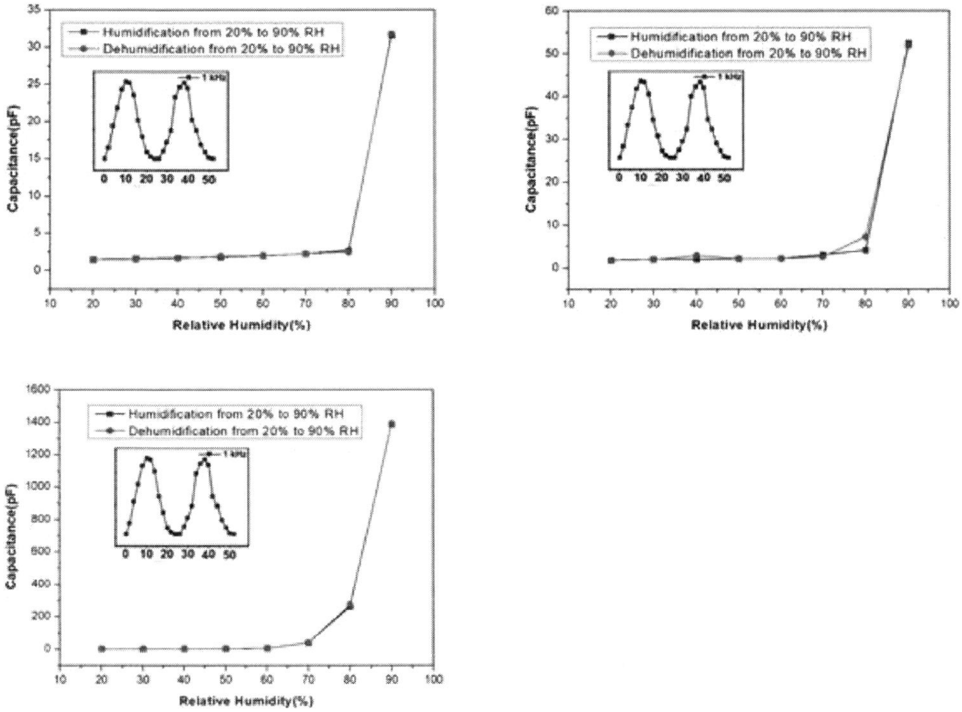

그림 8.13 흡착 및 탈착에 대한 히스테리시스 효과를 나타내는 1kHz 센서의 용량성 응답
(a) 샘플 1 (b) 샘플 2 (c) 샘플 3

이는 고분자와 물 분자의 상대적 유전율의 차이 때문이다. 셀룰로오스 나노섬유의 농도가 높은 시료의 경우 물 분자가 활성층에 최대로 흡착될 수 있으므로 용량 변화가 훨씬 크다. 또한, IDE 전극 폭이 증가할수록 높은 습도에 비해 낮은 습도에 대한 상대적인 용량 변화가 작아지는 것을 관찰할 수 있다.

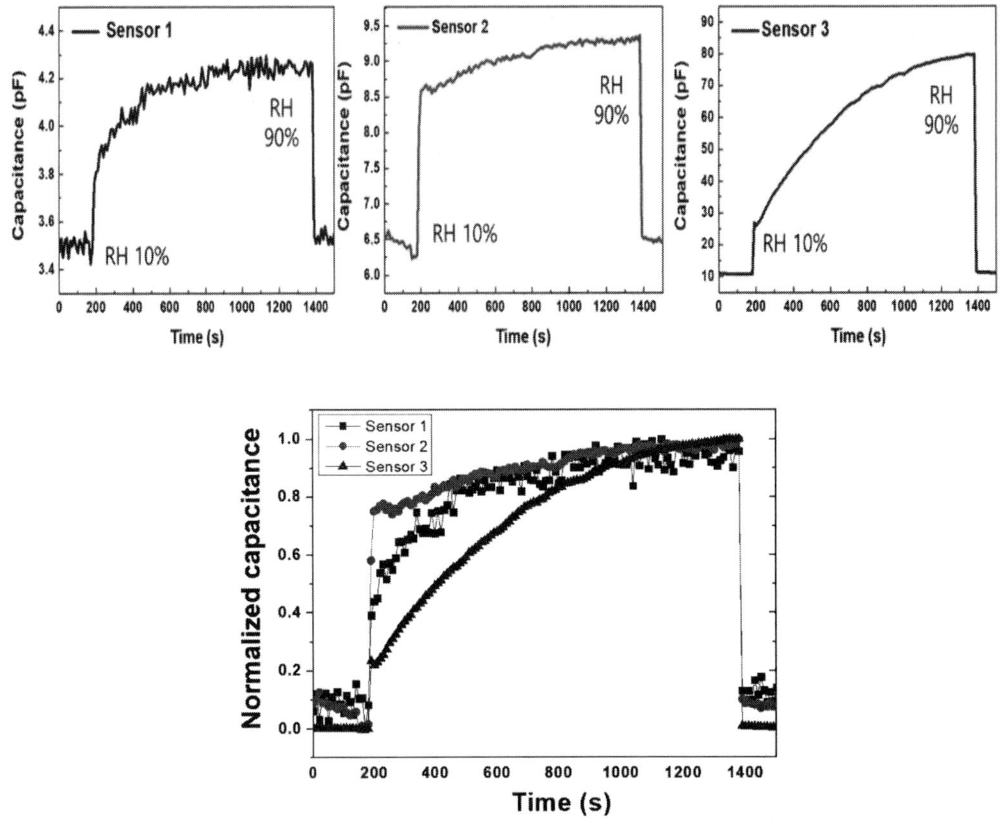

그림 8.14 10% RH ~ 90% RH 상대습도 변화에 따른 습도센서의 이력특성

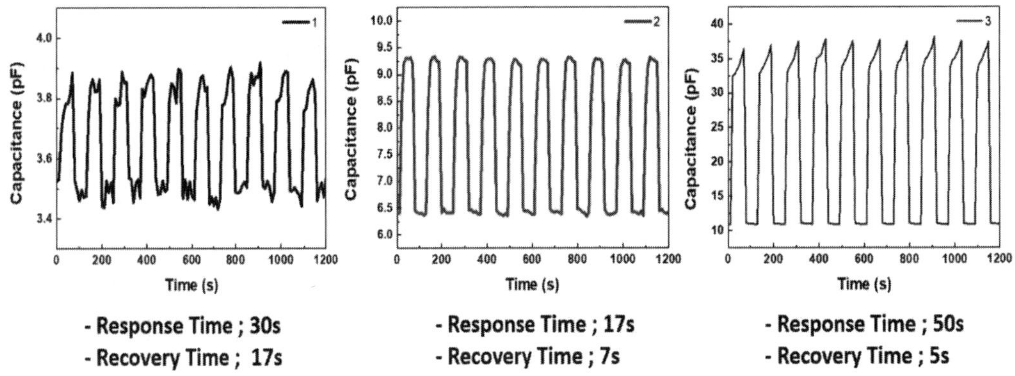

그림 8.15 1 0% RH ~ 90% RH를 갖는 CNFs 습도 센서의 재현성 (a) 센서 1 (b) 센서 2 및 © 센서 3

표 8.3 실험에서 도출되고 분석 및 수치 분석에 의해 도출된 정전용량 값의 요약

IDE Geometry			Results			
			Experimental	Analytical (Equation (1))	FEM Model	
w (μm)	s (μm)	t (nm)	C_{exp} (pF)	C_{anal} (pF)	C_{ideal} (pF)	C_{AFM} (pF)
5	5	110	-	50.09	50.07	-
6	4	110	66.1	57.98	57.91	60.05
6	4	220	-	58.95	58.57	-

w: finger width; s: finger interspacing; t: finger thickness; C_{ideal}: geometry as given in Figure 5; C_{AFM}: IDE geometry based on AFM data.

전극간 폭이 가까워질수록 응답속도와 회복속도는 증가하였으나 가장 좁은 센서 3은 천천히 포화되었다. 전극이 가까울수록 감도가 좋아지고 정전 용량이 커진다. 표는 전극의 높이가 센서 용량 값에 무시할 수 있는 영향을 미친다는 것을 보여준다. 그라비어 오프셋 인쇄 공정을 통해 균일한 두께의 전극을 인쇄함으로써, 용량값의 변화량이 매우 작았다.

반복성을 측정하기 위해 사이클 테스트에서 가장 안정적인 두 센서가 사용되었다. 상대습도를 10%에서 90%로 증가시키면서 측정하였을 때 변화량이 50% 이상으로 더 컸다. 3번째 사이클 테스트에서는 거의 변화가 없는 것으로 나타났다. 또한 60% 이상의 상대습도에서 안정성을 분석하였을 때 용량 변화가 없었으며, 센서가 높은 안정성을 갖는 걸 확인하였다.

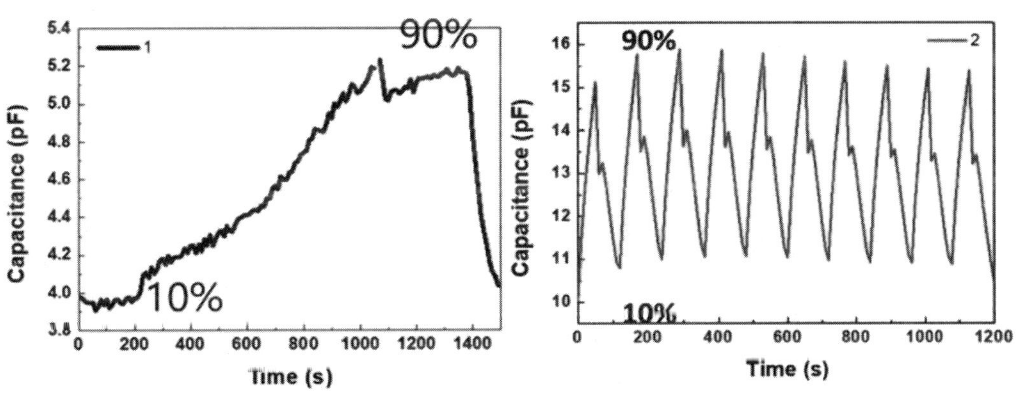

그림 8.10 셀룰로오스 필름에 인쇄된 습도 센서 응답

지금까지의 센서는 PI 필름에 인쇄된 전극에 solution shearing 공정으로 얇게 코팅된 CNF를 가지고 있다. 감도는 그라비아 오프셋 인쇄 공정을 이용하여 셀룰로오스 필름에 전극을 직접 인쇄하여 측정하였다. 전술한 바와 같이, 전극의 두께는 정전용량 변화에 약간의 영향을 미친다. 셀룰로오스 필름의 경우 PI 필름에 비해 표면 거칠기가 높아 전극이 두껍게 인쇄되고 감도가 낮아지는 것을

확인할 수 있었다. 셀룰로오스 필름에 직접 인쇄된 센서의 경우 공정이 단순하고 친환경적이라는 장점이 있었다. 거칠기에 대한 연구가 추가로 진행되면 친환경, 고안정성, 고감도 셀룰로오스 섬유 센서가 상용화될 것으로 기대된다.

8.4 요약

현재 인쇄 기반 센서가 많이 연구되고 있다. 인쇄 공정의 장점은 대면적 대량생산이 가능하다는 것이다. 대부분의 인쇄 센서는 스크린 인쇄를 사용하여 연구되고 있다. 스크린 인쇄는 간단하다는 장점이 있지만, 연속성이 제한되고 표면 거칠기가 높다. 본 연구에서는 롤링이 가능한 그라비어 오프셋 인쇄공정을 이용하여 넓은 면적에 다양한 센서 전극을 인쇄하였다. 또한, 기존의 그라비아 공정에 비해 Blanket roll을 추가함에 따라, 해상도를 높이면서도 높은 정전용량을 갖는 센서 전극이 실현되었다.

전극 채널 길이에 따른 감도는 플렉서블 기판에 연속성이 우수하고 해상도가 우수한 공정을 적용하여 분석하였다. 본 논문에서는 단순하고 환경친화적인 기술을 이용하여 높은 민감도, 빠른 응답성, 빠른 회복성 및 유연성을 갖는 습도 센서를 제작하였다. 습도 센서는 높은 감도와 낮은 습도 히스테리시스를 가지며 빠른 응답(17초) 및 복구(5초) 동작을 제공한다.

CNFs 기반의 유연한 습도 센서를 분석하였다. 게다가, 전극은 CNF 필름에 인쇄되었다. Double Blanket Gravure offset 오프셋 인쇄를 위한 최적의 공정은 PET, PI, CNFs 필름 등 다양한 플렉서블 기판에 센서 전극을 인쇄하도록 설계되었다. 우수한 감도를 확인함으로써 롤투롤 공정 적용에 따른 플렉서블 습도 센서의 상용화가 한발 앞선 것으로 보인다.

8.5 참고문헌

[1] Hussain, A. M.; Lizardo, E. B.; Torres Sevilla, G. A.; Nassar, J. M.; Hussain, M. M. Ultrastretchable and Flexible Copper Interconnect-Based Smart Patch for Adaptive Thermotherapy. Advanced Healthcare Materials 2015, 4 (5), 665-673.

[2] Wallace, G. G.; Campbell, T. E.; Innis, P. C. Putting function into fashion: Organic conducting polymer fibres and textiles. Fibers and Polymers 2007, 8 (2), 135-142.

[3] Rodrigues, L.; Mota, M. Bioinspired Materials for Medical Applications, Woodhead Publishing: 2016.

[4] M. A. Carskadon, S. E. Labyak, C. Acebo, and R. Seifer, "Intrinsic circadian period of adolescent humans measured in conditions of forced desynchrony," Neuroscience Letters, vol. 260, pp. 129-132, Jan 1999.

[5] S. M. Abbott, K. J. Reid, and P. C. Zee, "Circadian Rhythm Sleep-Wake Disorders," Psychiatric Clinics of North America, vol. 38, pp. 805-+, Dec 2015.

[6] Y. Huang, X. Zeng, W. D. Wang, X. H. Guo, C. Hao, W. D. Pan, et al., "High-resolution flexible temperature sensor based graphite-filled polyethylene oxide and polyvinylidene fluoride composites for body temperature monitoring," Sensors and Actuators a-Physical, vol. 278, pp. 1-10, Aug 2018.

[7] R. C. Webb, A. P. Bonifas, A. Behnaz, Y. H. Zhang, K. J. Yu, H. Y. Cheng, et al.,"Ultrathin conformal devices for precise and continuous thermal characterization of human skin," Nature Materials, vol. 12, pp. 938-944, Oct 2013.

[8] K. Y. Shin, J. S. Lee, and J. Jang, "Highly sensitive, wearable and wireless pressure sensor using free-standing ZnO nanoneedle/PVDF hybrid thin film for heart rate monitoring," Nano Energy, vol. 22, pp. 95-104, Apr 2016.

[9] P. Slobodian, P. Riha, R. Benlikaya, P. Svoboda, and D. Petras, "A Flexible Multifunctional Sensor Based on Carbon Nanotube/Polyurethane Composite," IeeeSensors Journal, vol. 13, pp. 4045-4048, Oct 2013.

[10] T. Q. Trung and N. E. Lee, "Flexible and Stretchable Physical Sensor Integrated Platforms for Wearable Human-Activity Monitoring and Personal Healthcare," Advanced Materials, vol.

28, pp. 4338-4372, Jun 2016.

[11] T. Yamada, Y. Hayamizu, Y. Yamamoto, Y. Yomogida, A. Izadi-Najafabadi, D. N. Futaba, et al., "A stretchable carbon nanotube strain sensor for human-motion detection," Nature Nanotechnology, vol. 6, pp. 296-301, May 2011.

[12] H. Y. Y. Nyein, W. Gao, Z. Shahpar, S. Emaminejad, S. Challa, K. Chen, et al., "A Wearable Electrochemical Platform for Noninvasive Simultaneous Monitoring of Ca2+and pH," ACS Nano, vol. 10, pp. 7216-7224, Jul 2016.

[13] Z. Sonner, E. Wilder, J. Heikenfeld, G. Kasting, F. Beyette, D. Swaile, et al., "The microfluidics of the eccrine sweat gland, including biomarker partitioning, transport, and biosensing implications," Biomicrofluidics, vol. 9, May 2015.

[14] R. J. Maughan and S. M. Shirreffs, "Dehydration and rehydration in competative sport," Scandinavian Journal of Medicine & Science in Sports, vol. 20, pp. 40-47, Oct 2010.

[15] S. M. Shirreffs and R. J. Maughan, "Whole body sweat collection in humans: An improved method with preliminary data on electrolyte content," Journal of Applied Physiology, vol. 82, pp. 336-341, Jan 1997.

[16] L. B. Baker, J. R. Stofan, H. C. Lukaski, and C. A. Horswill, "Exercise-Induced Trace Mineral Element Concentration in Regional Versus Whole-Body Wash-Down Sweat," International Journal of Sport Nutrition and Exercise Metabolism, vol. 21, pp. 233-239, Jun 2011.

[17] A. Koh, D. Kang, Y. Xue, S. Lee, R. M. Pielak, J. Kim, et al., "A soft, wearable microfluidic device for the capture, storage, and colorimetric sensing of sweat," Science Translational Medicine, vol. 8, Nov 2016.

[18] J. Heikenfeld, "Non-invasive Analyte Access and Sensing through Eccrine Sweat: Challenges and Outlook circa 2016," Electroanalysis, vol. 28, pp. 1242-1249, Jun 2016.

[19] H. Y. Y. Nyein, L. C. Tai, Q. P. Ngo, M. H. Chao, G. B. Zhang, W. Gao, et al., "A Wearable Microfluidic Sensing Patch for Dynamic Sweat Secretion Analysis," Acs Sensors, vol. 3, pp. 944-952, May 2018.[60]W. H. Yeo, Y. S. Kim, J. Lee, A. Ameen, L. K. Shi, M. Li, et al., "Multifunctional Epidermal Electronics Printed Directly Onto the Skin," Advanced Materials, vol. 25, pp.2773-2778, May 2013.

[20] F. R. Fan, W. Tang, and Z. L. Wang, "Flexible Nanogenerators for Energy Harvesting and Self-Powered Electronics," Advanced Materials, vol. 28, pp. 4283-4305, Jun 2016.

[21] Izdebska, J.; Thomas, S. Printing on polymers: fundamentals and applications, William Andrew: 2015.

[22] Nguyen, H. A. D.; Shin, K.-H.; Lee, D. Effect of process parameters on fidelity of printed line width in high resolution roll-to-roll gravure printing. Jpn. J. Appl. Phys. 2014, 53 (5S3), 05HC04.

[23] Hrehorova, E.; Rebros, M.; Pekarovicova, A.; Bazuin, B.; Ranganathan, A.; Garner, S.; Merz, G.; Tosch, J.; Boudreau, R. Gravure Printing of Conductive Inks on Glass Substrates for Applications in Printed Electronics. J. Display Technol. 2011, 7 (6), 318- 324.

[24] Vornbrock, A. d. l. F.; Ding, J. M.; Sung, D.; Huai-Yuan, T.; Subramanian, V. In Printing and scaling of metallic traces and capacitors using a laboratory-scale rotogravure press, 2009 Flexible Electronics & Displays Conference and Exhibition, 2-5 Feb. 2009; 2009; pp 1-7.

[25] Rebros, M.; Hrehorova, E.; Bazuin, B. J.; Joyce, M. K.; Fleming, P. D.; Pekarovicova, A. In Rotogravure printed UHF RFID antennae directly on packaging materials, Proc TAGA 60th Annu. Tech. Conf, 2008; pp 16-19.

[26] Tuomikoski, M.; Suhonen, R.; Välimäki, M.; Maaninen, T.; Maaninen, A.; Sauer, M.; Rogin, P.; Mennig, M.; Heusing, S.; Puetz, J.; Aegerter, M. A. Manufacturing of polymer light-emitting device structures, SPIE: 2006; Vol. 6192.

[27] A. Cavallaro, F. Sandiumenge, J. Gàzquez, T. Puig, X. Obradors, J. Arbiol, H. C.Freyhardt, “Growth Mechanism, Microstructure, and Surface Modification ofNanostructured CeO2 Films by Chemical Solution Deposition,” Adv. Funct. Mater.,16 1363-1372 (2006)

[28] B. V. Antohe, D. B.Wallace, “Acoustic Phenomena in a Demand ModePiezoelectric Ink-jet Printing,” J. Imaging Sci. Technol., 46(5) 409-414 (2002)

[29] Ding, X., Liu, J. and Harris, T.A.L. (2016), A review of the operating limits in slot die coating processes. AIChE J., 62: 2508-2524.

[30] Diao, Y., Tee, BK., Giri, G. et al. Solution coating of large-area organic semiconductor thin films with aligned single-crystalline domains. Nature Mater 12, 665–671 (2013).

[31] Zhang, Haining, Seung Ki Moon, and Teck Hui Ngo. "3D printed electronics of non-contact ink writing techniques: status and promise." International Journal of Precision Engineering and Manufacturing-Green Technology 7.2 (2020): 511-524.

[32] Salary, R. R., Lombardi, J. P., Tootooni, M. S., Donovan, R., Rao, P. K., et al. (2017).

Computational fluid dynamics modeling and online monitoring of aerosol jet printing process. Journal of Manufacturing Science and Engineering, 139(2), 021015.

[33] Tan, H., Tran, T., & Chua, C. (2016). A review of printed passive electronic components through fully additive manufacturing methods. Virtual Prototyping, 11(4), 271–288.andPhysical

[34] J. A. Paulsen, M. Renn, K. Christenson and R. Plourde, "Printing conformal electronics on 3D structures with Aerosol Jet technology," 2012 Future of Instrumentation International Workshop (FIIW) Proceedings, 2012, pp. 1-4,

[35] Farahani, H.; Wagiran, R.; Hamidon, M.N. Humidity Sensors Principle, Mechanism, and Fabrication Technologies: A Comprehensive Review. Sensors 2014, 14, 7881-7939.

[36] Hassan, G., Sajid, M. & Choi, C. Highly Sensitive and Full Range Detectable Humidity Sensor using PEDOT:PSS, Methyl Red and Graphene Oxide Materials. Sci Rep 9, 15227 (2019).

[37] Kafy, A., Kim, H.C., Zhai, L. et al. Cellulose long fibers fabricated from cellulose nanofibers and its strong and tough characteristics. Sci Rep 7, 17683 (2017).

[38] A. Arena , N. Donato and G. Saitta , Capacitive humidity sensors based on MWCNTs/polyelectrolyte interfaces deposited on flexible substrates, Microelectron. J., 2009, 40 , 887 —890

[39] W. Yao , X. Chen and J. Zhang , A capacitive humidity sensor based on gold–PVA core–shell nanocomposites, Sens. Actuators, B, 2010, 1 , 327 —333

[40] T. Yang , Y. Yu , S. Zhu , X. Wu , X. Wang and J. Zhang , Fabrication of silver interdigitated electrodes on polyimide films via surface modification and ion-exchange technique and its flexible humidity sensor application, Sens. Actuators, B, 2015, 208 , 327 —333

[41] C. Zhao , M. Qin , W. Li and Q. Huang , Enhanced performance of a CMOS interdigital capacitive humidity sensor by graphene oxide, Proceedings of the 16thInternational Solid-State Sensors, Actuators and Microsystems Conference , 2011, pp. 1954 –1957

[42] H. Bi , K. Yin , X. Xie , J. Ji , S. Wan , L. T. Terrones and M. S. Dresselhaus , Ultrahigh humidity sensitivity of graphene oxide, Sci. Rep., 2013, 3 , 2714

[43] D. Zhang , J. Tong , B. Xia and Q. Xue , Ultrahigh performance humidity sensor based on layer-by-layer self-assembly of graphene oxide/polyelectrolyte nanocomposite film, Sens.

Actuators, B, 2014, 203 , 263 —270

[44] D. Zhang , J. Liu and B. Xia , Layer-by-Layer Self-Assembly of Zinc Oxide/Graphene Oxide Hybrid Toward Ultrasensitive Humidity Sensing, IEEE Electron Device Lett., 2016, 37 , 916 —919

[45] P. G. Su, W. L. Shiu and M. S. Tsai, Flexible humidity sensor based on Au nanoparticles/graphene oxide/thiolated silica sol–gel film, Sens. Actuators, B, 2015, 216 , 467 —475

[46] N. Li, X. Chen, X. Chen, X. Ding and X. Zhao, Ultrahigh humidity sensitivity of graphene oxide combined with Ag nanoparticles, RSC Adv., 2017, 7, 45988

[47] Lehtimaäki, S.; Suominen, M.; Damlin, P.; Tuukkanen, S.; Kvarnstroöm, C.; Lupo, D. Preparation of supercapacitors on flexible substrates with electrodeposited PEDOT/graphene composites. ACS Appl. Mater. Interfaces 2015, 7, 22137–22147

[48] Oberländer J, Jildeh ZB, Kirchner P, et al. Study of interdigitated electrode arrays using experiments and finite element models for the evaluation of sterilization processes. Sensors (Basel). 2015;15(10):26115-26127. Published 2015 Oct 14.

Chapter 9

SB Reverse offset printer for curved TE

9.1 서론

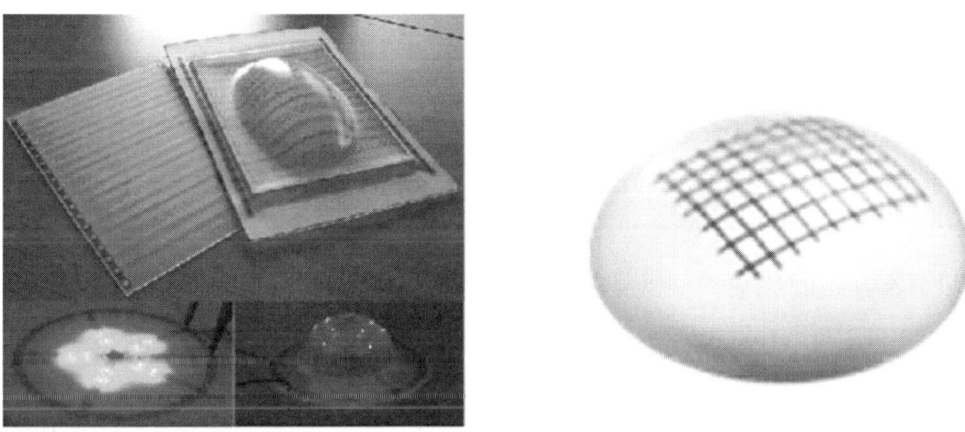

그림 9.1 곡면 기판에 직접 인쇄를 통한 전자소자 제작

인쇄전자 기술로 새롭게 제안되는 Double-layer blanket 리버스 오프셋 인쇄 장비를 이용하여 3D 곡면 기판 표면에 마이크로 패턴과 투명전극 인쇄를 위한 공정 기술을 제안하고 분석하고자 한다. 첫 번째는 인쇄전자 분야에서 활용되고 있는 코팅과 패터닝 분야의 공정 기술과 이 들의 장단점 분석과 산업적인 관점에서 시장 규모와 성장성에 대한 내용을 설명한다.

두 번째는 3D 곡면 기판 인쇄를 위하여 새롭게 고안된 Double-layer blanket 리버스 오프셋 인쇄 장비에 관한 내용이다. 인쇄전자는 주로 종이, 유리, 유연 플라스틱 기판 등 평면 기판을 주로 사용하여 인쇄 특성과 소자 개발 연구를 진행하였으나 전자 제품을 사용하고 소비자들의 취향이 디자인적으로 다양한 형태의 전자소자를 요구하고 있으며 이에 따라 산업적인 요구가 증가할 것으로 전망되어 3D 기판이나 곡면 기판에 기능성 패턴이나 코팅을 안정적으로 수행할 장비 및 공정 개발의 필요성이 증대되고 있다. 기존 리버스 오프셋 기술의 3D 곡면 기판 표면 적용에 대한 한계와 문제점을 도출하여 이를 개선한 새로운 리버스 오프셋 기술을 도입하고자 한다. 새로운 리버스 오프셋 기술은 Double-layer blanket 리버스 오프셋 프린터로 3D 곡면 기판 표면에 기능성 전자 소재를 이용하여 수 마이크로미터에서 수십 마이크로미터의 패턴을 인쇄할 수 있도록 개발되었다. 이러한 새로운 형태의 Double-layer blanket 리버스 오프셋 기술은 인쇄전자 공정 기술 중 패터닝 기술이며 장비를 이용하여 미세 패턴과 전자 회로 형성 기술을 개발하고자 한다. 즉, 기존의 평면 기판을 대상으로 진행한 인쇄전자 공정기술에서 3D 곡면 기판에 인쇄를 위하여 새롭게 제안된 Double-layer blanket이라고 명명한 Offset 롤과 리버스 오프셋 장비를 제시한다. 세 번째는 Double-layer blanket 리버스 오프셋 장비의 공정 최적화와 평면 기판과 3D 곡면 기판과의 패턴 및 투명전극의 성능을 비교하여 평가한다. Double-layer blanket 리버스 오프셋 장비를 사용한 최적화 공정은 평면 기판을 대상으로 공정 최적화를 진행하였다. 가로와 세로의 미세 패턴이 설계되어 제작된 Cliché를 활용하여 가로와 세로 각각의 최적 인쇄 조건을 확인하였으며 가로와 세로의 미세 패턴을 동시에 인쇄하여도 양호한 인쇄 공정을 개발하였다. Double-layer blanket 리버스 오프셋 인쇄 공정은 기존 리버스 오프셋 공정과 마찬 가지로 Transfer, Off, Set 단계를 거치는데 Transfer와 Off 공정은 평면 기판 공정 과 같은 공정을 거치게 된다. 다만 차이점으로는 Set 단계에서 곡면 기판 인쇄에 적합한 Blanket 구조와 공정이 필요하며 3D 곡면 기판을 이용하여 평면에서 확보된 최적의 인쇄 조건을 기반으로 Set 공정을 진행하여 가로와 세로의 미세 패턴에 대한 Set 압력 공정을 확인하였으며 이를 통해 3D 곡면 기판에 인쇄를 위한 최적의 인쇄 공정을 확인하였다. 또한 미세 패턴 형성 조건을 기반으로 Touch screen panel(TSP), 박막 태양전지, Organic Light Emitting Diodes(OLED) 등의 전자소자에 필수적인 투명전극을 3D 곡면 기판 표면에 인쇄하여 특성을 평가하였다. 메탈메쉬와 허니컴 구조의 투명전극을 인쇄하였으며 투과율, 면저항, 선폭, 선 높이, 인쇄패턴의 표면 거칠기를 측정하였다. 인쇄전자 기술은 현재 일부가 전자 산업에 적용되고 있으며 현재보다 미래에 활용 가능성이 높은 전자소자 제조 기술이다. 또한 과거 반도체 공정의 집적 기술이 매해 2배씩 증가하던 것과 마찬가지로 높은 기술적 성장과 산업적으로 확산이 예측된다.

유연 소자의 활용과 다양한 형태의 3D 기판과 곡면 기판에서의 전자소자를 제작하기 위한 인쇄전자 공정 기술이며 향후 핵심적으로 사용되는 기술이 될 것이다. 따라서 본 논문의 목적인 3D 곡면 기판 표면에 미세 패턴과 투명전극 인쇄를 위한 Double-layer blanket 리버스 오프셋 장비와 공정 기술 연구는 인쇄전자 기술의 발전과 더불어 많은 응용연구가 진행될 것이며 이러한 연구를 통해 미래 3D 구조를 가진 전자소자의 제작 공정 기술이 될 것이다.

9.2 Double Layer Blanket 리버스 오프셋 프린팅 장비

9.2.1 리버스 오프셋의 개요

리버스 오프셋(Reverse offset) 공정은 미세 패턴 인쇄를 위하여 고안된 접촉식 인쇄 공정 기술 중 하나이다.

대표적인 접촉식 공정인 Gravure offset 공정은 높은 해상도를 구현할 수 있다는 장점이 있으며 좋은 인쇄 품질로 전자소자를 만들 수 있으나 인쇄 압력, 속도와 같은 인쇄 매개 변수와 Gravure 롤에 음각된 패턴 셀에 대한 매개 변수를 조절하기 때문에 구성이 복잡하고 인쇄 품질을 안정화하는데 상당히 어려운 기술이다[69]. 이러한 Gravure offset의 장점인 높은 해상도 구현을 더욱 개선한 공정 기술이 Reverse offset 공정이며 수~수십 μm의 선 폭을 가지는 정교한 패턴 인쇄를 구현할 수 있는 장점이 있으며 PDMS Blanket 변형이 인쇄에 미치는 연구 등 최근 많은 연구가 진행되고 있다.

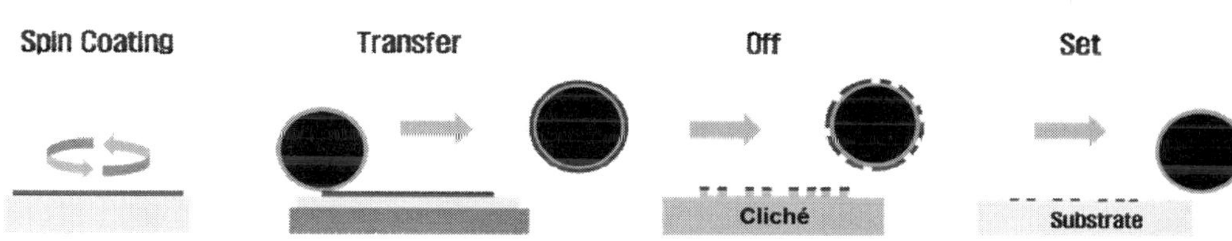

그림 9.2 리버스 오프셋 공정 프로세스

그림 9.2와 같이 reverse offset 공정은 미세 패턴을 균일하게 구현 가능한 공정으로 Slot-die 혹은 스핀-코팅 공정으로 Bottom 기판이라고 하는 기판에 잉크를 코팅한 후 이를 블랭킷 롤에 필름 형태로 전이하는 공정을 Transfer라고 한다. 이후 Cliché라 불리는 인쇄용 요철판을 이용하여 양각

으로 제작된 비 인쇄 패턴부 에서 불필요한 패턴의 잉크를 제거하는 공정을 Off라고 하며 음각에 접촉하여 Blanket 롤에 남겨진 패턴을 기판에 인쇄하는 공정을 Set이라고 한다. 그림 9.3 은 그라비아 오프셋 공정 개념도와 그라비아 롤에 각인된 패턴 Cell의 형상 변수이다. 각 Cell의 높이, 체적, 채널 너비, 각도 등에 따라 잉크 전이의 양과 품질이 상이하므로 최적화 공정을 확립하는 것이 어렵다.

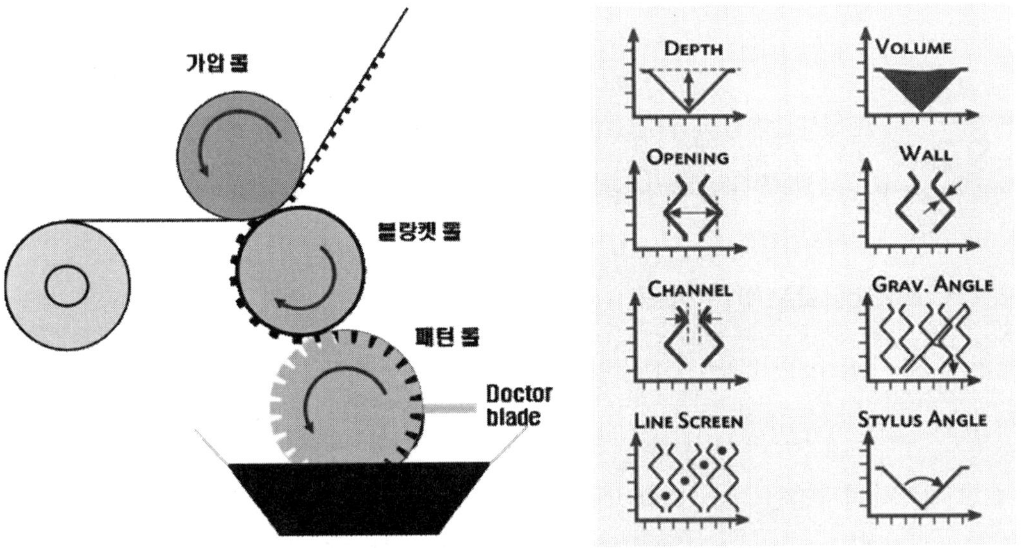

그림 9.3 그라비아 오프셋 공정 및 패턴 롤의 Cell 변수

9.2.2 Double Layer blanket 리버스 오프셋 개요

미세 패턴 인쇄를 위해 고안된 리버스 오프셋(Reverse offset) 공정은 Bottom 기판 에서 최종 기판으로 패턴을 전이시키는 블랭킷 롤이 존재해야 한다. 인쇄전자 연구는 평면 기판에 대한 다양한 인쇄기술과 유연 플라스틱 기판 이용한 연속 생산 인쇄에 연구를 중심으로 진행되었으며 정밀한 인쇄 공정 기술과 롤투롤 인쇄 연구에 많은 성과를 보여왔으나 기존 전자소자 제작 방식인 Photolithography 기술과 마찬가지로 유리, 종이, 유연 플라스틱 등 대부분 평면 기판을 대상으로 진행되는 기술적 한계가 있다. 또한 접촉식 인쇄 공정 기술을 이용하여 곡면 기판에 인쇄 공정을 진행하면 기존 장비들은 블랭킷 롤이 기판 표면 높이까지만 하강하여 인쇄되기 때문에 높낮이가 변화되는 기판이나 곡면 구조, 3D 형상의 기판에 인쇄를 통한 높은 인쇄 품질의 미세 패턴과 전자소자를 인쇄하기에는 한계가 있었다. 인쇄전자 공정의 한계에도 불구하고 다양한 디자인과 벤더블, 플렉시블, 폴더블, 롤러블의 전자소자들이 등장하고 있으며 점차 산업적인 성장이 급격하게 커질 것으로 전망된다. 이에 따라 증가하는 산업적 요구에 맞춰 다양한 형태의 전자소자와 전자부품을 생산할 수 있는 인쇄전자 공정과 장비 연구가 필요하다. 인쇄전자 분야에서도 3D 곡면 표면이나 중간층을 인쇄하기 위한 연구가 진행되고 있다. 연구되는 공정 기술로는 Pad를 이용한 인쇄 공정과 Soft blanket gravure printing 인쇄 공정[78], Soft blanket reverse-offset 인쇄 공정연구가 있다. 이들 연구는 주로 곡면 기판에 접촉식 인쇄 공정으로 인쇄 가능성을 주로 보여주고 있으며 3D 곡면 기판에 대한 가로와 세로의 미세 패턴 형성과 평면 기판과 3D 곡 면 기판과의 인쇄 품질에 대한 비교 연구가 부족하다. 또한 단순한 인쇄 패턴 형성에 머물지 않고 3D 곡면 기판에 Touch screen panel(TSP)과 Photovoltaics(PV) 등의 전자소자를 형성하기 위해 전도성 라인으로 연결된 투명전극이 필수적이므로 리버스 오프셋 공정을 기반으로 메탈 메쉬와 허 니컴 구조의 투명전극을 제작하여 성능을 제시하는 것이 하였다. 기존 리버스 오프셋을 포함한 접촉식 인쇄 공정의 문제점은 3D 곡면 기판에 인쇄 를 진행할 수 없다는 단점을 가지고 있으며 이를 개선할 수 있는 새로운 공정 장비 의 필요성이 증대되고 있다. 이에 기존 리버스 오프셋 공정을 새롭게 개선한 Double-layer blanket(DLB) 리버스 오프셋 장비를 제안하고자 한다.

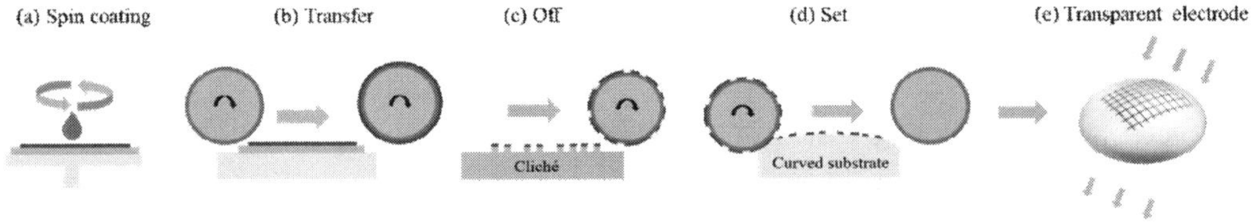

그림 9.4 Double Layer Blanket(DLB) 리버스 옵셋 공정도

그림 9.4 는 Double-layer blanket(DLB) 리버스 오프셋 인쇄 장비로 3D 곡면 기판에 미세 패턴 인쇄를 위한 공정도이다. DLB reverse offset 인쇄 공정은 그림 9.2 의 일반적인 reverse offset 공정과 동일하며 그림 2.3 은 새롭게 제안한 DLB 리버스 오프셋 공정도이다. DLB 리버스 오프셋의 공정 진행은 a) 전도성 Ag 잉크를 스핀 코팅으로 Bottom 기 판에 고르게 코팅한 후 Bottom 기판을 3개의 suction plate 중 첫 번째인 Bottom Plate에 위치시키면 DLB roll이 이동하여 Bottom 기판 위에 코팅된 잉크를 (b)와 같이 필름 형태로 DLB roll에 Transfer 시킨다. 이후 DLB roll에 전이된 기능성 잉크의 용매 일부는 대기로 증발되고 일부는 DLB 에 흡수되어 반 건조 상태로 변화된다. (c) Off 단계에서는 Cliché라 불리는 요철판을 이용하여 인쇄 패턴이 아닌 불필요한 부분을 남겨서 제거한 후 (d)와 같이 DLB roll에 남아있는 패턴을 3D 기판에 인쇄하는 방식으로 공정이 진행된다. 그림 9.5 는 DLB 리버스 오프셋 공정의 세부적인 공정에 대한 개념도와 단위 과정에 대한 사진이다. 상부의 이미지는 Bottom 기판에 기능성 잉크를 스핀 코팅 후 블랭킷 롤 표면에 필름 형태로 100% 전이시키는 사진이다. 이때 잉크 필름의 전이 상태가 조금이라도 불량하게 되면 이후 Off 공정과 Set 공정에서 공정 진행이 완벽하게 진행되어도 인쇄 품질은 나쁘게 된다.

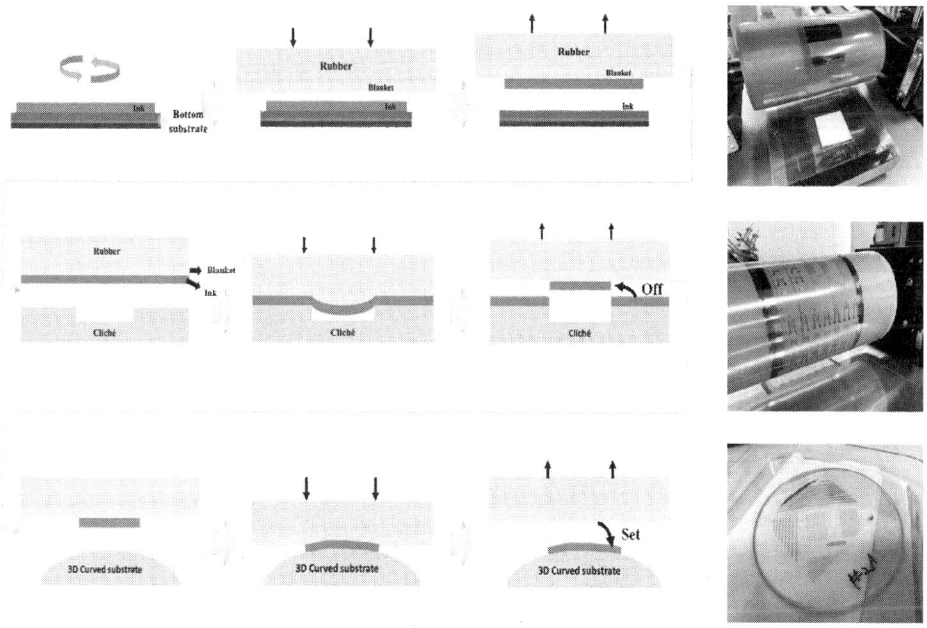

그림 9.5 Double Layer Blanket(DLB) 리버스 옵셋 세부 공정.

이후 두 번째 이미지는 Off 공정에 대한 내용으로 블랭킷 롤 표면에 부착된 잉크 필름이 양각의 불필요한 비 패턴부에는 100% 전사시키고 음각의 패턴부는 잉크 필름에서 분리되어 블랭킷 롤에 부착되어야 한다. 이때 잉크 필름의 응집력보다 블랭킷 롤과의 부착력이 커야 안정적으로 분리된다. 마지막으로 3D 곡면 기판 표면에 블랭킷에 남은 패턴부를 적정한 압력으로 인쇄하면 공정은 완결되게 된다.

9.2.3 Double layer blanket roll 모듈

그림9.6 은 DLB 리버스 오프셋 프린터의 구성 중 3D 곡면 인쇄에 가장 중요한 역할을 수행하는 DLB Blanket 롤 모듈의 3D 설계 이미지이다. DLB Blanket 롤 모듈은 DLB Blanket 롤과 롤을 상승 및 하강시키는 업/다운 모터, 블랭킷 롤을 회전시키는 롤 모터, 롤 압력을 실시간으로 확인하는 로드셀과 Weight bar로 구성되어 있다. 그림 9.7 은 Double-layer blanket 롤과 기존 리버스 오프셋 블랭킷 롤을 절단면 으로 구성을 비교하였으며 (a)와 같이 기존의 리버스 오프셋의 블랭킷 롤은 금속 실린더에 PET와 PDMS를 구성된 블랭킷 sheet를 감싼 구조이며 두께가 대부분 1mm 이하이므로 딱딱한 특성이 있어 평면 인쇄에 주로 활용되었다. (b)는 DLB 롤의 구조이며 구성은 Stainless Steel 재질의 45mm의 금속 실린더 원통을 기반으로 내부 Layer는 경도 25/Shore A의 두께 37.5mm, Room temperature vulcanizing silicone(RTV silicone) 재질로 제작된 Rubber roll이 실

린더 원통을 감싸고 있으며 외부 Layer는 PET 250㎛, PDMS 430㎛, 총 두께 680㎛이며 경도 55/Shore A, Swelling 0.3064g의 blanket sheet가 고무 롤을 감싸는 구조로 제작되어 Double Layer Blanket(DLB)이라고 명명했다.

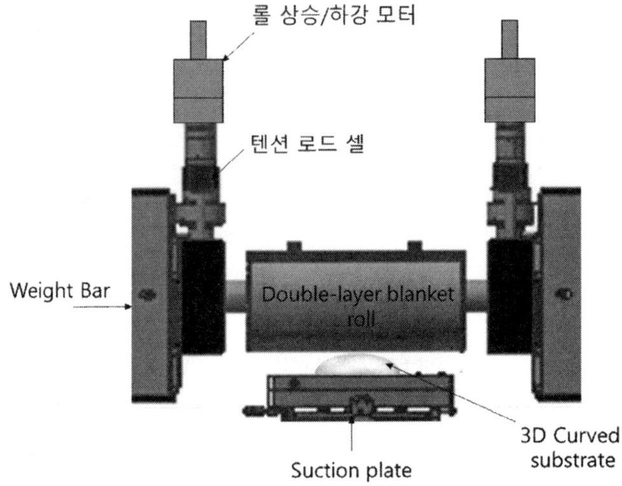

그림 9.6 DLB Blanket 롤 모듈

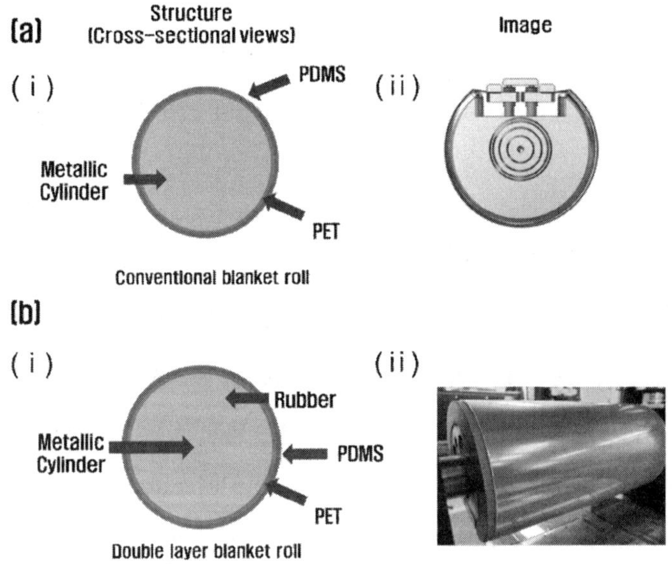

그림 9.7 전통적인 블랭킷 롤과 DLB 롤의 구조

Double-layer blanket(DLB) 리버스 오프셋 프린터는 기존의 리버스 오프셋 프린터와 유사하지만, 기존 장비에서는 3D 곡면 기판 표면을 대상으로 미세 패턴 인쇄가 제한적으로 수행되었으며 특히 곡면 구조의 유리 기판에 인쇄하기에는 많은 어려움이 있었다.

약 1mm 두께 이하의 블랭킷을 금속 실린더 롤에 감싸기 때문에 그림 9.8 과 같이 유리 기판 등 압력에 취약한 소재는 파손되어 인쇄를 진행이 어렵게 되며 또한 기판이 파손되면 유리의 날카로운 조각들로 인해 블랭킷이 손상되기도 한다. 그러나 DLB 리버스 오프셋은 기판 표면 형상에 의해 인가되는 압력을 부드럽고 Cushion이 있는 소재들이 완화해주며 기판 전체적으로 압력을 고르게 배분하여 인쇄가 가능하다.

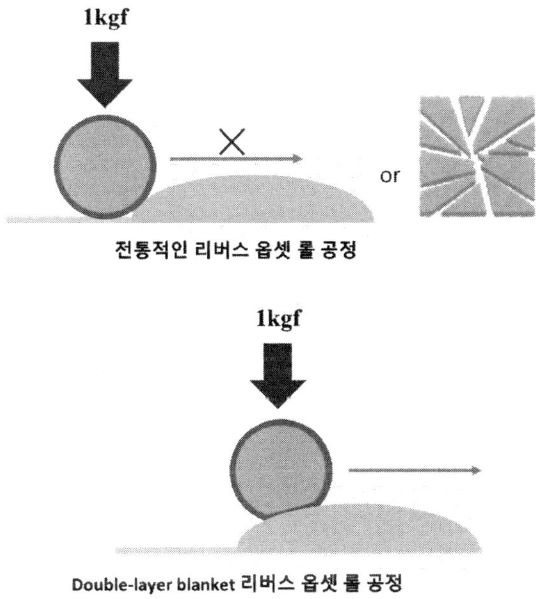

그림 9.8 전통적인 리버스 오프셋 공정과 DLB 공정 비교

표 9.1 Double–layer blanket(DLB)의 구성

Substance	Stainless Steel	Rubber	Blanket
Hardness(Shore A)	–	25	55
Material	–	Room Temperature Vulcaning(RTV)	Polydimethylsiloxane (PDMS)
Color	–	Gray	Translucent white
Outside diameter(thickness)	45mm	120mm	680μm (PET 250μm PDMS 430μm)
Form	Cylindrical roll	Cylindrical roll	Sheet(on to PET flim)
Length	389mm (샤프트 109mm 포함)	280mm	276mm

표 9.1 과 같이 Double-layer blanket(DLB) 구조는 부드럽고 Cushion이 있는 Rubber로 금속 실린더를 감싸고 그 위를 Blanket sheet로 한번더 감싸 낮은 경도를 가질 수 있게 되어 3D 곡면 기판, 유리 기판 등에 미세 패턴이나 전자 회로의 인쇄가 가능하게 되었다. 또한 그림 9.9 과 같이 Rubber는 Shore A의 경도 25의 Soft이고, PDMS는 Shore A 55의 Medium soft이므로 적정한 경도는 인쇄 공정에 적용에 이 가능하나 Extra soft의 소재는 Off 공정 시 낮은 인쇄 압력에도 cliché의 음각 부분에 잉크가 전이되면 안되나 블랭킷이 너무 부드럽기 때문에 잉크가 묻어 인쇄패턴 형성이 부정적인 영향을 미친다.

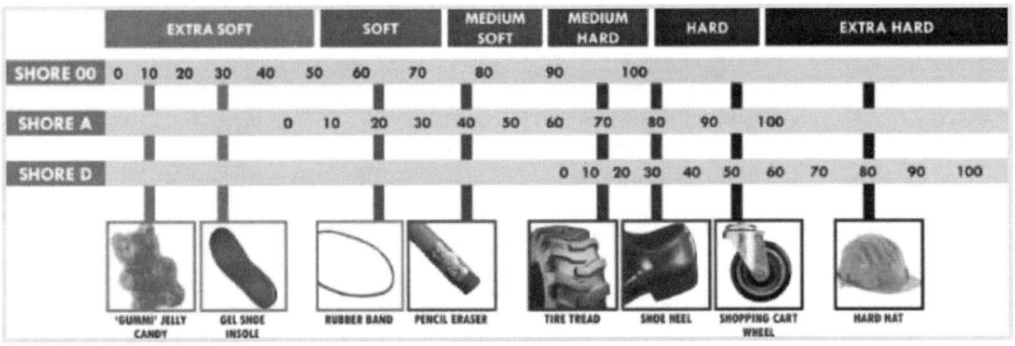

그림 9.9 Shore hardness scale

9.2.4 Double-layer blanket 리버스 오프셋 프린터

3D 곡면 인쇄를 위하여 새롭게 제안된 Double-layer blanket(DLB) 리버스 오프셋 프린터는 그림 9.10 와 같이 3.3의 DLB Blanket 롤 모듈과 석션((Suction)) 플레이트 모듈, Touch screen panel이 포함된 제어 모듈로 구성되어 있다.

석션 플레이트 모듈은 기능성 잉크가 박막으로 코팅된 Bottom 기판이 위치하게 되는 Transfer 플레이트, cliché는 블랭킷 롤의 회전, 이동 시에도 Off 플레이트에서 고정되어 있어야 정밀한 패턴 제작이 가능한데 cliché를 고정하여 주는 cliché 플레이트, 3D 곡면 기판에 Off 공정으로 형성된 패턴을 Set 공정을 통해 인쇄하는 Substrate 플레이트로 구성되어 있으며 3개 플레이트 모두 석션으로 Bottom 기판, cliché, 3D 곡면 기판을 고정한다. 석션(Suction) 플레이트는 공기 압축기로 구동되는 크기가 가로와 세로 각각 180mm 인 정사각형의 흡착판으로 제작되었으며 사용 시에는 기판 사이즈 이외의 흡착 구멍을 테이프 등으로 막아 흡착력을 높여 실험을 진행하며 TSP 제어 모듈에서 흡착판마다 흡착 여부를 선택하여 진행할 수 있다.

그림 9.10 은 제작된 DLB 리버스 오프셋 프린터와 구성 모듈을 나타내고 있다. 리버스 오프셋 프린터에서 DLB 모듈은 3D 곡면 기판에 미세 패턴과 전자소자를 만들기 위하여 새롭게 제안된 공정 기술로 미래에 다양해지는 3D 구조의 전자소자를 인쇄전자 공정으로 제작하기 위한 제안된 기술이다.

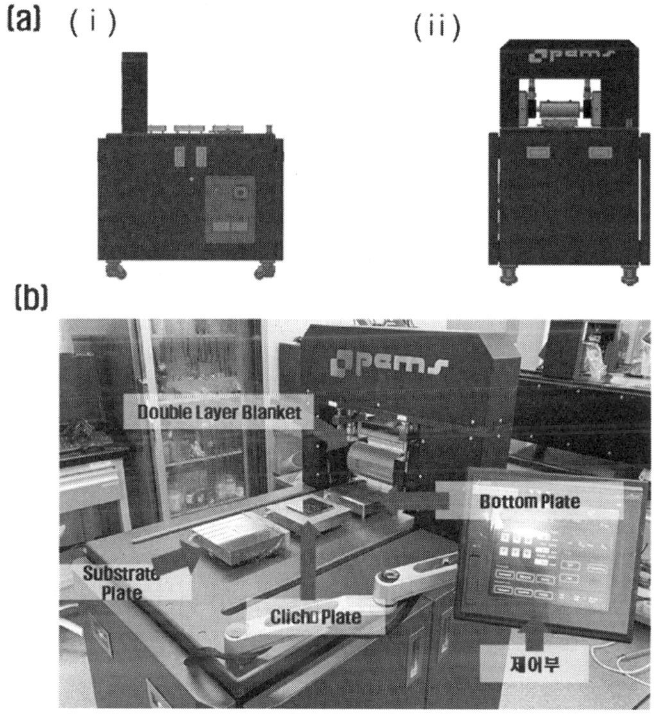

그림 9.10 제작된 DLB 리버스 오프셋 인쇄 장비

표 9.2는 제작된 DLB 리버스 오프셋 프린터의 규격을 나타내고 있다. 장비의 크기는 가로 1112.6mm이고 높이는 이동을 위한 바퀴를 포함하여 1338.7mm이고 장비의 너비는 825.6mm이다.

표 9.2 DLB 리버스 오프셋 인쇄 장비의 규격

Specifications	DLB Reverse Offset printer
Suction Plate size/EA	180×180mm/3EA
Dimension(W×H×L)	1338 1120 830mm
Accuracy	2μm or less
Printing pressure	1~30kgf or less
Printing Speed	0.1~100 mm/s

9.3 공정 최적화

DLB 리버스 오프셋 공정은 기존의 리버스 오프셋 공정과 프로세스는 동일하며 새로운 DLB roll 구조와 DLB roll 모듈의 기판 높이에 상관없이 실시간으로 정해진 압력 값으로 인쇄가 가능한 점이 다르며 이러한 주요 기능이 3D 곡면 기판에 인쇄를 가능하게 한다. 유리로 제작된 3D 곡면 기판에 Set 공정 시 인쇄 압력을 증가시켜 Cliché 패턴과 인쇄 패턴의 선폭 비교를 통해 최적의 Set 공정의 압력을 확인하였다. 그림 9.11은 인쇄 속도는 1mm/s로 고정한후 압력을 1kgf에서 4kgf까지 1kgf씩 증가시킨 후 인쇄된 미세 패턴의 이미지이다. 3D 곡면 기판의 특성상 OM(Optical Microscope) 촬영 시 짧은 초점 거리로 인하여 가로 패턴의 경우좌와 우의 초점이 상이하여 2번의 초점 조절을 통해 가로 패턴은 좌측과 우측을 측정하였고 세로 패턴은 상부와 하부로 측정한 2개의 평균값으로 선폭을 제시하였다. Cliché의 선폭과 가장 유사한 특성을 가진 인쇄 압력은 3kgf로 확인되었으며 이후 전자소자인 투명전극 제작의 Set 공정 시 인쇄 압력은 3kgf로 진행하였다. 설계된 패턴 폭은 30㎛, 35㎛, 40㎛, 45㎛, 50㎛, 55㎛, 60㎛까지 7개이며 3D 곡면 기판에 인쇄된 패턴과의 평균오차율은 표 9.3과 같으며 3D 곡면 기판의 특성에 맞는 인쇄 압력으로 공정을 진행하는 것이 필요하며 1kgf에서 2kgf로 인쇄 압력을 높이면 가로와 세로의 미세 패턴 모두 오차율이 증가하는 것을 확인하였다. 3kgf의 인쇄 압력으로 공정 진행 시 패턴의 선폭이 Cliché의 패턴과 가장 작은 오차율을 보이며 4kgf까지 높이면 오차율이 더 커지는 것을 확인할 수 있으며 유리

기판이 파손되는 현상은 없었다. 이후 3D 곡면 기판에 전자소자 인쇄를 위한 투명전극을 제작하였으며 인쇄 압력은 3kgf로 진행했다.

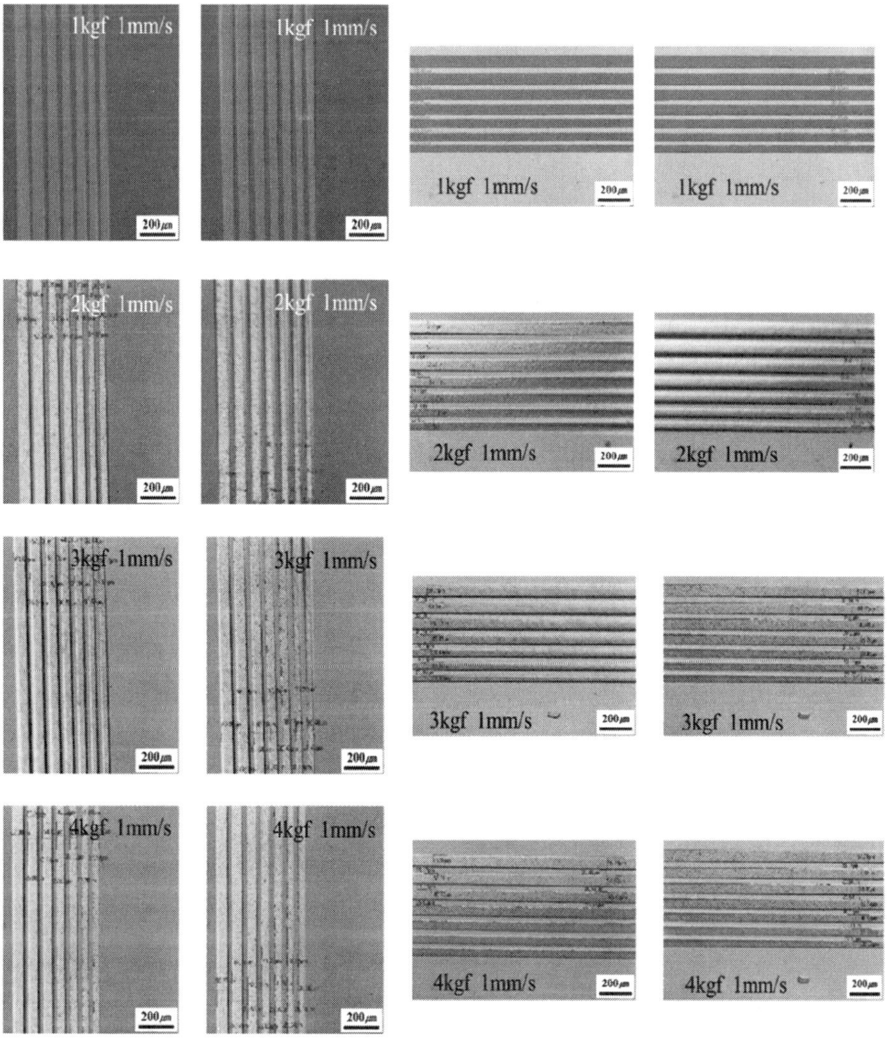

그림 9.11 곡면 기판에 Set 공정의 인쇄 압력에 따른 패턴 변화

표 9.3 인쇄 압력별 오차율

	1kgf	2kgf	3kgf	4kgf
세로 미세 패턴 오차율(%)	4.67	5.67	3.48	6.76
가로 미세 패턴 오차율(%)	3.21	4.35	3.1	6.42
평균 오차율(%)	3.94	5.01	3.29	6.59

9.4 곡면 투명전극 제조

최근 전자소자들은 소형화, 경량화, 멀티 디자인, 파격적인 폼 팩터(Form factor)가 중요한 제품 우위의 경쟁 요인이 되고 있다. 파격적인 폼 팩터로서의 flexible 디스플레이, bendable 태양전지, 곡면 터치패널 등은 유연성과 투명성을 동시에 갖는 투명전극이 필요하다.

가장 보편적으로 사용되고 있는 투명전극은 높은 전도도 특성을 보이는 인듐 주석 산화물(Indium Tin Oxide, ITO) 박막 있으나 휘거나 굽혔을 때 박막이 쉽게 깨지며 가격의 지속적인 상승, 공급의 불안정성 등의 단점이 있다.

플렉서블 소자나 높은 곡률을 가진 소자에 적용하기 어렵기 때문에 그림 9.12와 같이 ITO를 대체하기 위한 차세대 소재로 은나노와이어(Silver Nanowire), 탄소나노 튜브(Carbon Nanotube), 전도성 고분자(Conducting Polymer) 등이 연구되고 있으며 메 탈 그리드 메쉬(Metal grid mesh) 투명전극의 경우 금속을 mesh 형태로 인쇄하여 높은 광 투과율을 가지면서도 금속 자체의 높은 전도도를 그대로 유지할 수 있어 ITO와 같은 현재 전도성 산화막의 단점을 극복할 수 있는 유망한 기술이며 곡면 기판의 요구 사항도 충족한다.

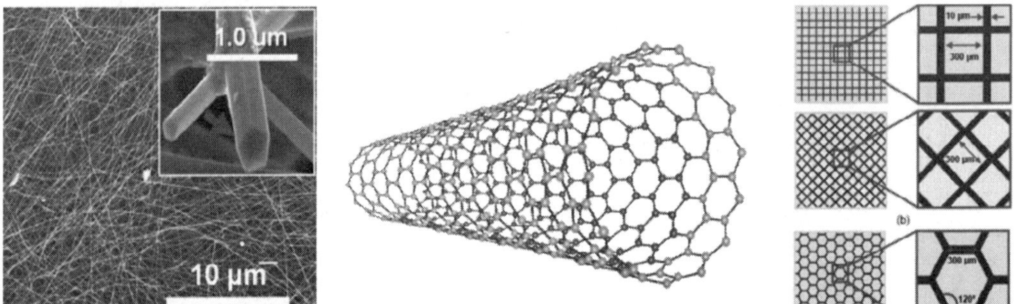

그림 9.12 투명전극 종류

본 연구에서 최적화된 공정으로 투명한 3D 곡면 기판에 metal-mesh와 honeycomb 구조의 투명전극을 인쇄하였으며, 그림 9.13는 소자의 개념도와 3D 곡면 기판에 인쇄된 투명전극이다. 그림 9.14는 투명 3D 곡면 기판에 인쇄된 Metal mesh와 Honeycomb 구조의 투명전극을 확대한 촬영한 SEM 이미지다. 인쇄된 Metal mesh 투명전극은 선폭 30㎛, 피치 589㎛이고 Honeycomb 투명전극은 선폭 30.4㎛, 피치 589㎛이다.

다른 구조의 투명전극 모두 선폭과 피치가 평균 오차율 3.25% 이내를 만족하는 결과를 확인했다.

그림 9.13 3D 투명전극의 개념도와 인쇄된 투명전극

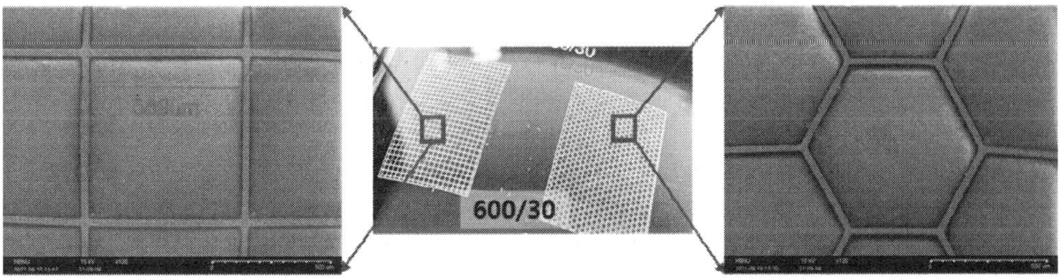

그림 9.14 Metal mesh와 Honeycomb 투명전극의 SEM 이미지

투명 3D 곡면 기판에 인쇄된 투명전극의 전기 전도도 측정을 위하여 400℃의 furnace에서 15분 동안 소결한 뒤 선저항을 측정한 후 면저항으로 환산하였으며 그림 9.15는 선저항을 면저항으로 변환하는 방법에 대하여 설명하였다.

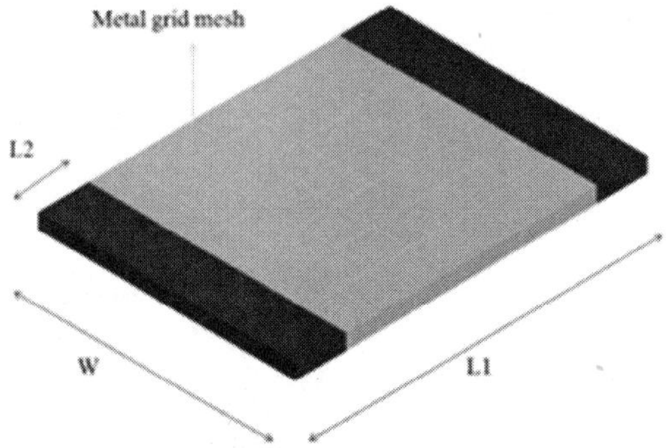

$$R_{TD}\text{ or }R_{MD} = R_{TD}\text{ or }R_{MD}\,resistance\,\frac{W}{(L1 - L2\times 2)}$$

$$R_S = \frac{R_{TD} + R_{MD}}{2}$$

그림 9.15 Metal mesh 투명전극의 면저항 측정 방법

RTD or RMD 는 시료의 가로 세로를 뜻하며 먼저 측정할 시료 양단에 면저항 측정을 위한 전도성 패드를 형성한다. 이렇게 형성된 전도성 패드에 멀티미터를 사용해 손 쉽게 선저항(Resistance)을 측정한 후 세로 W와 곱하고 시료의 가로 L1에서 패드 구 간 L2×2을 빼서 나눠주면 시료의 면저항으로 환산할 수 있다. 위와 같은 방법으로 면저항을 측정하였다. 투과도는 UV/Vis spectrometer Lambda 950으로 측정하였으며 그림 9.16 (a) 는 3D 곡면 기판에 인쇄된 투명전극의 투과율 그래프로서 Bare-Glass의 투과율은 84.82%, Metal mesh 투과율(350~800nm)은 83.45%이며 면저항은 2.4Ω/sq이며, Honeycomb 투 과율(350~800nm)은 82.97%, 면저항은 2.85Ω/sq이다. 그림 9.16 (b) 는 2D 평면 기판에 인쇄된 투명전극의 투과율 그래프로서 Bare-Glass 의 투과율은 89.98%, Metal mesh 투과율(350~800nm)은 82.95%이며 면저항은 3.15Ω /sq이며, Honeycomb 투과율(350~800nm)은 83.92%, 면저항은 3.4Ω/sq이다.

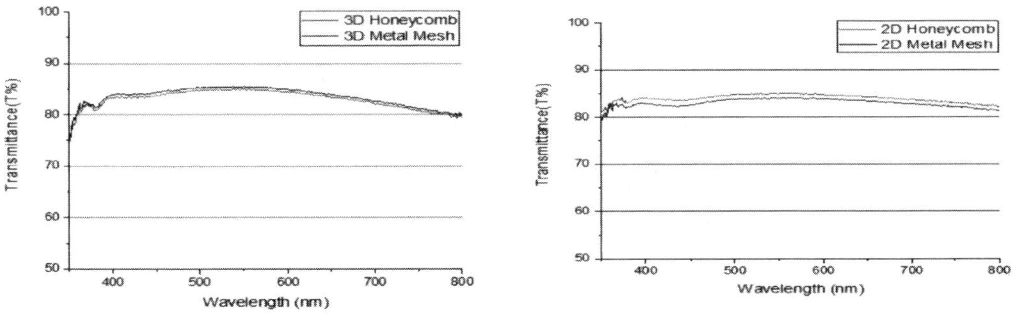

그림 9.16 Metal mesh와 Honeycomb 투명전극의 투과율 (a) 3D (b) 2D

그림 9.17은 Metal grid mesh와 Honeycomb 구조의 투명전극을 10배 간섭렌즈를 가진 Contactless 3D Surface profiler(NanoSystem co.,Ltd, NV-2400)로 측정한 3D 이미지와 표면 거칠기이다. 3D 이미지에 곡면 구조의 기판이 보이며 Metal grid mesh 투명전극의 표면 거칠기는 Ra 0.065μm, 패턴의 높이는 0.484㎛이며 Honeycomb 투명전극의 거칠기는 Ra 0.075μm, 높이는 0.512㎛이다.

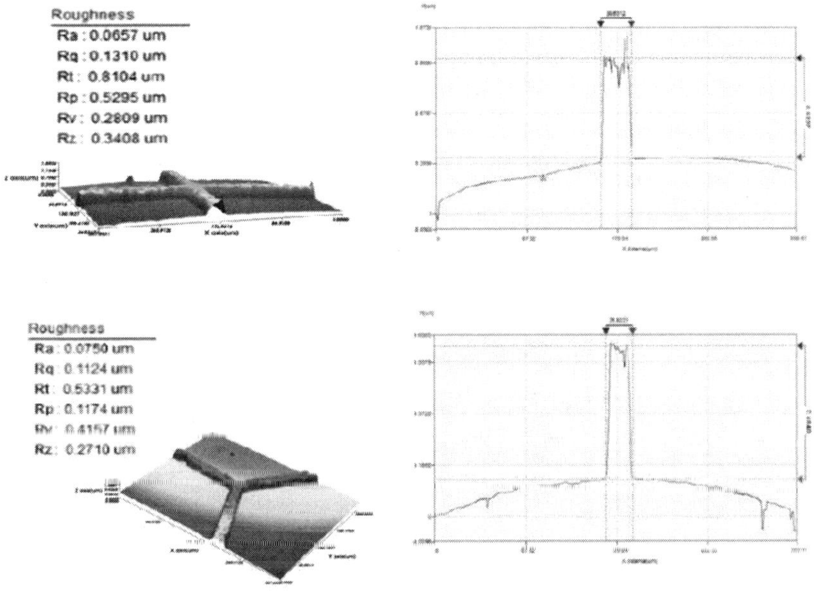

그림 9.17 3D 곡면 기판의 Metal mesh와 Honeycomb 투명전극의 3D 이미지

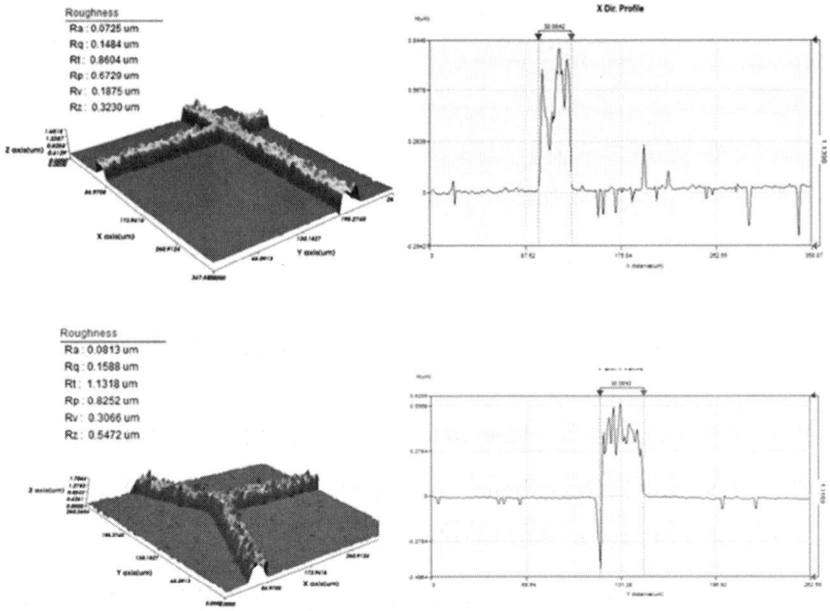

그림 9.18 2D 평면 기판의 Metal mesh와 Honeycomb 투명전극의 3D 이미지

표 9.4 2D 평면 기판과 3D 곡면 기판의 인쇄 특성 비교

구조	2D 평면 기판(1kgf)			3D 곡면 기판(1kgf)		
	베어글라스	메탈메쉬	허니컴	베어글라스	메탈메쉬	허니컴
투과율 (350~800nm)	89.98%	82.95%	83.92%	84.82%	83.45%	82.97%
패턴 높이		0.637	0.572		0.484	0.512
표면 거칠기		Ra0.072㎛	Ra0.081㎛	-	Ra0.065㎛	Ra0.075㎛
패턴 선 폭		30.0㎛	30.0㎛	-	30.0㎛	30.4㎛
면 저항		3.15Ω/sq	3.4Ω/sq	-	2.4Ω/sq	2.85Ω/sq

표 9.4는 2D 평면 기판과 3D 곡면 기판에 인쇄된 투명전극의 특성 조사하여 비 교한 표이다. 베어글라스의 투과율을 고려한 3D 곡면 기판의 투과율이 2D 평면 기 판의 투과율보다 높으며 이는 낮은 패턴 높이의 영향으로 분석된다. 패턴 높이가 낮은 이유는 평면 기판이 1kgf로 인쇄했으나 3D 곡면 기판은 3kgf의 인쇄 압력으로 인쇄했기 때문이다. 그리고 인쇄된 투명전극의 표면 거칠기가

65nm~81nm로 비교적 양호한데 이는 스핀 코팅 공정 때문으로 보이며 이러한 이유로 전기 전도도가 더 좋아 전반적인 면저항이 낮은 것으로 보이며 특히나 3D 곡면 기판에 인쇄된 두 종류의 투명전극 거칠기가 평면 기판의 표면 거칠기보다 낮은 것을 볼 수 있는데 이에 따라 3D 곡면 기 의 면저항도 낮은 것을 확인할 수 있다. 그리고 인쇄전자 소자들은 기판과의 접착력이 중요한 요인으로 평가받고 있다. 유연 기판과 잉크와의 접착력이 전자소자의 성능 유지에 중요한 변수로 작용하기 때문이다. 본 연구에서는 유연 기판이 아닌 유리 기판을 사용하고 있다. 유리 기판을 사용하는 가장 큰 이유는 리버스 오프셋 전용 잉크의 경화 온도가 400℃ 이상을 요구하기 때문이다. 또한 3D 형상의 안정된 기판을 유연 기판으로 제작하기에는 어려움이 많은 까닭도 있다. 상기와 같은 원인으로 접착력 테스트를 진행했다. 접착력 테스트는 그림 9.19와 같이 Cross-cut 시험으로 진행했으며 실험 방법은 코팅 후 일정한 폭의 격자로 흠집을 낸 후 테이프를 이용하여 코팅막을 벗겨내 부착성을 평가하는 방법으로 분류 기준을 참고하면 된다.

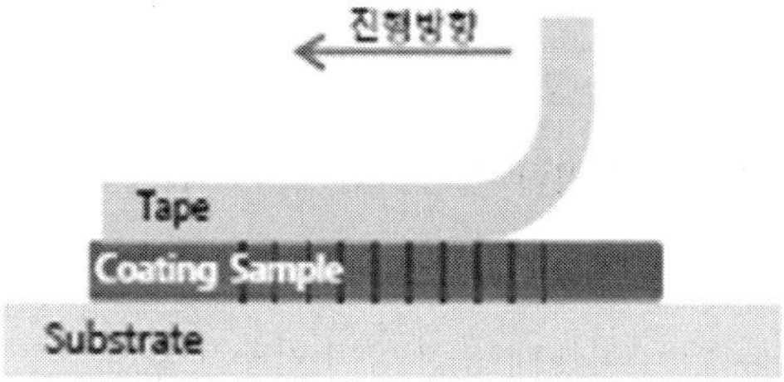

분류	설명
5B	0% None
4B	Lee than 5%
3B	5 - 15 %
2B	15 - 35 %
1B	35 - 65 %
0B	Greater than 65 %

그림 9.19 Cross-cut 테스트와 평가 분류 기준

9.5 요약

3D 곡면 기판에 최적의 인쇄 조건으로 전자 회로를 형성하기 위하여 새로운 인쇄 공정 기술인 Double Layer Blanket(DLB)을 가진 새로운 Reverse offset printer 개발 및 최적화 인쇄 공정을 연구했다. DLB는 금속 실린더에 부드럽고 cushion이 있는 rubber로 감싸고 그 위를 PET와 부드러운 PDMS로 구성된 blanket sheet로 한번 더 감싸 금속 실린더 이외에 2개의 layer로 구성된 DLB roll로 공정을 진행하였다.

이를 통해 DLB reverse offset 인쇄기술은 기존 reverse offset 인쇄기술로는 구현하기 어려웠던 3D 곡면 기판에 미세 패턴과 투명전극을 인쇄하였다. 또한, 3차원 형상의 기판에 전자 회로를 사용자가 원하는 형상으로 수 ㎛ 급의 미세 패턴 인쇄가 가능하며 성능 또한 평면 기판에 인쇄한 투명전극의 투과율, 전도도에서 동등한 성능 구현이 가능하다는 점을 확인하였다. 개발된 공정은 자체 전력 생산으로 독자 운용이 가능한 태양전지 내장형 IoT 센서, 호흡기 센서뿐만 아니라 국방, 자동차, 건축, 항공, 우주, 환경, 의료 등 다양한 분야에 적용 가능성이 높다. 또한, 인쇄전자 기술은 유연 전자소자를 연속, 대량 생산하기 위해 연구되고 있는 기술이나 평면 기판에서의 전자소자의 성능 향상 연구가 주로 연구되고 있으며 3D 곡면 기판 인쇄를 위한 연구는 Inkjet, Pad, Laser direct writing 등의 기술이 연구되고 있으나 전자소자를 연구하는데 공정 상의 이슈가 있다.

이러한 공정 연구의 단점을 개선하기 위하여 Double-layer blanket 리버스 오프셋 인쇄 장비와 공정 기술을 제안했으며 3D 곡면 인쇄의 가능성을 제시하였고 그 적용 공정에 대해 실험과 평가를 수행하였다. 하지만 곡면 구조의 기판과 3D 형상 표면에 인쇄 가능성이 높다는 장점에도 불구하고 Double-layer blanket 리버스 오프셋 공정 기술은 개선해야 하는 기술적 단점이 있다.

Double-layer blanket 리버스 오프셋 공정은 연속, 대량 생산의 장점을 가진 인쇄 전자 분야의 공정 기술임에도 불구하고 Roll to plate라는 비연속적인 공정 방식과 인쇄 속도의 한계, 리버스 오프셋 공정에만 필요한 cliché를 수 ㎛ ~ 수십 ㎛의 미세 선폭을 구현하기 위해서는 포토리소그래피로 제작해야 하고 인쇄 공정을 수행하고 나면 cliché를 반드시 세척해야 하는 문제, 리버스 오프셋 전용 잉크를 사용해야 하며 가격이 고가라는 단점이 있다. 또한 Transfer 공정에서 사용하는 스핀 코팅 공정은 실린지에서 약 3cc의 잉크 토출 시에 안정된 미세한 압력조절, 타이밍의 스킬이 필요하며 해당 조건에 따라 코팅 결과가 달라지고 이는 패턴 인쇄에 많은 영향을 미친다. 이러한 문제점을 극복하기 위해서는 Roll to Roll 연속 생산 방식을 응용하여 Stop and Repeat 공정 적용으로 반연속 인쇄 공정 적용이 가능할 것으로 판단하고 있으며 낮은 공정 속도는 구현하고자 하는 전자소자의 필요 미세 선폭과 패턴 구조를 확인하여 공정 속도와 미세 선폭의 Trade off 지점의 확인을 통해 공정 속도를 개선할 수 있을 것이다. 또한 표면 낮은 표면 에너지의 잉크 제작으로 오프셋 공정 시 잉크의 전이가 수월하게 할 수 있는 전용 잉크의 제작은 소재 기술의 향상과 블랑켓 제조 기술의 고도화로 개선될 것으로 기대되나 연구개발에 많은 시간과 노력이 필요하다.

Double-layer blanket의 리버스 오프셋 인쇄 기술은 많은 공정 변수와 더 높은 곡 면 기판 적용 가능성을 가지고 있다. 따라서 향후 다양한 3D 기판의 전자소자 패터닝 및 코팅 공정에 Double-layer blanket의 리버스 오프셋 인쇄 기술이 적용될 것으로 보이며 나아가 유연 3D 전자 소자의 제작 공정 기술로서도 적용 가능성이 밝다. 개발한 공정 장비와 인쇄 조건을 기반으로 빠른 인쇄 속도 구현, Stop and repeat 의 반연속적인 생산, 사용성과 편의성이 높은 cliché 교체부 등을 개선하여 다양한 3D 구조의 표면에 빠르고 연속적인 인쇄 공정 연구가 진행돼야 할 것이다.

9.6 참고문헌

[1]. B. W An, K. J. Kim, M. J. Kim, S. Y. Kim, S. H. Hur, J. U. Park, 2015, " Direct Printing of Reduced Graphene Oxide on Planar or Highly Curved Surfaces with High Resolutions Using Electrohydrodynamics," Small, Vol. 11, Issue. 19, pp. 2263-2268.

[2]. D. Ye, Y. Ding, Y. Duan, J. Su, Z. Yin, Y. A. Huang, 2018, "Large-Scale Direct-Writing of Aligned Nanofibers for Flexible Electronics," Small, Vol 14, Issue. 21, 1703521.

[3]. Y. h. Jang, J. H. Kim, D. Y Byun, 2013, "Invisible metal-grid transparent electrode prepared by electrohydrodynamic (EHD) jet printing," J. Phys. D: Appl. Phys. 46 155103.

[4]. M. K Rahman, S. J. Kim, T. H. Phung, J. S. Lee, J. R. Yu, K. S. Kwon, 2020, "Three-dimensional surface printing method for interconnecting electrodes on opposite sides of substrates," Sci Rep 10, 18645.

[5]. J. Jun, L. Jinqiao, X. Ying, Y. Yanhao, 2017, "Laser Direct Writing Technique of Diffraction Optical Element on Curved-Surface Substrate," Chinese Journal of Lasers 44(6)

[6]. C. Wögerer, M. Mühlberger, M. Ikeda, J. Kastner, N. C. Chitturi, A. Pichler, 2018, "Inkjet Printings on FFF printed curved surfaces," Fraunhofer Direct Digital Manufacturing Conference DDMC 2018.

[7]. R. K. Khirotdin, N. Hassan, M. H. Zawahid, Khirotdin, "Printing and Curing of Conductive Ink Track on Curvature Substrate using Fluid Dispensing System and Oven."

[8]. F. Alkadi, K. C. Lee, A. H. Bashiri. J. W. Choi, 2019, "Conformal additive manufacturing using a direct-print process," Additive Manufacturing, Vol. 32, 100975,

[9]. F. B. Coulter, B. S. Coulter, E. Papastavrou, A. Ianakiev, 2018, "Production Techniques for 3D Printed Inflatable Elastomer Structures: Part II—Four-Axis Direct Ink Writing on Irregular Double-Curved and Inflatable Surfaces," 3D Printing and Additive Manufacturing, Vol. 5, Issue. 1, pp. 17-28.

[10]. M. Yin, L. Xiao, Q. Liu, S. Y. Kwon, Y. Zhang, P. R. Sharma, L. Jin, X. Li, B. Xu, 2019, "Microneedle Patches: 3D Printed Microheater Sensor-Integrated, Drug-Encapsulated Microneedle Patch System for Pain Management," Adv. Healthcare Mater, Vol. 8, Issue. 23, 1970093

[11]. ㈜펨스 회사소개서, https://www.slideshare.net/Chonamjoo/ss-250644191

[12], 인쇄전자 기반의 플렉서블 디스플레이 동향 -웨어러블 디바이스, 플렉서블 디스플레이에 답을 찾는다., 테크월드뉴스, 2014.03.04., http://www.epnc.co.kr/news/articleView.html?idxno=11210

[13], 하영욱, 정지형, 허필선, 2011, "전자산업의 미래, 인쇄전자소자," 전자통신동향분석, 26권 2호, pp. 111-125

[14]. J. S. No, 2015, "Smart Packaging Based on Printed Electroics," The monthly packaging world, No. 270, pp. 59-65.

[15]. 인쇄전자기술, 제 4의 산업 혁명·입는 컴퓨터 시대 연다, 신소재경제, 2013.11.19., http://amenews.kr/m/view.php?idx=17210

[16]. J. S. Kim, S. W. Bae, 2015, "인쇄전자 기술을 이용한 기능성 플렉서블 소자와 공정 시스템," Broadcasting and media magazine, Vol. 20, No. 2, pp. 16-26.

[17]. Printed, Organic & Flexible Electronics Forecasts, Players&Opportunities Vol. 24, Issue 3, 035020.

[18]. Y. M. Choi, K. Y. Kim, J. D. Jo, T. M. Lee, 2014, "Effect of PDMS Blanket Deformation on Printability in Reverse-Offset Printing," Transactions of the Korean Society of Mechanical Engineers. B. Vol. 38, No. 8, pp. 709-714.

[19]. S. H. Yoon, J. S. Lee, S. H. Lee, B. J. Lee, J. K. Shin, 2014, "A Study on Processing of TFT Electrodes for Digital Signage Display using a Reverse Offset Printing,"Journal of the Korean Society for Precision Engineering, Vol 31, Issue 6, pp. 497-504.

[20]. What Gravure Cell analysis?,(or Volume, Depth and measurement of Gravure Cells), https://www.providentgrp.com/troika-gravure-cell-analysis/

[21]. Y. M. Choi, E. S. Lee, T. M. Lee, K. Y. Kim, 2015, "Optimization of a reverse-offset printing process and its application to a metal mesh touch screen sensor," Microelectronic Engineering, Vol. 134, pp. 1-6.

[22]. M. Pudas, J. Hagberg and S. Leppavuori, 2002, "The absorption ink transfer mechanism of gravure offset printing for electronic circuitry," in IEEE Transactions on Electronics Packaging Manufacturing, Vol. 25, No. 4, pp. 335-343.

[23]. D. Y. Shin, 2017, "Methods and Development Status of Equipment for Printed Electronics," Trans. Korean Soc. Mech. Eng. C, Vol. 5, No. 1, pp. 7~21,

[24]. K. Izumi, H Saito, Y Yoshida, S Tokito, H. Ushijima, 2020, "Newly developed soft blanket reverse-offset (SBR) printing technology for forming widely patterned layers on curved surface," Japanese Journal of Applied Physics, Vol. 56, 05EA03.

[25]. K. Izumi, Y.Yoshida, S. Tokito, 2017, "Novel Soft Blanket Gravure Printing Technology with an Improved Ink Transfer Process," Flexible and PrintedElectronics.

[26]. 김동윤, 김동유, 배광태, 한현, 노용영, 2010, "나노 메쉬형 투명전극 기술동향," Information display, Vol. 11, No. 5, pp. 47-56.

[27]. M. T. Pudas, J. Hagberg, S. Leppävuori, 2004, "Gravure offset printing of polymer inks for conductors," Progress in Organic Coatings 49, pp. 324-335.

[28]. J. S. Kim, D. S. Kim, 2014, "Fabrication Method of Metal Grid Mesh Film Using the Gravure Offset Printing," J. Korean Soc. Precis. Eng., Vol. 31, No. 11, pp. 969-974.

[29]. C. Kapnopoulos, E. D. Mekeridis, L Tzounis, C Polyzoidis, A Zachariadis, S. Tsimikli, C. Gravalidis, A. Laskarakis, N. Vouroutzis, S. Logothetidis, 2016, "Fully gravure printed organic photovoltaic modules: A straightforward process with a high potential for large scale production," Solar Energy Materials and Solar Cells, Vol. 144, pp. 724-731.

[30]. Y. M Choi, K. Y. Kim, E. S. Lee, J. D Jo, T. M. Lee 2014 "Fabrication of a single-layer metal-mesh touchscreen sensor using reverse-offset printing," Journal of Information Display, Vol. 16, Issue. 1.

[31]. "플렉시블 투명전극, 전도성 고분자로 만든다," 한국생산기술연구원 보도자료, 2019. 10. 16.

Chapter 10

SB Reverse offset printer for curved sensor

10.1 서론

습도 센서는 환경 모니터링, 자동차, 의료 등 다양한 분야에 걸쳐 사용된다. 저항형, 용량형, 광학 및 표면 탄성파 등 서로 다른 유형의 습도 센서가 서로 다른 원리에 따라 사용될 수 있다. 임피던스 및 캐패시턴스 응답에 기반한 센서는 비용이 저렴하고 제작이 쉬우며 응답성이 뛰어나 저항 및 캐패시턴스 등의 변수를 이용하여 환경의 수분 함량을 검출할 수 있어 습도 감지에 가장 적합하다.

저항형 센서는 다른 센서보다 가격이 저렴하고 읽기 쉽다는 장점이 있다. 일반적으로 세라믹, 유리, 실리콘 등의 단단한 기판이 사용된다. 기존 센서의 측정 정확도와 감도는 고온 또는 높은 습도에 의해 제한되며, 실용화를 위해서는 유연성, 넓은 응답 범위 및 높은 감도를 갖는 습도 센서를 구현하는 것이 매우 중요하다. 저항형 센서의 경우, 단단한 기판을 비롯한 다양한 기판에 다양한 인쇄 기술을 이용하여 습도 센서를 제조하는 인쇄공정에 대한 광범위한 연구가 진행되고 있다. 인쇄 전자제품의 기술은 다양한 장치, 특히 플렉서블 기판에 적용할 수 있다는 가능성을 갖는 것을 특징으로 한다. 최근, 인쇄 공정을 이용하여 가볍고 유연하며 얇은 기판에 착용할 수 있는 삽입형 전자 장치의 연구가 진행되고 있다. 특히, 다양한 인쇄 방법을 이용하여 곡면에 전극을 인쇄해 습도 센서를 제조함으로써 특정 범위를 설정하고 다양한 센서 적용이 가능하다. 본 연구에서 새롭게 제안된 Double blanket reverse off-set(DB-RO) 인쇄는 3D 기판에 선폭이 수 마이크로미터인 미세 패턴을 인쇄할 수 있다. DB-RO는 soft blanket을 사용하여 기판에 손상을 주지 않고 미세 라인 폭을 구현할 수 있다. 제안된 습도 센서는 DB-RO를 사용하여 제작되었다. 특히 DB-RO는 블랭킷 경도가 부드러워서 3D 형태로 인쇄가 가능하다. 이 기술은 전통적인 리소그래피의 고해상도 및 고정밀의 장점을 계승하고 있으며, 정밀하고 발전 가능한 곡면 전자 제조 분야에서 중요한 위치를 차지하고 있다.

기존의 비접촉 인쇄 방식인 잉크젯과 디스펜서를 이용한 곡면 습도 센서의 제조로 여러 가지 재료를 한 번의 공정으로 인쇄하는 데 한계가 있고, 완전한 전자 장치를 실현하는 데도 어려움이 있었다. 전자 소자를 3D 형태로 직접 제조할 수 있게 되면 소자의 구조제어 범위가 넓어져 기존의 연구보다 기능이 높은 소자를 제조할 수 있게 된다. 2D 표면에서 기존 공정을 이용하여 만들어진 대부분의 전자 장치와 센서, 그리고 견고하고 부서지기 쉬운 기판은 많은 분야에서 많은 응용에 매우 적합하지만, 본질적으로 의료/모니터링 영역의 부드러운 3D 생물체 또는 등변 적분에 필요한 불규칙한 곡면 날개와 같은 복잡한 곡면과는 호환되지 않는다.

곡면 리소그래피는 높은 패턴의 해상도가 표면에 잘 적용될 수 있지만, 곡면의 넓은 면적에서 증착, 에칭 또는 재료 성장/도핑하는 것에는 어려움이 있다. 따라서, 정확도 요건이 높지 않거나 전자 구조가 복잡하지 않은 경우에는 잉크젯 프린팅, 3D 프린팅 또는 laser direct writing을 통해 어느 표면에서나 첨가하여 전자 소자를 제조하는 것이 바람직하다. 이에, 전자 장치를 3D 형상으로 제작하여 센싱 감도가 더 높은 습도 센서에 대해 추가적인 연구를 하였다. 3D 습도 센서로부터 신호를 얻기 위해 DB-RO 장비를 통해 선폭 30um, 폭 40um의 IDE 패턴을 제작하였다. 일반적으로 이상적인 습도 센서 재료는 고감도, 넓은 습도 감지 범위, 빠른 응답 시간, 짧은 복구 시간 및 저렴한 제작비용이 요구된다. 습도 센서의 감지물질로 셀룰로오스 나노섬유(CNF)를 사용하였다. 자연에서 발견되는 가장 풍부한 중합체인 셀룰로오스는 저렴하고 가공이 용이하며 재생가능하다는 등 많은 장점을 갖고 있다. 또한 셀룰로오스는 생체적합성, 저습도 이력현상, 우수한 선형성 및 빠른 응답 및 회복성을 갖는다. CNF의 특성을 바탕으로 유연하고 생분해성이며 저렴한 센서를 설계할 수 있다. 본 연구의 목적은 Double blanket를 이용한 인쇄공정을 통해 곡면 기판 등 다양한 기판상에 센서를 제조하는 것이며, 다양한 기판상에서 간단하고 직접적인 인쇄공정을 이용한 센서의 습도감지 반응을 조사하였다.

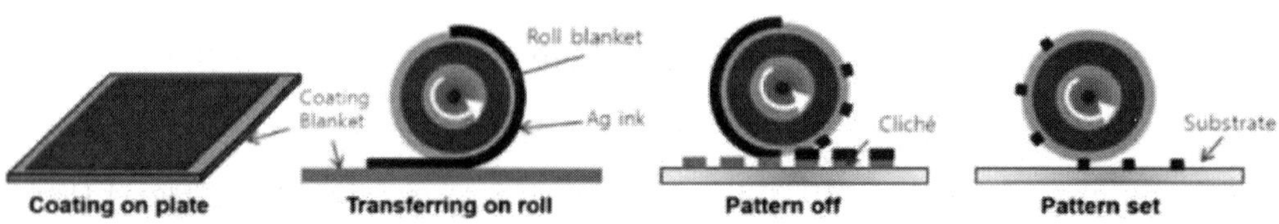

그림 10.1 리버스 오프셋 인쇄 과정에 대한 개략적 설명

본 연구에서 전극 제작에 쓰인 리버스 오프셋 인쇄 는 전통적인 그라비어 오프셋 인쇄의 변형된 롤 인쇄 방법이며, 블랭킷 위에 잉크를 슬릿 코팅하는 방법이다. 박막으로 코팅되므로 미세한 선폭을 구현할 수 있고 균일한 두께의 코팅이 가능하다. 인쇄는 코팅, 이송, 오프, 세팅 4단계로 진행된다. 먼저 코팅 블랭킷이라 불리는 바닥 블랭킷에 잉크를 코팅하면 얇은 잉크 막이 형성되어 롤 블랭킷으로 옮겨진다. 코팅 블랭킷에 비해 롤 블랭킷은 표면 에너지가 높아 잉크 박막이 필름 형태로 100% 전사된다. 전사된 잉크 박막이 부착된 블랭킷은 원하는 패턴이 새겨진 클리셰와 접촉하여 패턴이 전사되며 블랭킷 롤에 패턴이 남아 있다. 계면에서의 접착에 의해 잉크의 응집력이 깨지지 않는 경우, 분리 없이 잉크 박막의 100% 전사가 가능하다. 마지막으로, 나머지 패턴이 기판에 전사되면, 리버스 오프셋 인쇄가 완료된다.

잉크를 전사할 때, 인쇄 압력, 속도 등의 공정 조건에 따른 정밀도 향상에 기여할 수 있고, 인쇄 품질을 높일 수 있다. 균일하게 코팅된 잉크 박막을 사용하고 고해상도의 클리셰로 인쇄하여 초미세 패턴을 형성할 수 있다.

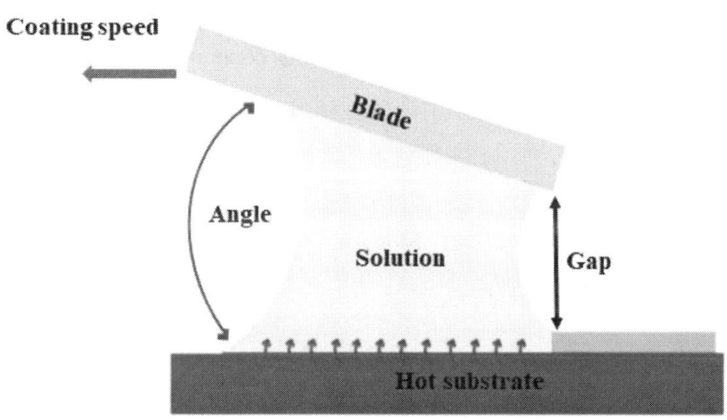

그림 10.2 전단 응력 코팅 개략도

전단 응력 인쇄 공정은 그림과 같이 기판과 블레이드 사이에 용액을 주입한 후, 그 사이에 형성된 메니스커스를 이용하여 용액을 기판에 고르게 도포하여 박막을 제조한다. 박막을 제조하는 과정에서 블레이드와 기판 사이의 간격은 항상 일정하게 유지되어야 하며, 이 간격으로 인해 모세관 현상이 발생하여 블레이드가 이동할 때 블레이드와 기판 사이에 갭에 존재하게 된다. 또, 블레이드가 이동함에 따라 이동 방향과 반대 방향으로 형성된 용액부에 두께가 매우 얇고 곡률 반경이 큰 면이 형성되고, 결정체가 자란다 이때, 메니스커스 영역에서의 급격한 증발은 외부 대류 흐름을 촉발시켜 용매의 증발 손실을 보상하고 커피링 효과로, 용질을 접촉선으로 이동시킨다. 이러한 인쇄 공정은 블레이드 코팅과 유사하지만, 저점도 용액을 사용하며, 블레이드 이동 속도와 메니스커스 표면에서 발생하는 용매의 증발 속도 사이에서 적절한 균형을 이루어야 한다. 소량의 재료를 사용하기 때문에 재료 손실이 적고 넓은 면적에 걸쳐 균일한 품질의 박막을 제조할 수 있다. 용액 전단 공정의 변수로는 기판 온도, 블레이드와 기판 간격, 인쇄 속도, 블레이드 각도 등이 있다.

10.2 곡면 센서 제작

10.2.1 재료

전도성 Ag 잉크(점도:1.5cps, 표면장력:24.4mN/m, 분산 용매:옥탄 기반)는 전극 제조를 위해 국내 ANP 회사로부터 구입하였다. PDMS 기반 블랭킷(#CF 0.70)은 Fujikura(일본)에서 구입했다. 상기 기재로는 유리기판을 사용하였으며, 곡률반경이 10도인 유리를 사용하였다. CNF 현탁액은 2, 2, 6, 6-tetramethylpiperidine-1-oxyl (TEMPO) aqueous counter collision (ACC) 방법의 조합으로 경질목 펄프(표백 아카시아 크래프트 펄프, 한솔 종이, 한국)에서 분리되었다. 모든 화학물질은 Sigma-Aldrich에서 구매하였다.

그림 10.3 리버스 오프셋 인쇄 잉크에 사용되는 재료

10.2.2 센서 제작

센서는 저항 변환의 원리를 기반으로 하며, 3D 기판에 IDE(Interdigitated Electrode) 패턴 인쇄 후 셀룰로오스 나노섬유 감지층을 코팅하는 것으로 제작된다. 센서 작동의 기본 원리는 민감한 필름에 물 분자의 흡수로 인해 필름의 전기 전도도가 증가한다는 것이다. 습도에 따른 전도성의 변화는 IDE 전극 간의 저항을 측정함으로써 쉽게 정량화할 수 있다. 전극 제조에는 그림 10.3의 은 잉크를 사용하였다. 고해상도 하단 전극은 Double Blanket Reverse Offset 인쇄 시스템을 사용하여 3D 형상으로 제작되었습니다. IDE는 각각 100개의 가지 쌍을 가지고 있었고 그 간격은 40㎛이다. 전극 제작 공정은 실리콘 Blanket에 Ag 잉크를 4000rpm에 20s 동안 스핀 코팅을 진행 한 다음 실리콘 블랭킷을 리버스 오프셋 장치에 부착하여 Double Blanket 압력1kgf, 속도 3mm/s로 Roll Blanket에 전사하였다. 그 후 Roll Blanket에 잉크가 전사되면 패턴이 새겨진 클리셰를 지나면서 패턴이 남겨지며, Roll Blanket의 패턴은 3D 기판에 인쇄되며 전극이 완성된다.

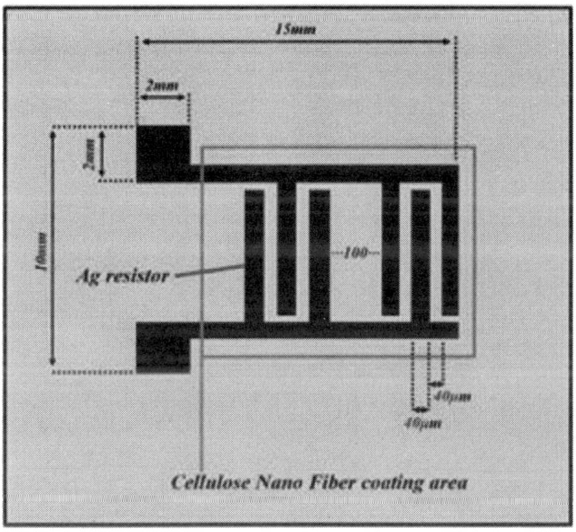

그림 10.4 습도 센서 도식 모델(사이즈 10mm*15mm/IDE 100ea)

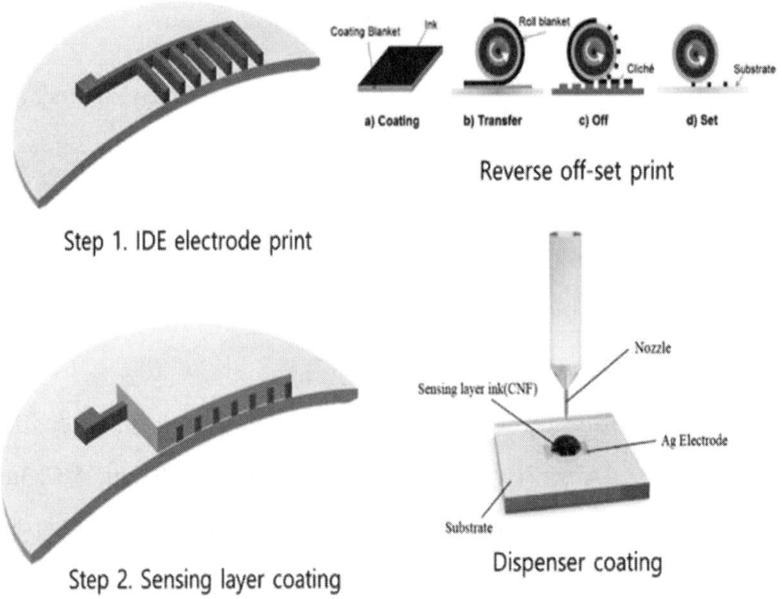

그림 10.5 3D 구조물에 인쇄된 센서와 사용된 장비의 개략도

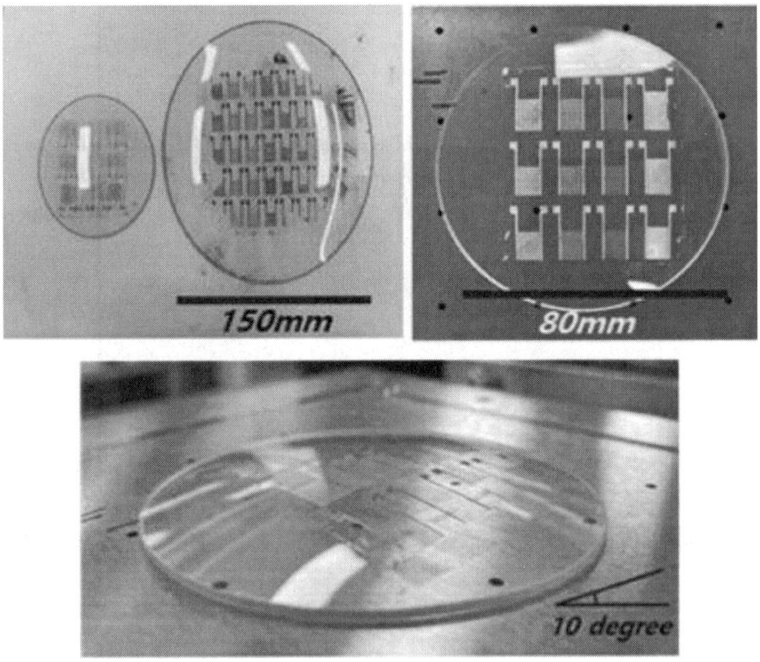

그림 10.6 곡률 반경의 유리에 인쇄된 센서 IDE 전극

본 연구에서 제안하는 센서의 제조 공정은 빠르고, 롤투롤 기술과 호환되며, 반도체 제조 공정과 같이 높은 비용이 요구되지 않으며, 고온이 요구되지 않는다. 감지 물질의 코팅은 박막 코팅이 가

능한 디스펜서 코팅 기술을 사용하였다. 감지층에 사용된 셀룰로오스 반응물은 셀룰로오스 나노섬유(CNF)와 DI Water가 1:2의 비율로 희석된 잉크(인하대학교에서 공급한 셀룰로오스 재료)였다. 그림 10.8(a) 3um CNF는 디스펜서를 이용하여 전극 표면에 코팅하였으며, 마지막으로 CNF가 코팅된 시료를 80°C에서 20분간 열처리하였다.

Ag IDE는 주사전자현미경(SEM), X-선 회절(XRD) 및 3D profiler 시스템으로 관찰했다. 상기 복합필름의 표면형태는 시료를 ca.3nm의 백금 합금으로 코팅한 후 15kV의 가속전압에서 주사전자현미경(SEM)(S-4800, Hitachi, Japan)으로 특성화하였다. 제조된 센서의 습도 감지 특성은 실온(23℃) 및 밀폐된 챔버 내부의 온도 및 상대습도(RH)에 대한 실시간 모니터링을 진행하였다. 습도 감지 응답은 RH 변화에 따른 저항 변화로 기록되었으며, 맞춤형으로 설계된 Labview 기반 인터페이스로 구동되는 임피던스 분석기를 사용하여 IDE 전체의 저항을 실시간으로 모니터링 했다.

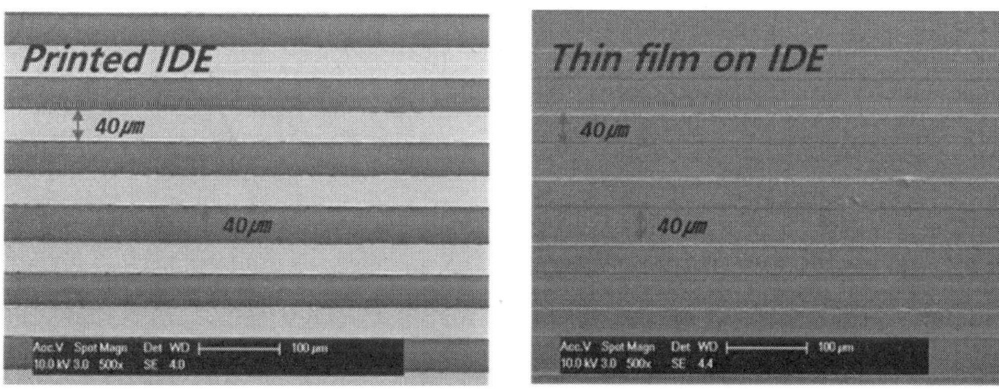

그림 10.7 IDE 전극 제작의 주사전자현미경(SEM) 이미지, CNF 코팅 제작의 SEM 이미지

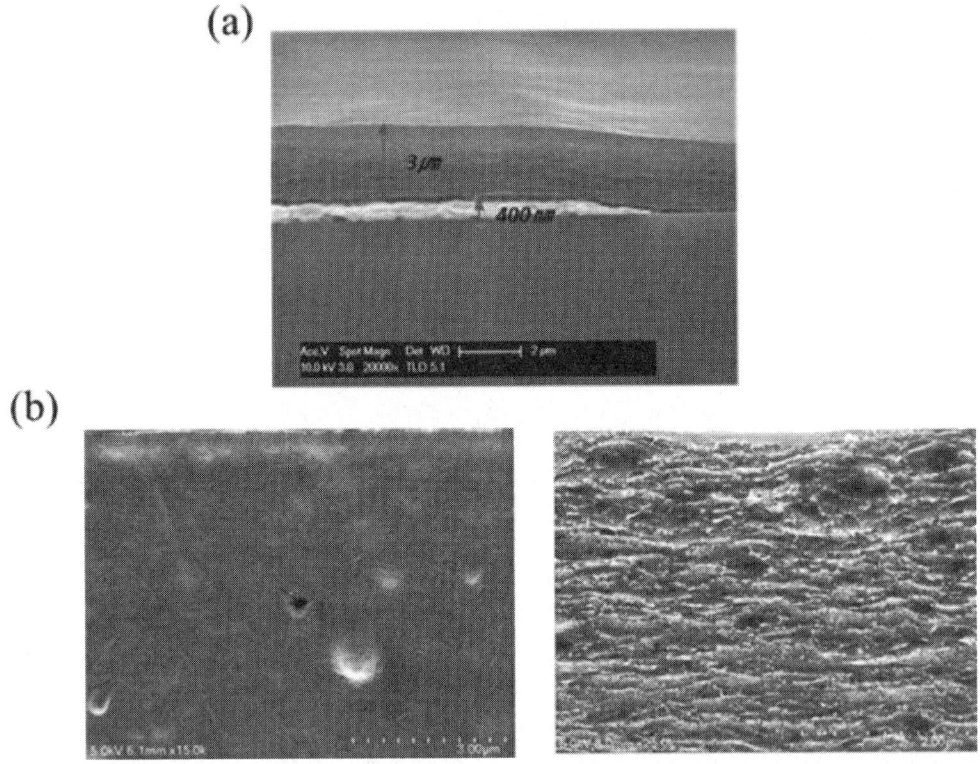

그림 10.8 (a) CNFs 합성물의 단면 (b) CNF 박막의 표면 SEM 이미지

10.2.3 인쇄 공정

본 연구에서는 플랫한 유리기판 및 3차원 곡률반경을 갖는 유리기판에 전극을 인쇄하였다. 리버스 오프셋 인쇄는 PDMS Blanket Roll을 통해 처음 기판에서 대상 기판으로 고정된 설계 패턴을 전달하는 원리에 따라 작동한다. Inter Digitated Transducer(IDT) 전극의 여러 디자인이 준비되었으며 클리셰에 각 디자인이 있었다. 인쇄 시스템의 공정 상세 및 작동 원리는 그림 10.9로 리버스 오프셋 인쇄로 제조된 전극은 400ºC에서 20분간 경화시켰다. 리버스 오프셋 인쇄 방식을 사용하는 이점은 시스템이 대량 생산에 적합하고 공정 매개변수의 최적화로 전통적인 리소그래피 기술과 경쟁할 수 있는 매우 고품질의 패턴을 인쇄할 수 있다는 것이며, 40μm까지의 패턴 크기가 매우 높은 품질로 성공적으로 인쇄되었다. 본 공정은 주로 센싱 소자의 하부 트랜스듀서를 인쇄하는 데 사용되었으며, 상부 감지층은 다른 인쇄 방법을 통해 그 위에 코팅되었다.

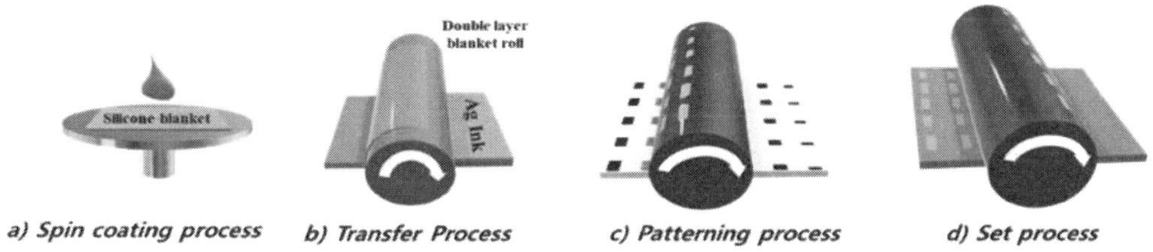

그림 10.9 리버스 오프셋 인쇄 공정의 개략도

센서 전극을 곡면에 인쇄할 때 패턴이 왜곡되지 않도록 최적의 공정설계를 찾았다. 잘 알려진 바와 같이, 리버스 오프셋 공정은 고해상도로 미세한 패턴을 인쇄할 수 있다. 우리는 Soft한 재질의 Double blanket을 추가하여 곡면에서도 패턴의 왜곡 없이 프린팅할 수 있도록 개발하였다. 속도는 가장 낮은 레벨로 설정되어야 하며, 곡률 반경을 가지므로 압력별로 실험을 수행하였다. 최근 3D 프린팅 전자기술이 각광받아 Fully 3D 프린팅 기술이 요구되고 있으며, 센서 전극은 3D 형태로 직접 프린팅할 수 있는 공정으로 프린팅하여 감도를 분석하였다.

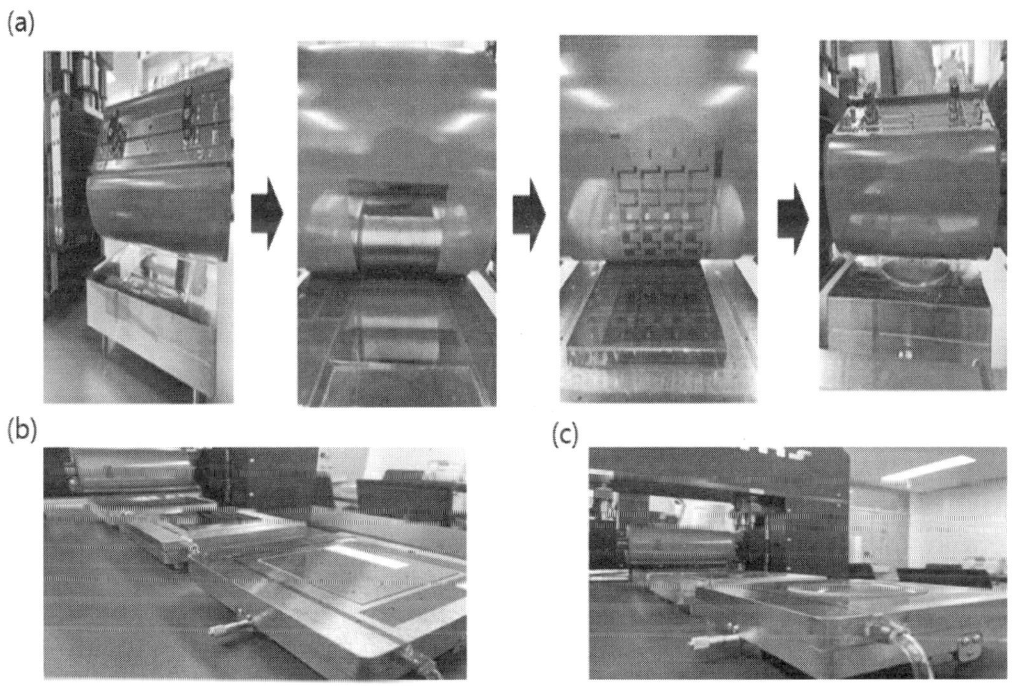

그림 10.10 (a) 더블 블랭킷 리버스 오프셋 인쇄 공정 (b) 평판유리 인쇄공정 (c) 곡면유리 인쇄공정

10.2.4 측정 시스템

Ag IDE는 SEM, X-선 회절(XRD) 및 3D profiler 시스템을 통해 특성을 확인하였다. 상기 복합필름의 표면형태는 시료를 ca. 3nm의 백금합금으로 코팅 후 15kV의 가속전압에서 SEM(S-4800, 일본 Hitachi)을 통해 확인하였다. 제조된 습도 센서는 밀폐된 챔버 내부의 상온에서 온도 및 상대습도(RH)를 실시간으로 모니터링하여 얻었다. 습도 감지 응답은 RH와의 저항 변화로 기록되었으며, 맞춤형 Labview 기반 인터페이스로 구동되는 임피던스 분석기를 사용하여 IDE 전반의 저항을 실시간으로 모니터링 하였다 (그림 10.11).

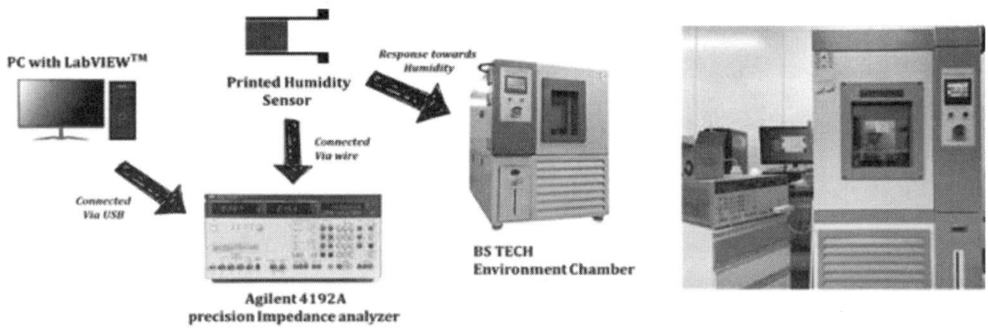

그림 10.11 개별 구성 요소를 보여주는 습도 측정 설정 개략도

10.3 결과 및 논의

10.3.1 센서 특성화

본 공정을 이용하여 습도 센서의 대면적 제작을 성공적으로 이루었다. Ag IDE 전극은 인쇄공정을 통해 빠르고 쉽게 제작할 수 있었다. 그림에는 전체 치수가 100×100 mm2인 36개의 습도 센서 유닛으로 구성된 센서 어레이의 이미지가 나와 있다. 총 감지 면적은 15mm×10mm였다. 인쇄로 제작된 센서의 선폭은 30μm, 전극-전극간 간격은 40μm로 미세한 선폭을 구현하였다. 또한, 3D 곡면에 인쇄된 샘플은 정교하게 인쇄되었다. 평면 기판과 3D 기판은 동일한 선폭으로 인쇄되었다. 곡면 기판에 인쇄하는 동안 롤 압력을 배제할 수 없었다. 그러나 DB-RO 공정을 사용하여 곡면 기판의 패턴이 축소되지 않고 직접 인쇄가 가능했다. 이 결과는 블랭킷의 경도가 일반 블랭킷 롤에 비해 낮다는

것을 나타내므로 곡면 인쇄가 가능하다는 것을 나타낸다. CNF의 두께는 분사기 공기압에 의해 제어될 수 있다. 그림 10.8(a)은 약 3μm 두께의 전극층의 CNF 단면 이미지를 나타낸다.

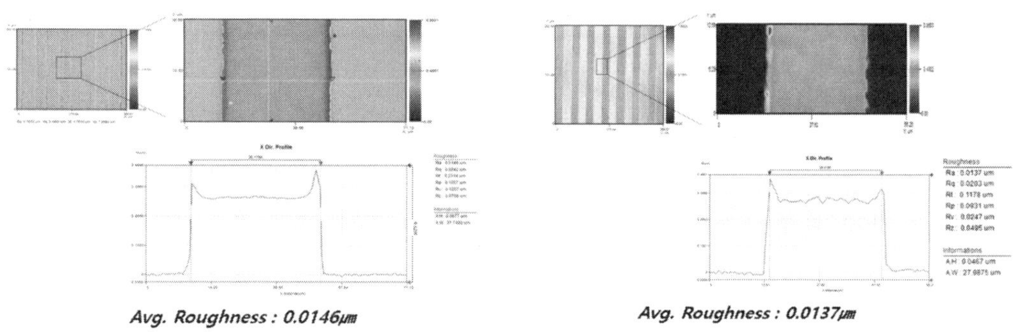

그림 10.12 평균 거칠기를 보여주는 수직 주사 간섭계의 3D출력(a) 0.014 μm (b) 0.013 μm

10.3.2 습도센서 테스트

본 연구에서 제작된 센서의 습도 감지는 서로 다른 RH 값으로 측정하였다. 습도 민감도, 반복성, 히스테리시스 및 응답 시간을 포함한 매개변수를 평가하였다. LCR 주파수를 1kHz와 1v로 고정한 후 계속 진행하였다. 샘플 A와 B는 기판이 다른 평판 유리와 곡면 유리에 해당한다.

Sensitivity and linearity

상대 습도의 변화에 대한 임피던스 반응에 대해 두 가지 유형의 센서를 테스트했다. 굴곡진 기판과 평평한 기판을 가진 두 개의 샘플이 제작되었다. 모든 측정에 대한 테스트 주파수는 1kHz로 고정되었다. 샘플의 전류-전압(I-V) 곡선은 그림 10.13에서 확인할 수 있다. 센서는 선형 I-V 특성을 보였다. 기판의 형상은 곡선의 기울기에 약간의 변화를 가져왔다. 가장 중요한 문제 중 하나는 RH가 센서 응답에 미치는 영향이다. RH가 증가하면 센서 반응이 증가하며, 이는 CNF 코팅 표면의 습도 상승 후 반응 효과가 증가함을 나타낸다.

Response time, stability, and hysteresis

제작된 센서는 기판 역할을 하는 서로 다른 임의의 곡률에 제작되었다. 물 분자의 흡수가 유전계수를 변화시켜 정전용량 변화를 초래한다. 이러한 특성을 위해 센서를 10% RH로 설정하고 습도를 90% RH로 증가시킨 후 다시 습도를 감소시켰다. 흡수 및 탈착 사이클 동안 각 습도에 대한 정전용량을 기록했다. 일반적으로 물 분자를 검출하는 CNF 감지층은 표면의 하이드록실기와 같은 친수성 작용기에 의존한다. 친수성 작용기는 물 분자를 끌어당겨 용량을 증가시킨다. 이 결과를 설명하기 위해 몇 가지 가설이 세워질 수 있다. 즉, CNF 표면의 하이드록실기에 물 분자가 흡착되어 자유자재로 흡착되어 임피던스가 변화하는 분자 구조가 발생하였다.

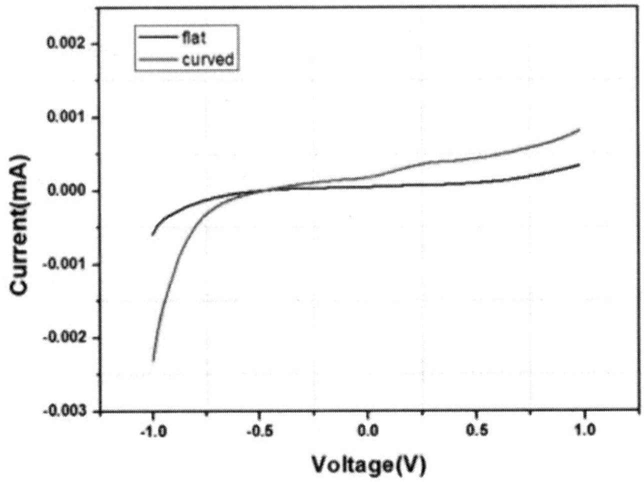

그림 10.13 23° C의 상온에서 평판유리와 곡면유리습도센서의 전형적인 I–V 곡선

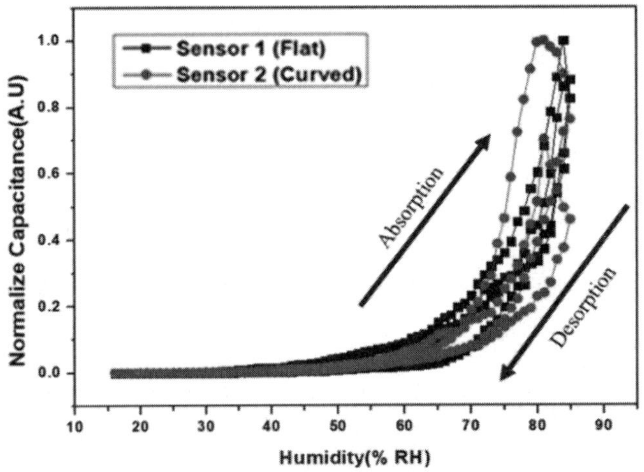

그림 10.14 평판유리와 곡면유리의 이력현상

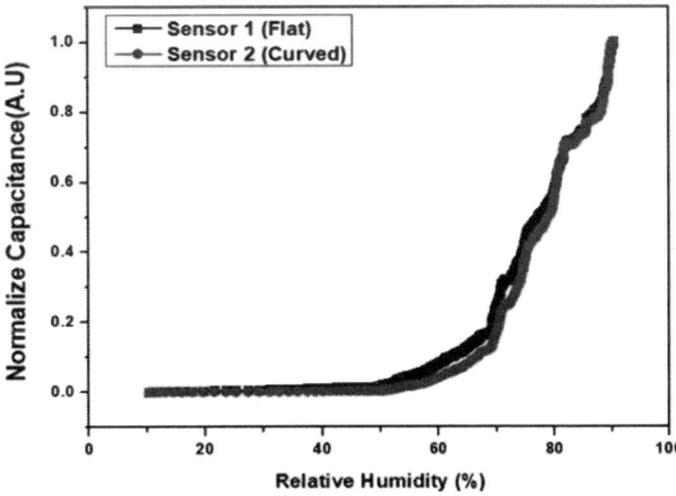

그림 10.15 곡면 및 평면 기판을 갖는 센서의 정전용량 응답

응답 속도의 차이는 곡면 기판보다 평면 기판에서 CNF 코팅 두께가 두껍기 때문일 수 있다.

CNF는 점도가 낮기 때문에 코팅되면서 곡면에 퍼져서 코팅이 얇아진다. 센서의 반응 및 회수율은 이전의 나노 셀룰로오스 기반 센서 연구에서 얻은 것과 유사하였다. 센서 성능은 10~90% RH의 광범위한 습도에서 측정되었다. 그림에는 흡착 및 탈착 시 센서1 및 2의 정규화된 정전용량 변화가 나와 있다. 정규화된 캐패시턴스는 RH가 65%까지 증가함에 따라 천천히 증가했으며 그 이후에는 램프(ramp)가 증가했다. 이상적인 습도 센서의 이온들 사이에 히스테리시스 곡선이 나타났다. 안정성을 확인하기 위해 RH를 유지했다. 그림 8(c)와 (d)는 약간의 변동을 나타내지만, 매우 안정하여 거의 영향을 미치지 않는다. 센서는 곡면 기판에 직접 코팅하는 공정을 이용하여 제작하였다. 우리는 다양한 전자 장치가 3D 기판에 적용될 수 있음을 보여주었다.

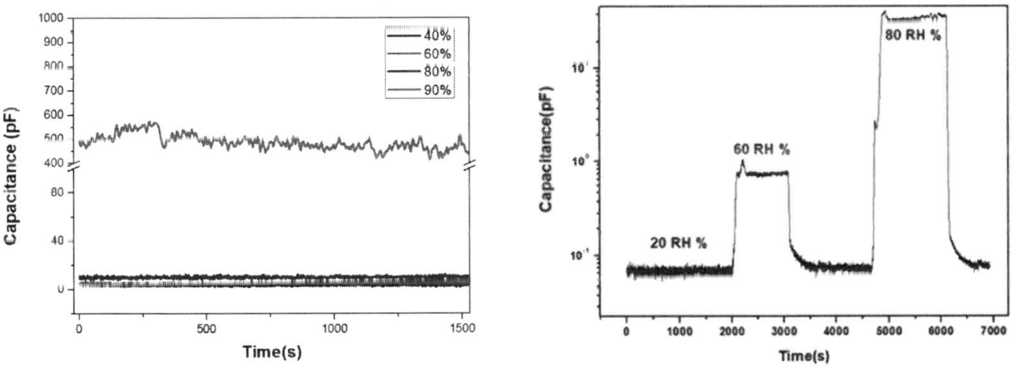

그림 10.16 곡면 기판을 사용한 센서의 안정성과 각 습도에서의 안정성

10.4 요약

본 연구는 곡면 전자 장치 제작에 대한 문제를 다룬다. 저렴한 3D 습도 센서를 개발하고 특성화한다. 3D 장치의 연구를 위해 개발된 인쇄 공정이 사용되었다. 기존에는 패드 프린팅, 잉크젯, PCB 기반 3D 소자 제작이 있었으나, 본 연구에서는 연속성이 우수한 3D 소자 제작에 대한 새로운 제안을 제시하였다. DB-RO 공정을 이용하여 곡률 반경을 갖는 3차원 형상의 유리기판에 고해상도 선폭을 인쇄하였다. 곡률 반경 패턴의 왜곡 없이 인쇄하기 위한 다양한 시도가 있었다. 속도가 빠르면 안 되며, off 공정의 압력이 낮아야 한다. 설정공정의 압력의 경우 압력이 너무 낮으면 곡률반경이 있는 부분에서는 패턴 전달이 일어나지 않으므로 10kgf 이상의 압력을 가해야 한다. 이 공정을 이용하여 3D 곡면에 다양한 전극을 인쇄하여 3D 소자의 제조 가능성을 입증하였다.

3D 습도 센서의 전극부는 DB-RO 인쇄 공정을 이용하여 40μm 미세 선폭을 구현하여 제작하였다. 본 연구에서는 3D 습도 센서 위에 Ag IDE의 제작을 제안한다. 본 연구는 센서와 같은 전자 장치가 곡면 기판과 같은 다양한 기판에 제작될 수 있음을 입증한다. 제작된 CNF 기반 센서는 곡면을 갖는 기판에서도 우수한 특성을 갖는다. 센서는 높은 정밀도로 RH를 10%~90% 범위에서 정량적으로 검출할 수 있다. 또한, 센서는 각각 61.5초와 31.5초의 매우 빠른 응답과 복구 시간을 보였다. 제안된 방법은 3D 곡면 및 변형 가능한 표면의 통합을 위한 유망한 전략을 제공한다.

10.5 참고문헌

[1] Izdebska, J.; Thomas, S. Printing on polymers: fundamentals and applications, William Andrew: 2015.

[2] Nguyen, H. A. D.; Shin, K.-H.; Lee, D. Effect of process parameters on fidelity of printed line width in high resolution roll-to-roll gravure printing. Jpn. J. Appl. Phys. 2014, 53 (5S3), 05HC04.

[3] Hrehorova, E.; Rebros, M.; Pekarovicova, A.; Bazuin, B.; Ranganathan, A.; Garner, S.; Merz, G.; Tosch, J.; Boudreau, R. Gravure Printing of Conductive Inks on Glass Substrates for Applications in Printed Electronics. J. Display Technol. 2011, 7 (6), 318- 324.

[4] Vornbrock, A. d. l. F.; Ding, J. M.; Sung, D.; Huai-Yuan, T.; Subramanian, V. In Printing and scaling of metallic traces and capacitors using a laboratory-scale rotogravure press, 2009 Flexible Electronics & Displays Conference and Exhibition, 2-5 Feb. 2009; 2009; pp 1-7.

[5] Rebros, M.; Hrehorova, E.; Bazuin, B. J.; Joyce, M. K.; Fleming, P. D.; Pekarovicova, A. In Rotogravure printed UHF RFID antennae directly on packaging materials, Proc TAGA 60th Annu. Tech. Conf, 2008; pp 16-19.

[6] Tuomikoski, M.; Suhonen, R.; Välimäki, M.; Maaninen, T.; Maaninen, A.; Sauer, M.; Rogin, P.; Mennig, M.; Heusing, S.; Puetz, J.; Aegerter, M. A. Manufacturing of polymer light-emitting device structures, SPIE: 2006; Vol. 6192.

[7] A. Cavallaro, F. Sandiumenge, J. Gàzquez, T. Puig, X. Obradors, J. Arbiol, H. C.Freyhardt, “Growth Mechanism, Microstructure, and Surface Modification ofNanostructured CeO2 Films by Chemical Solution Deposition,” Adv. Funct. Mater.,16 1363-1372 (2006)

[8] J. F. Dijksman, “Hydrodynamics of Small Tublar Pumps,” J. Fluid Mech., 139[1] 137-191 (1984)

[9] Oberländer J, Jildeh ZB, Kirchner P, et al. Study of interdigitated electrode arrays using experiments and finite element models for the evaluation of sterilization processes. Sensors (Basel). 2015;15(10):26115-26127. Published 2015 Oct 14.

[10] Zhang, Y., Yu, K., Jiang, D., Zhu, Z., Geng, H., & Luo, L. (2005). Zinc Oxide Nanorod and Nanowire for Humidity Sensor. Applied Surface Science, 242, 212-217.

[11] Arregui, F.J., Liu, Y., Matias, I. R., & Claus, R. O. (1999). Optical Fiber Humidity Sensor Using a Nano Fabry-Perot Cavity Formed by the Ionic Self-Assembly Method. Sensors and Actuators B: Chemical, 59, 54-59.

[12] Southworth, D. R, Bellan, L. M., Linzon, Y., Craighead, H. G., & Parpia, J. M. (2010). Stress-based vapor sensing using resonant microbridges. Applied Physics Letters, 96, 163503.

[13] Penza, M. & Anisimkin, V. I. (1999). Surface acoustic wave humidity sensor using polyvinyl-alcohol film. Sensors and Actuators A: Physical, 76, 162-166.

[14] Hassan, G., Bae, J., Lee, C. H., & Hassan, A. (2018). Wide range and stable ink-jet printed humidity sensor based on graphene and zinc oxide nanocomposite. Journal of Materials Science:Materials in Electronics, 29, 5806-5813

[15] Li, Y., Chen, Y., Zhang, C., Xue, T., & Yang, M. A. (2007). humidity sensor based on interpenetrating polymer network prepared from poly(dimethylaminoethyl methacrylate) and poly(glycidyl methacrylate). Sensors and Actuators B: Chemical, 125

[16] Schubert, P. J. & Nevin, J. H. (1985). A polyimide-based capacitive humidity sensor. IEEE Transactions on Electron Devices, 32, 1220-1223

[17] Yoo, K, -P., Lim, L. -T., Min, N. -K., Lee, M. J., Lee, C. J., Park, C. -W. (2010). Novel resistive-type humidity sensor based on multiwall carbon nanotube/polyimide composite films. Sensors and Actuators B: Chemical, 145,120-25

[18] Rittersma, Z. M. (2002). Recent achievements in miniaturised humidity sensors-a review of transduction techniques. Sensors and Actuators A: Physical, 96, 196-210

[19] Zhu, Z. -T., Mason, J. T., Dieckmann, R., & Malliaras, G. G. (2002). Humidity sensors based on pentacene thin-film transistors. Applied Physics Letters, 81

[20] Aziz, S., Bum, K. G., Yang, Y. J., Yang, B, -S., Kang, C. U., Doh, Y. H., Choi, K. H., & Kim, H. C. (2016). Fabrication of ZnSnO3 based humidity sensor onto arbitrary substrates by micro-Nano scale transfer printing. Sensors and Actuators A: Physical, 246

[21] Wang, X, Gu, Y, Xiong, Z, Cui, Z, & Zhang, T. (2014). Silk-molded flexible, ultrasensitive, and highly stable electronic skin for monitoring human physiological signals. Advanced Materials, 26(9), 1336-42

[22] Tomer, V. K., Thangaraj, N., Gahlot, S., & Kailasam, K. (2016). Nanoscale, 8, 19794-19803.

[23] Koga, H., Saito, T., Kitaoka, T., Nogi, M., Suganuma, K., &Isogai, A. (2013). Transparent, conductive, and printable composites consisting of TEMPO-oxidized nanocellulose and carbon nanotube. Biomacromolecules, 14

[24] Zeng, X., Deng, L., Yao, Y., Sun, R., Xu, J., & Wong, C. -P. (2016). Flexible Dielectric Papers Based on Biodegradable Cellulose Nanofibers and Carbon Nanotubes for Dielectric Energy Storage. Journal of Materials Chemistry C, 4, 6037

[25] Kim, J., Kim, J. W., Kim, H. C., Zhai, L., Ko, H.-U., & Muthoka, R. M. (2019). Review of soft actuator materials. International Journal of Precision Engineering and Manufacturing, 20, 2221-2241

[26] Kim, H. C., Kim, J. W., Zhai, L., & Kim, J. (2019). Strong and tough long cellulose fibers made by aligning cellulose nanofibers under magnetic and electric fields. Cellulose, 26, 5821-5829.

[27 Choi, S. H., Duzik, A. J., Kim, H. J., Park, Y., Kim, J., Ko, H. U., Kim, H. C., Yun, S., & Kyung, K. U. (2017). Perspective and potential of smart optical materials. Smart Materials & Structures, 26, 093001

[28] Kim, H. C., Kim, D., Lee, J. Y., Zhai, L., & Kim, J. (2019). Effect of wet spinning and stretching to enhance mechanical properties of cellulose

Chapter 11

Soft Blanket Reverse-offset Printer for Flat Sensor

11.1 서론

습도 센서는 우리 사회에서 매우 중요한 역할을 하고 있고, 그것에 응용은 라이브 환경 모니터링, 스마트 농업, 스마트 물류, 포장 및 보관 등 다양한 분야 사용되어지고 있다. 이러한 광범위한 습도 센서의 적용으로 인하여 민감도가 우수한 습도센서가 필요하며, 이를 통해서 민감도가 우수한 습도 센서를 개발하기 위해 많은 노력을 기울였습니다. 이러한 습도센서는 감지 메커니즘에 따라 탄성파, 용량성, 저항성 및 수정 미세 천칭(QCM) 유형의 다양한 유형으로 분류할 수 있습니다. [1-5] 그 중 저항막 방식의 습도센서는 제작이 간단하고 비용이 저렴하며 회로 집적도가 용이하여 널리 연구되고 있다. [2,6,7] 이러한 유형의 습도 센서는 감지 물질과 물 분자 간이 상호 작용으로 인한 저항 변화 신호를 표시합니다. 셀룰로오스, 금속 산화물, 금속 나노 와이어, 다공성 세라믹, 폴리머, 유기 반도체 및 탄소나노튜브 등 다양한 재료가 습도 변환 요소로 사용되었다. [8-13] 특히 셀룰로오스 소재는 환경으로부터 우리의 자원을 유지할 수 있는 재생 가능하며, 또한 지구상에서 가장 풍부한 원료로 각광받고 있는 재료이다. 이러한 셀룰로오스는 무색, 무취 및 무독성 고체 폴리머의 일종이며, 높은 기계적 강도, 친수성, 상대적인 열 안정성, 생체 적합성, 저렴한 가격 및 친환경성과 같은 특성을 가지고 있다. [14] 셀룰로오스를 기반으로 하는 복합재료는 코팅, 의약품, 라미네이트, 섬유, 광학필름 및 최근에는 스마트 소재, 플렉서블 소자 개발에도 연구가 진행되어지

고 있다. [15-17]

본 논문에서는 셀룰로오스에 실버 나노 입자를 사용하여 100% 인쇄 방법을 통해서 민감도가 우수한 습도 센서에 대해 연구하였다. IDE 전극은 리버스 옵셋 인쇄 공정을 통해서 정밀 패턴에 전극을 제작하였으며, 센싱 물질인 셀룰로오스 나노파이버-은나노입자(CNF-AgNPs)는 CNF에 환원 화학반응을 통해서 Ag 입자가 균일하게 분포된 잉크를 제조하여 사용하였습니다. 이러한 센서 물질에 감지 메커니즘은 물을 흡수한 후 셀룰로오스 섬유의 팽창에 기인할 수 있으며, 이는 Ag 입자를 통해서 전자이동을 원활하게 하여 저항 변화를 통해 확인하였다. 셀룰로오스 재료의 다공성 특성과 Ag 입자의 전도성 향상을 통해서 10% RH에서 90% RH 범위의 습도에서 고유 CNF 센서보다 CNF-AgNPs 센서가 그 성능이 매우 우수함을 관찰하였으며, 또한 4초의 빠른 응답 시간과 34초에 복구 시간을 나타냈다.

11.2 실험방법

11.2.1 재료

기판은 1.1mm 두께의 유리기판을 사용하였으며, CNF와 Coarse CNF는 공동연구기관인 인하대학교 김재환 교수 실험실에서 제작된 용액을 받아서 사용하였습니다. $AgNO_3$(0.02mol/l)와 $NaBH_4$은 각각 SAMCHUN CHEMICALS Co., Ltd와 Sigma-Aldrich에서 구입하여 사용하였습니다. 그리고 전극 패턴 인쇄를 위한 리버스 옵셋용 Ag 나노잉크(DGH 55-HTG)는 ANP Co., Ltd.에서 구입하여 사용하였다. 이 모든 재료는 추가 정제 없이 사용하였습니다.

11.2.2 셀룰로오스나노파이버-은나노입자(CNF-AgNPs) 합성

Coarse CNF 1g에 증류수 2g을 첨가하여 1시간동안 교반을 통해서 희석하였다. 이어서, 희석된 Coarse CNF 용액에 0.5g에 $AgNO_3$(0.02mol/L)을 첨가하여 4시간 동안 혼합한 다음 1ml $NaBH_4$(0.1M)에 9ml증류수를 혼합한 용액 1ml를 1방울씩 천천히 첨가하여 24시간 동안 교반을 통해서 CNF-AgNPs 용액을 합성하였다. 제작된 CNF-AgNPs 합성 방법 및 메카니즘은 그림 1을 통해서 확인할 수 있다.

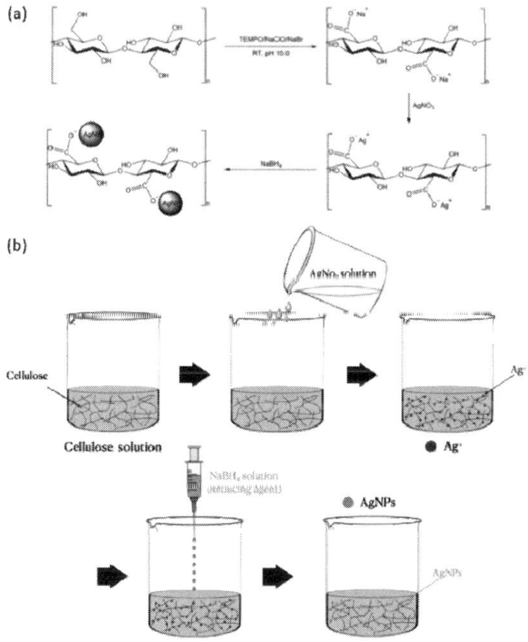

그림 11.1

11.2.3 센서 제작

그림 11.2는 습도 센서 제작 공정도를 나타낸다. 첫번째로 IDE 전극은 Ag 나노잉크를 사용하여 리버스 옵셋 프린팅 공정을 사용하여 인쇄하였다. 인쇄된 IDE 전극은 400°C 오븐에 20분 동안 소결을 통해서 제작하였다. 제작된 IDE전극 위에 센서층은 CNF 및 CNF-AgNPs 용액을 잉크젯 프린팅 공정을 통해 제작 후, 150°C오븐에서 5분간 열처리 통해서 센서층을 형성하였다.

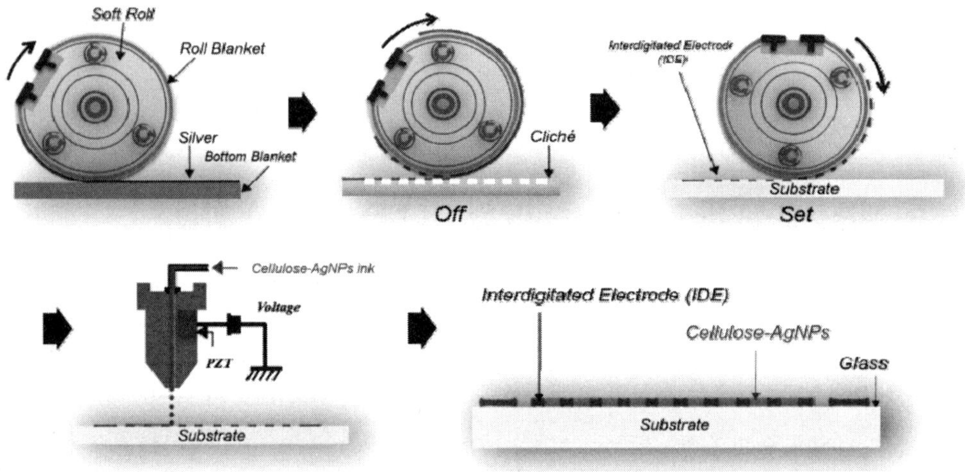

그림 11.2

11.2.4 측정 방법

제작된 CNF 및 CNF-AgNPs 습도 센서의 성능평가 위해 1kHz 및 1V에서 임피던스 분석기(HP/Agilent 4192A)를 사용하여 상대 습도의 변화에 따른 상대 저항 변화를 측정하였다. 습도는 항온항습 챔버(BSTECH CO., Ltd)를 사용하여 내부 온도와 습도를 조절하였다. 센서의 정확한 응답 특성 파악하기 위해서 상대습도를 1%씩 정밀하게 단계적으로 증가시켰다. 습도에 응답 특성 변화는 습도를 10%에서 90%로 10%씩 단계적으로 증가시키며 확인하였다. 또한 항온항습 챔버 내부에 습도와 온도를 측정하기 위해서 상용 온습도계(Sato, SK-110TRH type 4)를 이용하여 측정하였다. 측정 절차의 개략도는 그림 11.3에서 확인할 수 있습니다.

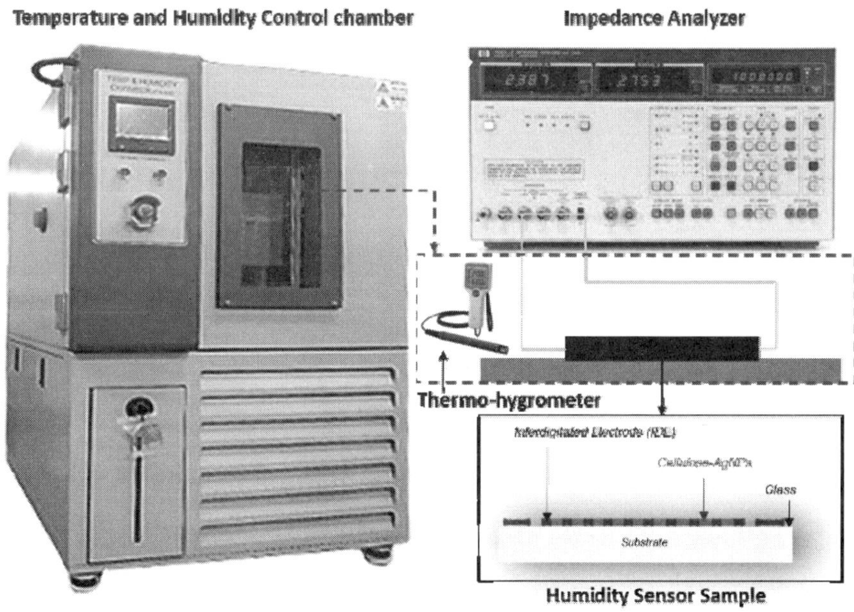
Temperature and Humidity Control chamber
Impedance Analyzer
Thermo-hygrometer
Glass
Substrate
Humidity Sensor Sample

그림 11.3

11.3 결과 및 고찰

11.3.1 Characterization of the CNF-AgNPs

CNF 및 CNF-AgNPs 복합체의 특성은 UV-vis, XRD, SEM(EDAS) 및 TEM을 통해서 분석하였다. 그림 11.4(a)에서 보듯이 은 나노입자(AgNPs)의 성공적인 형성은 UV-Vis 분광 광도법을 사용하여 관찰되었습니다. $AgNO_3$의 Ag+ 이온과 $NaBH_4$ 사이의 산화환원 반응을 통해서 형성된 은나노입자는 일반적으로 약 400-450 nm사이에서 특징적인 표면 플라즈몬 공명(SPR) 흡광도 밴드의 셀룰로오스 스펙트럼과 시각적으로 노란 색상 변화를 통해서 입증되었다. 이 색상은 3개월 동안 CNF-AgNPs 화합물에서 지속되었으며, 이는 셀룰로오스에 합성된 AgNPs이 매우 우수한 안정성을 제공함을 시사합니다.

AgNPs은 XRD를 통해서 확인하였다. 그림 11.4(b)에서 AgNPs의 (111), (200), (220) 그리고 (311) 평면의 회절 피크에 대응하여 각각 38°, 44°, 64° 및 77°에서 피크가 나타남을 확인하였다. 또한, 16°, 22° 및 34°에서 CNF의 XRD 피크에서 각각 셀룰로오스의 (110), (200) 및 (004) 평면을 확인하였다.

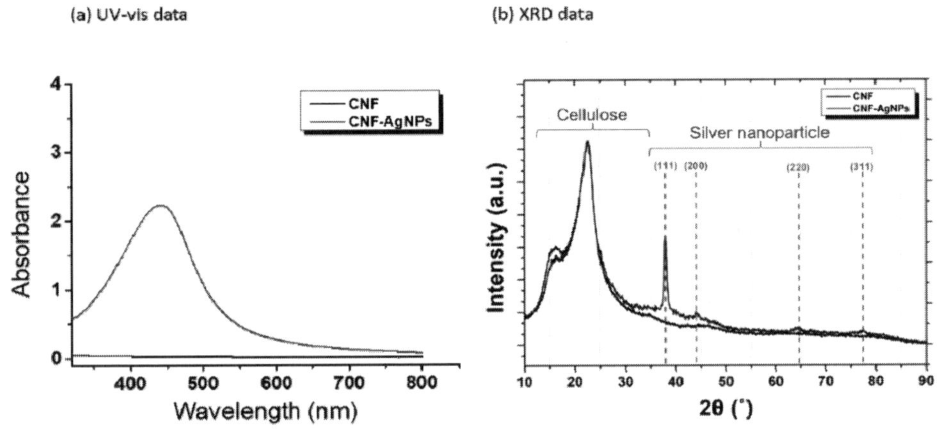

그림 11.4

Ag 나노입자 형성은 그림 11.1(a)에서 보듯이 Coarse CNF에 풍부한 하이드록실 그룹이 높은 표면적을 통해서 Ag+ 전하를 안정적이고 균일하게 분산시킨다. 이러한 CNF의 하이드록실 그룹과의 상호작용에 의해 Ag+ 이동도가 감소함에 따라 Ag 나노입자의 성장이 방지되고, Coarse CNF 표면에 안정적인 Ag 나노입자가 형성될 수 있다. 그림 11.5에서는 이러한 CNF-AgNPs를 분석하기 위해서 증류수와 Coarse CNF, CNF-AgNPs용액을 희석하여 웨이퍼 기판에 떨어뜨려서 FE-SEM, EDAXs와 TEM을 통해서 확인하였다. 그림 11.5(a)(b)의 EDAXs 결과를 보았을 때 Ag 원소가 17.46 wt% 함유됨을 확인할 수 있었으며, 또한 Coarse CNF 표면에 부착된 Ag입자는 약 10~20 nm의 직경의 CNF-AgNPs 나노복합체가 성공적으로 합성되었음을 그림 11.5(c) TEM을 통해서 확인하였다.

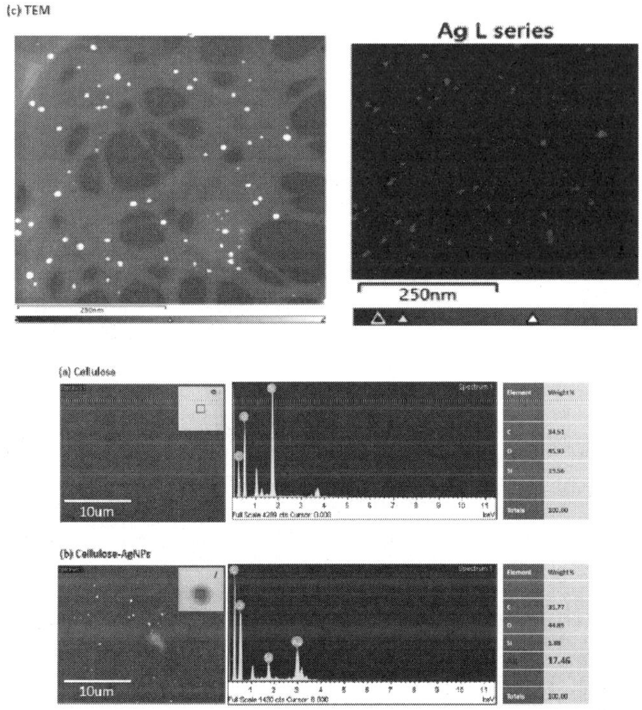

그림 11.5

11.3.2 CNF-AgNPs 센서 제작

센서 제조 공정은 그림 11.6에서와 같이 리버스 옵셋과 잉크젯 프린터를 이용하여 제작하였다. 리버스 옵셋 인쇄는 센서 정밀도 향상을 위해서 IDE전극에 정밀 패턴 인쇄를 위하여 사용하였다. 리버스 옵셋 인쇄 공정을 통해서 제작된IDE 전극 선폭은 30um이며, 전극 수는 100개, 50개, 30개로 전극 사이 폭은 40um, 120um, 250um 제작하였다. 리버스 옵셋 공정을 통해서 은 나노 잉크를 이용하여 1.1mm 유리 기판에 IDE 전극 수 별로 인쇄하였다. 이후 CNF와 개발된 CNF-AgNPs복합 잉크를 이용하여 잉크젯 프린팅 방식으로 센싱층을 인쇄하였다. 인쇄된 센서층의 수분을 제거하기 위해 150℃ 오븐에서 5분가 열처리를 통해서 습도 센서를 제작하였다. 제작된 센서는 그림 5에서와 같이 광학 현미경을 통해서 IDE 전극의 선폭과 간극을 확인하였다.

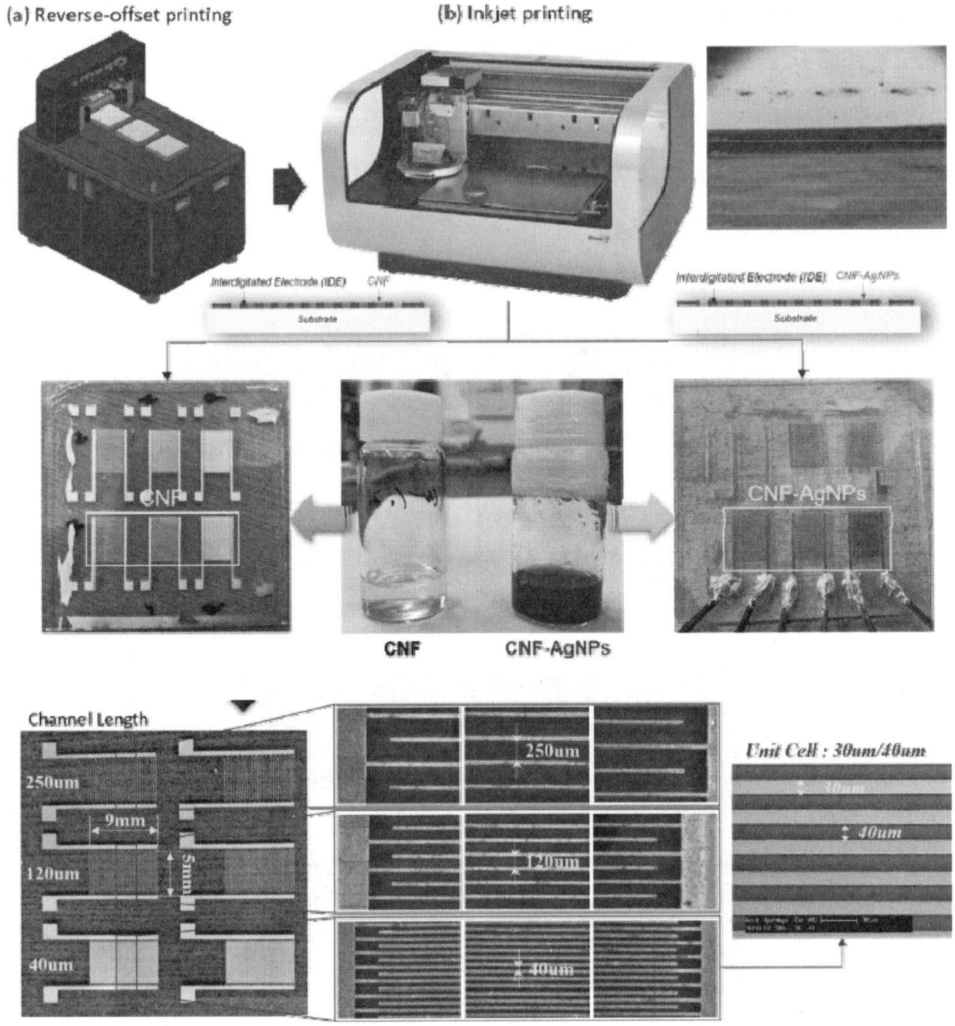

그림 11.6

11.3.3 Humidity Response

그림 11.7은 서로 다른 IDE 전극 수에 따른 CNF 및 CNF-AgNPs 기반 센서의 상대 습도에 응답 곡선을 보여줍니다. 센서의 응답은 임피던스 변화로 측정하였다. IDE 전극 수가 100개에서 50개 30개로 전극 간격이 250um에서 120um 40um로 감소함에 따라서 습도 센서의 성능이 좋아짐을 확인하였다. 이는 IDE 전극 수의 증가는 감습막을 이루는 고분자의 매트릭스와 전극 사이에 이온의 이동도를 증가함으로써 센서의 임피던스를 감소시키는 역할을 하는 것으로 추정한다. CNF 고분자 전도성은 습도가 증가함에 따라서 CNF가 물분자를 흡수하여 감습막의 안쪽으로 이동해 들어갈 수 있는 전도성 이온을 생성시키거나 이온화하기 때문이다. 또한 CNF-AgNPs 센서의 감도는

그림 11.7(b)에서 보듯이 CNF 센서보다 상당히 좋은 특성을 확인하였다. 이 또한 상대습도가 증가함에 물 분자는 CNF 표면의 수산기와 같은 친수성 작용기와 Ag 입자를 통해서 전자에 흐름을 매우 원활하게 하여 저항이 감소한다. Maxwell-Wagner-Sillars(MWS) 공정은 고분자-충전재 계면 상호 작용이 복합 재료의 유전 특성 변화를 유도한다고 한다. 합성물의 큰 계면 영역은 강화된 MWS 효과를 위한 수많은 사이트를 제공하는 역할을 한다. 전류가 두 유전체 재료의 계면을 가로질러 흐르면 다양한 이완 시간($t=\varepsilon/\sigma$, ε : 유전율, σ : 전도도)으로 계면에서 전하가 증가하여 저항이 감소하는 것을 설명할 수 있다. 이를 통해서 기존 CNF 센서보다 CNF-AgNPs 센서가 우수한 특성을 갖는 것을 확인할 수 있었다. 이러한 센서 성능 증가는 CNF에 우수한 다공성을 통한 물 분자의 흡착과 Ag 나노 입자의 전도성 향상에 따라서 미세한 물 분자 흡착에서 그 특성을 확인할 수 있었다. 이는 실험결과에서 보듯이 IDE 전극 수에서도 CNF센서에 비해 CNF-AgNPs 센서가 저 습도에서도 그 응답성이 우수함을 그림 6에서 확인할 수 있었습니다. 그 결과 IDE 전극 간격이 250um (전극 수 : 30개)일 때 CNF 센서와 CNF-AgNPs 센서의 반응은 상대 습도가 60%에서 40%으로 향상 되었으며, 전극 간격이 120um, 40um 에서는 각각 40%에서 20%로, 30%에서 10%로까지 향상되었습니다.

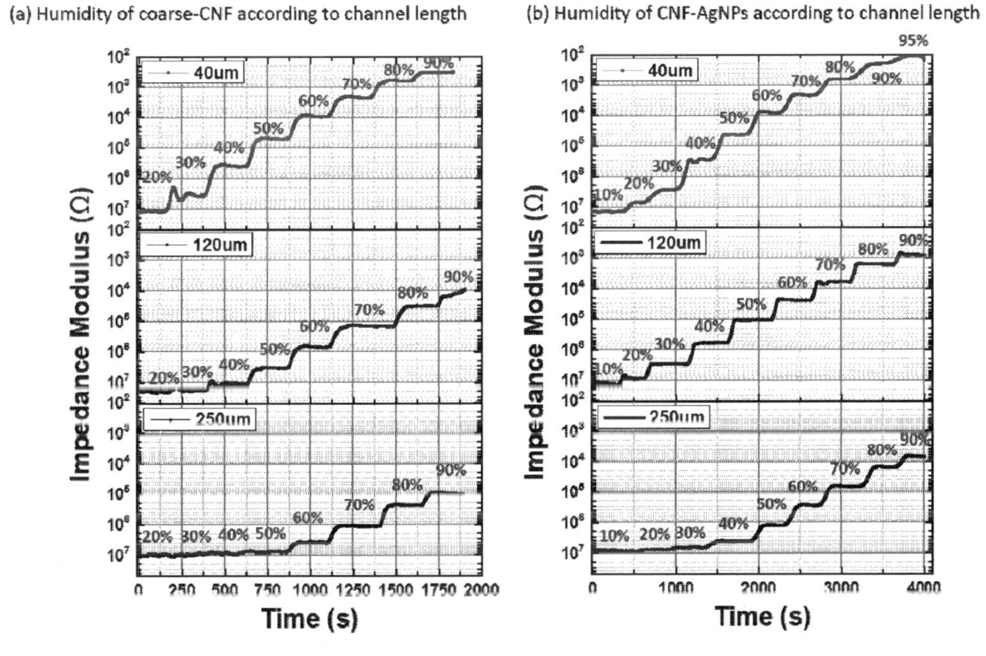

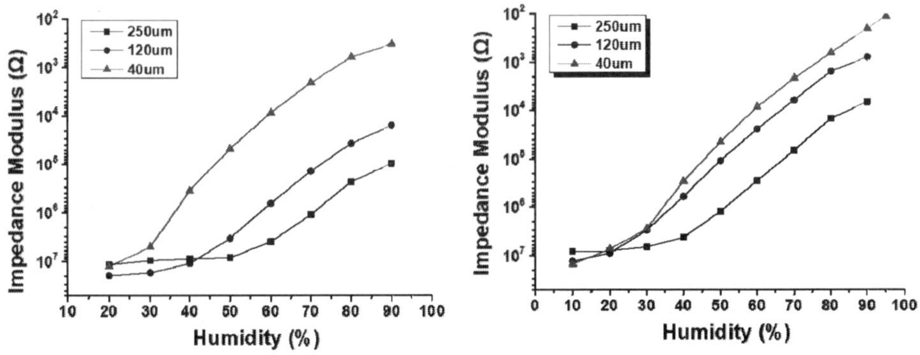

그림 11.7

상대 습도 변화에 대한 임피던스 응답은 그림 11.7(c,d)에서 볼 수 있습니다. 선형 피팅도 CNF와 CNF-AgNPs에 대해 계산되어 각각 0.973 및 0.989의 결정 계수를 나타내고, CNF의 경우 0.0703, CNF-AgNPs 은 0.0645의 민감도를 나타냅니다.

그림 7에서는 서로 다른 %RH에서 CNF 와 CNF-AgNPs 인쇄 센서의 응답을 보여줍니다. 상대습도 35%RH ~ 70%RH에서 CNF와 CNF-AgNPs의 응답시간은 각각 7초와 4초, 회복시간은 75초와 34초로 Ag 입자가 포함된 센서가 우수함을 확인하였다. 회복 시간이 응답시간보다 더 소요되는 것은 CNF 네트워크 구조에서 물 분자의 축적에 기인한 것으로 보인다.

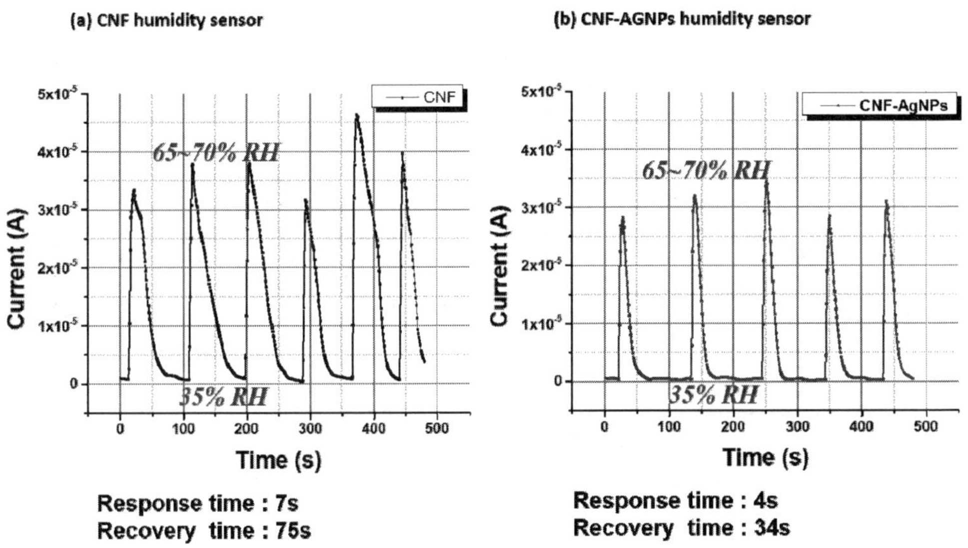

그림 11.8

11.4 요약

결론적으로 정밀 인쇄가 가능한 리버스 옵셋 프린팅 공정과 잉크젯 인쇄 방식을 통해서 새롭게 합성된 CNF-AgNPs 센서 물질을 이용하여 고성능의 습도센서를 개발하였다. CNF-AgNPs 필름의 구조와 형태는UV-vis, XRD 및 SEM(EDAXs), TEM을 사용하여 CNF 매트릭스에서 Ag입자가 매우 우수하게 분산되어 있을 것 확인하였다. CNF-AgNPs 습도 센서의 습도 감지는 습도 변화에 따른 임피던스 변화를 측정하여 평가하였다. 제작된 습도센서는 10% RH ~ 90% RH 범위의 습도 수준에서 CNF 센서에 비해 CNF-AgNPs 센서가 보다 더 우수한 습도 감도를 확인하였다. 또한 35%RH ~ 70%RH 범위에서 4초의 빠른 응답 시간과 43초에 복구 시간을 나타냈다. CNF-AgNPs 복합 재료의 장점으로 재생 가능하고 유연하며 저렴한 습도 센서를 개발할 수 있습니다. 이러한 종류의 환경 친화적인 습도 센서는 유연하고 착용 가능한 전자 제품에 다양하게 적용될 것이다.

11.5 참고문헌

[1]. Fang, H.; Lin, J.; Hu, Z.; Liu, H.; Tang, Z.; Shi, T.; Liao, G. Cu(OH)2 Nanowires/Graphene Oxide Composites Based QCM Humidity Sensor With Fast-Response For Real-Time Respiration Monitoring. Sens. Actuators, B 2020, 304, No. 127313.

[2]. Lu, Y.; Xu, K.; Yang, M.; Tang, S.; Yang, T.; Fujita, Y.; Honda, S.; Arie, T.; Akita, S.; Chueh, Y.; Takei, K. Highly Stable Pd/HNb3O8 Based Flexible Humidity Sensor for Perdurable Wireless Wearable Applications. Nanoscale Horiz. 2021, 6, 260－270.

[3]. Dai, J.; Zhao, H.; Lin, X.; Liu, S.; Fei, T.; Zhang, T. Humidity Sensors Based On 3D Porous Polyelectrolytes Via Breath Figure Method. Adv. Electron. Mater. 2019, 6, 1900846.

[4]. Su, Y.; Li, C.; Li, M.; Li, H.; Xu, S.; Qian, L.; Yang, B. Surface Acoustic Wave Humidity Sensor Based on Three-Dimensional Architecture Graphene/PVA/Sio2 and Its Application for Respiration Monitoring. Sens. Actuators, B 2020, 308, No. 127693.

[5]. Wu, J.; Sun, Y.; Wu, Z.; Li, X.; Wang, N.; Tao, K.; Wang, G. Carbon Nanocoil-Based Fast-Response and Flexible Humidity Sensor for Multifunctional Applications. ACS Appl. Mater. Interfaces 2019, 11, 4242－4251.

[6]. Wang, Y.; Sekine, T.; Takeda, Y.; Yokosawa, K.; Matsui, H.; Kumaki, D.; Shiba, T.; Nishikawa, T.; Tokito, S. Fully Printed PEDOT:PSS-Based Temperature Sensor with High Humidity Stability For Wireless Healthcare Monitoring. Sci. Rep. 2020, 10, 2467.

[7]. Yang, J.; Shi, R.; Lou, Z.; Chai, R.; Jiang, K.; Shen, G. Flexible Smart Noncontact Control Systems with Ultrasensitive Humidity Sensors. Small 2019, 15, No. 1902801.

[8]. Li, T.; Li, L.; Sun, H.; Xu, Y.; Wang, X.; Luo, H.; Liu, Z.; Zhang, T. Porous Ionic Membrane Based Flexible Humidity Sensor and Its Multifunctional Applications. Adv. Sci. 2017, 4, No. 1600404.

[9]. Kuang, Q.; Lao, C.; Wang, Z.; Xie, Z.; Zheng, L. HighSensitivity Humidity Sensor Based on A Single SnO2 nanowire. J. Am. Chem. Soc. 2007, 129, 6070－6071.

[10]. Malik, R.; Tomer, V.; Chaudhary, V.; Dahiya, M.; Sharma, A.; Nehra, S.; Duhan, S.; Kailasam, K. An Excellent Humidity Sensor Based on In-SnO2 Loaded Mesoporous Graphitic Carbon Nitride. J. Mater. Chem. A 2017, 5, 14134－14143.

[11]. Cheng, B.; Tian, B.; Xie, C.; Xiao, Y.; Lei, S. Highly Sensitive Humidity Sensor Based on Amorphous Al2o3nanotubes. J. Mater. Chem. 2011, 21, 1907－1912.

[12]. Ho, D.; Sun, Q.; Kim, S.; Han, J.; Kim, D.; Cho, J. Stretchable and Multimodal All Graphene Electronic Skin. Adv. Mater. 2016, 28, 2601－2608.

[13]. Hwang, S.; Kang, D.; Ruoff, R.; Shin, H.; Park, Y. Poly(Vinyl Alcohol) Reinforced and Toughened with Poly (Dopamine)-Treated Graphene Oxide, And Its Use for Humidity Sensing. ACS Nano 2014, 8, 6739－6747.

[14]. K.K. Sadasivuni, D. Ponnamma, B. Kumar, M. Strankowskie, R. Cardinaels, P. Moldenaers, S. Thomas, Y. Grohens, Dielectric properties of modified graphene oxide filled polyurethane nanocomposites and its correlation with rheology, Compos. Sci. Technol. 104 (2014) 18–25.

[15]. J. Kim, S. Yun, Z. Ounaies, Discovery of cellulose as a smart material, Macromolecules 39 (2006) 4202–4206.

[16]. P. Lian, X. Zhu, S. Liang, Z. Li, W. Yang, H. Wang, Large reversible capacity of high quality graphene sheets as an anode material for lithium-ion batteries, Electrochim. Acta 55 (2010) 3909–3914.

[17]. S.K. Mahadeva, S. Yun, J. Kim, Flexible humidity and temperature sensor based on cellulose –polypyrrole nanocomposite, Sens. Actuators A: Phys. 165 (2011) 194–199.

[18]. Zhao, X. et al. Microwave-assisted synthesis of silver nanoparticles using sodium alginate and their antibacterial activity. Colloids Surfaces A Physicochem. Eng. Asp. 444, 180–188 (2014).

[19]. Zakeri Bazmandeh, A et al. Green Synthesis and Characterization of Biocompatible Silver Nanoparticles using Stachys lavandulifolia Vahl. Extract and Their Antimicrobial Performance Study; Vol. (2020).

[20]. Gusrizal, G., Santosa, S. J., Kunarti, E. S. & Rusdiarso, B. Silver Nanoparticles Capped with p-Hydroxy benzoic Acidasa Colorimetric Sensor for the Determination of Paraquat. Indones. J. Chem., 0 (2019).

[21]. González, A. L., Noguez, C., Beránek, J. & Barnard, A. S. Size, shape, stability, and color of plasmonic silver nanoparticles. J. Phys. Chem. C (2014).

[22]. L. Bai, Y. Liu, A. Ding, N. Ren, G. Li and H. Liang, Fabrication and characterization of

thin-film composite (TFC) nanofiltration membranes incorporated with cellulose nanocrystals (CNCs) for enhanced desalination performance and dye removal, Chem. Eng. J., 2019, 358, 1519–1528.

[23]. O. Choi, K. K. Deng, N.-J. Kim, L. Ross Jr, R. Y. Surampalli and Z. Hu, The inhibitory effects of silver nanoparticles, silver ions, and silver chloride colloids on microbial growth, Water Res., 2008, 42, 3066–3074.

[24]. N. B. Cho, T. H. Lim, Y. M. Jeon, and M. S. Gong, Macromol. Res., 16, 149 (2008)

[25]. C. W. Lee, H. W. Rhee, and M. S. Gong, Synth. Met., 106, 177 (1999)

[26]. J.K. Yuan, S.H. Yao, Z.M. Dong, A. Sylvestre, M. Genestoux, J. Bai, Giant dielectric permittivity nanocomposites: realizing true potential of pristine carbon nanotubes in polyvinylidene fluoride matrix through an enhanced interfacial interaction, J. Phys. Chem. C 115 (2011) 5515–5521.

Chapter 12

Slot Die Coater for OPV

12.1 서론

그림 12.1 Heeger 교수의 OPV 소자

태양전지는 태양의 빛 에너지를 흡수하여 직접 전기 에너지로 변환시켜주는 반도체 소자이며, 환경오염 없이 에너지를 생산할 수 있는 신재생 에너지 기술 중 하나이다. 신재생 에너지에는 화력발전, 수력발전, 원자력발전 등이 존재하지만 대부분이 태양광 발전과 달리 생산된 에너지를 전기에너지로 한 번 더 변환시켜 공급해야 한다는 단점으로 인해 국내 신재생 에너지는 태양광 발전을 중심으로 성장하는 추세다. 태양전지는 흡광 층에 사용되는 소재와 구조에 따라 다양한 종류로 나뉘는데 대표적으로 실리콘 태양전지, 유기 태양전지, 염료감응 태양전지 등이 있다. 그중 실리콘 태양전지가 현재 태양전지 시장의 90% 정도를 차지하고 있으며 높은 효율과 긴 수명이 장점이지만 비싼 소재와 공정으로 인해 제작단가가 높고 유연한 태양전지 제작이 어렵다는 단점이 있다. 이에 차세대 태양전지의 연구가 활발하게 진행되고 있지만 대부분 낮은 효율과 안정성을 보이는 등 다양한 어려움을 겪고 있다. 하지만 이러한 상황에서 유기 태양전지 소재 및 롤투롤 생산기술은 선진국과 비교적 기술격차가 적은 분야로 세계 수준의 소자제작 기술을 이용하여 선진국보다 빨리 상용화에 집중한다면 시장 선점이 가능하므로 신재생 에너지 기술 선도 국가로 부상할 수 있다. 또한, 신재생 에너지 산업 관련 부품의 소형화, 고정 도화 및 박막화 추세에 따라 정밀한 미세 패턴 형성 공정 및 장비의 성능 향상 더욱 요구되고 있으며, 기존의 무기계 태양전지에서 요구되는 제조기술로는 대규모 장비의 요구 및 생산속도의 한계로 인하여 공정에 있어 새로운 방법의 모색이 절실히 요구되고 있다.

유연성 유기 태양전지는 무기계 태양전지 대비 에너지 변환 효율은 낮으나 제조 원가를 획기적으로 낮출 수 있어 전력 생산 원가 면에서 충분히 경쟁력이 있다. 물론 국내에서 유기 태양전지 기술을 상용화하고 있는 기업체는 아직 없으나, 유기 태양전지의 재료 특성상 롤 투 롤 공법 Inkjet printing 공법 등을 이용하여 간단하면서 대면적 제조가 가능하다. 유기 태양전지 분야에 지속적인 연구와 투자가 병행된다면 기존의 태양전지가 접근하지 못했던 신시장의 창출이 가능하여 적은 투자 비용으로 대량 생산이 가능해 신재생 에너지 공급 확대에 크게 이바지할 것으로 생각한다.

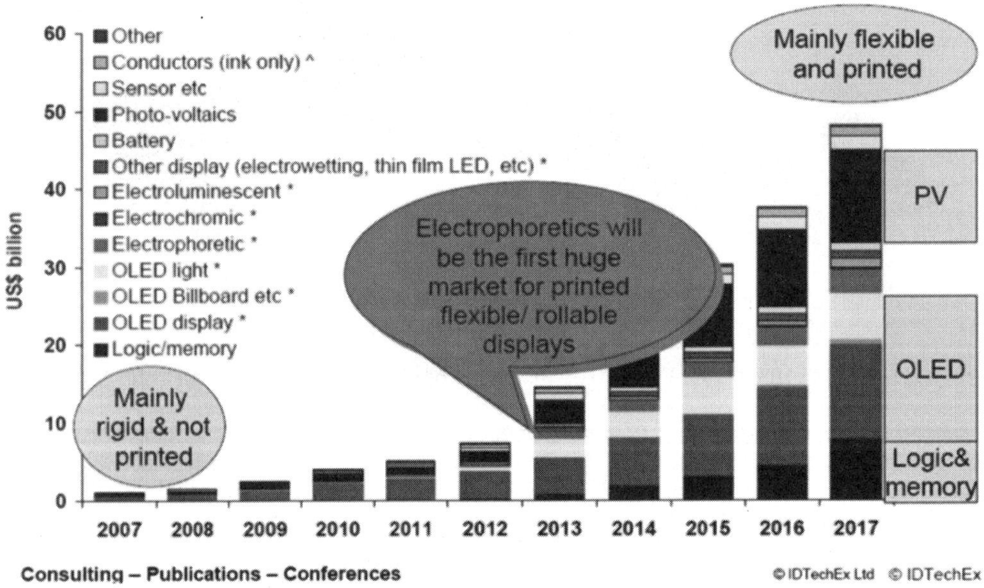

그림 12.2 IDTechEx에서 예측한 전자 소자들의 미래 시장 변화

시상 개념에서 보자면 태양전지의 세계시장은 2010년 8억 달러에서 매년 33% 이상의 성장을 지속하여 2020년 225억 달러의 거대 시장을 형성할 것으로 전망된다. 후지 경제의 자료에 따르면 각 부재의 저가격화 때문에 태양전지의 제조비용이 하락하고, 그에 따른 판매 가격 하락이 태양전지의 수요를 촉진하고 있는 것으로 나타난다. 또한, 2010년 이후 태양전지의 가격은 전반적으로 하락 추세로 보이지만, 판매 볼륨이 단가의 하락분을 상회, 금액 기준으로 시장이 확대되었다. 또한, 유기 태양전지를 이용하여 휴대용 충전기, 그린 하우스 등 소비재 위주의 널리 알려진 곳에서도 사용할 수 있으며, 차량에 부착하여 사용하는 태양전지 등의 신시장 진입이 가능하다.

광전에너지 변환 현상을 역으로 이용하는 차세대 display나 광화학적 변환을 이용하는 광촉매 산업, 그리고 photo-bio sensor 등과 같은 BT 산업에도 응용할 수 있어, ET-BT-NT 융합기술로 생겨날 수 있는 차세대산업의 많은 부분에도 응용할 수 있는 기반기술이며, 역으로 차세대 디스플레이인 유기 발광소자와 유기 전계 트랜지스터를 위시하여 유기반도체 레이저 분야 등의 기반기술을 흡수하면서 빠른 속도로 발전이 이루어지고 있다.

이러한 성상을 바탕으로 10년간 5.8GW의 모듈을 공급할 수 있을 것으로 예측된다.

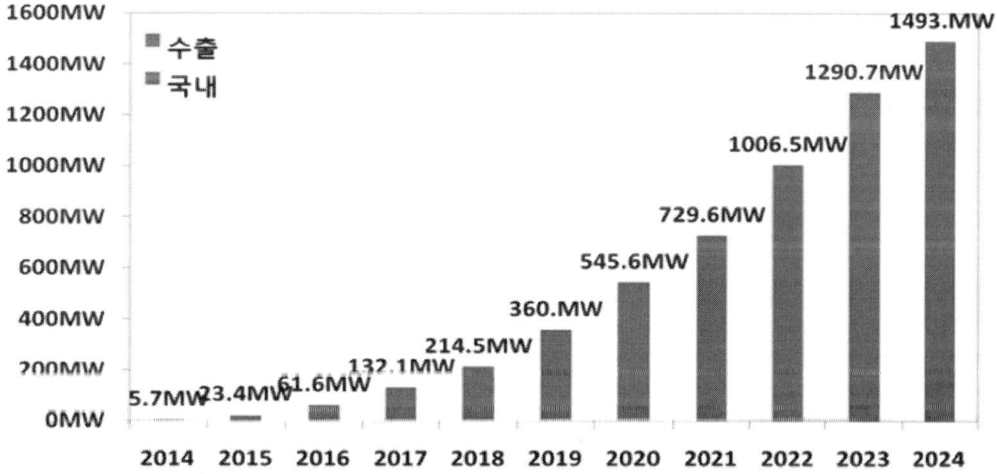

그림 12.3 2014~2024년까지 유기 태양전지 발전 용량

12.2 Flexible OPV 기술 소개 및 현 기술 소개

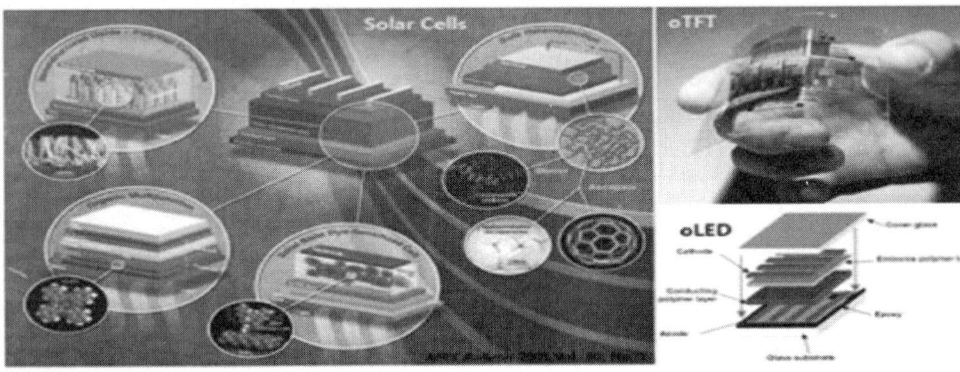

그림 12.4 유기물 기반의 Flexible device

Flexible OPV는 먼저 장치의 주기판이 Flexible 한 필름 형태 기반으로 이루어지며 용액 기반에서 다중 적층 형태로 소자의 셀(cell)이 구현된다는 점에 서 상당히 유사한 특성이 있다.

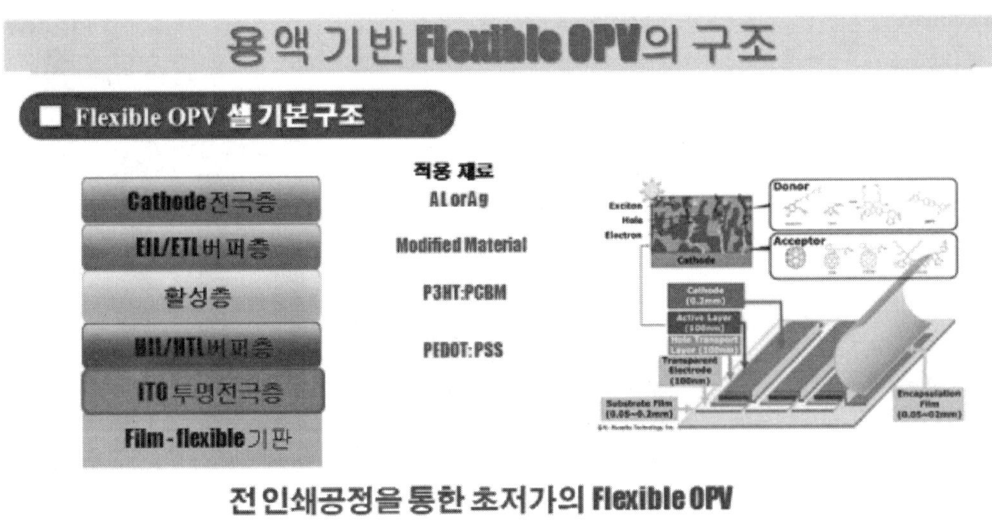

그림 12.5 용액기반 Flexible OPV 셀 구조 및 재료 구성

용액 기반의 Flexible OPV 셀은 접촉 전극 및 버퍼층, 활성층 등 모든 재료가 용액 기반으로 제작할 수 있으므로 초저가의 인쇄공정의 적용이 쉬운 구조로 되어있다.

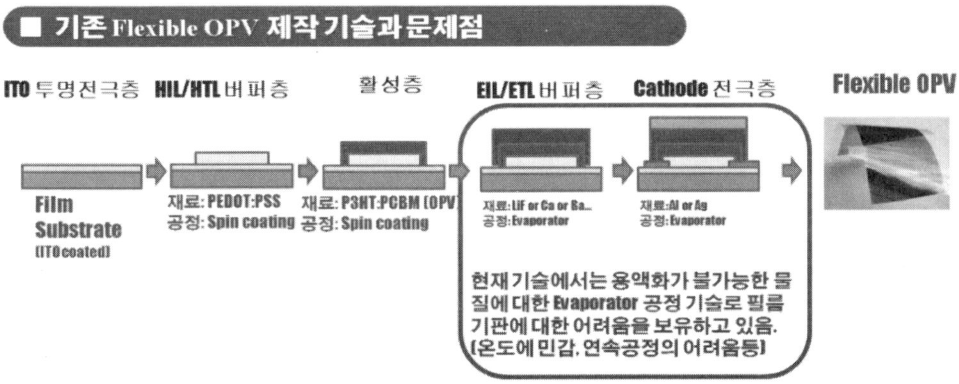

그림 12.6 기존 Flexible OPV 셀 구현 공정 및 문제점

기존 Flexible OPV 셀 구현의 문제점은 크게 2가지로 볼 수 있는데, 첫째는 공정이 주로 스핀 코팅 사용하고 있으므로 대량 생산 공정이 어려운 점. 둘째는 EIL/ETL의 버퍼층과 접촉 전극이 유기 재료로 사용되기 어려운 단분자 물질인 LiF나 Al, Ag와 같은 재료를 진공가열 증착 방식으로 제작이 되므로, 온도로 인해 기판의 데미지를 입힐 수 있어 Flexible 기판의 적용 어렵다. 높은 생산 단가의 어려움 등을 들 수 있다. 이외 최근 유럽 및 선진국에서는 roll to roll 기반의 대량 생산 시스템과 공정 기술이 개발되고 있다.

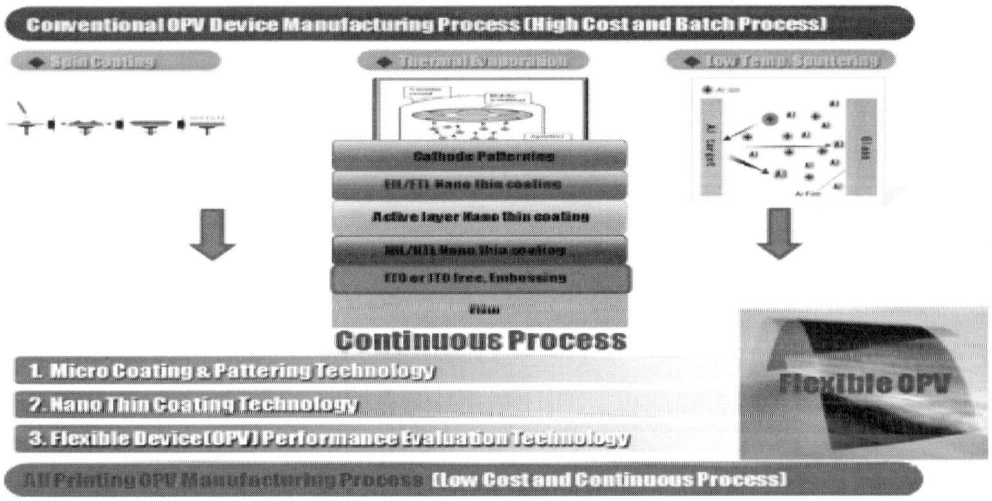

그림 12.7 연속 공정 기반의 Flexible OPV 셀 구현 요소 기술

Flexible OPV는 최근 다양한 애플리케이션으로 사용범위가 증대되고 있고, 유럽 등 해외 선진국에서는 향후 Flexible 디바이스에 대한 성장 시장을 높게 평가하고 있으며 이를 위한 다양한 박막

코팅 공정 기술의 도입 및 연구가 필요하다. 또한, Flexible OPV의 경우 버퍼 재료, active 재료, Bus 전극 재료 등의 점도 특성, 박막 형성 요구 정밀도 등에서 차이가 크기 때문에 연속 생산을 위한 다기능(접촉/비접촉) 박막 코팅 공정 기술의 적용과 연구가 필요하다.

공정기술	Flexible OLED/OPV 박막형성	대량생산 공정 및 시스템	문제점
기존 Bach process	스핀코팅: Nano 박막 형성 Evaporator: Nano 박막 형성	소량생산 공정 및 높은 제조 단가	•소량생산 •높은제조단가 •비청정 •Evaporator기술에 의한 온도문제
현재 선진국의 R2R process	Gravure 코팅: Seminano 박막형성 Gravure 패터닝: 마이크로 선폭 패터닝	대량생산 공정 및 낮은 제조단가	•Seminano 정밀도에 따른 박막 최적화기술 부족 •용액 기반의 EIL/ETL버퍼층 형성 기술미흡에 따른효율저하 •기존 미디어 인쇄타입의 R2R 장비 도입에 따른 생산 시스템의 낮은 신뢰성

그림 12.8 기존 공정 및 현재 선진국 R2R 생산 공정 및 시스템 문제점

그러므로 Flexible OPV의 생산 공정과 생산시스템은 최근 유럽, 미국 등의 대량 생산 공정 및 시스템에 의해 연구 개발이 진행되고 있으나 향후 시장 활성화를 위한 몇 가지 문제점을 포함하고 있음. 대표적으로 유기물 기반의 미세 나노 박막 형성 기술의 정밀도 문제, 용액기반의 EIL/ETL 버퍼 재료 부재에 따른 효율 저하, 기존 미디어 인쇄 타입의 R2R 생산시스템 도입에 따른 인쇄 품질에 대한 신뢰성이 부족하여 아직은 전자 인쇄용 R2R 개발 기술이 많이 부족 한 상황이다. 이러한 문제점은 본 공정이 대량 생산 및 낮은 제조단가, 청정의 기술요소를 갖추고도 아직 활성화되고 있지 못한 주요인이다.

12.3 OPV 제조를 위한 인쇄 공정

12.3.1 Slot-die coater

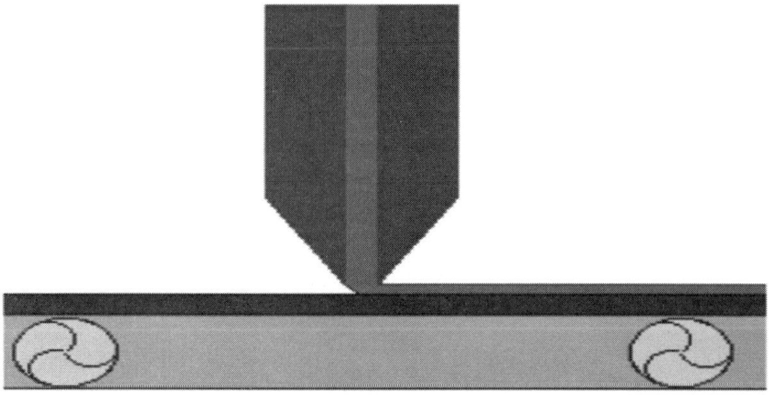

그림 12.9 slot die coater 코팅 기술

slot die coater 코팅 기술은 잉크 노즐과 유사한 slot 노즐을 구현하여 노즐로부터 용액을 일정하게 분출시켜 필름이나 글라스 등의 기판 위에 일정한 높이로 끌고 감으로써 얇은 박막을 형성하는 기술이다. slot die coater 코팅 기술은 현재 LCD 제작에 있어 글라스 표면에 미세 박막 형성에 많이 사용되고 있는 기술이며, 약 10㎛ 두께를 형성 가능한 것으로 알려져 있으나 최근 기술의 발전으로 필름 등 back-up 롤이 없는 형태로 구현된 off-roll 기법에서는 약 5㎛ 정도의 박막도 형성이 가능한 것으로 알려져 있다. 즉 curtain, slide 코팅 등과 같은 전계량(pre-metered) 코팅하기 위한 공정이다. 이는 web 속도와 코팅두께를 미리 설정하면 공급되는 코팅액을 물성에 상관없이 물질 수지식에 의해 계량할 수 있다는 장점이 있다.

12.3.2 Micro Gravure

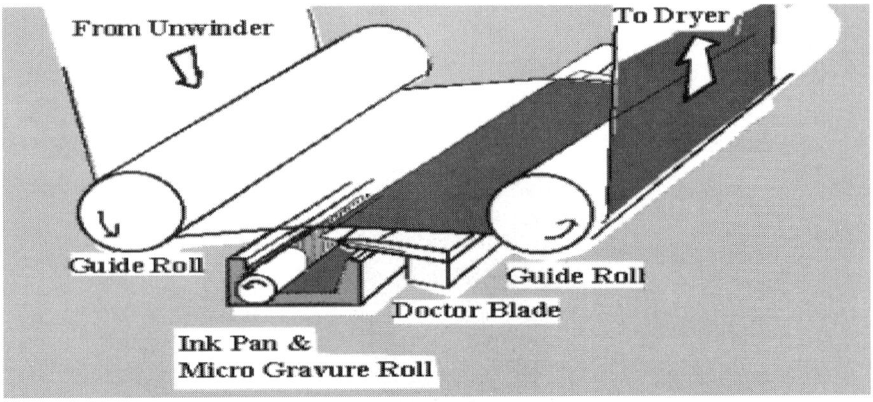

그림 12.10 Micro Gravure 코팅 기술

Micro gravure 코팅 기술은 웹을 지지하는 두 개의 롤러를 이용하여 마이크로그라비어 패턴 롤에 웹을 미세하게 접촉 시킴으로 인해서 미세 박막을 코팅하는 기법이다. 즉 사선으로 패터닝된 마이크로그라비어 롤에 잉크를 잉킹 시킨 후 이를 두 개의 backup 롤을 통해 필름은 접촉시켜 잉크를 전이시키는 공정 기술로써 현재 코팅 기술 중 점도가 낮으며 나노 두께가 있어야 하는 박막 형성 기술에 장점을 보유하고 있다. 현재의 접촉식 박막 코팅 기술 중 가장 미세한 박막의 형 성이 가능하여 최고 800nm의 용액 코팅이 가능한 기술이다. 또한, 30m/min의 레퍼런스 속도를 가지고 있으므로 고속 대량 및 패터닝 박막 형성에 큰 장점이 있다.

이런 이유로 Flexible OPV 소자의 경우 다양한 박 막 두께와 비교적 낮은 점도를 가지는 용액이 적용되므로 본 과제에서 수행한 Micro gravure 코팅 기술은 이러한 측면에서 미세 나노 박막을 형성하는 층에 대한 적용에 적합하다고 볼 수 있다.

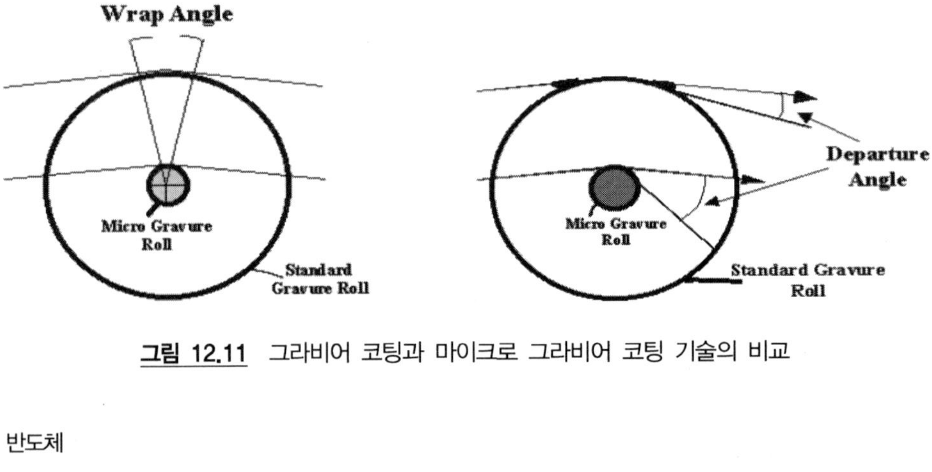

그림 12.11 그라비어 코팅과 마이크로 그라비어 코팅 기술의 비교

그림 12.11는 일반 그라비어 코팅 기술과 Micro gravure 코팅 기술을 비교한 것이다. 일반 그라비어 코팅 기술은 큰 코팅 롤 직경에 대비하여 필름 코팅 시 접촉 필름과 패턴 롤의 접촉면이 큰 단점으로 인해 코팅의 박막 표면이 거칠고 두꺼운 현상을 일으킨다. Micro gravure 코팅 롤은 작은 접촉면은 가지며 이로 인해 좋은 박막 표면과 얇은 박막 두께의 형성이 가능하다.

12.3.3 Roll to Roll 박막 코터

그림 12.12 박막–Coater Layout

앞서 말한 기술들과 다양한 인쇄 공정을 접목하여 OPV를 한 장비로 제조할 수 있는 공정도 있다. 각 공정을 합친 것이기 때문에 공정에 관해서는 설명하지 않고 어디서 쉽게 찾아볼 수 있는지에 대해서 설명하겠다.

Konarak(미국)은 인쇄 기법을 이용한 연속 공정의 roll-to-roll flexible OPV를 현재 제작하고 있으며, 공정의 연속성에 따른 대면적 대량 생산에 적합한 OPV의 상용화에 적극적으로 앞장서고 있음. 다른 박막 태양전지보다 OPV는 현재 효율이 약 5%대에 머무르고 있지만, 초저가의 제작이 가능하며 대량 생산, 대면적 생산에 강점을 지니고 있고 flexible 기판 적용에 유리한 공정 기술을 가지고 있어 향후 성장세가 더욱 기대되는 태양전지이다.

Rios(덴마크)는 Slot-die coater 코팅 기술을 기반으로 flexible 기판에서 sliver back electrode를 구현하고 이를 OPV에 적용하여 소자를 제작하고 있다. Rios의 강점은 역시 다양한 인쇄 기술을 보유하고 있으며 이를 기반으로 인쇄전자에 적용함으로써 소자 양산에 더욱 근접한 기술을 보유하고 있다.

CDT(영국)의 경우는 인쇄 기술보다는 소자의 효율 및 성능 특성에 보다 초점을 맞추고 있으며 이를 flexible 기판에 적용하여 OLED 및 OPV에 대한 연구를 수행하고 있음. 연속 공정보다는 단위 공정에서 더욱 높은 효율을 추구하고 있으며, 현재 doctor blade coating, contact coating, spin coating, ink jet printing 기술을 주로 이용하고 있다.

이를 본인이 진행했는데, Micro gravure와 slot die coater 이용하여 어떻게 설계하였는지 설명하겠다.

12.4 OPV 제조를 위한 Roll to Roll 박막 코터 개발

12.4.1 슬롯다이 해석

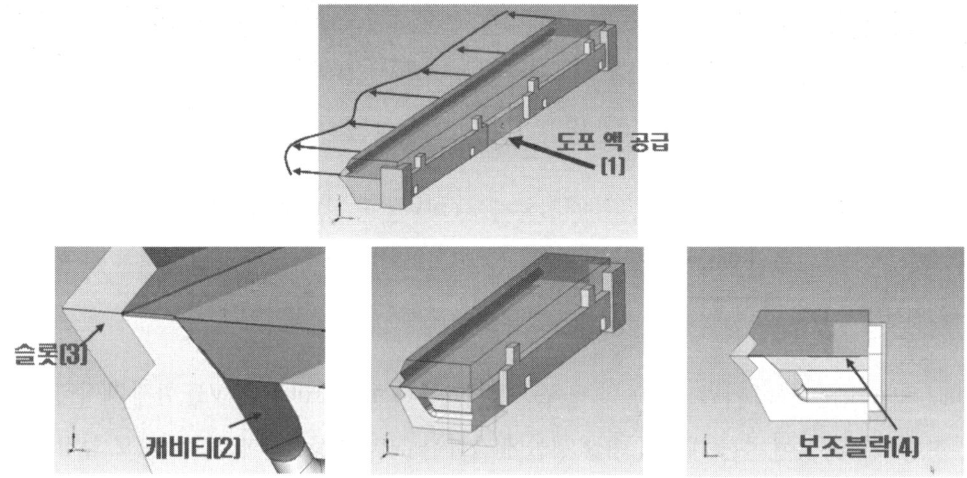

그림 12.13 slot die coater 모델링

외부 탱크에서 도포액을 공급받아 (1)공급라인, (2)공급라인츨 통해 받은 도포액을 본배하는 캐비티, (3)도포액을 배출하는 슬롯, (4)캐비티 내에 설치되어 공급라인과 연결된 상기 공간의 형태를 조절하는 보조격벽 혹은 보조 블락으로 구성 도포액을 균일하게 분배할 수 있는 캐비티의 형태 최적화하는 것을 목표로 한다.

이를 위해 slot die coater의 형상 및 경계조건 변화에 대한 전체 case에 대하여 slot die coater로부터 낙하한 코팅 액의 web 표면에 도포 특성을 CFD 기법을 이용한 유동 시뮬레이션을 적용하여 상대적으로 해석하고 각 변수의 영향력을 고려한다. 코팅의 최적 조건을 찾기 위해 사용된 5가지 중요 변수는 점도(cp), 토출 압력(kgf), Web 이송속도(m/min), Lip 폭(㎛), Lip 선단 거리(㎛)이다. 이들 변수의 상태 변화량에 따라 모두 다양한 경우의 수를 두고 유동 해석 시뮬레이션 결과에 대하여 비교 검토하고 가장 우수한 조건을 선정하였다. 또한, 변수 중 가장 중요한 무차원 변수인 Capillary 수(용액의 점도, Web 속도에 대한 표면장력의 비)의 영향을 고려하여 생산속도를 높이면서(3.5~4.5m/min) 정밀한 코팅(도포두께 30μm±3)이 가능한 조건을 도출할 수 있도록 한다.

해석을 위한 가정에는 slot die coater의 입구에서부터 web 표면에 낙하하는 순간까지의 해석은 많은 양의 computation resource와 시간의 필요 때문에 현실적으로 불가능하여 해석을 두 부분으로 나누어 진행한다.

① slot die coater 입구에서 출구까지 3D flow 해석 – General flow

② 'A'의 결과로부터 출구에서의 값을 축출하여 slot die coater 출구에서 web까지를 2D로 해석 - VOF (Volume Of Fluids)

VOF Scheme

- 다상유동 해석 기법의 일종으로서 이종이 유체 사이의 경계면을 추적하는 대표적인 자유표면 추적 기법
- 본 해석의 경우 서로 다른 이종의 유체의 계면을 추적해야 하므로 VOF Scheme의 사용이 반드시 선행되어야 함

$$\frac{\partial}{\partial t}(\rho u_j)+\frac{\partial}{\partial x_i}(\rho u_i u_j)=-\frac{\partial P}{\partial x_j}+\frac{\partial}{\partial x_i}\mu\left(\frac{\partial u_i}{\partial x_j}+\frac{\partial u_j}{\partial x_i}\right)+\rho g_j+F_j$$

- 3D 해석을 위해 4가지의 가정조건을 두어 구한다.

  ① CASE 01 : 점도 250cps, 입구 압력 1.5kgf

  ② CASE 02 : 점도 250cps, 입구 압력 5.0kgf

  ③ CASE 03 : 점도 300cps, 입구 압력 1.5kgf

  ④ CASE 04 : 점도 300cps, 입구 압력 5.0kgf

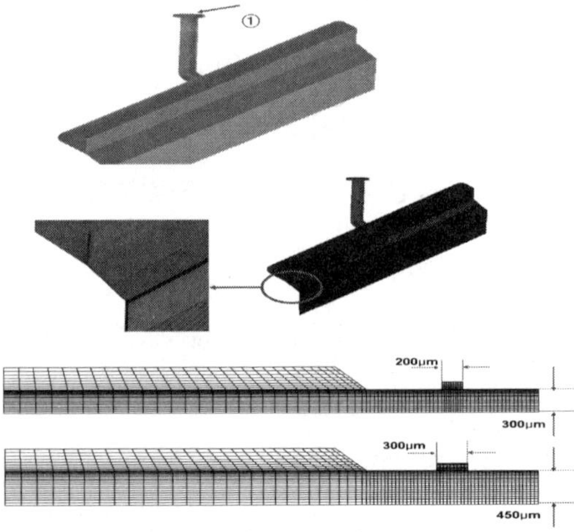

경계조건 및(3D)

① inlet : Fixed pressure : 147,099Pa or 490,332Pa

② outlet : Fixed pressure : 0Pa

(1) 작동 유체 및 이송속도 특성

(가) 작동 유체 명칭 : 제조 현장 용액 사용

(나) 작동 유체 점도 : 25kg/m-s, 30kg/m-s; 250cps, 300cps

(다) 작동 유체 밀도 : 967.09/kg/m3

(라) 작동 유체 표면장력 : 0.0215N/m

(마) web 이송속도 : 0.333m/s, 0.667m/s; 20m/min, 40m/min

(2) 3D 격자생성

(가) 총 격자 개수 : 959,511개

(나) Structured : 774,947개

(다) Unstructured : 184,564개

그림 12.14 slot die coater 해석 경계조건

이렇게 가정을 두어 3D 해석을 진행한 결과는 다음과 같다.

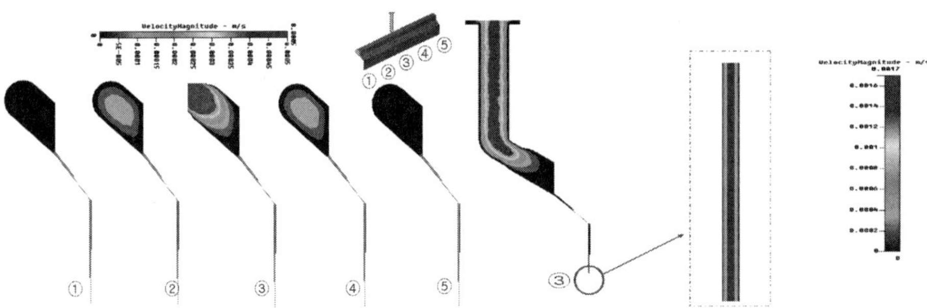

CASE	CASE01 250cps, 1.5kgf	CASE02 250cps, 5.0kgf	CASE03 300cps, 1.5kgf	CASE04 300cps, 5.0kgf
유속(m/s)	0.000515	0.001715	0.000429	0.001429

그림 12.15 slot die coater 해석결과

12.4.2 Micro Gravure 개발

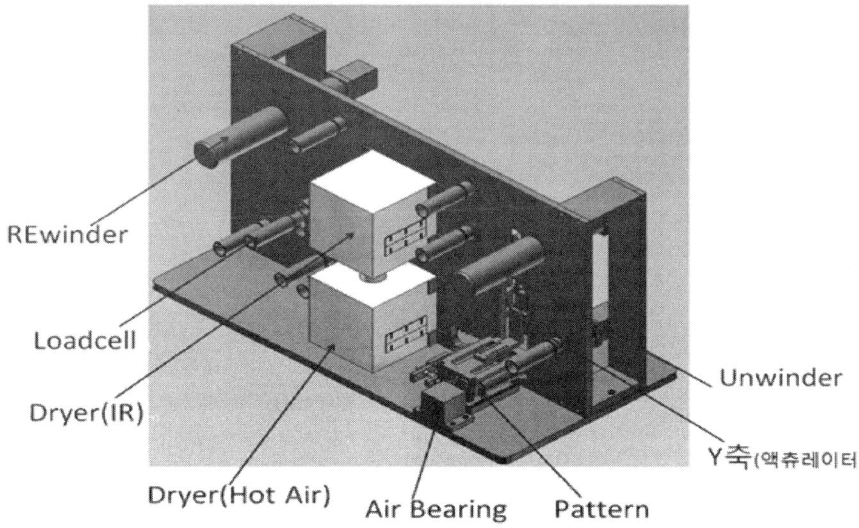

그림 12.16 u-Gravure Coater 설계

1㎛ 이하 코팅두께를 가지는 코터 개발을 위해, 해석을 통한 System 설계를 그림 12.16과 같이 3D 모델링을 한다.

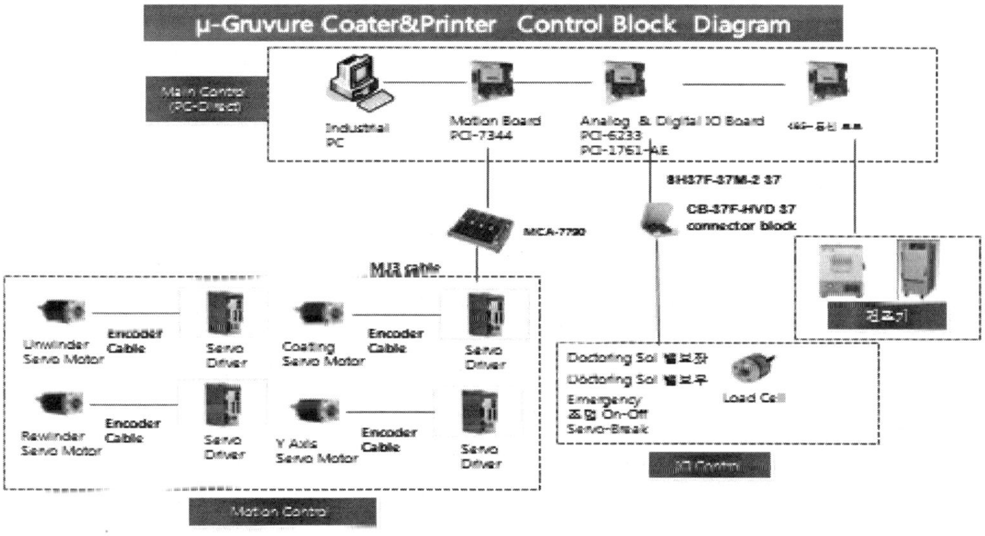

그림 12.17 제어 체계도

그림 12.17은 마이크로 그라비어 코터의 제어 체계도이며 기본적으로 정밀도 향상을 위해 PLC 기

반으로 설계하였다.

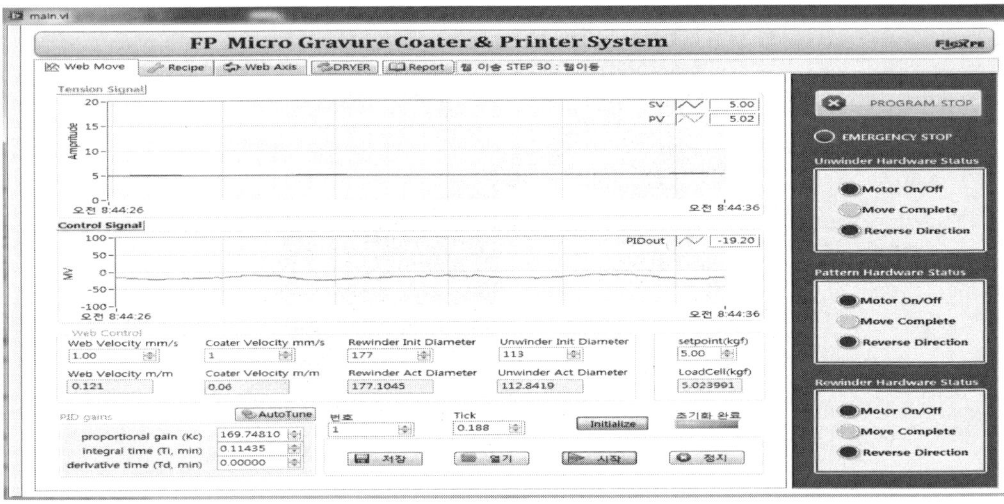

그림 12.18 Software Expert System

그림 12.18는 열풍건조, UV, NIR 3가지 건조장치를 모듈화하여 설계하였으며 사용되는 잉크의 종류에 따라 선택하도록 서랍식 구조로 설계한 그림이며, 시스템 전체 제어 시스템으로 사용자 편이의 Software Expert System이다.

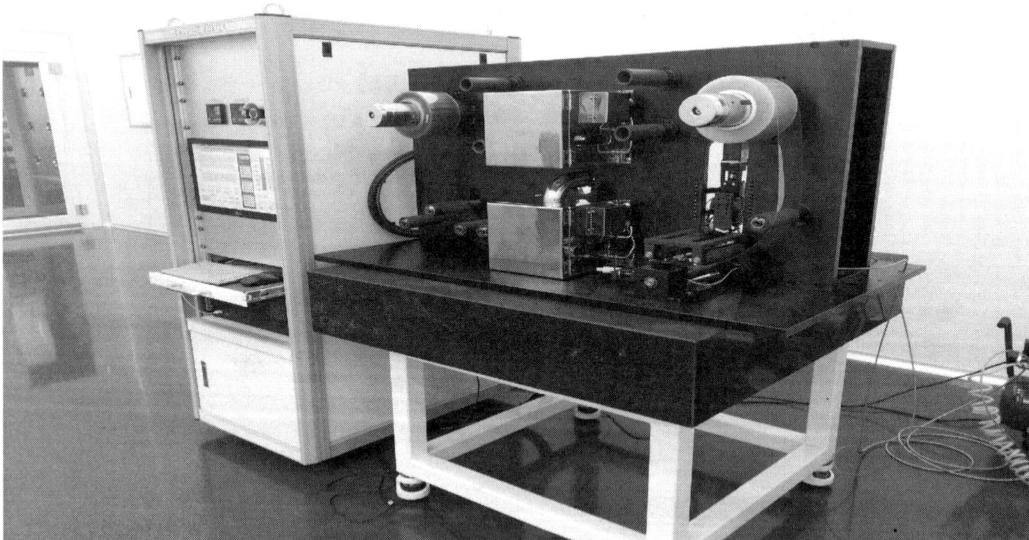

그림 12.19 마이크로 그라비어 코터 제어반

그림 12.19는 마이크로 그라비어 코터의 제어반과 하드웨어 개발 제품의 사진이다. 기본 실험 결과 1μm급으로(Wet 상태) 코팅이 가능하고 최저 18nm 코팅까지 구현되는 결과를 얻었다. 따라서 Silver Paste, CNT 잉크를 이용하여 1μm 이하 (Wet 상태)의 코팅두께를 형성하는 기술이 주요한 해결과제로 Blade 설계기술이 중요하다. 이를 바탕으로 실험한 결과는 다음과 같다.

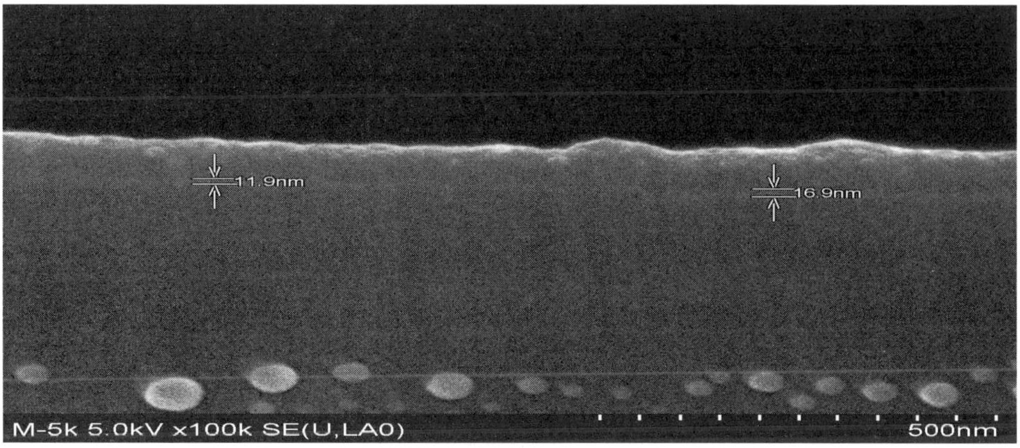

그림 12.20 측정 사진

12.5 설계를 통한 Slot-die coater 및 Micro Gravure 제작 결과

12.5.1 Slot-die coater를 이용한 전도성 고분자 코팅 기술 개발

Flexible OPV 소자를 제작하기 위해서 다양한 코팅 기술이 접목되어야만 한다. 본 연구에서는 Slot-die coater을 이용하여 ETL 혹은 HTL로 활용되는 전도성 고분자를 연속 공정상에서 코팅 가능한 공정 기술과 장비를 구현하였다. 그림 12.21은 제작된 유리/필름 겸용 및 플레이트와 롤 투 롤 겸용의 Slot-die coater 코팅 시스템이다.

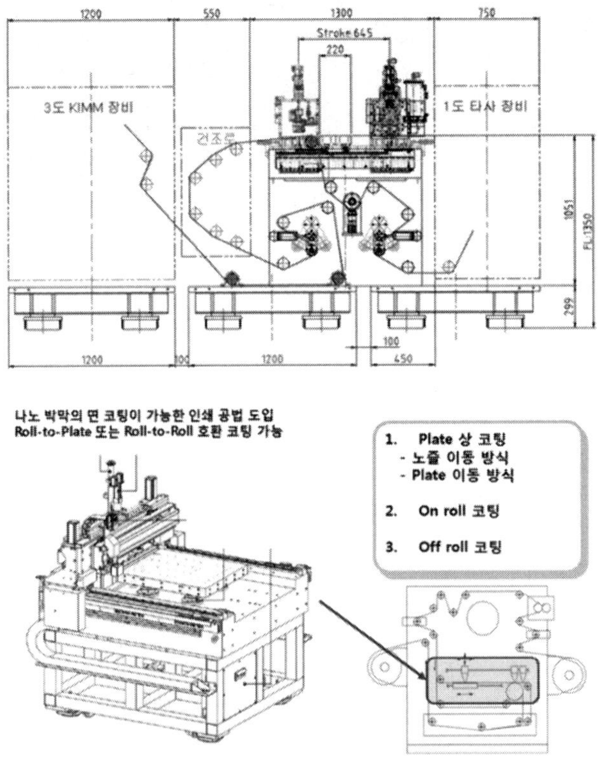

그림 12.21 롤 투 롤 슬롯다이 박막 코팅 시스템

슬롯다이 코팅 기술은 노즐과 기판과의 간극에 의해 토출된 용액을 wetting 상태로 매니스커스를 형성한 후 이를 노즐이 끌고 지나가거나 기판이 이송되어 얇은 박막을 코팅하는 공정 기술이다.

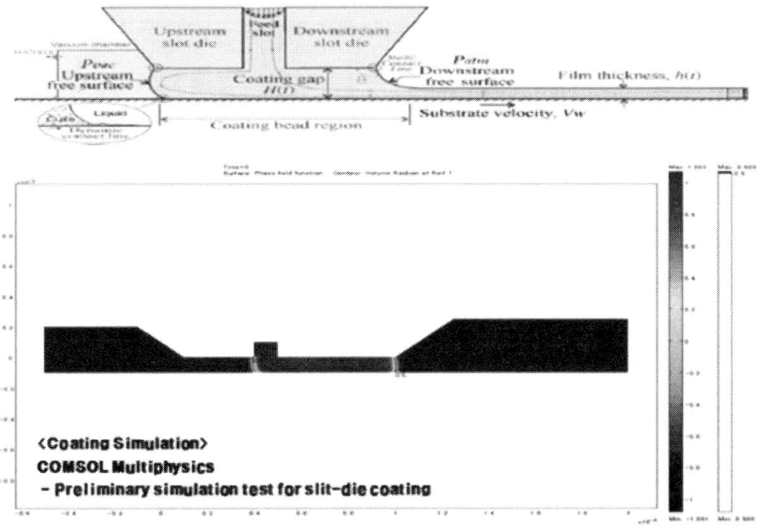

그림 12.22 전산 모사를 통한 노즐 해석 및 설계

OPV 태양전지에서 현재 세계적으로 가장 많이 적용되고 있는 공정 기술로써 RISO DTU가 대표적으로 적용 실험을 하고 있다. 슬롯다이 공정 기술은 약 1~10㎛ 이상의 wet thickness의 형성이 가능하며 중, 고점도의 용액에 대한 박막 코팅이 용이한 편이다. 따라서 이러한 특성에 맞추어 EIL 혹은 HTL로 적용되는 전도성 고분자에 대한 박막 형성 실험을 수행하였다.

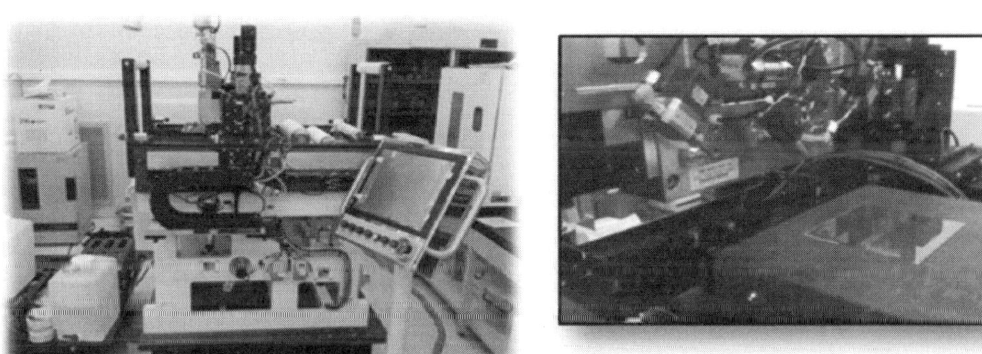

그림 12.23 슬롯다이 박막 코팅 시스템 및 유리 기판 코팅 실험

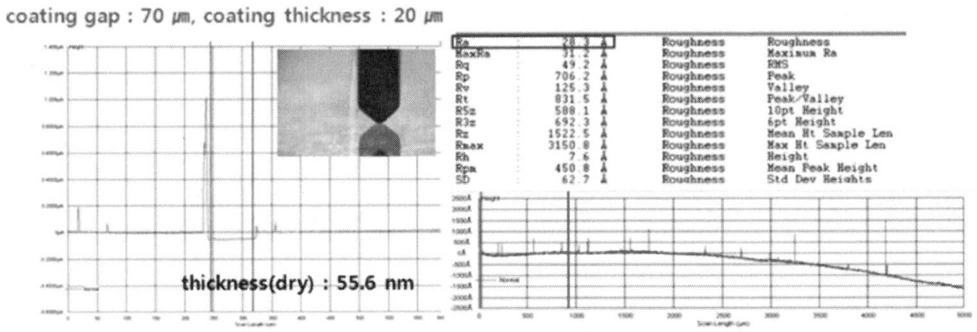

(a) 기판과 약 70μm의 간극으로 코팅한 경우

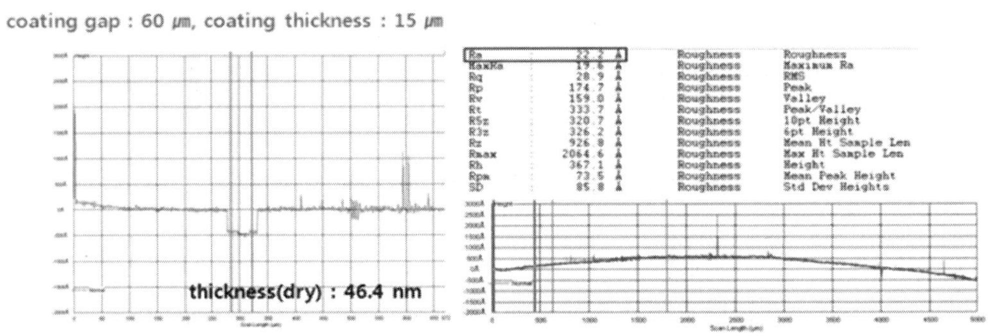

(b) 기판과 약 60μm의 간격으로 코팅한 경우

그림 12.24 슬롯다이를 이용한 전도성 고분자 박막 코팅 결과

그림 12.24에서 보듯이 슬롯다이를 이용한 전도성 고분자 박막 코팅 결과 기판과 70μm와 60μm의 간극을 가질 때 형성된 건조 후의 전도성 고분자 박막 두께는 각각 55.6nm와 46.4nm를 형성하였다. 또한, 박막의 표면 조도는 각각 2.83nm와 2.22nm의 Ra(Roughness average) 값을 가졌으며 이는 형성 박막 대비 약 5% 이하의 좋은 결과를 가져왔다.

적용된 재료는 전도성 고분자로 PEDOT:PSS (Baytron P, solid contents: 1.~1.5%)가 사용되었으며 이는 현재 OPV 제작에 있어서 가장 많이 활용되는 재료 중의 하나이다. 따라서 flexible OPV의 제작공정에 있어 EIL or HTL로 활용되는 약 100nm 수준의 전도성 고분자층과 약 2~4%의 농도를 가지며 200~300nm 수준의 박막 형성이 필요한 활성층 형성에 적합한 공정으로 평가되었다. 현재 국제 공동 연구 기관인 RISO DTU 역시 이와 같은 취지로 보아 전 공정에 슬롯다이 코팅 공정을 도입하였으며 P3HT:PCBM 소자 기반에서 약 3% 수준의 모듈을 생산하고 있다.

12.5.2 Micro gravure를 이용한 전도성 고분자 코팅 기술 개발

그림 12.25 Micro gravure 코팅 실험 장치

Micro gravure 코팅 기술의 Flexible OPV 소자 적용성을 테스트하기 위해 OPV의 PEDOT:PSS 층에 대한 얇은 나노 박막 코팅 실험을 수행하였다. 그림 67은 실제 실험에 적용된 Micro gravure 코팅 시스템을 나타내며 적용된 필름은 PET 필름을 사용하였다.

그림 12.26의 (1),(3),(5),(7)은 각각 20m/min, 30m/min, 40m/min, 50m/min의 속도로 PEDOT:PSS를 코팅한 실험 결과이며 (2),(4),(6),(8)은 코팅 유무의 확인을 위해 아세톤으로 박막 표면을 일부분 지워낸 것이다. 그 결과 아주 얇은 박 막으로 고르게 코팅이 되었음을 알 수 있었다.

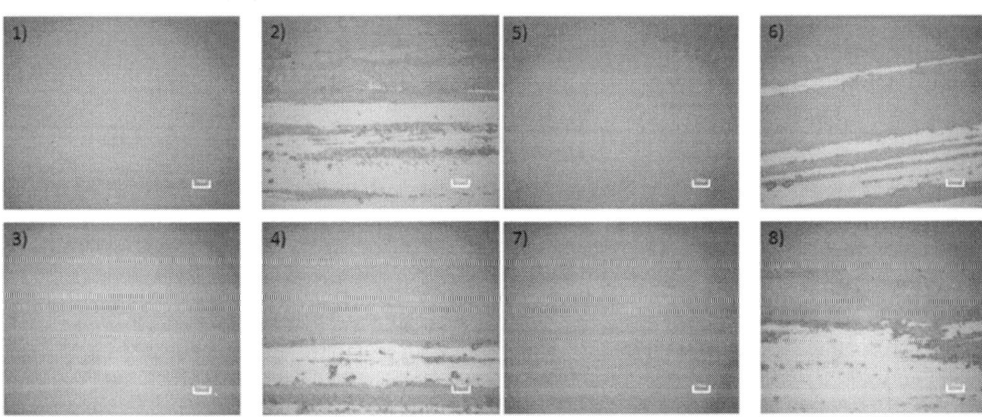

그림 12.26 Micro gravure 코팅 실험 결과

그림 12.27은 코팅 속도 대비 박막의 두께와 투과도를 측정한 결과이다. 50m/min에서 57nm의 박막 두께를 얻을 수 있었으며 필름의 광 투과도의 하 락이 아주 미미함을 할 수 있다. 20m/min의 속도에서 98.7nm로 가장 두꺼운 결과를 나타내었으며 이때 필름의 광 투과도에 비해 약 0.3%의 투

과도 하락을 나타내었다. Flexible OPV를 비롯한 다양한 인쇄전자 소자에서 용액기반에서 100nm 이하의 박막 두께 형성 기술로 많은 기술이 제안되고 있으나 재료의 특성과 박막의 균질도 측면에서 좋은 공정 기술이 필요한 것이 현실이다. 따라서, 본 실험에서 나타나듯이 Micro gravure 코팅 기술은 고속과 더불어 미세 박막을 형성할 수 있는 좋은 코팅 기술 중의 하나로 판단된다. 기존에 OPV제작에 있어 최적 두께가 100nm 이하로 요구되는 HTL, ETL층과 같은 버퍼층의 구현에 있어서 좋은 공정 기술로 확립될 수 있을 것으로 보이며, 연속적인 필름 기반의 공정 기술로써 큰 장점을 보유하고 있다.

현재 Micro gravure 코팅 기술은 패터닝 측면에서 테스트가 진행되지 못하였는데 향후 연구에서는 패터닝에 따른 공정 연구를 수행할 계획이다.

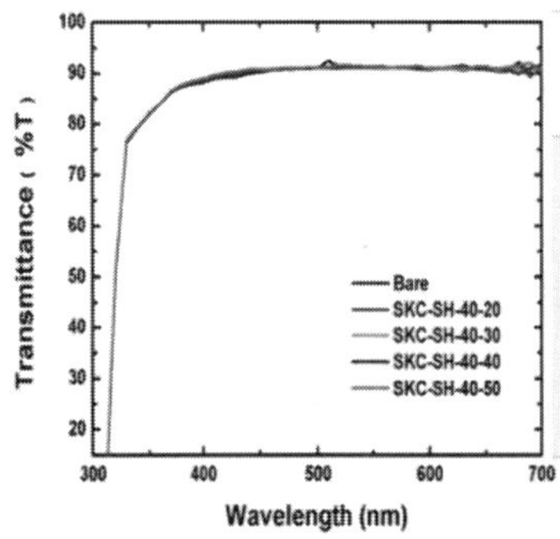

	Velocity (m/min)	Transmittance (%T)	Coating thickness (nm)
PET Film	Bare	91.37	-
	20	91.06	98.7
	30	91.27	89.7
	40	91.32	79.7
	50	91.34	57.0

그림 12.27 Micro gravure 코팅 실험 결과

Small gravure roll(D-bar)을 이용한 전도성 고분자 및 EIL/ETL 코팅기술개발 일반적인 그라비어 코팅 기술은 코팅두께가 최소 약 200nm 정도를 가지고 있으므로 Flexible OPV의 EIL/ETL 층의 박막 형성 기술로는 적합하지 않은 단점을 가지고 있다. 따라서 일반적인 그라비어 코팅 기술로 구현되는 Flexible OPV 태양전지의 경우 이러한 두께 최적화에 다양하게 대응하지 못해 결국 소자의 성능을 하락시키는 원인이 된다. 본 연구에서 일반 그라비어 코팅 기술에서 개선된 small gravure roll의 적용을 통해 더욱 얇은 박막 두께 형성 실험을 수행하였으며 단위공정 테스트로서 일반 Bar 코팅 시스템에 롤을 적용하였다.

그림 12.28 Small gravure roll 코팅 장치 및 코팅 롤

그림 12.28은 실험에 적용된 small gravure roll과 시스템을 나타내며 코팅 실험은 EIL/ETL 층으로 적용이 가능한 ZnO 용액과 HTL로 적용이 가능한 PEDOT:PSS의 두 가지 용액으로 실험한 후 결과를 측정하였다. 각각 필름과 유리 기판에서 동시에 실험이 진행되었으며 필름의 경우 박막 두께의 측정이 접촉식(alpha step)의 방법에서는 팁의 진행이 원활하지 못한 관계로 광학식(confocal microscope)으로 측정하였으며 유리 기판의 경우 접촉식 방법으로 측정을 수행하였다. 그림 29는 필름과 유리 기판에서 각각 수행된 코팅 모습을 나타낸다.

Small gravure roll의 경우 코팅 후 박막 두께가 아주 얇게 형성이 되기 때문에 ZnO의 경우 OPV 적용 시 최대 농도인 0.75mol의 Sol-gel 타입의 용액을 사용하여 가능한 박막 두께를 크게 하여 측정하였으며, PEDOT:PSS의 경우는 순수 용액과 2배의 DI-Water 희석 용액을 사용하여 코팅을 수행하였다. OPV 에서 가장 일반적으로 적용되는 용액의 농도는 ZnO의 경우 약 0.1~0.5 Mol 수준이며 PEDOT:PSS의 경우 약 1:2 수준으로 DI-Water나 Solvent (IPA) 등으로 희석하여 필터를 거친 후 사용하게 된다.

(a) 필름 기판에서의 코팅 실험

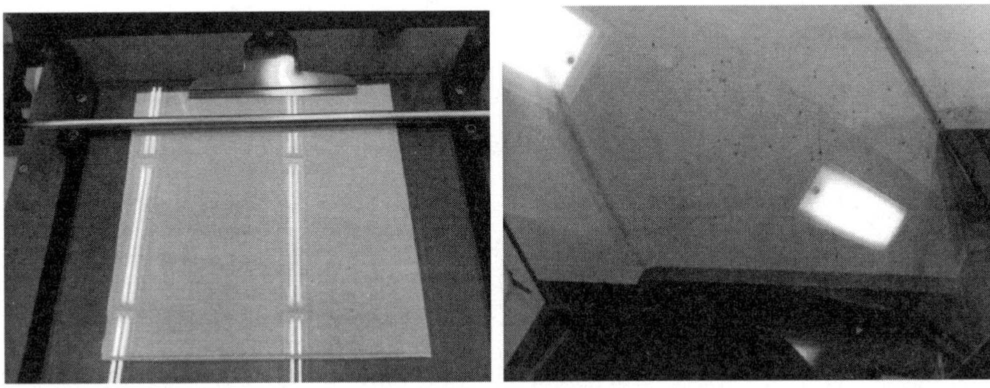

(b) 유리 기판에서의 코팅 실험

그림 12.29 Small gravure roll 코팅 실험

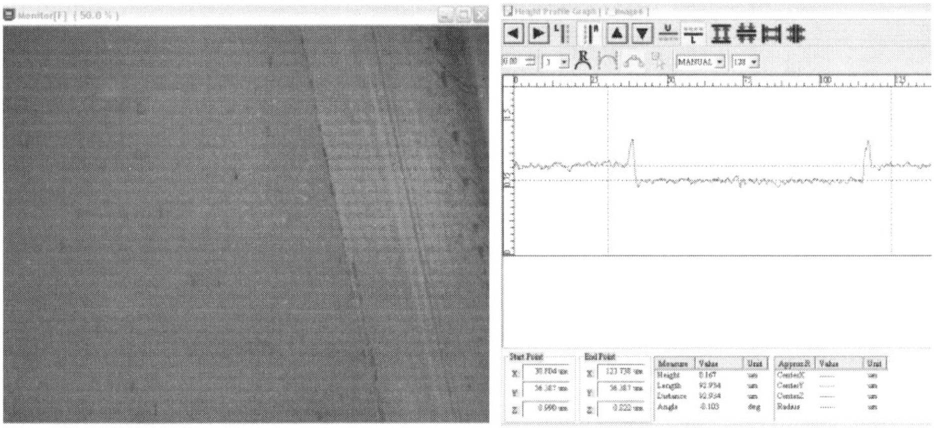

(a) 순수 PEDOT:PSS 코팅 실험 결과 (박막 두께 167nm)

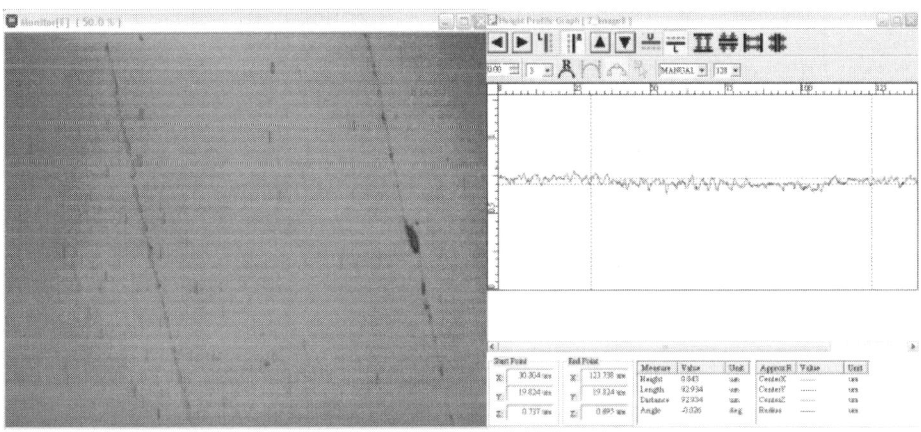

(b) PEDOT:PSS를 1:2로 DI water 첨가 후 코팅 실험 결과 (박막 두께 43nm)

그림 12.30 PEDOT:PSS 필름 박막 코팅 실험 결과

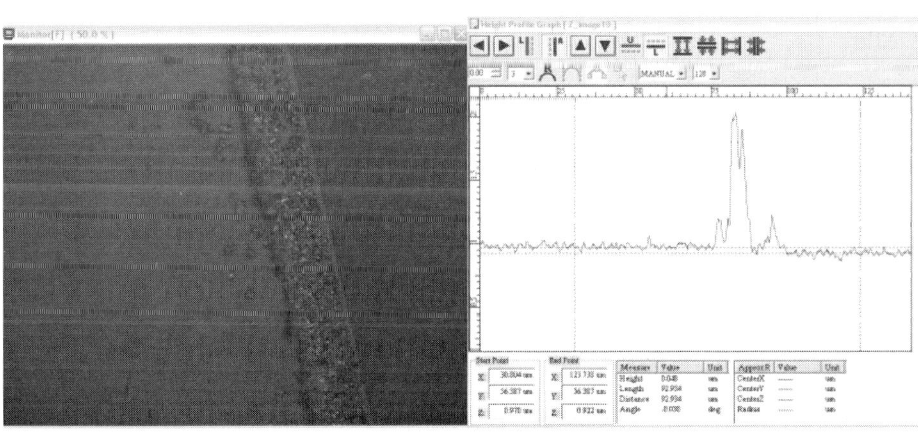

그림 12.31 ZnO 필름 박막 코팅 실험 결과 (박막 두께 48nm)

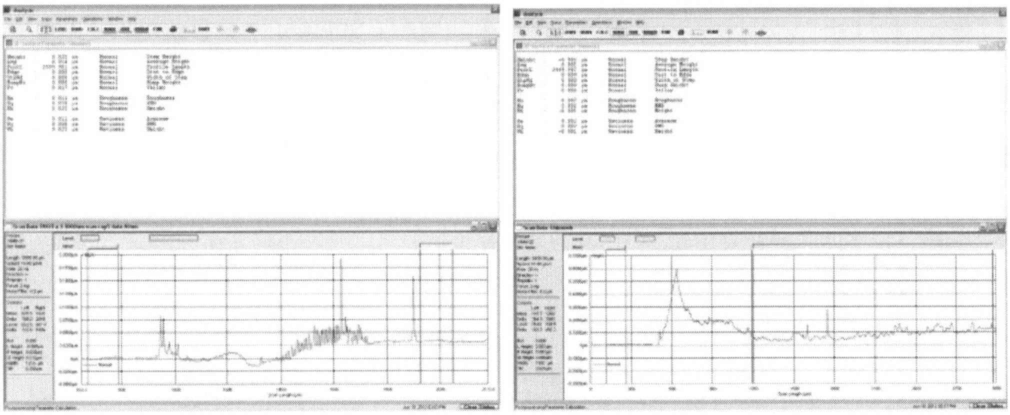

그림 12.32 유리 기판 코팅 실험 결과, PEDOT:PSS (30nm), ZnO (81nm)

Small roll gravure 코팅은 PEDOT:PSS 경우 필름과 유리 기판에서 각각 43nm와 30nm의 박막 두께가 측정됐지만, ZnO의 경우 각각 48nm와 81nm의 측정결과를 나타내었다. 이러한 편차는 광학식 측정 방법의 경우 박막 표면에 일부 스크레치를 내어서 그 단차를 측정하였으며 접촉식의 경우는 코팅 시작 부분부터 코팅 면으로 넘어가는 단차를 측정하였기 때문에 나타나는 오차라고 볼 수 있다. ZnO의 경우는 PEDOT:PSS와는 달리 solvent 기반의 용매를 사용하였기 때문에 롤 코팅 시작 부분에서 급속한 건조가 발생하여 상대적으로 안정된 코팅 영역이 형성되기 전에 높은 박막 두께가 나타난 것으로 유추된다. 하지만 유리 및 필름과 PEDOT:PSS와 ZnO의 재료 조건에서 모두 100nm 이하의 우수한 박막 형성이 가능하였으며 특히 실제 적용 농도보다 상대적으로 높은 농도를 구현한 ZnO 용액 코팅에서도 충분히 얇은 나노 박막 구현이 가능하였다. 실제 0.1~0.5 mol 수준의 용액 코팅 시에는 더욱더 얇은 막막 구현이 가능하며 본 실험에서는 이 경우에 10~20nm 수준의 박막 두께 측정에 한계가 있으므로 상대적으로 높은 농도의 용액을 통해 박막 코팅 성을 테스트하였다.

Flexible OPV 소자에서 ZnO층은 EIL/ETL층의 요소로 구현이 되며 최적 박 막 두께는 일반적으로 최하 30nm에서 최대 100nm 수준으로 알려져 있다. 따라서 본 실험에서의 결과로 충분히 적용이 가능한 연속 공정 기법으로 도입될 수 있으며 재료의 농도 조절을 통해 보다 최적화된 얇은 박막 구현이 가능하다.

12.6 제작된 OPV 및 제작 결과

12.6.1 OPV 소자의 활성층

OPV 소자의 활성층은 P3HT:PCBM 기반의 용액으로 제작이 되었으며 동일 한 슬롯다이 노즐과 공정으로 수행되었다. P3HT:PCBM 용액은 Chlorobenzene 기반에서 용제 1ml당 27mg:27mg의 1:1 비율로 제작되었으며 특징은 슬롯다이 코팅 공정 후에 바로 150도로 건조 경화를 시킨다는 점이다. 일반적으로 활성층의 경우 건조 온도나 조건에 따라 효율 변화가 존재하며, RISO DTU의 다년간의 연구 기술 기반에서 최적의 건조 조건을 통해 건조 공정이 수행되었다. 그림 12.33은 건조 전과 건조 후의 활성층 코팅 필름을 나타내며 롤 투 롤 상의 공정을 통해 약 1시간 정도의 실험으로 500M 이상의 OPV 소자를 연속적으로 생산할 수 있었다. OPV 모듈은 13mm의 선폭을 가지면 2mm의 간격을 가지는 16개의 스트라이프 라인으로 제작되었으며 코팅 속도는 2m/min의 속도를 가졌다. 건조 후의 활성층 박막 두께는 약 400nm 수준으로 코팅되었다.

(a) Slot-die coater를 이용한 P3HT:PCBM층 코팅

(b) 건조 후 모습

(c) 활성층 코팅 확대 사진

stripes	16	
stripe width	13	mm
speed	2	m/min
volume flow	4	ml/min
0.416 m^2/min		
Wet Layer Thickness	9.62	nm

concentration	0.045	g/mL
density	1	g/mL
Dry Layer Thickness	432.7	nm

(d) 활성층 코팅 장비 구동 조건

그림 12.33 Slot-die coater 공정 기반의 OPV 활성층 형성 기술

PEDOT:PSS 층의 고점도의 점도를 가지고 있었으며 같은 Slot-die coater 코팅을 통해 패터닝 공정을 수행하였다. Agfa의 스크린 프린팅용 잉크를 사용하였으며 상당히 두꺼운 두께로 코팅이 수행되었다. 이는 Agfa의 PEDOT:PSS가 높은 면저항 특성을 가지며 inverted 타입에서는 접촉 전극을 Ag 전극으로 인쇄되기 때문에 더욱 향상된 전도도를 유지하기 위해 수 um의 두께로 코팅되었다. 슬롯다이 코팅으로는 최종 공정이며 ZnO층부터 최종 PEDOT:PSS 층까지 모두 비전을 통해 각각의 층에 대한 얼라인 컨트롤을 확인하였다.

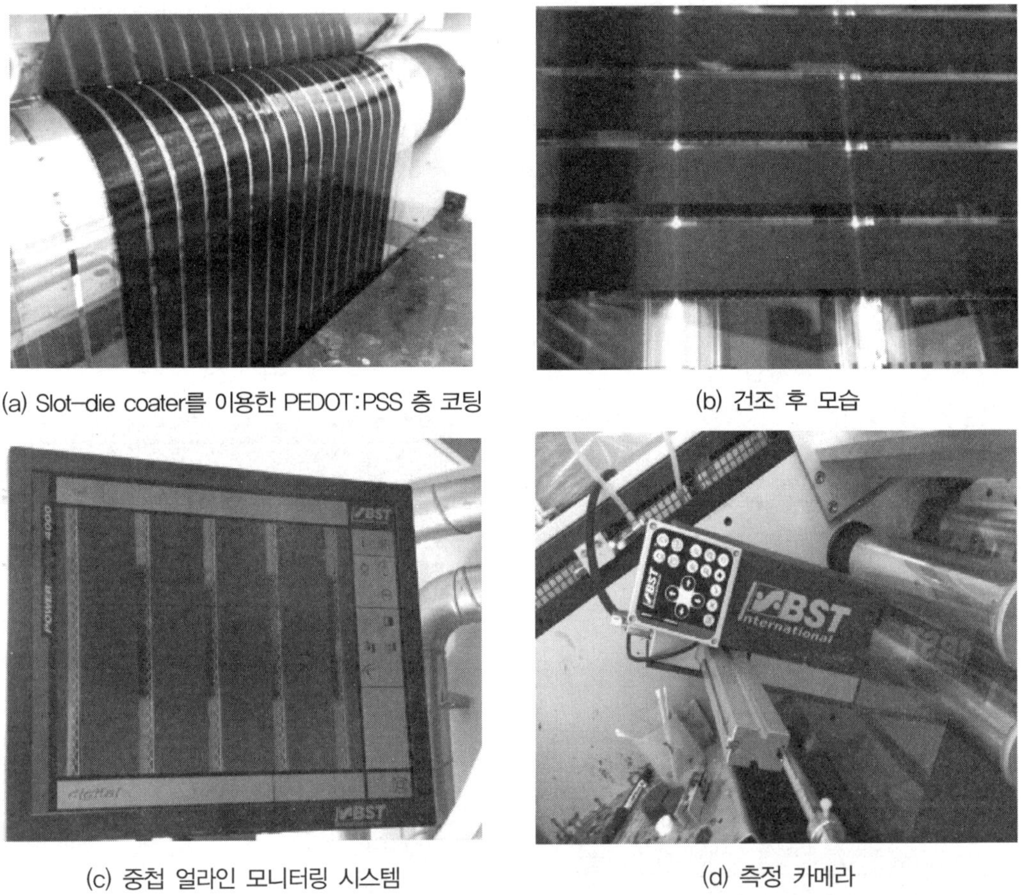

(a) Slot-die coater를 이용한 PEDOT:PSS 층 코팅

(b) 건조 후 모습

(c) 중첩 얼라인 모니터링 시스템

(d) 측정 카메라

그림 12.34 PEDOT:PSS 층 코팅과 중첩 얼라인 모니터링 시스템

12.6.2 최적 Flexible OPV 다층 박막 평가 기술 수행

제작된 OPV 소자는 LBIC을 통해 소자의 동작 정도를 분석하고 이를 기반으로 완벽한 동작을 하는 영역과 인쇄 과정 중에 나타나는 손상 등으로 인해 동작하지 않는 영역에 대한 명확한 분석을 수행하였다. 또한, LBIC 측정 장비를 통해 소자 효율 측정 시 정확한 면적 계산이 가능하여 효율

측정 오차를 줄일 수가 있었다.

소자 성능 측정 결과 각 3개의 기판 중 한국기계연구원에서 제작한 열형 롤 임프린팅 기반의 소자가 가장 우수한 결과를 나타내었다.

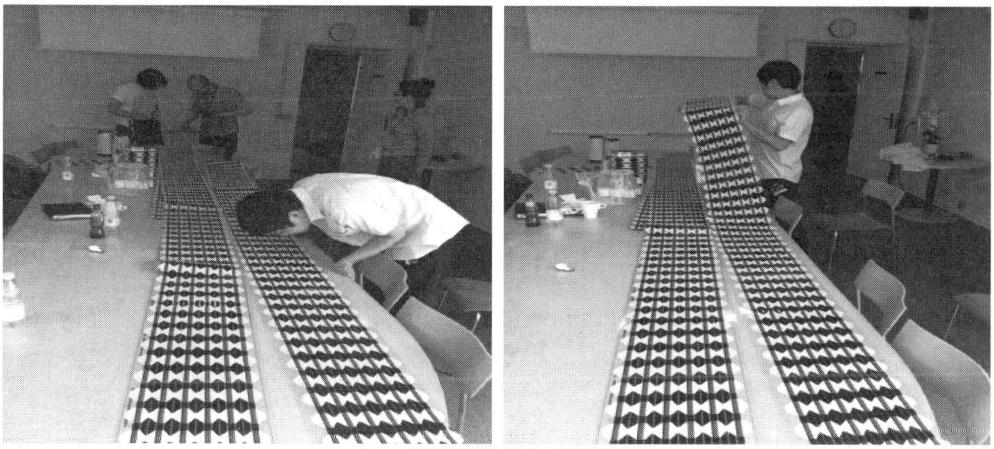

그림 12.35 최종적으로 생산된 유연 유기 태양전지

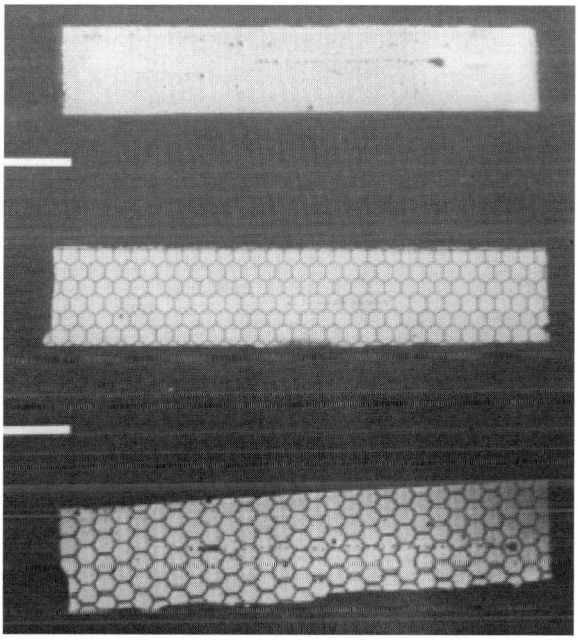

그림 12.36 6cm^2 크기의 각 소자의 동작영역 확인 (노란색이 많을수록 우수함) (LBIC 측정)

실제 태양전지의 구동 특성을 살펴보기 위해 실외에 설치된 OPV 테스트 베드 위에 제작된 소자를

부착하여 실제 태양광에 대한 효율과 태양전지 측정 시뮬레이터와의 효율 차이를 비교 분석한 결과 큰 차이가 나타나지 않았으며 측정된 모듈의 최대 효율은 약 1.9% 수준으로 테스트된 3개의 기판 중 한국기계연구원에서 제작된 ITO 대체 전극이 가장 우수한 결과를 나타내었다.

12.7 OPV 모듈 제작 및 특성 분석 -1

12.7.1 Thermal-roll imprinter 공정

먼저, PET 기판을 롤에 부착된 13-2mm stripe 형태의 스탬프 몰드에 120℃의 온도에서 300kg-f의 압력으로 1.0 mm/s 속도로 패턴을 음각한다. 다음 단계로 음각된 PET 위에 Ag 페이스트를 도포하고 닥터링한 후 부드러운 헝겊으로 남은 Ag 페이스트를 닦아 내어 음각된 부분에만 Ag 페이스트를 남기 고 표면에 있는 Ag를 제거한다. 그리고 140℃에서 5분간 열처리하고, 패턴 이 없는 롤에 12 0℃의 온도에서 300kg-f의 압력으로 1mm/s 속도의 조건으로 압력을 주었다. 그 후 140℃에서 5분간 UV curing 후 열처리하였다. 음각된 패턴에 Ag paste를 채운 후 패턴이 각인되지 않은 열형 롤의 압력을 가한 번 더 가해주었다. 블레이딩 작업 후 Ag 페이스트가 필름부 보다 위로 올라오면 다층 구조의 디바이스 제작에 쇼트날 수 있는 문제를 가져오기 때문에 열과 압력을 한 번 더 가해주었다.

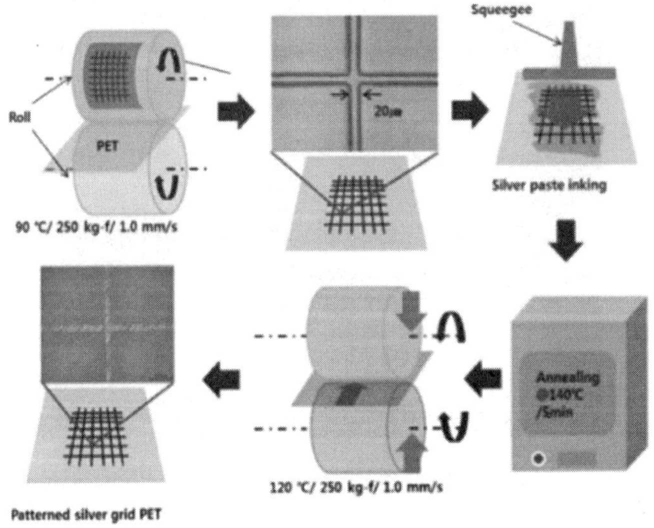

그림 12.37 Thermal roll imprinter를 이용한 PET film 위 Ag grid 제작

12.7.2 Slot-die coating 공정

slot-die coating 공정은 thermal-roll imprinter를 사용하여 제작한 negative 타입의 금속 격자 위에 전기전도도를 높이기 위한 PEDOT:PSS를 코팅할 때 사용된다. PEDOT:PSS는 금속 격자 바로 위에 코팅되어야 하므로 die의 마스크는 금속 격자의 stripe 형태와 동일하게 13-2mm stripe 형태의 마스크를 사용한다.

slot-die의 공정 변수로는 기판과 die 사이의 거리인 gap, 펌프를 이용해 chamber로 주입되는 용액 양인 토출량, 코팅 속도, 펌프가 작동되고 얼마 후에 코팅이 시작될 것인지를 설정하는 delay time 등이 있다. 실험에서는 투명전극을 제작하기 전에 이런 다양한 변수들의 값에 따라 투과도, 전도도를 비교해보는 실험을 진행하였다. 투과도의 경우 측정에 있어 여러 가지 방법이 있으나 실험에서는 가시광 영역에서(400~700nm) 객관적인 방법으로 시료의 투과도를 측정할 수 있는 자외선 및 가시광선 분광광도계(Lambda 950 UV/Vis spectroscopy)를 사용하였으며 측정 파장 영역은 550nm를 기준으로 한다. 또한, PEDOT:PSS의 투과도를 측정할 때 PET film(96.95%)을 base line으로 잡고 측정한다.

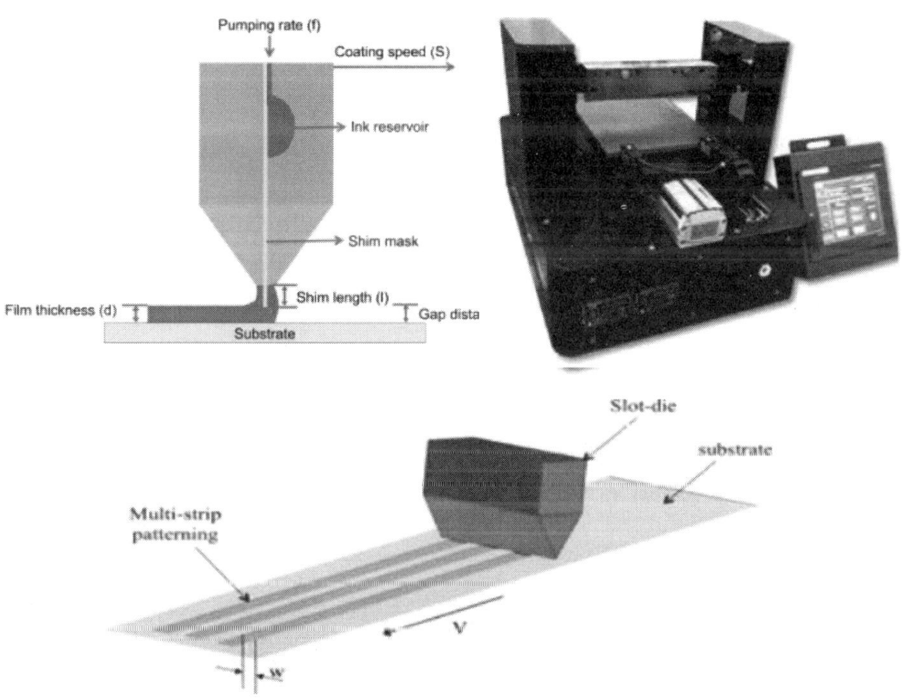

그림 12.38 Slot-die coating 제작공정

표 12.1 투명전극 필름 공정 조건 및 특성 분석 (Thermal-roll imprinting)

	압력(kgf)	속도 (Speed)	온도(℃)	면저항 (Ω/sq)	투과도(%)
Sample 1	300kgf	1mm/s	90℃	6.2Ω/□	87.21%
Sample 2	350kgf	1mm/s	90℃	6.4Ω/□	88.42%
Sample 3	400kgf	1mm/s	90℃	6.3Ω/□	87.75%
Sample 4	400kgf	1mm/s	100℃	6.3Ω/□	89.12%

표 12.2 투명전극 필름 공정 조건 및 특성 분석 (Slot-die coating)

토출량(mm/s)	투과도(550nm)	두께(nm)	면저항 (Ω/sq)
1mm/s, gap:50㎛	88.12%	34.2nm	7.1Ω/□
2mm/s, gap:50㎛	89.79%	38.9nm	8.2Ω/□
1mm/s, gap:70㎛	85.93%	46.7nm	6.4Ω/□
2mm/s, gap:70㎛	85.81%	48.7nm	7.7Ω/□

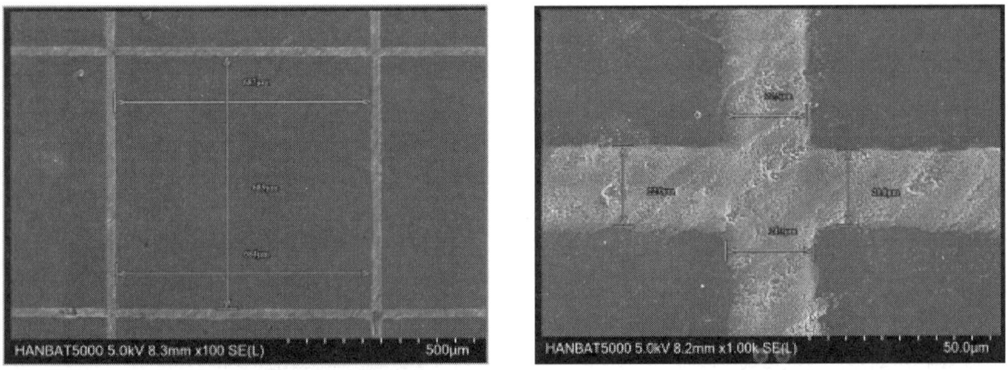

그림 12.39 metal grid와 Mesh film SEM 분석

투명전극 필름 공정 연구 결과 압력이 300kgf에서 400kgf를 주었을 때 압력이 높을수록 PET film에 패터닝이 잘 되는 것을 확인할 수 있었다. 또한, PET film의 기재 변형률을 고려하였을 때 온도는 100℃ 이하에서 연구를 진행하였다. 압력은 400kgf, 온도는 100℃에서 가장 패터닝이 잘 되었고 잉크가 잘 충전되는 것을 확인할 수 있었다. 투명전극 필름에서 가장 중요한 2가지 요소인 투과도와 면 저항 측정 시에서는 80% 이상의 투과도와 10Ω 이하의 약 6-7Ω 사이의 낮은 면 저항이 측정되었다.

ITO 대비 전기전도성이 우수하고 면 저항도 낮고 투과도도 80% 이상을 갖는 투명전극으로 친환경적 공정환경을 갖고 단순한 공정이 가능한 Metal grid mesh 패턴의 투명전극 필름 공정 연구를 통해 확인할 수 있었고 투명전극을 기반으로 유기 태양전지라는 유년전자소자에 직접 적용할 수 있는지 공정 연구 및 특성 분석을 진행하였다.

12.7.3 Solution Shearing 공정

Solution shearing 공정 기법은 기존의 Blade 공정 기법과 비슷하지만, non-contact 방식으로 용액의 meniscus를 이용하여 코팅하는 방법이다. bottom 층의 손상이 되지 않는 장점이 있고 다양한 잉크 소재의 코팅이 가능하다.

투명전극 위에 ETL(Electron Transfer Layer)과 Active layer를 인쇄하였다. 위의 stripe 패턴 크기와 같은 마스크를 진공펌프를 이용해 고정한 후 기판과 마스크의 차이에 주사기로 용액을 주입하여 인쇄한다. ETL의 경우 50nm를 목표로 하고 있고 Active layer의 경우 400nm를 목표로 두었다.

solution shearing coater의 공정 변수로는 gap과 코팅 속도가 있다. 실제 제작 전 각 층의 실제 사용 물질인 ZnO 용액과 P3HT:PCBM 용액으로 각각의 공정 조건별 두께, 표면 거칠기를 확인하였고 Active layer의 경우 흡수도를 확인하였다.

그림 12.40 Solution shearing coating 공정을 이용한 제조 방법

표 12.3 Solution shearing coating 공정 조건 및 특성 분석 (ZnO 공정 조건)

Coating Gap(㎛)	1mm/s	1.5mm/s	2mm/s	5mm/s	10mm/s	15mm/s
100㎛	40nm	45.2nm	63.8nm	70.2nm	89.1nm	87.4nm
200㎛	50nm	55.7nm	57.8nm	58.1nm	65.7nm	53.7nm

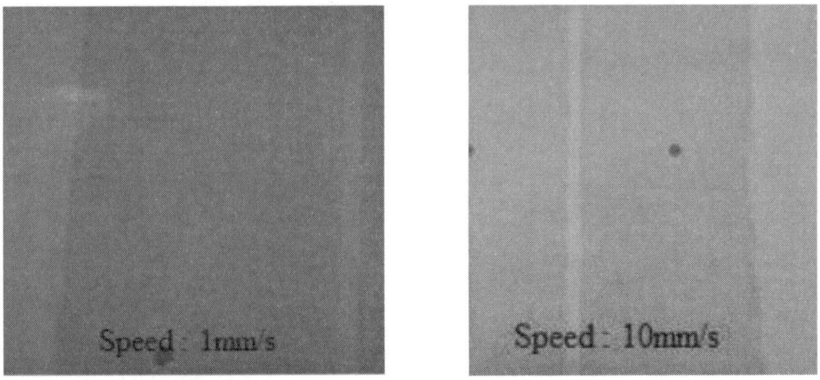

그림 12.41 Solution shearing 조건에 따른 비교

ETL층으로 사용된 ZnO의 코팅 조건은 기판과 패턴 블레이드 gap을 100-200㎛를 두고 진행하였다. 앞서 설명한 바와 같이 target 두께를 50nm로 두었기 때문에 50nm의 공정 조건을 잡기 위해 실험을 진행하였다. 패턴된 마스크는 13mm/2mm 스트라이프 패턴으로 스피드 별로 코팅을 진행하였을 때 ZnO의 경우 스피드가 빠를수록 패턴의 두께형성이 균일하지 않았다. solution shearing coating 공정 방식의 경우 non-contact 방식으로 용액의 메니스커스가 안정화 되지 않아 문제가 발생하는 것으로 파악된다.

코팅 속도별로 공정 연구를 진행하였을 때 속도가 1~2mm/s에서 스트라이프 패턴이 안정하게 코팅되는 것을 확인할 수 있었다. 속도 1~2mm/s로 진행하고, 다양한 gap을 주고 실험하였을 때에 100~200㎛에서 ZnO의 두께를 구현할 수 있었다.

Active layer의 사용된 P3HT:PCBM 공정 연구도 마찬가지로 진행하였다. 흥미롭게도 P3HT:PCBM은 코팅 속도가 빠를수록 패턴 형성이 잘 되는 것을 확인할 수 있었다. 속도가 늦을수록 용액 분리가 생기면서 얼룩이 생기는 문제가 발생하고 13/3mm 패터닝 길이가 균일하지 않았다. P3HT:PCBM의 경우 타겟 두께는 약 400nm로 두고 공정 연구를 진행하였다. 스피드가 빠를수록 패터닝도 잘되고 두께도 두꺼워지는 것을 AFM과 α-step 장비를 통해 확인할 수 있었다.

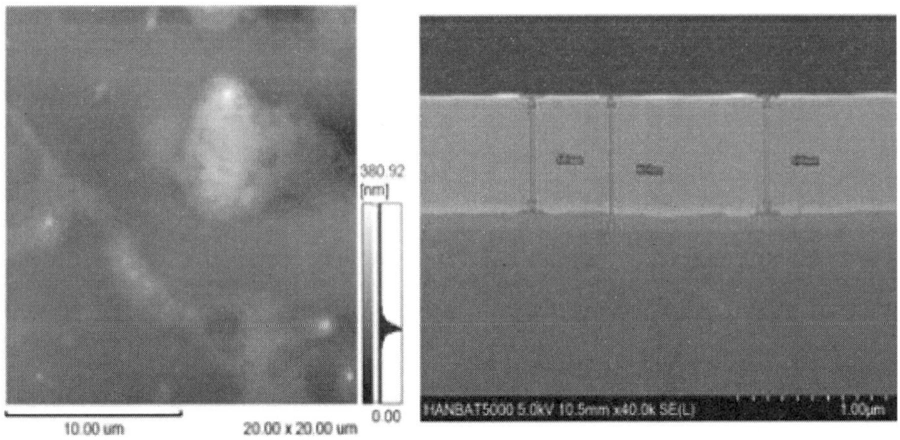

그림 12.42 AFM과 SEM을 이용한 P3HT:PCBM 두께 분석

12.7.4 Screen printer 공정

실험에서는 HTL층에 사용된 PEDOT:PSS (AGFA, EL-P5010)의 점도가 높아 스크린 프린터 장비를 이용하였다. 스크린 프린팅은 잉크에 대한 제한이 없으며 미스그를 이용해 재료의 두께를 조절하기 쉬운 장점을 갖고 있다. 실험에는 스피드와 압력을 변수로 두어 PEDOT:PSS와 Top electrode 층 Ag 를 스크린 프린팅을 이용하여 인쇄하였다.

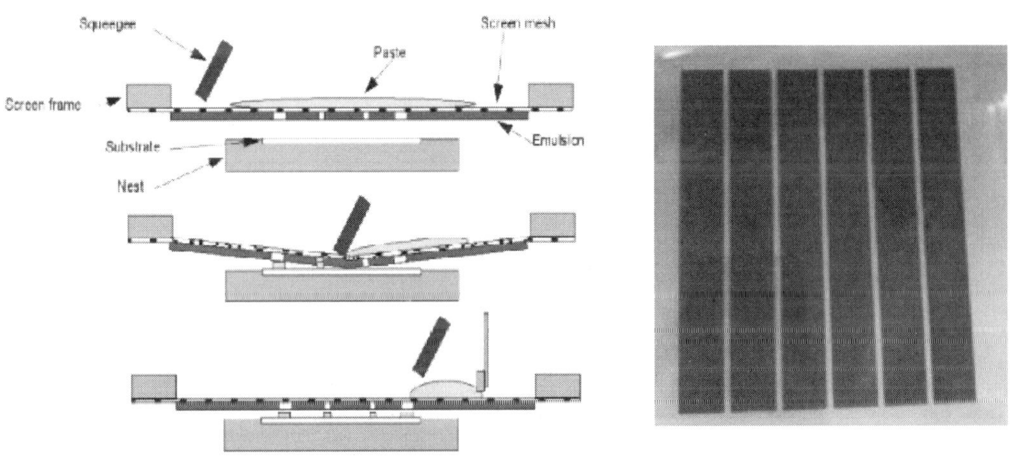

그림 12.43 Scroon printing 공정 과정

표 12.4 Screen printing 공정 조건 및 특성 분석 (PEDOT:PSS 공정 조건)

스크린메쉬	50mm/s	70mm/s	100mm/s	150mm/s	200mm/s	300mm/s
200 mesh	1.3μm	2.1μm	2.36μm	1.66μm	2.37μm	1.38μm

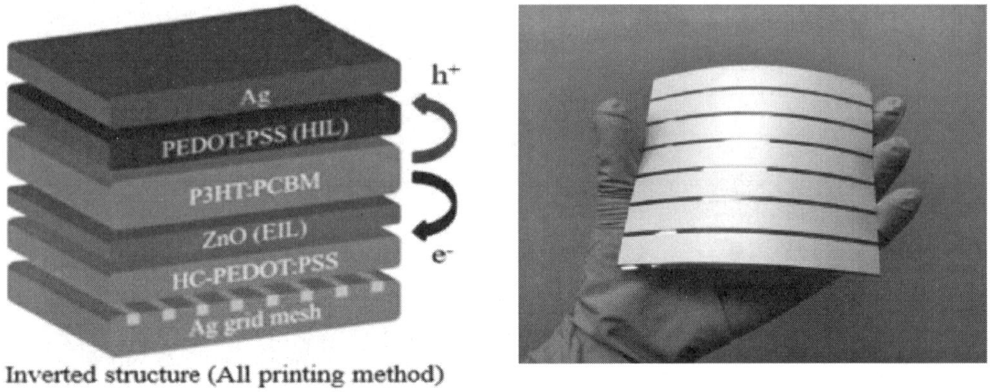

그림 12.44 Inverted structure OPV Module sample

Inverted 구조의 유기 태양전지 모듈 제작 I-V curve 측정결과 대면적 300mm^2 범위에서 측정결과 V_{oc} = 0.57V, J_{sc} = 5.46mA/cm^2, FF = 51.6%, PCE = 1.6%로 대면적 모듈을 인쇄공정으로 51.6%의 FF를 보이는 플렉서블 유기태양전지에 관한 연구를 진행하였다. 그림 43 SEM 이미지는 다층 구조의 유기 태양전지 모듈 단면 측정결과를 보여준다. 공정 연구를 진행할 때 각 층별로 타겟 두께를 정하고 공정 연구를 진행하였다. ZnO와 P3HT:PCBM는 solution shearing coating 공정 연구를 통해 코팅하였다. 타겟 두께를 구현하였지만, solution 공정으로 진행되기 때문에 Dry condition이 안정화되면 균일하게 구현되리라 판단된다. 스크린 프린팅 공정 연구 진행된 PEDOT:PSS, Ag paste 층의 경우 contact 방식이며 스크린 프린팅은 하부층에 압력을 주게 되어 하부층의 metal mesh grid 투명전극의 bottom Ag와 top Ag가 닿아 쇼트 문제가 발생하게 된다.

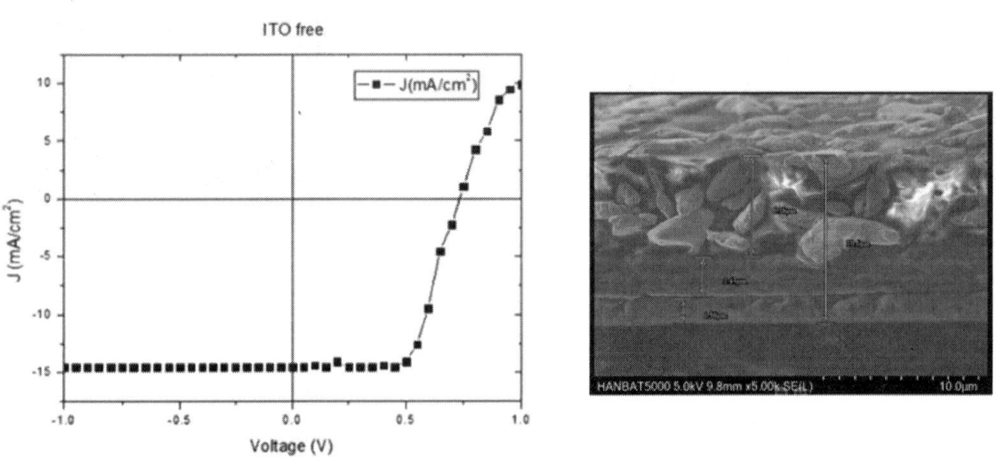

그림 12.45 ITO free OPV J–V curve 그래프

모든 공정을 인쇄공정으로 제작된 유연성 유기 태양전지는 실리콘 태양전지에 비해 가벼운 무게를 갖고, 하중을 많이 받는 건물의 벽면 및 굴곡이 있는 형상에도 무리 없이 적용될 수 있다는 장점이 있다. 유연하고 다양한 기판에서 공정 연구가 진행되어 효율을 높인다면 더 넓은 적용 분야와 다양한 애플리케이션에 적용될 가능성이 크다.

12.7.5 결과 및 고찰

실험을 통하여 인쇄기반의 대면적 투명전극이 유기 태양전지 module 용 전극으로 사용 가능함을 볼 수 있었다. ITO는 인듐, 주석, 옥사이드로 이루어져 있으며 그중에서 희귀물질이 되어버린 인듐으로 인한 가격이 상승하고 있다. 그래서 고가의 ITO를 대체하고자 저가의 투명전극을 인쇄하였다.

임프린팅 인쇄공정을 이용하여 제작한 투명전극은 접촉식 방법으로 온도, 속도와 압력은 중요한 요소이다. 100℃의 롤 온도에서 400kgf의 압력과 1mm/min의 속도로 구현한 투명전극의 채워진 두께는 1μm, 선폭은 약 20μm의 결과를 보였다. 전기전도성과 광 투과도를 측정하여 임프린팅 인쇄 기술로 구현한 투명 전도성 필름의 성질 및 특성을 분석하였다. 면 저항은 약 7.35Ω으로 낮은 저항값을 얻었고 광 투과도는 전 영역 대에서 균일하게 80% 이상의 투과도를 확인할 수 있었다. ITO를 대체할 수 있는 만큼 투명전극이 투과도와 전기전도도 특성을 확인할 수 있었다.

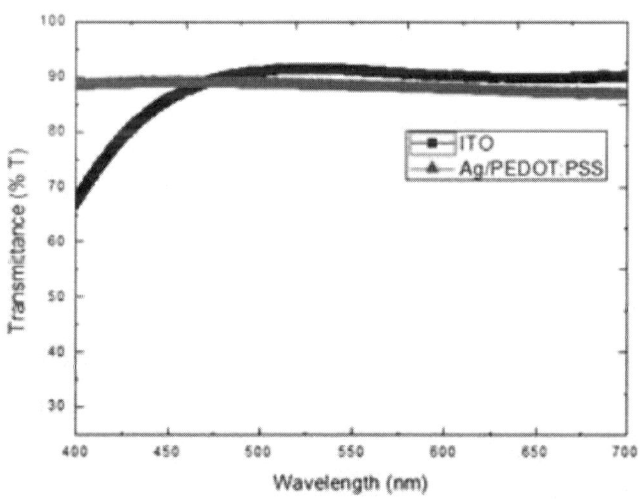

그림 12.46 투명전극 및 ITO 필름의 투명도 측정 그래프

Thermal roll imprinting을 이용한 negative 타입의 투명전극을 기반으로 대면적 인쇄 유기 태양전지를 제작하였다. Solution shearing, Screen printing의 인쇄공정 기반으로 제작하였다. 제작된 유기 태양전지 모듈 그림 42의 그래프에 보이는 바와 같이 V_{oc} = 0.57V, J_{sc} = 5.46mA/cm^2, FF = 51.6%, PCE = 1.6% 효율을 보였다. 투명 전도성 필름을 사용한 소자는 낮은 개방전압, 충 전율을 얻었기 때문에 낮은 효율 값을 얻었다. 높은 5eV의 일함수를 갖는 Ag는 PEDOT:PSS로부터 전류 흐름의 영향을 받는다. 그리고 가장 큰 요인은 Ag 함량이다. 가장 많은 Ag 함량을 갖는 임프린팅 인쇄공정은 높은 J_{sc} 의 값을 얻었다. 임프린팅 공정을 적용한 ITO-free 유기 태양전지 1.6%의 효율을 얻었다.

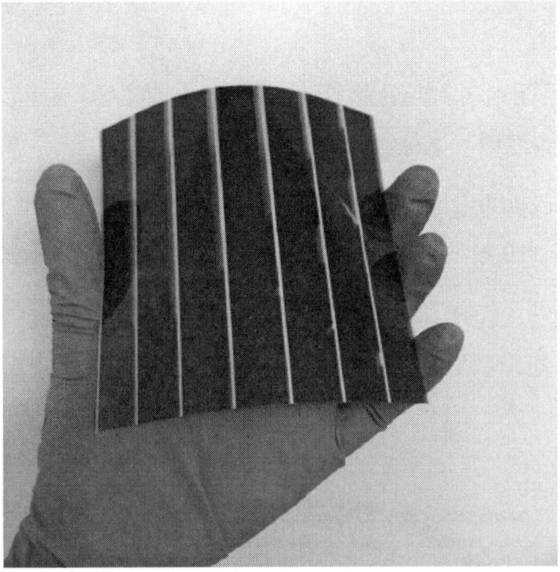

그림 12.47 OPV 모듈 샘플 기반 TCF

12.8 OPV 모듈 제작 및 특성 분석 -2

12.8.1 ZnO Coating

산화 아연 코팅의 경우 산화 아연 전자의 성능은 두께보다 표면 거칠기에 더 영향이 있다. PET 필름에 코팅된 ZnO의 평균 거칠기는 7nm다. 산화아연 ETL의 용액 전단을 위한 간격(블레이드와 기판 사이의 거리)이 다양했다. 전단 코팅은 100μm와 200μm의 간격을 사용하였다. 샘플은 원자력 현미경(AFM)을 사용하여 분석되었다. 아래 표에는 다양한 파라미터에 대한 AFM 결과가 요약이다.

표 12.5 ZnO의 속도와 간격에 따른 비교

ZnO	Gap(100μm)- nm		Gap(200μm)- nm	
Speed (mm/s)	Height	Roughness (Rmsnm)	Height	Roughness (Rmsnm)
1	221	12.36	125.98	11.97
2	242.17	4.91	137.98	6.5
5	67	6.07	299.3	41.22
10	38.03	6.479	148.32	15.14

일반적으로 높이 100μm로 코팅된 필름의 대부분은 높이 200μm로 코팅된 소자에 비해 7nm 이하로 낮은 표면 거칠기를 보였다. 100μm로 코팅한 것은 200μm로 코팅한 것보다 우수한 표면을 보였다. 아래는 100μm와 200μm의 간격을 사용한 ZnO 전단 코팅의 AFM 이미지이다.

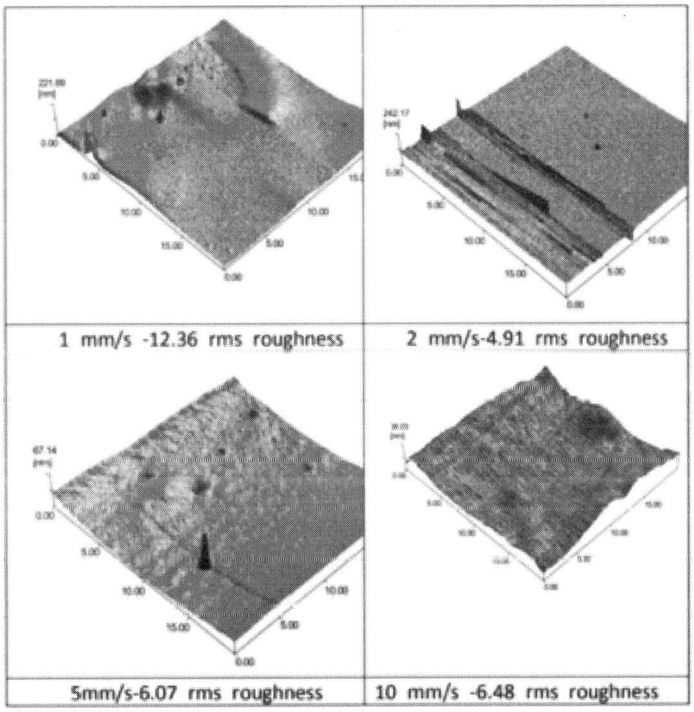

그림 12.48 높이 100μm로 코팅한 AFM 이미지

그림 12.49 높이 200㎛로 코팅한 AFM 이미지

12.8.2 P3HT:PCBM Coating

Inverted한 유기 태양 전지를 대규모로 제작하기 위해서는 실버 잉크를 사용하여 상단 전극에 증착한다. 그러나 실버 잉크의 Solvent로 인해 다른 층에 영향이 갈 수 있다. 이를 방지하기 위해서 층을 두껍게 하여 사용한다. 이렇기 때문에 층을 보호하기 위하 500nm의 두께로 층을 만들어준다. 아래 표는 코팅 속도에 따른 두께 변화를 보여준다. 코팅 속도가 증가함에 따라 두께가 증가하였으며, 요구되는 두께는 표와 같이 20mm/s로 선택하여 사용하였다,

그림 12.50
P3HT:PCBM 코팅

표 12.6 P3HT:PCBM의 속도에 따른 두께 비교

Sample	Speed	Thickness
P3HT:PCBM (CB)	10mm/s	173nm
	15mm/s	211nm
	20mm/s	433nm

12.8.3 PEDOT:PSS Coating

PEDOT:PSS 층은 스퀴즈의 속도를 변경하여 목표 두께인 2μm로 코팅하였다. 코팅 속도를 50mm/s ~ 300mm/s로 바꿔가며 코팅하였을 때, 속도에 따라 투과율이 변화하였다. 층의 두께는 알파 스텝, 면저항 측정기(Dasol Eng)로 측정하였다. 목표로 둔 2μm 두께는 100mm/s 또는 200mm/s 속도로 코팅하였을 때 완성할 수 있다.

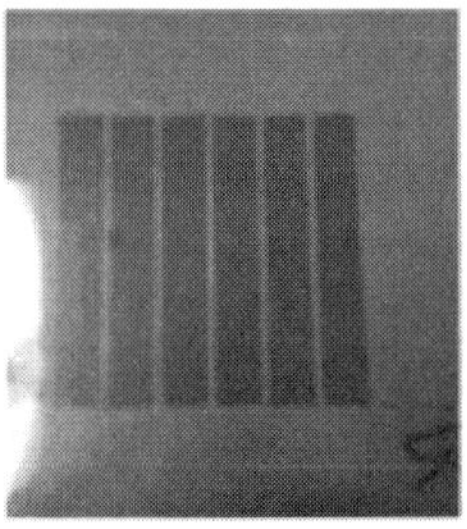

그림 12.51 스크린 프린터를 이용한 PEDOT:PSS 인쇄

표 12.7 PEDOT:PSS의 스퀴즈 속도에 따른 두께

RS	Speed	Thickness(μm)	Rs(Ω /sq)	%T
Screen print PEDOT:PSS	50mm/s	2.4	60.3	46.69
	100mm/s	2.06	58.7	47.56
	150mm/s	2.4	59.6	46.1
	200mm/s	2.05	59.1	48.43
	300mm/s	3.1	59.3	46.68

12.8.4 Screen printing Ag

실버 탑 전극 두께는 15μm를 넘지 않게 하였다. 15μm 이상의 두께를 가질 경우 빛이 통과할 수 없기 때문이다. 스퀴지 속도는 필요한 두께를 구현하기 위해서 50~300 mm/s로 변화시켰다. 필요한 두께는 100mm/s에서 200mm/s로 속도를 두었을 때 구현할 수 있었다. 각 속도에서 따른 세 개의 샘플을 제작하고 표와 같이 평균을 계산했다. 그림은 샘플의 두께를 속도와 함께 보여준다.

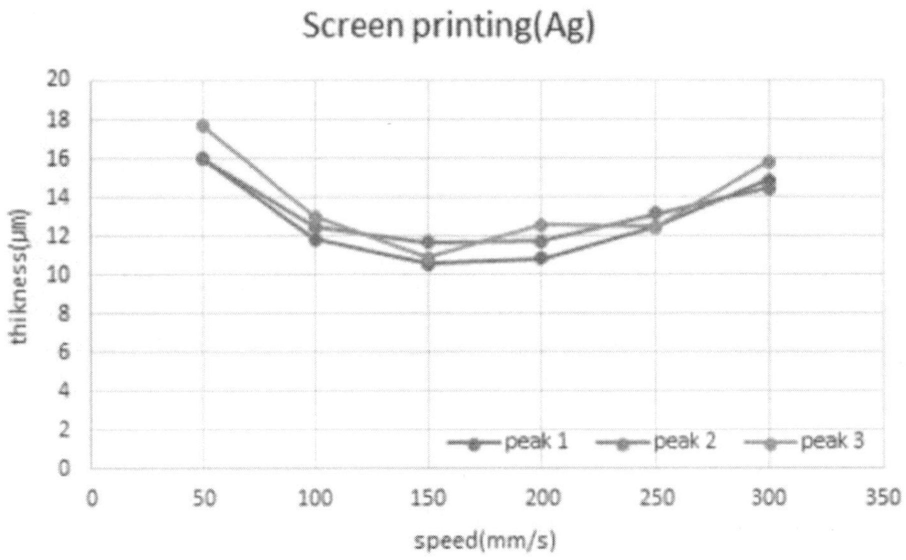

그림 12.52 Ag의 스퀴즈 속도에 따른 두께

표 12.8 스퀴즈 속도에 따른 평균 두께

Speed	Average Thickness (μm)	Rs
100	12.4	0
150	11.66	0
200	11.69	0
300	15.03	0

12.8.5 유기 태양 전지 성능

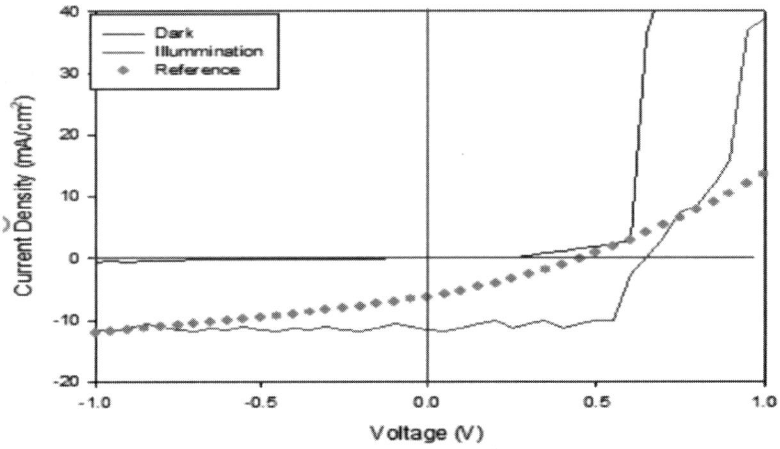

그림 12.53 전류 밀도 측정 (Dark, Illumination)

유기 태양전지의 성능은 어두웠을 때와 조명 아래에서 측정을 진행하였다. FF는 64%이고, J_{sc}와 V_{oc}는 각각 11.6mA/cm^{2}와 0.75V로 측정되었다. 기준 소자는 충전율이 40%, J_{sc}와 V_{oc}는 각각 6.3mA/cm^2, 0.5V를 나타내었다. 인쇄된 유기 태양전지는 Krebs 외 연구진의 결과인 16%와 FF의 평균인 40.2%보다 높은 FF 값을 가졌다. 이러한 성능은 Solution Shear에 따른 결정성의 결과라고 볼 수 있다.

12.9 요약

그림 12.54 박막 코터

최근 국제적으로 문제인 환경오염을 줄일 수 있는 에너지원인 태양에너지를 사용할 수 있는 OPV 소자를 제작하기 위해 slot die coater와 Micro Gravure를 설계하여 Roll to Roll 박막 코터를 제작하였다. Solt die 부품을 해석하여 제작을 도왔으며, Micro Gravure 모델링과 프로그램을 이용하여 제작할 수 있게 하였다. 이렇게 완성된 Micro-Gravure coating system은 1㎛ 이하의 코팅두께를 형성할 수 있도록 최적 설계와 더욱 정밀한 제어가 필요한 웹 서보 텐션 기구 및 시스템 텐션을 제어하기 위한 Infeeder 유닛 등으로 구성되어 있으며, PLC 제어 방식을 적용한 시스템이다. 또한, 값비싼 잉크를 적절히 공급하기 위하여 Dispenser과 서보리니어 기구를 부착한 잉크 공급장치를 적용했다. 또한, 다양한 잉크의 종류와 점도에 대응하기 위해 UV, NIR, Thermal 건조가 가능하도록 Hybrid 건조 시스템이 구성되어 있으며, 이 밖에도 Web Tension을 정밀하게 제어하기 위한 서보기구와 롤과 Web의 최적 각도유지를 위해 위치 센서, 로드 셀 등을 적용하여 피드백 제어가 가능하도록 설계 및 디자인되었다.

LBIC을 통해 소자의 동작 정도를 분석할 수 있었고, 이를 기반으로 완벽한 동작을 하는 영역과 인쇄 과정 중에 나타나는 손상 등으로 인해 동작하지 않는 영역에 대한 명확한 분석을 수행을 수행하였다. 이를 통해 제작된 OPV는 최대 효율 1.9%로 타 OPV보다 우수한 특성을 보였다.

또한, 연구에서는 유기 태양전지의 1차 전극으로 사용되는 ITO를 대체하기 위한 투명전극에 관한 연구와 인쇄기반의 유기 태양전지를 제작하기 위한 공정 연구를 진행하였다. 특별히 대면적, 저가격 대량 생산을 목표로 인쇄전자 공정 기술을 이용한 금속 격자 메쉬 타입의 투명전극에 관한 연구를 진행하였다. 필름 안에 금속 격자 패턴을 형성한 Negative 타입의 투명전극에 관한 연구를 진행하였다.

또한, 이렇게 제작된 투명전극들이 유기 태양전지에 적용 가능한지 알아보기 위해 inverted 구조의 대면적 모듈까지 제작하였다. Solution shearing coating 장비를 사용하여 모든 층 인쇄공정 기술을 이용한 대면적 유기 태양 전지 모듈을 제작하는 공정 연구를 진행하였으며 유기 태양전지의 특성 및 유기 태양전지의 효율을 분석하였다.

필름 위에 형성된 패턴들의 높이로 인한 문제점을 해결하기 위해 필름 안에 패턴을 형성하는 negative 타입의 투명전극을 제작하였고 이때 사용된 기술은 thermal-roll-imprinting이라는 기술이다. 기존의 hot embossing 공정을 R2R 공정으로 변형시킨 것을 의미한다. 유연한 stamp mold를 이용하여 필름에 패턴을 각인하여 doctor blade와 나노입자를 갖는 실버 페이스트를 이용해 각인된 패턴 안에 잉크를 충전시키는 기술이다. 공정 온도와 압력 변화에 따른 특성을 분석하였고 선폭 20㎛, 투과도 85.57% 그리고 면 저항 5.27 Ω/□의 투명전극을 제작할 수 있었다.

negative 필름에 inverted 방식의 유기 태양전지 모듈을 제작하였다. Solution shearing 공정은 용액의 메니스커스를 이용한 non-contact 방식으로 ETL, Active 층을 코팅하여 공정 연구를 진행하였다. 변수로는 blade와 기판의 gap, 코팅 속도를 두었다. 인쇄기반의 유기 태양전지 모듈의 두께를 reference를 두어 공정 연구를 진행하여 타겟 두께를 구현하였다.

현재, solution shearing coating 공정 연구가 많이 진행되지 않아 가시화 연구가 필요하다. HTL과 Top electrode 층 Ag의 경우 screen printing 장비를 이용하여 공정 연구를 진행하였으며 타겟 두께를 구현하고 대면적 유기 태양전지 모듈의 I-V curve를 확인할 수 있었다. 유기 태양전지 대면적 모듈 효율 측정결과 V_{oc} = 0.57V, J_{sc} = 5.46mA/cm^2, FF = 51.6%, PCE = 1.6% 결과를 보였다. 또한 Solution Shear와 스크린 인쇄를 이용하여 유기 태양전지를 제작하였다. 이를 통해 속도와 농도에 따른 Solution Shear에 의해 Morphology 변화를 볼 수 있었다. PP는 64%, J_{sc}와 V_{oc}가 각각 11.6mA/cm^{2}와 0.75V로 측정되었다. 이 결과로 대면적 유기 태양전지를 제작하기 위해서 Solution Shear가 중요하다는 것을 알 수 있었다.

이러한 연구 경험을 바탕으로 대면적 유기 태양전지 연속 생산에 관한 연구 진행과 solution shearing coating 방식 등 다양한 인쇄기반의 공정 연구가 진행된다면 최근 친환경 에너지 기술이 주목받는 가운데 향후 대면적 고효율의 유기 태양전지 기술 개발에 많은 도움이 되리라 판단된다.

12.10 참고문헌

[1] 이현아. "투명전극필름 유기태양전지 모듈 제조 공정 연구." 국내석사학위논문 한밭대학교 대학원, 2019. 대전

[2] Ampofo Kwame Twum. "An Experimental Study on the fabrication of ITO based Printed Organic Photovoltaic cells." 국내석사학위논문 Hanbat National University Graduate School, 2019. 대전

[3] Giri, G.; Li, R.; Smilgies, D.-M.; Li, E. Q.; Diao, Y.; Lenn, K. M.;Chiu, M.; Lin, D. W.; Allen, R.; Reinspach, J.; Mannsfeld, S. C. B.;Thoroddsen, S. T.; Clancy, P.; Bao, Z.; Amassian, A. One-Dimensional Self-Confinement Promotes Polymorph Selection in Large-Area Organic Semiconductor Thin Films. Nat. Commun. 2014, 5, 3573.

[4] Diao, Y.; Tee, B. C-K.; Giri, G.; Xu, J.; Kim, D. H.; Becerril, H.A.; Stoltenberg, R. M.; Lee, T. H.; Xue, G.; Mannsfeld, S. C. B.; Bao, Z.Solution Coating of Large-Area Organic Semiconductor Thin Films with Aligned Single-Crystalline Domains. Nat. Mater. 2013, 12, 665－671

[5] Frederik C. Krebs , Mikkel Jørgensen , Kion Norrman , Ole Hagemann , Jan Alstrup , Torben D. Nielsen , Jan Fyenbo , Kaj Larsen , Jette Kristensen(2009) : A complete process for production of flexible large area polymer solar cells entirely using screen printing

[6] Junwoo Kim a , Navaneethan Duraisamy , Taik-Min Lee , Inyoung Kim , Kyung-Hyun Choi: Screen printed silver top electrode for efficient inverted organic solar cells

Chapter 13

Meniscus Solution shearing coater for Perovskite PV

13.1 서론

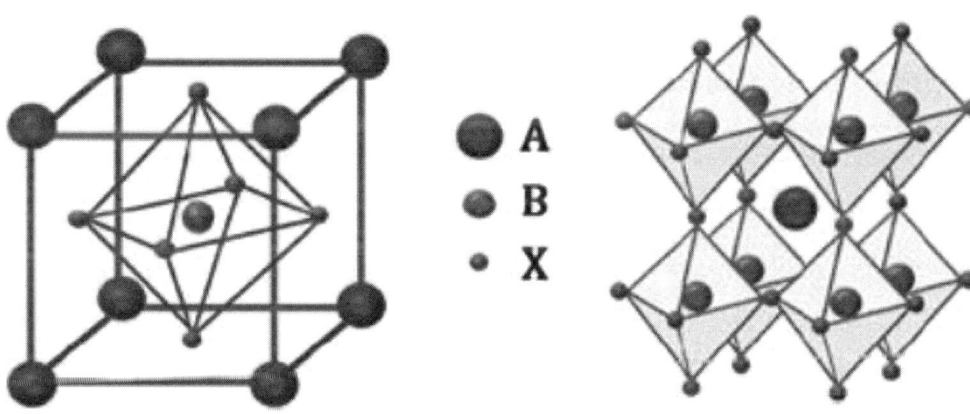

그림 13.1 페로브스카이트 결정 구조

전 세계에서는 대부분의 에너지 수요는 화석연료에서 일어나며 화석연료로 인하여 환경오염과 지구온난화 문제가 발생하여 이러한 문제점을 개선하기 위해 화석연료를 대체할 수 있도록 신재생에너지에 관한 연구와 관심이 증가하고 있다. 다양한 신재생에너지 중 태양전지의 경우 태양의 빛 에너지를 전기 에너지로 변환시키며 환경오염 문제를 유발하지 않고 재생 가능한 신재생에너지 기술이다. 태양전지의 흡광 층 재료에 따라 실리콘 태양전지, 염료감응 태양전지, 유기 태양전지로 나뉘며 이 중에서도 실리콘 태양전지는 고효율과 장수명이 장점이지만 비싼 소재와 공정으로 인해 단가가 높다는 단점을 가지고 있다. 이러한 문제를 개선하기 위한 차세대 태양전지로 많은 연구가 진행 중인 페로브스카이트 태양전지의 경우 고효율, 저비용 및 용액공정이 가능하다는 장점이 있다.

페로브스카이트 태양전지는 흡광 층에 페로브스카이트 결정 구조를 가지는 물질을 사용하는 태양전지이다. 이 물질들은 대부분 저가의 소재들로 구성되어 있고 100℃ 정도의 저온 용액공정이 가능하여 경제적 이점을 가지고 있으며, 그 효율 또한 20% 이상을 보여 기존의 실리콘 태양전지나 박막형 태양전지와 견줄 수 있는 수준이 인증되어 전 세계적으로 활발한 연구가 진행되고 있다. 하지만 페로브스카이트 태양전지에 사용되는 페로브스카이트 물질은 주로 유독성 납(Pb)을 기반으로 하고 있어, 향후 상용화를 위해 납을 대체 할 수 있는 소재개발이 필요하다. 또한, 지금까지 페로브스카이트 태양전지 제작 연구를 위한 공정은 대부분 스핀 코팅을 이용해 진행됐는데, 일반적으로 스핀 코팅 공정은 코팅 면적이 넓어지면 핀홀 (pinhole)과 균열이 생겨 박막의 균일성과 조밀성이 떨어지는 문제가 발생하고, 상용화를 위한 연속 공정에 적용할 수가 없다는 단점이 있다. 따라서 고효율 대면적 페로브스카이트 태양전지의 상용화를 위해 스핀 코팅을 대체하는 효율적인 제작공정 개발이 요구된다. 이러한 요구를 충족시키기 위해 등장한 다양한 인쇄기술에는 슬롯다이 코팅(slot-die coating), 블레이드 코팅(blade coating), 잉크젯 프린팅(Inkjet printing), 그라비어 인쇄(Gravure printing), 플렉소그래피 인쇄(Flexographic printing) 등이 있다.

인쇄전자(printed electronics)기술은 인쇄(printing)가 가능한 전도성 잉크를 사용한 인쇄공정을 통해 다양한 전자소자를 제작하는 기술을 의미하며, 기존의 반도체, 디스플레이 등의 전자소자 제조 공정인 진공증착 및 노광 공정을 대신하여 전자부품을 제조하는 생산기술이다. 인쇄전자 기술은 그 공정 자체가 진공 환경이 아닌 대기 중에서 진행되고, 저온의 환경에서 공정이 가능하여 높은 온도에 취약한 유연(flexible), 투명 기판에도 전자소자를 제작할 수 있어 유연 디스플레이 등 다양한 유연 소자 제작에 사용될 수 있다. 또한, 별도의 고가의 제작과정 없이 다양한 공정이 가능하여 제작된 소자의 단가를 낮출 수 있으며, 연속공정이 가능하므로 생산 또한 증가시킬 수 있고, 소자 제작 시 소재의 낭비가 적고 선택적인 인쇄가 가능하므로 불필요한 화학폐기물의 배출을 최소와 할 수 있다. 이러한 이점으로 인해 인쇄전자 기술은 RFID 태그, 디스플레이, 센서, 태양전지 등의 다양한 전자소자 제작에 적용되고 있다.

13.2 인쇄공정에 적용된 유체역학적 이론

13.2.1 메니스커스(Meniscus)

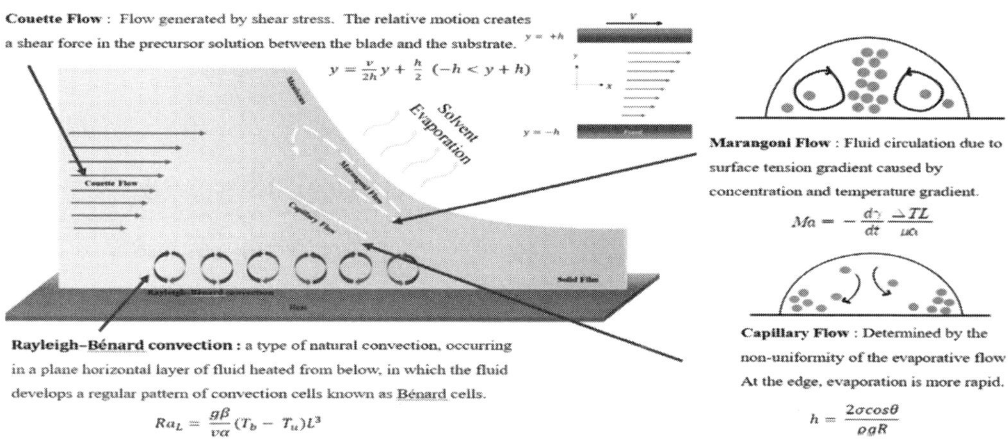

그림 13.2 메니스커스(Meniscus)

솔루션 시어링 공정 중 블레이드가 이동함에 따라 이동 방향과 반대 방향으로 형성되는 용액 부에서 형성된 메니스커스(meniscus)는 계면장력에 의해 형성된 일종의 곡면으로 공정 중에 가장 중요한 인자이다. 메니스커스는 그림 13.2에 보이듯이 상류메니스커스(Upstream meniscus)와 하류메니스커스 (downstream meniscus)로 구분된다.

상류 메니스커스는 용액이 부분적 채워지는 곳으로 코팅용액과 기판 사이의 첫 번째 접촉 위치로 코팅속도를 제한하는 데 중요한 역할을 한다. 습윤 (wetting)은 코팅의 필수적인 공정이다. 정적 습윤(static wetting)은 기판과 블레이드 사이에 용액이 채워지는 확산과정을 의미하며, 이는 코팅 과정에 적은 영향을 미친다. 또한, 인쇄 시 형성된 메니스커스는 동직 습윤 규칙을 따른다. 이러한 정적 및 동적 습윤을 설명하기 위해 많은 이론이 적용되었다. 이상적인 조건인 매끄럽고 화학적으로 균일한 고체와 순수한 액체에서의 정 적 습윤일 경우 기체, 액체 및 고체상의 열역학적 평형이 액체 메니스커스가 고체표면과 접촉하는 접촉각 θ를 결정한다. 정적 습윤은 식 13.1의 Young's equation을 통해 설명된다.

$$\sigma_{sg} - \sigma_{sl} - \sigma_{1g}\cos(\theta) = 0 \quad \text{식 13.1 Young's equation}$$

위의 식에서 θ는 접촉각을 의미하며, σ_{sg}, σ_{sl}, σ_{lg}는 각각 기체-고체, 기체-액체와 액체-고체의 표면 장력을 의미한다. 고체표면의 표면 장력 σ_{sg}, σ_{sl}, σ_{lg}의 벡터 합이 고체-기체의 장력과 같은 방향을 가진다면 액체가 고체표면 상에 자연적으로 퍼져 필름을 형성한다.

동적 습윤은 보통 습윤 선의 상대 속도 및 동적 액체 선과 고체표면 사이의 동적 접촉 각도로 특징 지어진다. 동적 습윤은 자발적 습윤과 강제 습윤을 포함하는데, 이때 강제 습윤은 접촉 선이

코팅 헤드의 외부 힘으로 구동되는 메니스커스 코팅에서의 기본적으로 발생한다. 일반적으로 동적 접촉 각도는 속도에 의존하며, 자발적 습윤 상대와 다르다. 따라서 고속의 공정을 진행할 때 동적 습윤에 악영향을 끼칠 수 있으며 임계 속도를 초과하면 용액이 연속적인 습윤 층을 형성하지 못해 액체 내에서 불안정한 흐름과 기포 발생을 유발한다. 즉, 동적 습윤을 제어하는 것은 고속 인쇄공정의 핵심이다. 하류 메니스커스는 용액이 완전히 채워지는 부분으로 인쇄된 필름 품질에 큰 영향을 미치며, 블레이드와 기판 사이에 채워진 용액이 공기와 접촉하는 부분으로 대부분의 증발이 일어나는 곳이다. 하류 메니스커스에서는 그림 2에서 볼 수 있듯이 다양한 유체역학적 이론이 적용되었다.

13.2.2 쿠에트 유동(Couetter flow)

코팅 헤드는 상대적 움직임에 의해 블레이드와 기판 사이에 있는 전구체 용액에 전단력을 생성한다. 이 전단력은 couette 흐름이라고 하는 전단 구동 유체 유동을 유도한다. 이 흐름은 일정한 속도로 상대운동을 하는 평행한 두 평면 사이에서 점성유체에 의해 발생한 정상 층 흐름을 의미한다. 그림 13.3과 같이, couette 흐름의 방향은 코팅 방향과 평형하며, 상류 및 하류 메니스커스 사이의 압력 구배를 고려할 때, 압력 차는 전단력과 중복되는 또 다른 힘을 발생시켜 유동의 크기와 방향을 조절할 수 있다. 코팅 방향과 평행한 방향에서의 압력 구배는 couette 흐름을 강화하는 반면 역방향에서의 압력 구배는 couette 흐름을 약화해 전단력이 약한 부분에서 역류를 유발한다.

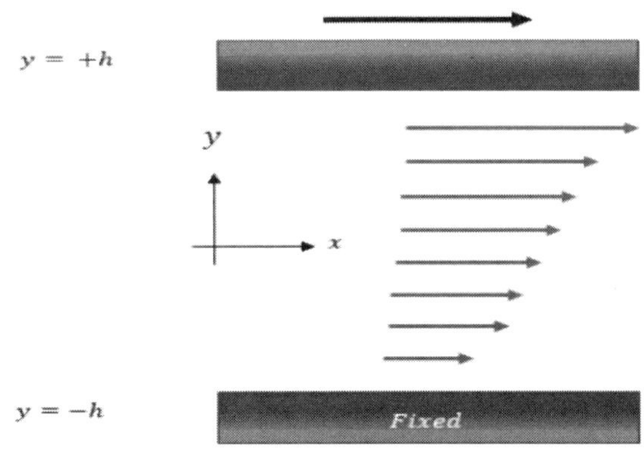

그림 13.3 쿠에트 유동(Couetter flow)

2개의 평행한 평판 사이에 점성유체를 채우고 한쪽 판에 대해 다른 쪽의 판을 평행을 유지하면서 일정한 속도로 움직이는 경우, 2개의 판 사이의 유체 흐름의 속도분포는 정지한 판 표면에서의 0으로부터 움직이고 있는 판 표면에서의 까지 직선적으로 증가한다. 즉, 2개의 판 사이의 유체에는 똑같은 속도 기울기가 발생한다. 이때 그것은 2개의 평판 사이의 간격으로 식 13.2를 통해 계산할 수 있다.

$$y = \frac{v}{2h}y + \frac{h}{2}(-h < y < +h) \qquad \text{식 13.2}$$

13.2.3 모세관 현상 (Capillary effect)

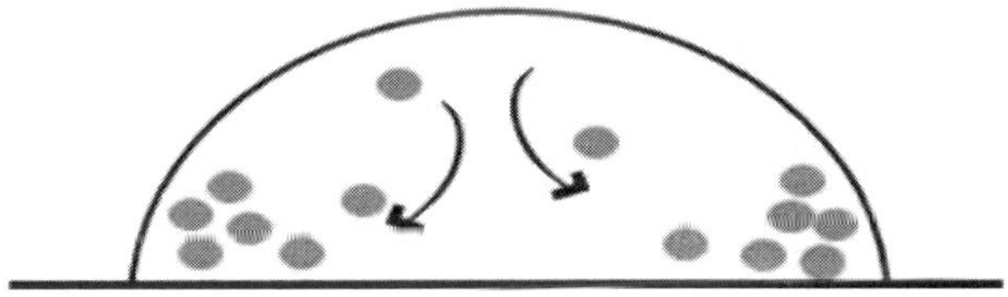

그림 13.4 모세관 현상 (Capillary effect)

모세관 현상은 액체 속에 모세관을 넣었을 때 관내에 액면이 외부의 자유 표면보다 높거나 낮아지는 현상으로 응집력과 부착력에 의해 발생하며 이때 메니스커스가 형성된다. 액체 분자 사이에 작용하는 인력인 응집력과 서로 다른 상태의 물질 사이에 작용하는 인력인 부착력에 따라 메니스커스 모양이 결정되는데 응집력이 부착력보다 클 때 볼록한 메니스커스, 작을 때에는 오목한 메니스커스가 형성된다. 모세관 흐름의 강도는 액적 표면에서 증발 유량의 불균일성에 의해 결정되며,

자유 계면을 가로지르는 물질 수송은 계면에서 멀리 떨어진 용매 증기의 확산 때문에 제한된다. 증발 유량의 불균일성은 모세관 흐름 모양을 결정하는 데 중요하며, 액적이 표면과 형성하는 접촉각에 영향을 받는다. 접촉각 θ < 90°인 경우, 증발 유량은 가장자리로 증가하고, θ = 90° 유량이 표면에서 일정하며, θ > 90°인 경우, 액적의 중심에서 감소한다. 이때 액주상승높이 h는 식 13.3을 통해 구할 수 있다. 액주의 가장자리에서 대부분의 증발이 발생하여 질량 손실이 발생하는데 손실된 질량을 보충하기 위해 그림 13.4에서 볼 수 있듯이 질량 흐름이 발생한다.

$$h = \frac{4\sigma\cos\beta}{\rho g R} \quad \text{식 13.3}$$

13.2.4 마랑고니 유동 (Marangoni flow)

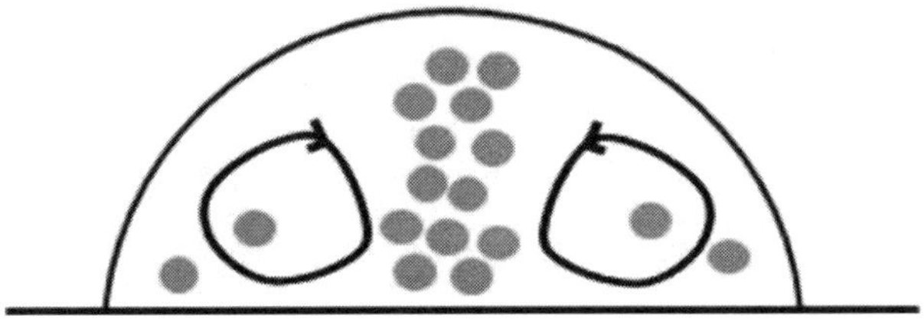

그림 13.5 마랑고니 유동 (Marangoni flow)

액체-액체 사이 또는 액체-기체 사이에서 표면 장력 변화 때문에 발생하는 액체 운동을 마랑고니 유동이라고 한다. 이 유동은 액적 내부에서 발생한 온도 차이에 의해 유도된다. 또한, 마랑고니 유동은 용액의 깊이 방향으로 작용하고, 다시 부력의 영향에 의해 상승한다. 표면 장력은 표면적을 작게 하려 고 작용하는 장력을 의미하고, 온도 및 농도에 의존하여 액체 표면에 온도 또는 농도의 불균일 현상이 발생하면 표면 장력의 불균일한 점선 유동이 발생한다. 액체의 모든 표면에 표면 장력이 작용하고 같은 온도라고 가정한다면 액체의 표면은 구의 형태 유지하려고 한다. 그림 13.5에서 볼 수 있듯이 용매가 증발함에 따라 고체필름 근처의 더 높은 농도의 용질은 표면 장력을 증가시켜 마랑고니 유동이 가장자리 쪽으로 흐르게 한다. 또한, 인쇄 중에 기판을 가열하면 액적의 가운데 부분의 온도는 가장자리 상대적으로 저온이 되며, 가장자리에서 벌크 용액으로의 열 구배에 의해 역방향 마랑고니 유동이 유도된다.

$$Ma = -\frac{d\gamma}{dt}\frac{\triangle TL}{\mu\alpha} \quad \text{식 13.4}$$

이러한 열 구배 유도 마랑고니 유동은 식 13.4의 표면 장력과 점성력을 비교하는 무차원수인 마랑고니 수로 표현된다.

13.2.5 레일리-버나드 대류(Rayleigh-Bénard convection)

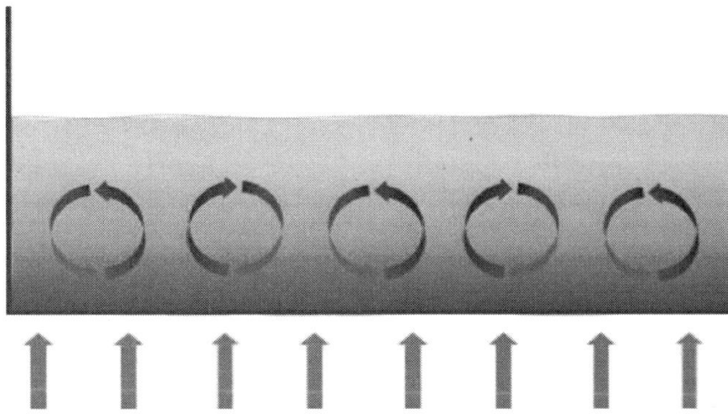

그림 13.6 레일리-버나드 대류 (Rayleigh-Bénard convection)

레일리-버나드 대류는 자연 대류의 한 유형으로, 가열된 유체의 평면 수평층에서 발생하며, 여기서 유체는 Bénard 세포로 알려진 규칙적인 패턴의 대류 세포를 생성한다. 이 대류는 하단 면의 온도가 상단 면의 온도와 같으면, 액체는 온도가 주변과 같은 평형 상태로 향하게 된다. 그 후, 그림 13.6과 같이, 하단 면의 온도가 약간 증가하여 액체를 통해 전도되는 열에너지의 흐름을 생성한다. 이때, 열전도도 구조를 가지게 되며 미세한 움직임을 통해 자발적으로 정렬되어 특징적인 상관 길이를 가진 Bénard 대류 세포를 형성한다.

세포는 아래 그림과 같이 안정적이며 수평으로 시계방향에서 시계 반대 방향으로 번갈아 가며 회전한다. 이는 자발적인 대칭 파괴의 예이다. Bénard 세포는 준안정(불안정하지만 실현할 수 있는 화학종 혹은 상태)적이며, 이는 작은 섭동(주요한 힘의 작용에 의한 운동이 부차적인 힘의 영향으로 인하여 교란되어 일어나는 운동)은 세포의 회전을 변경할 수 없지만, 더 큰 섭동은 회전에 영향을 줄 수 있음을 의미한다. 하단 면과의 표면의 온도 차가 증가할 경우 더 큰 대류가 형성되고 이때 큰 결정 크기를 가지는 셀을 얻을 수 있다.

상단과 하단 판 사이에 밀도 구배가 존재하기 때문에 중력은 저온과 고밀 도의 액체를 상단에서 하단으로 당기는 현상이 발생하고, 이 중력은 유체의 점성 감쇠력과 반대된다. 이 두 힘의 균형은 레일리 수로 표현된다. 이때 레일리 수는 식 13.5과 같이 정의되며, 비 차원 매개변수로 표현된다.

T_u는 상 판의 온도, T_b는 하단 판의 온도, L은 높이, g는 중력가속도는 동점도는 열 확산도, β는 열 팽창 계수이다.

$$Ra_L = \frac{g\beta}{\nu\alpha}(T_b - T_u)L^3 \qquad \text{식 13.5}$$

메니스커스 유도 용액공정에는 위와 같이 다양한 유체역학 이론이 적용된다. 전단력으로 인한 쿠에트 흐름, 마랑고니 유동과 모세관 흐름은 페로브스카이트 필름 성장 방향을 유도한다. 또한, 마랑고니 유동과 함께 유발되는 커피링 효과의 경우 용액이 가장자리로 모이는 것으로 커피링 효과 유발을 제어하는 연구가 필요하다.

13.3 Solution Shearing process

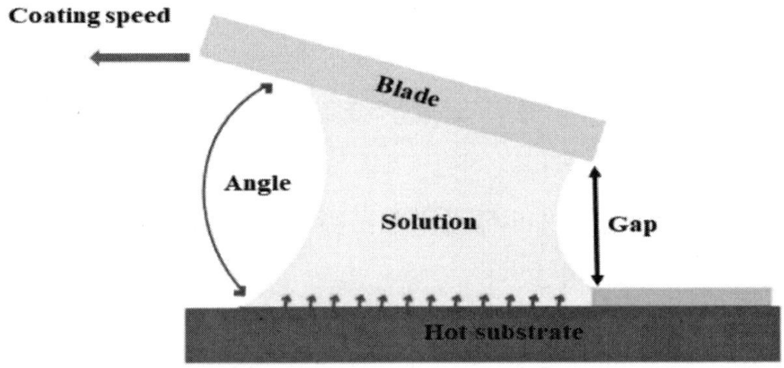

그림 13.7 솔루션 시어링

솔루션 시어링 인쇄공정은 그림 13.7과 같이, 기판과 블레이드 사이에 용액을 주입한 후 그사이에 형성된 메니스커스(meniscus)를 이용하여 기판에 용액을 고르게 도포하여 박막을 제작한다. 박막이 제작되는 과정 중 블레이드와 기판 사이의 간격은 항상 일정하게 유지해야 하며, 이 간격에 의해 모세관 현상이 발생하여 용액이 블레이드가 이동할 때 간격에 존재하게 된다. 또한, 블레이드가 이동함에 따라 이동 방향과 반대 방향으로 형성된 용액 부에서 두께가 매우 얇으면서 곡률 반경이 큰 면이 생성되는데 이 면을 메니스커스라 고 하며 인쇄 중에 용매의 증발이 일어나는 부분으로 용매 증발 직후 결정이 성장한다. 이때 메니스커스 영역에서의 빠른 증발은 외부대류 유동을 촉발하여 용매의 증발 손실을 보충하고 커피링 효과(coffee ring effect)로 인하여 용질을 접촉라인으로 이동시키는 현상이 발생한다. 솔루션 시어링 인쇄 중에 발생한 현상은 2장의 솔루션 시어링 코팅에 적용된 유체역학적 이론에서 설명될 것이다.

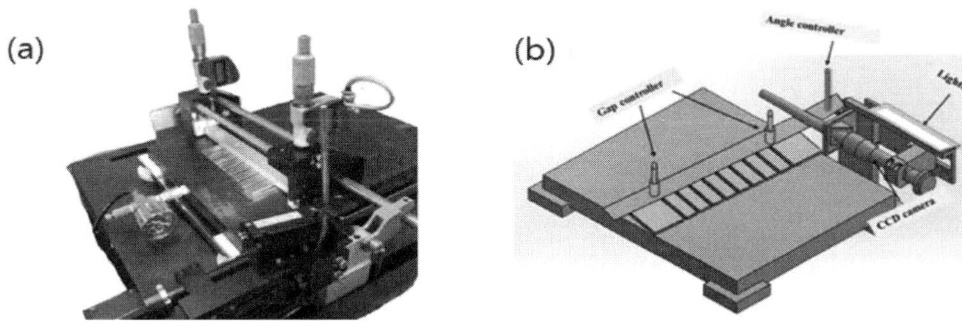

그림 13.8 (a) 솔루션 시어링 장비 (b) 솔루션 시어링 모식도

이 인쇄공정은 블레이드 코팅과 유사하지만 저점도의 용액이 사용되며 블레이드 이동속도와 메니스커스 면에서 발생하는 용매의 증발속도의 적절한 조화가 이루어져야 한다. 소량의 재료를 사용하기에 재료 손실이 적고 넓은 면적의 균일한 품질의 박막을 제작할 수 있어 롤 투 롤 방식에 적용하면 연속 공정이 가능해져 생산성 및 공정 효율이 상승한다는 장점이 있다. 솔루션 시어링 공정의 변수로는 기판 온도(Substrate temperature), 블레이드와 기판 사이의 거리(Gap), 인쇄 속도(Coating speed), 블레이드 각도 (Angle) 등이 있다.

13.4 공정 조건 확립

13.4.1 정공 수송층 최적 공정 확립

표 13.1 공정 변수와의 박막 두께 비교

	100㎛	200㎛
6mm/s	73.33nm	73.50nm
13mm/s	73.08nm	72.52nm
20mm/s	71.03nm	70.82nm
27mm/s	68.79nm	68.60nm

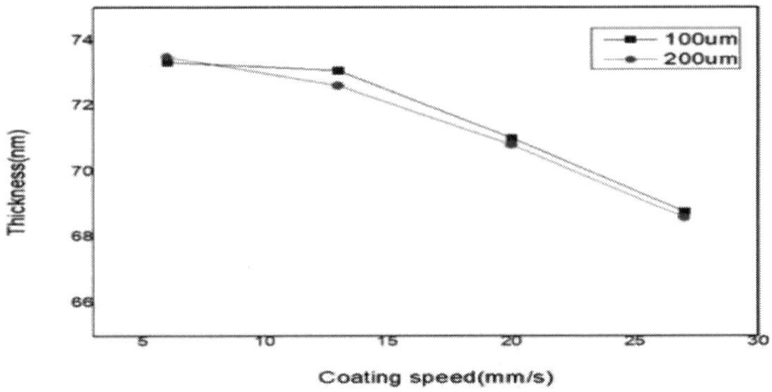

그림 13.9 HTL 박막 두께 변화 그래프

표 13.2 코팅 속도에 따른 두께 변화

	17mm/s	18mm/s	19mm/s	20mm/s	21mm/s	22mm/s	23mm/s
200㎛	70.84nm	71.09nm	70.55nm	70.49nm	70.14nm	69.54nm	69.47nm

솔루션 시어링 공정의 다양한 변수 중 기판과 블레이드 사이의 거리(Gap)과 인쇄 속도(Coating speed)에 따른 두께 변화와 확립된 최적 조건을 적용하여 인쇄된 박막의 표면 거칠기를 확인하였다. 블레이드 각도는 3°로 기판 온도는 상온으로 고정한 후 진행하였다. 기판은 Bare glass를 사용하였다. 정 공 수송 층의 재료는 많은 연구가 진행된 PEDOT:PSS 중 AI4083을 사용하였고, 이는 구매한 상태 그대로 사용하였다. 본 공정에서의 정공 수송층 두께 는 p-i-n구조의 태양전지에서 보편적으로 사용되고 있는 50~80nm에서 70nm로 목표로 설정하고 공정을 진행하였다. 앞서 언급된 바와 같이 사용된 장비는 고속공정 장비로 인쇄 속도는 6mm/s에서 7mm/s의 간격으로 인쇄한 후 박막 두께측정기(Alpha-step)를 이용하여 두께를 측정하였다. 표 13.1과 그림 13.9과 같이 기판과 블레이드 사이의 간격이 증가함에 따라 두께가 증가하는 경향을 보였지만 작은 차이를 보였다. 속도가 증가함에 따라서는 박막 두께가 감소하는 경향을 보였는데 인쇄 속도가 증가함에 따라 증발 속도가 증가하고 용액이 박막에 머무는 시간이 짧아져 두께가 감소했다고 예상한다.

설정된 목표 두께와 가장 근접한 값을 보인 200㎛의 기판과 블레이드 사이의 간격으로 고정한 후 인쇄 속도는 20mm/s를 기준으로 ±3mm/s의 간격으로 두께 변화를 확인하였다. 측정결과는 표 13.2에서 보이듯이 인쇄 속도와 두께는 반비례의 경향을 보였으며 21mm/s의 속도에서 70.14nm로 가장 목표 두께와 근접한 값을 보였다.

또한, 정공 수송층은 흡광층의 하부 층으로 표면 거칠기에 따라 흡광층의 박막 형성에 영향을 미치기 때문에 확립된 최적 공정 조건인 21mm/s, 22mm/s의 속도에서 박막을 제작한 후 AFM을 이용하여 표면 거칠기를 측정하였다. 그림 9에서 볼 수 있듯이 21mm/s에서의 Rms값은 1.43nm, 22mm/s에서는 1.24nm로 낮은 표면 거칠기 값을 보였다. 이 조건에서 박막을 제작할 시 매우 균일한 박막을 얻을 수 있으며, 고속공정에서도 낮은 표면 거칠기를 가진 박막을 제조할 수 있다는 점을 확인하였다.

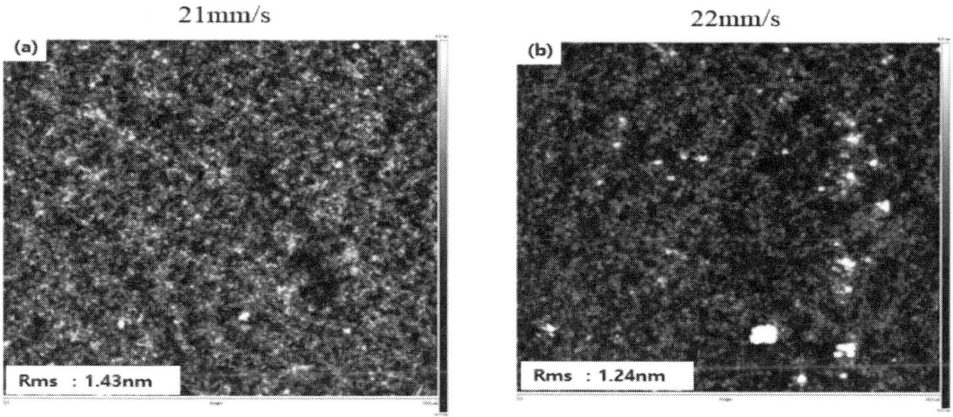

그림 13.10 최적 공정에서의 HTL 표면 거칠기(스케일바(a) : −4.6nm ~ +4.6nm, (b) : −5.0nm ~ +5.0nm)

13.4.2 흡광층 최적 공정 확립

1) 인쇄 속도에 따른 흡광층의 두께 변화

페로브스카이트 태양전지의 흡광층의 경우 고속으로 인쇄하였을 때 결정 사이즈가 저속보다 감소하는 특성으로 인하여 고속공정 적용이 어려워 양산화 적용이 어렵다는 단점을 가지고 있다. 이러한 단점을 보완하기 위해 솔루션 시어링 장비의 다양한 공정변수인 기판 온도(Substrate temperature), 블레이드 각도(Blade angle), 기판과 블레이드 사이의 간격(Gap)과 인쇄 속도(Coating speed)를 변화시켜 박막 두께와 결정의 크기를 확인했다. 또한, 본 장비의 가장 큰 특징인 메니스커스 형상에 따른 결정 크기를 확인하였다. 이때 기판은 앞서 언급한 바와 같이 Bare glass를 사용하였으며, 기판에 어떠한 추가 없이 공정을 진행하였다.

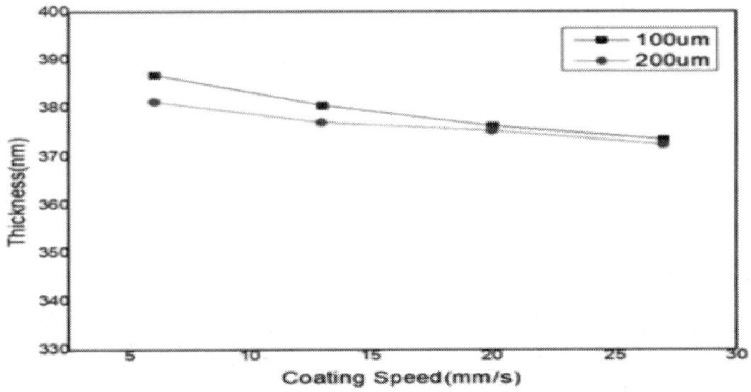

그림 13.11 페로브스카이트 박막 두께 변화 그래프

먼저 기판 온도는 상온, 블레이드 각도 3°로 고정한 후 인쇄 속도와 기판과 블레이드 사이 간격에 변화를 주었다. 인쇄 속도는 정공 수소층에서와 같이 6mm/s에서 7mm/s 간격으로 증가시켰고, 기판과 블레이드의 간격은 100㎛와 200㎛의 조건으로 인쇄하였다. p-i-n 구조의 페로브스카이트 태양전지의 흡광층 두께는 보편적으로 300nm~450nm로 본 연구에서는 350nm 정도의 두께를 목표로 설정하였다. 흡광 층 두께의 표 13.3과 그림 13.11과 같은 측정결과를 얻었으며, 인쇄 속도가 증가할수록 두께가 감소하는 경향을 보였다.

표 13.3 공정 변수와의 박막 두께 비교

	100㎛	200㎛
6mm/s	386.nm	381.33nm
13mm/s	380.65nm	377.06nm
20mm/s	376.33nm	375.36nm

2) 인쇄 속도에 따른 흡광층의 결정립 크기 변화

페로브스카이트 물질은 인쇄 후 박막 형성 시 형성된 결정립의 크기와 형 상이 태양전지 효율에 큰 영향을 미친다. 페로브스카이트 용액을 인쇄한 후 열처리 또는 추가적인 안티 솔벤트 공정을 통해 박막이 형성되며 이때 결정 립이 형성되는데 결정립의 크기에 따라 이동하는 전자와 정공이 결정립계를 통과할 때 발생하는 전하 손실을 좌우한다. 이때 결정립의 크기가 크면 발생한 전하 손실을 줄일 수 있어 고효율의 페로브스카이트 태양전지를 얻을 수 있다. 인쇄 속도에 따른 결정립의 크기 변화를 확인하고 결정립의 크기를 증가시킬 수 있는 최적 공정을 확립하고자 한다.

기판 온도는 상온, 블레이드 각도 3°로 고정한 후 인쇄 속도와 기판과 블레이드 사이 간격에 변화를 주었다. 공정 조건은 앞서 언급된 바와 같이 인쇄 속도는 6mm/s에서 7mm/s 간격으로 증가시켰고, 기판과 블레이드의 간격은 100㎛와 200㎛의 조건으로 인쇄하였다. 그림 13.12은 상온의 기판 온도에서 인쇄 속도만 증가시켰을 때의 광학현미경으로 측정한 결정의 변화이다. 그림 13.13와 같이 메니스커스 형상은 잘 유지됐지만, 비교적 낮은 속도인 6mm/s에서 결정립이 형성되었지만, 속도가 증가함에 따라 결정의 크기가 작아지고 결정립이 형성되지 않는 문제가 발생했고, 페로브스카이트의 작은 결정 크기는 페로브스카이트 태양전지의 낮은 효율을 초래한다. 이러한 문제로 인해 페로브스카이트 태양전지의 양산화를 위한 롤 투 롤 공정 적용이 불가능하다.

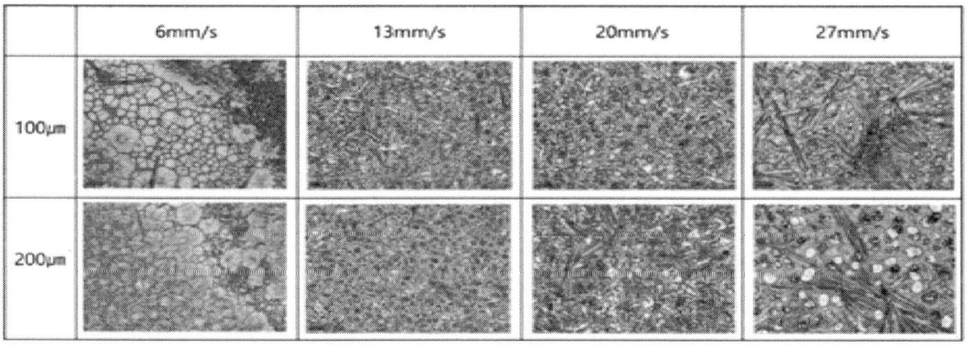

그림 13.12 코팅 속도에 따른 입자 변화 (스케일바 : 100㎜)

그림 13.13 메니스커스 형성 (a) Gap : 100㎛ and (b) Gap : 200㎛

3) 기판 온도에 따른 흡광층 두께 변화

흡광층 인쇄 시 인쇄 속도와 기판 온도에 따라 용액의 증발량이 변화하고 이에 따라 변화하는 박막 특성을 확인하였다. 기판 온도는 50°C에서 50°C씩 증가시켰고, 인쇄 속도는 이전과 같이 6mm/s에서 7mm/s씩 증가시키고 기판과 블레이드 사이의 거리는 100㎛와 200㎛의 조건으로 진행하였다.

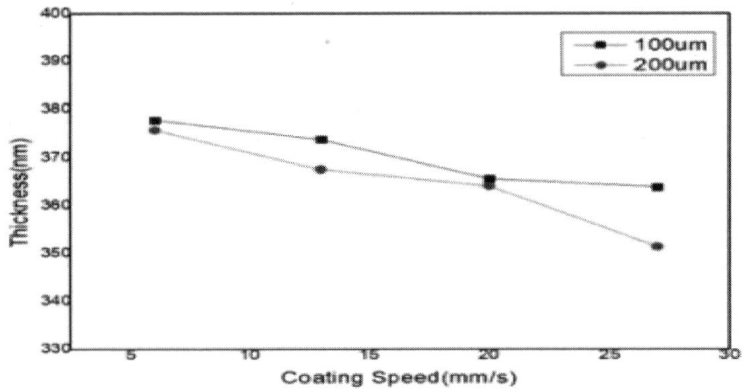

그림 13.14 50℃에서의 페로브스카이트 박막 두께 변화 그래프

표 13.4 50℃에서의 공정변수와의 박막 두께 비교

	100㎛	200㎛
6mm/s	377.84nm	375.74nm
13mm/s	373.78nm	367.56nm
20mm/s	365.62nm	364.10nm
27mm/s	363.9nm	351.4nm

표 13.5 100℃에서의 공정변수와의 박막 두께 비교

	100㎛	200㎛
6mm/s	379.24nm	376.51nm
13mm/s	370.14nm	363.86nm
20mm/s	358.69nm	353.17nm
27mm/s	344.62nm	335.47nm

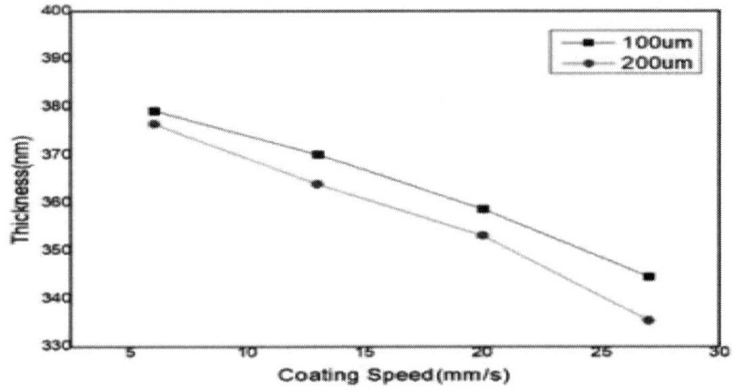

그림 13.15 100℃에서의 페로브스카이트 박막 두께 변화 그래프

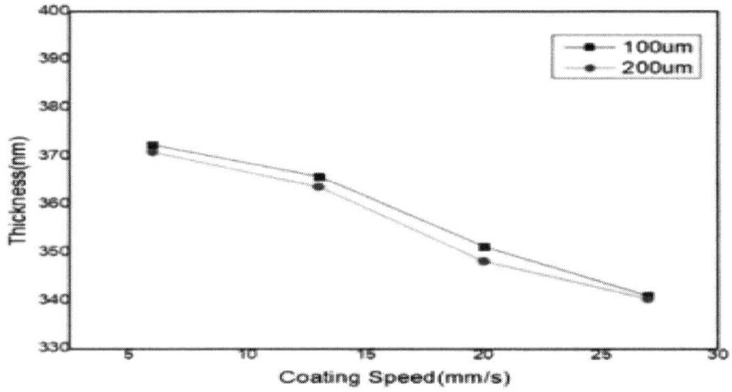

그림 13.16 150℃에서의 페로브스카이트 박막 두께 변화 그래프

표 13.6 150℃에서의 공정변수와의 박막 두께 비교

	100㎛	200㎛
6mm/s	372.38nm	370.89nm
13mm/s	365.79nm	363.59nm
20mm/s	351.31nm	348.59nm
27mm/s	341.06nm	340.46nm

표 13.4과 그림 13.14은 50℃, 표 13.5와 그림 13.15는 100℃, 그리고 표 13.6과 그림 13.16는 150℃의 기판 온도에서 인쇄한 후 박막 두께측정기로 측정한 두께 변화이다. 같은 속도에서 기판 온도가 증가함에 따라 증발하는 용매의 증발량이 증가하고 이에 따라 두께가 점차 감소하는 경향을 보였다.

그림 13.17은 CCD 카메라를 통해 촬영된 150°의 기판 온도에서의 용매가 증발하는 모습이다. 이처럼 고온의 기판 온도에서 인쇄공정 중에 용매 증발이 활발히 일어나 형성된 박막의 두께가 감소한다.

앞서 언급된 바와 같이 설정된 목표 두께인 350nm와 가장 근접한 값을 보인 150°의 기판 온도에서 100㎛의 간격으로 20mm/s로 인쇄된 공정 조건을 최적 조건으로 고정하였다.

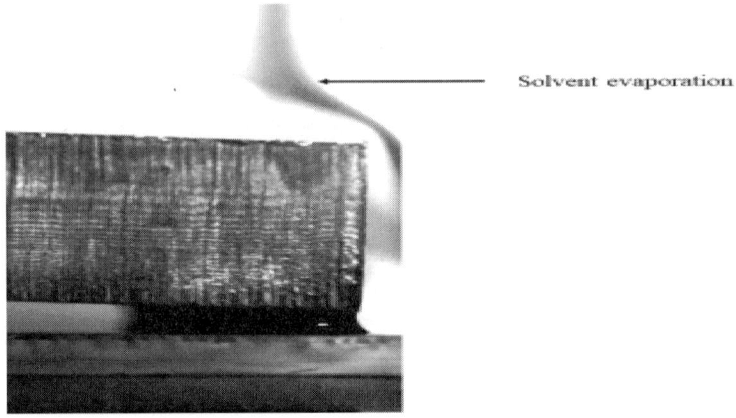

그림 13.17 150℃ 기판 온도에서의 용매 증발

4) 기판온도에 따른 흡광층의 결정 크기 변화

흡광층 인쇄 시 기판 온도에 따른 결정립의 변화를 확인하였다. 유체역학 이론 중 하단 면의 온도에 따라 발생한 대류인 Rayleigh-Bénard convection (레일리-버나드 대류) 이론에 따르면 기판 온도에 따라 온도 차가 증가할 경우 큰 대류를 형성하게 되고 최종적으로 큰 결정립을 형성하게 된다. 이 이론을 실험적으로 확인하기 위해 앞서 언급한 바와 같은 실험 조건으로 기판 온도에 따른 결정립 크기 변화를 확인하였다.

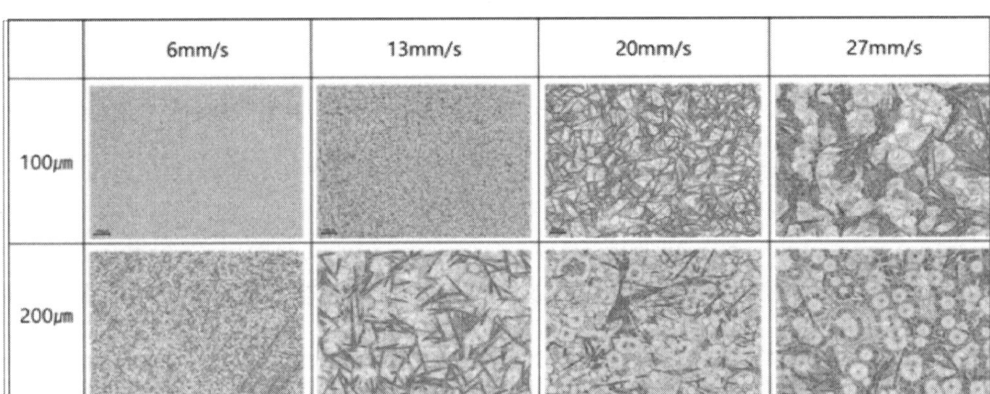

그림 13.18 50℃에서의 코팅속도에 따른 입자 변화 (스케일바 : 100㎛)

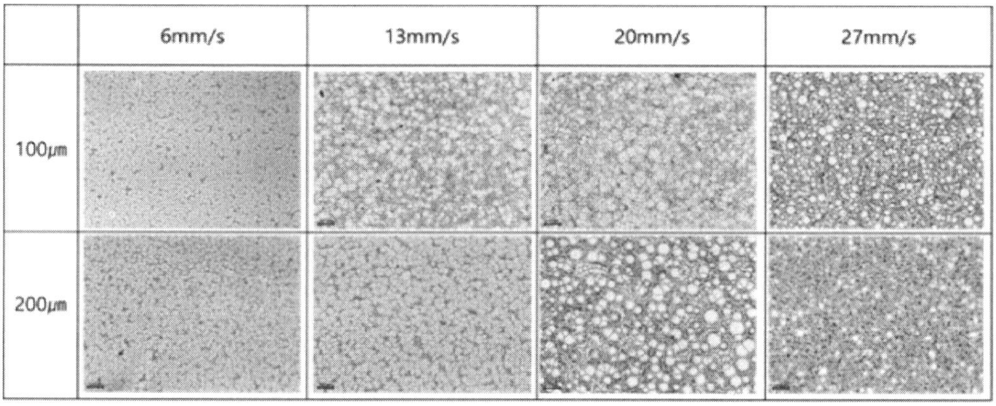

그림 13.19 100℃에서의 코팅속도에 따른 입자 변화 (스케일바 : 100㎛)

그림 13.18은 50℃, 그림 13.19은 100℃와 그림 13.20는 150℃의 기판 온도에서 인쇄 속도와 기판과 블레이드 사이의 간격을 변화시켰을 때 OM으로 측정된 결정립 이미지이다. 그림 13.18의 경우, 13mm/s 이하의 속도에서는 결정립이 형성되지 않는 경향을 보였으나 속도가 증가함에 따라 조금씩 결정립이 형성되었다. 그림 13.19의 경우, 비교적 작은 결정립이 형성되었고, 더 높은 온도인 그림 13.20의 경우 전반적으로 큰 크기의 결정립이 형성되었으며, 100㎛과 20mm/s에서 가장 크고 균일한 결정립을 얻었다. 이를 통해 앞서 언급된 Rayleigh-Bénard convection(레일리-버나드 대류) 이론을 확인하였다. 결정립의 크기가 제일 큰 조건은 기판 온도 150℃, 인쇄 속도 20mm/s와 기판과 블레이드 사이의 거리 100㎛로 최적 조건으로 설정하였다.

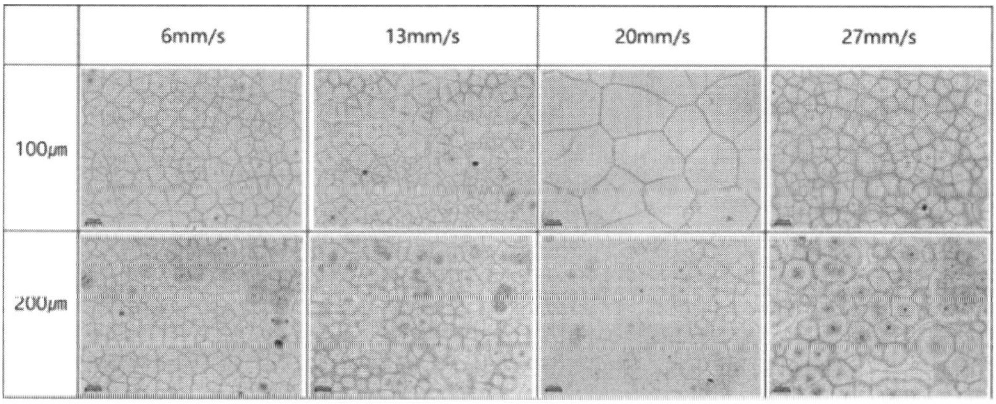

그림 13.20 150℃에서의 코팅속도에 따른 입자 변화 (스케일바 : 100㎛)

또한, 기판 온도가 증가함에 따라 결정립의 질에 영향을 미친다. 기판 온도와 인쇄 속도에 따라 결정립에 결함이 발생한다. 그림 13.19의 경우 20mm/s에서 결정립 가장자리에서 결함이 발생했으며, 그림 13.20의 경우 200㎛의 27mm/s에서는 결정립 내부에서 결함이 발생하는 경향을 보였다. 이를 통해 알 수 있듯이 기판 온도와 인쇄 속도에 따라 결정립의 질에 주요한 영향을 끼치기 때문에 적절한 인쇄 속도와 기판 온도를 설정하는 것이 중요하다.

표 13.7 20mm/s 속도에서의 결정 크기 평균 데이터

	R.T	50C°	100C°	150C°
100㎛	-	7311.69$㎛^2$	8273.78$㎛^2$	70246.54$㎛^2$
200㎛	-	6553.12$㎛^2$	7693.48$㎛^2$	9845.98$㎛^2$

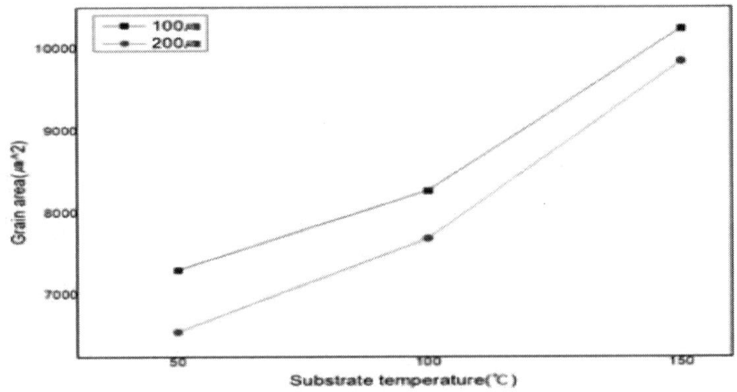

그림 13.21 20mm/s 속도에서의 결정 크기 평균 데이터 그래프

20mm/s의 인쇄 속도에서 온도별 결정립의 크기를 측정하여 평균값을 계산하였다. 표 13.7과 그림 13.21은 기판과 블레이드 사이의 간격이 증가함에 따라 결정립 크기가 감소하였으며, 온도별 결정립 크기 평균값으로 온도가 증가함에 따라 결정립의 크기가 증가하는 경향을 확인할 수 있었다. 이 또한 Rayleigh-Bénard convection(레일리-버나드 대류) 이론 적용이 되어 이러한 경향을 보인 것이라고 예상한다.

13.4.3 메니스커스 가시화

사용된 솔루션 시어링 공정 기술을 메니스커스를 이용한 공정 기술로서 메니스커스 형상은 박막에 영향을 끼친다. 이를 확인하기 위해 다양한 각도에서 공정을 진행하였다.

1) Blade 각도에 따른 결정 크기 변화

먼저 솔루션 시어링 공정의 공정변수 중 블레이드 각도는 보편적으로 사용되는 3°~5°의 각도와

그보다 큰 6°~9°의 각도의 조건에서 결정립 크기 변화를 확인하였다.

그림 13.22은 메니스커스 형상에 따른 결정립 변화를 나타낸다. 블레이드와 기판 사이의 간격은 100㎛, 기판 온도는 150℃와 인쇄 속도 20mm/s로 고정한 후 공정을 진행하였다. 9°의 블레이드 각도에서는 메니스커스 형상이 유지되는 것을 확인하였으며 이에 따라 페로브스카이트의 결정 또한 형성되었다. 하지만 블레이드 각도가 증가함에 따라 결정립의 크기와 질이 감소하는 경향을 보였다. 이러한 결과를 통해 메니스커스 솔루션 시어링의 공정변수의 적절한 조합이 필요하다는 결과를 얻을 수 있다.

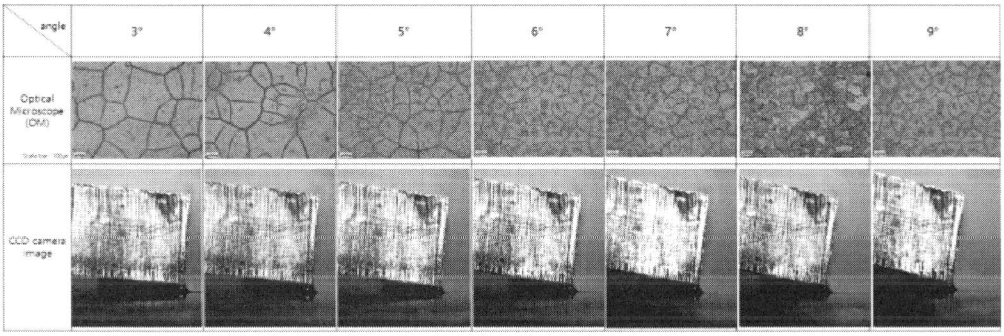

그림 13.22 Blade 각도별 결정 사이즈

2) 메니스커스 안정성에 따른 결정 크기 변화

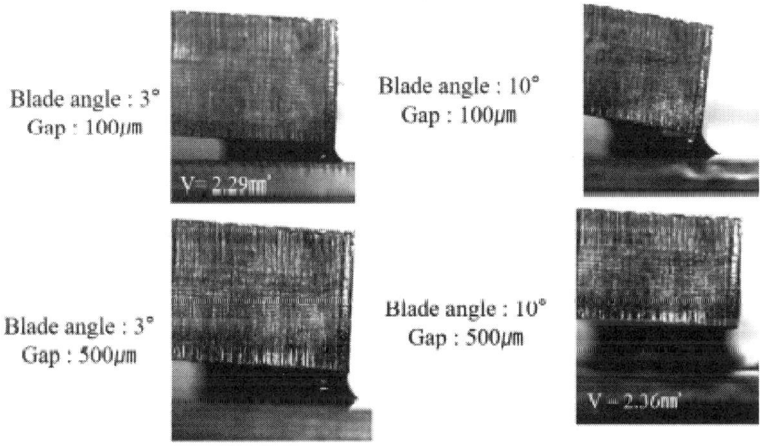

그림 13.23 Blade 각도별 메니스커스

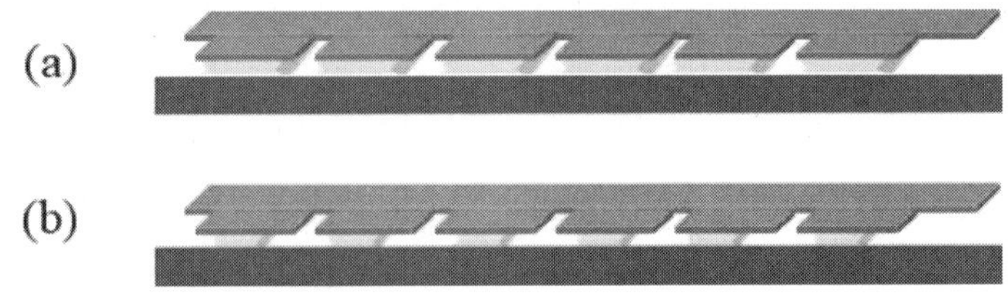

(a) 안정적인 메니스커스, (b) 불안정성 메니스커스 형성

그림 13.24 Blade와 기판 사이에 다른 각도로 형성된 메니스커스 형성

메니스커스가 깨지는 형상을 얻기 위해 극단적인 공정 조건을 적용하였다. 그림 13.23의 10°의 블레이드 각도와 500㎛의 블레이드와 기판 사이의 간격에서는 그림 13.24 (b)처럼 블레이드와 기판 사이에 용액 응집 현상이 발생하였다. 이는 극단적으로 큰 블레이드 각도와 블레이드와 기판 사이의 간격으로 인해 발생한 현상이다. 이 현상으로 인해 메니스커스가 깨진 상태(용액의 응집 현상)로 인쇄를 진행하였을 때 생성된 결정립은 작은 크기로 작은 결함들이 발생하였다.

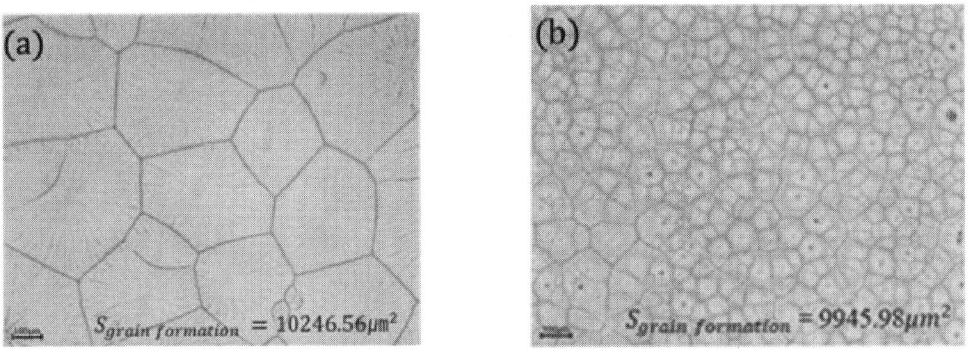

그림 13.25 결정 형성 (a) 안정적인 메니스커스 (b) 불안정한 메니스커스

불안정한 메니스커스 형상을 유지한 후 150℃의 기판 온도와 20mm/s의 인쇄 속도에서 박막을 코팅한 결과 안정한 메니스커스 형상보다 불안정한 메니스커스 형상을 유지한 후 인쇄된 페로브스카이트의 결정 형상과 크기는 그림 13.25에서 볼 수 있듯이 크기가 점차 감소하고 결정의 질이 상대적으로 좋지 않은 경향을 확인하였다.

13.5 페로브스카이트 태양전지 제작

13mm / 3mm의 스트라이프(stripe) 패터닝(patterning)된 ITO glass를 bottom electrode로 사용하였다. 먼저 세척된 ITO glass를 메니스커스 용액 전단 코터에 진공으로 고정한 후 기판에 PEDOT:PSS를 인쇄한다. 인쇄조건은 앞선 실험을 통해 확립한 조건으로 기판과 블레이드 사이 거리 200㎛, 인쇄 속도 1mm/s로 인쇄하였다. 인쇄된 기판은 150℃의 오븐(oven)에서 20분 동안 건조시킨다. 다음으로 흡광층에 사용되는 페로브스카이트 용액을 건조된 기판에 인쇄한다. 인쇄조건은 기판과 블레이드 사이 거리 50㎛, 인쇄 속도 1mm/s로 인쇄하였고 인쇄된 기판은 100℃의 오븐에서 40분 동안 건조 시킨다. 다음 층인 전자 수송층은 건조된 기판에 PCBM용액을 인쇄하여 박막을 형성하는데 기판과 블레이드 사이 거리 100㎛, 인쇄 속도 2mm/s로 인쇄하였다. 건조는 100℃의 오븐에서 20분 건조시켜 마무리한다. 마지막 층인 탑 전극(top electrode)은 진공증착 기술로 알루미늄(Al) 박막을 70nm 제작하였다.

그림 13.26 메니스커스 용액 전단코팅을 이용한 페로브스카이트 태양전지 제작 이미지

위 그림 13.26는 제작된 소자의 사진이며, 그림 13.27은 solar simulator로 측정한 소자의 J-V curve 그래프이다. 또한 표 13.8은 소자의 전력변환효율(Power Conversion Efficiency, PCE), 충전율(Fill Factor, FF) 등의 소자 성능을 나타내고 있는데, 제작된 소자의 모듈 전력 변환 효율은 5.26%, 충전율은 0.350을 보였다.

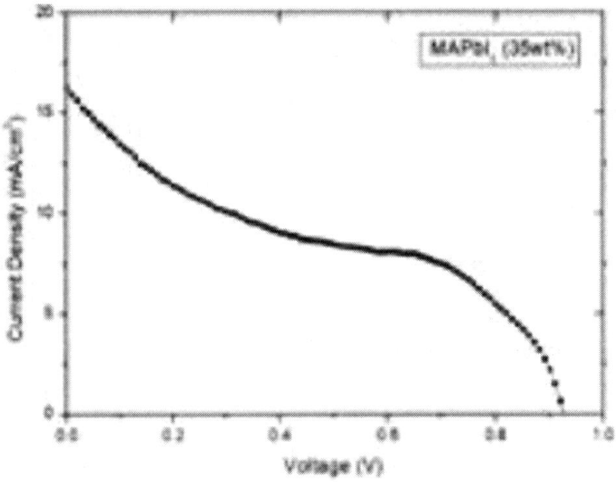

그림 13.27 메니스커스 솔루션 시어링을 이용한 페로브스카이트 태양전지 J–V 그래프

표 13.8 메니스커스 솔루션 시어링을 이용한 페로브스카이트 태양전지 성능

PCE (%)	5.26
Jsc (mA/cm^2)	16.20
Voc(V)	0.928
FF	0.350

13.6 요약

메니스커스를 이용한 솔루션 시어링 공정을 이용하여 페로브스카이트 태양전지의 정공 수송층과 흡광층의 메니스커스 가시화 연구를 진행하였다. 메니스커스 형상이 유지되는 조건은 9° 이하의 블레이드 각도이지만 안정한 메니스커스 형상과 페로브스카이트 층의 결정립의 큰 크기와 높은 질의 박막 형성을 위한 최적의 조건은 3°의 블레이드 각도, 150℃의 기판 온도, 100㎛의 기판과 블레이드 사이의 간격과 20mm/s의 인쇄 속도이다. 이때의 결정 크기는 10246.54㎛^{2}로 큰 사이즈의 결정립을 얻었다.

또한, 메니스커스 형상이 깨지고 용액의 응집력이 발생한 조건은 10°의 블레이드 각도, 500㎛의 기판과 블레이드 사이의 간격이다. 앞서 언급한바 와 같이 150℃의 기판 온도와 20mm/s의 인쇄 속도에서 코팅을 진행하였을 때 결정립 계의 크기가 증가하고 결정 크기가 감소하여 9945.98㎛^{2}

의 결과를 얻었다. 이는 같은 공정 조건인 기판 온도와 인쇄 속도에서 코팅하였을 때 불안정한 메니스커스 형상으로 인해 발생한 그것으로 예측한다. 시험 결과를 통해 메니스커스 솔루션 시어링 공정을 이용하여 박막을 제작하였을 때의 안정한 메니스커스 형상 유지가 가장 중요한 인자임을 확인하였다.

안정한 메니스커스 유지를 위해 적당한 인쇄 속도, 블레이드와 기판 사이의 거리, 블레이드 각도의 조건을 확립하였으며, 고속공정에 적용이 가능한 페로브스카이트 태양전지의 정공 수송층과 흡광층에 관한 연구를 진행하였다. 페로브스카이트 태양전지의 흡광층을 고속공정에 적용하여 저속 공정에서의 결정의 크기와 비슷한 값을 얻었으며, 이를 통해 이전 연구와의 차별성을 가질 수 있다.

또한, 메니스커스 용액 전단 인쇄(Meniscus Solution Shearing Coating)를 이용한 대면적 페로브스카이트 태양전지를 제작하였는데, 제작된 소자는 크기 100*100mm의 스트라이프 패턴(stripe pattern)의 ITO glass를 기판으로 사용하였고, 소자의 전력 변환 효율은 모듈 기준 5.26%, 충전율은 0.350을 보였다. 이는 전력변환 효율 12.16%, 충전율 0.663을 보이는 크기 25*25mm의 스핀코팅으로 제작된 소자와 비교해 보았 을 때 전력 변환 효율과 충전율에서 큰 차이를 보이지만, 소자의 크기와 단 일 셀(cell)과 모듈(module)의 비교라는 점을 고려해 본다면 본 연구에서 진 행한 메니스커스 용액 전단 인쇄(Meniscus Solution Shearing Coating)를 이 용한 대 면적 페로브스카이트 태양전지 공정 및 제작 실험은 추후에 많은 연구에 도움이 될 것이라 판단된다.

13.7 참고문헌

[1] J. Y. Sung, 2019, "Recent Renewable Energy Industry Trends," WFRI.

[2] S. J. Lee, 2017, "Lead-free Perovskite Solar cells," Bulletin of the Korea Photovoltaic Society Vol. 3, No. 1, pp. 7–16.

[3] T. Y. Yang, J. N. Joong, J. W. Seo, J. H. Noh, 2016, "Perovskite Solar Process Technology," J. Korean Inst. Electr. Electron. Mater. Eng, Vol. 29, No. 9, pp. 22-34.

[4] 최지혜, 송지호, 정지영, 정중희, 김재균, 홍기하, 2019, " 전단코팅 공정 으로 제조하는 금속 - 할라이드계 페로브스카이트의 박막성장에 미치는 공정 변수의 영향 고찰," 한국표면공학회지, Vol. 52, No. 1, p.6-15R.

[5] Z. ogowski, A. Dzwilewski, M. Kemerink, A. A. Darhuber, 2011, "Solution Processing of Semiconducting Organic Molecules for Tailored Charge Transport Properties," The Journal of Physical Chemistry C, 115, p.11758-77762

[6] Z. Lu, C. Wang, W. Deng, M. T. Achille, J. Jie, X. Zhang, 2020, " Meniscus-guided coating of organic crystalline thin films for high-performance organic field-effect transistors," The Royal Society of Chemistry, DOI: 10.1039/d0tc01887b

[7] Z. Hu, J. Zhang, S. Xiong, Y. Zhao, 2012, "Performance of polymer solar cells fabricated by dip coating process," Solar Energy Materials & Solar Cells 99, p.221–225

[8] M. Carvalho, "FUNDAMENTALS OF SLOT COATING PROCESS"

[9] X. Ding, J. Liu, T. A. L. Harris, 2016, " A review of the operating limits in slot die coating processes," AIChE Journal, Vol. 62, No. 7, p.2508-2524

[10] S. E. Bai, J. S. Shim, C. H. Lee, C. H. Bai, K. Y. Shin, 2014, " Dynamic effect of surface contact angle on liquid transfer in a low speed printing process," Japanese Journal of Applied Physics, Vol. 53, No. 5S3

[11] J. S. Kim. S. W. Bae, 2015, "Functional flexible devices and process systems using printed electronics technology," Broadcasting and media magazine, Vol. 20, No. 2, p.16-26

[12] 이승현, 남기상, 이택민, 윤덕균, 조정대, 2011, "그라비아 옵셋 프린팅 공정에서의 잉크전이 메커니즘 해석 연구," 한국정밀공학회지, Vol. 28, No. 10, p.1146-1152

[13] S. G. Li, K. J. Su, X. P. Cui, J. H. Huang, Q. Q. Zhang, X. Q. Zhou, L. M. Yang, Y. L. Song,

2015, "Inkjet Printing CH3NH3PbI3 on Mesoscopic TiO2 Film for Highly Efficient Perovskite Solar Cells," Journal of Materials Chemistry A, 3, p.9092-9097

[14] S. K. Wee, S. Y. Oh, J. Y. Lee, Y. S. Lee, J. W. Chung, 2006, " A Study on Droplet Formation from Piezo Inkjet Print Head," Journal of the Korean Society of Mechanical Engineers, Vol. 30, No. 10, p.1003-1011

[15] M. He, B. Li, X. Cui, B. Jiang, Y. He, Y. Chen, D. O'Nell, P. Szymanski, EI-Sayed, A. 2017, Lin, M. Huang, Z. J. "Meniscus-assisted solution printing of largegrained perovskite films for high-efficiency solar cells," Nature Communications, 8, 16045

[16] X. Dai, Y. Deng, C. H. Brackle, J. Huang, 2019, "Meniscus fabrication of halide perovskite thin films at high throughput for large area and low-cost solar panels,“

[17] 김이지. "솔루션시어링 공정을 이용한 페로브스카이트 태양전지의 메니스커스 가시화 연구." 국내석사학위논문 한밭대학교 일반대학원, 2021. 대전

[18] 김경미. "메니스커스 용액 전단 인쇄 기술을 이용한 페로브스카이트 태양전지 제작 및 최적 공정 연구." 국내석사학위논문 한밭大學校, 2020. 대전

Chapter 14

Ink-jet Printing Technology

14.1 서론

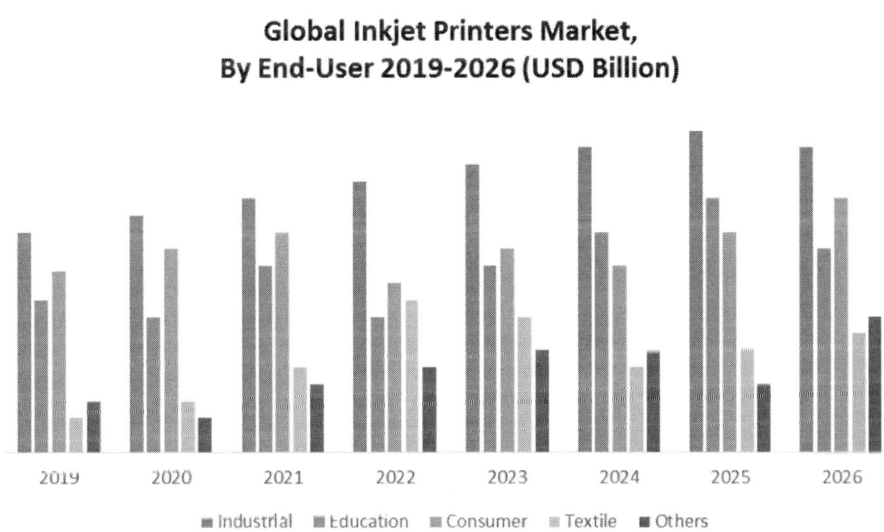

그림 14.1 잉크젯 프린터 시장 동향

잉크젯 기술이 발전함에 따라 사무용에서부터 전자 부품과 디스플레이 제조로의 응용 범위가 넓어지고 있다. 이러한 잉크젯이 제조 공정으로서 응용 범위를 넓혀감에 따라 사무용 잉크젯 프린터와 달리 잉크 방울(ink drop)의 크기를 정밀 제어하는 것과 원하는 위치에 수 마이크로미터 이내의 정밀도로 정밀하게 토출시키는 기술이 필요하다. 이러한 잉크젯 기술은 기존의 반도체 공정과 달리 비싼 재료를 낭비하지 않고 공정이 이루어지고, 대형화가 쉬워 특히 전자 인쇄 분야에서 잉크젯을 양산 공정에 적용하려는 노력이 진행되고 있고, 일부 양산에 효과적으로 적용이 되고 있다.

왜냐하면, 잉크젯 기술은 다양한 장점을 보유하고 있는데, 이 중 주목할 만한 점은 디지털 제어와 비접촉식 인쇄 방식이기 때문이다. 또한, 산업화에 가장 중요한 다중 노즐 사용 및 여러 헤드를 사용하기가 쉬운 생산성 증대에 매우 유리한 방법이기 때문이다. 이외에도 이 기술은 정량 제어와 높은 프린팅 정밀도를 포함해 대량 생산 능력을 지니고 있다. 게다가 잉크젯 기술은 친환경적인 잉크를 사용하는 데다가 높은 공정 및 재료 사용 효율을 갖추고 있어 저렴한 인쇄 방식이라는 평가를 받고 있다.

잉크젯 공정을 위해서는 잉크의 소재, 잉크젯 헤드, 프린팅 시스템, 알고리즘, 기판의 소재, 잉크젯 공정 등 다양한 분야가 최적화되어야 한다. 따라서 소재, 부품, 장비의 모든 기술이 총망라된 기술이라고 할 수 있다. 그 중 잉크화 기술은 그 중요성만큼이나 개발하기 어려운 기술로, 단순히 잉크가 헤드로부터 원활히 토출되는 것을 넘어 대량 생산 진행 시 토출과 관련된 장기간의 신뢰성까지 확보해야 하므로 필요한 품질, 특성, 신뢰성과 함께 인쇄된 제품의 수율까지 충족해야 한다.

잉크젯은 원리적으로는 어렵지 않지만 요구되는 스펙이 높아짐에 따라서 더 빠른 프린팅 속도, 더 정밀한 프린팅 위치 정밀도, 제팅의 신뢰성 확보 등 완성도가 높은 기술을 달성하기 위하여 시스템 및 헤드 제어 관점에서 기술적인 이슈들을 논의해보려고 한다.

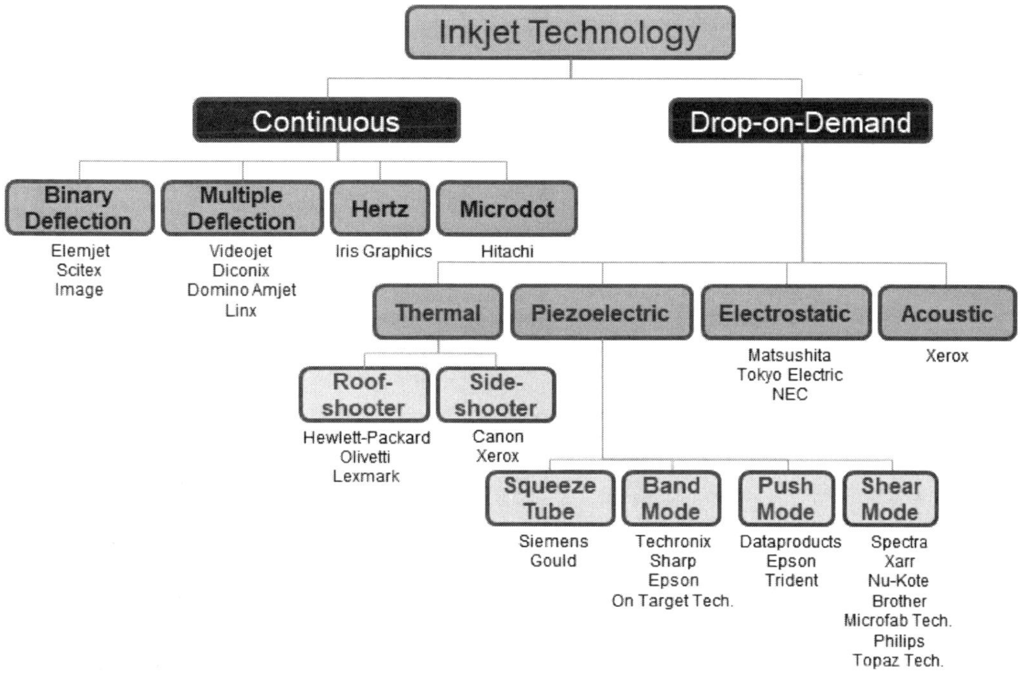

그림 14.2 잉크젯의 종류

잉크젯 프린팅은 크게 연속잉크젯 (Continuous inkjet)과 요구적출형 잉크젯 (Drop on demand inkjet)으로 구별되며 주로 그래픽이나 문서 또는 마킹용으로 널리 상용화되어 사용되고 있다. 최근에는 생산성을 증대시키기 위하여 더 많은 수의 노즐과 여러 헤드를 동시에 사용하여 생산성을 높이는 방향으로 개발이 되고 있다. 최근 디스플레이의 생산 도구로서 잉크젯이 다시 주목받고 있다.

14.2 Drop on demand 잉크젯

잉크젯 헤드는 제팅을 위한 핵심부품이다. 잉크젯 헤드는 일반적인 그래픽 인쇄용으로 개발된 헤드인데, 최근 들어 헤드 기술이 꾸준히 발전을 거듭하면서 이전보다 더 빠른 속도로 균일한 인쇄 작업을 진행할 수 있게 되었다. 이러한 잉크젯 헤드를 인쇄전자 등에서도 성공적으로 진행이 되고 있다. 따라서 그래픽 인쇄와 인쇄전자용 헤드는 같은 헤드를 사용하는 경우가 많다. 달라지는 점은 인쇄전자에서 사용하는 solvent에 대한 헤드의 적합성 정도가 될 것이다.

최근 잉크젯 헤드는 제팅 주파수가 45kHz 이상의 고주파 토출이 가능하고, 다양한 점성의 잉크의 토출성의 확보를 위하여 Built-in Heater를 통하여 헤드의 온도 제어로 잉크의 점성을 조절하는 기능이 있다. 또한, 이러한 헤드의 온도 제어는 환경 변화 (온도) 등에 대해서 균일한 잉크의 점성 상태를 유지하게 하는 장점이 있다. 1개의 헤드에 있는 노즐의 개수로는 1024 또는 이상의 것들이 개발되고 있다. 최근의 헤드는 잉크가 헤드 내에서 순환(circulation)되도록 디자인 된 것들이 대부분이다. 이러한 잉크 순환이 되는 헤드는 그림 3과 같이 잉크 레저버 (reservoir)가 2개 이상이고 연속 생산을 하는 동안에 잉크의 수위가 일정하도록 잉크를 자동으로 공급하게 되어 있어 양산에서 활용하기 유리하게 되어 있다.

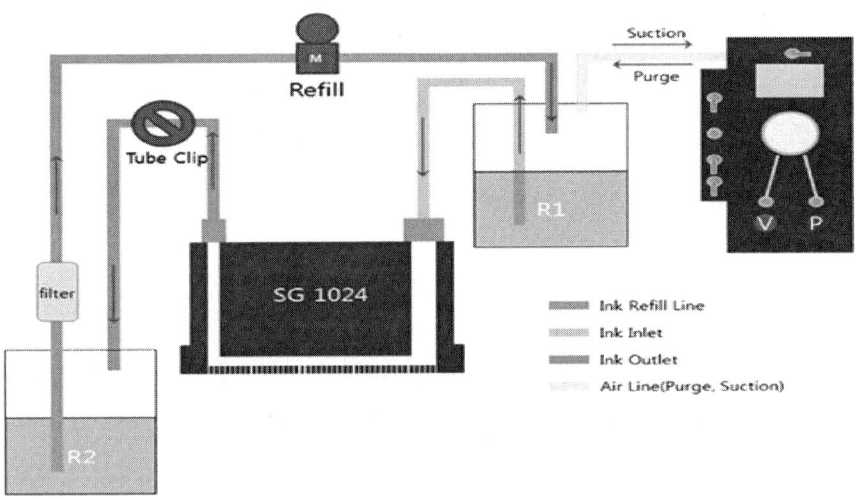

그림 14.3 잉크 연속 공급 및 순환 시스템

14.2.1 잉크젯의 토출 가시화

잉크 방울의 토출 특성은 헤드의 성능뿐만 아니라 잉크의 특성인 점성, 표면장력 등의 영향을 받는다. 따라서 잉크의 토출 특성을 측정하고 이의 평가를 통해서 더욱 신뢰성 있는 토출 특성을 갖는 잉크 및 헤드 개발을 할 수 있게 된다.

잉크젯의 토출을 측정하기 위한 장치로 스트로브 (strobe)를 사용한 가시화 장치가 많이 사용하고 있다. 스트로브를 사용하면 정지된 이미지를 얻고 이를 통하여 drop이 위치 및 체적을 구할 수 있다.

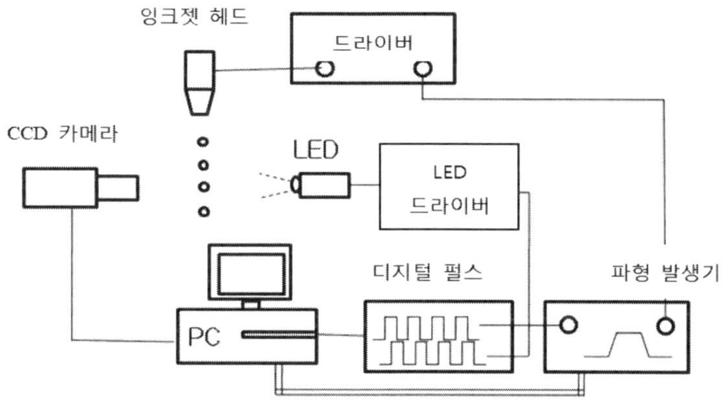

그림 14.4 비전 측정 방법

전체적인 잉크 제팅 장치의 구성은 그림 14.4과 같다. 빠른 주파수 특성을 갖는 LED의 빛을 토출 신호와 동기화하면 마치 카메라에서는 정지화된 화면이 얻어진다. 또 하나 특징은 LED의 발광 시점을 조절하여 해당하는 시간의 이미지만을 볼 수 있도록 하는 것이 특징이다. 이러한 시스템은 잉크젯 헤드 시스템, 조명 시스템, 엘이디 제어 시스템, 그리고 소프트웨어로 구성된 것이 특징이다.

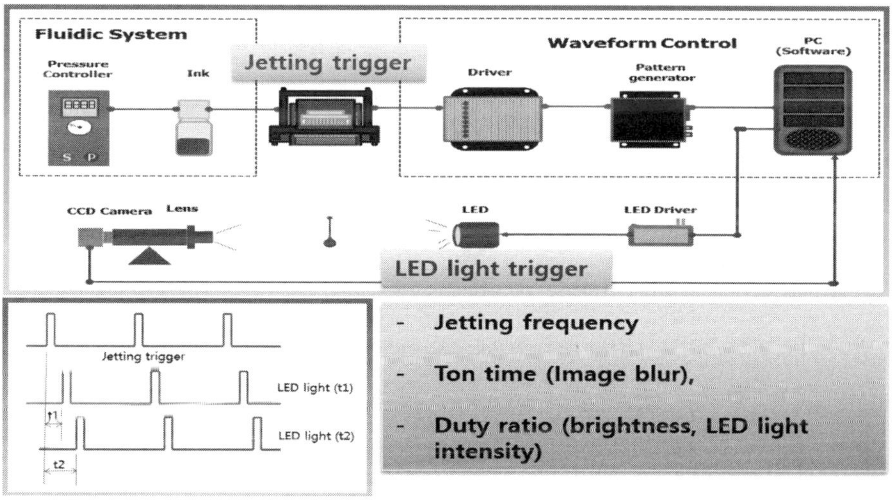

그림 14.5 잉크젯 가시화 장치

14.2.2 잉크젯 셀프 센싱 모니터링

생산성을 증가시키기 위해서 많은 노즐(수백~수천 개)의 헤드를 사용하게 되고 있으므로 이러한 잉크젯의 모든 노즐로부터의 신뢰성을 확보하는 것은 더욱 어렵게 되었다. 따라서 만약 토출 이상이 생겼을 때 이것을 신속하게 모니터링하는 기술이 매우 중요하게 되었다.

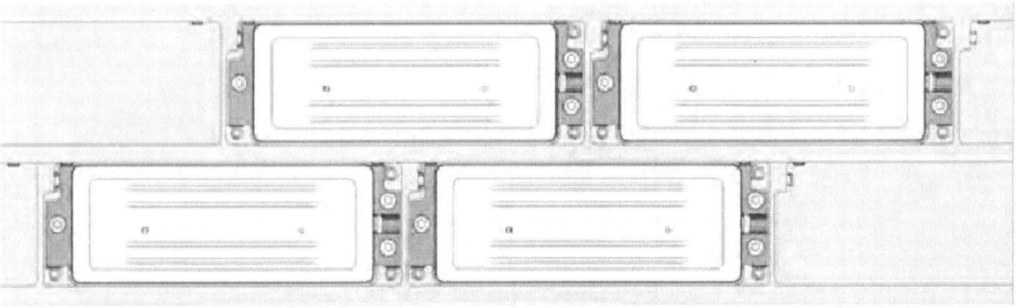

그림 14.6 노즐 어레이의 예 (수천 개의 노즐)

노즐로부터 신뢰성을 빠르게 모니터링 해야 하는 이유는 다음과 같이 요약할 수 있다. 첫 번째는 헤드의 신뢰성은 연속 생산, 스루풋(throughput), 수율, 가격 등과 직접 관련이 있는 사항이기 때문이다. 두 번째는 노즐의 개수, 헤드의 개수가 증가함에 따라서 신뢰성에 관한 관심이 극대화되고 있기 때문이다. 마지막으로 헤드별/ 노즐별로 모니터링이 가능한 시스템이 필요하고 모니터링 시간이 2초 이내로 충분히 짧아야 하기 때문이다.

헤드가 다수 개 있는 프린팅 시스템인 경우, 수많은 노즐을 모두 스캐닝할 필요가 있는 경우에 신속하게 토출 특성을 평가하고 토출의 문제가 있는 헤드를 신속하게 검출하는 것은 매우 중요하다. 그러나 최근의 잉크젯 헤드는 1000개 이상의 노즐을 가지고 있고 10개 이상의 헤드를 사용하는 경우가 많으므로 이를 신속하게 검출하는 것은 매우 어려운 과제가 된다.

실제 프린팅 공정에 앞서서 각 노즐의 제팅 상태를 알기 위하여 테스트 패턴을 이용하고 이를 카메라로 이용하여 프린팅된 패턴의 이상 여부를 판단 후에 제팅이 정상인 노즐을 확인하고 프린팅하는 방법이 많이 사용된다. 그러나 이러한 테스트 패턴 스캐닝은 공정 전에 테스트용 기판에 프린팅하고 해당하는 위치를 스캐닝하는 방법으로 drop의 토출 여부 directionality까지 판단할 수 있는 장점이 있다. 그러나 각 drop의 토출 여부를 확인하고 directionality까지 확인하는데 시간이 매우 오래 걸리기 때문에 효율적으로 양산에 적용하기에는 문제가 있다. 또한, 검사 시간에 노즐에서의 상태 변화 (건조, wetting) 등으로 인하여 실제 프린팅 할 때는 다른 조건으로 프린팅이 되는 문제가 있다. 또한, 노즐의 개수에 따라서 수분 또는 수십 분 이상 긴 시간으로 스캔을 하게 되는 것을 매 프린팅에 적용하는 것은 사실상 불가능하여 실시간으로 토출 안정성을 확보하여 공정을 한 것은 실질적으로 불가능하다.

따라서 실시간으로 제팅 상태를 모니터링 할 수 있는 기술이 필요하였다. 한편으로는 잉크젯 헤드에서는 제팅을 위한 액추에이터로 피에조 (piezo)를 사용한다. 피에조는 액추에이터이기도 하지만 센서로 사용할 수 있다. 제팅 현상은 헤드 내의 압력파의 거동 특성과 관련이 있다. 토출 후에 남아 있는 압력파는 피에조를 누르는 힘으로 발생하여 압력파의 거동을 간접적으로 측정할 수 있다. 압력파는 헤드 내의 작동상태의 정보를 가지고 있다. 이러한 신호는 전기적인 신호만으로 작동상태를 모니터링 하는 것으로 기계적인 센서를 추가로 둘 필요도 없고 센서를 사용하거나 스캐닝하는데 기계적인 위치 제어 등이 필요 없는 방법이다. 따라서 빠른 속도로 전 노즐의 토출 상태를 측정하는데 유리한 방법이다. 다만 신호가 매우 작으므로 증폭 방법과 전원 노이즈 처리 방법, 신호처리 방법 등의 비결이 필요하다. 또한, 헤드마다 전압 인가하는 방식이 다르므로 헤드 구동부의 펌웨어 연결 배선 등이 공개가 되지 않는 헤드라면 제조사로부터 협조가 필요한 이슈가 있다.

피에조를 셀프 센싱하게 될 경우, 잉크젯 모니터링 방법의 장점에는 여러 가지가 있다. 첫 번째 별도의 부가 하드웨어 없이 전류 신호만 측정하면 된다는 점이다. 이는 zero form factor라고도 불린다. 두 번째는 비전 방법에 비해 매우 고속이며 토출 결과로서의 불량 검출이 아닌 토출 불량의 원인까지 분석할 수 있는 점이다. 마지막으로 다중 헤드 및 많은 노즐의 검출 결과를 동시에 검출할 수 있다. 다음 예시는 순천향대에서 개발한 피에조 액추에이터를 사용한 잉크젯 모니터링 시스템이다.

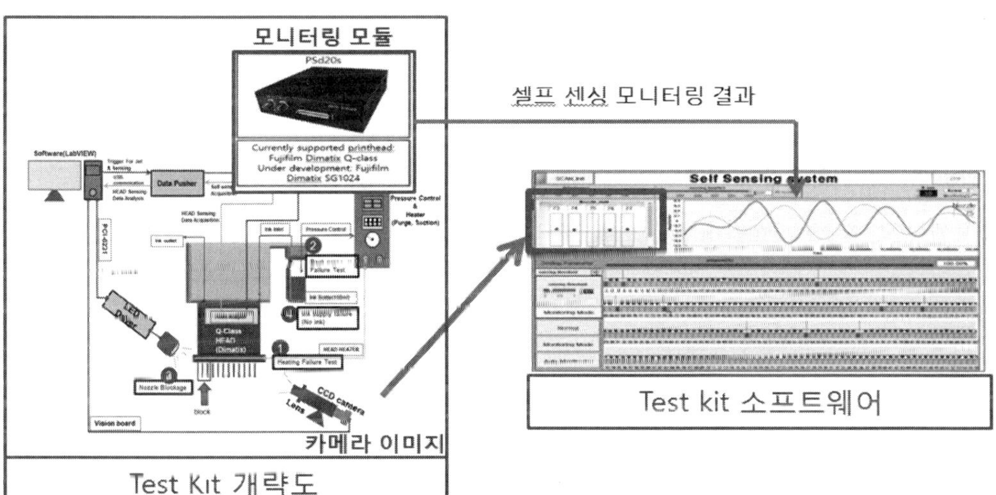

그림 14.7 모니터링 시스템 구성 개략도(순천향대)

잉크젯 드라이버와 일체형 모듈인 센싱 회로와 고속 데이터 획득 및 데이터 처리를 위한 Firmware

부분으로 데이터 획득 및 처리부로 구성하여 검출 결과를 효과적으로 보여주기 위한 소프르트 웨어 및 검출 알고리즘이다.

이러한 잉크젯 헤드 모니터링을 위한 셀프 센싱을 구현하기 위해서는 셀프 센싱회로, 고속 데이터 수집 시스템, 알고리즘의 3가지 핵심 기술 개발이 필요하다. 순천향대학에서는 15년 이상 수행을 통하여 회로 및 고속 데이트 스캐닝 유닛을 개발하여 헤드 드라이버 통합하여 zero form factor의 모니터링 유닛이 구현할 수 있음을 보였다. 이러한 셀프 센싱 신호는 온도 변화, 에어 버블, 노즐 막힘, 표면의 젖음 현상 등의 다양한 노즐의 불량을 감지할 수 있는 장점이 있다. 이는 최근 샘플링 테스트 위주의 실험에서 벗어나서 양산 시스템에 적용 가능성을 신뢰성 측면에서 검증한 연구 결과를 통해 알 수 있다.

셀프 센싱을 검증하기 위하여 실제 상황인 기준 데이터가 있어야 한다. 이를 위하여 strobe를 이용하여 노즐을 제팅 이미지를 스캐닝하는 방법을 수행하였다. 셀프 센싱 신호를 측정하고 바로 이어서 전 노즐의 제팅 이미지를 획득하여 저장하는 과정 반복할 수 있도록 소프트웨어 개발을 통해 자동화하였다. 이를 통하여 전 노즐의 이미지와 셀프 센싱을 통한 모든 데이터가 시간에 따라서 저장이 되고 이를 실시간 분석을 수행하였고, 저장된 모든 데이터를 분석할 수 있는 소프트웨어를 개발하여 자동으로 전체의 작동상태를 분석하였다. 노즐별로 이미지를 분석하여 토출 상태에 따라서 정상 토출, 저속 토출, 미 토출, 사선 토출로 분류하였고 이를 통하여 셀프 센싱을 통한 검출 결과와 직접 비교를 통하여 셀프 센싱 모니터링 시스템의 신뢰성을 평가였다. 장기적인 테스트를 통하여 노즐 상태가 변화하는 경우에 검출 결과를 분석하였고, 통계적인 데이터 분석을 통하여 강건한 모니터링을 위한 알고리즘을 제시하였다.

그림 14.8은 순천향대 연구실에서 개발된 프린팅 장비다. 이 장비에는 드랍와쳐 및 프린팅 그리고 셀프 센싱 모니터링 기능이 통합되어 있다.

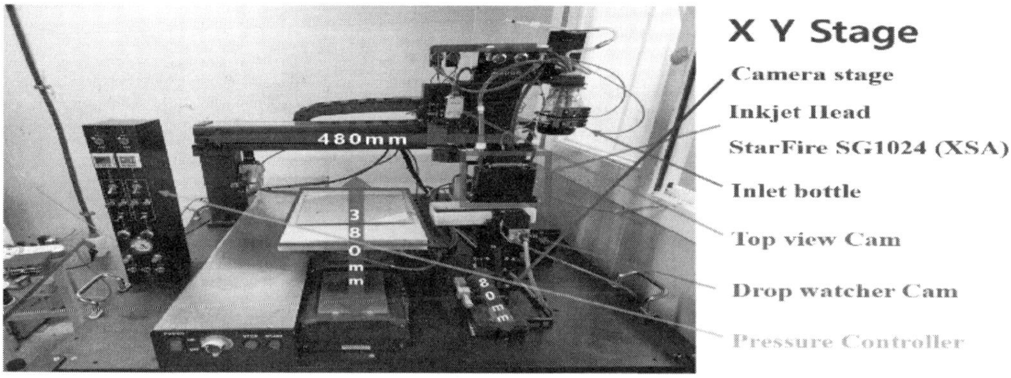

그림 14.8 실험 장비 이미지

이 프린팅 시스템에는 XY 스테이지를 구성하였고, 분해능이 1㎛인 엔코더 센서를 이용하여 위치를 제어하였다. Strobe LED를 사용한 액적 토출 가시화를 위한 카메라와 기판 정렬을 위한 fiducial 카메라를 가지고 있다. fiducial 카메라를 통하여 인쇄 위치를 설정할 수 있으며 프로그램을 통해 벡터 또는 레스터 프린팅 후 인쇄 패턴을 검사할 수 있다. 두 대의 GigE 카메라(Basler, acA1300-60gm, Germany)를 사용하였으며 렌즈로는 2.0x 텔레 센트릭 렌즈(TL20_65, Myutron, Japan)은 드랍 와쳐에 사용되었고, 6x 텔레센트릭 렌즈(MML60ST110, Moritex, Japan)는 fudicial 카메라에 사용하였다. 잉크젯 헤드의 경우, Dimatix SG1024 (Fujifilm, Dimatix, USA)를 사용하였다. 헤드 내의 잉크 순환을 위하여 두 개의 잉크 병의 수위 차를 이용한 순환 장치를 구성하였다. 잉크는 표준 잉크 (XL-30, Fujifilm Dimatix, USA)를 사용하였고, 헤드 온도는 섭씨 30도로 유지될 수 있도록 설정하였다. 향후 실제 양산설비에 적용하기 위한 다양한 헤드 및 다수 헤드 검출 방법에 관한 연구가 진행 중이다.

14.3 연속 잉크젯 (Continuos inkjet)

14.3.1 연속잉크젯 (Continuous inkjet, CIJ)

잉크젯은 크게 drop on demand와 연속잉크젯으로 분류가 된다. 다시 연속잉크젯은 다음 그림과 같은 두 가지 방법으로 분류가 된다.

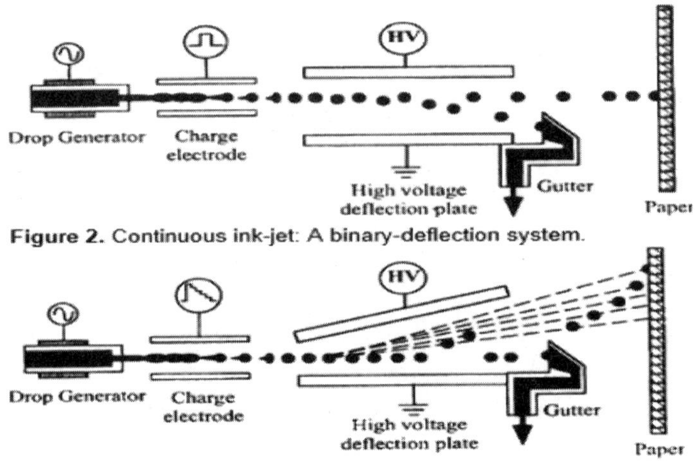

그림 14.9 연속잉크젯 방식의 두 가지 방식 비교

Binary array는 프린팅이 되거나 아니면 잉크가 회수되게 하거나 두 가지의 경우만 있는 반면에 Multi-deflection은 대전되는 대전량을 조절하여 프린팅 위치를 각 drop 별로 제어하는 방식이다. 본 과제에서 사용되는 방식은 deflection 방식으로 대전량을 제어하여 프린팅 위치를 제어하는 방식이다.

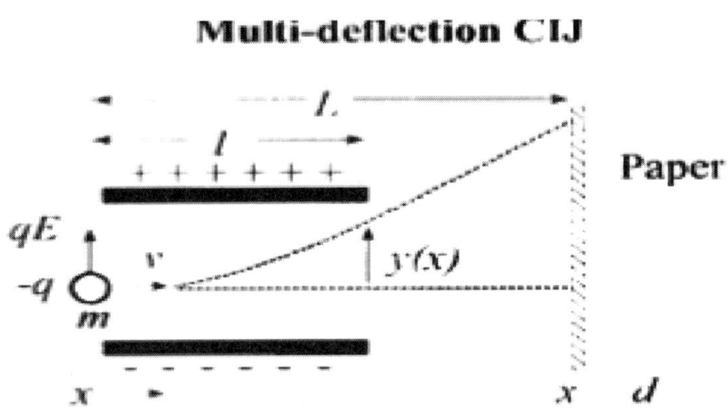

그림 14.10 deflection type의 잉크젯 헤드의 원리

압력을 가하여 노즐에서 ink stream이 만들어질 때 Rayleigh의 해석에 의하면 다음과 같은 maximum instability를 갖는다. 이를 고려하여 maximum instability rate는 다음과 같이 주어지고 일반적인 continuous Inkjet 인 경우 maximum instability가 되도록 외부 oscillation 주파수를 결정한다.

$$\lambda = 4.5 * 2R \tag{14.1}$$

여기서 R은 jet의 반경이 되고 λ은 파장이 된다. 노즐 크기를 고려한다면 D=60㎛의 노즐 크기를 가지고 있다고 가정한다면 대략 droplet의 radius는 R=30㎛가 된다. 그리고 파장과 속도를 고려한다면 주파수와의 관계는 다음과 같다.

$$\lambda = \frac{v}{f} \tag{14.2}$$

식 14.1과 14.2에서 알 수 있듯이 Dot size가 커지면 (R 증가) 같은 제팅 주파수 (f)가 반비례하여 줄어들게 된다.

표 14.1 dot diameter와 max 토출 주파수와의 관계

diameter (um)	lambda	jetting speed	Frequency
30	0.00013524	10	73942.62053
60	0.00027048	10	36971.31026
90	0.00040572	10	24647.54018
120	0.00054096	10	18485.65513
150	0.0006762	10	14788.52411
180	0.00081144	10	12323.77009
210	0.00094668	10	10563.2315
240	0.00108192	10	9242.827566
270	0.00121716	10	8215.846725

따라서 프린팅 주파수를 올리기 위해서는 Dot size를 줄이는 것보다 jetting speed를 올려주어야 한다. 더욱 명확한 이해를 위하여 일반적으로 압력과 제팅 속도, V는 노즐의 형상과도 관련이 있겠지만 일반적으로 다음과 같은 관계가 있다.

$$V=sqrt(2P/r) \tag{14.3}$$

식 14.3에서 알 수 있듯이 압력을 크게 하면 제팅의 속도를 증가시킬 수 있다. 따라서 주파수를 올리기 제일 좋은 방법은 토출되는 속도를 증가시키는 것인데 이렇게 하기 위해서는 잉크를 노즐로부터 분사는 압력을 크게 하는 것이다. 예를 들면 20m/s가 되도록 속도를 올리면 어렵지 않게 100kHz의 토출 주파수를 얻을 수 있다. 그러나 실질적으로 3기압 이상 주면 tubing 등의 leading 또는 체결 부위에서 문제가 생길 수 있으므로 압력을 키워서 토출 주파수를 올리는 데는 한계가 있을 수 있다. 여기서 ρ는 밀도이고 P는 압력이다. 만약 물이면 ρ=1000이라 하고 1기압의 압력

$(1.0x10^5 N/m^2)$을 가한다고 생각하면 약 속도는 14m/s가 된다.

토출 주파수는 외부에서 가진 (oscillation)과 같은 주파수로 불안정이 생기게 되어 외부 가진과 같은 주파수를 갖게 된다. 그림 14.11은 외부의 가진으로부터 생긴 액적의 형성 과정이다.

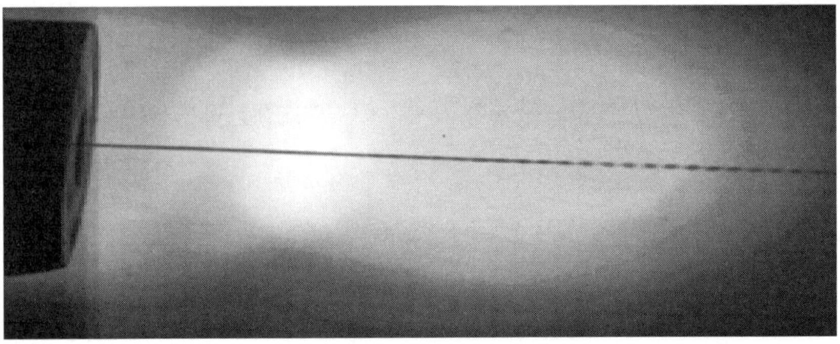

그림 14.11 가진에 의한 불안정성으로 야기된 액적 형성 과정

Instability를 통하여 액적 형성 과정에서 토출 주파수가 결정되며 최대의 growth rate가 되도록 식 14.4과 14.5를 사용하면 액적 형성을 위한 최대 주파수 Fmax는 다음과 같이 구할 수 있다.

$$Fmax=V/(4.5D) \tag{14.4}$$

액적의 size 및 토출 주파수, deflection 크기 등의 최적화를 통하여 적절한 파라미터를 선정하도록 하는 것이 설계의 목표이다. 이러한 목표는 모두 trade off 관계가 있으므로 목적에 맞는 파라미터를 결정하는 최적화 과정이 필요하다.

- Throw distance (deflection distance)

일반적으로 Throw distance는 약 1~2cm 정도이다. Deflection은 잉크가 charging voltage를 지날 때 얼마만큼 charging이 되느냐에 따라서 달려있다. 그러나 현실적으로 charging voltage를 매우 많이 증가시킬 수 이유가 있다. Charging voltage를 증가시키면 drop의 축적된 charge에 의해 surface tension을 이겨내면서 spray가 되기 때문이다. 따라서 최대 charge는 이를 고려해야 한다.

$$Qmax = \sqrt{64\pi^2\epsilon^2R^3\sigma} \tag{14.5}$$

여기서 ϵ_0는 공기의 permittivity, R은 droplet의 반경, 는 잉크의 surface tension이다. 이렇게 대전된 잉크는 deflection은 다음으로부터 계산이 된다. Deflection field를 가해주기 위한 voltage는 10kV/cm 정도 되며 이때의 deflection은 다음과 같다.

$$D_d = \frac{q}{m}\frac{E}{V_d^2}L\left(\frac{Z-L}{2}\right) \tag{14.6}$$

여기서 q는 drop charge, m은 mass, E는 deflection field, V_d는 drop velocity, L는 deflection plate length, Z는 deflection plate로 들어가는 순간부터 media까지의 거리이다. 따라서 deflection (Throw distance)는 늘리기 위해서는 stand-off distance를 늘리거나, deflection field (E)를 증가시키거나, charging voltage를 증가시킴으로써 q 값을 크게 하는 방법 등이 중요하다.

한편으로는 drop의 속도가 증가 (Vd) 시키게 되면 오히려 deflection양이 줄어들기 때문에 속도를 올리는 것은 deflection 측면에 악영향을 미치게 된다. 한편으로는 Vd를 줄이게 되면 토출 주파수가 낮아져야 하고 droplet의 프린팅 정밀도에 영향을 미치게 될 수 있다.

결국은 토출 주파수를 올리기 위하여 drop의 속도를 증가시킨 것은 궁극적으로 deflection양이 줄게 되어 2개의 목표가 상충이 된다. 따라서 헤드의 최적화는 이러한 파라미터의 최적화 과정이 필요하다.

그림 14.12 토출 주파수와 deflection의 trade off 관계

최근 연속잉크젯을 사용한 다양한 응용이 시도되고 있다. 이를 위한 측정 방법, 전압 제어 방법이 제시되고 있다. 이러한 노력으로 기존의 연속잉크젯 적용 범위가 마킹 (Marking) 응용에서 다양한 범위로 넓어질 것으로 판단된다.

14.4 잉크젯 공정의 이슈들

14.4.1 잉크젯 프린트 헤드 제조업체

잉크 제조업체와 잉크젯 프린트 헤드 사용업체가 피에조 타입의 DOD 잉크젯 프린트 헤드를 선정함에 있어, 특수한 요구사항을 만족시키는 경우, 특별한 장점이 있는 경우, 향후 시장점유율의 현저한 확장이 예상되는 경우로 인해 특정 잉크젯 프린트 헤드 혹은 잉크젯 프린트 헤드 제조업체를 선정해야하는 경우가 아니라면, 표 14.2에 보인 바와 같이 가장 높은 시장점유율을 가지는 메이저 잉크젯 프린트 헤드 제조업체를 선택하는 것이 바람직하다. 잉크와 잉크젯 프린트 헤드를 구매하여 제품생산에 적용할 사용업체의 경우, 잉크젯 기술이 적용되어 생산될 1년~5년 뒤의 제품의 사양을 고려하여 잉크젯 프린트 헤드를 선정하여야 한다.

표 14.2 Estimated OEM revenues (2005–2006)

매출	제조업체
$70–100M	Dimatix, Xaar
>$20M	Ricoh
$10–20M	Epson, Trident
~$10M	Konika, SII, Toshiba Brother, OTT Xerox–Tektronix, HP Scitex, PicoJet

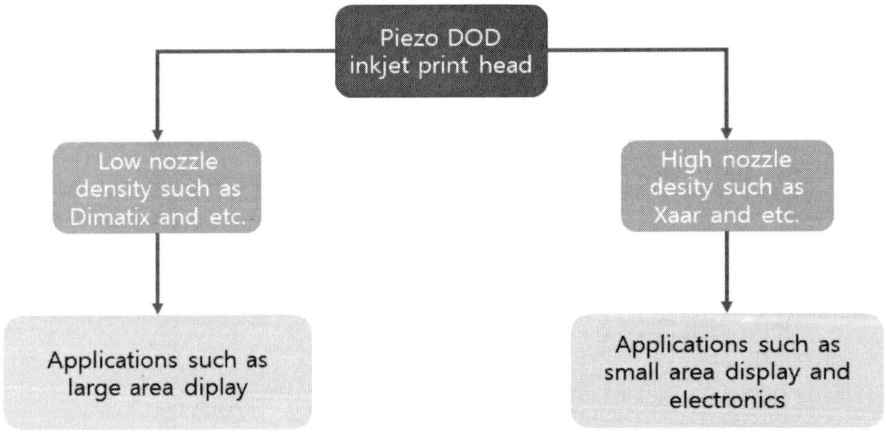

그림 14.13 piezo DOD Inkjet 프린트 헤드의 노즐 밀도와 용도에 따른 분류

잉크젯 기술의 적용 가능성이 있는 응용 분야는 크게 TFT-LCD 컬러 필터, PLED 디스플레이와

같이 규칙적으로 배열된 마이크로 스케일의 구조물 안에 잉크를 채우는 경우와 전자회로 기판과 같이 구조물이 형성되어있지 않은 기판상에 잉크로 패턴을 행하는 경우로 양분할 수 있으며, 한 번의 잉크젯팅으로 원하는 패턴을 행하는 싱글 패스 방식이 선호된다. 그림 14.13에 보인 바와 같이, 대형 TFT-LCD 컬러 필터와 같이 동일 색상의 서브 픽셀 간의 피치가 수백 mm인 경우, 노즐 피치가 큰 잉크젯 프린트 헤드의 선택이 유리하며, 싱글 패스로 전자회로 기판을 생산해야 하는 경우는 노즐 피치가 적은 것이 유리하다. 예를 들어, 낮은 노즐 밀도를 가지는 Dimatix의 SE-128 잉크젯 프린트 헤드(노즐 피치: 508 mm)는 대면적 디스플레이용으로, 높은 노즐 밀도를 가지는 Xaar의 OmniDot 760 잉크젯 프린트 헤드(노즐 피치: 70.6 mm)는 전자회로 기판 생산용으로 고려될만하다.

잉크 제조업체의 경우, 잉크를 개발하면서 투입되는 인적 자원과 비용을 고려해볼 때, 개발된 잉크가 중소규모 잉크젯 프린트 헤드 제조업체에 인증되는 것보다는 표 14.2에 보인 바와 같이 지배적인 시장점유율을 가진 대형 잉크젯 프린트 헤드 제조업체에 인증되는 것이 비즈니스 측면에서 유리하다. 또한, 잉크젯 프린트 헤드 제조업체로부터의 기술적 대응, 잉크젯 프린트 헤드 제조업체의 기술 로드맵, 잉크젯 프린트 헤드와의 재료 호환성, 노즐 플레이트에서의 젖음성, 공정적용성과 응용제품과의 재료 호환성 등과 같은 물리/화학적 적합성 등이 고려되어야 한다. 잉크 제조업체와 잉크/잉크젯 프린트 헤드 사용업체는 잉크젯 프린트 헤드를 선정 시, 선정될 잉크젯 프린트 헤드의 생산기간과 향후 생산될 잉크젯 프린트 헤드에 대한 요건검토를 잉크젯 프린트 헤드 제조업체와 긴밀히 행하여야 한다.

14.4.2 잉크젯 프린트 헤드 모델

잉크젯 프린트 헤드 모델의 선정시, 14.3.1절에 언급된 바와 같이 노즐 피치 등과 같은 기계적 치수와 물리/화학적 적합성 외에도 노즐 자체 크기와 가공 오차 등에 대한 검토가 이루어져야 한다. 예를 들어, TFT LCD 컬러 필터 혹은 PLED 디스플레이에서와같이, 폭 100mm, 길이 300mm, 깊이 1mm의 마이크로 우물에 잉크를 채워 넣어서 건조시켜 막을 생성해야 하는 경우를 생각해보자. 잉크 건조 시에 발생하는 물리적 현상들을 배제하고 단순화한 시스템으로 상정하여 예시적인 계산을 하도록 한다.

일반적으로 공정 엔지니어에게 주어지는 정보는 잉크의 점도, 표면장력, 액상에서의 고형분 무게 분율 등이다. 액상 잉크에서의 고형분 무게 분율이 건조 후 최종 막 두께와 연관성이 있으나, 액상에서의 고형분 무게 분율 자체가 최종 막 두께를 예측하는데 직접 사용되지는 못한다. 공정에 있어 중요한 정보는 건조 후 막 두께 대비 건조 전 막 두께의 비율인 잔막율이다.

10% 잔막율을 보이는 잉크를 가지고 ±100nm 막 두께 편차를 만족해야 하며, 잉크액적의 사이즈는 노즐의 크기와 같으며, 유일한 불확정 변수가 노즐 직경의 가공오차일 경우, 허용 노즐 가공오차를 계산해보자.

Dimatix 사의 S series 잉크젯 프린트 헤드가 고려될 경우, 선택 가능한 노즐의 직경은 27, 35 그리고 50mm이다. 27mm 노즐의 잉크젯 프린트 헤드가 10% 잔막율을 가지는 잉크를 마이크로 우물에 29방울 젯팅하여야 하며, ±100nm의 막 두께 편차를 만족하게 하기 위해서는 노즐 직경은 26.1~27.9 mm (절대 가공오차=1.8 mm) 범위 내에 들어와야 한다. 35mm 노즐의 잉크젯 프린트 헤드의 경우 동일조건 아래에서 13방울이 마이크로 우물에 젯팅되어야하며, 노즐은 34.1~36.5 mm (절대 가공오차=2.4 mm) 범위 내에 들어와야 한다. 마지막으로 50mm 노즐의 경우 동일 조건으로 5방울이 마이크로 우물에 젯팅되어야 하며, 노즐은 46.9~50.1 mm (절대 가공오차=3.2 mm) 범위 내에 들어와야 한다.

이처럼 노즐 구경이 커질수록 노즐의 허용 가공오차는 증가하는 경향을 보이며, 만약 노즐의 실제 가공오차가 허용 가공오차보다 작으면 젯팅시 생성되는 잉크액적의 직경 오차에 긍정적인 여유 마진으로 적용된다. 반면, 실제 노즐 가공오차가 허용 가공오차보다 클 경우, 잉크젯 프린트 헤드의 젯팅 조건을 세밀하게 조절해줘야만 원하는 막 두께 편차의 제품을 생산할 수 있으며, 이 경우 이미지 분석소프트웨어로 젯팅된 잉크액적의 속도를 이용하여 노즐을 캘리브레이션하는 방법은 더 이상 유효하지 않다.

노즐 크기가 증가할수록, 노즐 허용 가공오차가 증대할 뿐만 아니라, 부수적으로 마이크로 우물에 젯팅해야할 잉크액적의 수가 줄어들게 된다. 이처럼 단위 마이크로 우물에 젯팅해야할 잉크액적의 수가 들어 들게 되면, 잉크젯 프린트 헤드의 이송속도가 같으면 젯팅 주파수를 낮출 수 있으므로 긍정적이다. 혹은 주파수를 일정하게 유지할 경우, 노즐의 크기가 커질수록 잉크젯 프린트 헤드의 이송속도를 증가시킬 수 있으며, 최종적으로 공정시간을 줄일 수 있으므로 긍정적이다. 사업업체가 요구하는 사양을 만족하는 이상, 잉크젯 프린트 헤드의 유지보수와 수명 측면에도 노즐이 클수록 유리하므로, 상기에 언급된 사항들을 고려하여 잉크젯 프린트 헤드 모델을 선정하여야 한다.

14.4.3 잉크와 공정

피에조 DOD 잉크젯 프린팅 방식이 DOD 잉크젯 프린팅 방식에서 가장 폭넓게 사용되고 있으며,

또한 가장 큰 주목을 받고 있다. 현재 잉크 개발의 주 타겟은 TFT-LCD 컬러 필터용 잉크, 전도성 잉크, PLED용 잉크, OTFT용 잉크 등이 있으며, 이 중에서 실버 나노 잉크의 개발이 가장 활발하게 이뤄지고 있다. 피에조 DOD 잉크젯 프린팅의 특성상 젯팅온도에서 30 cPs 미만의 저점도 잉크가 필요하며(최적 점도는 잉크젯 프린트 헤드 제조업체에서 제시함), 점도와 나노 입자의 분산성 제약으로 인해 현재까지 상용화된 혹은 개발 중인 실버 나노 잉크의 최대 은 함량은 무게 분율로 50% 정도이다. 실버 나노 잉크의 무게분율 50%가 수치상으로는 대단히 높게 느껴지나, 이것을 부피분율로 환산하면 10%가 채 되지 않는다. 점에 유의해야 한다. 이처럼 낮은 고형분 부피분율이 피에조 DOD 잉크젯 프린팅의 문제점 중의 하나이다.

이를 해결하기 위해서는 첫 번째 소재에서 접근하는 방식, 두 번째 설계룰에서 접근하는 방식, 세 번째 공정에서 접근하는 방식, 마지막으로 잉크젯 방식에서 접근하는 방식이 있다. 가능하면, 소재에서 접근하는 방식이 유리하나, 현재 국내외의 잉크 기술 수준으로는 단기간에 부피분율 10% 이상의 실버 나노잉크를 개발하는 것은 힘들 것으로 추정된다.

설계룰에서 접근하는 방식은 기존의 생산방식에 따라 수립된 전사회로 설계 사양들을 잉크젯 방식으로 패턴된 얇은 도전패턴을 고려하여 전면 수정하는 것이나, 제품 동작 성능에 대한 영향평가와 새로운 설계 사양에 대한 신뢰성 검증이 이루어져야 하는 문제점이 있다.

공정에서 접근하는 방식은 순수한 잉크젯 프린팅 방식을 적용하는 것에 비해 상대적으로 추가 공정과 비용상승을 유발할 수 있으나, 반면에 양산성과 신뢰성을 높일 수 있다는 긍정적인 면도 있으므로, 공정에서의 접근방식이 전술한 2가지 방식보다는 좀 더 용이하나, 기존의 공정에 비해 어느 정도의 경제성을 확보하고 있는가에 대해 잉크젯 프린트 헤드 사용업체와 폭넓은 협의가 이뤄져야 한다.

마지막으로 잉크젯 방식 자체로 접근하는 방식이 있다. 특정 잉크젯 방식은 멀티패스를 이용할시 패턴 선폭을 10mm에 고정한 채 100mm에 이르는 두께를 달성할 수 있음이 기술적으로 입증되었으나, 이러한 방식을 적용하기 위한 국내 인프라는 전무하며, 이러한 방식의 존재 유무도 널리 알려지지 않거나 혹은 극소수만이 인지하고 있는 것으로 추정된다. 그러나, 상기의 특정 잉크젯 방식 또한 양산을 전제로 한 기술적 검증과 신뢰성 테스트가 수행되어야 하며, 잉크와 공정에 대한 제약점이 있다는 점에서 모든 응용 분야에 폭넓게 사용되기보다는 특정 응용 분야에 대한 응용소프트웨어가 될 수 있을 것으로 예상한다.

잉크의 불완전성을 보완하기 위해 추가적인 공정을 도입하는 경우 생산비용 상승이 불가피하나

반대로 신뢰성과 양산성을 상승시킬 수 있다면 적극적인 고려가 요구된다. 그림 14.14에서 보인 바와 같이 공정비용이 상승할수록 일정한도까지는 양산성과 신뢰성이 비례하여 상승함이 일반적이다. 비록 순수한 잉크젯만을 적용한 경우에 비해 공정비용은 상승하더라도, 기존 공정비용보다 저렴하며, 기존 공정의 양산성 혹은 신뢰성을 나타내는 B 한계선 이상의 양산성과 신뢰성을 확보할 수 있다면 추가적인 공정투입을 적극적으로 고려해볼 만하다. (일본 측 특허들을 살펴보면 상당 부분 추가 공정 도입을 고려하고 있음을 주지해볼 만하다.)

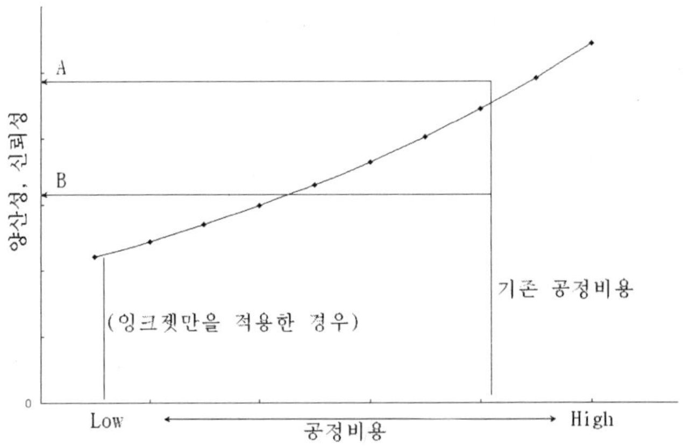

그림 14.14 공정비용과 양산성 사이의 관계

혹은 기존 공정 대비 낮은 수율에도 불구하고 저렴한 생산비로 낮은 수율을 커버하는 방안을 생각해볼 수 있다. 하지만, 추가적인 공정을 투입하여 비용상승이 일어남에도 불구하고 기존 공정의 양산성 혹은 신뢰성을 나타내는 A 한계선을 넘어서지 못한다면 공정 재설계를 해야 한다. 추가적인 공정 중 가장 보편적인 것은 표면 개질이다. 예를 들어, TFT-LCD 컬러 필터나 전도성 패턴, TFT 소자를 잉크젯으로 패턴함에 있어 기판의 표면에너지 개질을 하는 것이 일반적이나, 접촉각을 변화시키는 경우 후속 공정에서 문제를 일으킬 수 있으므로, 잉크젯 공정개발 시 전/후공정이 반드시 함께 고려되어야 한다.

그림 14.15에 보인 바와 같이 TFT-LCD 컬러 필터 와 PLED 디스플레이에서 주로 사용되는 뱅크 구조물은 잉크와의 접촉각에 따라 잉크의 건조 후 최종 막품질에 영향을 미칠 수 있다. 일반적으로 그림 14.16에 보인 바와 같이, 잉크에 대해 높은 접촉각을 가지는 것이 패턴형성에 유리하다고 알려져 있으나 높은 접촉각을 가지는 뱅크 구조물은 뱅크 내부의 잉크 퍼짐성에 영향을 미칠 수 있으며, 그림 14.15에 보인 바와 같이 뱅크 측면에서의 잉크 젖음성을 나쁘게 하므로, 최적 접촉각이 존재함을 알 수 있다.

뱅크와 잉크 간의 접촉각에 따라 뱅크 구조물 내부에 젯팅할 수 있는 잉크의 최대 양이 결정되므로 건조 후의 막두께에 영향을 미칠 뿐만 아니라, 건조된 잉크와 뱅크간의 표면에너지 차이가 일정한도 이상일 경우, 후속 공정에서 액상 재료를 이용하여 코팅 혹은 패턴을 해야 할 경우 문제를 일으킬 수 있다. 따라서, 잉크젯 공정의 개발 시에는 잉크젯 적용 공정 전후 공정과 소재들에 대한 고려가 반드시 이루어져야 한다.

패턴 선폭을 w, 패턴 길이를 L, 패턴 길이 내에 젯팅된 잉크 액적의 총 개수를 N, 기판과 잉크 간의 접촉각을 q, 잉크 액적의 직경을 d, 젯팅되는 잉크 액적 간의 거리를 p, 그리고 건조 전의 잉크가 기판과 이루는 각도에 따른 패턴 단면의 곡률 반경을 r로 정의할 때, 이들 간의 상관관계는 건조 전 평형상태에서 식 14.7과 14.8로 단순화될 수 있다.

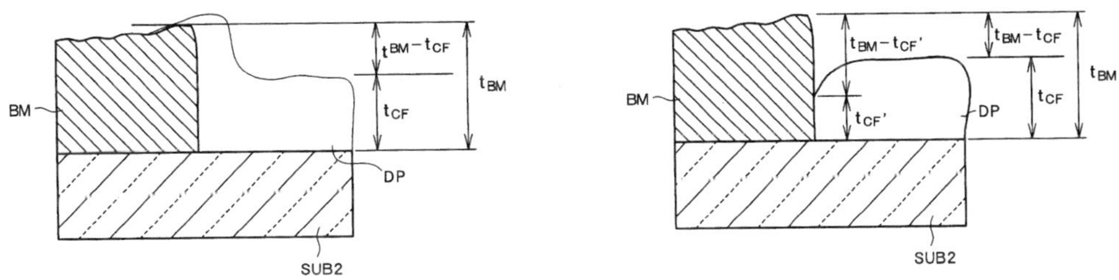

(a) 잉크에 대한 접촉 각도가 낮은 뱅크 구조 (b) 잉크에 대한 접촉 각도가 높은 뱅크 구조

그림 14.15 건조/경화 후 뱅크 구조의 접촉각이 표면 프로파일에 미치는 영향

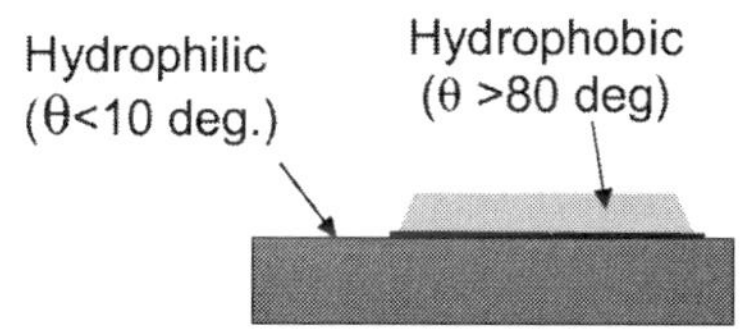

그림 14.16 잉크에 대한 기판 및 뱅크 구조의 바람직한 접촉각 (출처: Inkjet printing of Light-Emmiting Polymer Displays)

잉크의 잔막율을 패턴의 단위 길이당 젯팅된 잉크의 부피를 계산할 수 있으며, 원하는 선폭을 대입할 경우 기판과 잉크가 이루어야할 접촉각이 계산될 수 있다.

$$\frac{\pi d^3}{6}N=(r^2\theta-\frac{wrcos\theta}{2})L \tag{14.7}$$

$$w^2 = \frac{\frac{\pi d^3}{6p}}{\frac{\theta}{4\sin^2\theta} - \frac{\cos\theta}{4\sin\theta}} \tag{14.8}$$

그러나 접촉각이 일정 각도 이상일 경우 표면 젖음이 불량하여 선으로 패턴되지 못하고 잉크액적들이 클러스터를 형성하게 되는 문제점이 있다. 이러한 경우, 현실적으로 잉크만으로는 사용자가 원하는 패턴을 행할 수 없으므로 표면개질 이외의 다른 공정이 도입되어야 한다. 혹은 다른 잉크젯 방식을 적용함으로써 이러한 문제점을 극복할 수 있다.

14.5 생산시스템으로서의 잉크젯 신뢰성 및 교정의 중요성

14.5.1 신뢰성

잉크젯에서 요구되는 신뢰성에는 젯팅 시작성, 젯팅 지속성, 젯팅 편차성, 마지막으로 헤드 수명까지 4가지를 기본으로 꼽을 수 있으며, 이들에 대해서 하나씩 소개하도록 하겠다.

1) 젯팅 시작성

젯팅 시작성의 경우에는 잉크젯 프린트 헤드에 잉크를 공급한 후 젯팅을 시작하였을 때, 젯팅이 얼마나 빠른 시간 내에 안정화를 이룰 수 있는가를 의미한다. 즉, 잉크가 잉크젯 프린트 헤드 내부의 재질과 일정 접촉각 이상이 되면 공급이 원활히 되지 않으며, 잉크젯 프린트 헤드 내부 채널에 기포가 트랩 되어서 잉크액적 토출을 방해할 수도 있으므로 가능한 한 빠른 시간 내에 이러한 불안정 요인이 제거되어 요구되는 젯팅 안정성을 달성할 수 있어야 한다.

젯팅 시작성을 높이기 위해 잉크와 비슷한 조성의 용액을 주입하여 잉크젯 프린트 헤드의 채널을 프라이밍하는 작업을 할 수도 있는데, 예를 들어, 은 나노 잉크의 경우 고가의 재료이므로 은나노 잉크로 직접 프라이밍 작업을 수행하는 것보다는 은나노 잉크에서 은나노 입자들을 제거한 순수 용액상태의, 즉, 염가의 프라이밍 용액을 이용하여 프라이밍 작업을 수행하는 것이 좀 더 효과적인 방법이다.

그러나, 이러한 프라이밍 용액과 은나노 잉크가 접촉하였을 때 조성차이로 인해 은 나노 잉크의 은 입자들이 뭉치게 되는 현상이 나타나서는 안 되므로 잉크 개발자는 미리 프라이밍 용액과 은 나노 잉크와의 적합성을 사전에 세심히 테스트해보아야 한다.

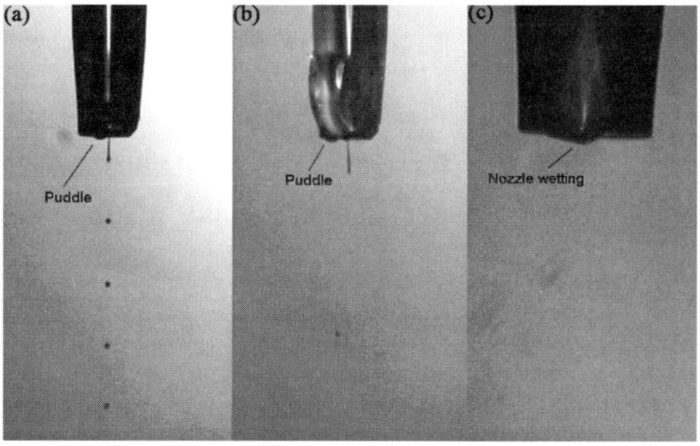

(a) 퍼들(puddle) 형성 및 (b) 퍼들(puddle) 성장 (c) 노즐 웨팅으로 인한 젯팅 중단

그림 14.17 노즐 웨팅 진행

잉크 개발자가 잉크를 개발할 시에는 잉크젯 프린트 헤드 내부의 재질과 잉크와의 젖음성, 잉크젯 프린트 헤드 노즐 표면에서의 잉크 젖음성, 그리고, 잉크와 패턴을 수행하게 될 기판 표면에서의 젖음성 등을 염두에 두고 개발을 진행하여야 하지만, 기판재질은 최종 사용자에 따라 가변하므로 세가지 젖음성을 모두 염두에 두고 잉크를 최적화하는 것은 현실적으로 불가능한 일이다. 따라서, 잉크와 잉크젯 프린트 헤드 내부의 젖음성과 잉크와 잉크젯 프린트 헤드 노즐 표면에서의 젖음성을 우선적으로 고려하도록 한다.

2) 젯팅 지속성

잉크와 잉크젯 프린트 헤드 내부의 젖음성은 접촉각으로 표현할 시에 낮을수록 바람직하며, 잉크와 잉크젯 프린트 헤드 노즐 표면 간의 젖음성은 가능한 한 높은 접촉각을 가지는 것이 바람직한 것으로 알려져 있다. 그러나, 노즐 표면 잉크 젖음에 의한 젯팅 실패는 잉크와 노즐 간의 접촉각이 높다고 해서 반드시 피할 수 있는 것은 아니다. 예를 들어 그림 14.17에 보인 바와 같이, 일단 잉크의 일부가 노즐 표면에 간헐적으로 적층되기 시작하면 puddle을 형성하게 되고, puddle은 점차 자라서 결국 노즐과 접촉하게 된다. puddle이 노즐로부터 토출되는 잉크와 접촉하게 되면 잉크는 puddle의 표면장력의 영향으로 직진성을 잃게 되고, 점차 더 많은 잉크가 puddle에 유입되어 종국적으로는 그림 14.17(c)에 보인 바와 같이 노즐 면을 완전히 젖게 하여 젯팅을 멈추게 할 수 있다.

잉크가 어떠한 메커니즘으로 인해 노즐 면에 puddle을 형성하게 하는가에 대한 이해와 예측은 불완전하며, 같은 잉크이더라도 젯팅 조건에 따라서 puddle 형성이 지연되거나 방지될 수도 있으므로 통계 모델링이 요구될 수도 있을 것이다.

젯팅 지속성은 잉크젯 노즐 내부로 유입된 공기 방울에 의해 영향을 받을 수도 있으며, 공기 방울 유입에 대한 메커니즘과 센싱에 대한 흥미로운 연구결과들도 발표되고 있다. 젯팅 지속성은 공정과도 밀접한 연관이 있다. 예를 들어, 그림 14.18과 같이 기판이 연속적으로 공급될 경우 잉크젯 프린팅은 중단 없이 지속될 수 있는 것이 가장 바람직하다. 따라서, 잉크를 공급하고 젯팅이 안정화된 후에 젯팅이 얼마나 오랫동안 지속될 수 있는가에 따라서 연속공정에 잉크젯을 도입할 수 있는가가 결정된다.

만약 어떤 잉크에 있어서 젯팅 지속시간이 15분이라고 가정한다면, 15분마다 프린팅을 정지시키고 잉크 퍼징과 잉크젯 프린트 헤드 노즐 면 클리닝 등의 유지보수를 수행해줘야 하므로 생산성에 영향을 미치게 된다. 이러한 문제를 우회적으로 극복하기 위하여 최대 젯팅 지속시간 도달 이전에 두 번째 백업용 잉크젯 프린트 헤드가 프린팅을 시작하고, 첫 번째 잉크젯 프린트 헤드는 유지보수를 수행하는 것과 같은 교차 프린팅 시스템 구성을 생각해 볼 수 있을 것이다. 반면 디스플레이나 인쇄전자회로와 같이 연속공정이 아닌 경우에는 공정시간 동안만 젯팅 지속성이 보장되면 된다.

그림 14.18 iTi가 개발한 잉크젯 웹 프레스(Imaging Technology International, Corpor., CO., USA)

대략 1분 안팎에 패턴이 완료되어야 하는 디스플레이 공정의 경우 젯팅 지속성은 최소 1분 이상만 유지되면 된다. 이와 같이 젯팅 지속성에 따라 시스템 구성이 가변적일 수 있으므로, 생산시스템 설계 시 재료 적합성에 대한 이슈들도 고려되어야 한다.

3) 젯팅 편차성

잉크젯 프린트 헤드는 그림 14.19에 보인 바와 같이 완벽하지 않으며 제품 간, 그리고 한 제품 내에서도 노즐 간의 편차를 내재하고 있다. 이러한 불완전성은 그림 14.20에 보인 바와 같이 노즐 간 잉크 액적 토출량의 편차를 야기하며, 패턴을 할 제품의 성능에 직접 영향을 미치게 된다.

TFT LCD 컬러 필터 혹은 PLED와 같은 디스플레이 응용제품의 경우 잉크 액적 토출량의 불균일성은 제품의 색 특성과 화질에 영향을 주게 되며, 인쇄전자회로의 경우에는 각 전극패턴의 신호지연 값에 영향을 주게 된다. 그러나 최근 주목을 받고 있는 e-Paper의 경우에는 스위칭 속도 자체가 260ms에 불과하며, 액티브 매트릭스 백 플레인의 편차 사양도 이에 준하여 결정될 것이므로 잉크 액적 편차가 다른 응용 분야에 비해 느슨해질 가능성이 있다. 이와 같이, 잉크 액적의 토출량 편차 허용범위는 일률적으로 결정된다기보다, 잉크젯이 응용될 제품의 요구사양에 의해 결정되며, 그에 맞추어 편차를 교정해주는 것이 바람직하다.

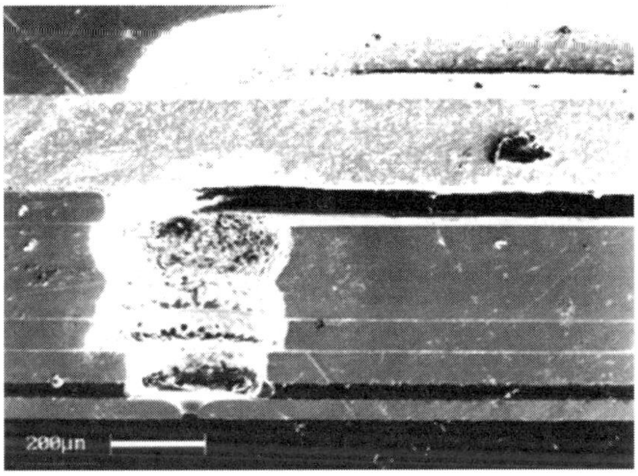

그림 14.19 90년대에 Spectra, Co.에 의한 피에조 Drop-On-Demand 잉크젯 프린트 헤드의 결함

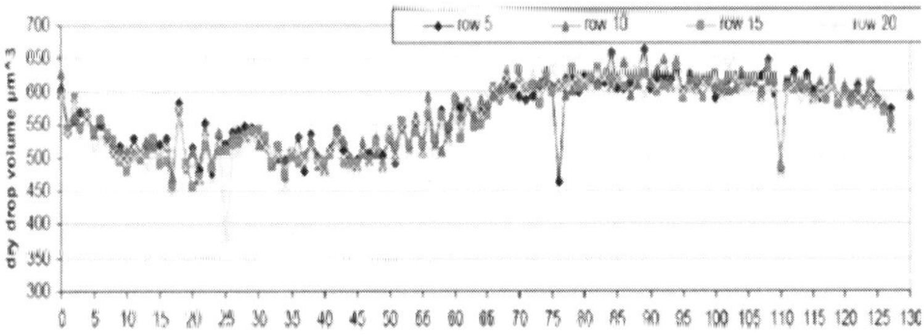

그림 14.20 Spectra, Co.에 의한 전형적인 SE 헤드를 통한 노즐 간 잉크 방울 부피 변화

4) 헤드 수명

잉크젯 프린트 헤드의 수명은 제조사에 따라 다르지만, 노즐 당 80억 액적의 수명을 가지고 있다고 보고되고 있다. 10세대 기판의 경우 그림 14.21에서 볼 수 있는 바와 같이 65인치 패널 6장이 생산될 수 있다. Full HDTV 사양에 따른 65인치 서브 픽셀의 가로×세로×높이는 각각 220μm×720μm ×1μm 정도이며, 하나의 서브 픽셀 당 158400 μm^3의 색 필름이 형성되어야 한다. 한 장의 10세대 기판 당 하나의 노즐이 패턴해야 할 서브 픽셀의 개수는 3240개이므로, 기판당 513216000μm^3에 해당하는 색 필름이 형성되어야 한다.

만약 잉크의 고형분 함유량이 부피분율로 10%일 경우, 10세대 기판 한 장당 노즐이 토출해야 할 잉크의 부피는 5132160000μm3에 이르며, 노즐에서 토출되는 잉크 액적의 직경이 대략 40μm 라고 가정할 경우, 대략 기판 당 153152 액적을 토출해야 한다.

따라서 이론적으로는 노즐 당 52235장의 10세대 기판을 패턴할 수 있으며, 월 36000장의 생산능력을 가지는 2010년 3월 완공예정인 DNP의 10세대 컬러 필터 공장의 경우 잉크젯 프린트 헤드는 대략 44일 정도의 최대 이론수명을 가질 것으로 예측된다.

10세대 기판의 컬러필터 생산을 위해 각 색상당 대략 30개의 잉크젯 프린트 헤드가 사용될 것으로 보이며, 개당 가격이 US $600일 경우, 각 색상당 44일마다 US $18000의 헤드 교체비용, R, G, B의 삼색이 고려되었을 때는 44일마다 총 US $54000의 교체비용이 발생할 것으로 예측된다.

그러나, 이러한 예측은 가장 긍정적인 가정들을 도입하였을 때의 결과이며, 실제는 이보다 더 높은 운용비용이 발생할 것이다.

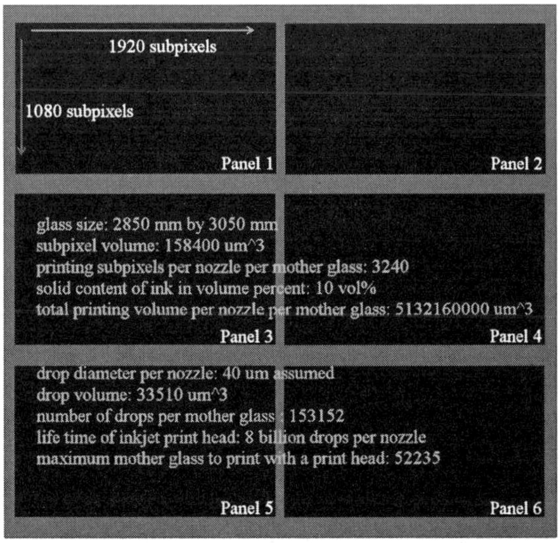

그림 14.21 10세대 유리 기판의 65인치 패널 레이아웃

이와 같이 더 높은 운용비용이 발생하는 이유는 디스플레이와 인쇄전자 분야에서의 헤드 성능과 신뢰성에 대한 요구조건이 기존 인쇄 분야에서의 성능과 신뢰성 요구조건보다 월등히 높은 관계로 인해, 젯팅 특성이 미세하게 허용오차를 벗어나더라도 잉크젯 프린트 헤드들을 전량 교체하여야 하며, 이에 따라서 유효 헤드수명이 훨씬 짧을 것으로 예측되기 때문이다.

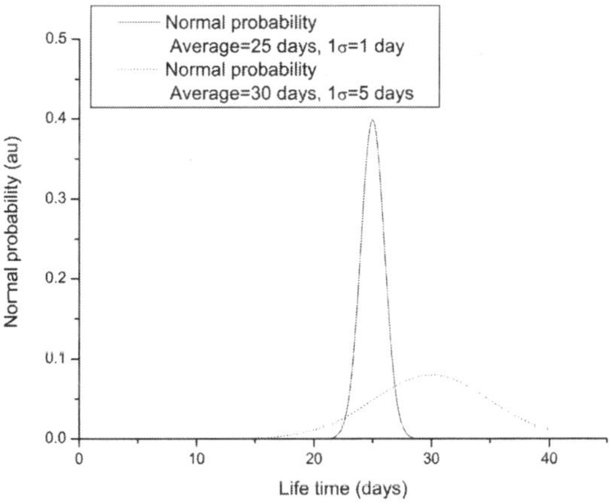

그림 14.22 잉크젯 프린트 헤드의 수명의 정규 확률:
(a) 평균 수명=25일, 1σ =1일 및 (b) 평균 수명=30일, 1σ =5일

따라서 잉크젯 프린트 헤드의 수명연장에 대한 문제가 대두되게 될 것이며, 특히 수명의 표준편차에 대한 관리가 요구될 것으로 예측된다. 예를 들어, 그림 14.22에 보인 바와 같이, 잉크젯 프린트

헤드의 수명이 평균 25일이지만 표준편차가 1일인 경우와 수명이 평균 30일로써 전자보다 5일이나 길지만, 표준편차가 5일인 경우, 전자가 후자보다 평균수명은 5일이나 짧지만 수명관리 차원에서 관리하기가 훨씬 쉽다는 장점이 있다. 따라서, 디스플레이와 인쇄전자 산업에서 성공적인 잉크젯 공정적용을 위해서는 잉크젯 프린트 헤드의 유지보수에 대한 프로토콜의 표준화와 테스트 장비, 유지보수 장비 등의 개발이 요구될 것이다.

14.5.2 교정성

잉크젯의 잉크 액적 토출량은 그림 19에 보인 바와 같이 노즐별로 편차가 있다. 일반적으로 노즐별로 구동전압의 파형을 조절하여 이러한 노즐별 잉크액적 토출량의 편차를 최소화할 수 있으나, 문제는 어떻게 토출량의 편차를 측정하는가에 대한 것이다. 다음은 현재까지 일반적으로 알려진 토출량 교정방법과 각 방법의 장점과 단점을 간략히 소개하도록 한다.

1) 비젼 인식법

비젼 인식법 비젼 카메라로 획득한 2차원 잉크 액적의 이미지를 소프트웨어적으로 처리하여 3차원으로 환산하여 그 부피를 계산하는 방식을 의미한다. 잉크 액적의 형상이 축 대칭성을 가진다고 가정하였을 때 화면상에 나타난 2차원 상의 이미지에서 가상축을 설정한 다음 치수 정보를 획득하도록 하며, 획득한 치수 정보를 가상 축을 중심으로 360도 회전시켜서 3차원으로 환산한 부피를 계산할 수 있다.

그러나, 만약 잉크 액적의 직경이 30μm인 경우 ±2% 내에서 부피편차를 인식하기 위해서는 100nm급에 해당하는 광학적 분해능이 요구된다. 잉크 액적 측정 장비를 생산하는 업체에서 100nm급에 해당하는 광학적 분해능을 제품 사양으로 제시하기도 하지만, 이는 어디까지나 소프트웨어적으로 처리했을 시에 제시되는 가상적 수치일 뿐, 가시광선의 회절 한계와 적용 렌즈의 광학 분해능 한계상 물리적으로 불가능하다고 보여진다.

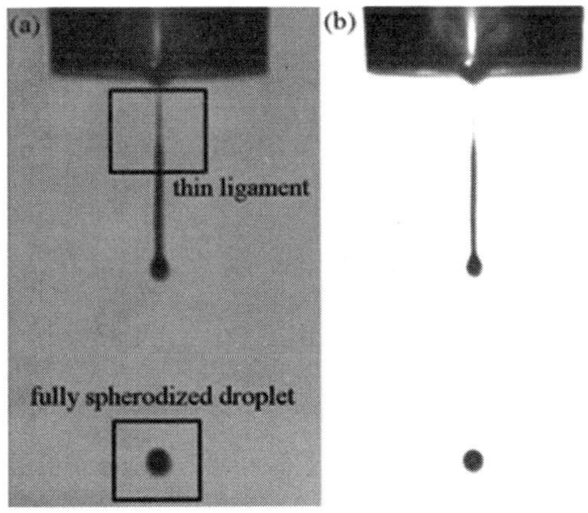

그림 14.23 캡처된 물방울 이미지의 불확실성

또한, 잉크액적이 5m/s의 속도로 낙하할 때 LED 스트로브 시스템에서 1μs의 노출을 이용하여 이미지를 획득할 경우, 노출 시간동안 5μm를 이동하게 되므로 이미지 블러 현상을 초래하게 되며, 이는 획득하여야 할 영상 분해능인 100nm의 50배에 해당하므로 측정의 불확실성에 기여한다.

마찬가지로, 그림 14.23에 보인 바와 같이, LED 조명의 밝기에 따라, 또 LED 조명들간의 밝기편차에 따라 획득되는 잉크액적 이미지가 가변하므로 비젼을 통한 잉크액적의 정밀 부피측정은 힘들다고 본다.

2) 속도 측정법

이 방법은 그림 14.24에 보인 바와 같이, 잉크 액적의 낙하속도를 측정한 후, 노즐 간의 잉크 액적 낙하속도를 일치시킴으로써 잉크 액적 부피 편차를 교정하는 방법이다. LED 스트로브 시스템으로 t1과 t2의 시간에 찍힌 잉크 액적의 서로 다른 낙하 위치를 측정하여 속도를 구하게 되므로, 비젼 인식법보다 유효 광학 분해능과 LED 조명의 광량 편차에 의한 간섭을 덜 받는 장점이 있다.

그러나, 이 방법은 노즐 구경이 모두 정확하게 일치하였을 때만 신뢰할 수 있는 정보를 획득할 수 있다. 만약 노즐 간의 구경 편차가 클 경우, 잉크 액적의 낙하속도를 일치시키더라도 잉크 액적의 부피는 일치하지 않기 때문에 본 방법을 사용할 수 없다. 참고로, 실리콘 멤스를 통해 제작되지 않은 기존 노즐들의 경우 대략 1μm에 해당하는 노즐 구경 오차를 가질 수 있다.

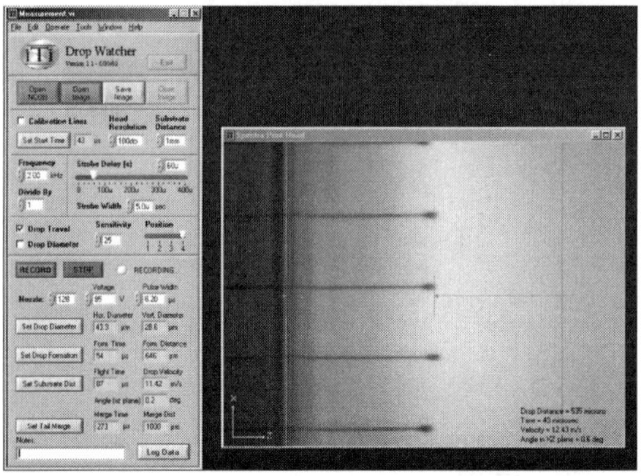

그림 14.24 iTi, Corp의 모델 III 낙하 감시기를 이용한 물방울 속도 측정의 스크린샷

3) 직접 부피 측정법

이 방법은 그림 14.25에 보인 바와 같이, 잉크 액적을 기판상에 프린팅한 후, 공초점 레이저 현미경, 백색광 간섭계 등의 3차원 표면형상 측정 장비를 이용하여 직접 잉크 액적의 부피를 측정하는 방식이다.

영국 Cambridge Display Technology사의 측정결과에 따르면 높이 방향과 수평 방향 분해능은 각각 0.1nm와 0.5μm, 그리고 측정속도는 1초를 구현할 수 있었다고 발표하였다. 그러나, 공초점 레이저 현미경의 경우 스캐닝 속도는 사용모델에 의해 좌우되며, 일반적으로 백색광 간섭계가 더 빠르고 높은 사용자 편이성을 제공할 수 있다.

그러나 서브 나노미터 수준의 높이 방향 분해능을 제공함에도 불구하고 수평 방향 분해능은 수백 나노미터급에 불과하고, 특히 대물렌즈의 배율이 낮을수록 수평 방향 분해능은 수 마이크론 이상으로 증가하는 문제점이 있다. 또한, 측정방법의 한계상 높은 각도를 이루는 지점, 즉 기판상에 패턴된 잉크 액적의 가장자리 부근에서는 간섭광을 제대로 획득하지 못하여 측정오차가 생길 수 있으며, 사용되는 파장대에 따라 잉크액적 측정능력이 영향을 받을 수도 있다는 문제점이 있다.

비록 측정 속도가 1초 정도에 불과하다지만, 수십 개의 잉크젯 프린트 헤드, 즉 수천 개에 달하는 노즐들로부터 토출된 잉크 액적들을 한 대의 측정 장비로 전부 측정하는 것은 시간관계상 양산 장비에서 허용하기 힘들며, 복수 대의 측정 장비를 이용하여 측정시간을 단축하기에는 구매 및 운용 비용이 높다는 문제점이 있다.

따라서 오프사이트에서 측정을 수행할 수 있는 별도의 장비로 개발되는 것이 바람직하다고 본다.

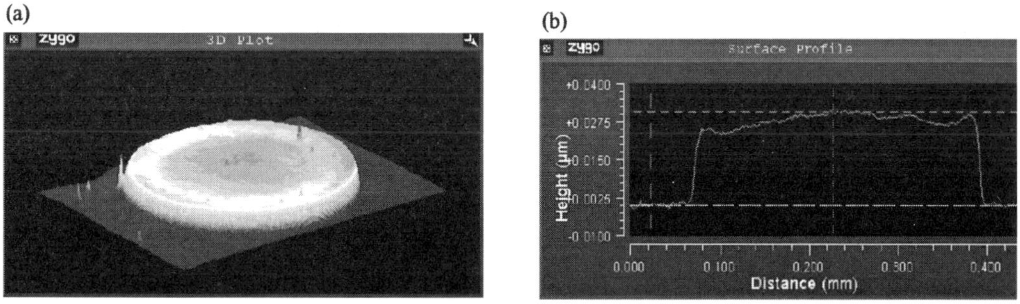

(a) 3D 정보　　　　(b) 측정된 액적의 단면 정보

그림 14.25 잉크 액적 표면 프로파일

4) 직접 무게 측정법

가장 적은 비용으로 측정을 수행할 방법으로써 단일 혹은 복수 노즐로부터 잉크액적을 일정 시간 동안 토출 받은 후, 그 무게를 측정, 비교하여 노즐별 잉크액적 토출량 교정을 하거나, 필요에 따라 잉크의 기측정된 밀도를 이용하여 부피로 환산하여 잉크액적 토출 부피를 교정하는 방식이다.

그러나, 전자저울의 측정값이 정밀할수록 공기 유동에 의한 교란에도 측정값이 영향을 받으므로, 무게측정을 위해 잉 크액적을 토출 받는 시간을 줄이는 데 한계가 있으며, 이로 인해 양산 장비 상에서 직접 교정검사를 하기에는 적합하지 않다. 따라서, 직접 부피측정법과 마찬가지로 잉크액적 교정을 위한 전용 측정 장비로 개발되어야 할 것으로 예측되며, 양산 장비 상에서 잉크액적 토출 상태를 간략히 검증하기 위한 비전검사법 혹은 속도 측정법과 함께 사용되어야 할 것으로 예측된다

14.6 잉크액적 토출 불량 검출을 위한 고속 잉크젯 모니터링 기술

기존의 잉크액적 토출 검사모듈은 그림 14.26에 보인 바와 같이 기본적으로 직선형 스테이지 상에 고배율의 렌즈를 체결한 CCD 카메라를 마운팅하며, 스테이지를 잉크젯 프린트 헤드의 노즐이 배열된 방향과 평행하게 이동하면서 잉크액적의 토출여부를 비젼검사하는 시스템이다. 이와 같은 잉크젯 모니터링 모듈을 이용하여 잉크액적의 토출여부뿐만 아니라 잉크액적의 젯팅 속도, 젯팅 직진성, 그리고 잉크액적의 부피를 비젼처리를 통해 획득할 수 있다. 잉크액적이 CCD 카메라의 좌우가 아닌 시선방향으로 젯팅되는 경우에는 한 대의 CCD 카메라만으로는 검출할 수 없기 때문에, 2대의 CCD 카메라를 직각방향으로 배치한 후 두 카메라의 시선교차점에 잉크젯 프린트 헤드를 설치하여 좀더 정밀하게 잉크액적의 직진성을 검사하는 경우도 있으나, 비용 및 공간상의 제약 때문에 대부분의 잉크젯 모니터링 모듈은 하나의 CCD 카메라를 이용하여 잉크액적에 대한 검사를 수행한다.

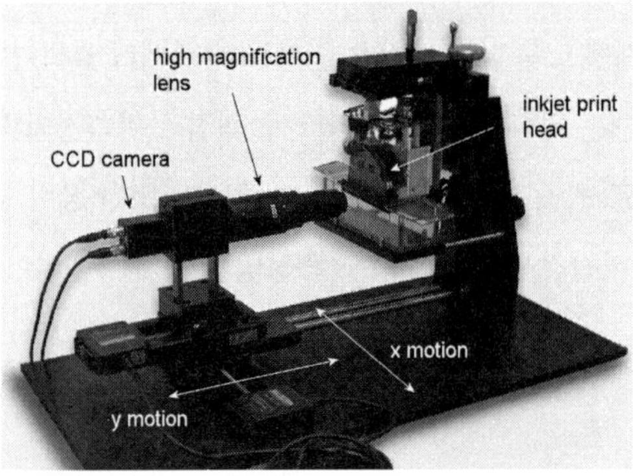

그림 14.26 Conventional drop watcher developed by iTi (USA)

240 frames/sec의 고속 CCD 카메라를 구비한 잉크젯 모니터링 모듈을 고속 스테이지 상에 탑재하고, 20kHz 이상으로 젯팅을 수행하고 있는 잉크젯 프린트 헤드의 잉크액적들을 검사하는 경우, 하나의 잉크젯 프린트 헤드 당 0.6 초, 24개의 잉크젯 프린트 헤드들을 15초 이하에 검사를 완료할 수 있다고 보고 되기도 하였다. 그러나, S class (Fujifilm Dimatix, USA) 잉크젯 프린트 헤드의 128 노즐을 리니어 스테이지를 이용한 잉크젯 모니터링 모듈로 검사할 경우 일반적으로 60초 내외의 검사 시간이 소요되며, 특히 고속으로 잉크젯 프린트 헤드의 노즐들을 반복 검사하는 경우 리니어 스테이지의 채용은 불필요한 기계적 진동을 야기시키는 문제점이 있었다.

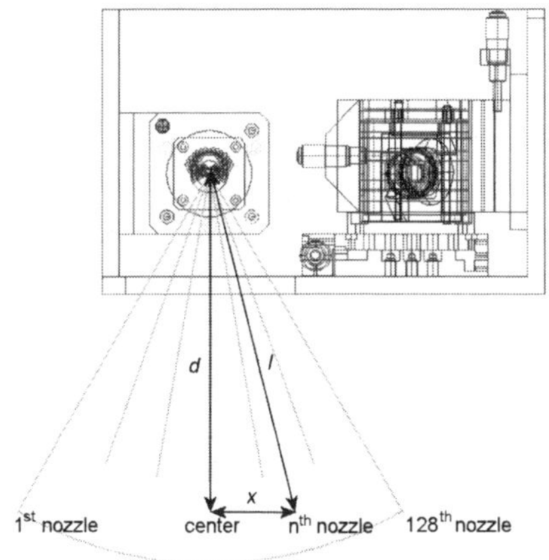

그림 14.27 회전 미러를 사용한 고속 노즐 스캐닝

이런 단점들을 보완하기 위하여 그림 14.27에 보인 바와 같은 회전 미러를 이용한 스캐닝 방식의 잉크젯 모니터링 모듈이 고안되었다. CCD 카메라(XC-HR90, Sony, Japan)로부터의 광학 경로는 고정 미러를 통해 회전 미러로 전달되며, 회전 미러의 회전을 통해 광학 경로는 잉크젯 프린트 헤드의 노즐들을 순차적으로 스캔을 하게 된다. 회전 미러의 중심축과 잉크젯 프린트 헤드까지의 최단거리를 d, 잉크젯 프린트 헤드의 중앙으로부터 특정 노즐까지의 거리를 x라고 정의할 때, 회전 미러로부터 특정 노즐까지 거리 l은 $(d^2+x^2)^{1/2}$로 정의되며, 이 거리는 미러가 회전함에 따라 가변하게 된다.

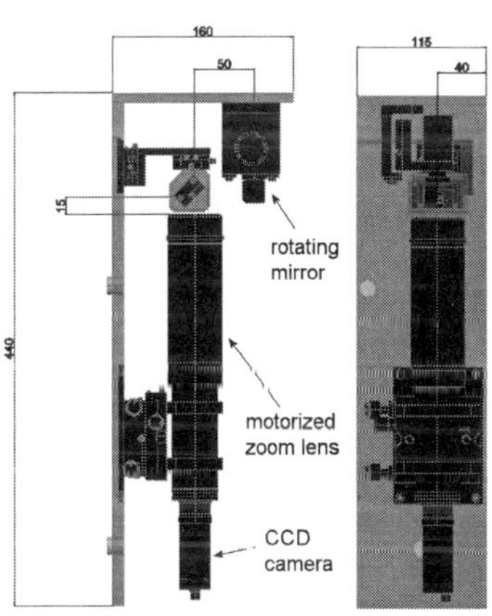

그림 14.28 회전 미러가 있는 고속 잉크젯 모니터링 모듈(KIMM, Samick THK 공동 제작) (한국)

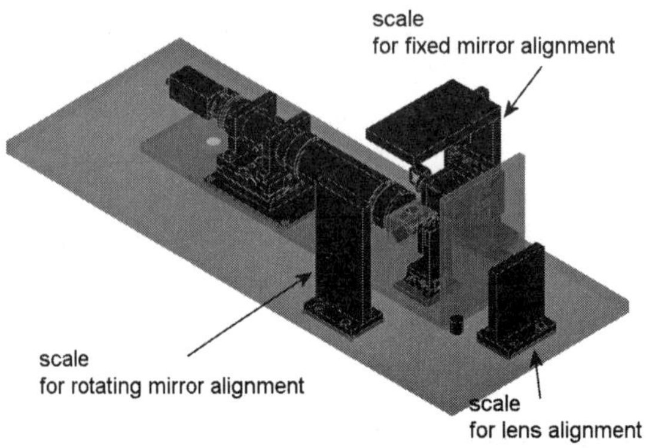

그림 14.29 CCD 카메라, 렌즈, 고정 및 회전 미러의 정렬을 위한 조립 지그 (KIMM, Future Science 공동제작) (한국)

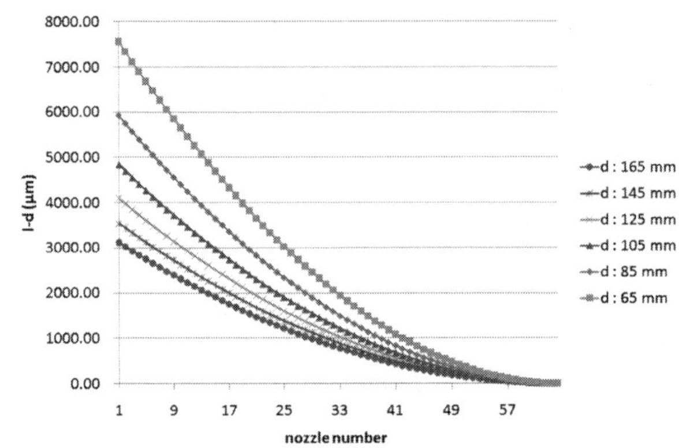

그림 14.30 노즐 위치에 따른 초점 거리의 변화

따라서, 모터 구동의 가변초점 렌즈(motorized zoom lens, Navitar, USA)를 사용함으로써 정확한 화상이 맺히도록 초점 거리 교정이 필요하며, 그림 14.28은 가변초점 렌즈와 회전 미러를 구비한 고속 잉크젯 모니터링 모듈의 설계 예를 도시하였다. 가공 및 조립 공차때문에 CCD 카메라와 가변초점 렌즈, 고정 미러와 회전 미러들의 광축들이 어긋나게 되므로, 가변초점 렌즈, 고정 및 회전 미러들을 소형 정렬 스테이지 상에 마운트하여 고속 잉크젯 모니터링 모듈의 베이스에 고정시킨 후 정렬을 할 수 있도록 설계하였다.

그림 14.29은 광축 정렬을 위한 조립 지그의 설계 예이다. CCD 카메라와 가변초점 렌즈 결합체는 고정 미러를 설치하기 이전에 줌을 변경시켜가면서 렌즈 정렬용 스케일을 통해 1차적으로 광축 정렬을 수행한다. 이후 고정 미러를 설치하고 고정 미러가 화상을 90°로 반사시켜주는가를 고정 미러용 스케일을 이용하여 확인한다. 마지막으로, 회전미러를 설치한 후, 회전 미러를 회전시켜가

면서 회전 미러 정렬용 스케일을 관측함으로써, 전체 부품들의 광축들이 올바르게 정렬되었는지를 최종 확인하도록 한다.

개발된 고속 잉크젯 모니터링 모듈의 성능을 테스트하기 위해, 128개의 노즐이 508 μm 간격으로 배열된 SE-128 (Fujifilm Dimatix, USA) 잉크젯 프린트 헤드로부터 토출되는 잉크액적들을 검사하였으며, 그 결과 및 기술적 사항들을 제3장에서 토의하도록 한다.

14.6.1 렌즈 초점거리 선정

그림 14.27에 보인 바와 같이, 회전미러의 중심축과 피검사체인 잉크 액적들이 배열되어 있는 평면과의 거리(l)은 관찰해야 할 잉크젯 노즐의 위치를 변경함에 따라 가변하며, 그림 14.30에 보인 바와 같이 그 가변 정도는 회전 미러의 중심축과 잉크젯 프린트 헤드까지의 최단거리(d)가 가까울수록 증대된다.

회전 미러의 중심축과 잉크젯 프린트 헤드의 최단거리(d)는 가까울수록 초점 렌즈가 이동해야 할 최대 이격 거리($\Delta(l\text{-}d)$)가 증가하며, 이격 거리가 증가할수록 초점 렌즈의 이동 소용 시간이 증대되어 총 검사 시간 또한 증대하게 되므로, 가능한 경우 최단거리(d)를 길게 설계하는 것이 바람직하다. 또한, 회전 미러의 중심축과 잉크젯 프린트 헤드의 최단거리(d)가 멀수록 위성 잉크 액적 등에 의해 미러의 표면이 오염되는 사태를 예방할 수 있다는 장점이 있다.

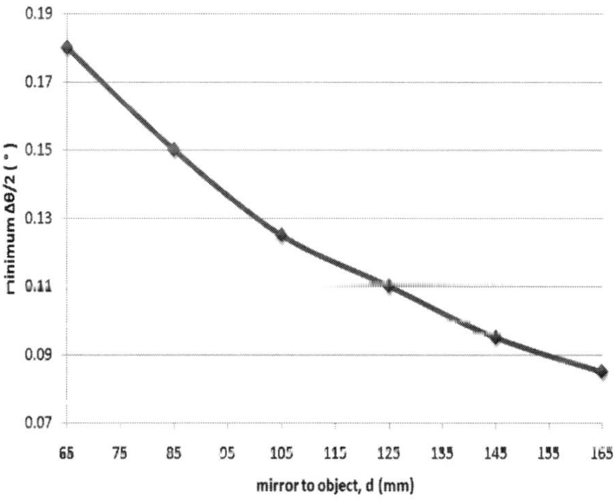

그림 14.31 인접한 두 노즐을 관찰하기 위한 미러를 회전하는 최소 각도 차이

반면, 그림 14.28에 보인 바와 같이 초점 렌즈의 이동 거리, 고정 미러와 회전 미러의 설치 거리 및 회전 미러의 중심축과 잉크젯 프린트 헤드까지의 최단거리(d)의 총합인 렌즈의 작동 거리

(working distance)가 길수록, 광학 해상도는 일반적으로 반비례하여 감소하는 문제점이 있다. 또한 두 인접 노즐들을 관찰하기 위한 각도들을 각각 θ_1 및 θ_2라고 할 때, 회전 미러를 회전시켜야 하는 각도는 Δ (θ_1 - θ_2)/2이며, 그림 14.31에 보인 바와 같이, 회전 미러의 중심축과 잉크젯 프린트 헤드까지의 최단거리(d)가 멀수록 감소하게 된다. 이러한 회전 각도의 미소화는 회전 미러를 구동하는 모터에 높은 분해능을 요구하며, 비용상승 요인이 되는 문제점이 있으므로, 최적 최단거리(d)를 설정하기 위한 설계 최적화 작업이 요구된다.

14.6.2 초점 심도 및 동작 시퀀스

CCD 카메라와 렌즈의 조합으로 시야(field of view) 및 초점 심도(depth of field)가 결정된다. 그림 14.32에 보인 바와 같이, 일반적으로 배율이 높을수록 FOV (field of view) 및 DOF (depth of field)가 감소할 뿐만 아니라 화상이 어두워진다. 따라서, 정밀한 이미지를 획득하기 위해 높은 배율을 사용하게 될 경우, 더 밝은 화상을 얻기 위해 LED의 광량을 증가시키거나 LED 펄스 폭을 증가시켜야 하는데 전자의 경우에는 고휘도 LED의 사용으로 인한 LED 자체 비용상승 및 LED 드라이버의 내압증대로 인한 비용상승이 야기되며, 고출력으로 인한 방열문제가 발생한다.

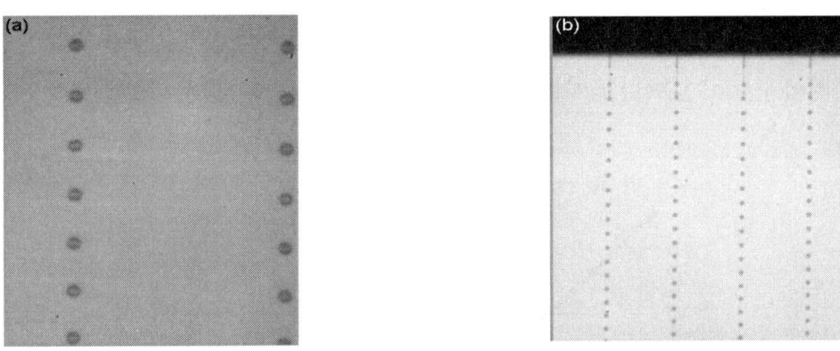

(a) 고배율 (b) 저배율

그림 14.32 배율이 다른 결과 모니터링

반면, 후자의 경우에는 LED 폭의 증가에 따라 그림 14.33에 보인 바와 같이 모션 블러(motion blur) 현상이 발생하여, 획득된 이미지의 품질이 저하되는 문제점이 있다.

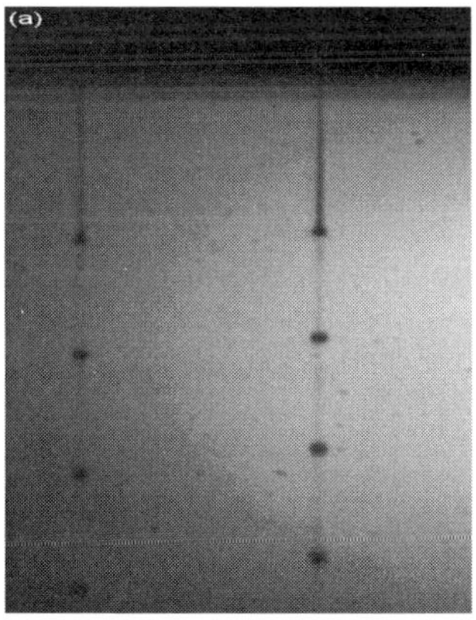
(a) 짧은 LED 펄스 주기

(b) 긴 LED 펄스 주기

그림 14.33 획득한 영상 선명도에 대한 LED 펄스 지속시간의 영향

일반적으로 배율이 낮음에 따라 광학 해상도는 감소하지만, 화면상에서 동시에 관찰할 수 있는 노즐의 개수가 증가하기 때문에 전체 검사 시간이 단축되는 장점이 있다. 배율의 결정은 동작 시퀀스에 따른 검사 소요시간에도 영향을 미치는데, 전형적인 동작 시퀀스에 따른 검사 소요시간을 표 14.3에 예시하였다.

표 14.3 고속 잉크젯 모니터링 모듈 프로토타입의 각 모션 시퀀스에 소요되는 측정 시간

sequence	description	time (ms)	accumulated time (ms)
motor motion	focus lens rotating mirror	28	281
1st image acquisition	acquisition processing	84	365
set LED delay time		15	380
1st measurement		16	396
2nd image acquisition	acquisition processing	94	490
motor motion to the next position	rotating mirror focus lens	31	521
LED control		31	552
2nd measurement		16	568
straightness calculation		~0	568

총 0.568초의 동작시간 중 이미지의 획득과 데이터 처리, 그리고 측정과 같은 소프트웨어적인 동작에 소요되는 시간은 대략 0.210 초 정도였으며, 렌즈의 초점거리 조정과 미러 회전 등 기계적인 동작에 소요되는 시간이 0.358 초로써, 전체 동작시간의 63%를 차지함을 알 수 있다. 만약 고배율을 사용함으로써 매 노즐마다 초점을 맞추어야만 한다면 Dimatix사의 S class 헤드의 128개 노즐을 검사하는데 72.7초 이상의 시간이 소요될 것임을 예측할 수 있다. 따라서, 필요 이상의 고배율을 사용하는 것보다는 동시관찰 노즐 개수를 늘림으로써 검사 시간을 단축할 수 있도록 적절한 저배율을 사용하는 것이 유리하다.

저 배율일수록 일반적으로 초점 심도가 깊다. 그러나, 회전미러의 회전으로 인해 잉크 액적과의 거리는 초점 심도 이상으로 가변하므로 초점 거리를 보정해 주어야 한다. 그러나, 가변거리가 초점 심도(DOF) 이내일 경우 표 14.3에 보인 바와 같이 회전 미러의 회전마다 초점을 보정해주기 위해 렌즈를 구동할 필요성은 없다.

표 14.4에 정리한 바와 같이 작동 거리 165mm인 렌즈를 기준으로, 1/3" CCD 카메라, 0.5배 렌즈 및 2배 어댑터 부착 시, 최대 렌즈 배율에서 FOV의 수평거리는 860μm이며, 이때의 초점 심도(DOF)는 400㎛이다. 실질적으로 2 노즐 이상을 동시 관측할 경우, DOF는 400μm 이상이나, 설계 시에는 400㎛를 기준으로 하였으며, 이 경우 회전 미러의 이동에 따른 렌즈의 초점거리 보정 횟수는 그림 14.34에 보인 바와 같이 회전 미러와 잉크 액적 간의 설계 최단거리(d)가 증가함에 따라 감소함을 알 수 있다. 잉크젯 프린트 헤드의 중심을 기준으로 노즐들의 배열은 좌우대칭이므로 그림 14.34에서는 노즐 절반에 대해서만 도시하였으며, 중심 측 노즐을 1번으로 지정하였다. 총 초점 거리 보정 횟수는 그림 14.34에 도시된 초점 거리 보정 횟수가 n일 경우, $2n-1$이 된다.

표 14.4 렌즈 사양

WD (mm)	magnification		FOV (mm)		DOF (mm)	
	lowest	highest	′ 0.58	′ 7.00	′ 0.58	′ 7.00
165	′ 0.58	′ 7.00	10.34	0.86	11.93	0.4

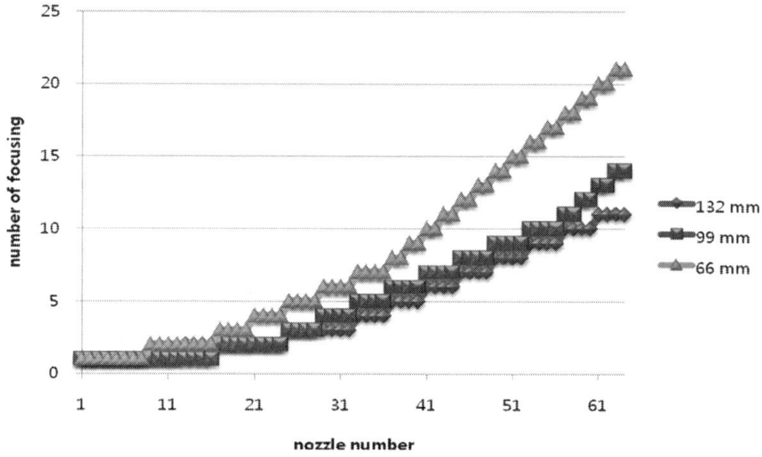

그림 14.34 회전 미러에서 중앙 노즐까지의 거리에 따른 회전 미러가 물방울을 스캔하는 동안 초점 조정 횟수

128 노즐을 4 노즐씩 관측할 경우, 회전 미러의 회전마다 초점거리를 보정할 경우 32회 이상의 초점거리 보정이 필요하지만, 회전 미러 이동 후 렌즈의 초점거리 변화가 초점심도(DOF) 이내 일 경우 초점거리를 보정하지 않는 알고리즘을 사용할 경우, 설계 최단거리(d)가 66mm일 때 41회, 99mm일 때 27회, 그리고 132mm일 때 21회의 초점거리 보정이 필요하다. 그림 14.28에 보인 바와 같이, 회전 미러 이외에 고정 미러 등 부가적인 장치 때문에 회전 미러와 잉크 액적간의 최단거리(d)는 대략 100mm 정도로 설계되었으며, 배율에 따른 FOV 및 DOF, 그리고 초점거리 보정횟수를 고려하였을 때, 최적 동시관찰 노즐의 개수는 대략 4개 혹은 8개 정도가 되도록 비율을 설정하여 검사 소요시간을 단축하도록 하였다.

동시관찰 노즐의 개수를 4개로 설정할 경우 FOV는 수평 및 수직 방향으로 대략 2mm, 1.5mm로 설정되며, 400㎛의 DOF 내에서 초점 거리 이동을 위한 구동을 방지하도록 1차 튜닝을 시도하였을 경우, 32번의 모터 회전을 통해 전체 128개의 노즐로부터 토출되는 잉크 액적들을 검사할 수 있다. 이 경우, 총 검사 시간은 18.18초이며, 일반적인 리니어 스테이지를 이용한 잉크 액적 토출 검사 모듈의 60초 내외의 검사 시간보다 대략 42초 정도를 단축할 수 있었다.

그림 14.35는 획득한 아날로그 이미지를 이미지 프로세싱을 위해 진화한 결과이며, 그림 14.36는 개발된 고속 잉크젯 모니터링 모듈을 장착한 산업용 잉크젯 프린터이다.

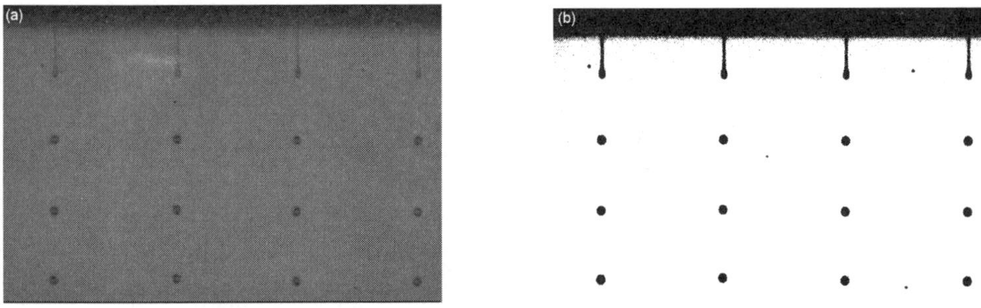

(a) 디지털화 전　　(b) 디지털화 후

그림 13.35 아날로그 영상을 디지털화된 영상으로 변환

그림 13.36 개발된 고속 잉크젯 모니터링 모듈을 갖춘 산업용 잉크젯 프린팅 시스템

14.6.3 잉크 액적 토출 불량 검사 시간과 생산성

시간당 최대 2400장의 태양전지를 생산할 수 있는 잉크젯 프린팅 시스템에서, 시간당 2번의 잉크 액적 토출 불량유무를 검사해야 한다고 가정했을 때, 고속 잉크젯 모니터링 모듈을 이용하여 불량 잉크액적 토출 검사시간을 단축함에 따라 감축할 수 있는 년간 웨이퍼 검사 손실수량을 그림 14.37에 도시하였다. 60초의 검사시간이 년간 700,800장의 웨이퍼 생산손실을 유발하는데 비해 18.18초의 고속 모니터링 검사는 210,240장의 생산손실을 유발하며, 대략 70% 이상 웨이퍼 검사 손실수량을 줄일 수 있음을 알 수 있다.

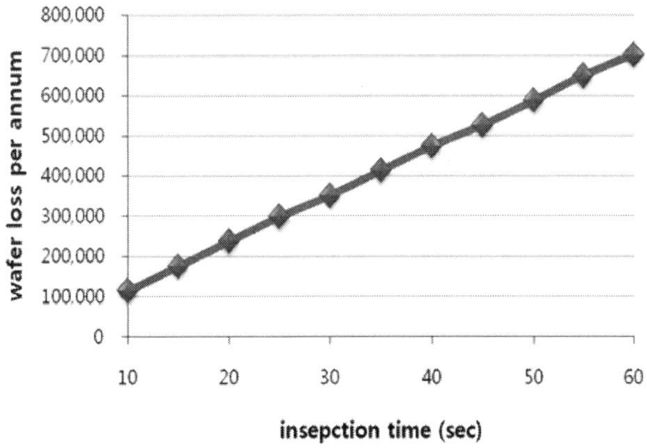

그림 14.37 연간 웨이퍼 생산 손실 및 분사 실패 감지를 위한 검사 시간

14.7 잉크젯을 이용한 디스플레이 생산을 위한 회전 미러 방식의 잉크젯 액적 모니터링 장비 및 측정법 연구

사용된 잉크 액적 모니터링 방식은 잉크젯 프린트 헤드의 노즐들이 배열된 방향으로 CCD 카메라(XC-HR90, Sony Electronics, Inc., Japan)가 직접 이동할 필요 없이, 자유롭게 회전이 가능한 미러를 이용하여 노즐들을 스캐닝하는 방식을 채택하였다. 기존에 제작된 회전 미러 방식의 잉크젯 고속 모니터링 장비는 배율 및 초점 거리를 가변할 수 있는 전동 줌 렌즈(Navitar, USA)를 사용하였다. 그러나, 두 개의 모터로 배율 및 초점 거리를 조정하기 때문에 부피가 크고 무거울 뿐만 아니라 구동 속도가 느리다는 단점이 있었다. 실질적으로 배율을 변경할 필요성이 없다는 판단 하에 본 연구에서는 전동 줌 렌즈 대신에 경량의 고정 배율 렌즈(배율 1배, MML1-ST150, Moritex Corp., Japan)를 채택하였다. 디스플레이용 잉크젯 장비에 508㎛의 간격으로 128개의 노즐들을 가진 SE3 혹은 SX3 잉크젯 프린트 헤드(Fujifilm Dimatix, Inc., USA)가 장착되었으며, 한 번에 4개의 노즐로부터 토출되는 잉크 액적들을 모니터링하는 상황을 가정하여 2배율의 어댑터(SOD-2X, Moritex Corp., Japan)를 사용하여 모니터링 영역을 확보하였다.

회전 미러의 정밀한 회전을 위해 각분해능 및 각속도가 ±3μ° 및 30°/s인 로터리 초음파 모터(20mm × 23.7mm × 11.5mm, SR-1910-ME, SmarAct GmbH, Germany)를 채택하였다. 잉크젯 프린트 헤드의 1번 노즐에서 128번 노즐까지 회전 미러가 스캐닝을 할 때 객체와의 거리가 변하는 것을 보상하기 위하여 정확도와 정밀도가 ±1㎛이고 최대 속도가 13mm/s인 리니어 초음파 모터(40mm × 17mm × 8.5mm, SLC-1740-ME, SmarAct GmbH, Germany)를 선정하였다. 로터리 및 리니어 초음파 모터의 최대 운송 하중은 각각 100g 및 7000g이며, 회전 미러 및 CCD 카메라와 렌즈 어셈블리의 무게는 15g 및 215g로 설계하였다.

각 노즐 위치에 10μm, 30μm 및 50μm 직경의 원형 패턴이 수평 508μm, 수직 200μm 간격으로 새겨진 포토마스크를 사용하여 장비의 측정 능력을 평가하였다. 실험에 사용한 CCD 카메라의 최대 광 민감도는 600nm이며 500~600nm 파장영역이 600~700nm 파장 영역보다 좀더 높은 광 민감도를 보이므로 녹색 LED 바(LV-DB-108x24-GR, LVS. Co., Ltd., Republic of Korea)를 조명으로 이용하였다.

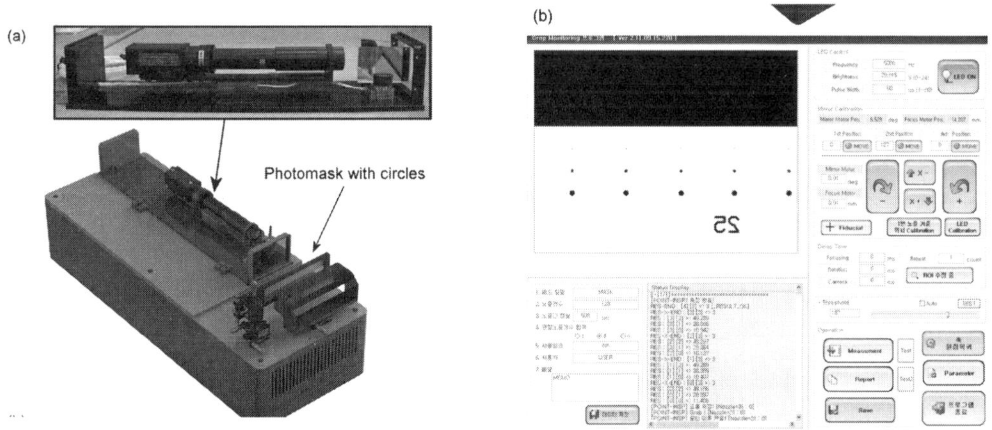

그림 14.38 (a) 개발된 고속 잉크젯 모니터링 장치 및 (b) 개발된 제어 프로그램의 예시

그림 14.38에 로터리 및 리니어 초음파 모터를 이용한 회전 미러 방식의 잉크젯 고속 모니터링 장비의 하드웨어 및 전용 제어 소프트웨어를 도시하였다. 원하는 위치의 잉크 액적들을 촬영하기 위해 로터리 및 리니어 초음파 모터에 이동을 지시하며, 이동완료 신호가 감지되면 프레임 그래버를 통해 CCD 카메라에 촬영신호를 주어 잉크 액적들을 촬영하였다. 본 실험에 사용된 CCD 카메라는 초당 15장 혹은 30장의 이미지를 촬영할 수 있으며, 촬영된 이미지는 프레임 그래버로 전송되었다. 프레임 그래버에 저장된 영상은 이미지 처리 프로그램을 통해 분석되었다. 분석을 마친 후 로터리 및 리니어 초음파 모터에 이동명령을 지시하여 다음 위치의 잉크 액적들의 이미지를 촬영하는 작업을 반복하였다. 각 동작시간은 분석을 위해 로그파일에 저장되었다.

14.7.1 측정 결과

128개의 잉크젯 프린트 헤드 노즐들에서 토출되는 잉크 액적들을 4개 노즐씩 하나의 프레임 단위로 묶어서, 총 32번 회전 미러를 회전시켜 모니터링하는 상황을 가정하여 본 연구에서 개발한 잉크젯 고속 모니터링 장비의 성능을 측정하였다. 1~16번 프레임(1번 노즐~64번 노즐)과 17~32 번 프레임(65번 노즐~128번 노즐)이 좌우 대칭인 점을 감안하여 그림 14.39과 그림 14.40에는 1~16번 프레임의 측정 데이터만을 도시하였다.

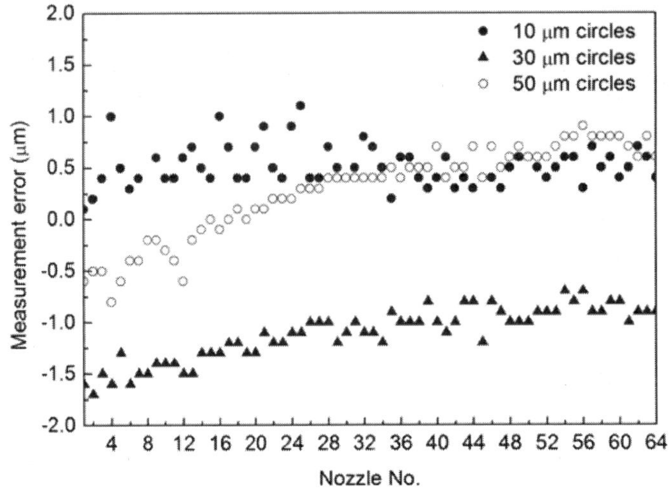

그림 14.39 포토마스크에 패턴화된 10, 30, 50㎛ 원의 측정 오차

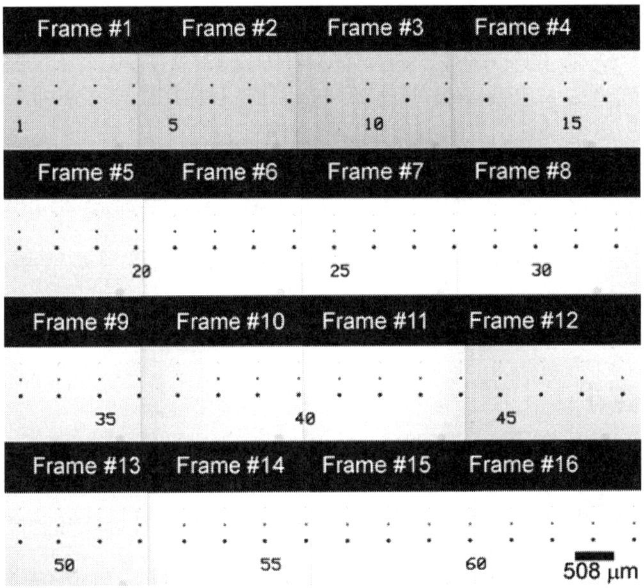

그림 14.40 시야각이 다른 프레임에 따른 배경 조도의 변화

포토마스크에 패턴된 10, 30, 50㎛ 직경의 원형패턴들을 회전 미러 방식의 모니터링 장비로 촬영한 후, 측정된 직경과 원형 패턴의 직경의 차이를 그림 14.39에 도시하였다. 10㎛ 직경 원형의 측정 오차는 0.5±1.0㎛, 30㎛ 직경 원형의 측정 오차는 -1.2±0.3㎛, 50㎛ 직경 원형의 측정 오차는 0.2±0.5㎛였다. 좌측 프레임 1번에서 중앙 프레임 16번까지 촬영한 잉크 액적 패턴들을 그림 14.40에 도시하였다. 포토마스크의 가장자리에 위치한 프레임 1번에서 중앙에 위치한 프레임 16번으로 올수록 측정 오차가 줄어드는 경향을 보였다. 이러한 위치에 따른 측정 오차 경향성은 포

토마스크의 가장자리로 갈수록 중앙보다 CCD 카메라에 도달하는 광량이 줄어들기 때문에 이미지의 선명성이 감소함으로써 측정 오차가 증대되는 것으로 보인다.

그림 14.41은 광량이 잉크 액적 패턴들의 촬영 영상의 품질에 어떠한 영향을 주는가를 비교한 이미지이다. 일반적으로 광량이 높은 경우의 이미지는 명시적으로 축소되어 나타나는데 반해 실제 측정된 크기는 광량이 낮은 곳에서 더 작았다. 이는 상용 이미지 처리 프로그램에 내장된 패턴 경계값 설정 알고리듬이 이미지의 백그라운드 평균 밝기를 참조하여 경계값을 설정함으로 인해 발생하는 오류로 추정된다. 이와 같이 CCD 카메라로 획득한 그레이 스케일의 이미지에서 객체의 경계면을 결정할 때 특정 경계값을 이용하는 방법(thresholding method)의 경우 패턴 크기를 인식하는데 있어 주변 광량의 영향을 받아 측정 오류가 발생할 수 있다. 특정 경계값 대신에 그레이 스케일의 수치가 객체의 경계면에서 변화하는 곡선을 구한 후 그레이 스케일 수치의 변화율이 최대가 되는 지점을 경계면 판독 값으로 설정하는 방법(inflection point method)이 좀더 정확한 객체 인식을 할 수 있다는 연구결과가 발표되었다. 따라서, 추후 패턴 크기에 대한 측정 정밀도를 향상시키기 위해 이미지 처리 시 그레이 스케일 변화율에 의한 경계면 설정 방법의 적용을 고려해볼 수 있다. 또한, 회전 미러의 회전에 따라 LED 바의 광도를 변경함으로써 광량 편차에 의한 측정 오차를 줄일 수 있을 것이다.

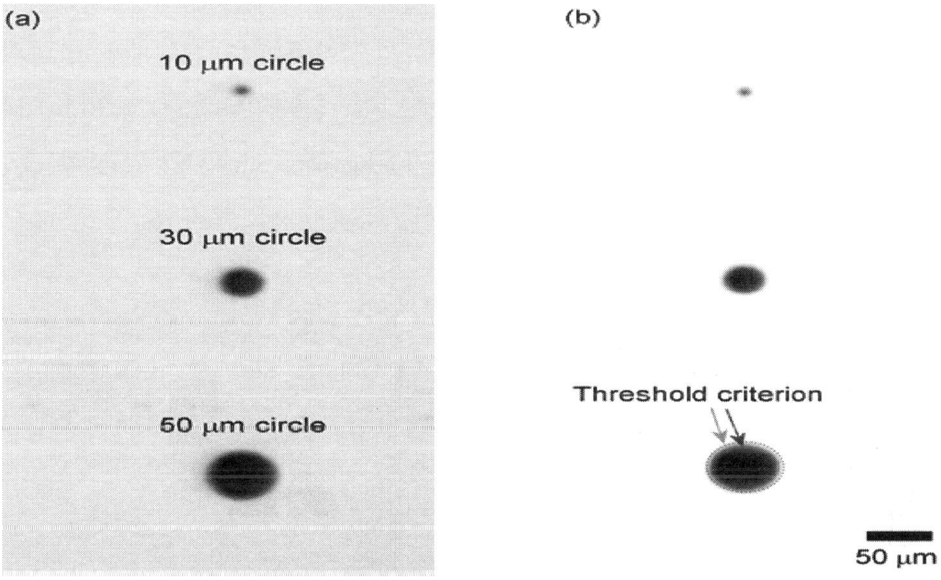

(a) frame #1　　(b) frame #16

그림 14.41 시야각이 다른 배경 조도로 인한 측정 불확실성

그림 14.41에 보인 바와 같이 10㎛ 직경 원형이 다른 직경의 원형들보다 경계면이 불명확함에도 불구하고 측정 오차가 작은 것은 본 연구에서 사용한 광학계(고정 배율 렌즈 및 2배율 어댑터)의 분해능이 8.8㎛여서 10㎛ 직경의 원형 패턴과 유사하기 때문에 발생한 우연으로 추정된다. 사용된 렌즈 및 어댑터의 광학 분해능 및 상용 이미지 처리 프로그램의 제약을 감안하더라도 본 연구에서 개발한 잉크젯 고속 모니터링 장비는 최소 -1.2±0.3㎛의 측정 정밀도를 가짐을 알 수 있다.

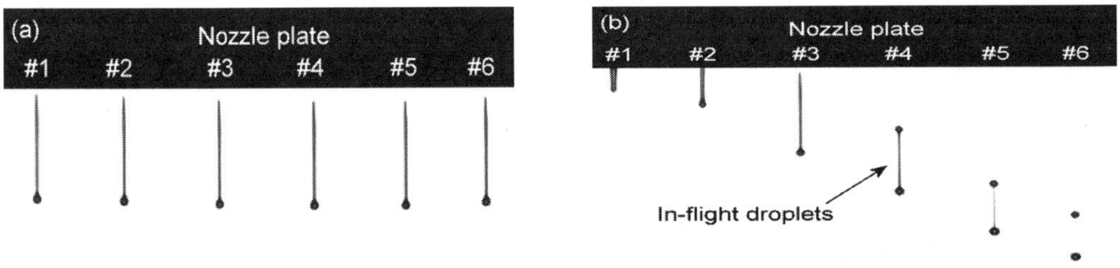

(a) 동시 트리거링 (b) 순차 트리거링

그림 14.42 기내 물방울 이미지 그림

그림 14.42는 각 노즐들에서 잉크 액적들이 동시 혹은 순차적으로 토출되는 상황을 보여주며, 그림 14.43는 전동 줌 렌즈 및 초음파 모터를 사용한 회전 미러 방식 잉크젯 고속 모니터링 모듈의 작동 시퀀스에 따른 소요 시간을 보여준다. 잉크젯 프린트 헤드의 액적 모니터링은 그림 14.42(a)에서와 같이 특정 순간(LED delay setting #1 = t_1)에 모든 노즐들에서 잉크 액적들이 동시에 토출되는 상황이 주로 사용된다. 이와 같이 모든 노즐들에서 잉크 액적들이 동시에 토출될 경우 개별 노즐의 잉크 액적 속도는 그림 14.43(a)에 보인 바와 같이 한 프레임 당 서로 다른 두 번의 LED 점멸(LED delay setting #1 = t_1 및 #2 = $t_1 + \Delta t$)을 적용하여 두 개의 이미지(image acquisition #1 및 #2)를 획득한 후, 두 번의 LED 점멸 시간차(Δt) 동안 잉크 액적이 이동한 거리를 측정함으로써 얻을 수 있다.

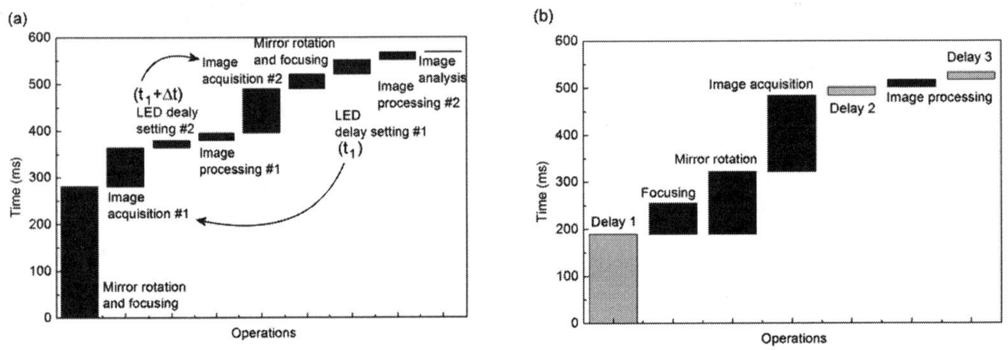

(a) 전동 줌 렌즈 (b) 초음파 모터

그림 14.43 개발된 잉크젯 모니터링 장치의 순차적 작동에 대한 시간적 분석

그러나, 실제 디스플레이 패널의 생산에 잉크젯을 적용할 경우 잉크젯 프린트 헤드의 노즐 피치와 디스플레이의 픽셀 피치를 일치시키기 위해 잉크젯 프린트 헤드를 일정 각도로 회전시켜야 하며, 이로 인해 노즐 별 잉크 액적이 토출되는 시점이 그림 14.42(b)와 같이 동일하지 않다. 잉크 액적은 노즐에서 토출된 초기에는 가속이 되지만 점진적으로 감속이 되는 속도 변화를 겪는다. 또한, 서로 다른 시점에 잉크 액적이 토출될 경우 각 노즐 별 압전 소자의 작동시점이 다름에 따라 노즐 별 압력 챔버의 내부압력과 진동이 동시 토출 상황과 다르며, 이로 인해 노즐 별 간섭현상의 정도가 다르게 나타난다. 그 결과, 그림 14.42(a)와 (b)의 상황에서 토출된 노즐 별 잉크 액적의 속도와 부피는 동일하지 않으며 상호 비교될 수도 없다. 따라서, 노즐 별 잉크 액적의 속도나 크기 혹은 부피를 측정하여 검교정을 하고자 할 경우에는 반드시 실제 생산에서 사용되는 주파수 및 노즐 별 토출 시점과 동일하게 잉크젯 프린트 헤드의 구동 조건을 설정하여야 한다.

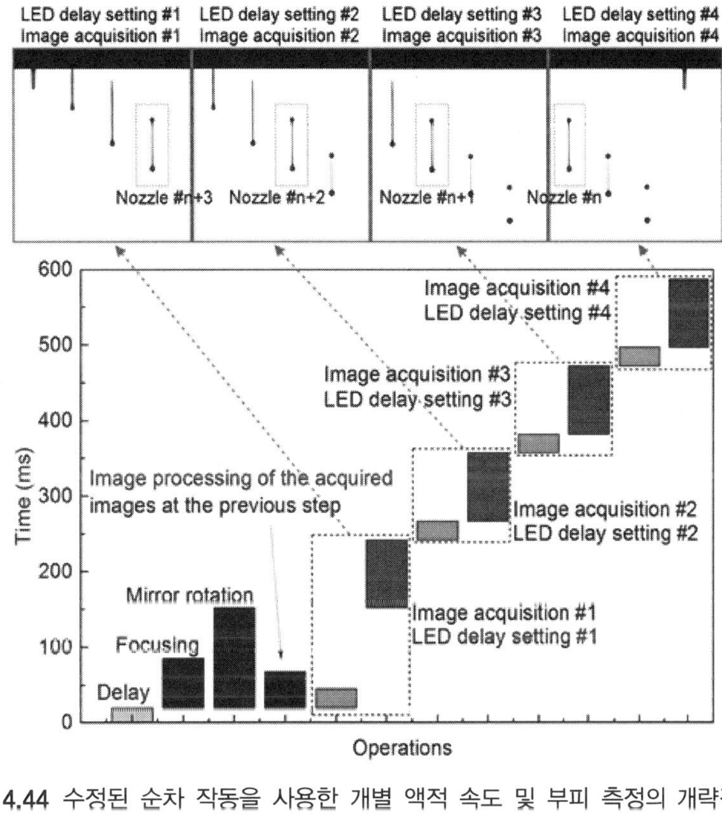

그림 14.44 수정된 순차 작동을 사용한 개별 액적 속도 및 부피 측정의 개략적 그림

4개의 노즐들을 한 프레임 단위로 CCD 카메라로 이미지를 획득할 경우 128개의 노즐들을 전부 모니터링하기 위해 총 32개 프레임들에 대한 이미지를 획득하여야 한다. 기존 전동 줌 렌즈를 적용한 잉크젯 고속 모니터링 장비의 경우 그림 14.43(a)에 보인 바와 같이 한 프레임 당 568.5ms, 총

18.2초의 시간이 소요된다. 그러나, 한 프레임 당 LED의 점멸 시점을 2번 바꾸어 노즐 별 잉크 액적의 속도를 측정하거나 토출 형상을 비교하는 것은 그림 14.42(b)와 같이 노즐 별 토출 시점이 다른 상황에서는 무의미하다. 따라서, 본 연구에서 개발한 장비는 그림 14.43(b)에 보인 바와 같이 한 프레임 당 LED 점멸을 한 번만 수행하여 액적의 토출 여부 및 크기만을 측정하는 상황을 가정하였으며, 17초 내에 모니터링을 완료하였다.

만약 불필요한 작동 지연시간(delay time 1 = 189.9 ms)을 잉크젯 고속 모니터링 장비 제어 프로그램의 최적화를 통해 제거할 경우 11초 내에 모니터링 작업을 수행할 수 있는 가능성을 확인하였다. 더 나아가서 본 장비의 평균 이미지 획득시간(162.1 ms)을 기존 전동 줌 렌즈를 사용한 회전 미러 방식의 잉크젯 고속 모니터링 장비의 평균 이미지 획득시간(89 ms)만큼 개선할 경우 모니터링 시간을 8.6초로 단축할 수 있을 것으로 기대된다.

개별 노즐의 잉크 액적 토출 형상 및 속도에 대한 정보를 획득할 필요성이 없다면 노즐 당 Δt만큼의 시차를 가진 잉크 액적들의 이미지를 하나로 합성함으로써 잉크젯 프린트 헤드의 평균적인 잉크 액적 토출 형상 및 속도를 구할 수 있다. 이 경우 단 한 번의 회전 미러 스캐닝이 요구되기 때문에 8.6초 내에 모니터링 작업을 종료할 수 있다.

그림 14.44는 노즐 별 잉크 액적의 속도 및 형상, 부피에 대한 정보가 반드시 필요할 경우의 작동 시퀀스를 보여준다. 한 프레임 당 4번의 LED 점멸 시점(LED delay setting #1, #2, #3 및 #4)을 사용하여 노즐 별 동일한 토출 시점을 가진 잉크 액적에 대한 이미지(image acquisition #1, #2, #3및 #4)를 획득하여야 한다. 이 경우 제어 프로그램 및 이미지 획득시간을 최적화할 경우 18.8초 내에 128개 노즐들에 대한 모니터링 작업을 수행할 수 있을 것으로 예상된다.

14.8 요약

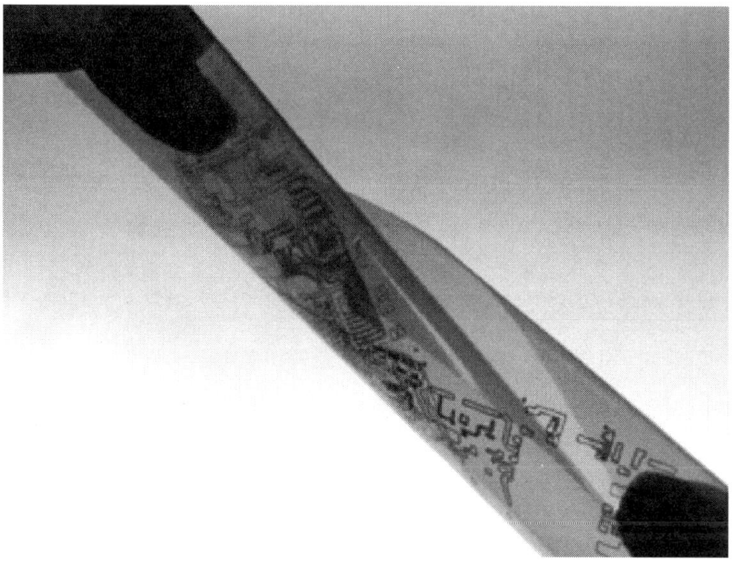

그림 14.45 제작된 FPCB 모습

수많은 잉크젯 기술에 대한 이슈 중에서 일부 하드웨어와 공정 관련 이슈들을 간략히 소개하였다. 필자가 잉크젯의 현재에 대해 필요 이상으로 우려를 나타낸 것은 아닌가 염려가 되는 것은 사실이나, 차분히 현재를 둘러보고 앞으로 무엇을 해야 할 것인가에 대하여 진지하게 고민해보고, 항상 위기의식을 가지자는 의미로 파악해주기를 바란다.

Gartner의 기술발전 곡선에 따르면, 어떤 요소기술은 (1) 기술태동기, (2) 최고 기대기, (3) 각성기, (4) 계몽기, (5) 완숙기를 거친다. 잉크젯은 현재 어디에 있는가 반문해봐야 한다. 필자의 주관적 판단에 따르면 잉크젯은 현재 최고 기대기를 거치는 단계라고 본다. 최고 기대기에는 온갖 과장과 거품 또한 난무한다.

잉크젯은 분명 매력적인 패턴기술임은 틀림없으나, 환상만이 부각되고 잉크젯의 현실적 한계를 망각한 채, 기초연구력도 없고 연구할 방향도 설정하지 못한 채 경향을 쫓아 뛰어들어도 될 기술은 아니다.

LG주간경제 6월호에 소개된 '디스플레이 강국의 위상이 위협받고 있다'에 따르면, 시의적절한 대규모 투자를 통해 급속히 성장했던 한국 디스플레이업계는 이제 투자 주도 중심에서 혁신 주도

단계로 빠른 전환이 필요한 시점에 다다랐음을 알 수 있다. 그 중심에 다른 요소기술들과 함께 잉크젯이 있다.

그러나, 잉크젯과 같이 기존 기술과의 연속성 없이 도약하는 신기술은 근본적인 혁신해야 하지만, 대기업의 경우 풍부한 인적 자원과 자본력에도 불구하고 근본적인 혁신을 창출해내기에는 어려운 면이 있다.

산업체는 비밀주의의 굴레에서 좀 더 유연한 태도를 보일 필요성이 있으며, 정부출연연구소/대학과 손잡고 인력양성과 기초기술을 착실히 쌓아나가야 할 시점이라고 본다.

지금까지 잉크젯을 성공적으로 디스플레이와 인쇄전자와 같은 첨단기술 산업에 적용하기 위해 요구되는 필수요소들인 신뢰성과 교정성에 대하여 소개하였다.

신뢰성은 제품 수율에 가장 직접 영향을 미치게 되므로, 신뢰성의 확보를 위한 방안이 먼저 고려되었어야 함에도, 현재까지의 잉크젯 개발 로드맵에서는 패턴 작업을 위한 잉크젯 프린터의 개발 외에는 크게 주목을 받지 못해왔다. 예를 들어, 잉크젯 프린트 헤드의 입고 후 세척 및 어셈블리 장비와 같은 주변 장비들이 잉크젯 프린터의 개발과 비슷한 시기에 개발되었어야 함에도 이러한 장비들이 공식적으로 개발이 이루어지지 않았다는 점, 본 논문에서 언급된 4가지 측정 방법 이외에 측정 정밀성과 시간을 대폭으로 향상할 수 있는 새로운 측정 방법에 대한 연구개발이 이루어지지 않았다는 점은 주변 인프라가 성숙하지 않은 채 잉크젯 프린터 하나만으로 포토리소그래피를 대체하기 위한 노력이 집중됐다는 것으로 해석될 수 있다.

포토리소그래피만 하더라도 주변 인프라로써 다양한 파생공정과 공정 장비들이 개발되었음을 보았을 때, 잉크젯도 하이테크 산업의 공정에 성공적으로 적용되기 위해서는 디바이스의 패턴 공정을 위한 잉크젯 프린터 이외에도, 신뢰성과 교정성과 같은 주변 인프라 기술 및 장비에 대한 연구개발과 구축, 그리고 인력양성에 더 큰 노력이 집중되어야 할 것이다.

기존의 직선 운동방식의 잉크액적 토출 검사모듈의 경우 반복적인 잉크액적 토출 검사는 시스템 전체에 불필요한 기계적 진동을 야기시키는 문제점이 있으며, 특히 장시간의 잉크액적 토출 검사 시에는 스테이지의 운동때문에 안전사고가 발생할 위험성이 있었다.

또한, 1열 이상의 노즐 배열을 가지는 잉크젯 프린트 헤드가 사용될 경우, 전열에 배치된 노즐들로부터 토출되는 잉크액적들을 검사할 수는 있지만 후열에 배치된 노즐들로부터 토출되는 잉크액적들은 광학계의 DOF 한계 때문에 검출할 수 없으며, 별도의 초점거리 조절용 스테이지가 요구되는 문제점이 있었다.

이러한 문제점들을 해결하기 위하여, 특히 장시간의 잉크액적 토출 안정성 검사를 위하여 가변초점 렌즈와 회전미러 방식의 고속 잉크젯 모니터링 모듈이 개발되었다.

기존의 직선운동 방식의 잉크젯 모니터링 모듈과는 달리 회전미러 방식의 고속 잉크젯 모니터링 모듈은 회전운동의 객체인 미러의 관성질량이 작기 때문에 고속동작이 가능하다는 장점이 있다. 그러나, 회전운동으로 인해 피검사체인 잉크액적들과의 거리가 가변하는 문제점이 있으며, 본 연구에서는 이러한 초점거리 변화와 관련된 설계변수 및 설계변수들의 최적화 방안이 논의되었다.

개발된 고속 잉크젯 모니터링 모듈의 동작 시퀀스에 따른 소요시간을 측정하였으며, 기존의 잉크액적 토출 검사모듈보다 70% 이상 검사시간을 단축할 수 있음을 확인하였다.

향후 최적 동작 알고리듬으로 검사시간을 10초대로 단축함으로써, 생산현장에서 검사 소요시간으로 인한 생산성 저하를 최소화할 수 있을 것으로 기대된다.

14.9 참고문헌

[1] Kye-Si Kwon *et al 2020 Flex. Print. Electron.* 5 043003

[2] Kwon, K. S.; Choi, Y. S.; Lee, D. Y.; Kim, J. S.; Kim, D. S. "Low-cost and high-speed monitoring system for a multi-nozzle piezo inkjet head", Sens. Actuators, A 2012, 180, 154. Kwon, K. S.; Jaeryul, Y.; Phung, T. H. Real-time jet failure detection of inkjet heads with 1024 ejectors, Journal of imaging science and technology 2017].

[3] S.H. Park and K.S. Kwon, https://doi.org/10.1021/acsaelm.2c01142

[4] Baldwin, H., "Industrial Single Pass Ink Jet Printing: Facing the Challenge," IMI's 13th Digital Tag, Ticket & Label Printing Conference, St. Pete Beach, FL, USA, 2006.

[5] Japanese patent, 2001-194521

[6] Smith, P.J., Shin, D.Y., Stringer, J.E., Derby, B. and Reis, N., "Direct ink-jet printing and low temperature conversion of conductive silver patterns," Journal of Materials Science, in press, 2006.

[7] 최정덕, "디스플레이 강국의 위상이 위협받고 있다." LG주간경제, 880호, pp. 26-30, 2006.

[8] 김기현, "혁신 기술에 도전할 때다." LG주간경제, 652호, pp. 37-43, 2001.

[9] Eggers, J., "Air Entrainment through Free-Surface Cusps," Physical Review Letters, Vol. 86, No. 19, pp. 4290-4293, 2001.

[10] de Jong, J., de Bruin, G., Reinten, H., van den Berg, M., Wijshoff, H., Versluis, M. and Lohse, D., "Air entrapment in piezo-driven inkjet printheads," Journal of the Acoustical Society of America, Vol. 120, No. 3, pp. 1257-1265, 2006.

[11] Kwon, K. S. and Kim, W., "A waveform design method for high-speed inkjet printing based on self-sensing measurement," Sensors and Actuators A: Physical, Vol. 140, No. 1, pp. 75-83, 2007.

[12] http://www.iticorp.com/pdf/iTi-IWP2-0407.pdf

[13] Le, H. P., "Progress and Trends in Ink-jet Printing Technology," Journal of Imaging Science and Technology, Vol. 42, No. 1, pp. 49-62, 1998.

[14] Gregory, H., "Ink Jet Printing Light Emitting Polymer Displays," TAGA MicroTech, 2003.

[15] Voit, W., Zapka, W., Belova, L. and Rao, K. V., "Application of inkjet technology for the

deposition of magnetic nanoparticles to form micron-scale structures," IEE Proceedings of Science, Measurement and Technology, Vol. 150, No. 5, pp. 252-256, 2003.

[16] Mills, R. N., "The Integration Process," IMI's 1st Ink Jet Technology Integration Symposium, 2005.

[17] Albertalli, D., 2005, "Gen 7 FPD Inkjet Equipment – Development Status," SID Symposium Digest of Technical Papers, Vol. 36, No. 1, pp. 1200~1203.

[18] Shin, D.-Y., 2010, "High-Speed Inkjet Monitoring Module for Jetting Failure Inspection," Trans. Korean Soc. Mech. Eng. A, Vol. 34, No. 10, pp. 1521~1527.

[19] van der Bos, A., van der Meulen M.-J., Driessen, T., van den Berg, M., Reinten, H., Wijshoff, H., Versluis, M. and Lohse, D., 2014, "Velocity Profile inside Piezoacoustic Inkjet Droplets in Flight: Comparison between Experiment and Numerical Simulation," Physical Review Applied, Vol. 1, No. 1, p. 014004.

[20] Kwon, K.-S., Jang, M.-H., Park, H. Y. and Ko, H.-S., 2014, "An inkjet vision measurement technique for high-frequency jetting," Review of Scientific Instruments, Vol. 85, No. 6, p. 065101.

[21] Wijshoff, H., 2010, "The dynamics of the piezo inkjet printhead operation," Physics Reports, Vol. 491, No. 4, pp. 77-177.

[22] 신동윤(Dong-Youn Shin),이원희(Won-Hee Lee),강태구(Tae-Goo Kang),and 김동수(Dong-Soo Kim). "잉크젯 공정의 이슈들." 한국정밀공학회지 23.8 (2006): 7-14.

[23] 신동윤(Dong-Youl Shin),and 김동수(Dong Soo Kim). "생산시스템으로서의 잉크젯 신뢰성 및 교정의 중요성." 한국정밀공학회지 25.8 (2008): 9-16.

[24] 신동윤(Dong-Youn Shin). "잉크액적 토출불량 검출을 위한 고속 잉크젯 모니터링 모듈." 大韓機械學會論文集A 34.10 (2010): 1521-1527.

[25] 신동윤(Dong-Youn Shin). "잉크젯을 이용한 디스플레이 생산을 위한 회전 미러 방식의 잉크젯 액적 모니터링 장비 및 측정법 연구." 大韓機械學會論文集A 41.6 (2017): 525-532.

Chapter 15

Electrostatic Deposition Technology

15.1 서론

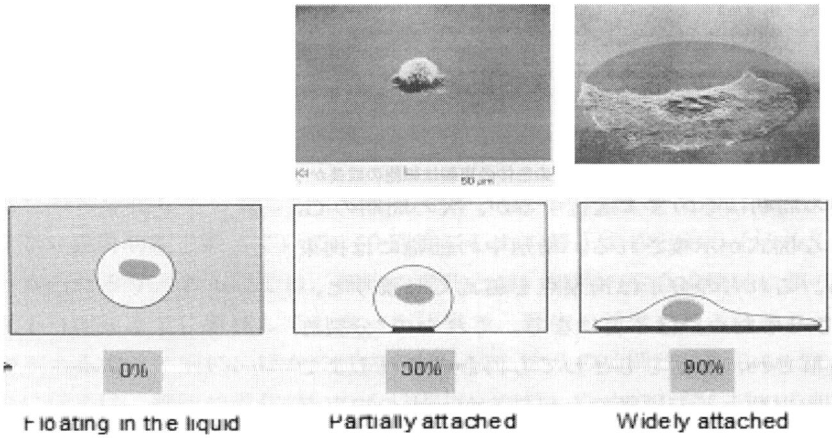

그림 15.1 세포의 접착과 세포 분열 확률

세포는 난세포나 적혈구처럼 유체 속에서 부유하면서 존재하는 것도 있지만 대부분 세포는 많은 세포끼리 모여서 하나의 조직을 이룬다. 조직을 이루는 세포들은 접착하고 있지 않으면 세포의 핵 분열 등이 일어나지 않아 사실상 그 기능을 하지 않게 된다. 그림 15.1에서 표시된 숫자는 세포 분열이 되는 확률을 나타내며 일반적인 세포에서는 넓은 면적에 접착될수록 세포 분열되는 확률이 높다는 것을 알 수 있다.

최근 부유 영양분뿐만 아니라 접촉에 의한 신호의 전달이 신경세포의 성숙에 영향을 준다는 사실에서도 세포가 접착을 하는 것이 기능에 중요한 역할을 한다고 할 수 있다. 세포 접속 인자가 신경세포 성숙에 영향을 주고 있음을 실험으로 증명하였다. 그림 15.2는 astrocyte와의 접착과 신경세포의 성숙도에 대해 보여준다.

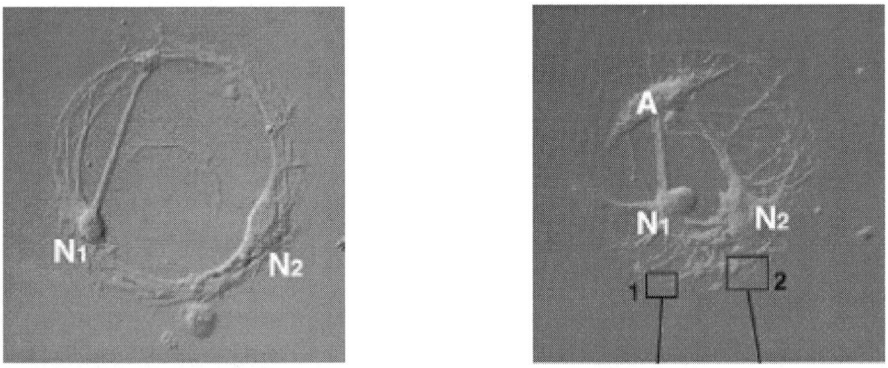

(a) 접착이 없을 때의 신경세포 성숙 (b) astrocyte이 있을 때의 신경세포 성숙

그림 15.2 astrocyte 접착의 여부와 신경세포의 성숙

위의 예에서 볼 수 있듯이 난세포 등 원래 부유하면서 존재하지 않는 다른 종류의 세포를 조작할 때에는 격리, 포획하는 과정 외에도 접착과정도 포함되어야 한다. 그러므로 난세포뿐만 아니라 거의 모든 세포를 활성을 유지하면서 조작하려면 격리, 포획, 접착이라는 모든 과정을 포함할 수 있는 마이크로 바이오 매니플레이터 개발이 필요하다. 이러한 마이크로 바이오 매니플레이터는 크게 2가지의 기능을 수행하게 되는데 하나는 물리적으로 세포를 격리, 포획하는 부분이고, 다른 하나는 격리, 포획된 세포들의 안정화를 위해서 화학적으로 접착시키는 부분이다.

격리, 포획하는 마이크로 매니플레이터로서 가장 일반적인 것은 핀셋 같은 구조의 마이크로 집게(micro-gripper)나, 이런 방법들은 직접적인 물리적인 접촉을 통해 세포를 손상할 가능성이 있고, 구동원리가 정 전기력, 자기력, 열에 의해 구동되는 바이모프 (bimorph) 또는 형상기억합금 등을 이용한 것이기 때문에 바이오 용액 속에서 사용이 곤란하다.

본 챕터에서는 이런 것을 극복하는 새로운 방식의 바이오 마이크로 매니플레이터를 제안한다. 그림 15.3과 같이 기존의 핀셋과 같은 구조가 아닌 말미잘이 많은 촉수로 먹이를 포획하듯 MEMS 기술로 만든 많은 로봇의 다리들이 그물 또는 새장을 만들어서 물체 전체를 감싸는 비접촉식 방식을 이용하고 바이오 유체 속에서도 상대적으로 안정적으로 구동할 수 있는 원리인 공기압 액추에이터를 응용하는 것이다.

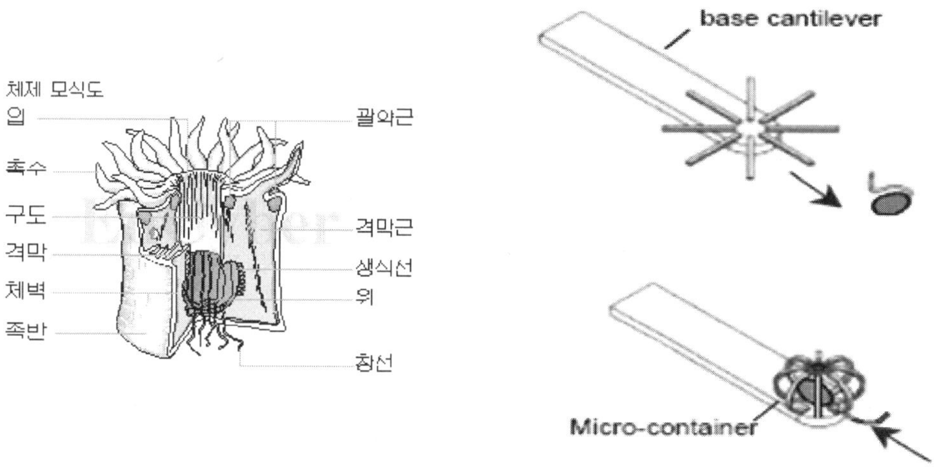

그림 15.3 말미잘과 마이크로 액추에이터 개념도

또한, 화학적으로 접착하기 위해서 그림 15.4와 같이 단백질의 패터닝이 가능하게 한다. 이는 물리적으로 포획된 조직 세포들을 화학적으로 접착시켜 세포의 활성을 성숙, 유지하게 하는 것이다.

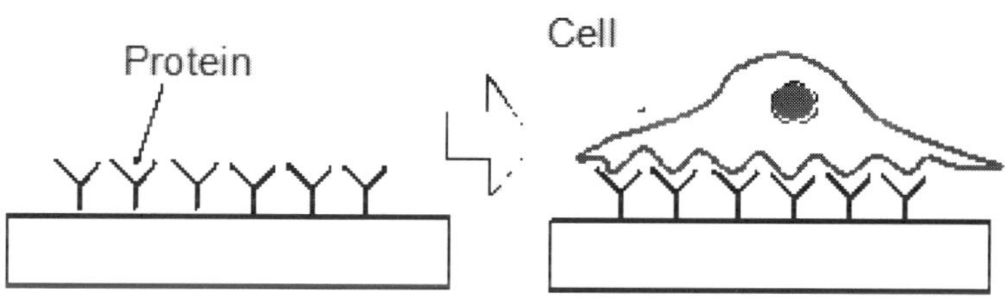

그림 15.4 단백질의 패터닝 기술 개념도

15.2 Electospay Depostion

15.2.1 정전기력을 이용한 atomization의 역사

정전기력을 이용한 atomization은 미소 드롭이 전기장에 의해 분리되는 물리적 현상이다. 드롭의 가지는 전하로 인해 이러한 현상은 쉽게 관찰 가능하나, 분사는 Rayleigh에 의해 이루어진다.

Zeleny는 1915년부터 1935년까지 현재 사용되는 장치와 아주 유사하게 정전기력을 이용한 atomizer를 사용하여 다양한 실험을 수행하였다. 그는 전극을 통해 용액에 가해지는 정전기력의 영향과 모세관 끝에서 생성되는 미세 드롭의 분리 현상을 집중적으로 연구하였다. 고전압원으로부터 다양한 조건으로 전압을 인가하였으며, galvanometer를 사용하여 유량을 측정하였다. 또한, 모세관에 연결된 용액 레저버의 높이를 조절하는 방식으로 압력을 제어하였다.

Zeleny 연구 이후 1955년에 Drozin이 정전기력을 이용한 atomization 분야에서 놀라운 성과를 이루었다. 그는 용액의 dielectric 상수와 atomization의 조건과의 관계를 제시하였다. 그의 연구결과에 따르면 용액의 도전율 σ가 $10^{-13}\,\Omega\text{-1cm}^{-1} < \sigma < 10^{5}\,\Omega^{-1}\text{cm}^{-1}$의 조건을 만족할 때 분사가 가능하며, 양극의 모멘트가 1D~3.3x 10^{-30}cm이하일 때 분사가 어려워진다.

1968년에는 DeShon과 Carson이 인가된 전압의 포텔셜로부터 liquid tip에서의 정전기장을 평가하였다. 그는 드롭 표면의 전기장을 증명하였으며, 전압을 가하지 않은 상태에서 드롭의 분리 조건을 제시하였다. Talyor는 모세관에 전기장을 가할 때 glycerin-water와 glycerin을 혼합물의 분리에 관해 연구하였다. 그는 기존의 시험장치와는 달리 중력의 반대 방향으로 드롭렛의 정전기력이 작용하도록 장치를 설계하여 사용하였다.

15.2.2 정전기력을 이용한 atomization의 원리

atomization은 3가지 항목으로 구성된다. 이는 모세관 내의 용액과 고전압원에 연결된 상태에서 모세관 내의 용액과 고전압원에 연결된 상태에서 모세관 내의 용액에 삽입되는 와이어 그리고 전기적인 그라운드에 연결되는 패터닝을 위한 기판이다. 용액에 고전압원을 가함으로써 용액 표면의 불안전성에 의해 분사가 이루어진다.

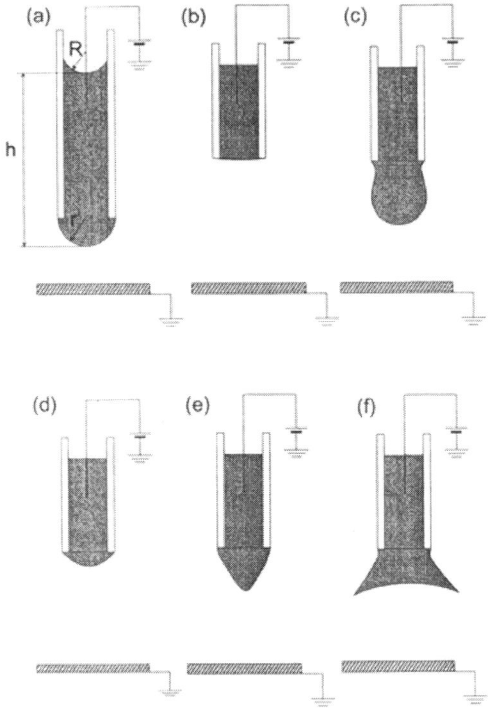

그림 15.5 Atomization 이전의 meniscus 형상

그림 15.5에서는 meniscus의 다른 형상을 보여주고 있다, (a)는 정수압과 표면장력과 연관된 높이와 곡률을 나타내고 있다. (b)는 전기장이 발생하지 않았을 때이며, 압력이 너무 높을 경우는 (c)와 같이 된다. 그리고 적절한 정수압 상태에서 입력 전압이 경계치 더욱 낮을 때 (d)와 같은 형상을 보인다. 또한, 적절한 정수압 상태에서 입력 전압이 경계치 이상이면 (e)와 같이 cone 형상의 meniscus가 형성된다. 드롭렛은 cone 형상의 용액 끝단에서 발생되며 (f)와 같이 용액의 끝단에서 2개 이상의 tips에서 드롭렛이 발생한다.

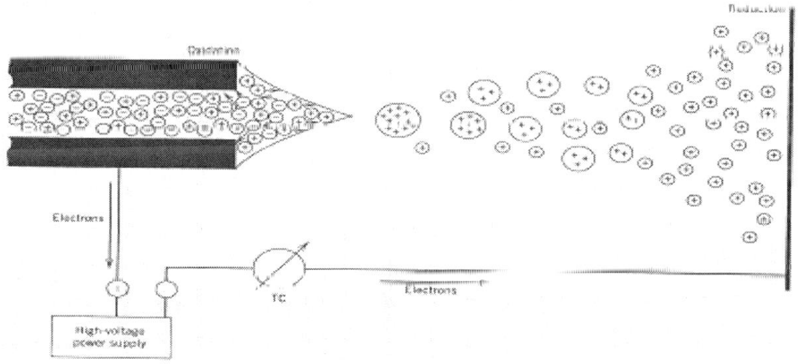

그림 15.6 정전기력을 이용한 atomization 개념도

electrostatic atomizing은 그림 15.6에서 보이듯 용액을 넣은 모세관과 그것과 대응하는 기판전극과 고전압 전원으로 구성된다. Atomization의 원리는 고전압 집중에 의한 용액 표면의 불안전성과 건조되는 동안 반발력에 의한 연속적인 분열에 의한 것이다. 고전압이 모세관에 인가되면 전기장 집중효과에 의해 모세관 끝에 극도로 큰 전기장이 발생한다. 이때 모세관 끝에 발생하는 전기장의 세기 E_e는 다음의 식으로 계산할 수 있다.

$$E_e = \frac{2\,V_e}{r_e \ln(4d/r_e)} \tag{15.1}$$

여기에서 V_c:고전압, r_c:모세관 끝의 외경, d:모세관과 대응 전극 간의 간격이다. 여기에 V_c=2000V, r_c=10-4m, d=0.02m라고 한다면 E_c ~ 6×106V/m이 된다. 전기장 집중의 세기는 고전압이 클수록, 모세관 끝의 외경이 작을수록 커진다. 이렇게 집중적으로 형성된 전기장은 용액이 들어있는 모세관 내부를 관통하게 되어 모세관 끝부분의 용액 표면에는 전기이중 층이 형성된다. 이중 정전하를 가지는 이온이 표면에 집중되어 표면이 불안정해지는 결과 콘이나 제트의 형태로 미세방울이 분사된다.

15.2.3 ESD 패터닝 장치 구조 설계 및 제작

ESD(정전기 유도 증착)는 electrostatic atomization과 전기적으로 증착시키는 기술을 결합한 방법이다. 이 기술은 가늘고 일정한 방사능 source를 만들기 위해 최초로 도입되었으며, 오늘날 electrospay ionization 질량 분석기, metal 산화 필름, 전극의 폴리머 코팅, DNA 샘플 preparation 단백질 필름 등 다양한 분야에서 사용되고 있다. 특히 생물학적인 활성 물질의 증착에 효율적인 방법으로 알려져 있다.

단백질 칩에서 ESD는 정전기력에 의해 매우 미세한 단백질 입자를 생성할 방법이다. 모세관에 단백질 용액을 주입하고 모세관에 삽입된 와이어를 통해서 고전압을 인가하여 전기장이 형성되도록 한다. 이렇게 집중적으로 형성된 전기장은 용액이 들어있는 모세관 내부를 관통하게 되어 모세관 끝부분의 용액 표면에는 전기이중 층이 형성된다. 이중 정전 하를 가지는 이온이 표면에 집중되어 표면이 불안정해지는 결과 콘이나 제트의 형태로 미세방울이 분사된다. 이때 분사된 미세방울은 전기장에 의해 유도되고 그 과정에 용매가 증발하여 축소 분할된다. 이 과정에서 극도로 작아진 입자로부터 이온이 발생하여 질량 분석기 등의 검출기에 이용되고 있다. 본 연구에서는 질량 분석 계 등에 사용되는 electrospray ionizer과 달리 이온화된 입자를 기판에 원하는 패턴으로 수집하는 electrospray deposition 기술을 이용한다.

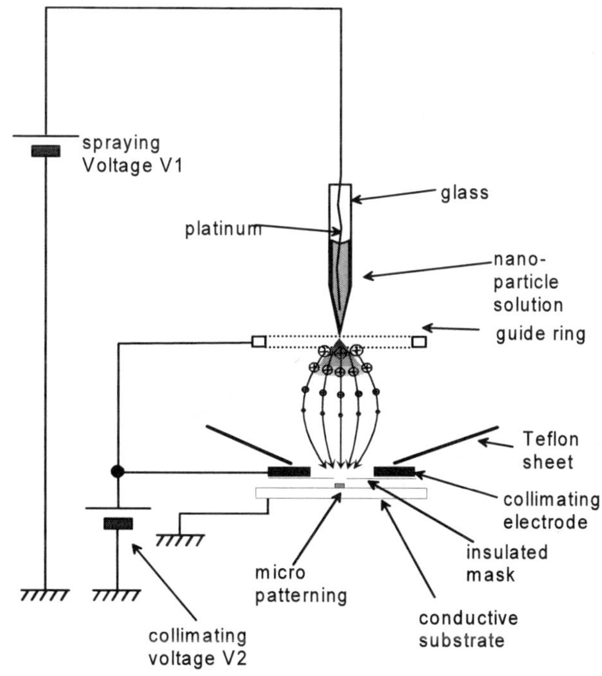

그림 15.7 EDS를 이용한 단백질 패터닝 개념도

전하를 띤 미세 분할된 입자는 그라운드 돼 있는 도전체 기판 위에 증착된다. 단백질은 미세 분할되어 정전기력에 의해 유도되는 과정에서 스텐실 마스크에 의해 패턴 된다. 이러한 기술은 직경 10㎛ 이하의 드롭렛을 만들 수 있고, 드롭렛이 고속으로 건조되므로 단백질의 비활성화를 최소화할 수 있다. 하지만, 생활성 물질 증착을 위한 ESD 장비를 판매하지 않아, 본 연구에서는 구현할 수 있는 ESD 장치를 개발하였다.

ESD 장비 개발을 위해 공동연구기관인 일본의 RIKEN (이화학연구소)으로부터 많은 기술 지원을 받았으며, RIKEN에서 자체 개발한 ESD 장치를 바탕으로 하여, 장치는 패터닝 부와 전원 및 제어부를 분리하였다. 장비의 특징으로는 패터닝에서 미세 입자의 패터닝 상황을 관찰하기 위하여 레이저 발생기와 CCD 카메라를 이용한 것을 알 수 있다. 그리고 전원부에는 VI, V2의 전압과 전류 표시부, 레이저 발생기 전원과 CCD 카메라 전원 s/w 등을 설치하였다. 공동연구기관인 RIKEN의 지원을 받아 그림 8과 같이 ESD 장치를 패터닝 부와 전원 및 제어부 일체형으로 장비를 제작하였다. 본 장치는 아크릴로 만든 챔버 안에 모세관 고정 장치, 유도링, 유도망사, 테프론실드, 샘플 기판 등이 장치되어있다. 모세관에 집중된 전기장에 의해 분인징해진 용액은 미세방울이 되어 나오고 그것을 정전기력으로 stencil mask의 구멍을 통해서 수집 패터닝 하는 방법이다.

ESD에 의한 너무나 작아서 육안으로는 직접 관찰하는 것은 어렵다. 그래서 레이저와 카메라를 이용하여 기사화하였으며, 왼쪽에 있는 레이저로 모세관 끝의 바로 밑을 주사하면 분사되고 있는 미세방울들이 그 레이저를 산란시키고 그것을 오른쪽의 카메라로 관찰할 수 있도록 하였다.

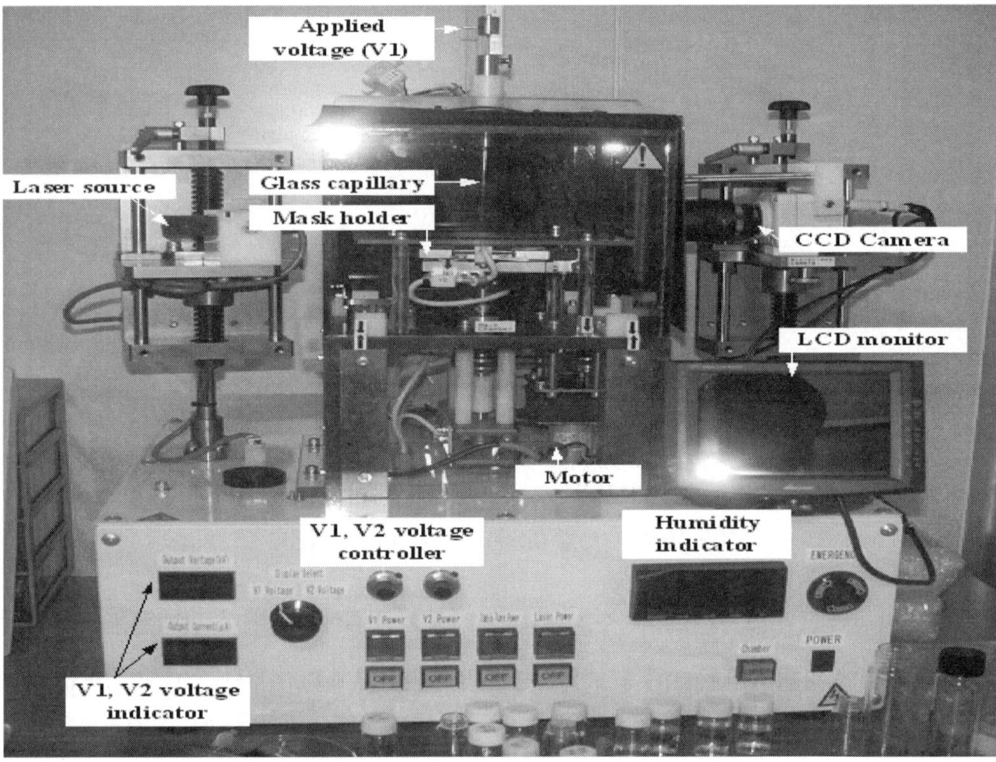

그림 15.8 KIMM에서 개발한 ESD 패터닝 장치

ESD는 3,000~5,000V의 고전압이 사용되므로 안전사고에 각별한 주의가 요구된다. 그러므로 본 장치에서는 V1 장치부 전체를 아크릴 케이스로 닫을 수 있는 케이스를 설계하였으며, 이를 인터록 장치와 연결시켜 케이스가 닫혔을 때만 장비가 작동될 수 있도록 하였다.

그림 15.9는 마스크 홀더에 stencil mask를 장착한 모습이며, 마스크 가이드에 V2 전압이 연결된 것을 확인할 수 있다. VI 전압이 electrostatic atomizing을 위한 것이지만 V2 전압은 mask에 미세입자가 달라붙지 않도록 VI 전압의 1/10 수준으로 전압을 가해 준다. 또한, 패터닝 효율을 향상하기 위하여 그림 15.10과 같은 Teflon shield를 Mask holder 상부에 설치하였다. 이 장치는 분사된 후 전하를 띤 미세 입자가 외각으로 분산되는 것을 줄여주고, 중앙 홀로 입자를 유도하는 기능을 수행한다.

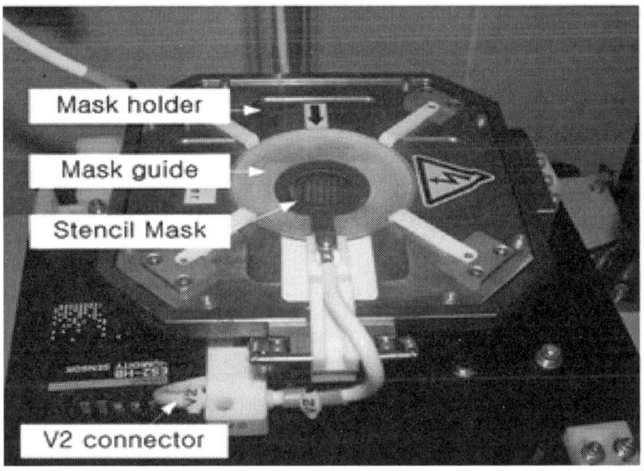

그림 15.9. ESD의 Mask holder 장치

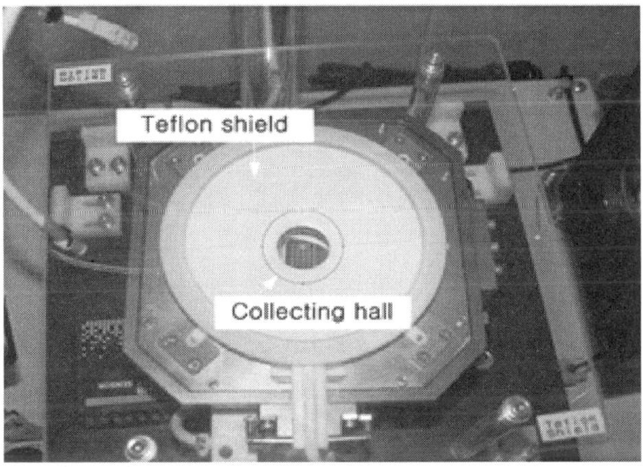

그림 15.10 ESD의 Teflon shield 장치

표 15.1은 개발된 ESD 장치의 사양표이다.

표 15.1 ESD장치의 Spec.

항목	사양
최대 패턴 영역	약 10mm x 10mm
모세관 외경과 용량	외경 1.6mm / 최대 μl
모니터링	반도체 레이저와 비디오 카메라로 가시화
비디오카메라 배율	0.1 ~ 8배
최대전압	V1: 12kV, V2: 5kV
기판의 최대 크기	26mm x 76mm
본체 사이즈	500H x 750W x 300
전원 사이즈	300H x 460W 400

15.2.4 Shadow mask 제작

대량 생산된 얇은 커버 유리를 abrasive jetting에 의해 비전도성 stencil mask를 만들 수 있다. 이 방법으로는 100nm 이하의 분해능을 만드는 것이 대단히 어려운 일이다. 그러나 실리콘 MEMS 기술을 이용해서 고분해능 stencil mask를 만들 수 있다. 그림 15.11(a)은 실리콘 MEMS 기술을 이용한 stencil mask의 제작 공정을 나타낸다.

실험에 사용된 마스크 MEMS 공정을 이용한 고분해능 stencil mask이다. 먼저, SiN 박막을 LPCVD로 약 170nm 두께를 갖도록 증착한 뒤, positive photoreist와 photo-lithography를 이용해서 양면을 패터닝한다. 위쪽 면은 SiN membrane을 만들기 위한 패턴이고 밑면은 완성된 stencil mask에서 aperture가 되는 패턴이다. SiN membrane은 IRE를 이용해서 에칭하고, 실리콘은 30% KOH 용액으로 에칭하였다. 이때 패턴된 SiN은 원하지 않는 부분이 에칭되지 않도록 보호하는 역할도 한다. SiN membrane과 aperture만 남아서 stencil mask가 된 모습을 그림 15.11(b)에서 보여준다.

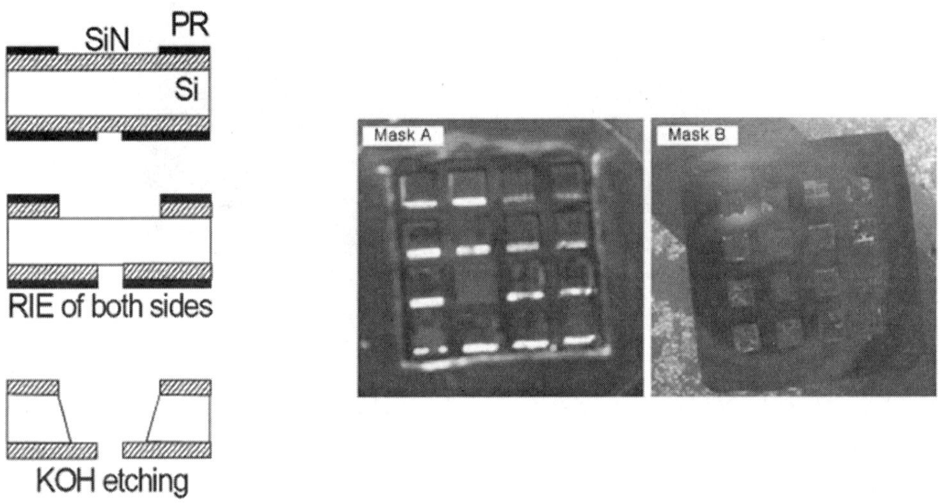

(a) MEMS 제작 공정

(b) 제작된 Shadow mask 사진

그림 15.11 실리콘 MEMS공정을 이용한 (a) stencil mask 제작 공정 및 (b) 샘플

그림 15.12와 15.13은 제작된 shadow mask이다. 제작된 마스크의 크기는 1x1mm이며, 한 개의 마스크에 16가지의 미세 패턴이 형성돼 있다. 아래의 미세 패턴은 2㎛~100㎛까지 다양한 모양과 크기로 제작되었으며, 일부 미세 패턴이 제작 공정에서 파손되기도 하였으나, 전체적으로 성공적인 패턴을 제작하였다.

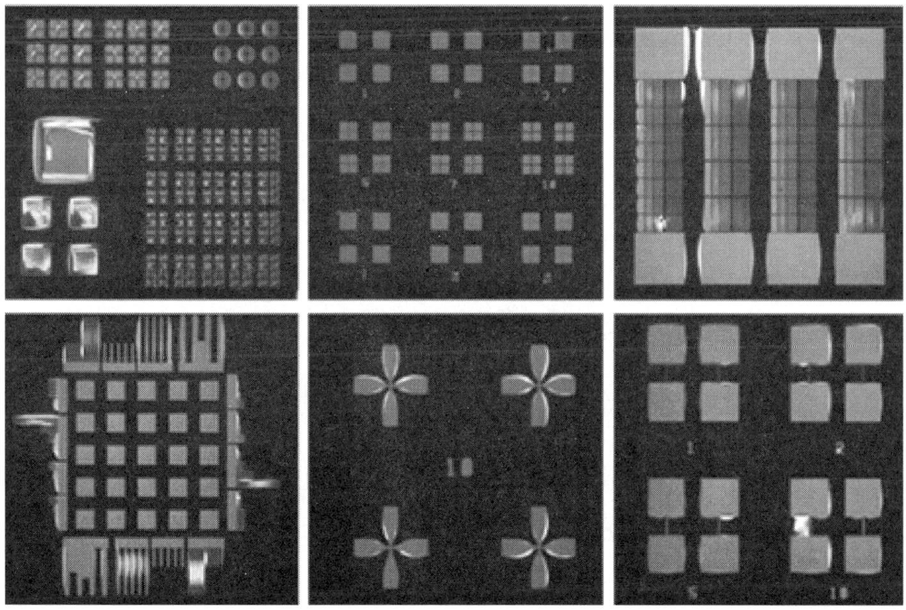

그림 15.12 Mask A의 미세 마스크 패턴

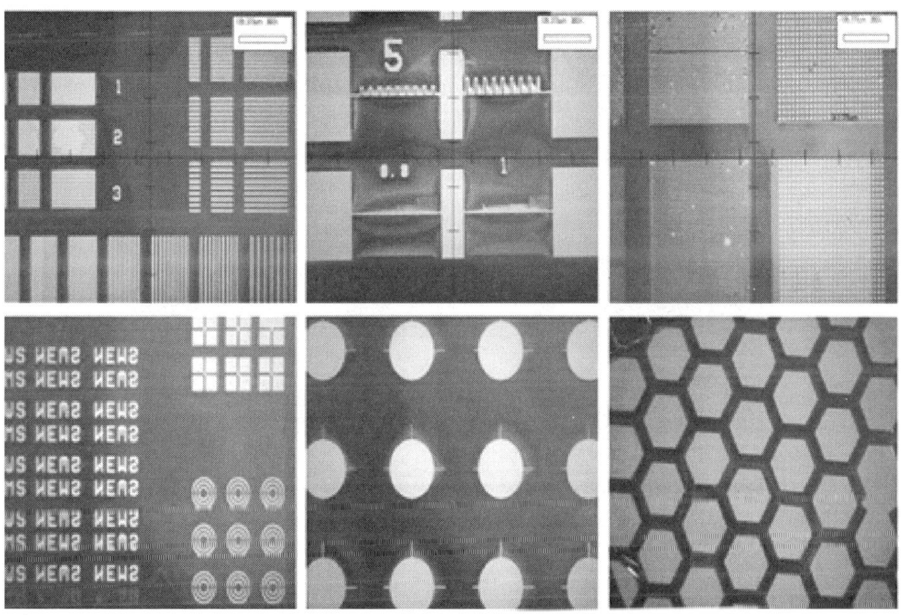

그림 15.13 Mask B의 미세 마스크 패턴

직경 300㎛의 홀을 5x5 어레이로 가지는 퀄즈 마스크와 100nm의 분해능을 가지는 스텐실 마스크를 제작하였다.

그림 15.14 100nm급 마스크의 도면 미세 패턴부 확대 사진

그림 15.14는 100nm의 분해능으로 제작된 스텐실 마스크를 FE-SEM을 이용하여 촬영한 사진이다. 사진에서 중앙 부분에 패턴 없이 전체적으로 흰색으로 보이는 부분은 100nm급의 미세 패턴이 새겨져 있는 부이며, 마스크의 두께가 너무 작아 패턴의 형상을 구분하기 힘들다, 마스크에 사용된 Si 맴브레인의 두께는 350~400nm이다.

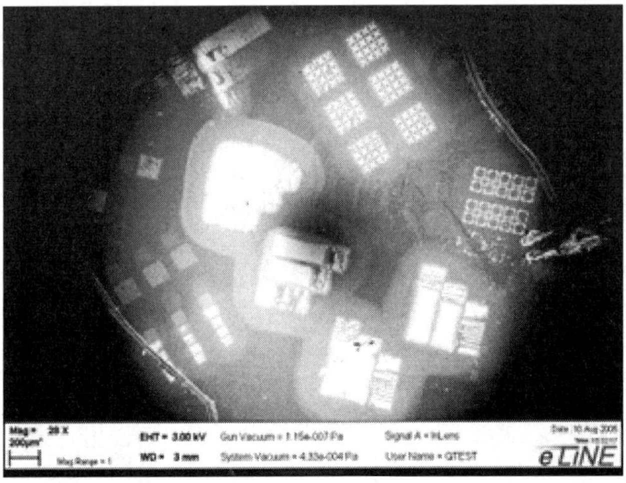

그림 15.15 동경대에서 100nm으로 제작된 스텐실 마스크

15.2.5 패터닝 실험

ESD 장치를 이용한 단백질 패터닝 실험을 수행하였으며, 실험 장치는 그림 15.16와 같다.

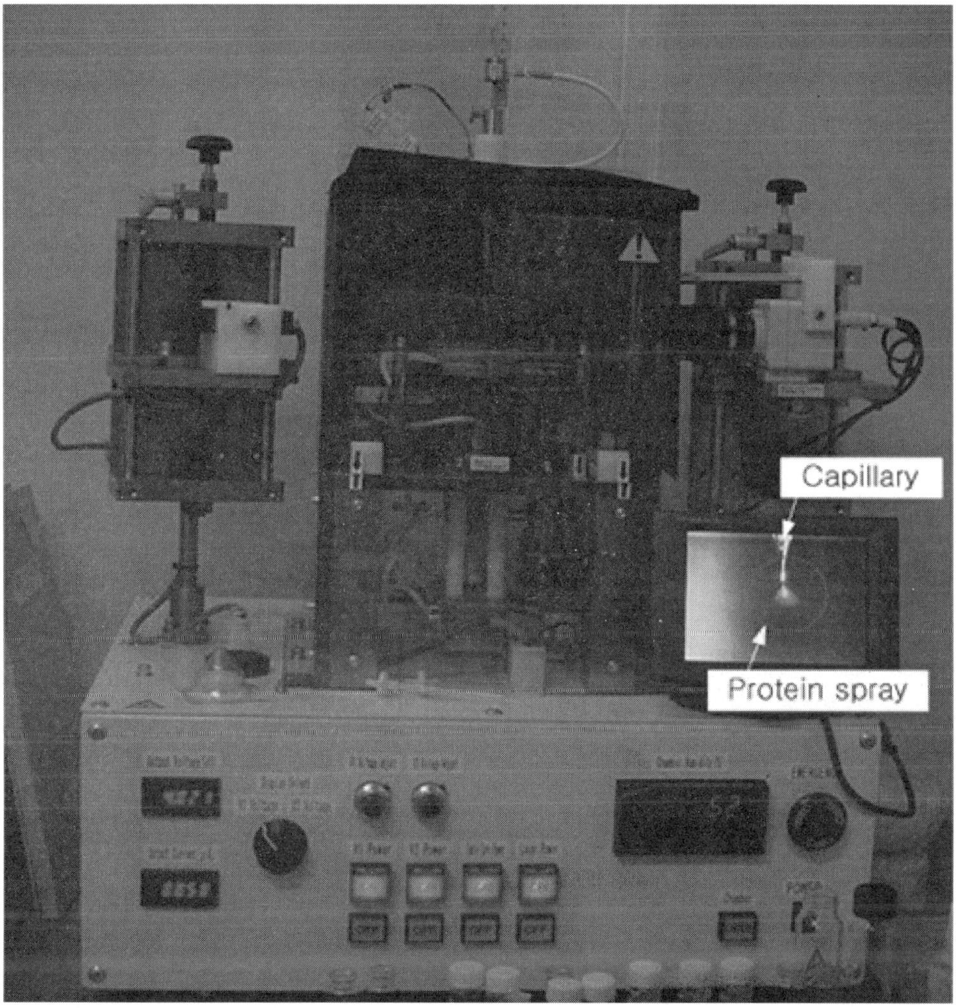

그림 15.16 단백질 패터닝 시험장치(ESD)

실험에 사용된 단백질은 쥐꼬리에서 추출한 collagen이며, 4.4mg/ml의 콜라겐 용액을 D.I. water에 20~60배 물게 희석시켜 솔루션의 농도를 낮춘 상태에서 패터닝 실험을 수행하였다. 이는 농도가 높을 때 ESD의 모세관에 인가되는 고전압을 높여야 하며, 높은 전압을 사용할 경우 단백질의 활성율이 저하 될 뿐만 아니라, 입자가 탈 수도 있다. 하지만, 외부에서 가스를 공급할 경우보다 높은 점도에서 분사는 가능한 것으로 알려져 있다.

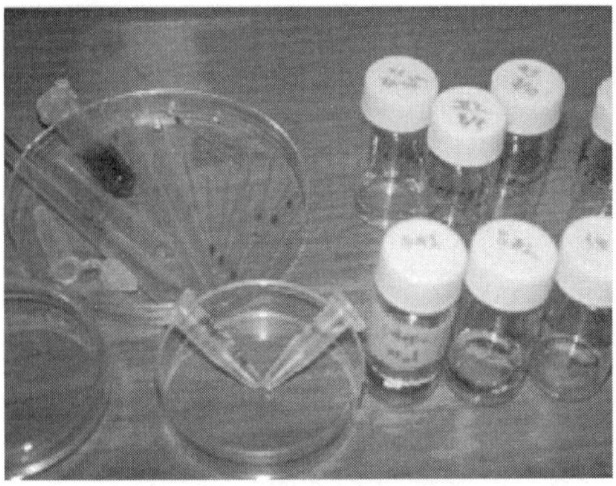

(a) 저농도로 희석된 용액

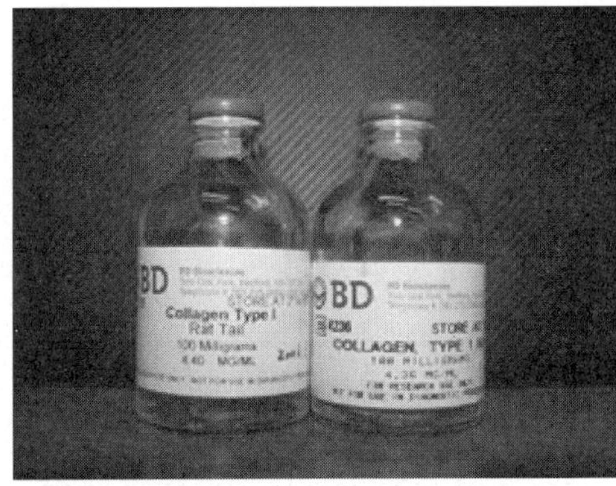

(b) collagen 용액(4mg/ml)

그림 15.17 실험에 사용된 단백질(collagen) 용액

실험은 다양한 조건으로 여러 차례 시행되었으며, 첫 번째 실험결과는 그림 18과 같다.

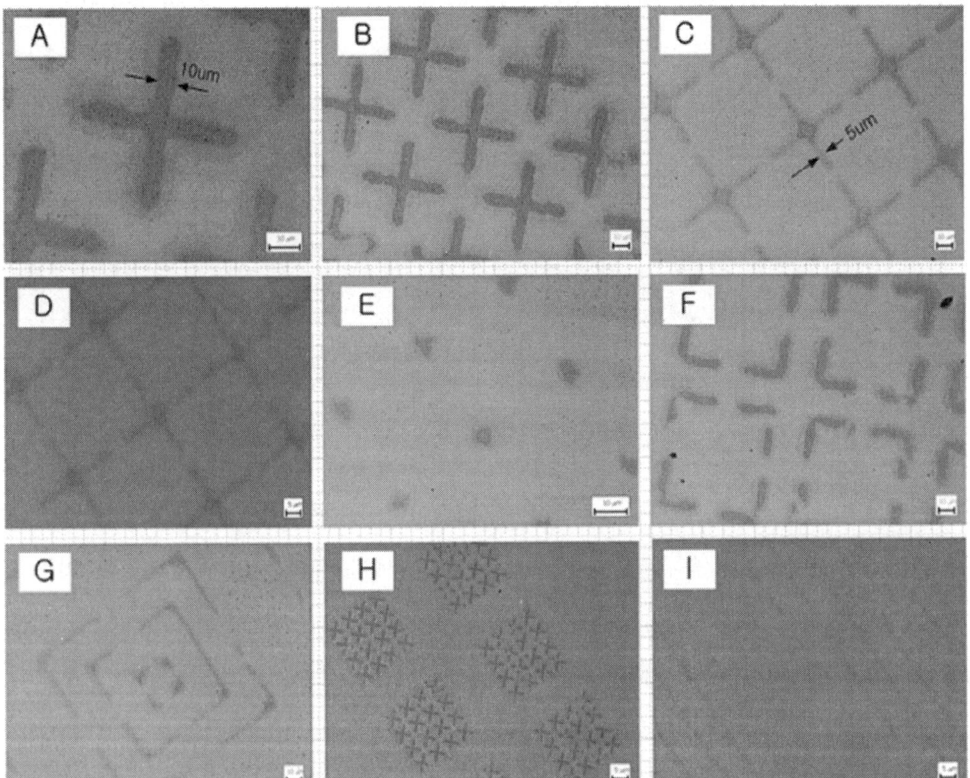

그림 15.18 형광물질을 이용한 1차 패터닝 실험

1차 실험에서는 단백질 용액 대신 상대적으로 패터닝이 쉬운 50nm의 형광물질 용액을 사용하였다. V1 전압은 5kV, V2 전압은 0.35kV였으며, 형광물질과 D.I. water의 비율은 1:10으로 사용하

였고, 실험에 사용된 모세관의 직경은 50㎛이었으며, 습도는 60%, 패터닝 시간은 5시간이 소요되었다. 실험에 사용된 기판은 ITO 코팅된 유리 기판은 사용하였다.

그림 15.19는 고분해능 마스크를 이용한 2차 실험결과이다. 2차 실험에서는 단백질(collagen) 용액을 사용하였으며, 마스크의 분해능이 100nm로 매우 높은 게 특징이다. ESD 패터닝의 공정 특성상 마스크에 의해 패턴이 결정되므로 나노급 마스크를 이용할 경우 나노급의 패턴을 얻을 수 있을 것으로 기대하였다. 그러나 실험결과 그림 15.19의 (c)처럼 미세 패턴 영역에서는 패턴의 형상을 구분할 수 없었다.

본 실험에서는 최대 분해능 1㎛급이 얻을 수 있는 패턴의 한계임을 확인하였다. 그림 15.19(A)와 (D)는 직경 3㎛의 dot array이며 그것을 확대한 것이 그림 15.19(B)이다. 그림 15.19(G), (H), (I)는 선폭 2㎛를 가지는 직선 패턴이나, 패턴의 일부 영역에서 끊어지는 현상을 확인할 수 있다. 이러한 문제는 ESD 패터닝 장비가 엄격히 관리되는 클린룸이 아닌 일반 1000class 환경의 클린룸에서 실험이 이루어진 점으로 볼 때, 패터닝 시 마스크가 먼지와 같은 상대적으로 큰 입자에 의해 막혔을 가능성을 생각해 볼 수 있다.

3차 실험에 사용된 용액은 콜라겐 단백질이며, D.I. water와 1:5로 희석시켜 사용하였다. 실험에 사용된 기판은 ITO 코팅된 유리 기판과 ITO 위에 전도성 폴리머 코팅된 유리 기판으로 2가지를 사용하였다, ITO 기판 위에 전도성 폴리머를 코팅함으로써 패터닝 되지 않은 영역에서 셀의 성장을 억제하기 위하여 passivation으로 화학처리를 하였다. V1 전압은 3.8kV이며, V2 전압은 0.3kV에서 패터닝을 수행하였다. 인가전압 V1은 3kV 근처에서 많이 사용되나 다소 상승한 이유는 콜라겐 단백질 용액의 밀도와의 관계를 생각해 볼 수 있으며, 실험에서 1:5로 희석하여 상대적으로 높은 밀도로 인한 것으로 추정된다. 3차 실험에서는 직경 300㎛ 홀을 5x5 array로 가지는 퀄즈 마스크가 사용되었다. 실험결과 그림 15.20(A), (B), (C)는 직경 300㎛의 홀 패턴이며, 그림 15.20 (C)가 상대적으로 연하게 패턴된 것을 볼 수 있다. 이는 마스크의 외각 영역에 있는 패턴이며, 공정의 특성상 하나의 노즐에서 분사되는 입자를 1500x1500㎛의 마이크로 패터닝 할 때, 생길 수밖에 없는 문제로 생각된다. 그리고 그림 15.20(D), (E), (F), (G)는 (A) 패턴을 확대한 사진이며, 그림 15.20(F)에서 보면 패턴의 외각 부분에서 구배를 이루며 원하지 않는 패턴이 형성되는 것을 볼 수 있다. 이는 이번 실험에 사용된 퀄즈 마스크의 두께가 스텐실 마스크보다 5배 이상 작아서 마스크 홀드에 장착했을 때, 마스크와 기판 사이의 거리가 증가하는 효과를 가진다, 마스크와 기판의 거리가 멀면 멀수록 패턴의 정밀도는 저하된다. 패터닝된 단백질 입자의 크기는 1~2㎛임을 그림

15.20(H), (I)에서 알 수 있다.

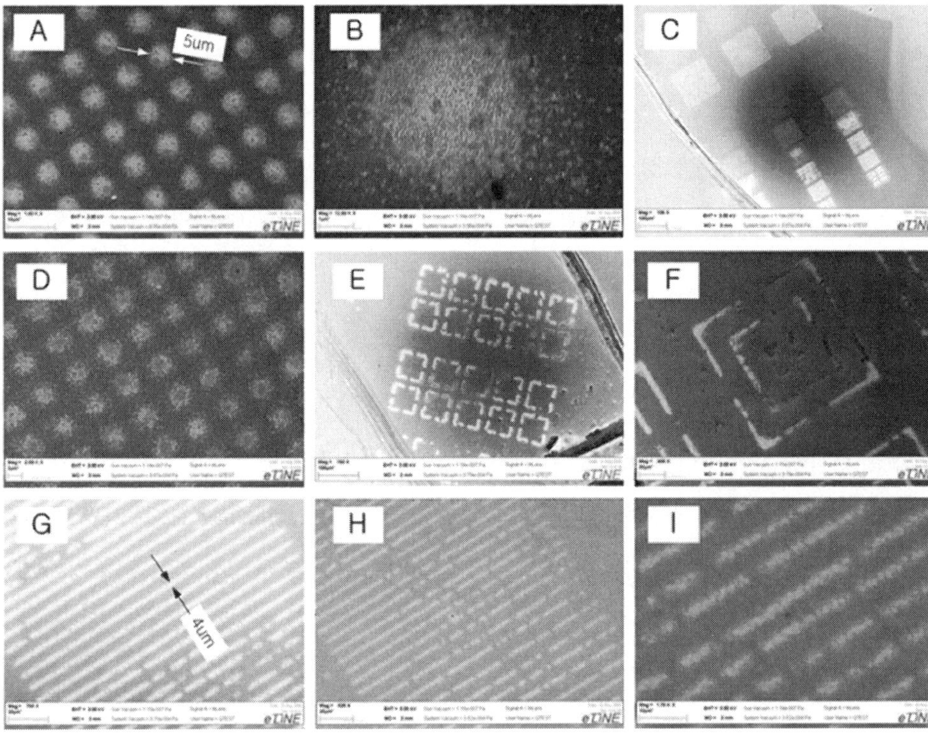

그림 15.19 100nm급 고분해능 마스크를 사용한 2차 패터닝 실험

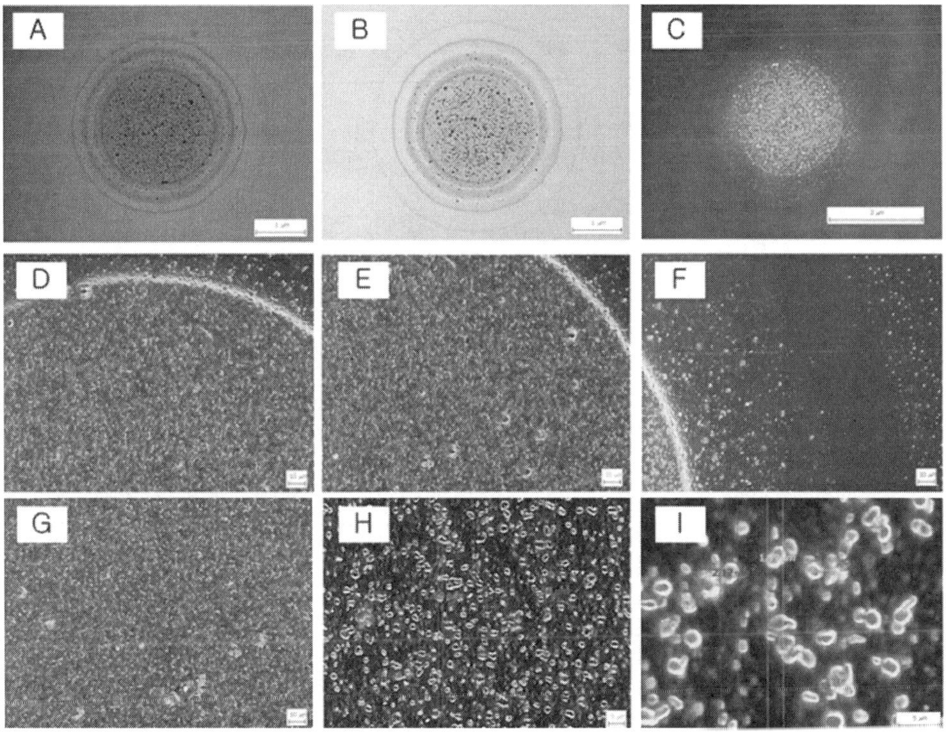

그림 15.20 3차 단백질 패터닝 실험(직경 300㎛ dot array)

4차 실험에서는 단백질 용액을 10:1로 배율을 더 낮게 하여, 저 전압에서 분사할 수 있도록 하였다. V1 전압 3.2kV, V2 전압 0.3kV를 인가하고, 기판은 동일하게 폴리머 코팅된 ITO glass로 사용하였다. 미세 패턴을 얻기 위하여 MEMS 공정으로 제작된 1㎛급 분해능의 정밀 스텐실 마스크를 사용하여 선폭 2~3㎛, 길이 100~200㎛의 라인 패턴을 그림 15.21과 같이 얻었다. 이번 실험에서는 좋은 패턴을 얻기 위하여 스텐실 마스크를 클리닝 용액으로 클리닝 한 뒤 실험을 수행하였다. 실험결과 그림 15.21(A), (B), (C)와 같은 미세 패턴을 얻었으며, 확대 사진 그림 15.21(D), (E), (F)에서 보이듯이 깨끗한 패턴을 얻음을 알 수 있다. 그리고 퀄즈 마스크를 이용한 3차 실험에서와는 달리 패턴 수변의 불필요한 입자가 현저하게 감소한 점을 확인할 수 있다.

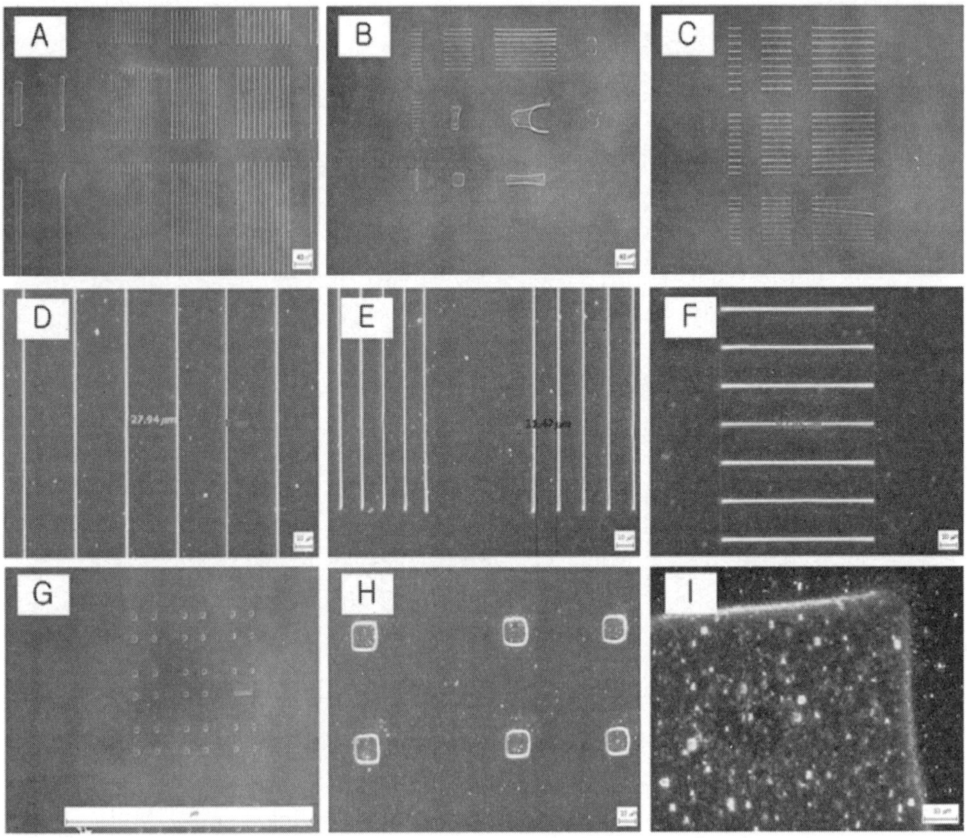

그림 15.21 스텐실 마스크를 이용한 4차 단백질 패터닝 실험

3차 패터닝 시험 후, 패터닝된 샘플에서 셀을 배양한 결과, 셀이 패턴된 가장자리보다 외각 영역에서 잘 자라는 것을 확인하였다. 이는 패턴의 밀도가 낮은 영역을 선호한다고 판단되며, 5차 실험에서는 4가지 패턴의 밀도를 구분하여 실험을 수행하였다, 그리고 쿼즈 마스크 사용 시, 마스크 홀드와 기판 사이의 거리로 인해 불필요한 패턴이 발생하는 문제를 해결하기 위해 기판 부에 힌지 구조를 가지는 서포터를 부착하여 기판이 항상 마스크에 부착돼 있도록 하였다. 실험결과 그림 15.22와 같이 깨끗한 패턴을 얻을 수 있었다. 실험에 사용된 collagen이며, 옅은 패턴을 얻기 위해 1번과 2번 샘플에서는 D.I. water과 1:40으로 희석하였다. 그리고 V1 전압을 2.9kV로 아주 낮게 설정한 뒤, 60분간 패터닝 한 것이 1번 샘플이며, 동일한 조건에서 90분 패터닝 한 것이 2번 샘플이다. 패턴 밀도는 1<2<4<3번 샘플 순이며, 그림 15.22의 (A)는 실험에 사요완 폴리머 코팅된 ITO glass이다. 실험결과 가장 밀도가 낮은 1번 샘플의 경우 현미경 촬영으로 패턴의 형상을 확인할 수 없었다. 이는 패턴의 그림 15.22(B)와 (C)는 2번 샘플의 사진이다. 3번과 4번 샘플 실험에서는 좀 더 높은 밀도를 얻기 위하여 collagen 용액의 비율을 1:10으로 하고, 분사 전압을 5kV로 증가시킨

상태에서 패터닝 시간 또한 200분과 90분으로 각각 실험하였다. 그림 15.22(D), (E), (F)는 3번 샘플의 패턴 사진이다. 확대사진 그림 15.22(E)와 (F)에서 보면 직경이 300㎛와 418㎛로 다른 것을 확인할 수 있는데, 이는 그림 15.22(E)와 같이 마스크의 중앙에 위치한 패턴은 마스크 형상만큼 패턴이 되나, 외각에 위치한 그림 15.22(F)의 경우 상대적으로 낮은 밀도로 패터닝 되며, 일부 전도성 컨넥팅 라인으로 인해 외각 부분의 기판과 마스크 사이에 생긴 홈의 영향을 받은 것으로 추정된다. 그림 15.22(G), (H), (I)는 4번 샘플의 사진이며, 3번 샘플보다 상대적으로 낮은 밀도로 패턴닝 된 것을 확인할 수 있다.

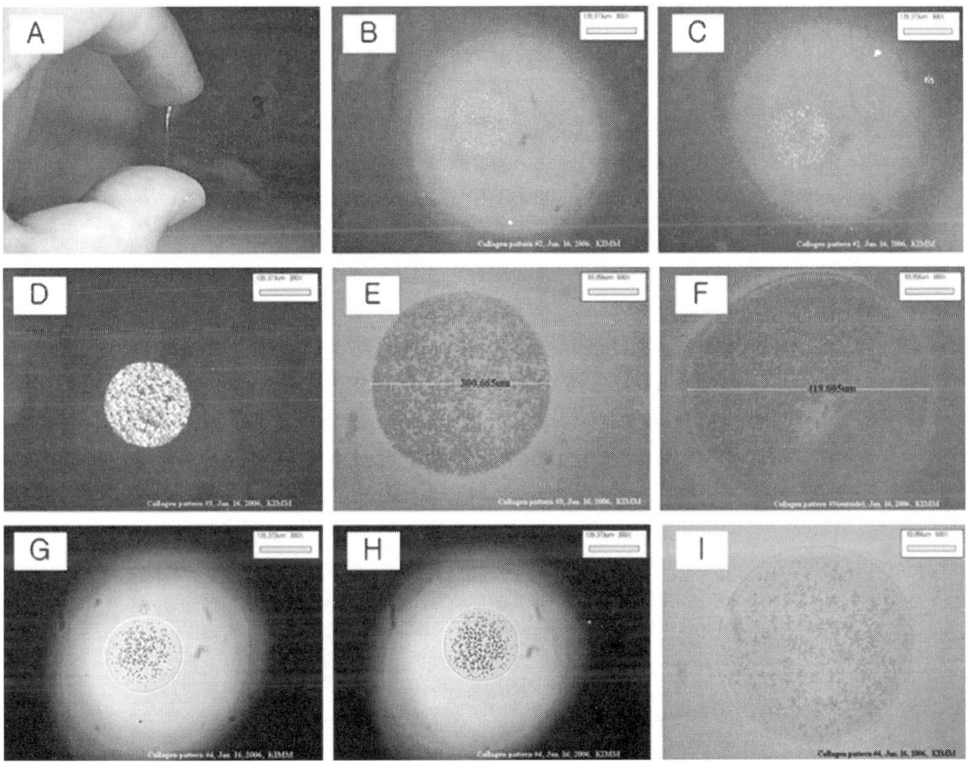

그림 15.22 쿼츠 마스크를 이용한 5차 단백질 패터닝 실험 (직경 300㎛ dot array)

ESD 장치를 이용한 전도성 잉크 프린팅 실험 및 비전도상 기판의 프린팅 가능성 검증해보고자 하였다. 전도성 잉크로는 Panipol사의 Pani-X(doped polyanline in Xylene) 잉크를 사용하였다. 기판은 기존의 ITO 또는 전도성 glass 기판이 아닌 비전도성의 유연한 필름을 사용하였고, 마스크와 기판의 거리를 최소화하기 위하여 필름을 마스크에 부착시킨 후 실험하였다. 그 결과 그림 15.23과 같은 패턴의 직경 140~145㎛ 이내의 dot array 패턴을 확인함으로써, 비전도성 기판에의 패턴 가능성을 검증하였다.

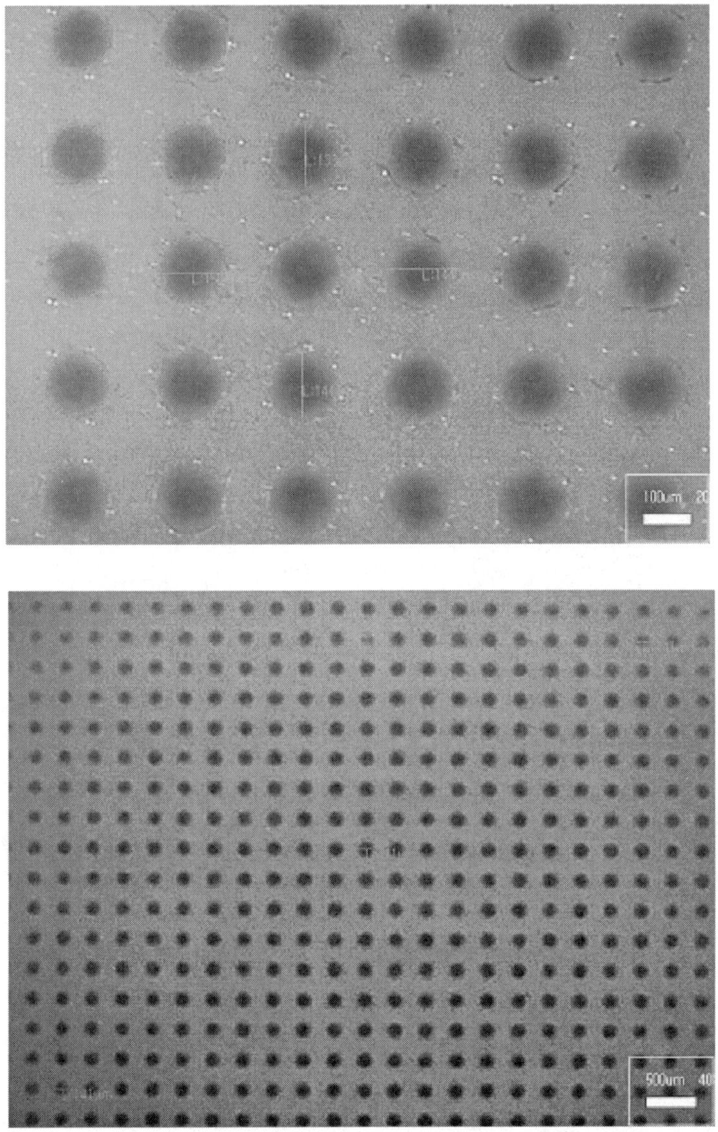

그림 15.23 전도성 잉크르 이용한 패터닝 실험 결과

15.2.6 ESD를 이용한 세포 배양

그림 15.24 패터닝된 단백질의 3차원 측정 이미지

그림 15.24는 3차원 측정된 이미지이다. 약 100nm 정도의 높이를 가지고 있음을 알 수 있다. 3차원 측정 이미지를 통해 패터닝된 단백질의 분포와 형상을 알 수 있었고 그 결과 ESD를 이용한 패터닝 방법이 단백질 패터닝에 효율적으로 작용하고 있음을 검증하였다. 실험에서는 1, 3, 6, 12시간을 동일한 조건에서 단백질을 패터닝한 후에 셀을 배양시켜 결과를 알아보았다. 그림 15.25는 6시간과 12시간의 패터닝 조건 속에서 셀을 배양한 결과다. 그림 15.25(a)에서 보듯이 12시간 패터닝된 단백질은 분포가 상당히 조밀함을 알 수 있었고, 그림 15.25(b)처럼 셀을 배양 했을 때 셀이 뿌리를 내리며 잘 자라지 못하는 결과를 보였다. 그림 15.25(c)의 경우 6시간 패터닝 한 단백질의 분포를 나타내며, 12시간에 비해 덜 조밀하게 나타남을 알 수 있다. 그림 15.25(d)의 그림을 보면 역시 셀이 잘 자라지 못하는 것을 알 수 있으며 하지만 몇 군데에서는 약간의 변화가 관측되었다. 셀의 성장에서 패터닝된 단백질의 조밀성은 그다지 좋은 결과를 나타내지 못함을 알 수 있다

그림 15.25의 (e), (f)는 3시간 패터닝된 단백질에 셀을 배양한 결과로 6시간과 12시간 패터닝된 결과에 비해 다른 현상이 나타났다, 그림 15.25(e)의 경우 3시간 패터닝된 단백질의 모습이며, 6, 12시간에 비해 상당히 조밀성이 적음을 보였고, 그림 15.25(f)의 경우 셀 배양 후 4시간 후의 결과로 약간의 변화가 관측되었다.

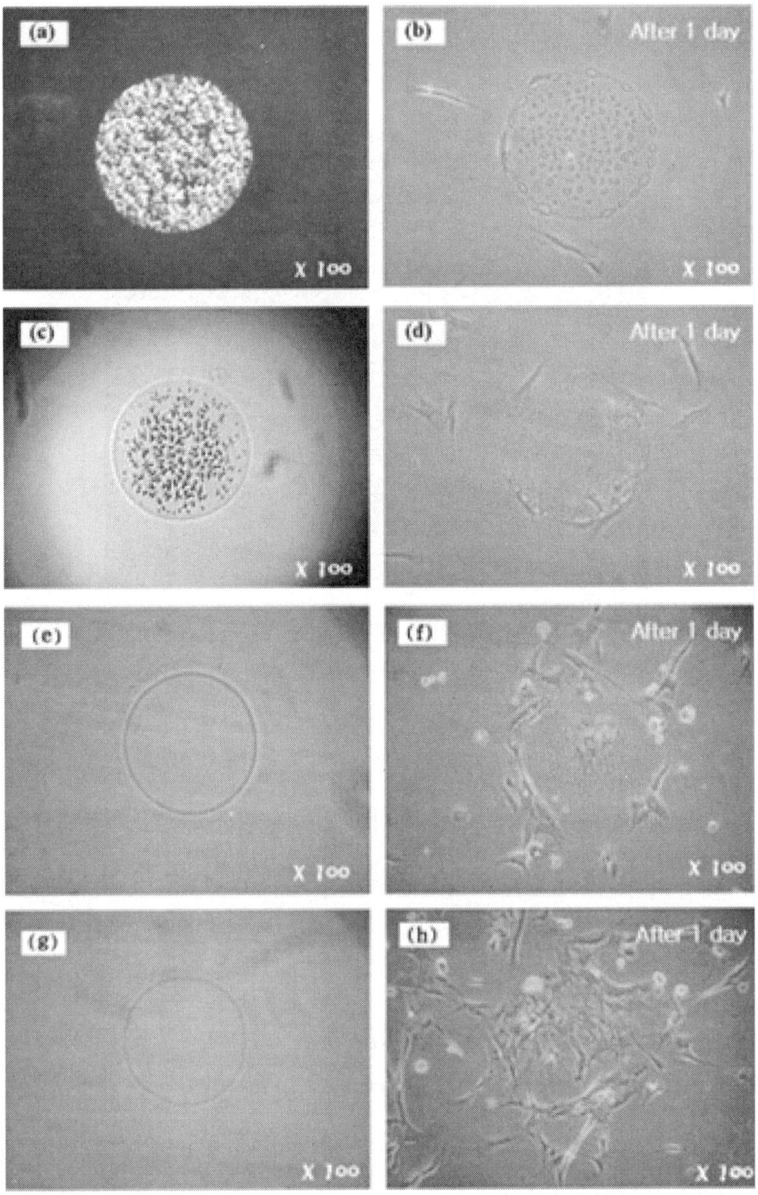

그림 15.25 6시간, 12시간, 3시간, 1시간 패터닝된 단백질에서의 세포 배양 결과

그림 15.25의 (g)에서는 1시간 패터닝된 단백질에서의 셀 배양과정을 나타낸다. 그림 15.25의 (g)는 앞선 3, 6, 12시간의 실험결과와 상당히 다른 결과를 보인다. 그림 15.26은 1, 3, 6, 12시간 패터닝된 단백질의 AFM 이미지이다. 각각의 평균 거칠기(rms rougness)는 각각 6.2nm, 46.2nm, 48.4nm, 47.0nm를 보였고, 이는 오랜 시간의 패터닝은 조밀성이 높아 거칠기가 높다는 결과로 이어진다. 앞선 실험과 연관 지어 보면 셀은 평균 거칠기가 높은 단백질 패턴 속에서는 잘 성장하지 못하는 결과를 가져옴을 알 수 있고 이는 단백질의 패터닝 형상과 ESD 장비를 사용 시 패터닝 시

간에 직접적인 영향을 미친다고 볼 수 있다. 셀을 증착하고 이를 잘 배양시켜 자라게 하기 위해서는 단백질의 패턴과 거칠기를 잘 조절해야 함을 알 수 있다. 본 실험에서 나타난 결과는 셀 배양 시의 적합한 환경과 이에 대한 유지가 어떻게 이루어져야 하는지에 대한 추상적인 결과를 보인다. 물론 더 많은 실험과 다양한 조건에 대한 적용으로 구체적인 현상에 대한 결론을 추론함이 당연하니 현 실험에서는 그 가능성에 대해서만 초점을 맞추었다. 이는 셀의 배양이나 조작 작업이 단순한 형태로 일어지는 것이 아니고 각각의 환경에 대한 요소들이 복합적으로 작용하기 때문이다. 차후 이런 부부네 대한 연구가 지속해서 이루어질 때 특정 환경에서 특정 셀에 대해 최적의 조작 방법과 조건이 정의될 것으로 기대된다.

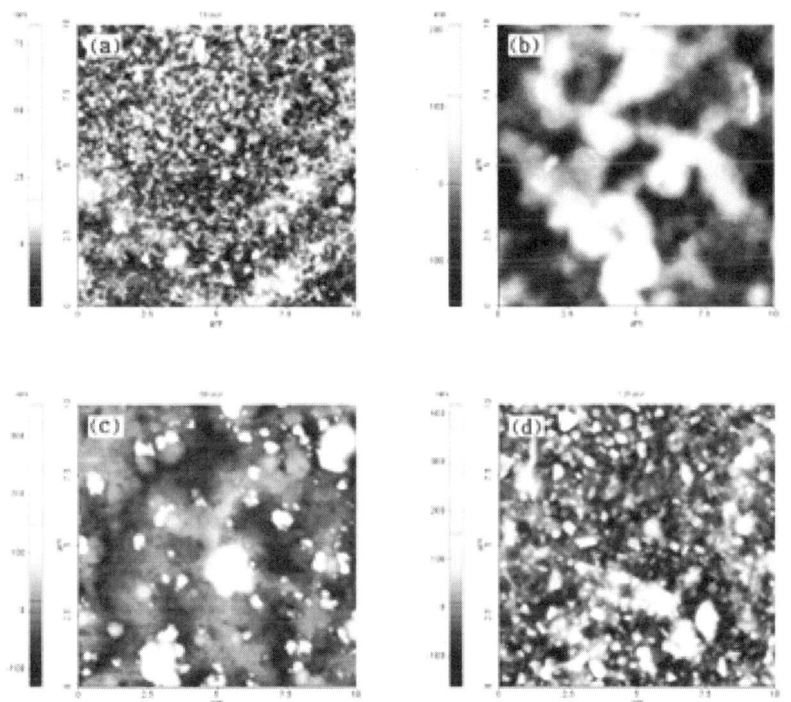

그림 15.26 패터닝된 단백질의 AFM 이미지

15.3 Surface Acoustic Wave Atomizer and Electrostatic Deposition

15.3.1 바람직한 단백질 고정화를 위해 필요한 조건

단백질을 기판 위에 고정화하는 것은 단백질 마이크로 배열칩(Protein Microarray), 마이크로 종합 분석 시스템(Micro-TAS), 바이오센서 등 여러 분야에서 필수적인 기술이다. 바이오 공학이나 의공학 분야에서 많이 필요로 하는 기술이지만 많은 종류의 단백질들은 쉽게 활성을 상실한다는 단점 때문에 우수한 단백질 고정화 기술을 실현하게 하는 것은 원리처럼 쉬운 일은 아니다. 단백질 활성을 상실시키는 조건은 크게 높은 온도, 급격한 수소 이온 농도(pH)의 변화 그리고 건조와 수분 흡수의 반복에 의한 세미 드라이 상태 또는 건조시간을 길게 지속시키는 때도 있다. 그러므로 언급한 조건들을 피하는 프로세스를 사용해야 활성을 유지하게 시키면서 단백질을 고정화할 수 있다.

잉크젯 프린팅, 스크린 프린팅, 마이크로 콘텍트 프린팅 등의 방법들이 단백질 패터닝을 위한 방법으로 연구됐으나 이러한 방법들은 근본적으로 젖은 상태로 형태화를(wet printing) 하는 방법이므로 그 단점을 피할 수 없다.

위에서 언급한 것들을 바탕으로 선진적이고 탁월한 단백질 고정화의 조건이 작은 미세 물방울 분사에 의한 초고속 건조, 저온 프로세스, 마지막으로 활성이 유지되기 좋은 단백질 버퍼 용액을 직접 분사 후 고정으로 정리할 수 있다.

이러한 조건을 만족하게 하려면 실험에서는 탄성 표면과 미세 분사기와 정전기력을 이용한 선진적인 단백질 고정화 방법을 제안하고 그 기술을 SAW-ED(Surface Acoustic Wave atomizer and Electrostatic Deposition)로 명명한다.

15.3.2 SAW-ED의 개념

단백질 고정화의 한 방법으로 본 실험에서는 SAW-ED라는 기술을 개발하고 제안한다. SAW-ED는 Surface Acoustic Wave Atomizer and Electrostatic Deposition의 약어로 이름 자체가 이 기술의 개념을 의미한다. SAW-ED는 크게 두 가지 개념으로 나눌 수 있는데 하나는 탄성 표면과 미세 분사기이고, 다른 하나는 정전유도 패터닝이다. 즉, 탄성 표면파를 이용해서 단백질 용액을 미세 물방울의 상태로 공기 중에 분사시키고, 분사된 미세 물방울들을 정전기력을 이용해서 샘플 홀더 기판으로 건조하며 유도하는 기술이다. 보다 자세하게 원리를 설명하면 다음의 3가지 개념으로 SAW-ED가 이루어져 있음을 알 수 있고 그림 15.27에서 그 개념을 나타낸다.

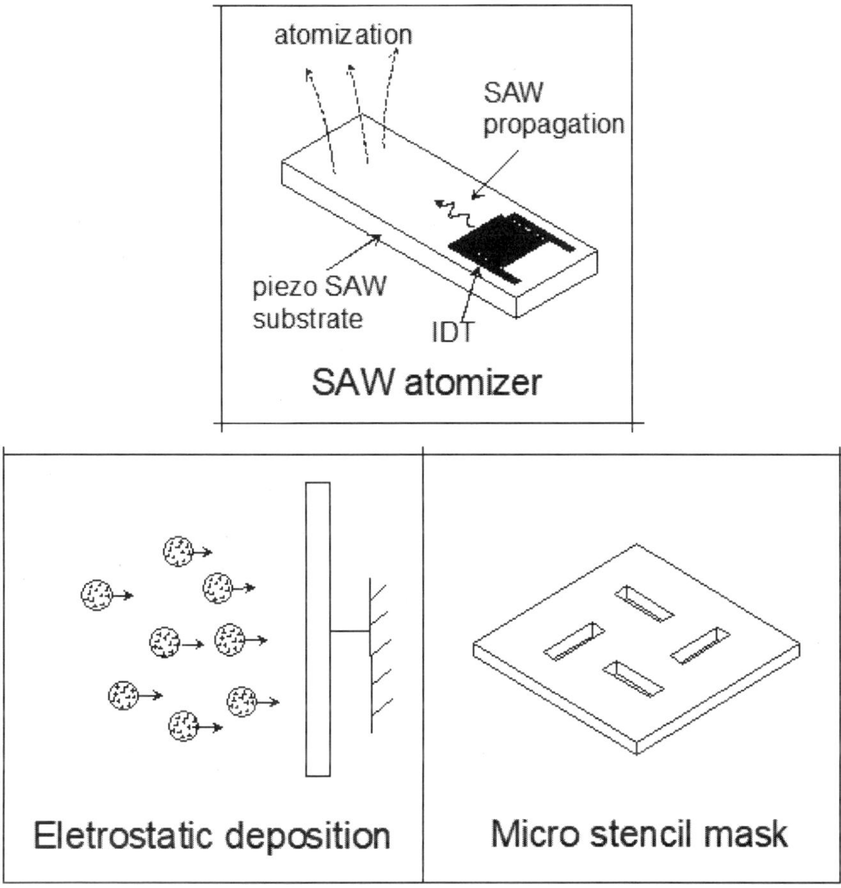

그림 15.27 SAW-ED의 3가지 기본 개념

첫 번째로 탄성 표면과 미세 분사기, 두 번째 전기장에 의한 정전기력, 마지막으로 석영 유리로 만든 쉐도우 마스크이다. 열거된 SAW-ED의 기본 개념들을 바탕으로 하나씩 자세하게 설명하는 것으로 원리를 명확하게 한다. 우선 탄성 표면과 미세 분사기는 일종의 초음파 미세 분사기이다. 초음파 분사기에서 분사된 물방울의 사이즈는 구동된 초음파의 주파수에 따라 결정된다. 원리적으로 말하면 높은 주파수를 사용할수록 초음파의 파장이 작아지므로 더 많은 미세 물방울을 생산할 수 있다. 즉, 본 실험에 적합한 미세 물방울을 형성하려면 고주파 초음파 장치를 사용해야 한다는 결론에 도달한다. 일반적인 초음파 분사기는 수십에서 수백 kHz의 주파수를 사용하기 때문에 본

실험에서 필요로 하는 직경 10㎛ 이하의 물방울 생성시키는 것은 어렵다. ㎛ 단위의 미세 물방울은 분사된 후 습도와 온도에 따라 다르지만, 일반적으로 천 분의 일 초 안에 완벽하게 건조되기 때문에 본 연구의 특징인 드라이 패터닝(dry patterning)에서는 필수적인 요소이다. 완벽하게 건조된 입자들이 유도되어 패터닝되기 때문에 표면이 균일하고 얼룩이 없게 고정화될 수 있다.

본 실험에서 사용하는 탄성 표면파 미세 분사기는 약 10MHz의 고주파를 사용하기 때문에 우리가 원하는 미세 물방울을 생성시킬 수 있다. 간혹 분수 같은 타입의 초음파 분사기에서 1MHz의 주파수를 사용하는 것도 있지만 이 경우는 초음파를 수면에 집중시키기 위한 깊이가 필요하고 그 결과 많은 양의 용액을 사용해야 한다. 문제는 단백질의 경우 많은 양을 추출하기 곤란하고 상당히 고가이기 때문에 사용하는 용액의 부피를 줄이는 것은 중요한 사항이다. 이런 분수 타입 초음파 분사기와 달리 탄성 표면과 미세 분사기는 탄성 표면파를 사용하기 때문에, 음파 에너지를 집중시키기 위한 깊이가 필요하지 않다. 그 결과 분수 타입 초음파 분사기에 비해 적은 양의 단백질 용액으로 단백질 고정화가 가능하다는 장점이 있다. 또한, 탄성 표면과 미세 분사기는 음파의 진동을 이용해서 미세 물방울화 시키기 때문에 정전 스프레이(Electrostatic Atomizer)로는 스프레이할 수 없는 버퍼용액처럼, 전기전도성이 높은 액체라도 미세 분사할 수 있는 용액 선택이 자유다. 단백질은 수소 이온 농도의 급격한 변화에 활성을 상실할 수 있으므로 버퍼용액에서 보관하는 것이 일반적이다. 하지만 그 버퍼용액은 염분을 포함하고 있어서 전기전도성이 높고 정전 스프레이를 이용해야 할 경우 반드시 염분을 제거해서 전기전도성을 낮춰야 한다. 이로 인해 활성을 잃는 단백질이 많다. 그러므로 버퍼용액 속의 단백질을 직접 분사해서 고정화할 수 있다는 것은 중요한 의미가 있다. 탄성 표면과의 마지막 장점은 노즐이 없다는 것과 고정화 속도이다. 마이크로 스폿팅이나 잉크젯 프린팅 등은 기본적으로 한 번에 하나의 스팟을 형성하지만, 탄성 표면과 미세 분사기는 액체 표면에서 분사한다. 그러므로 속도가 빠르고 노즐이 없으므로 막힘에 대한 우려가 없다. 다른 방법에서는 미세하게 패터닝하는 경우 작은 노즐이나 핀을 사용하는 것이 일반적이지만 이런 경우 막힘에 대한 우려로 습도를 높게 해서 패터닝을 한다. 하지만 높은 습도는 단백질 활성을 유지시키는데 중요한 요소인 이른 건조시간을 더욱 구현하기 어렵다는 단점이 있다.

탄성 표면과 미세 분사기 때문에 공기 중에 분사된 미세 물방울들은 급속도로 건조되지만 분사된 힘만으로는 샘플 홀더 기판에 수집되지 않는다. 효과적으로 분사되어 건조된 미세 입자들을 원하는 위치에 수집하기 위해서는 전기장에 의한 정전유도를 본 실험에서는 사용한다. 먼저 탄성 표면과 미세 분사기 위의 단백질 용액에 고전압을 인가하고 탄성 표면과 미세 분사기를 구동시키면 대전된 미세 물방울들이 형성된다. 급속도로 건조된 미세 입자들은 수분의 증발로 전하를 상실하지 않으므로 여전히 대전된 상태가 된다. 그 미세 입자들은 전하를 방전하기 위해서 전위적으로 반대쪽으로 유도된다. 정전 집진 장치의 예에서 알 수 있듯 정전기력은 미세 입자들을 유도하면서 매우 효과적이다. 정전기력은 유도하는 역할에 더해 탄성 표면파에 의해서 형성된 미세 물방울들을 더욱 작게 만드는 기능을 한다. 대전된 미세 물방울들은 공기 중에서 건조되는 과정에서 증발 때문에 전하는 방전되지 못하고 물방울의 크기는 더욱 작아져서 미세 물방울 속의 전하 밀도가 높아진다. 그로 인한 반발력으로 미세 물방울들은 더욱 작게 쪼개진다. 그 결과 분사된 물방울이 건조되었을 경우 예상되는 입자보다 훨씬 작은 건조된 입자들이 기판 위에 고정화된다.

SAW-ED의 마지막 개념으로 쉐도우 마스크로 형성하는 다양한 모양의 패터닝을 설명할 수 있다. 석영 유리에 원하는 모양의 스루홀(through hole)을 가공하고 그 가공된 석영 유리 셰도우 마스크의 스루홀을 통해서 다양한 패턴을 만들 수 있다. 쉐도우 마스크는 전기전도성이 없는 재료로 만드는 것이 효과적이다. 두 번째 개념에서 설명한 것처럼 대전된 미세 입자들은 전하를 방전시키기 위해서 전위적으로 반대인 샘플 홀더 기판으로 향해 유도된다. 샘플 홀더 기판 바로 앞에 전기전도성이 없는 쉐도우 마스크를 접속하게 시켜 놓았을 경우 스루홀을 통해서 기관에 고정화된 미세 입자들은 전하를 방전시킬 수 있지만 석영 유리 위에 안착된 미세 입자들은 방전시킬 수 없어 결과적으로 석영 유리 표면이 대전된 상태가 된다. 이렇게 대전된 셰도우 마스크에 의해 전기장이 변화되고 쉐도우 마스크의 반발력 때문에 연속해서 유도되는 미세 입자들은 대부분 스루홀 안으로 들어가게 된다. 이것이 SAW-ED가 원리적으로 효율을 높일 수 있는 이유이다.

지금까지 설명된 3가지 기본 개념으로 판단해볼 때 SAW-ED는 앞에서 언급한 선진적이고 효율적인 단백질 고정화 기술을 구현하기 위한 조건을 만족하게 할 것으로 예측할 수 있다.

15.3.3 탄성 표면파

IEEE Standard Terms and Definitions for Surface Acoustic Wave (SAW) Devices에 의하면 탄성 표면파는 탄성체 기판의 표면을 따라 전파되는 Rayleigh Wave인 데 그 진폭이 깊이에 따라 기하급수적으로 감소하는 웨이브라고 정의되어 있다. 1885년 Lord Rayleigh가 정량적으로 탄성 표면파를 분석했다. 그는 이론적으로 압전 재료의 표면에서 깊이 방향으로 한 파장 만큼의 공간에서만 웨이브가 전달됨을 증명했다.

탄성 표면파는 그림 15.28에서 보듯, 압전 재료 위에 증착된 서로 맞물려진 빗 모양의 전극 변환기(interdigital transducer)에 교류 전압을 인가했을 때 형성된다. 탄성 표면파 디바이스는 다양한 분야에서 응용되고 있는데 주로 고주파 신호 처리 분야에서 많이 쓰인다. 탄성 표면과 디바이스 대량으로 저가격의 필터를 생산하는 분야와 레이더 신호 프로세스와 같은 고부가가치 제품을 연구하는 분야의 양극단에서 발전되어 왔다.

전기, 전자적인 디바이스가 아닌 기계공학과 전기, 전자 공학이 융합된 메카트로닉스의 응용으로 연구되었던 대표적인 예로서 SAW 모터, SAW 자이로스코프, SAW 촉각센서 등이 있다.

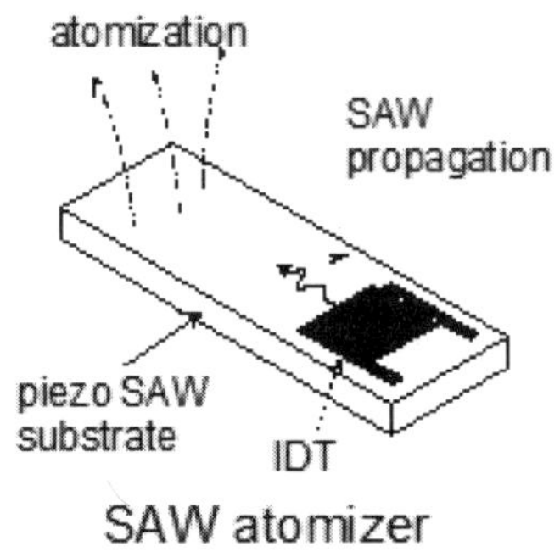

그림 15.28 탄성 표면과 디바이스

본 실험의 탄성 표면과 미세 분사기에 사용될 압전 재료로는 128 Y-$LiNbO_3$이고 이방성이다. 엄밀히 말하면 x_1, x_2, x_3 방향으로 각각 다른 값을 가지므로 이 재료를 등방성으로 가정하는 것은 틀린 것이다. 그러나 경향과 특성을 알아보는 것이 본 실험에서는 중요하므로 계산을 간단히 하기 위해서 등방성 재료라는 가정을 하고 이론적으로 분석했다.

그림 15.29에서 보듯 표면파의 진행 방향을 x1이라고 하고 그것과 각각 수직인 좌표를 x_2, x_3으로 한다.

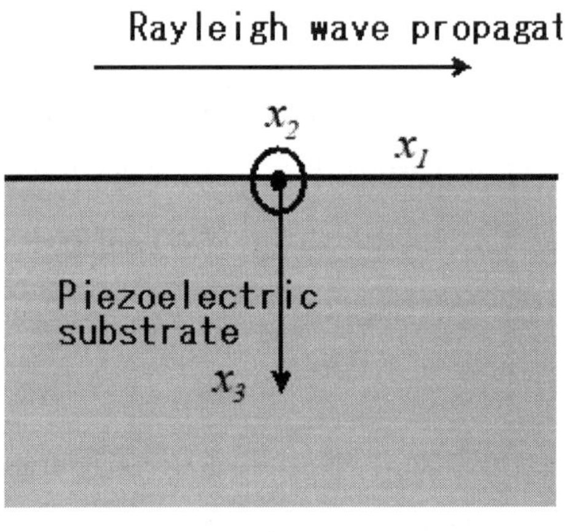

그림 15.29 탄성파의 진행 방향과 좌표 방향

표면에서 깊어짐에 따라 그 변위는 작아지므로 xi 방향으로의 변위 u_i는 다음 식으로 표면한다.

$$u_i = A_i e^{-\frac{a\omega}{vx_3}} e^{j(\omega t - \frac{\omega}{vx_1})} \qquad \text{(here, i = 1~3)} \tag{15.2}$$

여기에서는 탄성 표면파의 속력이고 x3 방향에 대한 감소 상수이다. 이 값들은 압전 재료와 경계 조건에 의해서 결정된다. 압전 재료 정수와 경계 조건을 고려해서 실을 풀면 표면파에 대한 변위는 최종적으로 다음의 식으로 표현할 수 있다.

$$u_1 = F(e^{-\frac{a\omega}{vx_3}} - pe^{-\frac{\alpha p\omega}{vx_3}})e^{j(\omega t - \frac{\omega}{vx_1})} \tag{15.3}$$

$$u_2 = 0 \tag{15.4}$$

$$u_3 = -j\frac{F_1}{\alpha}(e^{-\frac{\alpha\omega}{vx_3}} - \frac{1}{p}e^{-\frac{\alpha p\omega}{vx_3}})e^{j(\omega t - \frac{\omega}{vx_1})} \tag{15.5}$$

여기에서 p는 - F_2와 F_1의 비율 ($p= -F_2 / F_1$)이고 F_1과 F_2는 x_1, x_2 방향의 진폭 계수이다. 위의 식으로 판단해보면 표면파의 진행 방향과 깊이 방향으로 변위가 발생함을 할 수 있다. u_3은 u_1에 비해 90도 위상이 진행한 것으로 판단하면 표면 부근에서 파의 진행 방향에 대해 후방으로 타원 회전하고 있다는 표면파의 특징을 알 수 있다. 이 식에 의해 표면 부근에서의 운동은 그림 15.30과 같이 나타낼 수 있다.

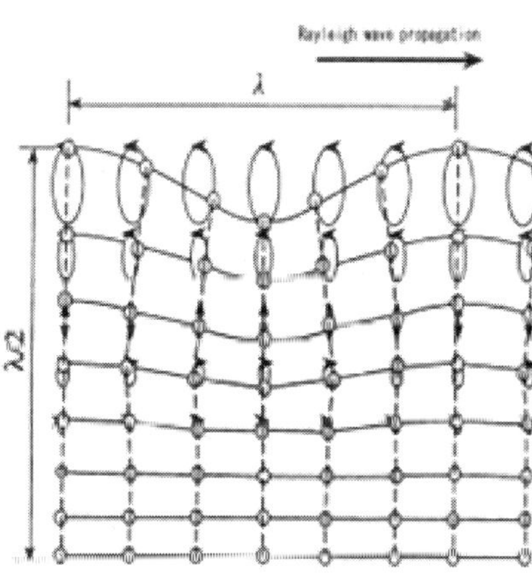

그림 15.30 표면파의 표면 부근에서의 운동과 변위

15.3.4 탄성 표면파 미세 분사기

탄성 표면파 미세 분사기는 압전 기판 위의 빗 모양의 전극 변환기 (IDT)에 교류 전압을 걸어줌으로써 생긴 탄성 표면파의 에너지로 기판 위의 용액을 수없이 많은 미세 물방울로 분사시키는 장치이다. 즉 전기적 에너지를 기계적 진동 에너지로 변환시켜 그 진동 에너지로 여러 가지 용액들을 분사시키는 일종의 변환기이다. 그림 15.31에서 보듯 기판 위의 용액은 탄성 표면파에 의해 진동된다. 고체-액체 경계에서는 표면장력이 존재하고 탄성 표면과의 진행 방향으로 액체가 이용하는 탄성 표면파 흐름(SAW streaming)이 존재하므로 기판 위의 용액은 그림 15.31과 같은 형상이 된다. 용액의 얇은 부분에서는 Capillary Wave가 존재하고 큰 진폭은 용액을 요동시킨다. 보다 더 큰 진폭의 Capillary Wave에 의해 수면의 요동은 깨어져서 미세 물방울들이 공기 중에 분사된다. 이것이 탄성 표면과 미세 분사기의 원리이고 다른 부문에서 이론적으로 자세히 설명할 것이다.

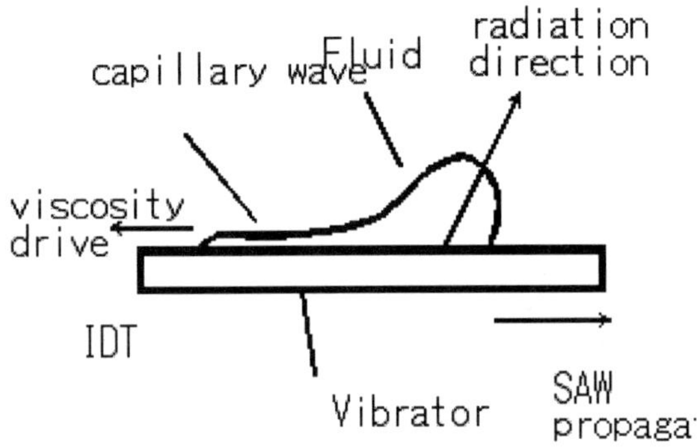

그림 15.31 탄성 표면파가 기판 위의 용액에 미치는 구동력

15.3.5 SAW-ED 제작

15.3.5.1 SAW-IDT

압전 재료로는 128 Y-rotated LiNbO3를 사용하고 그 위에 IDT (interdigital transducer)를 제작한다. 그림 15.32처럼 본 실험에서 사용하는 IDT는 전극의 수가 20세트, 간격은 400m, 전극의 두께는 100m, 폭은 10mm이다. 진동자의 공진 주파수는 f는 다음과 같다.

$$f = \frac{v}{\lambda} \tag{15.6}$$

IDT 전극의 간격은 400m이고 표면파의 속력은 3960m/s이므로 본 실험에 사용하는 SAW 디바이스의 공진 주파수는 약 9.6MHz가 된다.

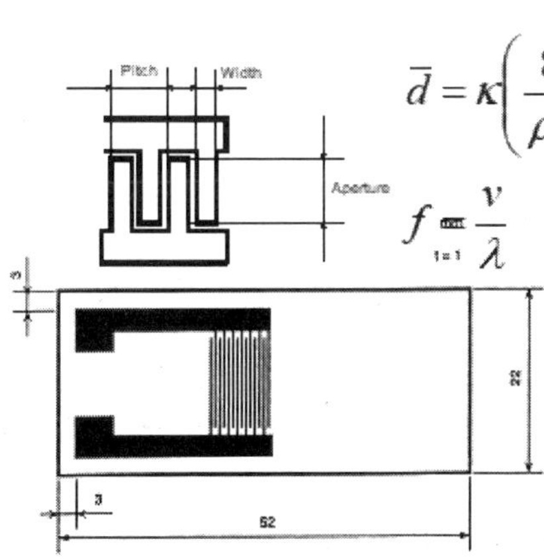

$$\bar{d} = \kappa\left(\frac{8\pi\sigma}{\rho \cdot f_e^2}\right)^{\frac{1}{3}}$$

$$f = \frac{v}{\lambda}$$

그림 15.32. SAW IDT와 그 설계 수치

15.3.5.2 SAW 디바이스 가공

그림 15.33에 맞춰 SAW 디바이스 가공에 관해서 설명을 해보면, 첫 번째 압전 기판을 클리닝 하고, 다음 크롬과 알루미늄을 열 증착한다. 그 후 스핀 코터로 포트 레지스트를 코팅한다. 네 번째, 예비 가열해서 용매를 증발시킨다. 다섯 번째 노광 후 현상한다. 마지막으로 알루미늄과 크롬을 선택적으로 에칭한다.

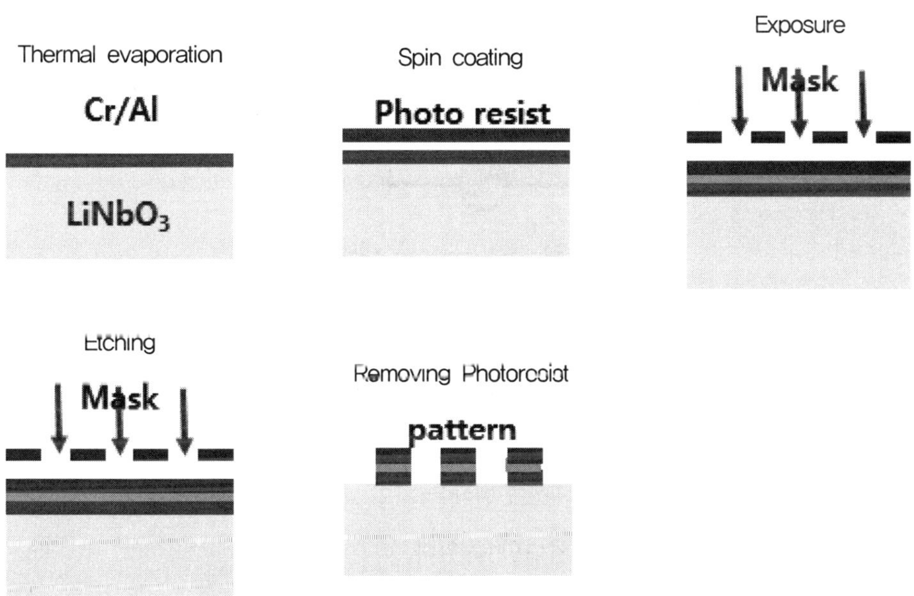

그림 15.33 SAW 디바이스 가공 공정

15.3.5.3 SAW-ED 시스템의 구성

그림 15.34에서 보듯 SAW-ED 시스템은 용액 공급 장치, 탄성 표면과 미세 분사기, 정전기력을 위한 전기장 이렇게 크게 3가지로 나눌 수 있다. 용액의 공급은 컴퓨터로 제어하는 자동 공급 장치와 피펫에 의한 수동 공급으로 나누어진다. 공급된 용액은 그림 15.35의 DC 5000V의 고전압 와이어에 의해 대전된다.

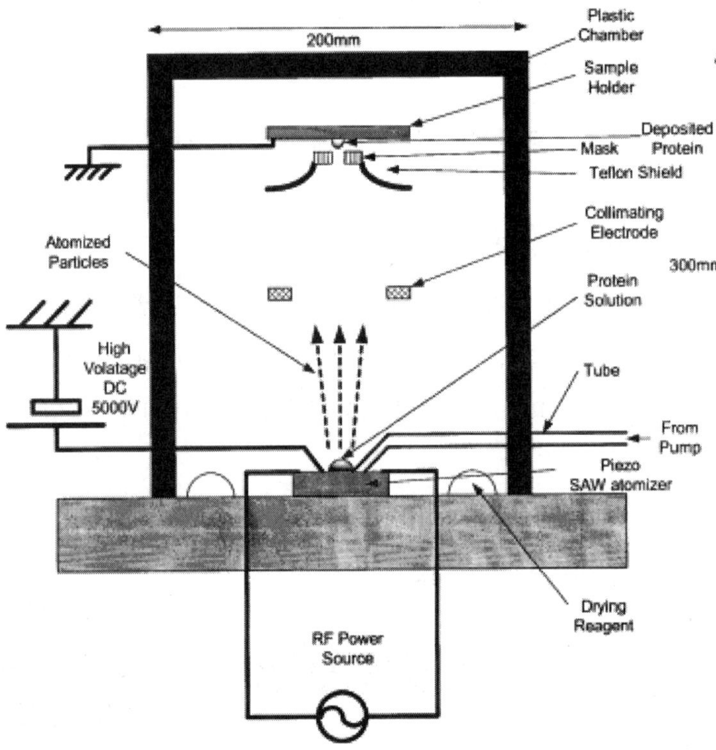

그림 15.34 SAW-ED 시스템의 구성도

대전된 용액은 9.6MHz, $60V_{o\text{-}p}$ 웨이브로 구동되고 그 결과 미세 물방울이 분사된다. 단백질이 열에 비활성화되는 것을 막기 위해 1Hz와 10% 간헐 구동 메카니즘을 사용한다. 대전된 미세 물방울은 급속도로 건조되면서 그라운드인 샘플 홀더 기판으로 수집된다. 이 과정에서 그림 15.36처럼 비전도성 쉐도우 마스크를 이용하면 마스크 면에는 거의 고정화되지 않음으로 인한 전기장의 변화로 생긴 효율적인 단백질 고정화를 기대할 수 있다.

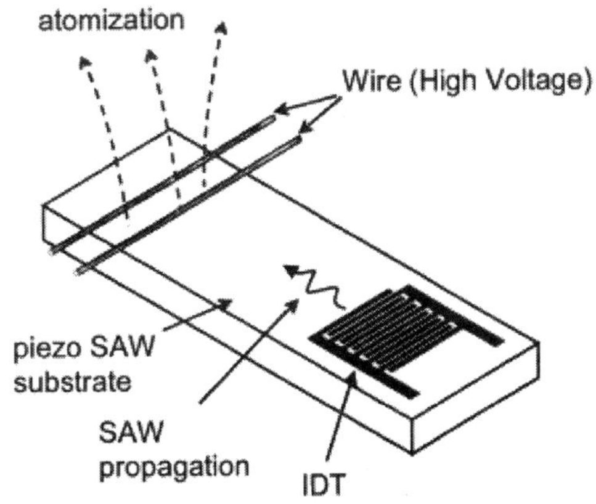

그림 15.35 SAW 미세 분사기와 대전을 위한 고전압 와이어

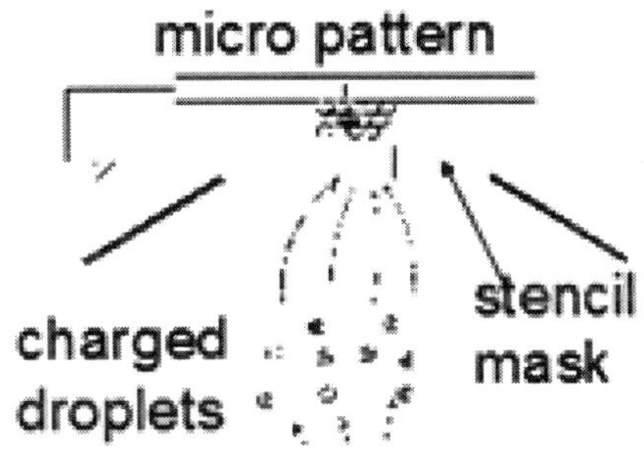

그림 15.36 SAW-ED의 효율적 고정화 메커니즘

15.4 요약

생화학 물질의 고정화 기술 개발에서는 분사 용액에 제약이 적은 ESD 프린팅 방법에 관한 연구와 장비 제작이 이루어졌으며 고정밀 패턴 마스크 제작 마스크 제작 기술도 습득하였다. 제작된 shadow mask는 제작된 마스크의 크기는 1×1mm이며, 한 개의 마스크에 16가지의 미세 패턴이 형성 돼 있다. 아래의 미세 패턴은 2~100㎛까지 다양한 모양과 크기로 제작되었으며 전체적으로 성공적인 패턴을 제작하였다. 세포 배양 실험에서는 1, 3, 6, 12시간 패터닝된 단백질의 각각의 평균 거칠기는 각각 6.2nm, 46.2nm, 48.4nm, 47.0nm를 보였고 이는 오랜 시간의 패터닝이 조밀성이 높아 거칠기가 높다는 결과로 이어졌다. 셀은 평균 거칠기가 높은 단백질 패턴 속에서는 잘 성장하지 못하는 결과를 가져옴을 알 수 있고 이는 단백질의 패터닝 형상과 ESD 장비를 사용 시 패터닝 시간에 직접적인 영향을 미친다고 볼 수 있다. 셀을 증착하고 이를 잘 배양시켜 자라게 하기 위해서는 단백질의 패턴과 거칠기를 잘 조절해야 함을 알 수 있다. 본 실험에서 나타난 결과는 셀 배양 시의 적합한 환경과 이에 대한 유지가 어떻게 이루어져야 하는지에 대한 추정적인 결과를 보인다. 물론 더 많은 실험과 다양한 조건에 대한 적용으로 구체적인 형상에 대한 결론을 추론함이 하나 현 실험에서는 그 가능성에 대해서만 초점을 맞추었다. 이는 셀의 배양이나 조작 작업이 단순한 형태로 이루어지는 것이 아니고 각각의 환경에 대한 요소들이 복합적으로 작용하기 때문이다. 차후 이런 부분에 관한 연구가 지속해서 이루어지면 특정 환경에서 특정 셀에 대한 최적의 조작 방법과 조건이 정의될 것으로 기대된다.

15.5 참고문헌

[1] B. Alberts et al., Molecular biology of the cell, Garland Publishing Inc., 2nd edition (1989)

[2] H. Hama et al., PKC signaling mediates global enhancement of excitatory synaptogenesis in neurons triggered by local contact with astrocytes, Neuron, Vol.41 (2004) pp.405-415

[3] http://100.naver.com/image.php?id=5224

[4] J. Ok, Pneumatically driven microcage for micro-objects in biological liquid, IEEE Micro Electro Mechanical Systems Workshop, Orlando, Florida, USA (1999) pp.459-463

[5] B. Alberts et al., Essential cell biology, Garland Publishing Inc, (1998)

[6] C.-J. Kim, "Silicon electromechanical microgrippers :Design, Fabrication, and Testing,"Ph.D. Dissertation, Department of Mechanical Engineering, University of Califonia, Berkeley, 1991.

[7] Y. Suzuki, "Flexible Microgripper and its application to micro- measurement of mechanical and thermal properties,"Proc. IEEE Microclectromechanical systems workshop(MEMS'96) San Diego, California, February 1996, pp.406-411.

[8] W.-H. Chu and M. Mehregany, "Microfabrication of tweezers with large gripping force and a large range of motion,"Tech. Dig,IEEE Solid-State Sensor and Actuator Workshop, Hilton Head Island, South Carolina, June 1994, pp. 107-110.

[9] A. P. Lee, D.R. Ciarlo, P. A. Krulevitch, S. Lehew, J. Trevino, and M.A. Northrup, "A practical microgripper by fine alignment, Eutectic bonding and SMA actuation," Tech. Dig., Transducers'95, Stockholm, Sweden, June 1995, pp. 416-419.

[10] Y. Lu et al., Micro-Finger Articulation by Pneumatci Parylene Balloons, IEEE Transducers '03 Conf. Boston, (2003) pp. 276-279.

[11] B.B. Haab et al., Protein microarrays for highly parallel detection and quantitation of specific proteins and antibodies in complex solutions, Genome Biol. (2001) 2(2):research0004.1-0004.13

[12] http://www.packardbioscience.com/products/691.asp

[13] A. Bernard et al., Printing patterns of proteins, Langmuir 14(9) (1998) pp.2225-2229

[14] I. Uematsu et al., Surface morphology and biological activity of protein thin films produced by electrospray deposition, J. of Colloid and Interface Science, 269 (2004) p.336-340

[15] J.W. Kim et al., A Device for fabricating protein chips using surface acoustic wave atomizer

and electrostatic deposition, 2001 ASME International Mechanical Enginerring Congress and Exposition, 2001 Nov. New York U.S.A

[16] IEEE Standard Terms and Definitions for Surface Acoustic Wave (SAW) Devices, IEEE Std 1037-1992, pp. 1-7

[17] L. Rayleigh, "The behavior of surface acoustic waves in homogeneous, isotropic elastic solids", London Mathematical Society (1885)

[18] Colin K. Campbell, "Surface Acoustic Wave Devices for Mobile and Wireless Communications", ACADEMIC PRESS INC., pp. 7-15

Appendix

부록

A 해외 특허

1. Pneumatic cylinder utilizing cushioning sleeves, quick exhaust valves and quick supply valves (미국, 1995.09.08.)
2. [Pneumatic cylinder (유럽, 1995.09.21.)
3. Heattreating method for improving wearresistance and corrosionresistance of chromiumplated steel substrate (미국, 2003.02.11.)
4. PNEUMATIC SERVO VALVE (일본, 2003.11.07.)
5. Pneumatic servo valve (미국, 2003.12.03.)
6. PRINTING HEAD FOR NANO PATTERNING (PCT, 2004.03.26.)
7. Threedimensional printing prototyping system (유럽, 2005.01.10.)
8. Threedimensional printing prototyping system (미국, 2005.03.30.)
9. Apparatus for manufacturing electronic devices using rolltoroll rotary pressing process (유럽, 2006.03.31.)
10. Printing head for nano patterning (미국, 2006.05.04.)
11. Method for forming highresolution pattern having desired thickness or high aspect ratio using deep ablation (미국, 2006.12.19.)

12. Luminous advertisement sheet (미국, 유럽, 2007.12.05.)
13. Selfaligned organic thin film transistor and fabrication method there of (유럽, 중국, 미국, 2008.05.30.)
14. ORGANIC SOLAR CELL USING CONDUCTIVE POLYMER TRANSPARENT ELECTRODE AND FABRICATING METHOD THEREOF (미국, 2008.08.01.)
15. Luminous advertisement sheet (PCT, 2008.11.13.)
16. Printing head for nano patterning (미국, 2010.03.30.)
17. Highspeed optical fiber monitoring system (미국, 2010.04.15.)
18. Printing apparatus having automatic printing sheet feeder (미국, 2010.06.09.)
19. Method for making fine patterns using mask template (미국, 2010.06.22)
20. Printing device using thermal roll imprinting and patterned plate, microfluodic element using the same, film laminating device for sensor, and printing method (미국, 2010.09.07.)
21. Printing apparatus using thermal roll imprinting and a patterned plate, and filmlaminating apparatus for microfluidics and sensor and printing method using same (중국, 2010.09.07.)
22. Roll imprinting apparatus (미국, 중국, 2010.09.29.)
23. METHOD OF MANUFACTURING FILM PRODUCT USING THERMAL ROLL IMPRINTING AND BLADE COATING, AND SECURITY FILM AND FILM INTEGRAL ELECTRIC DEVICE USING THE SAME (미국, 유럽, 2011.04.08.)
24. APPARATUS FOR MANUFACTURIING TRANSPARENT ELECTRODE USING PRINTBASED METAL WIRE (미국, 2011.09.01)
25. Method for manufacturing transparent electrode using printbased metal wire and transparent electrode manufactured thereby (미국, 2011.09.01.)
26. ATTERNPRINTING DEVICE (미국, 2012.04.04.)
27. PRINTING APPARATUS HAVING AUTOMATIC PRINTING SHEET FEEDER (유럽, 2012.06.06.)
28. Method for burying conductive mesh in transparent electrode (미국, 2012.06.26.)
29. Reverse gravure offset printing method and apparatus using disposable cliché (미국, 2012.06.26.)
30. Precision overprinting method of printed electronics rotary printing where location can be adjusted in real time (미국, 2012.09.26.)
31. METHOD FOR IMPROVING MOULDABILITY OF MAGNESIUMALLOY SHEET MATERIAL, AND MAGNESIUMALLOY SHEET MATERIAL PRODUCED THEREBY

(PCT, 2012.12.12.)

32. Transparent electrode film manufacturing device and transparent electrode film manufacturing method (중국, 2012.12.31.)
33. Manufacturing Apparatus of Aluminium Pouch Film for Small Size Secondary Battery and Pouch Film Produced Thereby (중국, 2018.09.14.)
34. Method for manufacturing aluminium pouch film for medium and large secondary batteries (중국, 2018.09.14.)

B 국내 특허

1. 공압실린더 (1995.03.29.)
2. 디지털 직렬제어 공압 솔레노이드 밸브 제어시스템 (1999.04.30.)
3. 유압실린더의 쿠션플런저 (1999.04.30.)
4. 유압실린더의 쿠션링 (1999.04.30.)
5. 공기부상열차 (2000.04.14.)
6. 크롬도금층의 내식성 및 내마모성 향상방법 (2000.08.21.)
7. 반도체장비용 오링의 내구성시험장치 (2000.11.22.)
8. 반도체장비용 오링의 기밀성시험장치 (2000.11.22.)
9. 초내식용 크롬/크롬-엑스 합금도금층의 제조방법 (2001.03.12.)
10. 금속재의 크롬탄화물 피복방법 (2001.12.31.)
11. 솔레노이드밸브 (2002.03.04.)
12. 인쇄기의 3축변위 제어장치 (2002.05.16.)
13. 크롬도금층의 내식성 및 내마모성을 향상시키는 열처리방법 (2002.11.25.)
14. 오프셋인쇄기의 블랭킷 실린더 세정장치 (2003.02.07.)
15. 가스용기의 성능검사장치 (2003.05.20.)
16. 공압 서보밸브 (2003.09.18.)
17. 나노 패터닝용 프린팅헤드 장치 (2003.11.06.)
18. 디스팬싱 노즐 제조방법 (2003.11.06.)
19. 마이크로/나노 3차원 조형시스템 (2003.12.23.)
20. 플라즈마 디스플레이 패널용 패터닝 장치 및 패터닝 방법 (2004.01.06.)
21. 벨로우즈 실린더 (2004.04.20.)
22. 3차원 조형시스템의 경화장치 (2004.07.05.)
23. 대형 공작기계용 가공칩 처리 시스템 (2004.09.24.)
24. 질소 가열 수단을 갖는 3차원 쾌속 조형 시스템 (2004.11.08.)
25. 3차원 프린팅 조형시스템 (2004.11.11.)
26. 메탈 젯 유닛 (2004.11.16.)
27. 메탈젯 유닛의 노즐 구조 (2006.04.26.)
28. 롤-투-롤 윤전인쇄방식을 이용한 전자소자의 제조방법 및그 제조장치 (2005.04.13.)
29. 고응답 특성을 가지는 포핏형 마이크로 밸브 (2006.03.10.)

30. 회로기판의 비아홀 통전시스템 및 그 방법 (2006.03.27.)
31. 베어링과 시일이 필요 없는 공기 실린더 (2006.04.05.)
32. 시일이 없는 공기 실린더 (2006.04.05.)
33. 메탈젯 유닛 (2006.04.26.)
34. 잉크젯 유닛의 압력조절장치 (2006.04.26.)
35. 건식필름레지스트를 이용하여 원하는 패턴두께 또는 높은종횡비를 가지는 고해상도패턴 형성 방법 (2006.05.03.)
36. 깊은 제거를 이용하여 원하는 패턴 두께 혹은 높은종횡비를 가지는 고해상도 패턴 형성 방법 (2006.05.03.)
37. 압전식 비례제어 밸브 (2006.05.16.)
38. 디지털 프린팅 기법에 의한 유연한 입력 장치 제조방법. (2006.09.18.)
39. 다기능 인쇄유닛 (2006.10.27.)
40. EL 조명장치 및 그 제조방법 (2006.11.22.)
41. EL 발광서적 (2007.01.10.)
42. EL세그먼트 표시소자 (2007.01.10.)
43. 박막 엔터테인먼트 시스템 (2007.01.10.)
44. 종이 EL발광소자 및 그 제조방법 (2007.01.16.)
45. 무선인식 태그 제조방법 (2007.02.01.)
46. 대면적 박막 코팅방법 및 그 장치 (2007.02.05.)
47. 미세패턴 불량 교정방법 (2007.02.09.)
48. 3차원 가공 장치의 피딩 룸 건조 장치 (2007.02.21.)
49. 3차원 가공 장치의 빌딩 룸 온도 측정 장치 (2007.02.23.)
50. 조립식 전자회로 (2007.02.27.)
51. 인쇄용 건조장치 (2007.03.05.)
52. 탄성중합체 스탬프를 이용한 롤 프린터 방식의 미세접촉인쇄장치 (2007.03.13.)
53. 도광판 스템퍼의 제조방법 (2007.04.18.)
54. 미세패턴 인쇄방법 (2007.04.18.)
55. 3차원 프린팅 소형시스템의 조형롤러 장치 (2007.04.27.)
56. 입체 조형물의 세소방법 (2007.04.27.)
57. 스팟 사이즈 측정용 파우더 수납 장치 (2007.04.30.)
58. EL소자 인쇄제품 및 그 제조방법 (2007.05.01.)
59. 도광판 스템퍼의 제조방법 (2007.05.01).

60. 발광 광고지 및 그 제조방법 (2007.05.03.)
61. 패드 프린팅 방법 및 그 장치 (2007.05.03.)
62. 블랭킷 실린더 와이핑 세정장치(2007.05.28.)
63. 인쇄용 건조장치 (2007.06.13.)
64. 자기정렬 유기박막 트랜지스터 및 그 제조 방법 (2007.07.02.)
65. 인쇄기용 세정 제어장치 및 그 제어방법 (2007.08.07.)
66. 롤-투-롤 윤전인쇄시스템의 인압 제어장치 (2007.10.10.)
67. 공기압 마이크로 밸브 (2007.12.21.)
68. 코일 이동형 서보 밸브 (2007.12.21.)
69. 공기압 마이크로 밸브 흡인력 측정 시험장치 (2007.12.24.)
70. 전자소자 인쇄장치 (2008.02.14.)
71. 롤프린팅시스템의 잉크공급장치 (2008.03.06.)
72. 메탈젯유닛 (2008.03.06.)
73. 인쇄위치 보정장치를 갖는 전자소자 인쇄시스템 (2008.04.24.)
74. 작업대 회동을 통해 곡면 구조물 제작이 가능한 4D 프린팅 장치 및 그 방법 (2008.04.30.)
75. 전도성 고분자 투명전극을 이용한 유기 태양전지 및 그제조 방법 (2008.04.30.)
76. 롤 타입 전자소자 인쇄장치 (2008.05.08.)
77. 미세 패턴 형성 방법 (2008.06.09.)
78. 전도성 고분자 투명전극을 이용한 OLED 및 그 제조방법 (2008.06.27.)
79. 박막 EL발광소자 및 그 제조방법 (2008.07.07.)
80. 전동줌렌즈와 회전미러를 이용한 고속 광학관측 시스템 (2008.10.10.)
81. 롤투롤 윤전인쇄방식을 이용한 전자소자 제조장치 (2008.10.17.)
82. 인쇄장치 및 이를 이용한 인쇄방법 (2008.11.19.)
83. 인쇄전자소자 시스템의 인쇄위치 보정방법 (2008.11.28.)
84. 인쇄용지 자동공급기를 갖는 인쇄장치 (2008.12.11.)
85. 입체 조형물의 조형방법 (2009.02.04.)
86. 전자 잉크를 이용한 전자 서적 (2009.02.19.)
87. 전자잉크층을 이용한 디스플레이 장치 (2009.02.19.)
88. 전자 잉크층을 이용한 디스플레이 장치 (2009.02.19.)
89. 나노 패터닝용 잉크젯 프린터 헤드 (2009.02.27.)
90. 롤 임프린트 장치 (2009.05.15.)
91. 비접촉식 롤투롤 인쇄장비 및 그 제어방법 (2009.05.18.)

92. 인쇄장비 (2009.05.22.)
93. 잉크젯 프린팅 시스템 (2009.06.03.)
94. 마스크 템플릿을 이용한 미세패턴 형성방법 (2009.06.22.)
95. 2줄 인쇄방법 (2009.07.28.)
96. 멀티 코터 및 이를 이용한 코팅 방법과 롤 프린팅 방법 (2009.09.07.)
97. 열형 롤 임프린팅과 패턴된 제판을 이용하는 인쇄장치, 이를 이용한 마이크로 마이크로 유체소자 및 센서용 필름 라미네이팅 장치 및 인쇄 방법 (2009.09.07.)
98. 태양전지 제조 방법 (2009.09.07.)
99. 평제판 그라비아 오프셋 인쇄의 양산성 테스트 방법 (2009.09.21.)
100. 롤 임프린트 장치 (2009.10.28.)
101. 보안 기판 제조방법 및 보안 기판 (2010.04.09.)
102. 열형 롤 임프린팅과 블레이드 코팅을 이용하는 필름제품 제조방법, 이를 이용한 보안 필름 및 필름 일체형 전기 소자 (2010.04.09.)
103. 비접촉식 롤투롤 인쇄 장치의 장력 제어를 위한 구조 및 방법 (2010.05.24.)
104. 패턴인쇄장치 및 패턴인쇄방법 (2010.05.25.)
105. 그라비아 옵셋 롤러 자동 교환 장치 (2010.05.26.)
106. 상이한 형상을 갖는 레지스터 마크를 이용하여 다중 전자인쇄층을 가늠 맞춤하는 방법 (2010.06.14.)
107. 인쇄 장치 및 그 제어 방법 (2010.06.17.)
108. 전자 소자 인쇄 시스템 및 이를 이용한 보정 방법 (2010.06.17.)
109. 인쇄시스템 (2010.06.17.)
110. 전자 소자 인쇄 시스템 및 이를 이용한 보정 방법 (2010.06.17.)
111. 양면인쇄장치 (2010.06.21.)
112. 분할잉크챔버가 설치된 전자회로 인쇄용 윤전인쇄기와 이의 인쇄방법 (2010.06.23.)
113. 초박형 전지 및 그 제조방법 (2010.06.28.)
114. 전자회로 인쇄용 윤전인쇄기로 제작되는 유연면광 무기 EL디스플레이와 제조방법 (2010.06.29.)
115. 범용 코팅 장치 (2010.07.27.)
116. 적층형 그라비아 옵셋 롤러 (2010.07.27.)
117. 인쇄기반 금속 배선을 이용한 투명전극 제조 방법 및 그 투명전극 (2010.10.26.)
118. 인쇄기반 금속 배선을 이용한 투명전극 제조 장치 (2010.10.26.)
119. 팔라듐 촉매잉크 조성물, 이를 이용한 금속 패턴 형성방법 및 기판 표면처리 방법

(2010.11.18.)

120. 전자회로 인쇄용 그라비어오프셋 윤전인쇄기의 인쇄실린더들 사이의 압력조절방법과 그 장치 (2010.12.10.)
121. 전자회로 인쇄용 그라비어오프셋 윤전인쇄기의 투루롤링 (2010.12.13.)
122. 자외선 차단 유리 제조 방법 및 그 유리 (2010.12.15.)
123. 롤 타입 전자소자 인쇄 장치에서의 외팔보 타입 롤러 지지 구조 (2011.01.13.)
124. 인쇄 전자 소자 패터닝 장치 및 방법 (2011.01.27.)
125. 분사 방식의 투명 전극 제조 장치 및 방법 (2011.02.17.)
126. 경화 시스템 및 그 방법 (2011.03.11.)
127. 인쇄 전자 장치 및 그의 인쇄 전자 소자 제조 방법 (2011.03.11.)
128. 인쇄 전자 소자 제조 장치 및 방법 (2011.03.11.)
129. 투명 전극 제조 방법 및 이에 의한 투명 전극 (2011.03.14.)
130. 표면에너지 차이를 이용한 기판의 패터닝 방법 (2011.03.17.)
131. 잉크 전이 가시화 장치 및 방법 (2011.03.25.)
132. 베이스 교체 방식의 패터닝 장치 및 패턴 인쇄 장치 (2011.04.04.)
133. 패턴 인쇄 장치 (2011.04.04.)
134. 실시간 위치조정이 가능한 인쇄전자 윤전인쇄기의 중첩 및 중복인쇄장치 및 그 방법 (2011.04.21.)
135. 닥터 블레이드의 온도 조절 장치 및 이를 이용한 건조 장치 (2011.05.16.)
136. 양방향 인쇄가 가능한 전자 소자 인쇄 장치 (2011.05.19.)
137. 인쇄 롤러의 온도 조절 장치 (2011.05.19.)
138. 인쇄 롤러의 온도 조절 장치 (2011.05.19.)
139. 인쇄 배터리 제조 방법 (2011.05.19.)
140. 실시간 위치조정이 가능한 인쇄전자 윤전인쇄의 정밀중첩인쇄 방법 (2011.06.15.)
141. 일회용 클리쉐를 이용한 리버스 그라비아 옵셋 인쇄 방법 및 장치 (2011.07.07.)
142. 투명 전극의 전도성 메쉬 매설 방법 (2011.08.02.)
143. 나노 돌기를 갖는 태양 전지 및 이의 제조 방법 (2011.08.03.)
144. 미세 패턴부를 구비한 제판 롤러 및 이를 이용한 그라비아 인쇄 장치와 인쇄 방법 (2011.08.11.)
145. 양자점 잉크 제조 방법 및 이를 구비하는 태양전지와 상기 태양전지의 제조 방법 (2011.10.07.)
146. 직접 제어 방식 텐션 조절 장치 (2012.05.31.)

147. 텐션 조절이 가능한 롤 코팅 장치 (2012.05.31.)
148. 투명전극필름 제조방법 (2012.05.31.)
149. 투명전극필름 제조장치 (2012.05.31.)
150. 금속패턴 형성 장치 및 이를 이용한 금속패턴 형성 방법 (2012.06.20.)
151. 부분면 코팅이 가능한 롤 코팅장치 (2013.03.07.)
152. 투명전극필름 제조장치 및 제조방법 (2013.03.07.)
153. 리튬이차전지용 파우치 원단의 제조방법 (2013.07.03.)
154. 유기 태양전지의 제조장치 및 제조방법 (2013.07.03.)
155. 코팅바 교체형 슬롯다이장치 (2014.06.26.)
156. 이차전지용 스테인레스 스틸 파우치 필름, 이를 포함하는 포장재 및 이를 포함하는 이차전지 (2015.03.18.)
157. 이차전지용 스테인레스 스틸 파우치 필름, 이를 포함하는 포장재 및 이를 포함하는 이차전지 (2015.03.18.)
158. 구조재와 내외장재가 일체로 형성된 유닛 모듈러용 단위 모듈 (2015.06.19.)
159. 롤투롤 인쇄전자 공정 기술을 이용한 미세패턴 형성 장치 및 제조 방법 (2015.08.27.)
160. 형상물의 슬라이싱 단면을 영역분할하고 그 분할된 면적에 따라 빔의 크기 및 속도를 조절하여 생산속도를 향상시킨 3차원 형상 가공 방법 (2015.09.01.)
161. 이차전지용 파우치필름 실링장치 (2016.01.28.)
162. 고속 라미네이션 장치 (2016.03.04.)
163. 알루미늄 파우치 필름 제조용 슬롯 다이 코터 (2016.12.21.)
164. 알루미늄 파우치 필름 제조용 마이크로 그라비어 코터 (2016.12.21.)
165. 보강부가 적용된 슬롯다이장치 (2017.02.16.)
166. 코팅 두께 조절용 코팅바가 적용된 슬롯다이장치 (2017.02.16.)
167. 코팅폭 조절이 가능한 슬롯다이장치 (2017.06.07.)
168. 이차전지용 파우치 필름 성형기 (2017.07.25.)
169. 3D프린터를 이용한 건축물 시공방법 및 이에 적용되는 골조부재 제조장치 (2018.01.10.)
170. 온도에 따라 개폐가 가능한 개폐부를 구비한 LED 조명기구 (2018.01.26.)
171. 이차전지 셀 파우치용 시트 제조장치 (2018.03.26.)
172. 이차전지 셀 파우치 시트의 제조장치 (2018.03.26.)
173. 롤투롤 방식을 통한 마이크로컨택 프린팅 시스템 (2018.05.29.)
174. Nd-Fe-B계 성형체의 제조방법 및 이의 방법으로 제조된 Nd-Fe-B계 성형체 (2018.05.31.)
175. 소형 이차전지용 알루미늄 파우치 필름 제조장치 및 이에 의해 제조된 파우치 필름

(2018.08.08.)

176. 중대형 이차전지용 알루미늄 파우치 필름 제조방법 (2018.08.08.)
177. 디스펜서를 이용한 이종 잉크 공급 제어가 가능한 연속 시어링 코팅 장치 및 그 방법 (2018.11.15.)
178. 비정형부재의 영역분할과 스팟사이즈 조절이 가능한 3D 프린팅 장치 및 그 방법 (2018.11.15.)
179. 점도 특성이 상이한 접착제를 통해 비정형 건축물 제작이 가능한 하이브리드 바인더젯 3D 프린팅 장치 및 그 방법 (2018.11.15.)
180. 작업대 회동을 통해 곡면 구조물 제작이 가능한 4D 프린팅 장치 및 그 방법 (2018.11.15.)
181. 파우치 표면처리 코팅 장치 및 그 제조 방법 (2018.12.14.)
182. 3D 프린터를 이용한 전자 복합 제조 장치 및 그 방법 (2018.12.27.)
183. 다층 인쇄회로기판의 제조방법 (2019.10.21.)
184. 3D 및 2D 인쇄방법을 이용한 휴대용 발열의자의 제조방법 및 이에 의해 제조된 발열의자 (2019.10.29.)
185. 패턴된 용액 전단코터를 구비한 롤 투 롤 방식의 유기 반도체 박막 형성장치 (2019.10.29.)
186. 리튬이온 이차전지용 파우치 필름의 제조방법 (2020.10.12.)
187. 소형 이차전지용 알루미늄 파우치 필름 제조장치 및 이에 의해 제조된 파우치 필름 (2021.09.07.)
188. 3차원 체적 적층 프린터 및 이를 이용한 3차원 체적 제조방법 (2021.12.14.)
189. 복합 프린터를 포함하는 다기능 복합 프린팅 시스템 및 이를 이용한 인쇄 방법 (2021.12.14.)
190. 이중 레이어 블랭킷 롤러 및 이를 포함하는 인쇄 시스템 (2021.12.16.)
191. 소형 이차전지용 알루미늄 파우치 필름 제조장치 및 이에 의해 제조된 파우치 필름 (2021.09.07.)
192. 나노 구조체 제조를 위한 나노 3D 프린터 장치 (2021.12.28.)
193. 3D, 2D 인쇄 방법을 이용한 LED 내장형 디지털 사이니지 제조 시스템 및 방법 (2022.01.07.)
194. 잉크젯 인쇄공정을 포함한 롤투롤 유연인쇄회로기판 제조방법 (2022.01.07.)
195. 페로브스카이트 태양전지의 고속화 공정을 위한 메니스커스 솔루션 시어링 가시화 장치 및 이를 이용한 메니스커스 솔루션 시어링 장치 (2022.01.07.)
196. 패턴 형성 장치 (2022.04.12.)
197. 2차전지 파우치 필름 제조용 지능형 롤투롤 멀티코팅 시스템 (2022.10.11.)

198. 소프트 블랑켓이 포함된 그라비아 옵셋 장치 및 이를 이용한 센서 제조 방법 (2022.10.26.)

199. 리버스 옵셋을 이용한 센서 제조장치 및 이를 이용한 3D 센서 제조 방법 (2022.10.26.)

200. Air Hybrid ESD 알루미늄 필름 양면 코팅 장비 (2022.11.21.)

201. 이차전지용 알루미늄 파우치 필름 및 이의 제조 방법 (2022.11.21.)

202. 바코터 내장형 슬롯다이를 이용한 알루미늄 파우치 코팅 장치 (2022.11.21.)

203. 알루미늄 파우치 필름 및 이의 양산화 공정 방법 (2022.11.21.)

204. 이차전지용 알루미늄 파우치 필름 신뢰성 검사 방법 장치 (2022.11.21.)

205. 중대형 이차전지용 알루미늄 파우치 필름 및 그의 제조 방법 (2022.11.21.)

206. 투명전극필름 제조장치 및 제조방법 (2022.11.21.)

C 국제 학술지

1. Dong-Soo Kim and Sang-Chun Lee, Experimental study on cushioning characteristics of pneumatic cylinder with meter in/meter out control system, International Journal of Precision Engineering and Manufacturing, 3(1), Jan 2002.
2. Dong-Soo Kim and Won-Hee Lee, Development of an automated system for water-hydraulic and leakage test of pressure vessels, International Journal of Precision Engineering and Manufacturing, 5(1), 55-59, Jan 2004.
3. Jae Seop Ryu, Yingying Yao, Chang Seop Koh, Sonam Yun and Dong Soo Kim, Optimal shape design of 3-D nonlinear electromagnetic device using parameterized design sensitivity analysis, IEEE Transactions on Magnetics, 41(5), 1792-1795, May 2005.
4. Dong Soo Kim, Young Jin Ahn, Won Hee Lee, Sung Woo Bae and Kyung Hyun Choi, A Study of the Solid Freeform Fabrication (SFF) System with Dual Laser System, JSME International Journal Series C Mechanical Systems, Machine Elements and Manufacturing, 49(4), 1215-1222, Mar 2005.
5. Dong-Soo Kim, Sang-Kyu Bae and Byung Oh Choi, Experiments and Characteristic Analysis of a Sealless Pneumatic Cylinder, Key Engineering Materials, 326-328, 1279-1282, Dec 2006.
6. Won-Hee Lee, Dong-Soo Kim, Jung-Su Kim and Min-Cheol Lee, A Study on Reduction of Processing Time and Improvement of Strength by Using Photopolymer Resin in the 3DP Process, Key Engineering Materials, 326-328, 151-154, Dec 2006.
7. Won Hee Lee, Dong Soo Kim, Young Jin Ahn, Byung-Oh Choi and Kyung Hyun Choi, Development of Industrial SFF System Using a New Selective Dual-Laser Sintering Process, Key Engineering Materials, 326-328, 123-126, Dec 2006.
8. Taik-Min Lee, Tae Goo Kang, Jeong-Soon Yang, Dong-Soo Kim, Jeong-Dai Jo, Byung-Oh Choi and Kwang-Young Kim, A DoD Injector Applicable to High- Viscosity Materials in High - Temperature, Key Engineering Materials, 326-328, 1391-1394, Dec 2006.
9. Dong-Soo Kim, Sang-Kyu Bae and Byung Oh Choi, Experiments and Characteristic Analysis of Sealless Pneumatic Cylinder, Key Engineering Materials, 326-328, 1279-1282, Dec 2006.
10. Dong-Soo Kim, Sang-Kyu Bae and Kyung-Hyun Choi, Characteristic analysis and experimental evaluation of Fluidic muscle cylinder, Key Engineering Materials, 326-328,

119-122, Dec 2006.

11. Dong-Soo Kim, Sang-Kyu Bae and Kyung-Hyun Choi, Characteristic analysis and experimental evaluation of Fluidic muscle cylinder, Key Engineering Materials, 326-328, 119-122, Dec 2006.
12. Hyuneui Lim, Dong soo Kim, Won hee Lee, Yong doo Park and Kyu back Lee, Production of protein microarrays for cell culture using electrostatic deposition, Sensors and Actuators A: Physical, 139, 124-130, Apr 2007.
13. Dong-Soo Kim, Sung Woo Bae and Kyung Hyun Choi, Development of industrial SFF system using dual laser and optimal process, Robotics and Computer-Integrated Manufacturing, 23(6), 659-666, Dec 2006.
14. Jung Su Kim, Dong Soo Kim, Min Cheol Lee and Won Hee Lee, A method of 3D freeform fabrication using a curing of photopolymer resin, International Journal of Modern Physics B, 22(09n11), 1839-1845, Jan 2008.
15. Dong Soo Kim, Sung Woo Bae and Kyung Hyun Choi, Application and performance evaluation for the DMS system in the SLS process, International Journal of Modern Physics B, 22(09n11), 1833-1838, Jan 2008.
16. Taik-Min Lee, Tae Goo Kang, Jeong-Soon Yang, Jeongdai Jo, Kwang-Young Kim, Byung-Oh Choi, and
17. Dong-Soo Kim, Gap adjustable molten metal DoD inkjet system with cone-shaped piston head, Journal of Manufacturing Science and Engineering, 130(3), 031113(1-6), Jun 2008.
18. Taik-Min Lee, Tae Goo Kang, Jeong-Soon Yang, Jeongdai Jo, Kwang-Young Kim, Byung-Oh Choi, and Dong-Soo Kim, Drop-on-demand solder droplet jetting system for fabricating microstructure, IEEE Transactions on Electronics Packaging Manufacturing, 31(3), 202-210, Jul 2008.
19. Kang Dae Kim, Dong Soo Kim, Chung Kyun Kim and Chung Kun Song, Nano Gate Dielectrics for Low Voltage Operation of Organic Thin Film Transistors, Japanese Journal of Applied Physics, 47(8R), 6496-6501, Aug 2008.
20. Jong-Su Yu, Jeongdai Jo, Dong-Soo Kim and Do-Jin Kim, Direct-Printed Organic Thin-Film Transistor Using PDMS Stamp and Low Viscosity Nanosilver Ink, Journal of Nanoscience and Nanotechnology, 8(10), 4940-4944, Oct 2008.
21. Kyung-Hyun Choi, Hyung-Chan Kim, Yang-Hoi Doh and Dong-Soo Kim, Novel scan path generation method based on area division for SFFS, Journal of Mechanical Science and

Technology, 23, 1102-1111, Nov 2008.

22. Hyun Wook Kang, Hyung Jin Sung, Taik-Min Lee, Dong-Soo Kim and Chang-Jin Kim, Liquid transfer between two separating plates for micro-gravure-offset printing, Journal of Micromechanics and Microengineering, 19(1), 015025(1-10), Dec 2008.
23. Jeongdai Jo, Jong-Su Yu, Taik-Min Lee and Dong-Soo Kim, Fabrication of Printed Organic Thin-Film Transistors Using Roll Printing, Japanese Journal of Applied Physics, 48(4S), 04C181(1-4), Apr 2009.
24. Khalid Rahman, Jeong-Beom Ko, Saleem Khan, Dong-Soo Kim and Kyung-Hyun Choi, Simulation of droplet generation through electrostatic forces, Journal of Mechanical Science and Technology, 24(1), 307-310, May 2009.
25. Hyung-Chan Kim, Kyung-Hyun Choi, Yang-Hoi Doh and Dong-Soo Kim, Fabrication of parts and their evaluation using a dual laser in the solid freeform fabrication system, Journal of Materials Processing Tech, 209(10), 4857-4866, Jun 2009.
26. Byung-Oh Choi, Chung Kyun Kim and Dong Soo Kim, Manufacturing ultra-high-frequency radio frequency identification tag antennas by multilayer printings, Proceedings of the Institution of Mechanical Engineers, Part C: Journal of Mechanical Engineering Science, 224(1), 149-156, Aug 2009.
27. Jung Su Kim, Kyung Hyun Choi, Kang Dae Kim, Chung Hwan Kim, Sung Woo Bae and Dong Soo Kim, An application of ESD technology for the R2R printing process, Journal of Mechanical Science and Technology, 24(1), 301-305, Oct 2009.
28. Jeongdai Jo, Jong-Su Yu, Taik-Min Lee, Dong-Soo Kim and Kwang-Young Kim, Fabrication of Organic Thin-Film Transistors with Roll-Printed Electrodes Using Patterned Polymer Stamp, Molecular Crystals and Liquid Crystals, 514(1), 81/[411]-91/[421], Nov 2009.
29. Kwangsoo Kim, Chung Hwan Kim, Heon-Yeoung Kim and Dong-Soo Kim, Effects of Blanket Roller Deformation on Printing Qualities in Gravure-Offset Printing Method, Japanese Journal of Applied Physics, 49(5), 05EC04(1-5), May 2010.
30. Seung Wook Suh, Yong Sang Lee, Byung Ki Park and Dong Soo Kim, Synthesis of Pd(II) Ink and Surface Treatment of the Polyimide Film for Inkjet Printing, Japanese Journal of Applied Physics, 49(5), 05EA06(1-5), May 2010.
31. Jeongdai Jo, Jong-Su Yu, Taik-Min Lee, Dong-Soo Kim and Kwang-Young Kim, Roll-Printed Organic Thin-Film Transistor Using Patterned Poly(dimethylsiloxane) (PDMS)

Stamp, Journal of Nanoscience and Nanotechnology, 10(5), 3595-3599, May 2010.

32. Dewan Hasan Ahmed, Hyung Jin Sung and Dong-Soo Kim, Simulation of non-Newtonian ink transfer between two separating plates for gravure-offset printing, International Journal of Heat and Fluid Flow, 32(1), 298-307, Jul 2010.
33. Saleem Khan, Yang Hoi Doh, Arshad Khan, Ahsan Rahman, Kyung Hyun Choi and Dong Soo Kim, Direct patterning and electrospray deposition through EHD for fabrication of printed thin film transistors, Current Applied Physics, 11(1), S271-S279, Nov 2010.
34. Taik-Min Lee, Seung-Hyun Lee, Jae-Ho Noh, Dong-Soo Kim and Sangki Chun, The effect of shear force on ink transfer in gravure offset printing, Journal of Micromechanics and Microengineering, 20(12), 125026(1-8), Nov 2010.
35. Taik-Min Lee, Jae-Ho Noh, Inyoung Kim, Dong-Soo Kim and Sangki Chun, Reliability of gravure offset printing under various printing conditions, Journal of Applied Physics, 108, 102802(1-6), Nov 2010
36. Dong Soo Kim, Jung Su Kim and Min Cheol Lee, Thin film forming technique based on hybrid spray coating using electrostatic force and air pressure, Japanese Journal of Applied Physics, 53(553), 05HC08(1-7), Apr 2014.
37. Joong Kook Hwang, Sungwoo Bae and Dong Soo Kim, A development and evaluation of micro-gravure coater for printed electronics, Japanese Journal of Applied Physics, 53(5S3), 05HC12(1-4), Apr 2014.
38. Jung Min Cho, Dong Soo Kim, Sungwoo Bae, Sang-Jin Moon, Won Suk Shin, Dong Hun Kim, Sun Hee Kim, Andreas Sperlich, Stefan Vath, Vladimir Dyakonov and Jung-Keun Lee, Light-induced electron spin resonance study of galvinoxyl-doped P3HT/PCBM bulk heterojunctions, Organic Electronics, 27, 119-125, Sep 2015.
39. Min Sook Yu, Do Hyun Kim, Jung Min Cho, Sung Woo Bae and Dong Soo Kim, Effect of film properties on formability of aluminum pouch for secondary battery, Journal of Mechanical Science and Technology, 31, 2759-2763, Feb 2017.
40. Min Sook Yu, Do Hyun Kim, Jung Min Cho, Sung Woo Bae and Dong Soo Kim, Effect of film properties on formability of aluminum pouch for secondary battery, Journal of Mechanical Science and Technology, 31(6), 2759-2763, Feb 2017.
41. Jung Min Cho, Do Hyun Kim, Min Sook Yoo, Sungwoo Bae and Dong Soo Kim, The Fabrication of Flexible Ag Grid Mesh Electrode by a New Thermal Roll Imprinting Process and Its Application, Journal of Nanoscience and Nanotechnology, 17(5), 3304-3309, May

2017.

42. Dong Soo Kim, Sung Woo Bae, Do Hyun Kim, Jung Min Cho and Min Sook Yu, Study of Extrusion Process for Pouch Film Manufacturing, International Journal of Precision Engineering and Manufacturing, 18(9), 1307-1311, May 2017.
43. Jung Min Cho, Do Hyun Kim, Min Sook Yoo, Sungwoo Bae and Dong Soo Kim, Fabrication and Evaluation of Aluminum Laminated Film for a Pouch-Type Secondary Battery, Journal of Nanoscience and Nanotechnology, 18(4), 2752-2757, Apr 2018.
44. Minsook Yu, Munyong Song, Minha Kim and Dongsoo Kim, Experimental study on the formability of aluminum pouch for lithium polymer battery by manufacturing processes, Journal of Mechanical Science and Technology, 33(9), 4353-4359, May 2019.
45. Kyunghwan Choi, Dong Soo Kim and Seok-Kyoon Kim, Disturbance Observer-Based Offset-Free Global Tracking Control for Input-Constrained LTI Systems with DC/DC Buck Converter Applications, MDPI Energies, 13, 4079(1-18), Aug 2020.
46. Muchakayala Ravi, Sanghoon Kim, Fen Ran, Dong Soo Kim, Yong Min Lee, Myung-Hyun Ryou, Hybrid gel polymer electrolyte based on 1-methyl-1-Propylpyrrolidinium Bis(Trifluoromethanesulfonyl) imide for flexible and shape-variant lithium secondary batteries, Journal of Membrane Science, 621, 119018(1-8), Dec 2020.
47. JinAh Hwang, Hyunsung Jung, Hyo-Soon Shin, Dae-Sung Kim, Dong Soo Kim, Byeong-Kwon Ju and MyoungPyo Chun, The Effect of Noble Metals on Co Gas Sensing Properties of In2O3 Nanoparticles, MDPI applied sciences, 2021(11), 11(1-17), May 2021.
48. Sung Hyun You, Koo Bonn, Dong Soo Kim and Seok-Kyoon Kim, Cascade-Type Pole-Zero Cancellation Output Voltage Regulator for DC/DC Boost Converters, MDPI Energies, 14, 3824(1-14), Jun 2021.
49. SeJung Kim ,Tanyoung Kim, Dongsoo Kim and Byeong-Kwon Ju, Layer-by-Layer Assembled Nano-Composite Multilayer Gas Barrier Film Manufactured with Stretchable Substrate, MDPI applied sciences, 11, 5794(1-8), Jun 2021.
50. Jin-Oh Kim, Won-Tae Koo, Hanul Kim, Chungseong Park, Taehoon Lee, Calvin Andreas Hutomo, Siyoung Q. Choi, Dong Soo Kim, Il-Doo Kim and Steve Park, Large-area synthesis of nanoscopic catalyst-decorated conductive MOF film using microfluidic-based solution shearing, Nature Communications, 12, 4294(1-9), Jul 2021.
51. Kyeong Min Yu, So-Hyun Lee, En-Kyung Non, Ju-Ryong Kim, Bo Mi Lee, Dong-Soo Kim and Min-Hoi Kim, High-resolution continuous microcontact printing on various substrates

for organic and oxide electronics, Flexible and Printed Electronics, 6, 020511(1-9), Jul 2021.

52. Hyunah Lee, Nam-Joo Cho and Dong-soo Kim, Development of a Novel Reverse Offset Printer Equipped with Double-Layer Blanket (DLB) for Micropattern Printing on 3D Curved Surfaces, MDPI processes, 10, 424(1-10), Fab 2022.

D 국내 학술지

1. 김동수, 김광영, 최병오, 박화영, 저마찰,고속 공압실린더 특성 연구, 한국정밀공학회 1997년도 추계학술대회 논문집, 476-479, 1997년 10월.
2. 김동수, 정압베어링형 유압서보실린더 개발, 대한기계학회, 1998년 1월.
3. 김동수, 이상천, 공기압실린더의 쿠션특성에관한 모델링및 컴퓨터시뮬레이션, 속보연구논문, 제72권, 794-805, 1999년 11월.
4. 김동수, 공기압실린더 쿠션특성해석및 설계, 박용기관학회, 1999년 12월.
5. 김동수, 공기압쿠션실린더, 대한기계학회, 1999년 12월.
6. 김동수, 이상천, 메타인및 메타아웃 제어에 의한 공기압 실린더의 쿠션특성에 관한 실험적 연구, 한국정밀공학회지, 제17권 제2호, 97-104, 2000년 2월.
7. 김동수, 100Hz servo valve개발, 제어자동화학회, 2000년 3월.
8. 김동수, 김유일, 김미성, 공압베인모터 설계및 성능특성에 관한 실험적고찰, 한국정밀공학회 2001년도 추계학술대회 논문집, 472-475, 2001년 10월.
9. 김동수, 공기압 필드버스 제어시스템 설계 및 성능평가 기술에 관한 연구, 한국산학연논문집, 제1권 제2호, 2001년 11월.
10. 김동수, vane motor 특성해석및 실험, 대한기계학회, 2001년 4월.
11. 김동수, 김광영, 최병오, 박화영, 반도체장비용 오링의 내구성 및 기밀성 시험평가기술에 관한 연구, 한국정밀공학회 2001년도 춘계학술대회 논문집, 613-617, 2001년 4월.
12. 김동수, 진공펌프 설계 및 해석, 한국산학연논문집, 제2권 제2호, 2002년 7월.
13. 김동수, 이원희, 이택민, 조정대, 윤소남, 최두선, 김광영, 최병오, 산업용 및 오피스용 실물복제기 요소기술 개발, 한국정밀공학회 2003년도 추계학술대회논문요약집, 29-35, 2003년 10월.
14. 김동수, 이원희, 이택민, 조정대, 윤소남, 최두선, 김광영, 최병오, 산업용및 오피스용 디지털 3차원 실물복제기 핵심요소기술 개발, 한국정밀공학회 2003년도 추계학술대회 논문 요약집, 한국정밀공학회 2003년도 추계학술대회 논문 요약집, 104-107, 2003년 10월.
15. 김동수, 공기압 서보액추에이터 기술, 자동화기술, 제19권 제11호, 2-7, 2003년 11월.
16. 김동수, 고응답 마이크로 밸브 전자석의 해석 및 최적설계, 한국산학연논문집, 제3권 제1호, 2003년 3월.
17. 이원희, 김동수, 이승현, 김광영, 압력용기의 수압 및 기밀시험을 위한 자동화시스템 개발, 한국정밀공학회 2003년도 춘계학술대회논문집, 1672-1675, 2003년 6월.

18. 김동수, 100Hz급 직동식 공기압 서보밸브 개발, 기계기술, 제30권 제9호, 6-13, 2003년 9월.
19. 김동수, 이원희, 선박용 공기압 회전작동기 개발, 한국마린엔지니어링학회지, 제28권 제2호, 354-360, 2004년 1월.
20. 김동수, 이원희, 최병오, 직동식 공기압 서보밸브 개발, 한국기계연구원 연구논문집, 제34권, 69-77, 2004년 4월.
21. 김성종, 김동수, 이승현, 고성능 씰리스실린더의 해석및 누설유량시험, 대한기계학회 2004년도 춘계학술대회 논문집, 961-966, 2004년 4월.
22. 김동수, 김성종, 배상규, 벨로우즈형 로드리스 실린더 특성해석 및 실험에관한 연구, 대한기계학회 2004년도 춘계학술대회 논문집, 973-977, 2004년 4월.
23. 이원희, 이택민, 김동수, 오피스용 sffs 기술 개발, 기계와 재료 2004 봄호, 제16권 제1호, 43-49, 2004년 4월.
24. 김동수, 벨로우즈 실린더 특성해석 및 마찰력 실험, 한국산학연논문집, 제4권 제2호, 2004년 6월.
25. 김동수, 초절전형 마이크로 밸브 해석 및 설계, 유공압시스템학회논문집, 제1권 제2호, 15-19, 2004년 6월.
26. 김광영, 김동수, 강정호, 항공기 기체 가공용 대용량 절삭칩 회수 장치의 설계 평가, 한국생산제조학회지, 제14권 제6호, 110-116, 2005년 12월.
27. 김영철, 김동수, 시일이 없는 공기실린더용 피스톤의 성능해석, 한국트라이볼로지학회, 제21권 제1호, 27-32, 2005년 2월.
28. 이택민, 강태구, 양정순, 조정대, 김광영, 최병오, 김동수, DoD 메탈젯 시스템의 이론적 해석 및 실험적 분석, 대한기계학회논문집 A권, 제31권 제1호, 11-17, 2006년 11월.
29. 허신, 김완두, 홍성인, 김동수, 배상규, 공기압 근육 구동기의 유한요소 해석 및 성능 시험, 대한기계학회논문집 A권, 제30권 제6호, 662-669, 2006년 2월.
30. 최재원, 최경현, 김동수, 도양회, 이석희, SFFS에서 듀얼 레이저를 이용한 부품 제작 및 평가, 대한기계학회논문집 A권, 제30권 제3호, 334-341, 2006년 2월.
31. 김동수, 이원희, 안영진, 장민호, 최경현, 디지털 3차원 실물복제기 시스템 및 공정기술 개발, 한국정밀공학회지, 제23권 제4호, 183-190, 2006년 4월.
32. 윤희성, 황인성, 김동수, 윤소남, 고창섭, 반응표면법을 이용한 최소동작시간을 갖는 DC 솔레노이드 밸브의 형상 최적 설계, 전지학회논문지 B권, 제55권 제9호, 449-458, 2006년 7월.
33. 이원희, 김동수, 김정수, 이민철, 3차원 프린팅(3DP) 공정을 기반으로 한 임의형상제작(SFF) 시스템 개발에 관한 연구, 한국정밀공학회지, 제23권 제7호, 168-176, 2006년 7월.
34. 신동윤, 이원희, 강태구, 김동수, 잉크젯 공정의 이슈들, 한국정밀공학회지, 제23권 제8호,

7-14, 2006년 8월.

35. 김동수, 이원희, 신동윤, 임현의, 정전기력을 이용한 마이크로/나노 프린팅 기술, 한국정밀공학회지, 제23권 제8호, 27-32, 2006년 8월.
36. 이원희, 김정수, 김동수, 이민철, 잉크젯 기술을 이용한 3차원 프린팅 공정, 한국정밀공학회지, 제23권 제8호, 33-38, 2006년 8월.
37. 김석순, 김동수, 이원희, 신동윤, 김충환, 제조 방식의 대변화에 따른 잉크젯 프린팅 기술, 한국정밀공학회지, 제23권 제8호, 15-21, 2006년 8월.
38. 이택민, 강태구, 양정순, 조정대, 김광영, 최병오, 김동수, DoD 메탈젯 프린팅 시스템, 한국정밀공학회지, 제23권 제8호, 22-26, 2006년 8월.
39. 김동수, 인쇄전자기술, 기계와 재료, 제19권 제4호, 2007년 12월.
40. 김충환, 이택민, 김동수, 최병오, 전자 인쇄에서의 인쇄 패턴 왜곡, 한국정밀공학회지, 제24권 제8호, 74-80, 2007년 8월.
41. 김명섭, 김동수, 김충환, 최병오, 롤투롤 프린팅 공정 장비의 개발, 기계와 재료, 제19권 제4호, 94-103, 2008년 1월.
42. 김충환, 최병오, 김동수, 류병순, 인쇄전자를 위한 그라비아 옵셋 인쇄, 한국정밀공학회지, 제25권 제5호, 96-102, 2008년 5월.
43. 김동수, 김강대, 김명섭, 배성우, 김정수, 플렉시블 전자소자 개발을 위한 프린팅 생산 기술, 한국정밀공학회 2008년도 춘계학술대회논문집, 959-960, 2008년 6월.
44. 최경현, 김형찬, 도양회, 김동수, 효과적인 SFF 시스템을 위한 디지털미러시스템 공정 개발, 한국정밀공학회지, 제25권 제7호, 19-26, 2008년 7월.
45. 배성우, 김동수, 최경현, 산업용 SFF 시스템에서 DMS 적용에 관한 연구, 한국정밀공학회지, 제25권 제7호, 13-18, 2008년 7월.
46. 김동수, 외팔보 타입의 인쇄전자소자용 롤투롤 장비 개발, 기계와 재료, 제20권 제2호, 2008년 7월.
47. 김동수, Drop on Demand 인쇄 전자기기용 정전식 잉크젯 시스템, 기계와 재료, 제20권 제2호, 2008년 7월
48. 김동수, Electro-Static inkjet 프린팅 기술 개발 현황, 기계와 재료, 제20권 제1호, 2008년 7월.
49. 전유림, 이민철, 송영은, 유기호, 김정수, 김동수, 임의형상제작을 위한 멀티헤드제어 패턴 그라이버 개발, 한국정밀공학회지, 제25권 제7호, 27-32, 2008년 7월.
50. 김정수, 이민철, 김동수, UV 경화를 이용한 3차원 임의 형상 시스템 개발, 한국정밀공학회지, 제25권 제7호, 33-38, 2008년 7월
51. 김동수, 최두선, 최병오, 김성종, 디지털 3차원 실물복제기 개발사업, 기계와 재료 2004 봄

호, 제25권 제7호, 6-13, 2008년 7월

52. 김충환, 이용식, 김영국, 김동수, 인쇄 UHF RFID 태그 안테나의 인쇄 품질에 따른 공진 주파수의 영향, 한국정밀공학회지, 제25권 제11호, 90-94, 2008년 9월.

53. 김강대, 조정대, 이택민, 김충환, 신동윤, 김동수, 최병오, 유기박막 트랜지스터를 위한 프린팅과 자기정렬공정의 결합기술, 한국정밀공학회지, 제25권 제8호, 17-20, 2008월 6월.

54. 신동윤, 김동수, 생산시스템으로서의 잉크젯 신뢰성 및 교정의 중요성, 한국정밀공학회지, 제23권 제8호, 9-16, 2008월 8월.

55. 김민하, 이현아, 김동수, PEEK 소재용 바이오 메디컬 3D프린팅 장비 개발 및 최적 공정 연구, 대한기계학회논문집, 제7권 제2호, 59-66, 2009년 3월.

56. 김정수, 김동수, 이민철, UV경화공정을 이용한 3차원 Metal Powder 조형기법, 한국정밀공학회지, 제26권 제8호, 24-28, 2009월 8월.

57. 배성우, 유성연, 김동수, SLS 공정에서 레이저 스캔 패스에 따른 기계적 특성에 관한 실험적 연구, 한국정밀공학회지, 제26권 제8호, 29-34, 2009월 8월.

58. 노재호, 이택민, 박상호, 조정대, 김동수, 그라비아 옵셋 인쇄 장비 설계 및 제작, 한국정밀공학회지, 제27권 제9호, 16-19, 2010년 10월.

59. 배성우, 유성연, 김동수, SLS 공정에서 최적 공정 조건 도출을 위한 실험적 연구, 한국생산제조학회지, 제21권 제3호, 516-524, 2012년 2월.

60. 김동수, 김정수, 배성우, 마이크로 그라비어 코터를 이용한 박막 형성 기술, 한국정밀공학회지, 제30권 제6호, 596-600, 2013년 6월.

61. 김정수, 김동수, 공압과 정전기력을 이용한 스프레이 박막 코팅 기술 개발, 한국정밀공학회지, 제30권 제6호, 567-572, 2013년 6월.

62. 남기상, 윤성만, 이승현, 김동수, 김충환, 그라비어 방식을 이용한 전극 인쇄 시 전도성 잉크의 물성이 인쇄성에 미치는 영향, 한국정밀공학회지, 제30권 제6호, 573-577, 2013년 6월.

63. 김정수, 김동수, 그리비어 옵셋을 이용한 메탈 그리드 메쉬 필름 제작 기법, 한국정밀공학회지, 제31권 제11호, 969-974, 2014년 10월.

64. 조정민, 김동수, 조정대, 김태일, 가열롤 임프린팅 방법을 이용한 유연 유기태양전지용 AG 그리드 패턴 PET 기판 제작, 한국정밀공학회지, 제31권 제11호, 993-998, 2014년 11월.

65. 전선웅, 박종찬, 남기상, 김철, 김동수, 김충환, 데이터 보상을 통한 롤투롤 인쇄 장비의 레지스터 오차 인식 개선 및 제어, 한국정밀공학회지, 제31권 제11호, 987-992, 2014년 11월

66. 전선웅, 김철, 박종찬, 김동수, 김충환, 인쇄 패턴의 기하학적 특성 측정 및 인쇄성 평가, 한국정밀공학회지, 제31권 제11호, 981-986, 2014년 11월.

67. 김도현, 배성우, 조정민, 유민숙, 김동수, 다양한 표면처리에 따른 리튬이온 이차전지용 파

우치 필름을 위한 접착성에 관한 연구, 한국정밀공학회지, 제33권 제3호, 231-234, 2015년 1월.

68. 김동수, 배성우, 김도현, 조정민, 유민숙, PBF 시스템에서 고분자 및 금속 소재 적용성 연구, 한국정밀공학회지, 제32권 제9호, 765-771, 2015년 8월.
69. 안영진, 배성우, 김동수, 김재열, Powder Bed Fusion 시스템의 개발 및 소결 공정 특성에 관한 연구, 한국정밀공학회지, 제32권 제9호, 773-779, 2015년 8월.
70. 김정수, 김동수, 임의 전압파형발생기를 이용한 다중 피에조 잉크젯 3D 프린팅 장비 개발, 한국정밀공학회지, 제32권 제9호, 781-786, 2015년 8월.
71. 유민숙, 김도현, 조정민, 배성우, 김동수, 이차전지용 알루미늄 파우치 필름의 제조 공정 변수에 따른 접착력에 대한 연구, 한국정밀공학회지, 제33권 제2호, 149-155, 2016년 1월.
72. 유민숙, 김도현, 조정민, 배성우, 김동수, 성형성에 따른 이차전지 파우치의 물성에 대한 실험적 연구, 한국정밀공학회지, 제33권 제2호, 149-155, 2016년 2월.
73. 조정민, 김도현, 유민숙, 배성우, 김동수, 이차전지용 파우치 필름의 합지 조건에 따른 알루미늄 층과 실런트층 간 물성조사, 한국정밀공학회지, 제34권 제5호, 337-341, 2017년 5월.
74. 김동수, 배성우, 김도현, 조정민, 유민숙, 압출 수지에 따른 파우치 필름의 접착강도 및 내전해액성 연구, 한국정밀공학회지, 제34권 제9호, 659-662, 2017월 9월.
75. 김동수, 배성우, 김도현, 조정민, 유민숙, 파우치 필름의 열융착강도 연구, 한국정밀공학회지, 제35권 제2호, 219-223, 2017월 9월.
76. 김용훈, 김동수, 김석균, 관측기 기반 온라인 자가동조 선형운동 도립진자 위치제어, 제어.로봇.시스템학회 논문지, 제26권 제7호, 526-533, 2020년 7월
77. 박재경, 김동수, 김석균, 능동 댐핑 주입과 외란 관측기 기반 선형 운동 도립진자 비선형 위치 제어, 제어.로봇.시스템학회 논문지, 제26권 제7호, 534-541, 2020년 7월
78. 성백상, 조재혁, 임영지, Akpeko Gasonoo, 이현아, 이장원, 우승완, 김동수, 이재현, 김민회, 이종희, Island 표면구조의 P(VDF-TrFE) 몰드를 임프린트한 Spike 형태의 고투과성 외부광 추출 필름, 전기전자학회논문지, 제25권 제2322호, 89-96, 2021년 2월
79. 박재경, 김동수, 김석균, 외란 관측기와 적분기 결합형 영구자석동기전동기 강인 속도추종 알고리즘, 제어.로봇.시스템학회 논문지, 제27권 제10호, 711-720, 2021년 8월
80. 김이지, 이현아, 김동수, 고속 메니스커스 솔루션 시어링 코팅 가시화 장치를 이용한 페로브스카이트 결정화, 한국정밀공학회지, 제38권 제12호, 965-972, 2021년 12월

E 국제 학술대회 논문

1. Dong Soo Kim, The analysis and optimum design of cushioning pneumatic cylinder, Harbin ISFP'99, Harbin, China, September 7-9, 1999.
2. Dong Soo Kim, Characteristics analysis on the pneumatic cushion cylindersTokyo'99 Fourth JHPS International Symposium on Fluid Power, Tokyo, Japan, November 15-17, 1999.
3. Chun Pyo Hong and Dong Soo Kim, Design of A Data Transmission System for Pneumatic System Control, ICCAS2001, Cheju National Univ. Jeju, Korea, October 17-21, 2001.
4. Dong Soo Kim, Design and dynamic characteristics analysis of the direct drive type pneumatic servo valve, 2002 International Conference on Control, Automation and Systems (ICCAS 2002), Muju Resort, Jeonbuk, Korea, October 16-19, 2002.
5. Dong Soo Kim, Jeong Dai Jo and Byung Oh Choi, A Study on the design and performance evalution of pneumatic fieldbus system, Proceedings of the 5th JFPS International Symposium on Fluid Power, Nara 2003, Vol.2002-5-2, Tokyo, Japan, November 12-15, 2002.
6. Dong Soo Kim, Won Hee Lee and Kwang Young Kim, An Experimental study on the cushioning characteristics of pneumatic cylinder system, Proceedings of the 5th JFPS International Symposium on Fluid Power, Nara 2002, Vol.2002-5-2, Tokyo, Japan, November 12-15, 2002.
7. Dong Soo Kim, Modeling and simulation of bearing systems for sealless pneumatic cylinders, ICCMFPT, Vol.1, San Diego, California, USA, July 14-18, 2003.
8. Dong Soo Kim, Design and analysis of the direct drive type pneumatic servo valve, Seventh Triennial International Symposium on Fluid Control, Measurement and Visualization, Vol.32, Sorrento, Italy, July 21-24, 2003.
9. Dong Soo Kim, Design and interpretation of direct-acting pressure servo valves, 7th. Int. Sym. fluid control measurement and visualization, Vol.1, Sorrento, Italy, August 25-28, 2003.
10. Dong-Soo Kim, Sang-Kyu Bae and Sung-In Hong, A characteristic analysis of the fluidic muscle cylinder, ICMIT 2005, Vol.6042, Chongqing, China, September 20-23, 2003.
11. Dong Soo Kim, Design and experiment of direct-acting pressure servo valves, Bath Workshop ptmc2003, Vol.1, University of Bath, Bath, England, September 10-12, 2003.
12. Dong Soo Kim, Development of pneumatic rotary actuator for ship winch, ISCEM 2003,

Vol.1, BEXCO, Busan, Korea, October 22-24, 2003.

13. Dong Soo Kim, Development of serial data system for air pressure valve system control, ICCAS2003, Vol.1, TEMP Hotel, Gyeongju, Korea, October 22-25, 2003.
14. Dong Soo Kim, Development of pneumatic servo valve, ICCAS2003, Vol.1, TEMP Hotel, Gyeongju, Korea, October 22-25, 2003.
15. Dong Soo Kim, Development of the serial data transmission system for pneumatic valve system control, ICCAS2003, Vol.1, TEMP Hotel, Gyeongju, Korea, October 22-25, 2003.
16. Dong Soo Kim, Design and performance evaluation of the uni-wire unit for pneumatic system, icmit 2003, Cheong Pung Resort Hotel, Jecheon, Korea, December 4-6, 2003.
17. Dong Soo Kim, A study of 3D RODs for industrial and office type using MSLA and MMJ processes, IMS International Forum 2004, Cernobbio, Italy, May 17-19, 2004.
18. DongSoo Kim and SungJong Kim, Development of industrial 3D real object duplication system by selective multi-laser sintering process, ICALEO2004, Vol.2004-M706, San Francisco, California, USA, October 04-07, 2004.
19. Dong-Soo Kim, Young-Jin An, Sung-Jon Kim, Byung-Oh Choi, Hyun-Eui Lim, A study on the core technologies for industrial SFF system, ICCAS 2005, p.2170-2174, KINTEX, Gyeong Gi, Korea, June 2-5, 2005.
20. Dong Soo Kim, A study on the manufacturing of industrial type SFF system by CO2 laser, Third International WLT-Conference on Lasers in Manufacturing, Vol.2005, Munich, Germany, June 13-16, 2005.
21. Dong Soo Kim, A study on the SMLS process as a industrial type solid freeform fabrication system, FAIM 2005, Bilbao, Spain, July 18-20, 2005.
22. Dong Soo Kim, Electrospray deposition as a technique for the high speed and large area production of protein microarrays for cell culture, NANO 2005 (Nanoengineering Symposium 2005, Banff, Alta, Canada, July 24-27, 2005.
23. Dong Soo Kim, Young Jin An and Kyung Hyun Choi, Development and performance evaluation of industrial 3D real object duplication system by selective dual-laser sintering process, ICALEO 2005, Vol.2005-602, Miami, Florida, USA, October 31- November 3, 2005.
24. Dong Soo Kim, Sang Woon Park, Hyun Sub Kim and Jae Sub Yoo, Computation analysis and optimal design of a high speed response and low power micro valve, Proceedings of the 6th JFPS International Symposium, Vol.2005-6, Tsukuba, Japan, Novemeber 7-10, 2005.

25. Dong Soo Kim, Sang Kyu Bae and Young Cheol Kim, An experiments and characteristics analysis of the sealless cylinder, Proceedings of the 6th JFPS International Symposium, Vol.2005-6, Tsukuba, Japan, Novemeber 7-10, 2005.
26. Dong Soo Kim, Won Hee Lee and Beong Oh Choi, Development of direct drive type pneumatic servo valve, Development of direct drive type pneumatic servo valve, Proceedings of the 6th JFPS International Symposium, Vol.2005-6, Tsukuba, Japan, Novemeber 7-10, 2005.
27. Dong-Soo Kim, Sang-Kyu Bae and Choi, Kyung-Hyun, Characteristic analysis and experimental evaluation of artificial pneumatic cylinder, SPIE International Symposium on Optomechatronic Technologies(ISOT2005), Vol.6084, Sapporo, Japan, December 5-7, 2005.
28. Dong Soo Kim, Young Jin Ahn, Chung Hwan Kim, Byung Oh Choi, and Kyung Hyun Choi, Development of 3D SFFsystem using a new selective dual-laser sintering process, 2nd Pacific International Conference on Laser Materials Processing, Vol.2006-213, Melbourne, Australia, April 3~5, 2006.
29. Dong Soo Kim, Sung Woo Bae and Kyung Hyun Choi, Development of industrial SFF system using dual laser and optimal process, FAIM 2006, Vol.23-6, Limerick, Ireland, June 26~28, 2006.
30. Won Hee Lee, Dong Soo Kim Jung Su Kim, Min Cheol Lee, A study on reduction of processing time and improvement of strength by using photopolymer resin in the 3DP process, ISIE 2006 PROGRAM INTERNATIONAL SYMPOSIUM ON INDUSTRIAL ELECTRONICS 2006, p.326-328, Montreal, Canada, July 9-13, 2006.
31. Jung-su Kim, Min-cheol Lee, Won-hee Lee and Dong-soo Kim, New 3DP Process Technique of SFF System Using a Photopolymer Resin and a Powder, 2006 SICE-ICASE International Joint Conference, Vol.2006, BEXCO, Busan, Korea, October 18-21, 2006
32. Kyung-hyun Choi, Jae-won Choi, Hyung-chan Kim, Yang-hoe Doh, Dong-soo Kim and Seok-hee Lee, Study on Path Generation and Control based on Dual Laser in Solid Freefrom Fabrication System, 2006 SICE-ICASE International Joint Conference, Vol.2006, BEXCO, Busan, Korea, October 18-21, 2006
33. Dong Soo Kim, Young Jin Ahn, Sung Woo Bae, Byung Oh Choi and Kyung Hyun Choi, A study on the selective dual laser sintering process for the solid freeform fabrication system, 25th International Congress on Laser Materials Processing and Laser Microfabrication,

Vol.2018-1860, Scottsdale, Arizona, USA, October 30–November 2, 2006.

34. Dong Soo Kim, Development of polyamide-6 powders and its effect on the fabrication by selective laser sintering, 25th International Congress on Laser Materials Processing and Laser Microfabrication, Vol.2018-1860, Scottsdale, Arizona, USA, October 30–November 2, 2006.
35. Dong Soo Kim, Sang Kyu Bae, Shin Huh and Sung ln Hong, An characteristics analysis of the fluidic muscle cylinder, Proceedings of the 7th JFPS International Symposium,Vol.2005-6,Tsukuba, Japan, Novemeber 7-10, 2006.
36. Dong Soo Kim, Sung Woo Bae and Kyung Hyun Choi, Application and performance evaluation for the DMS system in the SLS process, ISIE 2007, Toronto, Canada, June 17-20, 2007.
37. Jung-su Kim, Min-cheol Lee, Won-hee Lee and Dong-soo Kim, New 3DP process technique of SFF System using a photopolymer resin and a powder, FAIM 2007, Vol.1, Philadelphia, USA, June 18–20, 2007.
38. Dong Soo Kim, Sungwoo Bae and Kyung Hyun Choi, Development of Measurement mechanism of laser beam spot size for SFF system, FAIM 2007, Vol.1, Philadelphia, USA, June 18–20, 2007.
39. Sung Woo Bae, Dong Soo Kim and Kyung Hyun Choi,Development of New Laser control Algorithm in the SFF system using a SLS process, ICMDT 2007, Sapporo, Japan, July 2-3, 2007.
40. Dong Soo Kim, Sung Woo Bae, Chung Hwan Kim, Young Kil Bang and Byung Oh Choi, Application and performance evaluation for the new material in the industrial SFF system using a SLS process, 3rd Pacific International Conference on Laser Materials Processing, Vol.2008-529, Beijing, People's Republic of China, April 16–18, 2008.
41. Dong Soo Kim, Achieving mass manufacturing with plastic electronics, Plastic Electronics Asia 2008, Seoul Hilton Hotel, Seoul, Korea, June 24-26, 2008.
42. Jeongdai Jo, Jong-Su Yu, Taik-Min Lee, Dong-Soo Kim and Kwang-Young Kim, Fabrication of Organic Thin-Film Transistors with Roll-Printed Electrodes Using Patterned Polymer Stamp, Molecular Crystals and Liquid Crystals 2009, Vol.514, Ramada Plaza Jeju Hotel, Jeju, Korea, June 26～27, 2008.
43. Dong-Soo KIM and Myoung-Sub KIM, Analysis and design of cryogenic ball valve, 7th JFPS International Symposium on Fluid Power, Vol.P1-26, Toyama International

Conference Center, Toyama, Japan, September 15-18, 2008.

44. Dong Soo Kim, Optical and micro-structural characterization of printed Cu2ZnSnS4 thin films, 2009 MRS Spring Meeting & Exhibit, San Francisco, California, USA, April 13-17, 2009.
45. Taik-Min Lee, Hyun-Cheol Choi, Jae-Ho Noh and Dong-Soo Kim, EL Display printed on curved surface, 2009 IEEE 22nd International Conference on Micro Electro Mechanical Systems, Sorrento, Italy, January 25-29, 2009.
46. Dong Soo Kim, Analysis of deformation of blanket roller and its effect on printing quality, ICMDT 2009, Sapporo, Japan, July 25-26, 2009.
47. Dong Soo Kim, Development of plate to plate gravure offset printing system, ICMDT 2009, Sapporo, Japan, July 25-26, 2009.
48. Dong Soo Kim, Development of zero leakage ball valve for LNG, ICMDT 2009, Sapporo, Japan, July 25-26, 2009.
49. Dong Soo Kim, Development of cantilever type roll printing equipments for printed electronics, ICMDT 2009, Sapporo, Japan, July 25-26, 2009.
50. Dong Soo Kim, RFID tag antennas by gravure-offset printings, ICMDT 2009, Sapporo, Japan, July 25-26, 2009.
51. Dong-Soo Kim and Won-Hee Lee, Design and characteristics analysis of the direct drive type pneumatic servo valve, ICMDT 2009, Sapporo, Japan, July 25-26, 2009.
52. Dong Soo Kim, Development of cantilever type roll printing equipments for printed electronics, ICMDT 2009, Sapporo, Japan, July 25-26, 2009.
53. Seong-Man Yoon, Jeongdai Jo, Jong-Su Yu, Ha-il Yu and Dong-Soo Kim, Fabrication of micro wall with high aspect ratio using iterative screen printing, The 9th International Meeting on Infomation Display, Vol.P2-77, KINTEX, Ilsan, Seoul, Korea, October 12-16, 2009.
54. Jong-Su Yu, Jeongdai Jo, Seong-Man Yoon, Hee-Yeoun Kim and Dong-Soo Kim, Fabrication of printed microfluidics channel by using thermal roll-imprinting, The 9th International Meeting on Infomation Display, Vol.P2-73, KINTEX, Ilsan, Seoul, Korea, October 12-16, 2009.
55. Dong Soo Kim, Fabrication of imprinted patterns using thermal roll-imprinting process on flexible substrate, GJ-NST 2009, Mokpo, Korea, November 5-6. 2009.
56. Taik-Min Lee, Jae-Ho Noh, Inyoung Kim, Dong-Soo Kim and Sangki Chun, Reliability of

gravure offset printing depending on various printing conditions, ICFPE 2009, Vol.108, Jeju, Korea, November 11-13, 2009.

57. Dong Soo Kim, Fabrication of thin-film layer of CIGS solar cell using printing processes, ICFPE 2009, Vol.108, Jeju, Korea, November 11-13, 2009.
58. Seong Man Yoon, Jeongdai Jo, Jong-Su Yu, Ha-il Yu and Dong-Soo Kim, Fabrication of micro wall with high aspect ratio using iterative screen printing, ICFPE 2009, Vol.108, Jeju, Korea, November 11-13, 2009.
59. Kwangsoo Kim, Chung Hwan Kim, Heon-Yeoung Kim and Dong-Soo Kim, Effects of Blanket Roller Deformation on Printing Qualities in Gravure-Offset Printing Method, ICFPE 2009, Vol.108, Jeju, Korea, November 11-13, 2009.
60. Seong-Man Yoon, Jeongdai Jo, Jong-Su Yu, Ha-il Yu and Dong-Soo Kim, Fabrication of micro wall with high aspect ratio using iterative screen printing, IEEE ISAM 2009, Suwon, Korea, November 17-20, 2009.
61. Seung Wook Suh, Dong Soo Kim and Byung Ki Park, Influence of surface modification of polyethylene terephthalate (PET) film on ink-jet printing of Pd(II) catalytic ink, 21th IC-ME&D (21th International Conference on Molecular Electronics and Devices), Vol.12-5, Sunchon National Univeristy, Sunchon, Korea, May 19-20, 2010.
62. Dong Soo Kim, Fabrication of high aspect ratio roll-imprinted patterns on flexible substrate, 21th IC-ME&D (21th International Conference on Molecular Electronics and Devices), Vol.12-5, Sunchon National Univeristy, Sunchon, Korea, May 19-20, 2010.
63. Dong Soo Kim, A Manufacturing of organic solar cell using ESD thin film coating method, LOPE-C 2010 Large-area, Organic and Printed Electronics Convention, Congress Center, Messe Frankfur,t Germany, May 31 June 2, 2010.
64. Dong Soo Kim, Visualization of non-newtonian ink transfer for gravure offset printing process, The 14th International Symposium on Flow Visualization, Daegu, Korea, June 21-24, 2010.
65. Dong Soo Kim, Roll-to-roll printing processes & equipments for PEMS, IEEE NANO 2010-Joint Symposium with NANO KOREA 2010, Kintext, Seoul, Korea, August 17-20, 2010.
66. Dong Soo Kim, A Manufacturing of organic solar cell using ESD thin film coating method, ISLCT 2010 (Int'l Symposium on Low Carbon & Renewable Energy Technology), Lotte Hotel, Jeju, Republic of Korea, November 15-18, 2010.

67. Dong Soo Kim, Over-piling effects in printing of a multi-units gravure-offset press (MUGOP), International Conference on Flexible and Printed Electronics 2010, Hsinchu, Taiwan, December 3-4, 2010.
68. Sungwoo Bae and Dong Soo Kim, An Experimental study on Surface treatment of aluminum film for improving the hydrophilicity by using the deep coating method in the aluminum pouch of lithium-ion secondary battery, ICAE 2015(International Conference on Advanced Electromaterials), Venue, ICC Jeju, Korea, November 17-20, 2015.
69. Jung Min Cho, Do Hyun Kim, Min Sook Yoo, Sung woo Bae and Dong Soo Kim, A Study on Manufacture and Assessment of Aluminum Laminated Film for a Pouch-Type Secondary Battery, ICAE 2015(International Conference on Advanced Electromaterials), Venue, ICC Jeju, Korea, November 17-20, 2015.
70. Dong Soo Kim, Fabrication of the ITO free flexible Ag grid mesh electrode by thermal roll-imprinting method for organic solar cells, ICMR 2015(International Conference on Material and Reliability), Ramada Plaza Jeju Hotel, Jeju, Korea, November 23-25, 2015.
71. Dong Soo Kim, Study on formability of the aluminum pouch for secondary battery by properties of films, ICFPE 2016, Yonezawa City, Yamagata, Japan, September 6-8. 2016.
72. Dong Soo Kim, Study on manufacturing process of the pouch film for lithium-ion battery technology, ICFPE 2016, Yonezawa City, Yamagata, Japan, September 6-8. 2016.
73. Dong Soo Kim, Experimental study on the change of Aluminum pouch after forming process, ICFPE 2017, The SHILLA HOTEL, Jeju Island, Korea, September 4-7, 2017.
74. Dong Soo Kim, Development and Fabrication of the Aluminum pouch of polymer battery for electric vehicles by using gravure coater, LOPEC 2018(International Exhibition and Conference for the Printed Electronics Industry), Munich, Germany, March 13-15, 2018.
75. Dong Soo Kim, Development of R2R micro-gravure coating laminate system and application of battery parts for electric vehicles, PRESM 2018(International Symposium on PRecision Engineering and Sustainable Manufacturing), Sapporo, Japan, July 3-7, 2018.
76. Dong Soo Kim, Development of the high speed and precision PBF 3D Printing process equipment for biomedical applications, PRESM 2018(International Symposium on PRecision Engineering and Sustainable Manufacturing), Sapporo, Japan, July 3-7, 2018.
77. Minsook Yu, Munyong Song, Minha Kim, Hyunah Lee and Dongsoo Kim, Development of the roll to roll gravure coater for printed pouch of Battery, ANM 2018(11th International conference on Advanced Nano Materials), University of Aveiro, Portugal, July 18-20, 2018.

78. Dong Soo Kim, Study on the powder bed fusion 3D printer and optimization sintering process for SUS materials, Ramada Plaza Jeju Hotel, Jeju, Korea, August 19-22, 2018.
79. Dong Soo Kim, The Experimental Study on the Property change of Aluminum pouch after forming process, Ramada Plaza Jeju Hotel, Jeju, Korea, August 19-22, 2018.
80. Dong Soo Kim, Development of Printed Organic Solar Cell (OSC) for Energy Application, Ramada Plaza Jeju Hotel, Jeju, Korea, August 19-22, 2018.
81. Dong Soo Kim, Development of Powder Bed Fusion 3D Printer for Biomedical Application, ETME 2018(Emerging Technologies in Mechanical Engineering), Ramada Plaza Jeju Hotel, Jeju, Korea, August 19-22, 2018.
82. Dong Soo Kim, Development of printed battery pack for electric vehicles, PE USA 2018, Santa Clara, California, November 14-15, 2018.
83. Dong Soo Kim, Study on manufacturing process of flexible printed Organic Solar Cell module using solution shearing coating method, PE USA 2018, Santa Clara, California, November 14-15, 2018.
84. Dong Soo Kim, Development and technical improvement of the PBF 3D printer for biomedical and smart mould-base application, PE USA 2018, Santa Clara, California, November 14-15, 2018.
85. Dong Soo Kim, All Printed SWCNT-TFT Using Fully Revers-Offset Printer on Flexible Substrate, PRESM 2020, Seoul, Korea, November 14-18, 2020.

F 연구 과제

순번	연구 과제명	연구기간
1	(다목적 천공장비용)공압 회전작동기 국산화 개발	2000-01-01 ~ 2002-12-01
2	100Hz이하급 직동식 공압 Servo Valve 개발	2000-08-01 ~ 2003-07-01
3	공압서보밸브 KS규격 정립에 관한 연구	2001-07-01 ~ 2003-06-01
4	고성능 Sealless 실린더 개발	2002-06-01 ~ 2005-06-01
5	Wiping Unit 공압회로 System 설계기술	2002-07-01 ~ 2003-04-01
6	에너지절약형 Fluid Power System개발	2002-07-01 ~ 2004-06-01
7	디지털 3차원 실물복제기 개발(총괄)	2002-11-01 ~ 2007-11-01
8	초절전형 마이크로 밸브개발	2003-07-01 ~ 2006-07-01
9	공기압 구동 마이크로 엑츄에이터 개발	2004-05-01 ~ 2007-03-01
10	인쇄기 정밀제어용 서보솔레노이드 개발	2004-07-01 ~ 2005-04-01
11	에어 발란스(Air Balancer) 시스템 성능향상을 위한 기술지원	2004-09-01 ~ 2005-08-01
12	굴삭기용 유압실린더의 실차 재현 SIMULATOR 기술지원	2004-11-01 ~ 2005-10-01
13	3차원 인쇄지향 정보장비 구현기술	2005-01-01 ~ 2005-12-01
14	공기압 구동 마이크로 엑츄에이터 개발	2005-05-01 ~ 2006-03-01
15	Top Entry 방식의 고압용 초저온 볼 밸브 개발	2005-06-01 ~ 2008-05-01
16	IT기반 첨단 공압 제어밸브/실린더 시스템 개발	2005-07-01 ~ 2008-07-01
17	공압 서보액츄에이터 최적설계 및 시험평가 기술지원	2006-10-01 ~ 2007-09-01
18	디지털 microfluidics와 롤투롤 인쇄기술을 이용한 point-of-care 시스템	2006-12-01 ~ 2015-09-30
19	정전기력 잉크젯과 R2R을 응용한 차세대 디스플레이 패턴장비개발(전문연구사업)	2007-01-01 ~ 2011-12-31
20	시스템 레벨 패키징 기술개발	2007-06-01 ~ 2012-05-31
21	(총괄)압축공기시스템 에너지 절약(CAES) 요소기술 개발	2007-07-01 ~ 2010-09-30
22	압축공기시스템 에너지 절약(CAES) 요소기술개발	2007-07-01 ~ 2010-09-30
23	이중압력 조절 기능의 Energy Saver 개발	2007-07-01 ~ 2010-09-30
24	RFID 태그 제작을 위한 인쇄공정 및 장비기술개발	2007-09-01 ~ 2012-06-30
25	압축공기시스템 에너지 절약(CAES) 요소기술 개발	2007-10-01 ~ 2010-09-01
26	이중압력조절기능의Energy Saver 개발	2007-10-01 ~ 2010-09-30
27	R2R 복합 인쇄공정 요소기술 시험평가 기반구축	2008-11-01 ~ 2013-08-31
28	R2R EMD 압전잉크젯 시스템 개발	2008-12-01 ~ 2013-09-30
29	R2R 하이브리드 잉크젯 프린팅 시스템 개발	2008-12-01 ~ 2013-09-30
30	고기능 초미세의 청정 디지털 프린팅 시스템 개발	2008-12-01 ~ 2013-09-30

31	융합(IBENT) 부품생산용 Roll Printing 기술개발	2009-01-01 ~ 2010-12-31
32	기계(연)-산업계 협력 및 네트워크 구축사업	2009-01-01 ~ 2011-12-31
33	나노융합상용화 플랫폼 촉진 및 활용 사업	2010-03-01 ~ 2015-02-28
34	연속 공정 기반의 초저가 유연 태양전지 원천 기술 개발	2010-06-01 ~ 2012-05-31
35	나노잉크를 이용한 박막형 슈퍼캐패시터 연속 생산공정 및 시스템 개발	2010-07-01 ~ 2013-06-30
36	인쇄전자 소자 생산 1㎛급 롤투롤 박막 코터 개발	2012-06-01 ~ 2017-05-30
37	나노/마이크로 평판 원통형 금형 신공정기술개발	2012-09-01 ~ 2013-02-28
38	OLED/OPV 투명전극 필름제조용 R2R 나노코터 기술개발	2013-06-01 ~ 2014-05-31
39	나노융합부품제작용 롤투롤 나노마이크로 코팅장비 사업화	2013-06-01 ~ 2015-05-31
40	인쇄전자용 초정밀 롤투롤 장비기반 이차전지용 고신뢰성 파우치 사업화	2013-08-01 ~ 2013-11-30
41	저 · 고점도 코팅용 나노/마이크로급 하이브리드 코팅 시스템 개발	2014-06-01 ~ 2015-05-31
42	슬롯다이 코팅 시스템 컴팩트 기술 개발	2014-08-01 ~ 2014-11-30
43	인쇄전자용 초정밀 롤투롤 장비기반 이차전지의 고신뢰성 파우치 사업화	2014-09-01 ~ 2019-03-31
44	건축물 대상 3D 프린팅 장비 및 설계기술 개발 기획	2014-10-15 ~ 2015-06-15
45	롤투롤 압출 코팅 방법을 이용한 고신뢰성 이차전지용 스테인리스 스틸 파우치 필름 사업화	2015-05-01 ~ 2017-04-30
46	인쇄전자용 초정밀 롤투롤 장비기반 이차전지의 소신뢰성 파우치 사업화	2016-04-01 ~ 2019-03-31
47	Roll to Plate 회전형 Wireless Bar 코터 기술 개발	2016-05-01 ~ 2017-04-30
48	PEEK 소재의 의료용 보조기구 제작을 위한 PBF방식의 장비 및 전용 S/W 개발	2016-08-01 ~ 2017-07-31
49	고속/고정밀 금속 3D 프리팅 장비 기술 개발 및 사업화	2016-10-11 ~ 2018-10-10
50	3D 프린팅용 디스펜서 정량 토출 제어 시스템 기술 개발	2016-12-01 ~ 2017-03-31
51	롤투롤 나노/마이크로 복합 프린팅 시스템 개발	2017-03-01 ~ 2020-02-29
52	고해상도 유무기물 패턴 형성을 위한 마이크로컨택 롤투롤 프린팅 장비 및 공정 개발	2017-06-01 ~ 2018-05-31
53	하이브리드 3D프린팅 기술 응용 printed IoT 모듈 개발	2018-06-01 ~ 2027-02-28
54	디지털 제조장비 R&D 전문인력양성	2020-03-01 ~ 2025-02-28
55	유연인쇄전자 산업 육성을 위한 국제표준 파이프라인 기반 구축	2020-04-01 ~ 2023-12-31
56	3D Printed Electronics(3DPE) 융복합 활성화사업 기획연구	2020-06-01 ~ 2020-11-30
57	무인이동체 적외선 분광카메라 광학계 핵심기술 개발	2021-06-01 ~ 2022-12-31
58	Pd(II) complex ink에 의한 연성회로기판 및 플렉서블 디스플레이 제조기술	2020-06-29 ~ 2021-02-28
59	SEM 원리를 이용한 차세대 나노 3D 프린팅 기술 개발	2020-09-01 ~ 2021-04-30